电子系统 EDA 新技术丛书

Xilinx FPGA 权威设计指南

基于 Vivado 2023 设计套件

何 宾 编著

电子工业出版社

Publishing House of Electronics Industry

北京·BEIJING

内 容 简 介

本书全面系统地介绍了基于 Xilinx 新一代集成开发环境 Vivado 2023 的 FPGA 设计方法、设计流程和具体实现。全书共 11 章，内容包括 Xilinx 新一代 UltraScale+架构 FPGA、Vivado 设计套件导论、Vivado 工程模式基本设计实现、Vivado 非工程模式基本设计实现、Vivado 创建和封装用户 IP 核流程、Vivado 时序和物理约束原理及实现、Vivado 调试工具原理及实现、Vivado 动态功能交换原理及实现、Vitis HLS 原理详解、Vitis HLS 实现过程详解，以及 HDMI 显示屏驱动原理和实现。

本书可作为使用 Xilinx 集成开发环境 Vivado 进行 FPGA 设计的工程技术人员的参考书，也可作为电子信息类专业高年级本科生和研究生的教学和科研用书，还可作为 Xilinx 公司 Vivado 相关培训的培训教材。

图书在版编目（CIP）数据

Xilinx FPGA 权威设计指南：基于 Vivado 2023 设计套件/何宾编著. —北京：电子工业出版社，2024.4
（电子系统 EDA 新技术丛书）
ISBN 978-7-121-47516-0

Ⅰ．①X… Ⅱ．①何… Ⅲ．①现场可编程门阵列–系统设计–指南 Ⅳ．①TP331.2-62

中国国家版本馆 CIP 数据核字（2024）第 057412 号

责任编辑：张 迪（zhangdi@phei.com.cn）

印 刷：河北鑫兆源印刷有限公司
装 订：河北鑫兆源印刷有限公司
出版发行：电子工业出版社
 北京市海淀区万寿路 173 信箱 邮编 100036
开 本：787×1092 1/16 印张：39.5 字数：1137.6 千字
版 次：2024 年 4 月第 1 版
印 次：2024 年 4 月第 1 次印刷
定 价：198.00 元

凡所购买电子工业出版社图书有缺损问题，请向购买书店调换。若书店售缺，请与本社发行部联系，联系及邮购电话：（010）88254888，88258888。

质量投诉请发邮件至 zlts@phei.com.cn，盗版侵权举报请发邮件至 dbqq@phei.com.cn。

本书咨询联系方式：（010）88254469；zhangdi@phei.com.cn。

前　　言

自从本书作者 2009 年第一次出版 Xilinx FPGA 的书籍到现在已经过去近 15 年了，在这 15 年间，作为全球最大的 FPGA 厂商——美国 Xilinx，不断推出新的器件和软件开发环境，业已成为全球信息技术重要的推动者，为全球信息技术的发展做出了重要贡献。由于 Xilinx FPGA 在高算力方面有着不可替代的作用，全球知名的半导体公司 AMD 于 2022 年完成了对 Xilinx 公司的收购。在 AMD 并购 Xilinx 后，将进一步拓展 Xilinx FPGA 在人工智能、数据中心等高算力方面的应用。

在这里需要指出，在此次并购完成后，新推出的关于 FPGA 的官方文档、软件设计套件和器件都用 AMD 进行冠名。为了兼顾老读者的阅读习惯，本书仍然沿用 Xilinx 这一名字。

本书是在《Xilinx FPGA 权威设计指南：基于 Vivado 2018 集成开发环境》（电子工业出版社，2018）基础上，采用 Xilinx 公司最新的 Vivado 2023 设计套件，针对读者提出的意见和建议，对原书进行修订的。主要修订内容包括：

（1）在第 1 章 Xilinx 新一代 UltraScale+架构 FPGA 中，将器件从原书的 UltraScale 架构更新为 UltraScale+架构，并增加了对 VHDL 语言的支持。通过同时使用 Verilog HDL 和 VHDL，详细解读了 UltraScale+架构 FPGA 内部原语的原理和使用方法。

（2）在第 2 章 Vivado 设计套件导论中，针对 Vivado 2023 设计套件，大幅度修订了关于设计套件框架、图形窗口和综合属性的内容。

（3）在第 3 章 Vivado 工程模式基本设计实现中，增加了对 Vivado 2023 集成开发环境新功能和新特性的介绍，并且增加了对综合属性、实现属性和配置属性的一些细节内容的介绍。

（4）在第 6 章 Vivado 时序和物理约束原理及实现中，大幅度增加了时序约束原理的介绍，并通过相应设计实例对时序约束原理进行解释和说明。

（5）根据 Vivado 设计套件的新特性，重新编写了第 8 章动态功能交换原理及实现中的内容。

（6）根据 Vitis HLS 的新特性，重新编写了第 9 章 Vitis HLS 原理详解中的内容。

（7）根据 Vitis HLS 的新特性，重新编写了第 10 章 Vitis HLS 实现过程详解中的内容。

由于 FPGA 技术发展迅速，作者水平有限，书中难免会有疏漏之处，欢迎读者批评指正。书中所有的实例设计代码均可从华信教育资源网（http://www.hxedu.com.cn）中下载。

作　者
2024 年 4 月于北京

目　　录

第1章 Xilinx 新一代 UltraScale+ 架构 FPGA

Xilinx（中文称赛灵思，于 2022 年被 AMD 公司收购）新一代的 UltraScale+现场可编程门阵列（Filed Programmable Gate Array，FPGA）系列器件在鳍式场效应晶体管（Fin Field-Effect Transistor，FinFET）节点中提供专用集成电路（Application Specific Interated Circuilt，ASIC）级的单芯片功能，具有很高的性能和集成能力。

本章主要对 UltraScale+架构的 Artix、Kintex 和 Virtex 系列器件的特性进行说明，并对其内部所提供的设计资源进行详细的说明和必要的分析。

1.1 UltraScale+结构特点

UltraScale+ FPGA 系列器件通过台积电（Taiwan Semiconductor Manufacturing Co., Ltd，TSMC）的 16nm FinFET+工艺（16FF+）将 Xilinx 与代工伙伴 TSMC 之间的合作关系扩展到第三代，为已经验证的 Xilinx UltraScale 架构提供了新级别的性能和能效。

尽管传统的平面互补金属氧化物半导体（Complementary Metal Oxide Semiconductor，CMOS）晶体管几十年来一直为 FPGA 行业提供良好的服务，但是这种结构在 20nm 节点之外的持续减少受到物理和电学特性的限制，因而需要替代方案。尽管业界对各种选择进行了深入研究，但是 3D FinFET 晶体管由于其优越的电气特性和大规模的可制造性，被认为是解决继续扩大晶体管规模的主要方案。

凭借 UltraScale+ FPGA 系列器件，Xilinx 和 TSMC 持续成功合作，将业界领先的半导体工艺应用于 FPGA 中，在全可编程架构中提供新的 ASIC 级功能。TSMC 的 16nm FinFET 3D 晶体管技术为制造单片和 3D 集成电路（Integrated Circuit，IC）器件奠定了基础，这些器件采用了增强的 Xilinx UltraScale 架构构建，可以从 20nm 扩展到 16nm 及以上。基于 3D IC 的产品利用了 Xilinx 已经验证过的堆叠硅互联（Stacked Silicon Interconnect，SSI）技术，该技术采用了 TSMC 的衬底上晶片（Chip-on-Wafer-on-Substrate，CoWoS）工艺。

FinFET 工艺的一个主要优点就是宽的工艺窗口，允许用户根据其应用的要求在不同的电源电压下操作器件。

1.1.1 Artix UltraScale+ FPGA 系列

Artix UltraScale+ FPGA 系列在成本优化的器件中实现最高的串行带宽和信号计算密度，用于关键的网络应用、视觉和视频处理以及安全连接。表 1.1 给出了 Artix UltraScale+ FPGA 系列器件的特性。

表 1.1 Artix UltraScale+ FPGA 系列器件的特性

资源　　　　型号	AU7P	AU10P	AU15P	AU20P	AU25P
系统逻辑单元	81,900	96,250	170,100	238,437	308,437
CLB 触发器	74,880	88,000	155,520	218,000	282,000
CLB LUT	37,440	44,000	77,760	109,000	141,000
最大分布式 RAM(Mb)	1.1	1.0	2.5	3.2	4.7

续表

资源＼型号	AU7P	AU10P	AU15P	AU20P	AU25P
块 RAM 的块数	108	100	144	200	300
块 RAM (Mb)	3.8	3.5	5.1	7.0	10.5
UltraRAM 的块数	—	—	—	—	—
UltraRAM(Mb)	—	—	—	—	—
CMT(1 MMCM 和 2 PLL)	2	3	3	3	4
最大 HP I/O[1]	104	156	156	156	208
最大 HD I/O[2]	144	72	72	72	96
DSP 切片（Slice）	216	400	576	900	1,200
系统监视器	1	1	1	1	1
GTH 收发器	4	12	12	—	—
GTY 收发器	—	—	—	12	12
收发器小数 PLL	2	6	6	6	6
PCIE4	—	—	—	1	1
PCIE4C	1	1	1	—	—

注：（1）HP 为 High Performance 的缩写，表示高性能的 I/O，其支持的 I/O 电压为 1.0～1.8V。

（2）HD 为 High Density 的缩写，表示高密度，其支持的 I/O 电压为 1.2～3.3V。

1.1.2 Kintex UltraScale+ FPGA 系列

Kintex UltraScale+ FPGA 系列提高了性能和片上 UltraRAM 存储器，降低了物料清单（Bill of Material，BOM）成本。此外，该系列有多种电源选项，可在所需系统性能和最小电源范围之间实现最佳平衡。表 1.2 给出了 Kintex UltraScale+ FPGA 系列器件的特性。

表 1.2　Kintex UltraScale+ FPGA 系列器件的特性

资源＼型号	KU3P	KU5P	KU9P	KU11P	KU13P	KU15P	KU19P
系统逻辑单元	355,950	474,600	599,550	653,100	746,550	1,143,450	1,842,750
CLB 触发器	325,440	433,920	548,160	597,120	682,560	1,045,440	1,684,800
CLB LUT	162,720	216,960	274,080	298,560	341,280	522,720	842,400
最大分布式 RAM(Mb)	4.7	6.1	8.8	9.1	11.3	9.8	11.6
块 RAM 的块数	360	480	912	600	744	984	1,728
块 RAM (Mb)	12.7	16.9	32.1	21.1	26.2	34.6	60.8
UltraRAM 块数	48	64	0	80	112	128	288
UltraRAM(Mb)	13.5	18.0	0	22.5	31.5	36.0	81.0
CMT(1 MMCM 和 2 PLL)	4	4	4	8	4	11	9
最大 HP I/O	208	208	208	416	208	572	468
最大 HD I/O	96	96	96	96	96	96	72
DSP 切片（Slice）	1,368	1,824	2,520	2,928	3,528	1,968	1,080
系统监视器	1	1	1	1	1	1	1
GTH 收发器 16.3Gb/s	0	0	28	32	28	44	0
GTY 收发器 32.75Gb/s	16	16	0	20	0	32	32
收发器小数 PLL	8	8	14	26	14	38	16
PCIE4	1	1	0	4	0	5	0
PCIE4C	0	0	0	0	0	0	3
150G Interlaken	0	0	0	1	0	4	0
100G 以太网 w/RS-FEC	0	1	0	2	0	4	1

1.1.3　Virtex UltraScale+ FPGA 系列

Virtex UltraScale+ FPGA 系列具有最高的收发器带宽、最多的 DSP 个数以及最高的片上和封装内存储器。此外，该系列还提供多种电源选项，可在所需要的系统性能和最小电源范围之间实现最佳的平衡。表 1.3～表 1.5 给出了 Virtex UltraScale+ FPGA 系列器件的特性。

表 1.3　**Virtex UltraScale+ FPGA 系列器件的特性（1）**

型号 / 资源	VU3P	VU5P	VU7P	VU9P	VU11P
系统逻辑单元	862,050	1,313,763	1,724,100	2,586,150	2,835,000
CLB 触发器	788,160	1,201,154	1,576,320	2,364,480	2,592,000
CLB LUT	394,080	600,577	788,160	1,182,240	1,296,000
最大分布式 RAM(Mb)	12.0	18.3	24.1	36.1	36.2
块 RAM 的块数	720	1,024	1,440	2,160	2,016
块 RAM (Mb)	25.3	36.0	50.6	75.9	70.9
UltraRAM 块数	320	470	640	960	960
UltraRAM(Mb)	90.0	132.2	180.0	270.0	270.0
HBM DRAM(Gb)	—	—	—	—	—
CMT(1 MMCM 和 2 PLL)	10	20	20	30	12
最大 HP I/O	520	832	832	832	624
最大 HD I/O	0	0	0	0	0
DSP 切片（Slice）	2,280	3,474	4,560	6,840	9,216
系统监视器	1	2	2	3	3
GTY 收发器 32.75Gb/s	40	80	80	120	96
GTM 收发器 58.0Gb/s	0	0	0	0	0
100G/50G KP4 FEC	0	0	0	0	0
收发器小数 PLL	20	40	40	60	48
PCIE4	2	4	4	6	3
PCIE4C	0	0	0	0	0
150G Interlaken	3	4	6	9	6
100G 以太网 w/RS-FEC	3	4	6	9	9

表 1.4　**Virtex UltraScale+ FPGA 系列器件的特性（2）**

型号 / 资源	VU13P	VU19P	VU23P	VU27P	VU29P
系统逻辑单元	3,780,000	8,937,600	2,252,250	2,835,000	3,780,000
CLB 触发器	3,456,000	8,171,520	2,059,200	2,592,000	3,456,000
CLB LUT	1,728,000	4,085,760	1,029,600	1,296,000	1,728,000
最大分布式 RAM(Mb)	48.3	58.4	14.2	36.2	48.3
块 RAM 的块数	2,688	2,160	2,112	2,016	2,688
块 RAM (Mb)	94.5	75.9	74.3	70.9	94.5
UltraRAM 块数	1,280	320	352	960	1,280
UltraRAM(Mb)	360.0	90.0	99.0	270.0	360.0
HBM DRAM(Gb)	—	—	—	—	—
CMT(1 MMCM 和 2 PLL)	16	40	11	16	16
最大 HP I/O	832	1,976	572	676	676
最大 HD I/O	0	96	72	0	0
DSP 切片（Slice）	12,288	3,840	1,320	9,216	12,288

续表

资源＼型号	VU13P	VU19P	VU23P	VU27P	VU29P
系统监视器	4	4	1	4	4
GTY 收发器 32.75Gb/s	128	80	34	32	32
GTM 收发器 58.0Gb/s	0	0	4	48	48
100G/50G KP4 FEC	0	0	2/4	24/48	24/48
收发器小数 PLL	64	40	20	40	40
PCIE4	4	0	0	1	1
PCIE4C	0	8	4	0	0
150G Interlaken	8	0	0	8	8
100G 以太网 w/RS-FEC	12	0	2	15	15

表 1.5　Virtex UltraScale+ HBM FPGA 系列器件的特性（3）

资源＼型号	VU31P	VU33P	VU35P	VU37P	VU45P	VU47P	VU57P
系统逻辑单元	961,800	961,800	1,906,800	2,851,800	1,906,800	2,851,800	2,851,800
CLB 触发器	879,360	879,360	1,743,360	2,607,360	1,743,360	2,607,360	2,607,360
CLB LUT	439,680	439,680	871,680	1,303,680	871,680	1,303,680	1,303,680
最大分布式 RAM(Mb)	12.5	12.5	24.6	36.7	24.6	36.7	36.7
块 RAM 的块数	672	672	1,344	2,016	1,344	2,016	2,016
块 RAM (Mb)	23.6	23.6	47.3	70.9	47.3	70.9	70.9
UltraRAM 块数	320	320	640	960	640	960	960
UltraRAM(Mb)	90.0	90.0	180.0	270.0	180.0	270.0	270.0
HBM DRAM(Gb)	4	8	8	8	16	16	16
CMT(1 MMCM 和 2 PLL)	4	4	8	12	8	12	12
最大 HP I/O	208	208	416	624	416	624	624
DSP 切片（Slice）	2,880	2,880	5,952	9,024	5,952	9,024	9,024
系统监视器	1	1	2	3	2	3	3
GTY 收发器 32.75Gb/s	32	32	64	96	64	96	32
GTM 收发器 58.0Gb/s	0	0	0	0	0	0	32
100G/50G KP4 FEC	0	0	0	0	0	0	16/32
收发器小数 PLL	16	16	32	48	32	48	32
PCIE4	0	0	1	2	1	2	0
PCIE4C	4	4	4	4	4	4	4
150G Interlaken	—	—	2	4	2	4	4
100G 以太网 w/RS-FEC	2	2	5	8	5	8	10

1.2　可配置逻辑块

可配置逻辑块（Configurable Logic Block，CLB）是主要的逻辑资源，用于实现时序和组合逻辑电路。

UltraScale 和 UltraScale+架构的 CLB 提供了高性能与低功耗的可编程逻辑，包含真正的 6 输入查找表功能（Look Up Table，LUT）、两个 LUT5（5 输入 LUT）功能、分布式存储器和移位寄存器逻辑、用于算术运算的专用高速进位逻辑、实现高效利用的宽多路复用器，以及具有灵活控制信号的可配置为触发器或锁存器的专用存储元件。

一个 CLB 包含一个切片（Slice），每个切片提供 8 个 6 输入的查找表和 16 个触发器。互联线很容易将切片连接在一起，以创建更大的函数。切片及其 CLB 在整个器件中按列排序，列的大小和数量随着密度的增加而增加。UltraScale+架构中包含两种类型的切片，即 SLICEL 和 SLICEM。下面以 Xilinx Kintex UltraScale+系列 FPGA 中的 xcku5p-ffva676-1-i 器件为例，说明 SLICEL（L 是 Logic 的缩写，表示逻辑）和 SLICEM（M 是 Memory 的缩写，表示存储器）的内部结构。

SLICEL 和 SLICEM 的最大区别是，SLICEL 中的 LUT 只能实现组合逻辑功能，而 SLICEM 中的 LUT 不但能实现组合逻辑功能，还能实现时序逻辑电路的存储功能。

SLICEL 的内部结构如图 1.1 所示。图中：

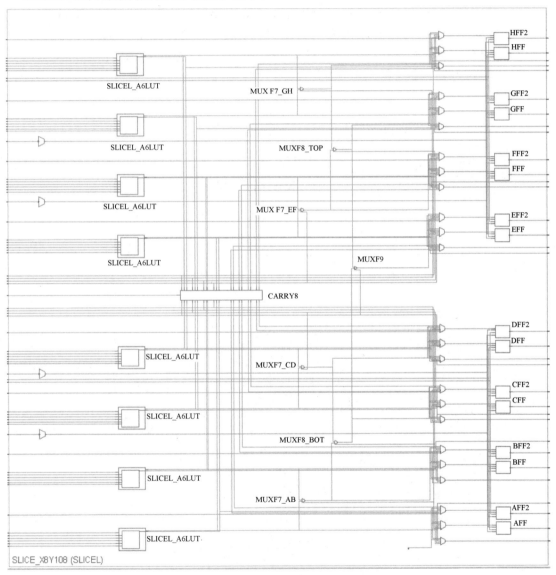

图 1.1　SLICEL 的内部结构

（1）8 个 6 输入的 LUT，即 SLICEL_A6LUT～SLICEL_H6LUT；

（2）16 个锁存/触发器资源，即 AFF～HFF 和 AFF2～HFF2；

（3）一个 8 位的进位链 CARRY8，用于算术运算中的快速进位；

（4）4 个 F7 类型的多路复用开关，从下到上依次用 MUXF7_AB、MUXF7_CD、

MUXF7_EF 和 MUXF7_GH 标记。该类型的多路复用开关用于组合两个相邻 LUT 的输出。当组合两个 6 输入逻辑变量的 LUT 时，就可以实现 7 个逻辑输入变量的函数。因此，这也是 MUXF7 名字的由来。

（5）两个 F8 类型的多路复用开关，从下到上依次用 MUXF8_BOT 和 MUXF8_TOP 标记。该类型的多路复用开关用于组合 4 个 LUT 的输出，即 MUXF7_AB 和 MUXF7_CD 的输出，以及 MUXF7_EF 和 MUXF7_GH 的输出。当组合 4 个 6 输入逻辑变量的 LUT 时，就可以实现 8 个逻辑输入变量的函数。因此，这也是 MUXF8 名字的由来。

（6）一个 F9 类型的多路复用开关，用 MUXF9 标记。该类型的多路复用开关用于组合 8 个 LUT 的输出，即 MUXF8_BOT 和 MUXF8_TOP 的输出。当组合 8 个 6 输入逻辑变量的 LUT 时，就可以实现 9 个逻辑输入变量的函数。因此，这也是 MUXF9 名字的由来。

SLICEM 的内部结构如图 1.2 所示。SLICEM 中的 LUT 不像 SLICEL 中的 LUT 只能配置为查找表，其还能配置为查找表、64 位的分布式存储器或 32 位的移位寄存器。

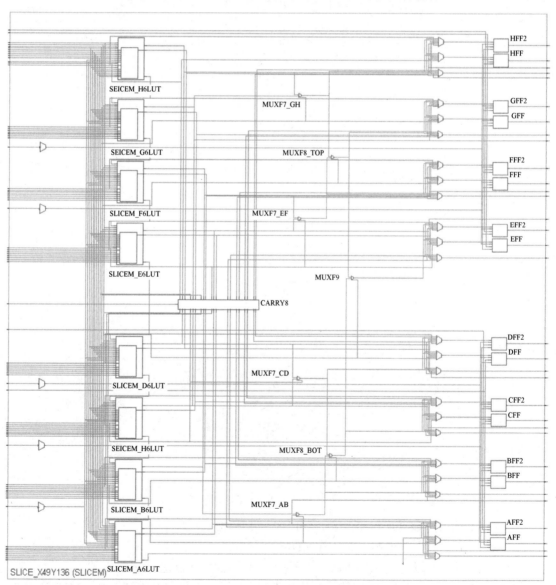

图 1.2　SLICEM 的内部结构

　　SLICEL 和 SLICEM 内 LUT 的符号如图 1.3 所示，从图中可知，SLICEM 比 SLICEL 的功能复杂。例如，在 SLICEM 的符号上有 CLK 输入。

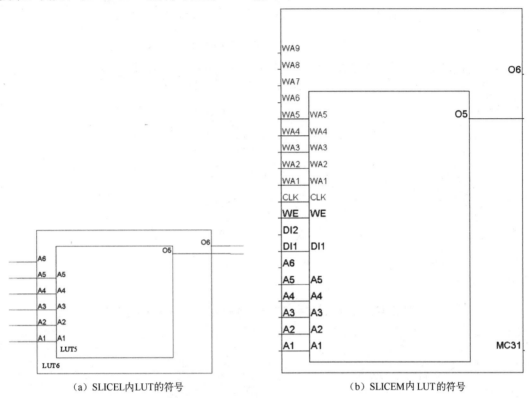

（a）SLICEL内LUT的符号　　　　　　　　　　　（b）SLICEM内LUT的符号

图 1.3　SLICEL 和 SLICEM 内 LUT 的符号

1.2.1　查找表功能和配置

　　根据图 1.3 给出的 LUT 符号可知，LUT 提供了两个可能的输出 O5 和 O6。其中，O5 表示 5 个逻辑输入变量 5 经过单个 LUT 的输出，而 O6 表示 6 个逻辑输入变量经过单个 LUT 后的输出。

　　LUT 的两种不同配置模式如图 1.4 所示，即

（1）一个输出的 6 输入 LUT；

（2）两个独立输出的 5 输入 LUT，但是有公共的地址和逻辑输入。

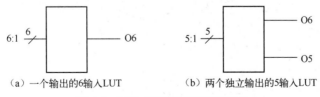

（a）一个输出的6输入LUT　　　　　（b）两个独立输出的5输入LUT

图 1.4　LUT 的两种不同配置模式

　　对于一个 5 输入 LUT 来说，它可以创建 5 输入逻辑变量的函数，即
$$O5 = f(A1, A2, A3, A4, A5)$$
　　对于一个 6 输入 LUT 来说，它可以创建 6 输入逻辑变量的函数，即
$$O6 = f(A1, A2, A3, A4, A5, A6)$$
　　使用 Verilog HDL 和 VHDL 调用 LUT5 和 LUT6 的寄存器传输级（Register Transfer Level,

RTL）描述如代码清单 1-1 和代码清单 1-2 所示。在该设计中，使用 5 输入查找表实现 5 个逻辑输入变量的逻辑"与"运算和使用 6 输入查找表实现 6 个逻辑输入变量的逻辑"或"运算。注意，代码中的 USE_LUTNM 属性为 ture，表示强制让逻辑函数在一个 LUT 中。

代码清单 1-1　使用 Verilog HDL 调用 LUT5 和 LUT6 的 RTL 描述例子

```
(* USE_LUTNM="true" *) module top(      // 声明模块 top，使用属性 USE_LUTNM
input a,                                  // 声明输入端口 a
input b,                                  // 声明输入端口 b
input c,                                  // 声明输入端口 c
input d,                                  // 声明输入端口 d
input e,                                  // 声明输入端口 e
input f,                                  // 声明输入端口 f
output o5,                                // 声明输出端口 o5
output o6                                 // 声明输出端口 o6
    );
assign o5=a & b & c & d & e;             // 实现 5 个变量的逻辑"与"操作
assign o6=a | b | c | d | e | f;         // 实现 6 个变量的逻辑"或"操作
endmodule                                 // 模块结束
```

注： 读者进入本书提供的\vivado_example\lut_verilog_rtl 资源目录中，用 Vivado 2023.1 打开名字为 project1.xprj 的工程文件。

代码清单 1-2　使用 VHDL 调用 LUT5 和 LUT6 的 RTL 描述例子

```
library IEEE;                                       -- 声明 IEEE 库
use IEEE.STD_LOGIC_1164.ALL;                        -- 使用 IEEE 库的 STD_LOGIC_1164 包
entity top is                                       -- 声明设计实体 top
    Port ( a : in STD_LOGIC;                        -- Port 表示端口列表，声明输入端口 a
           b : in STD_LOGIC;                        -- 声明输入端口 b
           c : in STD_LOGIC;                        -- 声明输入端口 c
           d : in STD_LOGIC;                        -- 声明输入端口 d
           e : in STD_LOGIC;                        -- 声明输入端口 e
           f : in STD_LOGIC;                        -- 声明输入端口 f
           o5 : out STD_LOGIC;                      -- 声明输出端口 o5
           o6 : out STD_LOGIC                       -- 声明输出端口 o6
           );
attribute USE_LUTNM: string;                        -- 属性声明
attribute USE_LUTNM of top : entity is "TRUE";      -- 属性规范，属性用于 entity
end top;                                            -- 实体部分结束
architecture Behavioral of top is                   -- 结构体部分
begin                                               -- 结构体描述部分的开始
o5<=a and b and c and d and e;                      -- 5 个输入变量的逻辑"与"运算
o6<= a or b or c or d or e or f;                     -- 6 个输入变量的逻辑"或"运算
end Behavioral;                                     -- 结构体部分结束
```

注： 读者进入本书提供的\vivado_example\lut_vhdl_rtl 资源目录中，用 Vivado 2023.1 打开名字为 project1.xprj 的工程文件。

使用 Vivado 2023.1 对该设计进行综合后的结果如图 1.5 所示。

为了进一步理解查找表实现逻辑功能的本质，分别单击图 1.5 中的 LUT5 和 LUT6，在 Cell Properties 窗口中，单击 Truth Table 标签，则会给出输出 O 与输入 I0、I1、I2、I3、I4 之间的关系（见图 1.6）：

$$O = I0 \& I1 \& I2 \& I3 \& I4$$

输出 O 与输入 I0、I1、I2、I3、I4、I5 之间的关系（见图 1.7）：

$$O = I0 + I1 + I2 + I3 + I4 + I5$$

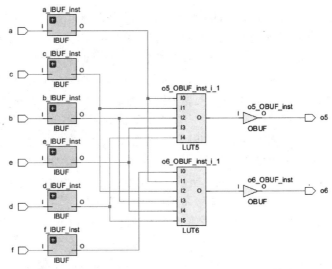

图 1.5　使用 Vivado 2023.1 对该设计进行综合后的结果

图 1.6　LUT5 的内部逻辑关系

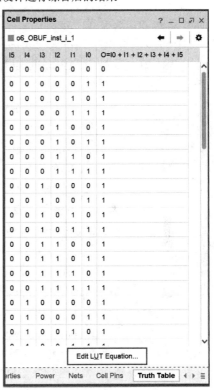

图 1.7　LUT6 的内部逻辑关系

图中的列表本质上就是"真值表"，它真实反映了输入和输出之间的对应关系。在学习数字电路课程的时候，首先会使用"真值表"表示逻辑输入和输出之间的对应关系；然后根据真值表给出的逻辑对应关系，通过卡诺图化简的方法得到使用积之和（Sum Of Product，SOP）或和之积（Product of Sum，POS）形式的最简逻辑表达式；最后使用诸如 74LSXX 这样的小规模集成电路（Small-Scale Integrated Circuit，SSI）实现逻辑表达式所要表示的逻辑功能。

那么为什么在 FPGA 中使用 LUT 表示逻辑功能，而不使用类似 SSI 的方法表示逻辑功能呢？显然，对于 5 个输入/6 个输入的逻辑变量，当实现的逻辑关系发生变化时，真值表的内容会发生变化，最终得到的 SOP/POS 最简逻辑表达式也会发生变化，因此使用的 SSI 的个数和构成形式也会发生变化。根据数字逻辑电路所学到的知识可知，一方面，当逻辑变量通过门电路送到输出端口时，会出现逻辑门的翻转延迟；另一方面，从一个逻辑门的输出到另一个逻辑门的输入会出现连线的传输延迟。显然，当所使用的 SSI 的个数和构成形式发生变化时，从逻辑输入 I0～I4/I0～I5 到逻辑输出 O 的延迟时间会有所不同。频率是时间的倒数，则频率也有所不同，频率常常和触发器等存储元件有关。由于频率有所不同，因此触发器的时钟工作频率也有所不同，无法确定触发器的工作速度。如果考虑到 SSI 之间的连线，则更增加了延迟的不确定性。

但是，如果使用类似真值表的 LUT 表示逻辑关系，则从逻辑输入 I0～I4/I0～I5 到逻辑输出 O 的延迟时间是固定的，因此频率也是固定的。所以，用于触发器的时钟速度也是固定的，不存在类似 SSI 的延迟不固定的问题。因此，采用 LUT 表示函数的逻辑关系较好地解决了延迟不确定的问题。

从另一个角度来说明使用 LUT 表示逻辑功能的好处。前面提到，当使用传统真值表、卡诺图化简、最简表达式到 SSI 实现的方法时，一旦逻辑关系发生变化时，实现逻辑关系的门电路的个数和连接形式也会发生变化。整个逻辑电路的复杂度和两个因素有关。一方面，当输入逻辑变量的个数增加时，可以表示更多的逻辑功能；另一方面，使用的 SSI 的个数越多，所需要使用的连线也就越多，整个逻辑电路的复杂度就会增加。

但是，当使用 LUT 表示逻辑关系时，整个逻辑电路的复杂度只与逻辑输入变量的个数有关。显然，对于 6 输入变量的 LUT，其 LUT 的深度为 2^6（=64）。

综上所述，采用 LUT 实现组合逻辑的优势在于：解决了传统使用逻辑门的延迟不确定问题；使组合逻辑的复杂度只与 LUT 的输入变量个数有关。

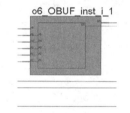

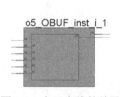

图 1.8　布局布线的结果

进一步讨论 LUT 的结构，如果将 6 输入 LUT 的输入端口 I0～I5 看作存储器的地址输入，则 I0～I5 可以寻址存储器的深度范围是 0～63，总计 64 个深度。I5～I0 这六个地址组合的变化范围为 000000～111111。将输出 O 所对应一列的值作为每个地址所对应的存储器的内容，事先保存到表中，则可以将 LUT 看作容量为 64×1 位的只读存储器（Read Only Memory，ROM），因此 LUT 也可以作为存储器使用。

那么，存储器的内容是如何保存到这个表中的呢？这是通过 FPGA 厂商专用的下载电缆和软件开发工具，将硬件描述语言（Hardware Description Language，HDL）经过综合和实现后的比特流文件下载到 FPGA 中实现的。

该设计经过 Vivado 2023.1 实现后的布局布线结果如图 1.8 所示。

思考与练习 1-1：请读者打开该设计综合后的结果，观察图 1.6 和图 1.7 中每个查找表中的内容，以及所实现的功能。

思考与练习 1-2：请读者打开该设计实现后的结果，观察图 1.8 中查找表的输出网络和布局布线结果。

1.2.2　多路复用器

多功能多路复用器将 LUT 组合在一起，构成 7、8 或者 9 个输入的任意函数功能，或者最多 55 个输入的一些函数功能。每个切片包含 7 个多路复用器，用于构建更多的函数功能。

1. MUXF7_AB、MUXF7_CD、MUXF7_EF 和 MUXF7_GH

MUXF7_AB、MUXF7 _CD、MUXF7_EF 和 MUXF7_GH 用于组合两个相邻的 LUT。其中，后缀 AB、CD、EF、GH 表示该类型的多路复用器由 SLICE 外部输入的 AX、BX、EX、

GX 控制信号对相应的多路复用器进行控制。其可以实现辅助的 7 输入函数功能或实现一个 8 选 1 多路复用器的功能。

使用 Verilog HDL 和 VHDL 调用 MUXF7 的 RTL 描述，如代码清单 1-3 和代码清单 1-4 所示。

代码清单 1-3　使用 Verilog HDL 调用 F7MUX 的 RTL 描述例子

```
module top(                  // 定义模块 top
  input [5:0] a,             // 定义输入端口 a，宽度 6 位
  input [5:0] b,             // 定义输入端口 b，宽度 6 位
  input sel,                 // 定义输入端口 sel
  output z                   // 定义输出端口 z
  );
wire z1,z2;                  // 定义线网络 z1 和 z2
assign z1=&a;                // 对 a 执行规约"与"操作
assign z2=|b;                // 对 b 执行规约"或"操作
assign  z= sel ? z1 : z2;    // 三元运算，执行选择操作
endmodule                    // 模块结束
```

注：读者进入本书提供的\vivado_example\mux7_verilog 资源目录中，用 Vivado 2023.1 打开名字为 project1.xprj 的工程文件。

代码清单 1-4　使用 VHDL 调用 MUXF7 的 RTL 描述例子

```
library IEEE;                               -- 声明 IEEE 库
use IEEE.STD_LOGIC_1164.ALL;                -- 使用 STD_LOGIC_1164 的库
entity top is                               -- 声明实体 top
Port (                                      -- 端口声明部分
    a  :  in  std_logic_vector(5 downto 0); -- 声明输入端口 a，宽度 6 位
    b  :  in  std_logic_vector(5 downto 0); -- 声明输入端口 b，宽度 6 位
    sel :  in  std_logic;                   -- 声明输入端口 sel
    z   :  out std_logic                    -- 声明输出端口 z
  );
end top;                                    -- 实体部分结束

architecture Behavioral of top is           -- 结构体部分
signal z1,z2 : std_logic;                   -- 声明两个逻辑位信号 z1 和 z2
begin                                       -- 结构体描述部分
z1<=and a;                                  -- 对 a 执行规约"与"操作
z2<=or b;                                   -- 对 b 执行规约"或"操作
z<=z1 when sel='1' else z2;                 -- 条件信号分配语句，执行选择操作
end Behavioral;                             -- 结构体部分结束
```

注：读者进入本书提供的\vivado_example\mux7_vhdl 资源目录中，用 Vivado 2023.1 打开名字为 project1.xprj 的工程文件。

使用 Vivado 2023.1 对该设计进行综合后的结果如图 1.9 所示。从图中可知，两个 LUT 分别实现了规约"与"和规约"或"操作，两个 LUT 的输出送到 MUXF7 的输入，sel 信号作为 MUXF7 的选择端输入信号，MUXF7 的输出连接到输出端口 z。

显然，两个 LUT 和 MUXF7 的组合构成的 13 位位宽的输入变量和输出之间的函数如下：

$$z = f(a[5:0], b[5:0], sel)$$

思考与练习 1-3：请读者打开该设计综合后的结果，观察图 1.9 中每个查找表的内容。

思考与练习 1-4：请读者打开该设计实现后的结果，观察图 1.9 中 LUT 和 MUXF7 的布局布线结果。

2．F8MUX_BOT 和 F8MUX_TOP

F8MUX_BOT 和 F8MUX_TOP 用于组合两个相邻的多路复用器。其中，后缀 BOT 和 TOP

表示该类型的多路复用器由 SLICE 外部输入的 BX、FX 控制信号对相应的 F8MUX 进行控制。其可以实现辅助的 8 输入函数功能或实现一个 16 选 1 多路复用器的功能。

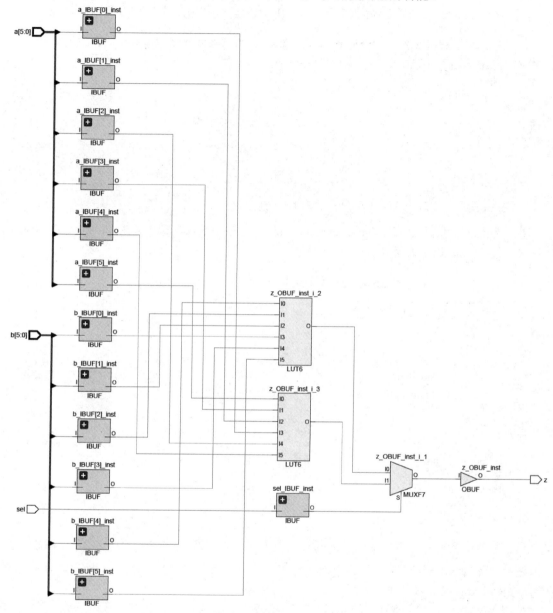

图 1.9 综合后的结果

在 UltraScale 和 UltraScale+ 架构中的原语库中，按如下描述 MUXF7 原语，即该设计元素是一个 2 选 1 多路复用器，它与两个 LUT6 相结合，可以在单个 CLB 内创建任何 7 输入逻辑函数，8 选 1 多路复用器或其他高达 13 位位宽的逻辑函数。LUT6 元件的输出连接到 MUXF7 的 I0 和 I1 输入。S 输入来自任何网络。当为低时，S 选择 I0；当为高时，S 选择 I1。此外，按如下描述 F8MUX 原语，该设计元素是一个 2 选 1 多路复用器，与 2 个 MUXF7 和 4 个 LUT6 相结合，可以在单个 CLB 中创建任何 8 输入逻辑函数、16 选 1 多路复用器或其他高达 27 位位宽的逻辑函数。MUXF7 元件的输出连接到 MUXF8 的 I0 和 I1 输入。S 输入来自任何网络。当为低时，S 选择 I0；当为高时，S 选择 I1。

下面使用 Verilog HDL 和 VHDL 的结构化描述，通过调用 MUXF7 和 MUXF8，实现 4 选 1 多路复用器的功能，如代码清单 1-5 和代码清单 1-6 所示。

代码清单 1-5　用于 MUXF7 和 MUXF8 的 Verilog HDL 结构级描述例子

```
module top(                      // 定义模块 top
  input   a,                     // 定义输入端口 a
  input   b,                     // 定义输入端口 b
  input   c,                     // 定义输入端口 c
  input   d,                     // 定义输入端口 d
  input [1:0] sel,               // 定义输入端口 sel
  output z                       // 定义输出端口 z
    );
wire x,y;                        // 定义线网络 x 和 y
MUXF7 Inst_MUX7_1(               // 元件例化语句，调用底层原语 MUXF7
.O(x),                           // MUXF8 的端口 O 连接到网络 x
.I0(a),                          // MUXF7 的端口 I0 连接到输入端口 a
.I1(b),                          // MUXF7 的端口 I1 连接到输入端口 b
.S(sel[0])                       // MUXF7 的端口 S 连接到输入端口 sel[0]
);
MUXF7 Inst_MUX7_2(               // 元件例化语句，调用底层原语 MUXF7
.O(y),                           // MUXF7 的端口 O 连接到网络 y
.I0(c),                          // MUXF7 的端口 I0 连接到输入端口 c
.I1(d),                          // MUXF7 的端口 I1 连接到输入端口 d
.S(sel[0])                       // MUXF7 的端口 S 连接到输入端口 sel[0]
);
MUXF8 Inst_MUX8(                 // 元件例化语句，调用底层原语 MUXF8
.O(z),                           // MUXF8 的端口 O 连接到输出端口 z
.I0(x),                          // MUXF8 的端口 I0 连接到网络 x
.I1(y),                          // MUXF8 的端口 I1 连接到网络 y
.S(sel[1])                       // MUXF8 的端口 S 连接到输入端口 sel[1]
);
endmodule                        // 模块结束
```

注：读者进入本书提供的\vivado_example\mux8_verilog_arch 资源目录中，用 Vivado 2023.1 打开名字为 project1.xprj 的工程文件。

代码清单 1-6　用于 MUXF7 和 MUXF8 的 VHDL 结构级描述例子

```
library IEEE;                              -- 声明 IEEE 库
use IEEE.STD_LOGIC_1164.ALL;               -- 使用 IEEE 库中的 STD_LOGIC_1164 包
library UNISIM;                            -- 声明 UNISIM 库
use UNISIM.VComponents.all;                -- 使用 UNISIM 库中的 VComponents 包
entity top is                             -- 声明实体 top
Port (                                     -- 实体中的端口部分
  a    : in std_logic;                     -- 输入端口 a
  b    : in std_logic;                     -- 输入端口 b
  c    : in std_logic;                     -- 输入端口 c
  d    : in std_logic;                     -- 输入端口 d
  sel  : in std_logic_vector(1 downto 0);  -- 输入端口 sel
  z    : out std_logic                     -- 输出端口 z
  );
end top;                                   -- 实体部分结束
architecture Behavioral of top is          -- 结构体部分
signal x,y : std_logic;                    -- 结构体内声明信号 x 和 y
begin                                      -- 结构体的描述部分
MUXF7_inst_1 : MUXF7                       -- 元件例化语句，调用底层原语 MUXF7
port map (                                 -- 端口映射部分
  O =>x,                                   -- MUXF7 的端口 O 映射到信号 x
```

```
    I0 => a,                -- MUXF7 的端口 I0 映射到输入端口 a
    I1 => b,                -- MUXF7 的端口 I1 映射到输入端口 b
    S => sel(0)             -- MUXF7 的端口 S 映射到输入端口 sel(0)
);
MUXF7_inst_2 : MUXF7        -- 元件例化语句，调用底层原语 MUXF7
port map (                  -- 端口映射部分
    O =>y,                  -- MUXF7 的端口 O 映射到信号 y
    I0 => c,                -- MUXF7 的端口 I0 映射到输入端口 c
    I1 => d,                -- MUXF7 的端口 I1 映射到输入端口 d
    S => sel(0)             -- MUXF7 的端口 S 映射到输入端口 sel(0)
);
MUXF8_inst_1 : MUXF8        -- 元件例化语句，调用底层原语 MUXF8
port map (                  -- 端口映射部分
    O =>z,                  -- MUXF8 的端口 O 映射到输出端口 z
    I0 => x,                -- MUXF8 的端口 I0 映射到信号 x
    I1 => y,                -- MUXF8 的端口 I1 映射到信号 y
    S => sel(1)             -- MUXF8 的端口 S 映射到输入端口 sel(1)
);
end Behavioral;            -- 结构体部分的结束
```

注：读者进入本书提供的\vivado_example\mux8_vhdl_arch 资源目录中，用 Vivado 2023.1 打开名字为 project1.xprj 的工程文件。

使用 Vivado 2023.1 对该设计进行综合后的结果如图 1.10 所示。从图中可知，在 sel[1:0]信号的控制下，两个 MUXF7 分别对输入 a 和 b，以及 c 和 d 进行组合，这两个多路复用器的输出通过 MUXF8 的组合，最后送到输出端口。

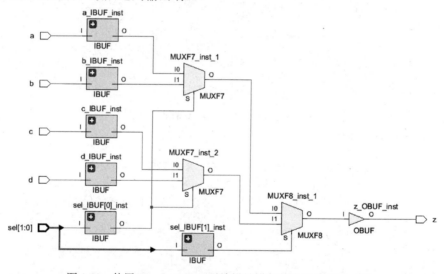

图 1.10　使用 Vivado 2023.1 对该设计进行综合后的结果（1）

思考与练习 1-5：观察图 1.10，说明该布局布线的原因 (提示：输入直接连接到 6 输入 LUT 的输出，然后连接到 MUX7，这与 UltraScale+ FPGA 元件库中对 MUXF7 的功能说明一致)。

前面通过直接调用底层原语 MUXF7 和 MUXF8 实现了 4 选 1 多路复用器，根据已经学过的 Verilog HDL 和 VHDL 语法可知，4 选 1 多路复用器也可以使用 Verilog HDL 和 VHDL 的 RTL 级描述，如代码清单 1-7 和代码清单 1-8 所示。

代码清单 1-7　4 选 1 多路复用器的 Verilog HDL RTL 描述例子

```
module top(                 // 定义模块 top
input       a,              // 定义输入端口 a
```

```
input        b,                      // 定义输入端口 b
input        c,                      // 定义输入端口 c
input        d,                      // 定义输入端口 d
input [1:0] sel,                     // 定义输入端口 sel
output reg   z                       // 定义输出端口 z
     );
always @ (*)                         // 声明过程语句
begin                                // 标记过程语句的开始
case (sel)                           // case 语句
    0  : z=a;                        // sel 取值为 0 时，端口 z 与端口 a 连接
    1  : z=b;                        // sel 取值为 1 时，端口 z 与端口 b 连接
    2  : z=c;                        // sel 取值为 2 时，端口 z 与端口 c 连接
    3  : z=d;                        // sel 取值为 3 时，端口 z 与端口 d 连接
    default : ;                      // 其他情况，无任何操作
  endcase                            // case 语句结束
end                                  // 过程语句结束
endmodule                            // 模块结束
```

注：读者进入本书提供的\vivado_example\mux8_verilog_rtl 资源目录中，用 Vivado 2023.1 打开名字为 project1.xprj 的工程文件。

代码清单 1-8　4 选 1 多路复用器的 VHDL RTL 描述例子

```
library IEEE;                               -- 声明 IEEE 库
use IEEE.STD_LOGIC_1164.ALL;                -- 使用 IEEE 库的 STD_LOGIC_1164 包
entity top is                               -- 声明实体 top
Port (                                      -- 端口声明部分
    a   : in   std_logic;                   -- 定义输入端口 a
    b   : in   std_logic;                   -- 定义输入端口 b
    c   : in   std_logic;                   -- 定义输入端口 c
    d   : in   std_logic;                   -- 定义输入端口 d
    sel : in   std_logic_vector(1 downto 0);--定义输入端口 sel
    z   : out std_logic                     -- 定义输出端口 z
    );
end top;                                    -- 实体部分结束
architecture Behavioral of top is           -- 结构体部分
begin                                       -- 结构体描述部分的开始
process(sel)                                -- 过程语句
begin                                       -- 过程语句描述部分的开始
case sel is                                 -- case 语句
  when "00" => z<=a;                        -- 当 sel=0 时，端口 a 连接到端口 z
  when "01" => z<=b;                        -- 当 sel=1 时，端口 b 连接到端口 z
  when "10" => z<=c;                        -- 当 sel=2 时，端口 c 连接到端口 z
  when "11" => z<=d;                        -- 当 sel=3 时，端口 d 连接到端口 z
  when others =>                            -- 当 sel 取其他值时，空操作
end case;                                   -- case 语句结束
end process;                                -- 过程语句结束
end Behavioral;                             -- 结构体结束
```

注：读者进入本书提供的\vivado_example\mux8_vhdl_rtl 资源目录中，用 Vivado 2023.1 打开名字为 project1.xprj 的工程文件。

使用 Vivado 2023.1 对该设计执行综合后的结果如图 1.11 所示。为什么在 HDL RTL 描述了多路选择的功能，但是在综合后的结果中并没有出现使用 FPGA 中的多路复用器呢？显然，从数字电路的角度很好理解，这是因为逻辑输入 a、b、c、d 和 sel 与输出 z 之间存在一个可以用真值表描述的逻辑关系，即

$$z = f(a,b,c,d,sel)$$

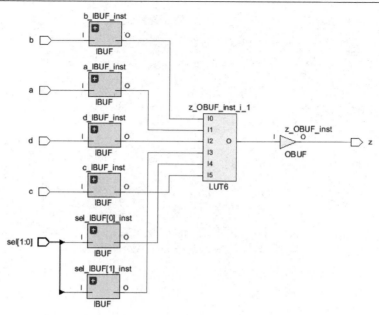

图 1.11　使用 Vivado 2023.1 对该设计进行综合后的结果（2）

因此，Vivado 综合工具将 HDL RTL 描述的比较关系转换为使用 LUT 表示的逻辑关系。与

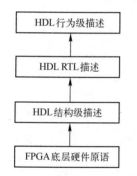

图 1.12　HDL 的行为级、RTL 和结构级描述与 FPGA 底层原语之间的关系

前面使用 HDL 的结构级描述相比，在结构级描述中，通过强制调用 FPGA 底层 MUXF7 和 MUXF8，使用 FPGA 底层的多路复用器原语实现了 4 选 1 多路复用器的功能。因此，通过这个例子可知，HDL 的结构级描述最"贴近"FPGA 的底层硬件原语，对 FPGA 底层原语有很好的"掌控"能力，但建立复杂模型的效率较低；而 HDL 的 RTL 描述建立复杂模型的效率较高，但对 FPGA 底层原语的"掌控"能力稍弱。HDL 的行为级、RTL 和结构级描述与 FPGA 底层原语之间的关系如图 1.12 所示。

注： FPGA 的底层原语（Primitive）是指存在于 FPGA 内部的逻辑设计资源，如 CLB（以及 CLB 内的 LUT 和 FF 等）、DSP 切片、BRAM 等。

3．MUXF9

MUXF9 用于组合两个 MUXF8，该类型的多路复用器由 SLICE 外部输入的 DX 控制信号进行控制。其可以实现辅助的 8 输入函数功能或实现一个 32 选 1 多路复用器的功能。

在 UltraScale 和 UltraScale+ 架构中的原语库中，按如下描述 F9MUX，该设计元素是一个两输入多路复用器，它与两个 MUXF8、4 个 MUXF7 和 8 个 LUT6 元件结合，可以在一个 CLB 内创建任何 9 个输入、32 选 1 多路复用器或其他高达 55 位宽的逻辑函数。MUXF8 元件的输出连接到 MUXF9 的 I0 和 I1。S 输入来自任何网络。当为低时，S 选择 I0；当为高时，S 选择 I1。

下面通过一个例子将 LUT、MUXF7、MUXF8 和 MUXF9 组合在一起，完整地呈现出它们之间的关系，其 Verilog HDL 和 VHDL 的 RTL 与结构级混合描述如代码清单 1-9 和代码清单 1-10 所示。

代码清单 1-9　组合 LUT 和 MUX 的 Verilog HDL 描述例子

```
module top(                     // 定义模块 top
input [5:0] a,                  // 定义输入端口 a
```

```verilog
    input [5:0] b,                      // 定义输入端口 b
    input [5:0] c,                      // 定义输入端口 c
    input [5:0] d,                      // 定义输入端口 d
    input [5:0] e,                      // 定义输入端口 e
    input [5:0] f,                      // 定义输入端口 f
    input [5:0] g,                      // 定义输入端口 g
    input [5:0] h,                      // 定义输入端口 h
    input [2:0] sel,                    // 定义输入端口 sel
    output o                            // 定义输出端口 o
        );
    wire   x[7:0];                      // 定义网络 x[7:0]
    wire y[3:0];                        // 定义网络 y[3:0]
    wire z[1:0];                        // 定义网络 z[1:0]
    assign x[0]=&a;                     // 对输入 a 执行规约"与"操作,结果为 x[0]
    assign x[1]=~&b;                    // 对输入 b 执行规约"与非"操作,结果为 x[1]
    assign x[2]=| c;                    // 对输入 c 执行规约"或"操作,结果为 x[2]
    assign x[3]= ~|d;                   // 对输入 d 执行规约"或非"操作,结果为 x[3]
    assign x[4]=^e;                     // 对输入 e 执行规约"异或"操作,结果为 x[4]
    assign x[5]=^~f;                    // 对输入 f 执行规约"同或"操作,结果为 x[5]
    assign x[6]=&g;                     // 对输入 g 执行规约"与"操作,结果为 x[6]
    assign x[7]=|h;                     // 对输入 h 执行规约"或"操作,结果为 x[7]
    MUXF7 MUXF7_inst_1 (                // 元件例化语句,调用 MUXF7 原语
    .O(y[0]),                           // MUXF7 的端口 O 连接到网络 y[0]
    .I0(x[0]),                          // MUXF7 的端口 I0 连接到网络 x[0]
    .I1(x[1]),                          // MUXF7 的端口 I1 连接到网络 x[1]
    .S(sel[0])                          // MUXF7 的端口 S 连接到端口 sel[0]
    );
    MUXF7 MUXF7_inst_2 (                // 元件例化语句,调用 MUXF7 原语
    .O(y[1]),                           // MUXF7 的端口 O 连接到网络 y[1]
    .I0(x[2]),                          // MUXF7 的端口 I0 连接到网络 x[2]
    .I1(x[3]),                          // MUXF7 的端口 I1 连接到网络 x[3]
    .S(sel[0])                          // MUXF7 的端口 S 连接到端口 sel[0]
    );
    MUXF7 MUXF7_inst_3 (                // 元件例化语句,调用 MUXF7 原语
    .O(y[2]),                           // MUXF7 的端口 O 连接到网络 y[2]
    .I0(x[4]),                          // MUXF7 的端口 I0 连接到网络 x[4]
    .I1(x[5]),                          // MUXF7 的端口 I1 连接到网络 x[5]
    .S(sel[0])                          // MUXF7 的端口 S 连接到端口 sel[0]
    );
    MUXF7 MUXF7_inst_4 (                // 元件例化语句,调用 MUXF7 原语
    .O(y[3]),                           // MUXF7 的端口 O 连接到网络 y[3]
    .I0(x[6]),                          // MUXF7 的端口 I0 连接到网络 x[6]
    .I1(x[7]),                          // MUXF7 的端口 I1 连接到网络 x[7]
    .S(sel[0])                          // MUXF7 的端口 S 连接到端口 sel[0]
    );
    MUXF8 MUXF8_inst_1 (                // 元件例化语句,调用 MUXF8 原语
    .O(z[0]),                           // MUXF8 的端口 O 连接到网络 z[0]
    .I0(y[0]),                          // MUXF8 的端口 I0 连接到网络 y[0]
    .I1(y[1]),                          // MUXF8 的端口 I1 连接到网络 y[1]
    .S(sel[1])                          // MUXF8 的端口 S 连接到端口 sel[1]
    );
    MUXF8 MUXF8_inst_2 (                // 元件例化语句,调用 MUXF8 原语
```

```
.O(z[1]),                              // MUXF8 的端口 O 连接到网络 z[1]
.I0(y[2]),                             // MUXF8 的端口 I0 连接到网络 y[2]
.I1(y[3]),                             // MUXF8 的端口 I1 连接到网络 y[3]
.S(sel[1])                            // MUXF8 的端口 S 连接到端口 sel[1]
);
MUXF9 MUXF9_inst (                    // 元件例化语句，调用 MUXF9 原语
.O(o),                                 // MUXF9 的端口 O 连接到端口 o
.I0(z[0]),                            // MUXF9 的端口 I0 连接到网络 z[0]
.I1(z[1]),                            // MUXF9 的端口 I1 连接到网络 z[1]
.S(sel[2])                            // MUXF9 的端口 S 连接到端口 sel[2]
);
endmodule                             // 模块结束
```

  注：读者进入本书提供的\vivado_example\mux9_verilog 资源目录中，用 Vivado 2023.1 打开名字为 project1.xprj 的工程文件。

代码清单 1-10　组合 LUT 和 MUX 的 VHDL 描述例子

```
library IEEE;                          -- 声明 IEEE 库
use IEEE.STD_LOGIC_1164.ALL;          -- 使用 IEEE 库的 STD_LOGIC_1164 包
library UNISIM;                        -- 声明 UNISIM 库
use UNISIM.VComponents.all;            -- 使用 UNISIM 库的 VComponents 包
entity top is                          -- 声明实体 top
Port (                                 -- 端口声明部分
    a   : in  std_logic_vector(5 downto 0);  -- 定义输入端口 a
    b   : in  std_logic_vector(5 downto 0);  -- 定义输入端口 b
    c   : in  std_logic_vector(5 downto 0);  -- 定义输入端口 c
    d   : in  std_logic_vector(5 downto 0);  -- 定义输入端口 d
    e   : in  std_logic_vector(5 downto 0);  -- 定义输入端口 e
    f   : in  std_logic_vector(5 downto 0);  -- 定义输入端口 f
    g   : in  std_logic_vector(5 downto 0);  -- 定义输入端口 g
    h   : in  std_logic_vector(5 downto 0);  -- 定义输入端口 h
    sel : in  std_logic_vector(2 downto 0);  -- 定义输入端口 sel
    o   : out std_logic                      -- 定义输出端口 o
);
end top;                               -- 实体结束
architecture Behavioral of top is      -- 结构体部分
signal x : std_logic_vector(7 downto 0);  -- 声明信号 x
signal y : std_logic_vector(3 downto 0);  -- 声明信号 y
signal z : std_logic_vector(1 downto 0);  -- 声明信号 z
begin                                  -- 结构体描述部分的开始
x(0)<=and a;                           -- 对输入 a 执行规约"与"操作，结果为 x(0)
x(1)<=nand b;                          -- 对输入 b 执行规约"与非"操作，结果为 x(1)
x(2)<=or c;                            -- 对输入 c 执行规约"或"操作，结果为 x(2)
x(3)<=nor d;                           -- 对输入 d 执行规约"或非"操作，结果为 x(3)
x(4)<=xor e;                           -- 对输入 e 执行规约"异或"操作，结果为 x(4)
x(5)<=xnor f;                          -- 对输入 f 执行规约"同或"操作，结果为 x(5)
x(6)<=and g;                           -- 对输入 g 执行规约"与"操作，结果为 x(6)
x(7)<=or h;                            -- 对输入 h 执行规约"或"操作，结果为 x(7)
MUXF7_inst_1 : MUXF7                   -- 元件例化语句，调用 MUXF7 原语
port map (                             -- 端口映射部分
O =>y(0),                              -- MUXF7 的端口 O 连接到信号 y(0)
I0 =>x(0),                             -- MUXF7 的端口 I0 连接到信号 x(0)
```

```
        I1 =>x(1),                    -- MUXF7 的端口 I1 连接到信号 x(1)
        S =>sel(0)                    -- MUXF7 的端口 S 连接到端口 sel(0)
    );
    MUXF7_inst_2 : MUXF7             -- 元件例化语句，调用 MUXF7 原语
    port map (                        -- 端口映射部分
        O =>y(1),                     -- MUXF7 的端口 O 连接到信号 y(1)
        I0 =>x(2),                    -- MUXF7 的端口 I0 连接到信号 x(2)
        I1 =>x(3),                    -- MUXF7 的端口 I1 连接到信号 x(3)
        S =>sel(0)                    -- MUXF7 的端口 S 连接到端口 sel(0)
    );
    MUXF7_inst_3 : MUXF7             -- 元件例化语句，调用 MUXF7 原语
    port map (                        -- 端口映射部分
        O =>y(2),                     -- MUXF7 的端口 O 连接到信号 y(2)
        I0 =>x(4),                    -- MUXF7 的端口 I0 连接到信号 x(4)
        I1 =>x(5),                    -- MUXF7 的端口 I1 连接到信号 x(5)
        S =>sel(0)                    -- MUXF7 的端口 S 连接到端口 sel(0)
    );
    MUXF7_inst_4 : MUXF7             -- 元件例化语句，调用 MUXF7 原语
    port map (                        -- 端口映射部分
        O =>y(3),                     -- MUXF7 的端口 O 连接到信号 y(3)
        I0 =>x(6),                    -- MUXF7 的端口 I0 连接到信号 x(6)
        I1 =>x(7),                    -- MUXF7 的端口 I1 连接到信号 x(7)
        S =>sel(0)                    -- MUXF7 的端口 S 连接到端口 sel(0)
    );
    MUXF8_inst_1 : MUXF8             -- 元件例化语句，调用 MUXF8 原语
    port map (                        -- 端口映射部分
        O =>z(0),                     -- MUXF8 的端口 O 连接到信号 z(0)
        I0 =>y(0),                    -- MUXF8 的端口 I0 连接到信号 y(0)
        I1 =>y(1),                    -- MUXF8 的端口 I1 连接到信号 y(1)
        S =>sel(1)                    -- MUXF8 的端口 S 连接到端口 sel(1)
    );
    MUXF8_inst_2 : MUXF8             -- 元件例化语句，调用 MUXF8 原语
    port map (                        -- 端口映射部分
        O =>z(1),                     -- MUXF8 的端口 O 连接到信号 z(1)
        I0 =>y(2),                    -- MUXF8 的端口 I0 连接到信号 y(2)
        I1 =>y(3),                    -- MUXF8 的端口 I1 连接到信号 y(3)
        S =>sel(1)                    -- MUXF8 的端口 S 连接到端口 sel(1)
    );
    MUXF9_inst : MUXF9               -- 元件例化语句，调用 MUXF9 原语
    port map (                        -- 端口映射部分
        O =>o,                        -- MUXF9 的端口 O 连接到端口 o
        I0 =>z(0),                    -- MUXF9 的端口 I0 连接到信号 z(0)
        I1 =>z(1),                    -- MUXF9 的端口 I1 连接到信号 z(1)
        S =>sel(2)                    -- MUXF9 的端口 S 连接到信号 sel(2)
    );
    end Behavioral;                   -- 结构体结束
```

注：读者进入本书提供的\vivado_example\mux9_verilog 资源目录中，用 Vivado 2023.1 打开名字为 project1.xprj 的工程文件。

使用 Vivado 2023.1 对该设计进行综合后的结果如图 1.13 所示。从图中可知，该设计中使用了 8 个 6 输入 LUT、4 个 MUXF7、2 个 MUXF8、1 个 MUXF9。

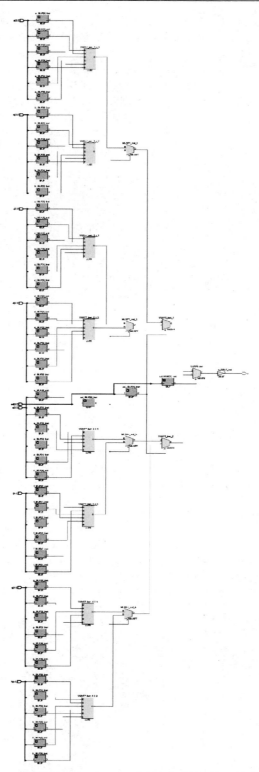

图 1.13　使用 Vivado 2023.1 对该设计进行综合后的结果

　　对综合后的结果进行布局布线，如图 1.14 所示。从图中可以看到该设计在一个 CLB 中使用了 8 个 6 输入 LUT、4 个 MUXF7、2 个 MUXF8，以及 1 个 MUXF9。此外，从图中可以很清晰地看到这些原语之间的连接关系。

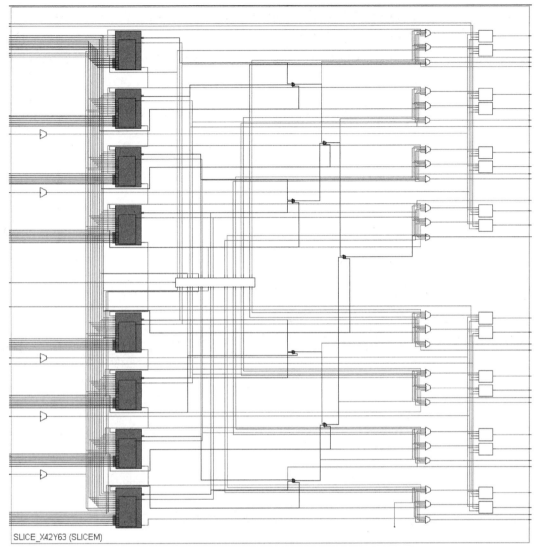

SLICE_X42Y63 (SLICEM)

图 1.14　对综合后的结果进行布局布线

1.2.3　进位逻辑

CLB 内提供了一个专用的快速超前进位逻辑，用来执行快速的加法和减法运算。多个快速进位逻辑可以级联在一起，实现更宽位数的加法和减法运算。

图 1.15 给出了 UltraScale 和 UltraScale+架构 FPGA 中 CLB 内超前快速进位逻辑 CARRY8 的结构。

从图中可知，进位链向上运行，并且每个 CLB 具有 8 位宽度。进位初始化输入 CYINIT 用于选择进位链中的第一位。该输入的值为 "0" 时，用于加法；该输入的值为 "1" 时，用于减法或 AX 输入（用于动态第一位进位）。进位初始化功能在 CLB 底部进位链的开始处或中点处都可用，用于将进位链分成两个四位进位块。专用连接用于将进位从一个 CLB 的 COUT 引脚级联到上面 CLB 的 CIN 引脚。对于每一位，都有一个进位复用器（MUXCY）和一个专门的逻辑 "异或" 门（XOR），用于将操作数与所选的进位比特相加/相减。专用进位路径和进位多路复用器（MUXCY）也可以用于级联函数生成器，以实现宽的逻辑函数。

为了说明图 1.15 给出的超前进位加法器的结构，下面从一位加法器的结构开始，对于一位的全加器来说，用表 1.6 所示的真值表表示全加器的逻辑关系。表中的 A 和 B 分别表示参与二进制加法的两个一位二进制数，Cin 表示当前的进位输入，Cout 表示进位输出，S 表示二进制加法运算的求和结果。

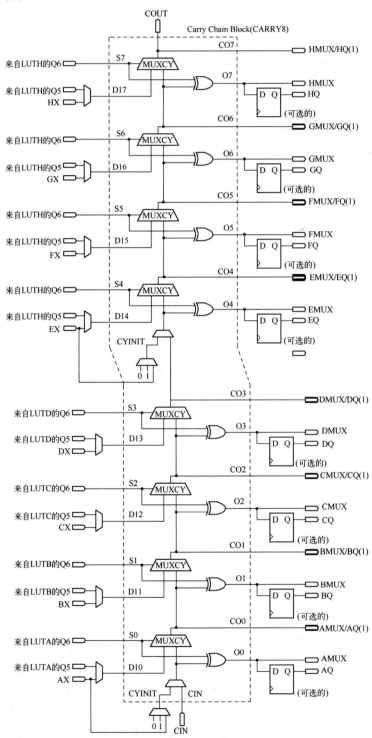

图 1.15 UltraScale 和 UltraScale+架构 FPGA 中 CLB 内超前快速进位逻辑 CARRY8 的结构

表 1.6　全加器的逻辑关系

Cin	A	B	S	Cout
0	0	0	0	0
0	0	1	1	0
0	1	0	1	0
0	1	1	0	1
1	0	0	1	0
1	0	1	0	1
1	1	0	0	1
1	1	1	1	1

对表 1.6 给出的全加器逻辑关系进行重新排列，如表 1.7 所示。

表 1.7　重排后的全加器真值表逻辑关系

Cin	A	B	S	Cout
0	0	0	0	0
1	0	0	1	0
0	0	1	1	0
1	0	1	0	1
0	1	0	1	0
1	1	0	0	1
0	1	1	0	1
1	1	1	1	1

观察表 1.7，可知下面的规律。

（1）当 A=“0”且 B=“0”时：

① 不论 Cin 是“0”还是“1”，Cout 均为“0”。由于此时 B=“0”。因此，可以用 B 作为输出。

② Cin=“1”，S=“1”；Cin=“0”，S=“0”。

（2）当 A=“0”且 B=“1”时：

① Cin=“1”，Cout=“1”；Cin=“0”，Cout=“0”。

② Cin=“1”，S=“0”；Cin=“0”时，S=“1”。

（3）当 A=“1”且 B=“0”时：

① Cin=“1”，Cout=“1”；Cin=“0”，Cout=“0”。

② Cin=“1”，S=“0”；Cin=“0”，S=“1”。

（4）当 A=“1”且 B=“1”时：

① Cout 均为“1”。由于此时 B=“1”。因此，可以用 B 作为输出。

② Cin=“1”，S=“1”；Cin=“0”，S=“0”。

根据上面的规律，将表 1.7 给出的三变量输入真值表简化为两输入真值表，如表 1.8 所示。

表 1.8　简化为两输入变量的全加器真值表

A	B	S	Cout
0	0	Cin	B
0	1	$\overline{Cin}$	Cin
1	0	$\overline{Cin}$	Cin
1	1	Cin	B

对表 1.8 使用输入变量的卡诺图化简方法，得到下面的逻辑关系：

$$S = \bar{A} \cdot \bar{B} \cdot Cin + \bar{A} \cdot B \cdot \overline{Cin} + A \cdot \bar{B} \cdot Cin + A \cdot B \cdot Cin$$

$$= (\bar{A} \cdot \bar{B} + A \cdot B) \cdot Cin + (\bar{A} \cdot B + A \cdot \bar{B}) \cdot \overline{Cin}$$

$$= \overline{(A \oplus B)} \cdot Cin + (A \oplus B) \cdot \overline{Cin}$$

$$= A \oplus B \oplus Cin$$

令 $A \oplus B = P, B = G$，则

$$S = P \oplus Cin \tag{1.1}$$

$$Cout = \bar{A} \cdot B \cdot Cin + A \cdot \bar{B} \cdot Cin + \bar{A} \cdot \bar{B} \cdot B + A \cdot B \cdot B$$

$$= (\bar{A} \cdot B + A \cdot \bar{B}) \cdot Cin + (\bar{A} \cdot B + A \cdot \bar{B}) \cdot B$$

$$= (A \oplus B) \cdot Cin + \overline{(A \oplus B)} \cdot B$$

$$= P \cdot Cin + \bar{P} \cdot G \tag{1.2}$$

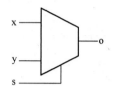

对于一个 2 选 1 多路复用器，输入端为 x 和 y，选择端为 s，输出端为 o，如图 1.16 所示。当 s="0" 时，x 端口的输入送到 o 端口输出；当 s="1" 时，y 端口的输入送到 o 端口输出。

该 2 选 1 多路复用器的逻辑关系如表 1.9 表示。

图 1.16　2 选 1 多路复用器

表 1.9　2 选 1 多路复用器的逻辑关系

s	x	y	o
0	0	0	0
0	0	1	0
0	1	0	1
0	1	1	1
1	0	0	0
1	0	1	1
1	1	0	0
1	1	1	1

对表 1.9 给出的逻辑关系使用卡诺图化简，得到下面的关系：

$$o = \bar{s} \cdot x + s \cdot y$$

因此，式（1.2）为一个 2 选 1 多路复用器的逻辑关系，综合式（1.1）和式（1.2）可得到下面的电路结构，如图 1.17 所示。

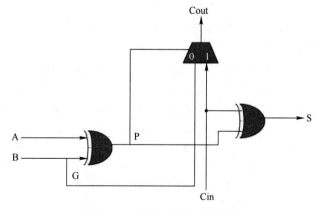

图 1.17　一位全加器的电路结构

将图 1.17 给出的电路结构与图 1.15 中虚线方框内的结构相比，显然，图 1.15 中虚线框内的电路结构是图 1.17 一位全加器电路结构的串联。在图 1.17 中：

（1）P 分别映射到图 1.15 虚线框中的 S0～S7，称为超前进位逻辑的"传递"信号。S0～S7 来自 LUT 的 O6 输出。

（2）G 分别映射到图 1.15 虚线框中的 DI0～DI7，称为超前进位逻辑的"生成"信号，来自 LUT 的 O5 输出（用于创建乘法器）或者切片的 BYPASS 输入（AX、BX、CX、DX、EX、FX、GX 和 HX）（用于创建加法器/累加器）。

（3）S 分别映射到图 1.15 虚线框中的 O0～O7，称为加法/减法的和。

（4）Cin 分别对应于图 1.15 虚线框中上一级进位的输出 CIN、CO0、CO1、CO2、CO3、CO4、CO5 和 CO6。

（5）Cout 分别对应于图 1.15 虚线框中每一级进位的输出 CO0～CO7。CO7 的输出可作为其他切片的 Cin，这样可以构成更宽的进位链。

进一步观察图 1.17，两个输入 A 和 B 经过异或非门的逻辑运算关系，可以通过 LUT 实现，并且通过该 LUT 的 O6 输出，将 B 直接通过同一个 LUT 的 O5 输出。

下面通过调用 UltraScale+ 架构 FPGA 底层原语 LUT6_2 和 CARRY8，实现 8 位全加器功能。

LUT6_2 原语的内部结构如图 1.18 所示。在 UltraScale 和 UltraScale+ 架构中的原语库中，按如下描述 LUT6_2 原语，该设计元件是 6 输入、2 输出的 LUT，它可以充当两个异步 32 位 ROM（具有 5 位寻址），利用共享输入实现任意两个 5 输入逻辑功能，或者利用共享输入和共享逻辑值实现 6 输入逻辑功能和 5 输入逻辑功能。LUT 是基本的逻辑构建块，用于实现设计中的大部分逻辑功能。LUT6_2 将映射到 CLB 中的 8 个查找表中的一个。

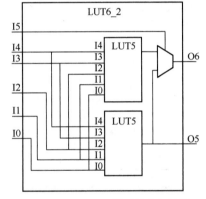

图 1.18 LUT6_2 原语的内部结构

必须指定由 64 位十六进制值组成的 INIT 属性来指示 LUT 的逻辑函数。INIT 的值是通过在应用相关输入时将"1"分配给相应的 INIT 位值来计算的。例如，如果 Verilog HDL INIT 值为 64'hFFFFFFFFFFFFFFFE（VHDL 为 X"FFFFFFFFFFFFFFFE"），则 O6 输出为"1"，除非输入端全为零，O5 输出为"1"；或者，除非 I[4:0]全为零（5 输入或 6 输入或门）。INIT 值的下半部分（31:0）应用于 O5 输出的逻辑函数。

FPGA LUT 原语的 INIT 参数是赋予 LUT 逻辑值的参数。默认情况下，该值为零。因此，无论输入值是什么，都会将输出驱动为零。但是，在大多数情况下，必须确定新的 INIT 值才能指定 LUT 原语的逻辑函数。至少有两种方法可以确定 LUT 所需的 INIT 值。

（1）逻辑表方法：确定 LUT 所需 INIT 值的常用方法是使用逻辑表。要做到这一点，只需创建一个包含所有可能输入的二进制逻辑表，指定输出的所需逻辑值，然后根据这些输出值创建 INIT 字符串。

（2）表达式方法。确定 LUT 所需 INIT 值的另一种方法是为 LUT 的每个输入定义与其列出的真值相对应的参数或类属，并使用这些参数或类属来构建 FPGA 开发人员想要的逻辑等式。一旦掌握了这个概念，这个方法就更容易理解，并且逻辑表方法更能自己记录。但是，该方法确实需要代码实现指定合适的参数或类属。

LUT6_2 逻辑输入和输出之间的关系如表 1.10 所示。

表 1.10　LUT6_2 逻辑输入和输出之间的关系

输入						输出	
I5	I4	I3	I2	I1	I0	O5	O6
0	0	0	0	0	0	INIT[0]	INIT[0]
0	0	0	0	0	1	INIT[1]	INIT[1]
0	0	0	0	1	0	INIT[2]	INIT[2]
			……				
0	1	1	1	1	1	INIT[31]	INIT[31]
1	0	0	0	0	0	INIT[0]	INIT[32]
1	0	0	0	0	1	INIT[1]	INIT[33]
1	0	0	0	1	0	INIT[2]	INIT[34]
			……				
1	1	1	1	1	1	INIT[31]	INIT[63]

该设计的 Verilog HDL 和 VHDL 描述如代码清单 1-11 和代码清单 1-12 所示。

代码清单 1-11　8 位超前进位加法器的 Verilog HDL 描述例子

```
module top(                              // 定义模块 top
input [7:0]   a,                         // 定义 8 位输入端口 a，作为全加器的被加数
input [7:0]   b,                         // 定义 8 位输入端口 b，作为全加器的加数
output [7:0] sum,                        // 定义 8 位输出端口 sum，作为全加器的和
output carry                             // 定义 1 位输出端口 carry，作为全加器的进位
    );
wire [7:0] p,g;                          // 定义 8 位线网络 p 和 g
wire [7:0] CO;                           // 定义 8 位线网络 CO
assign carry=CO[7];                      // 将进位链的最高进位输出 CO[7]连接到 carry
genvar i;                                // 定义生成变量 i
generate                                 // 定义循环生成结构
for(i=0;i<=7;i=i+1)                       // 循环生成 8 个 LUT6_2 的实例
LUT6_2 #(                                // 元件例化语句，调用 LUT6_2 原语
.INIT(64'h66666666AAAAAAAA)              // 构成 a[i]⊕b[i]的结果，参考表 1.10
) LUT6_2_inst (                          // 例化元件的名字 LUT6_2_inst
.O6(p[i]),                               // LUT6_2 的端口 O6 连接到网络 p[i]
.O5(g[i]),                               // LUT6_2 的端口 O5 连接到网络 g[i]
.I0(a[i]),                               // LUT6_2 的端口 I0 连接到端口 a[i]
.I1(b[i]),                               // LUT6_2 的端口 I1 连接到端口 b[i]
.I2(1'b0),                               // LUT6_2 的端口 I2 连接到地（"0"）
.I3(1'b0),                               // LUT6_2 的端口 I3 连接到地（"0"）
.I4(1'b0),                               // LUT6_2 的端口 I4 连接到地（"0"）
.I5(1'b1)                                // LUT6_2 的端口 I5 连接到高电平（"1"）
);
endgenerate                              // 循环生成结构的结束
CARRY8 #(                                // 元件例化语句，调用 CARRY8 原语
.CARRY_TYPE("SINGLE_CY8")                // CARRY_TYPE 设置为 SINGLE_CY8
)
CARRY8_inst (                            // 例化元件名字为 CARRY8_inst
.CO(CO),                                 // CARRY8 的端口 CO 连接到内部网络 CO
.O(sum),                                 // CARRY8 的端口 O 连接到端口 sum
.CI(1'b0),                               // CARRY8 的端口 CI 连接到地（"0"）
.CI_TOP(1'b0),                           // CARRY8 的端口 CI_TOP 连接到地（"0"）
.DI(g),                                  // CARRY8 的端口 DI 连接到网络 g
.S(p)                                    // CARRY8 的端口 S 连接到网络 p
);
endmodule                                // 模块的结束
```

注：读者进入本书提供的\vivado_example\carry_verilog 资源目录中，用 Vivado 2023.1 打开名字为 project1.xprj 的工程文件。

代码清单 1-12　8 位超前进位加法器的 VHDL 描述例子

```
library IEEE;                                       -- 声明 IEEE 库
use IEEE.STD_LOGIC_1164.ALL;                        -- 使用 IEEE 库的 STD_LOGIC_1164 包
library UNISIM;                                     -- 声明 UNISIM 库
use UNISIM.VComponents.all;                         -- 使用 UNISIM 库的 VComponents 包
entity top is                                       -- 声明实体 top
Port (                                              -- 端口声明部分
    a    : in  std_logic_vector(7 downto 0);        -- 定义 8 位输入端口 a，被加数
    b    : in  std_logic_vector(7 downto 0);        -- 定义 8 位输入端口 b，加数
    sum  : out std_logic_vector(7 downto 0);        -- 定义 8 位输出端口 sum，求和结果
    carry : out std_logic                           -- 定义 1 位输出端口 carry，进位
);                                                  
end top;                                            -- 实体部分结束
architecture Behavioral of top is                   -- 结构体部分
signal p, g : std_logic_vector(7 downto 0);         -- 声明信号 p 和 g
signal CO : std_logic_vector(7 downto 0);           -- 声明信号 CO
signal gnd : std_logic:='0';                        -- 声明并给信号 gnd 赋值 "0"
signal vcc : std_logic:='1';                        -- 声明并给信号 vcc 赋值 "1"
begin                                               -- 结构体描述部分的开始
carry<=CO(7);                                       -- 将 CO(7) 连接到端口 carry
gen_arch : for i in 0 to 7 generate                 -- 循环生成，产生 8 个 LUT6_2 实例
LUT6_2_inst : LUT6_2                                -- 元件例化语句，调用 LUT6_2
generic map (                                       -- 类属映射
INIT => X"66666666AAAAAAAA")                        -- 构成 a[i]⊕b[i] 的结果，参考表 1.10
port map (                                          -- 端口映射语句
O6 => p(i),                                         -- LUT6_2 的端口 O6 映射到信号 p(i)
O5 => g(i),                                         -- LUT6_2 的端口 O5 映射到信号 g(i)
I0 => a(i),                                         -- LUT6_2 的端口 I0 映射到端口 a(i)
I1 => b(i),                                         -- LUT6_2 的端口 I1 映射到端口 b(i)
I2 =>gnd,                                           -- LUT6_2 的端口 I2 映射到信号 gnd
I3 =>gnd,                                           -- LUT6_2 的端口 I3 映射到信号 gnd
I4 =>gnd,                                           -- LUT6_2 的端口 I4 映射到信号 gnd
I5 =>vcc                                            -- LUT6_2 的端口 I5 映射到信号 vcc
);                                                  
end generate;                                       -- 生成语句结束
CARRY8_inst : CARRY8                                -- 元件例化语句，调用 CARRY8 原语
generic map (                                       -- 类属映射
CARRY_TYPE => "SINGLE_CY8"                          -- CARRY_TYPE 设置为 SINGLE_CY8
)                                                   
port map (                                          -- 端口映射语句
CO => CO,                                           -- CARRY8 的端口 CO 映射到信号 CO
O => sum,                                           -- CARRY8 的端口 O 映射到端口 sum
CI => gnd,                                          -- CARRY8 的端口 CI 映射到 "0"
CI_TOP => gnd,                                      -- CARRY8 的端口 CI_TOP 映射到 "0"
DI => g,                                            -- CARRY8 的端口 DI 映射到信号 g
S => p                                              -- CARRY8 的端口 S 映射到信号 p
);                                                  
end Behavioral;                                     -- 结构体部分的结束
```

注：读者进入本书提供的\vivado_example\carry_vhdl 资源目录中，用 Vivado 2023.1 打开名字为 project1.xprj 的工程文件。

使用 Vivado 2023.1 对该设计执行综合后的结果如图 1.19 所示。从图中可知，通过调用 LUT6_2 原语和 CARRY8 原语，构成了包含超前进位逻辑的 8 位全加器电路结构。使用 Vivado 2023.1 对该设计进行布局布线后的结果如图 1.20 所示。

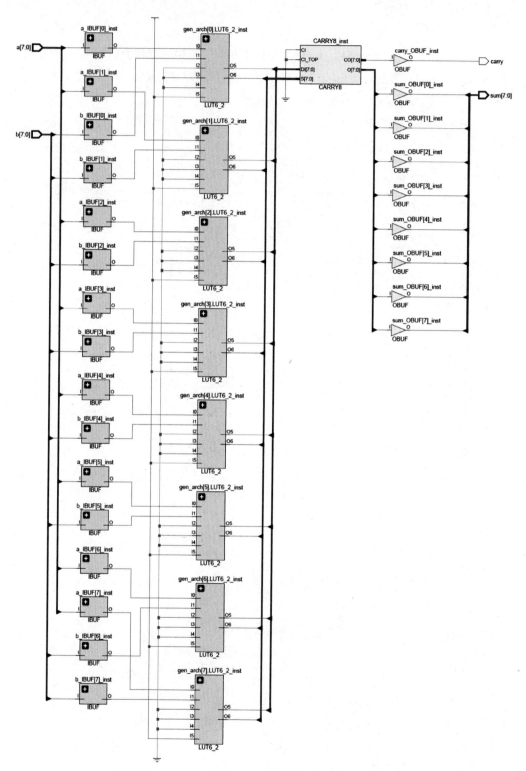

图 1.19　使用 Vivado 2023.1 对该设计进行综合后的结果

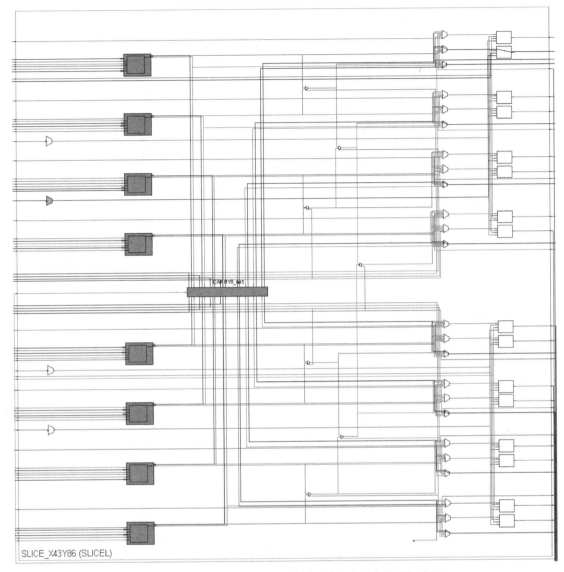

SLICE_X43Y86 (SLICEL)

图 1.20　使用 Vivado 2023.1 对该设计进行布局布线后的结果

1.2.4　存储元件

每个 CLB 的切片内有 16 个存储元件，其中每一个存储元件都可以配置为边沿触发的 D 触发器，或者电平触发的锁存器。在 UltraScale/UltraScale+ 架构 FPGA 中，将 16 个存储元件分成上半部分和下半部分，每部分内包含 8 个存储元件；每个 LUT 的输入与两个存储元件连接。因此，每两个存储元件构成一对存储元件，分别用 FF 和 FF2 表示。

基于上面的结构特点，上半部分存储元件和下半部分存储元件各包含 4 对存储元件，分别用 A~D、E~H 表示。

在 UltraScale/UltraScale+ FPGA 结构中，为每个 CLB 提供了两个时钟输入和两个置位/复位（SR）输入。它们分别分配到上半部分和下半部分的存储元件。而对于置位/复位，提供同步或者异步两种方式。如图 1.21 所示为 UltraScale+ Kintex 系列 FPGA 中 16 个存储元件的控制信号。

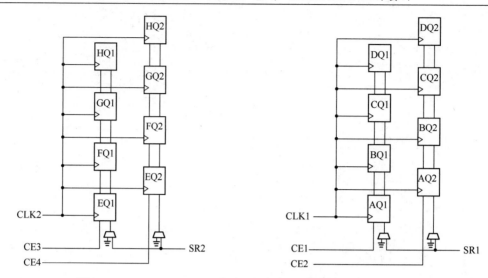

图 1.21　UltraScale+ Kintex 系列 FPGA 中 16 个存储元件的控制信号

如图 1.22 所示，在 UltraScale 结构中，每个存储元件的输入 FFMUX，其有 6 个输入源，包括：

图 1.22　一对存储元件的 D 输入

（1）LUT 的 O6 输出（D6）。

（2）LUT 的 O5 输出（D5）。

（3）CLB 的输入信号，该信号直接旁路 LUT（BYP）。CLB X 输入用于 Q1，CLB I 输入用于 Q2（BYP）。

（4）进位的逻辑异或结果（XORIN）。

（5）进位级联输出（CY）。

（6）多路复用器输出的一个（对于底部的 LUT A，不可用）（F7F8）。

思考与练习 1-6：在 Vivado 2023.1 中打开 Device 视图，仔细查看图 1.21 给出的与 16 个存储元件相连的控制信号。并回答下面的问题。

（1）总共有_____个时钟信号 CLK，它们分别控制_____个存储元件。

（2）总共有_____个时钟使能信号 CE，它们分别控制_____个存储元件。

（3）总共有_____个置位和复位信号，它们分别控制_____个存储元件。

思考与练习 1-7：在 Vivado 2023.1 中打开 Device 视图，仔细查看图 1.22 给出的 FFMUX

与 FPGA 内其他原语的连线路径。

切片内的两个置位/复位（Set & Reset，SR）信号可通过 HDL 设置为同步或异步。对于任何单独的存储元件，可以将 SR 编程为置位或复位，但不同时将其编程为置位和复位，这一点要特别注意。

触发器/锁存器的 SR 的配置选项包括：

（1）无置位和复位。

（2）同步置位（FDSE 原语）。

（3）同步复位（FDRE 原语）。

（4）异步置位（预置）（FDPE 原语）。

（5）异步复位（清除）（FDCE 原语）。

对于 4 个触发器的组（与 CE 输入控制的组相同），可以忽略 SR。当一个存储元件使能了 SR 时，组中的其他 3 个存储元件也必须使能 SR。

可以针对切片中的每个存储元件单独控制置位和复位的选择。同步（SYNC）或异步（ASYNC）置位/复位（SYNC_ATTR）的选择以 8 个触发器为一组进行控制，分别用于两个单独的 SR。

配置后的初始状态由一个单独的 INIT 属性定义，该属性可以指定为"0"或"1"。默认情况下，将 SR 定义为一个置位，定义 INIT="1"；将 SR 定义为一个复位，定义 INIT="0"。INIT 可以独立于 SR 功能进行定义。

存储元件同步复位和异步置位的 Verilog HDL 和 VHDL 描述如代码清单 1-13 和代码清单 1-14 所示。

代码清单 1-13　存储元件同步复位和异步置位的 **Verilog HDL** 描述例子

```
module top(                          // 定义模块 top
    input     [1:0] d,               // 定义输入端口 d
    input     clk,rst,set,           // 定义输入端口 clk、rst 和 set
    output reg [1:0] x,y             // 定义输出端口 x 和 y
    );
always @(posedge clk)                // 同步复位的触发器过程描述语句
begin                                // 过程描述语句的开始
  if(rst)                            // 如果 rst（复位）为"1"，高有效
      x<=2'b00;                      // 将寄存器的输出设置为"0"
  else                               // 否则，如果 clk 上升沿有效
      x<=d;                          // 保存 d，并送到 x 端口
end                                  // 过程描述语句结束
always @(posedge clk or posedge set) // 异步置位的触发器过程描述语句
begin                                // 过程描述语句的开始
  if(set)                            // 如果 set（置位）为"1"
      y<=2'b11;                      // 将寄存器的输出设置为"1"
  else                               // 否则，如果 clk 上升沿有效
      y<=d;                          // 保存 d，并送到 y 端口
end                                  // 过程描述语句结束
endmodule                            // 模块结束
```

注：读者进入本书提供的\vivado_example\ff_verilog 资源目录中，用 Vivado 2023.1 打开名字为 project1.xprj 的工程文件。

代码清单 1-14　存储元件同步复位和异步置位的 **VHDL** 描述例子

```
library IEEE;                        -- 声明 IEEE 库
use IEEE.STD_LOGIC_1164.ALL;         -- 使用 IEEE 库的 STD_LOGIC_1164 包
entity top is                        -- 声明实体 top
```

```vhdl
Port (                                          -- 端口声明部分
    d          : in   std_logic_vector(1 downto 0);    -- 定义输入端口 d
    clk,rst,set : in std_logic;                 -- 定义输入端口 clk、rst 和 set
    x,y        :   out std_logic_vector(1 downto 0)    -- 定义输出端口 x 和 y
);
end top;                                         -- 实体部分结束
architecture Behavioral of top is               -- 结构体部分
begin                                            -- 结构体描述部分的开始
process (clk)                                    -- 进程描述语句
begin                                            -- 进程描述语句的开始
if rising_edge(clk) then                         -- 如果 clk 上升沿到来
    if rst='1' then                              -- 且如果 rst 为"1"（有效）
        x<="00";                                 -- 输出端口 x 复位为"00"
    else                                         -- 且如果 rst 为"0"（无效）
        x<=d;                                    -- 保存 d 端口输入，并送到端口 x
    end if;                                      -- if 语句的结束
end if;                                          -- if 语句的结束
end process;                                     -- 进程语句的结束
process(set,clk)                                 -- 进程描述语句
begin                                            -- 进程描述语句的开始
if set='1' then                                  -- 如果 set 为"1"（有效）
    y<="11";                                     -- 输出端口 y 置位为"11"
elsif rising_edge(clk) then                      -- 否则，如果 clk 上升沿到来
    y<=d;                                        -- 保存 d 端口输入，并送到端口 y
end if;                                          -- if 语句的结束
end process;                                     -- 进程语句的结束
end Behavioral;                                  -- 结构体的结束
```

注： 读者进入本书提供的\vivado_example\ff_vhdl 资源目录中，用 Vivado 2023.1 打开名字为 project1.xprj 的工程文件。

使用 Vivado 2023.1 对该设计进行综合后的结果如图 1.23 所示。从图中可知，由于该设计包含了同步复位和异步置位电路，因此在底层调用了同步复位原语 FDRE 和异步置位原语 FDPE。使用 Vivado 2023.1 对该设计进行布局布线后的结果如图 1.24 所示。

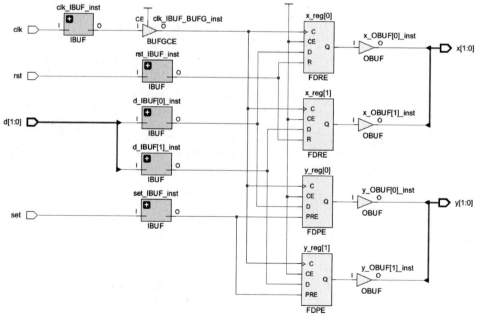

图 1.23　使用 Vivado 2023.1 对该设计进行综合后的结果

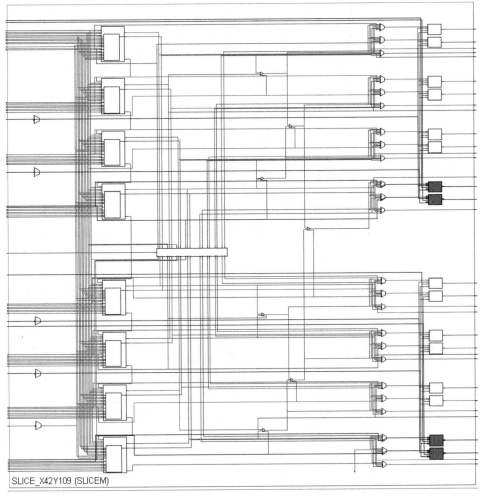

SLICE_X42Y109 (SLICEM)

图 1.24　使用 Vivado 2023.1 对该设计进行布局布线后的结果

1.2.5　分布式 RAM（只有 SLICEM）

SLICEM 内的函数发生器（LUT）可以作为同步 RAM 资源，也称为分布式 RAM。分布式 RAM 模块是同步（写）资源。写时钟来自独立于存储元件的两个时钟的专用 SLICEM 输入 LCLK。对于写入操作，写入使能（Write Enable，WE）必须设置为"1"（高电平）。默认情况下，读取是异步的。同步读取可用同一 SLICEM 中的触发器来实现。通过使用该触发器，因为减少了从时钟到输出的延迟，所以提高了分布式 RAM 的性能，但是，增加了额外的时钟延迟。

在这里说明一下同步写操作和异步读操作的概念。同步写操作是具有激活高写入使能（WE）功能的单时钟沿操作。当 WE 为"1"（高电平）时，输入（D）被加载到地址 A 处的存储器位置。异步读操作是指输出由单端口模式 SPO 输出的地址 A 或双端口模式 DPO 输出的地址 DPRA 确定。每次将新地址用于地址引脚时，在访问 LUT 的时间延迟后，该地址的存储器位置中的数据值在输出上可用。显然，读取操作与时钟信号无关。

SLICEM 内的多个 LUT 可组合构成最多 512 位的 RAM。

1．单端口模式

包括 32×（1～16）位、64×（1～8）位、128×（1～4）位、256×（1～2）位或 512×1 位。图 1.25 给出了 64×1 位单端口（Single Port，SP）分布式 RAM 的结构。从图中可知，

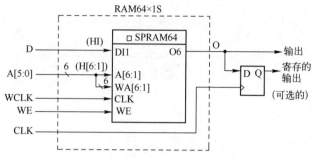

图 1.25　64×1 位单端口分布式 RAM 的结构

该结构包含用于同步写入和异步读取的通用地址端口。读取和写入地址共享同一地址总线。单端口分布式 RAM 由 SPRAM32/SPRAM64 的 LUT 配置定义。其中，SPRAM32 用于具有 5 个地址输入的 32×1 位的 RAM，SPRAM64 用于具有 6 个地址（A[5:0]）输入的 64×1 位的 RAM。通过连接第六根地址线（逻辑"1"）并独立使用 O5 和 O6 输出，可以将具有公共地址输入的两个 SPRAM32 组合在同一个 LUT 中。

显然，如果一个 SLICEM 中的 8 个 LUT 共享相同的时钟、写使能，以及共享读和写端口地址输入，则 8 个 RAM64×1S 原语将占用一个 SLICEM。该配置等效于一个 64×8 位的单端口分布式 RAM。

单端口存储器的信号功能如下。

（1）WCLK：该信号用于同步写入。数据和地址输入引脚具有参考 WCLK 引脚的建立时间。时钟信号（WCLK）在切片级具有翻转选项，其可以在时钟的上升沿或下降沿活动而不需要其他逻辑资源。默认值为时钟上升沿。

（2）WE：该信号影响端口的写入功能。无效的 WE 信号会阻止对存储器单元的任何写入操作。有效的 WE 信号将使数据在时钟边沿写入输入地址所指向的存储器位置。

（3）A[#:0](用于单端口和双端口)、DPRA[#:0](用于双端口)和 ADDRA[#:0]～ADDRH[#:00] (用于 8 端口)：该信号用于选择用于读取或写入的存储单元。端口的宽度决定了所需要的地址输入。

（4）D、DIH[#:0]：数据输入。数据输入 D(用于单端口和双端口)和 DIH[#:0](用于 8 端口) 提供了写入 RAM 的新的数据值。

（5）O、SPO、DPO 和 DOA[#:0]～DOH[#:0]：数据输出。O、SPO (单端口)、DPO(双端口) 和 DOA[#:0]～DOH[#:0](8 端口)反映了地址输入所引用的存储单元的内容。在活动的写入时钟沿后，数据输出（O、SPO 或 DOH[#:0]）反映新写入的数据。

2．双端口模式

包括 32×（1～4）位、64×（1～4）位、128×1 位或者 256×1 位。图 1.26 给出了 64×1 位双端口（Dual Port，DP）分布式 RAM 的结构。在该结构中，一个端口用于同步写入，另一个端口用于异步读取。第二个函数发生器具有连接到第二个只读端口地址的地址输入，并且写地址（WA）输入与第一个读/写端口地址共享。4 端口和 8 端口配置添加了额外的函数发生器作为异步读取端口。

只要共享相同的时钟，以及共享读和写端口地址输出，4 个 RAM64×1D 会占用一个 SLICEM。该配置相当于一个 64×4 位的分布式 DPRAM。

3．简单双端口模式

包括 32×（1～14）位、64×（1～7）位。在简单双端口中，一个端口用于同步写（没有来自写入端口的数据输出/读端口）；一个端口用于异步读取。简单的双端口配置可以扩展到一个切片内的 64×7 位存储器，该存储器具有一个专用写端口和 7 个读端口，如图 1.27 所示。

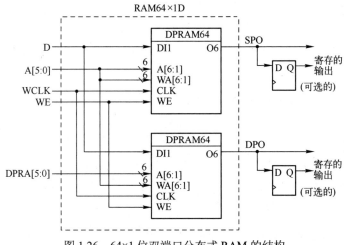

图 1.26　64×1 位双端口分布式 RAM 的结构

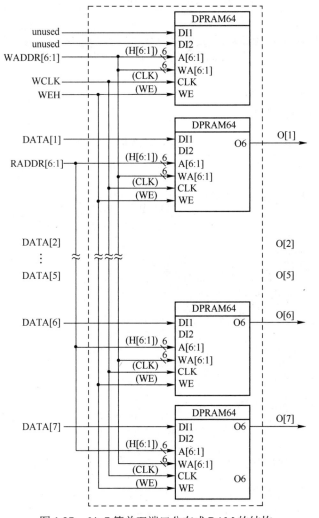

图 1.27　64×7 简单双端口分布式 RAM 的结构

4．4 端口模式

包括 32×（1～4）位、64×（1～2）位、128×1 位。

5．8 端口模式

包括 64×1 位。

一个宽度为 4 位、深度为 16 的分布式存储器的 Verilog HDL 和 VHDL 描述如代码清单 1-15 和代码清单 1-16 所示。

代码清单 1-15　一个宽度为 4 位、深度为 16 的分布式存储器的 Verilog HDL 描述例子

```
module top(                          // 定义模块 top
    input clk,                       // 定义输入端口 clk
    input we,                        // 定义输入端口 we
    input [3:0] addr,                // 定义输入端口 addr
    input [3:0] di,                  // 定义输入端口 di
    output reg[3:0] do               // 定义输出端口 do
    );
reg [3:0] RAM [15:0];                // 声明分布式存储器 RAM，容量为 16×4 位
always @(posedge clk)                // 声明过程语句，敏感信号 clk 上升沿触发
begin                                // 过程语句的开始
    if(we)                           // 在 clk 上升沿时，若 we 为 "1"（高电平）
        RAM[addr] <= di;             // 输入数据 di 保存到 addr 指定的 RAM 单元
    do<= RAM[addr];                  // 将 addr 指定的 RAM 单元的内容输出到 do
end                                  // 过程语句的结束
endmodule                            // 模块的结束
```

注： 读者进入本书提供的\vivado_example\ram_verilog 资源目录中，用 Vivado 2023.1 打开名字为 project1.xprj 的工程文件。

代码清单 1-16　一个宽度为 4 位、深度为 16 的分布式存储器的 VHDL 描述例子

```
library IEEE;                                        -- 声明 IEEE 库
use IEEE.STD_LOGIC_1164.ALL;                         -- 使用 IEEE 库的 STD_LOGIC_1164 包
use IEEE.STD_LOGIC_UNSIGNED.all;                     -- 使用 IEEE 库的 STD_LOGIC_UNSIGNED 包
entity top is                                        -- 定义实体 top
Port (                                               -- 端口声明部分
    clk  :  in std_logic;                            -- 定义输入端口 clk
    we   :  in std_logic;                            -- 定义输入端口 we
    addr :  in std_logic_vector(3 downto 0);         -- 定义输入端口 addr
    di   :  in std_logic_vector(3 downto 0);         -- 定义输入端口 di
    do   :  out std_logic_vector(3 downto 0)         -- 定义输出端口 do
    );
end top;                                             -- 实体部分的结束
architecture Behavioral of top is                    -- 结构体部分
    -- 声明类型 ram_type，为 16 x 4 位
type ram_type is array (15 downto 0) of std_logic_vector (3 downto 0);
signal RAM: ram_type;                                -- 信号 RAM 的类型为 ram_type
begin                                                -- 结构体描述部分的开始
process (clk)                                        -- 进程语句
begin                                                -- 进程语句描述部分的开始
if rising_edge(clk) then                             -- 如果上升沿有效
    if(we='1') then                                  -- 如果 we 信号为逻辑 "1"（高电平）
        RAM(conv_integer(addr))<=di;                 -- 输入数据 di 保存到 addr 指定的 RAM 单元
    end if;                                          -- if 语句的结束
        do<=RAM(conv_integer(addr));                 -- 将 addr 指定的 RAM 单元的内容输出到 do
 end if;                                             -- if 语句的结束
end process;                                         -- 进程描述语句的结束
end Behavioral;                                      -- 结构体部分的结束
```

注：读者进入本书提供的\vivado_example\ram_vhdl 资源目录中，用 Vivado 2023.1 打开名字为 project1.xprj 的工程文件。

使用 Vivado 2023.1 对该设计进行综合后的结果如图 1.28 所示。从图中可知，在该设计中，调用了 RAM32×1S 原语，该原语为 32×1 位单端口分布式存储器。RAM32×1S 原语的地址线 A4 连接到 GROUND（"0"）。每个 RAM32×1S 原语的地址线实际为 A0~A3，寻址范围为 0~15。因此，通过调用 4 个 RAM32×1S 原语，构成了 16×4 位单端口分布式存储器。进一步观察可知，每个 RAM32×1S 原语端口 O 的输出连接到了 FDRE 原语（同步复位）。

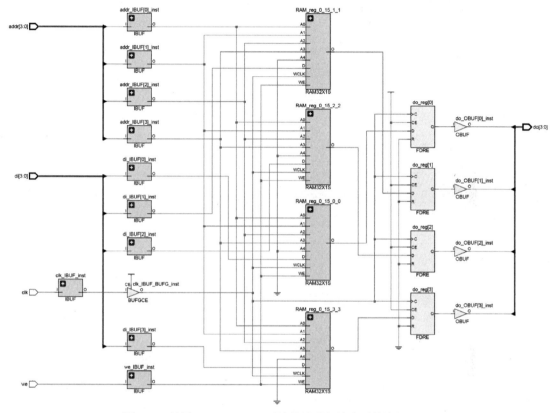

图 1.28 使用 Vivado 2023.1 对该设计进行综合后的结果（1）

使用 Vivado 2023.1 对该设计进行布局布线后的结果如图 1.29 所示。从图中可以看出，在一个 SLICEM 切片中，实际只使用了两个 LUT,从这两个 LUT 的 O5 和 O6 端口分别连接到了切片内的 4 个触发器中。那为什么只使用两个 LUT 就可以实现 16×4 位单端口分布式存储器的功能。读者可以在 Vivado 的 Device 视图中放大 LUT，以进一步观察 LUT 的细节。

在图 1.29 中，两个 LUT 的 WA5 与 A5 连接在一起，并且连接到了逻辑"1"（VCC），参考表 1.10 给出的 LUT6_2 的 O5 和 O6 与 I5 的关系，就理解为什么一个 LUT 可以实现综合网表中两个分布式 RAM 的功能。

1.2.6 只读存储器（ROM）

SLICEM 和 SLICEL 内的每个 LUT 都可以实现一个 64×1 位的 ROM。提供了 4 种 ROM 的配置方式，包括 ROM64×1 位（1 个 LUT）、ROM128×1 位（2 个 LUT）、ROM256×1 位（4 个 LUT）和 ROM512×1 位（8 个 LUT）。

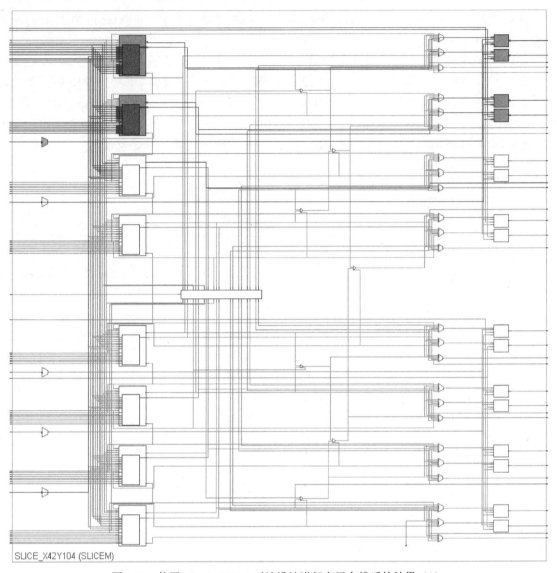

SLICE_X42Y104 (SLICEM)

图 1.29　使用 Vivado 2023.1 对该设计进行布局布线后的结果（1）

一个分布式 ROM 的 Verilog HDL 和 VHDL 描述如代码清单 1-17 和代码清单 1-18 所示。

代码清单 1-17　一个分布式 ROM 的 Verilog HDL 描述例子

```
module top(                              // 定义模块 top
    input [3:0]      addr,               // 定义输入端口 addr
    input        clk,                    // 定义输入端口 clk
    output reg[7:0] data                 // 定义输出端口 data
    );
reg [7:0] mem[0:15];                     // 定义 16×8 的只读存储器 mem
initial                                  // 声明初始化部分
begin                                    // 初始化部分的开始
$readmemh("data.txt", mem);             // 读取 data.txt 文件中的十六进制数，并初始化 mem
end                                      // 初始化部分的结束
always @(posedge clk)                    // 定义过程描述语句，敏感信号为 clk 上升沿触发
begin                                    // 过程描述语句的开始
  data<=mem[addr];                       // 读取 addr 指向的 mem 的内容，并保存到 data
end                                      // 过程描述语句的结束
```

endmodule	// 模块的结束

注：（1）读者进入本书提供的\vivado_example\rom_verilog 资源目录中，用 Vivado 2023.1 打开名字为 project1.xprj 的工程文件。

（2）data.txt 文件在\vivado_example\rom_verilog\project_1.src\sources_1\new 目录下。

代码清单 1-18　一个分布式 ROM 的 VHDL 描述例子

```vhdl
library IEEE;                                        -- 声明 IEEE 库
use IEEE.STD_LOGIC_1164.ALL;                         -- 使用 IEEE 库 STD_LOGIC_1164 包
use IEEE.NUMERIC_STD.ALL;                            -- 使用 IEEE 库 NUMERIC_STD 包
use IEEE.STD_LOGIC_UNSIGNED.ALL;                     -- 使用 IEEE 库 STD_LOGIC_UNSIGNED 包
use STD.TEXTIO.ALL;                                  -- 使用 STD 库 TEXTIO 包
use IEEE.STD_LOGIC_TEXTIO.ALL;                       -- 使用 IEEE 库 STD_LOGIC_TEXTIO 包
entity top is                                        -- 声明实体 top
Port (                                               -- 端口声明部分
    addr : in std_logic_vector(3 downto 0);          -- 定义输入端口 addr
    clk  : in std_logic;                             -- 定义输入端口 clk
    data : out std_logic_vector(7 downto 0)          -- 定义输出端口 data
 );
end top;                                             -- 实体部分的结束
architecture Behavioral of top is                    -- 结构体部分
subtype byte is std_logic_vector(7 downto 0);        -- 声明子类型 byte 为 8 位
type rom_t is array(0 to 15) of byte;                -- 声明类型 rom 为 16×8 位

    -- 下面定义函数 ReadMemFile，用于读取文件中的二进制序列，并初始化 rom_t
impure function ReadMemFile(FileName : STRING) return rom_t is
file FileHandle      : TEXT open READ_MODE is FileName;      -- 定义文件类型
variable CurrentLine : LINE;                                 -- 定义 CurrentLine 类型
variable Tempbyte    : std_logic_vector(7 downto 0);         -- 定义变量 Tempbyte
variable Result      : rom_t:= (others => (others => '0'));  -- 定义变量 Result
begin                                                -- 函数的描述部分
    for i in 0 to 15 loop                            -- for 循环，16 次
        exit when endfile(FileHandle);               -- 到文件末尾时，退出循环
        readline(FileHandle, CurrentLine);           -- 从文件中读取一行
        read(CurrentLine, Tempbyte);                 -- 将读取的一行保存到变量 Tempbyte
        Result(i) := Tempbyte;                       -- 将变量 Tempbyte 的值保存到 Result(i)
    end loop;                                        -- 循环结束
    return Result;                                   -- 返回 Result
end function;                                        -- 函数结束
signal rom : rom_t := ReadMemFile("data.txt");       --调用函数 ReadMemFile，读取数据到 rom
begin                                                -- 结构体描述部分的开始
process(clk)                                         -- 进程描述语句，敏感信号 clk 上升沿触发
begin                                                -- 进程描述语句的描述部分
if rising_edge(clk) then                             -- 如果 clk 上升沿有效
  data<=rom(conv_integer(addr));                     -- 从 addr 指定的 rom 位置读取数据到 data
end if;                                              -- if 语句的结束
end process;                                         -- 进程描述语句
end Behavioral;                                      -- 结构体部分的结束
```

注：（1）读者进入本书提供的\vivado_example\rom_vhdl 资源目录中，用 Vivado 2023.1 打开名字为 project1.xprj 的工程文件。

（2）data.txt 文件在\vivado_example\rom_vhdl\project_1.src\sources_1\new 目录下。

使用 Vivado 2023.1 对该设计进行综合后的结果如图 1.30 所示。

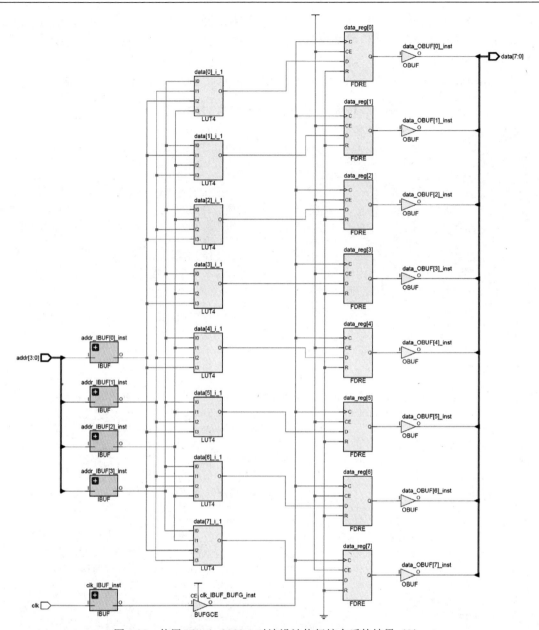

图 1.30　使用 Vivado 2023.1 对该设计执行综合后的结果（2）

对综合后的网表添加设计约束，如代码清单 1-19 所示。

代码清单 **1-19**　设计约束条件

```
create_pblock pblock_1
add_cells_to_pblock [get_pblocks pblock_1] [get_cells -quiet [list \
        {data[0]_i_1} \
        {data[1]_i_1} \
        {data[2]_i_1} \
        {data[3]_i_1} \
        {data[4]_i_1} \
        {data[5]_i_1} \
        {data[6]_i_1} \
        {data[7]_i_1} \
        {data_reg[0]} \
```

```
        {data_reg[1]} \
        {data_reg[2]} \
        {data_reg[3]} \
        {data_reg[4]} \
        {data_reg[5]} \
        {data_reg[6]} \
        {data_reg[7]}]]
resize_pblock [get_pblocks pblock_1] -add {SLICE_X32Y135:SLICE_X32Y135}
```

注：读者进入本书提供的\vivado_example\rom_verilog\project_1.srcs \constrs_1\new\资源目录中，打开 top.xdc 文件。

使用 Vivado 2023.1 对该设计进行布局布线后的结果如图 1.31 所示。从图中可知，当对综合后的网表添加物理布局约束后，在一个切片中，通过占用 4 个 LUT 和 8 个触发器实现了 ROM 的内容。类似地，在综合后的网表中我们看到的是 8 个 LUT，而在布局布线后的网表中，通过使用一个 LUT 的 O5 和 O6 输出，将综合后给出的 8 个 LUT 压缩到了 4 个 LUT。

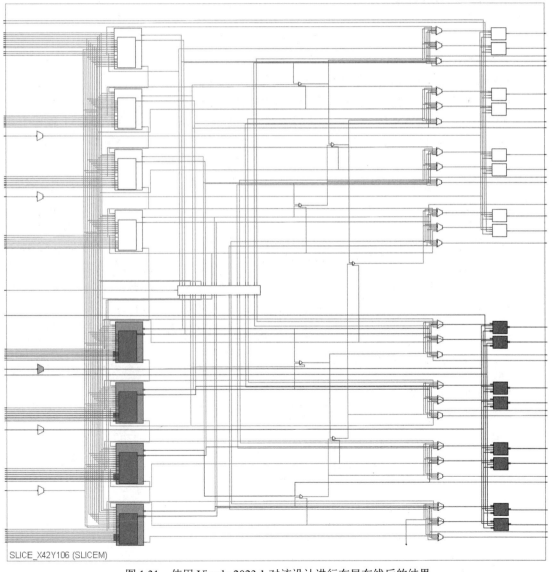

图 1.31　使用 Vivado 2023.1 对该设计进行布局布线后的结果

思考与练习 1-8：在布局布线后的 Device 视图中，查看该设计所使用切片内的 LUT 和触发器资源，以及这些资源的连接关系，并对布局布线后的网表结构进行分析。

1.2.7　移位寄存器（只有 SLICEM）

在不使用触发器的情况下，可以将一个 SLICEM 函数发生器配置为一个 32 位的移位寄存器。当用作移位寄存器时，每个 LUT 可以将串行数据延迟 1～32 个时钟。当移位输入 D（DI1 LUT 引脚）和移位输出 Q31（MC31 LUT 引脚）连接在一起时，就可以构成更大的移位寄存器。因此，当把一个 SLICEM 内的 8 个 LUT 级联在一起时，可以产生最多 256 个时钟周期的延迟。在 UltraScale/UltraScale+ 架构中，可以跨越 SLICEM 将移位寄存器进行组合。因此，最终得到的可编程延迟，用于平衡数据流水线的时序。

移位寄存器的应用包括：时延或者延迟补偿；同步 FIFO 和内容可寻址存储器（Content Addressable Memory，CAM）。

移位寄存器的功能包括：

（1）写操作。通过时钟输入和一个可选的时钟使能进行同步。

（2）到 Q31 的固定读访问，用于级联到下面的 LUT。最下面 LUT A 的 Q31 连接到 SLICEM 的输出，用于直接使用或者级联到下一个 SLICEM。

（3）动态地读访问。通过 5 位地址线 A[4：0]执行，没有使用 LUT 地址的 LSB，软件工具自动地将其拉高；通过不同的地址，可以异步读出任何 32 位数据（在 O6 LUT 输出）。在创建小的（少于 32 位）移位寄存器时，这个功能非常有用。例如，当构建一个 13 位的移位寄存器时，简单地将地址设置为第 13 位。

（4）一个存储元素或者触发器可以用来实现一个同步读操作功能。时钟到触发器的输出决定了整个延迟，并且改善了性能。因此，增加了一个额外的延迟。

（5）不支持移位寄存器的置位或复位。但是，当配置完成后，可以初始化为任意的值。

图 1.32 给出了 32 位移位寄存器的配置。

占用一个函数发生器的移位寄存器配置的例子如图 1.33 所示。

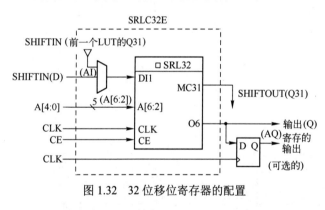

图 1.32　32 位移位寄存器的配置

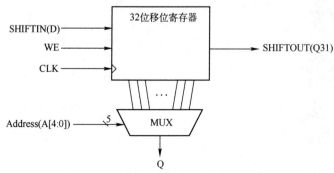

图 1.33　占用一个函数发生器的移位寄存器配置的例子

一个 16 位移位寄存器的 Verilog HDL 和 VHDL 描述如代码清单 1-20 和代码清单 1-21 所示。

代码清单 1-20　一个 16 位移位寄存器的 Verilog HDL 描述例子

```
module top(                              // 定义模块 top
    input clk,                           // 定义输入端口 clk
    input si,                            // 定义输入端口 si
    output so                            // 定义输出端口 so
    );
  reg[15:0] tmp;                         // 定义 16 位 reg 型变量 tmp
  integer i;                             // 定义整型变量 i
  assign so=tmp[15];                     // 将 reg 型变量 tmp[15]连接到输出端口 so
  always @(posedge clk)                  // 过程描述语句，敏感信号 clk 上升沿有效
  begin                                  // 过程描述语句的开始
    for(i=0;i<15;i=i+1)                  // for 循环，循环次数共计 15 次
      tmp[i+1]<=tmp[i];                  // tmp[i]移动到 tmp[i+1]
      tmp[0]=si;                         // si 移动到 reg 型变量 tmp[0]
  end                                    // 过程描述语句的结束
endmodule                                // 模块的结束
```

注： 读者进入本书提供的\vivado_example\shifter_verilog 资源目录中，用 Vivado 2023.1 打开名字为 project1.xprj 的工程文件。

代码清单 1-21　一个 16 位移位寄存器的 VHDL 描述例子

```
library IEEE;                            -- 声明 IEEE 库
use IEEE.STD_LOGIC_1164.ALL;             -- 使用 IEEE 库 STD_LOGIC_1164 包
entity top is                            -- 声明实体 top
Port (                                   -- 端口声明部分
    clk  :  in   std_logic;              -- 定义输入端口 clk
    si   :  in   std_logic;              -- 定义输入端口 si
    so   :   out std_logic               -- 定义输出端口 so
    );
end top;                                 -- 实体部分的结束
architecture Behavioral of top is        -- 结构体部分
signal tmp :   std_logic_vector(15 downto 0);  -- 定义信号 tmp
begin                                    -- 结构体描述部分的开始
so<=tmp(15);                             -- 信号 tmp(15)连接到输出端口 so
process(clk)                             -- 进程语句，敏感信号 clk
begin                                    -- 进程语句描述部分的开始
if rising_edge(clk) then                 -- if 语句，如果 clk 上升沿有效
    for i in 0 to 14 loop                -- for 循环语句，循环次数总计 15 次
      tmp(i+1)<=tmp(i);                  -- tmp(i)移动到 tmp(i+1)
    end loop;                            -- for 循环的结束
    tmp(0)<=si;                          -- si 移动到 tmp(0)
end if;                                  -- if 语句的结束
end process;                             -- 过程语句的结束
end Behavioral;                          -- 结构体的结束
```

注： 读者进入本书提供的\vivado_example\shifter_vhdl 资源目录中，用 Vivado 2023.1 打开名字为 project1.xprj 的工程文件。

使用 Vivado 2023.1 对该设计进行综合后的结果如图 1.34 所示。从图中可知，与使用切片内的存储元件实现 16 位移位寄存器相比，实现成本显著降低。

注：（1）对于 SRL16 而言，一个 LUT 等效于 16 个触发器；对于 SRL32 而言，一个 LUT 等效于 32 个触发器。

（2）使用 SRL 唯一的限制就是，不能对寄存器内的每个元素进行单独复位操作。

SRL16E 的内部结构如图 1.35 所示。从该结构可知，它可以实现可变长度的移位寄存器。在图 1.34 给出的结构中，SRL16E 的输入 A3A2A1A0 为 "1101"，则读取从第 14 个寄存器的输出。

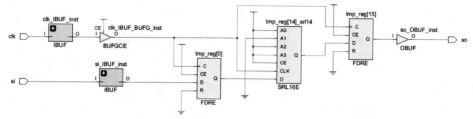

图 1.34　使用 Vivado 2023.1 对该设计进行综合后的结果

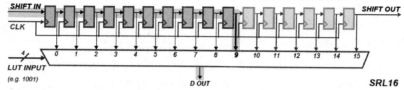

图 1.35　SRL 16E 的内部结构

注：（1）第 14 个寄存器的索引为 "1101"，索引从 "0000" 开始。

（2）从图 1.34 可知，SRL16E 后的 FDRE 可以额外增加一个延迟。

思考与练习 1-9：根据图 1.34 给出的综合结果，分析该移位寄存器的实现原理。

使用 Vivado 2023.1 对该设计进行布局布线后的结果如图 1.36 所示。从图中可知，该设计使用了 SLIMEM 类型切片内的一个 LUT 和两个存储元件。

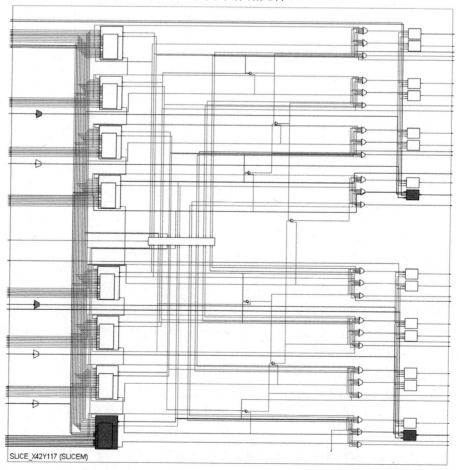

图 1.36　使用 Vivado 2023.1 对该设计进行布局布线后的结果

1.3　时钟资源和时钟管理模块

UltraScale+架构的时钟资源通过分布在时钟布线和时钟分配资源上的专用全局时钟来管理时钟需求。

1.3.1　时钟架构概述

时钟管理单元（Clock Management Tile，CMT）提供时钟频率合成、去偏移和抖动过滤功能。在设计时钟功能时，不推荐使用诸如本地布线之类的非时钟资源。

图 1.37 给出了 UltraScale+架构系列 FPGA 内的时钟结构。UltraScale+架构的 FPGA 内部被细分为列和行的分段时钟区（Clock Region，CR）。与之前架构的 FPGA 有所不同，CR 排布在瓦片（Tile）中，但不是跨越器件宽度的一半。CR 包含 CLB、DSP 切片、BRAM、互联和相关的时钟。CR 的高度是 60 个 CLB、24 个 DSP 切片和 12 个 BRAM，其中心具有水平时钟脊（Horizontal Clock Spine，HCS）。HCS 包含水平布线和分配资源、叶子时钟缓冲区、时钟网络互联及时钟网络的根。时钟缓冲区直接驱动到 HCS。每组（Bank）有 52 个 I/O 和 4 个与 CR 间距匹配的千兆位收发器（Gigabit Transceiver，GT）。核心列包含配置、系统监控器（SYSMON）和 PCIe 块。

与 I/O 列相邻的是具有 CMT、全局时钟缓冲区、全局时钟复用结构和 I/O 逻辑管理功能的物理层（Physical Layer，PHY）块。时钟通过 HCS 到 CR 与 I/O 的独立时钟布线和时钟分配资源来驱动垂直和水平连接。

水平布线和分配通道（Track）水平驱动进入 CR；垂直布线和分配通道驱动垂直相邻的 CR。通道在水平方向和垂直方向上的 CR 边界是可分割的。这允许创建器件宽度的全局时钟或者可变大小的本地时钟。

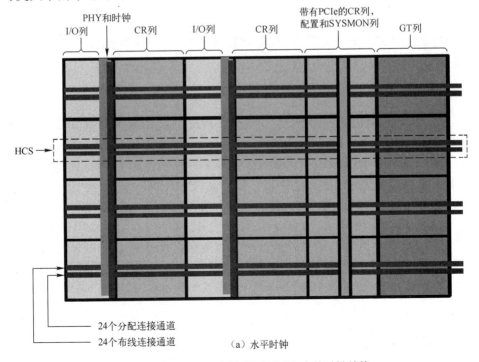

图 1.37　UltraScale+架构系列 FPGA 内的时钟结构

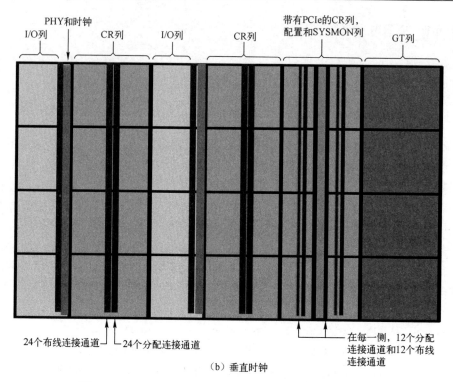

图 1.37　UltraScale+架构系列 FPGA 内的时钟结构（续）

分配通道驱动器件上同步元件的时钟。分配通道由布线通道或直接由 PHY 中的时钟结构驱动。I/O 由 PHY 时钟直接驱动和/或相邻 PHY 通过布线通道驱动。

1.3.2　时钟布线资源概述

每个 I/O 组都包含全局时钟输入引脚，用于将用户时钟带到器件时钟管理和布线资源上。全局时钟输入将用户时钟带到：

（1）PHY 中与同一组相邻的时钟缓冲区；

（2）PHY 中与同一组相邻的 CMT。

每个器件都有 3 个全局时钟缓冲区，包括 BUFGTRL、BUFGCE 和 BUFGCE_DIV。此外，还有一个本地 BUFCE_LEAF 时钟缓冲区，用于将叶时钟从水平分配驱动到器件中的各个块。BUFGTRL 具有 BUFGMUX、BUFGMUX1、BUFGCE_1 类型的衍生软件表示。BUFGCE 用于无毛刺的时钟门控，并具有软件衍生 BUFG（时钟使能绑定为高电平的 BUFGCE）。全局时钟缓冲区通过 HCS 行将布线和分配通道驱动到器件逻辑。每个 HCS 行中有 24 个布线和 24 个分配通道。此外，还有一个 BUFG_GT，它生成用于驱动 GT 时钟的分频时钟。时钟缓冲区：可用作时钟使能电路，以全局、本地或 CR 内使能或禁止时钟，用于细粒度的功率控制；可作为无毛刺的多路选择器，用于在两个时钟源之间进行选择或切换掉出现故障的时钟源；通常由 CMT 驱动，消除了时钟分配延迟，以及相对另一时钟调整时钟延迟。

1.3.3　CMT 概述

每个器件都有一个 CMT，作为每个 I/O 组旁边 PHY 的一部分。CMT 由一个 MMCM 和两个 PLL 构成。MMCM 用于宽频率范围的频率合成的基本块，并且用作外部或内部时钟的抖动过滤器，以及在宽范围的其他功能中的去偏移时钟。PLL 的主要目的是向 PHY I/O 提供时钟，但也可以以有限的方式对器件的其他资源提供时钟。器件时钟输入连接允许多个资源向 MMCM 和 PLL 提供参考时钟。

MMCM 在任何一个方向上都具有无限精细的相移能力，并且可以用于动态相移模式。MMCM 在一个输出路径中的反馈路径中也有一个分数计数器，从而实现频率合成能力的进一步粒度。

LogiCORE IP 时钟向导（LogiCORE IP Clocking Wizard）可用于帮助我们利用 MMCM 和 PLL 在 UltraScale+架构设计中创建时钟网络。图形用户界面（Graphics User Interface，GUI）用于搜集时钟网络参数。时钟向导可选择适当的 CMT 资源并优化配置 CMT 资源和相关的时钟布线资源。

思考与练习 1-10：使用 Vivado 2013.1 打开前面给出的任意一个工程，这些设计使用 UltraScale+架构的 Kintex 系列 FPGA 器件，该器件的具体型号为 xcku5p-ffva676-1-i。在 Device 视图中，查看该器件的内部结构，并回答下面的问题：

（1）CR 的高度包含＿＿＿＿＿个 CLB，指出其具体位置；

（2）包含＿＿＿＿＿个 DSP，指出其具体位置；

（3）包含＿＿＿＿＿个 BRAM，指出其具体位置；

（4）包含＿＿＿＿＿个 I/O，指出其具体位置。

1.3.4　时钟资源

基于 UltraScale+架构的 FPGA 有多个时钟布线资源来支持各种时钟方案和要求，包括高扇出、短传播延迟和极低偏斜。为了最好地利用时钟布线资源，设计者必须了解如何将用户时钟从印刷电路板（Printed Circuit Board，PCB）获取到 UltraScale+架构的 FPGA，决定哪些时钟布线资源是最佳的，然后通过利用适当的 I/O 和时钟缓冲区来访问这些时钟布线资源。

1. 全局时钟输入

外部全局用户时钟必须通过称为全局时钟（Global Clock，GC）输入的差分时钟引脚对引入 UltraScale+架构的 FPGA。每组有 4 个 GC 引脚对，它们可以直接访问与同一 I/O 组相邻的 CMT 中的全局时钟缓冲区、MMCM 和 PLL。UltraScale+架构的 FPGA 的每个 HD I/O 组中有一个 HDGC 引脚。HD I/O 组只是 UltraScale+架构 FPGA 的一部分。由于 HD I/O 组旁边没有 XIPHY 和 CMT，因此 HDGC 引脚只能直接驱动 BUFGCE（BUFG），而不能驱动 MMCM/PLL。因此，连接到 HDGC 引脚的时钟只能通过 BUFGCE 连接到 MMCM/PLL。若要避免出现设计规则检查（Design Rule Check，DRC）错误，需要设计下面的属性：

```
CLOCK_DEDICATED_ROUTE=FALSE
```

GC 输入提供对内部全球和区域时钟资源的专用高速访问。GC 输入使用专用布线，并且必须用于时钟输入，其中各种时钟功能的时序是强制性的。带有本地互联的通用 I/O 不应用于时钟信号。

每个 I/O 组位于单个时钟区域中，并且包含 52 个 I/O 引脚。在每个 I/O 列中的每个 I/O 组中的 52 个 I/O 引脚中，有 4 个全局时钟输入引脚对（总计 8 个引脚）。每个全局时钟输入：可以连接到 PCB 上的差分或单端时钟；可以针对任何 I/O 标准进行配置，包括差分 I/O 标准；有一个 P 端（主）和一个 N 端（从）。

如果单端时钟输入必须分配给 GC 输入引脚对的 P 端，则 N 端不能用作另一个单端时钟引脚，它只能用作用户 I/O。如果 GC 输入不用作时钟，则可以用作常规 I/O。当用作常规 I/O 时，全局时钟输入引脚可以配置为任何单端或差分 I/O 标准。GC 输入可以连接到与其所在组相邻的 PHY。

2．字节时钟输入

字节通道时钟（DBC 和 QBC）输入引脚对是专用的时钟输入，直接驱动源同步的时钟到 I/O 块的比特切片。在存储器应用中，这些称为 DQS。当不用于 I/O 字节时钟时，这些引脚具有其他功能，如通用 I/O。

3．时钟缓冲和布线

全局时钟是专门设计用于到达器件中各种资源的所有时钟输入的专用互联网络。这些网络被设计为具有低偏斜和低占空比失真、低功耗和改进的抖动容限。

1）时钟结构

基本器件架构由 CR 块构成。在 UltraScale+架构 FPGA 内，CR 以瓦片的形式进行组织，从而构成列和行。每个 CR 包含切片（CLB）、DSP 和 BRAM 块。每个 CR 中的切片、DSP 和 BRAM 块的混合可以不同，但是在垂直方向上堆叠时总是相同的，从而为整个器件构建这些资源的列。I/O 和 GT 列与 CR 列一起插入。此外，还有一列包含配置逻辑、SYSMON 和 PCIe 块。HCS 包含水平布线和分配通道，以及水平/垂直布线和分配之间的叶时钟缓冲区与时钟网络互联。

布线和分配垂直通道连接到一列中的所有 CR，而垂直布线跨越整个 I/O 列。如图 1.37 所示，有 24 条水平布线和 24 条分配通道，以及 24 条垂直布线和 24 条分配通道。时钟布线资源的目的是将时钟从全局时钟缓冲区布线到中心点，从该中心点经由分配资源将时钟连接到负载。时钟网络的这个中心点在 UltraScale+架构中被称为时钟根。根可以在 FPGA 中的任何 CR 中，根从该 CR 经由时钟分配资源布线到负载。这种架构优化了时钟偏移。布线和分配资源可以连接到相邻 CR，也可以根据需要在 CR 的边界断开连接（隔离）。

时钟可以通过以下两种方式从其来源进行分配：

（1）首先时钟可以进入布线通道，将时钟带到 CR 中的中心点，而无须进入任何负载。然后时钟可以单向驱动分配通道，时钟网络从中扇出。以这种方式，时钟缓冲区可以驱动到 CR 中的特定点，时钟缓冲区从该特定点垂直地行进，然后在分配通道上水平地行进，以驱动时钟点。如果需要，通过该 CR 和相邻 CR 中具有时钟使能（CE）的叶时钟来驱动时钟点。分配通道不能驱动布线通道。该分配方案用于将所有负载的根移动到特定位置，以改善局部偏斜。此外，布线和分配通道都可以分段方式驱动到水平或垂直相邻的 CR 中。布线通道可以驱动相邻 CR 中的布线通道和分配通道，而分配通道可以驱动邻近 CR 中的其他水平分配通道。CR 边界分割允许通过重复使用时钟通道来构建真正全局的、器件范围的时钟网络或更多可变大小的本地时钟网络。

（2）时钟缓冲区直接驱动到分配通道上，并以这种方式分配时钟，这就减少了时钟插入延迟。XIPHY BITSLICE 中的 4 个字节中的每一个都有 6 个从 HCS 到其全局时钟引脚的连接。因此，只有 6 个 BUFG 可以驱动 I/O 组任意一半中的 BITSLICE 时钟引脚（最多六个时钟可以驱动 I/O 组的任意一半）。

时钟区域时钟的内部结构如图 1.38 所示。

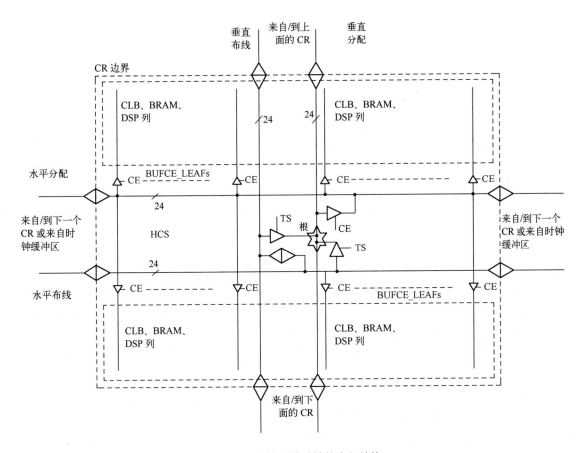

图 1.38　时钟区域时钟的内部结构

2）时钟缓冲区

PHY 全局时钟包含若干组 BUFGCTRL、BUFGCE 和 BUFGCE_DIV，如图 1.39 所示。每组都可以由来自相邻组的 4 个 GC 引脚、MMCM、同一 PHY 中的 PLL 及互联来驱动。时钟缓冲区用于驱动整个芯片内的布线和分配资源。每个 PHY 包含 24 个 BUFGCE、8 个 BUFGCTRL 和 4 个 BUFGCE_DIV。但是，在同一时刻，只使用其中的 24 个。

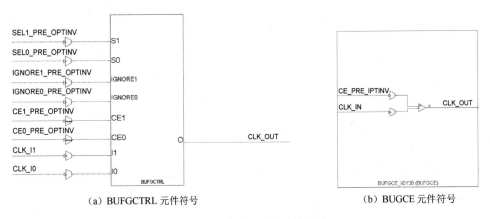

（a）BUFGCTRL 元件符号　　　　　（b）BUGCE 元件符号

图 1.39　3 种不同时钟元件符号

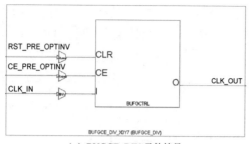

（c）BUGCE_DIV 元件符号

图 1.39　3 种不同时钟元件符号（续）

对于 BUFGCTRL 元件，选择输入时钟 I0 或 I1，取决于"选择"对（S0 和 CE0，或 S1 和 CE1）是否设置为逻辑"1"（高电平）。如果 S 或 CE 有一个不为逻辑"1"（高电平），则未选择所需要的输入时钟 I0 或 I1。

对于 BUFGCE 元件，它是一个时钟缓冲区，具有一个时钟输入、一个时钟输出及一条时钟使能信号线。这个缓冲区提供了无毛刺的时钟门控。BUFGCE 可直接驱动布线资源，并且是具有单个门控输入的时钟缓冲区。当 CE 为逻辑"0"（低电平）时（非活动），其端口 CLK_OUT 输出为逻辑"0"（低电平）。当 CE 为逻辑"1"（高电平）时，来自 CLK_IN 的输入送到 CLK_OUT 输出。

对于 BUFGCE_DIV 元件，它是一个时钟缓冲区，具有一个时钟输入（I）、一个时钟输出（O）、一个清除输入（CLR）和一个时钟使能（CE）输入。BUFGCE_DIV 可以直接驱动布线和分配资源，是一个具有单个门控输入和复位的时钟缓冲区。当 CLR 为逻辑"1"（高电平）时（活动），其端口 O 的输出为逻辑"0"（低电平）。当 CE 为逻辑"1"（高电平）时，其端口 I 的输入传送到端口 O 输出。CE 与时钟同步以实现无毛刺运行。BUFGCE_DIV 元件可以将输入时钟除以 1～8。

思考与练习 1-11：使用 Vivado 2013.1 打开前面给出的任意一个工程，这些设计使用 UltraScale+架构的 Kintex 系列 FPGA 器件，该器件的具体型号为 xcku5p-ffva676-1-i。在 Device 视图中，查看该器件的内部结构，计算每个 PHY 包含：

（1）＿＿个 BUFGCE；

（2）＿＿个 BUFGCTRL；

（3）＿＿个 BUFGCE_DIV。

注：建议仅允许 Vivado 布线器将所有全局时钟缓冲区分配到特定位置。每个 CR 包含 24 个 BUFGCE、8 个 BUFGTRL 和 4 个 BUFGCE_DIV。这些时钟缓冲区共享 24 个布线通道，因此可能发生冲突，从而导致不可改变的设计。如果设计要求多个全局时钟缓冲区处于某个 CR 中，则建议将 clock_REGION 属性添加到这些缓冲区，而不是特定的 LOCATION 属性。

在时钟结构中，BUFGCTRL 多路复用器和其衍生物可以级联到相邻的时钟缓冲区，有效地创建了一个由 8 个 BUFGMUX 构成的环（BUFGCTRL 多路复用器）。

如图 1.40 所示，BUFCE_LEAF 是带有 CE 的时钟缓冲区，用于叶驱动离开水平 HCS 行。该缓冲区是用

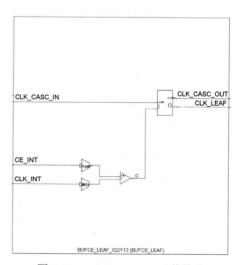

图 1.40　BUFCE_LEAF 元件符号

单个门控输入驱动各个块的时间点的时钟缓冲区。当 CE 为逻辑"0"(低电平)时(非活动),端口 O 的输出为逻辑"0"(低电平)。当 CE 为逻辑"1"(高电平)时(活动),端口 I 的输入传输到端口 O 输出。

注:FPGA 开发者不能尝试通过 Vivado 2023.1 访问 BUFCE_LEAF 元件。

思考与练习 1-12:使用 Vivado 2013.1 打开前面给出的任意一个工程,这些设计使用 UltraScale+架构的 Kintex 系列 FPGA 器件,该器件的具体型号为 xcku5p-ffva676-1-i。在 Device 视图中,定位到其中一个 CR,在该 CR 中间的一行,定义并放大 HCS,查看 BUFCE_LEAF 元件,以及该元件与 CR 内逻辑资源的连接关系。

图 1.41 给出了 BUFG_GT 和 BUFG_GT_SYNC 元件符号。BUFG_GT 由 RFSoC 器件中的千兆收发器(Gigabit Transceiver,GT)和 ADC/DAC 块驱动。只有 GT、ADC 和 DAC 可以驱动 BUFG_GT。BUFG_GT 是一个时钟缓冲区,具有一个时钟输入(I)、一个时钟输出(O)、一个带有 CLR 屏蔽输入(CLRMASK)的清除输入、一个带有 CE 屏蔽输入(CEMASK)的时钟使能(CE)输入和一个 3 位分频输入(DIV[2:0])。

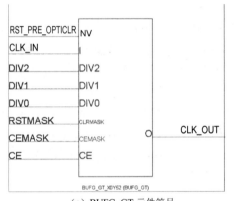

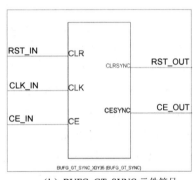

(a) BUFG_GT 元件符号　　　　　　(b) BUFG_GT_SYNC 元件符号

图 1.41　BUFG_GT 和 BUFG_GT_SYNC 元件符号

BUFG_GT_SYNC 是用于 BUFG_GT 的同步器电路。如果在设计中没有 BUFG_GT_SYNC 原语,则 Vivado 工具自动插入它。BUFG_GT_SYNC 可以直接驱动布线和分配资源,并且是具有单个门控输入和复位的时钟缓冲区。当 CE 无效(逻辑"0",低电平)时,输出停止在当前的状态,逻辑"1"(高电平)或逻辑"0"(低电平)。当 CE 为逻辑"1"(高电平)时,端口 I 的输入

传输到端口 O 输出。CE 的边沿和 CLR 的无效都自动与时钟同步,以实现无毛刺的操作。Vivado 工具不支持 CE 引脚的时序,因此无法实现确定性的延迟。CLR 是对 BUFG_GT 的异步复位确认和同步复位非确认。同步器有两级,但 CLR 引脚没有分配建立/保持时序弧。因此,延迟是不确定的。BUFG_GT 也可以将输入时钟分频 1~8。DIV[2:0]值是实际分频值减去 1(3'b000 对应于 1,3'b111 对应于 8)。当缓冲区处于复位状态时,必须改变分频值(DIV 输入)、CEMASK 和 CLRMASK。当 CE 无效或复位有效时,可以更改输入时钟。然而,对于控制信号存在最小有效/无效时间。

注:(1)在 RFSoC 器件中,ADC 和 DAC 瓦片(Tile)取代了 MPSoC 器件中的 GTH 收发器。因此,ADC 和 DAC 利用现有的 BUFG_GT 时钟缓冲区来驱动器件中的全局时钟树,然后从 FPGA 逻辑资源结构中返回 ADC 和 DAC 瓦片。但是,当连接到 ADC/DAC 时钟时,不能使用 DIV 功能。因此,BUFG_GT 的功能更像是一个带有 CE 和 CLR 的简单全局时钟缓冲区。

（2）对于 Zynq UltraScale+ 中的器件和 Kintex Ultrascale+ 系列（XCKU9P 及以上）中选定的器件，将时钟根与 BUFG_GT 驱动器（X0 列）分配在同一区域可能会导致不可布线的情况，并阻止来自到达负载的输出时钟，它们布局在 Zynq UltraScale+ 器件 PS 右侧或 Kintex UltraScale+ 的 Y0、Y1 和 Y2 行的空 PL 区域。为了避免这个问题，用户需要将根时钟分配到右侧的一个时钟域，在这种情况下是 X1 列。

UltraScale 器件的每个 GT Quad 有 24 个 BUFG_GT 和 10 个 BUFG_GT_SYNC。UltraScale+ 器件的每个 GT Quad 也有 24 个 BUFG_GT，但是它们有 14 个 BUFG_GT_SYNC。在 Quad 中的任何 GT 输出时钟都可以复用到任何一个 BUFG_GT。在 UltraScale 器件中，有 10 个 CE 和 CLR 引脚，它们对应 10 个 BUFG_GT_SYNC，可以驱动 24 个 BUFG_GT。在 UltraScale+ 器件中，有 14 个 CE 和 CLR 引脚，它们对应 14 个 BUFG_GT_SYNC，可以驱动 24 个 BUFG_GT。每个 BUFG_GT 缓冲区都具有 CE 和 CLR（24）的单独屏蔽码。由同一时钟源驱动的所有 BUFG_GT 必须具有公共的 CE 和 CLR 信号。在这种情况下，不允许将 CE 和 CLR 连接到常量信号，但可以设置屏蔽码以提供相同的功能。连接到同一输入时钟的 BUFG_GT 的输出时钟在退出复位（CLR）或 CE 有效时彼此同步（相位对准）。单独的屏蔽引脚可用于控制 24 组中的 BUFG_GT 响应 CE 和 CLR，并因此互相同步或保持其之前的相位和分频值。这些时钟缓冲区位于 HCS 中，并且由 GT 输出时钟直接驱动。它们的目的是通过布线和分配资源直接驱动 CR 中的硬核模块和逻辑。GT 没有到其他时钟资源的其他连接和专用连接。然而，它们可以通过 BUFG_GT 和时钟布线资源连接到 CMT。

BUFG_PS 是一个简单的时钟缓冲区，具有一个时钟输入（I）和一个时钟输出（O）。该时钟缓冲区是 Zynq UltraScale+ MPSoC 处理器系统（Processing System，PS）的资源，并为从处理器到 PL 的时钟提供对可编程逻辑（Programmable Logic，PL）时钟布线资源的访问。最多 18 个 PS 时钟可以驱动 BUFG_PS。该时钟缓冲区位于 PS 旁边。

1.3.5　时钟管理模块

UltraScale 结构的每个 I/O 组包含一个 CMT，每个 CMT 包含一个混合模式的时钟管理器（Mixed-Mode Clock Manager，MMCM）和两个相位锁相环（Phase Lock Loop，PLL），其主要用于为 I/O 生成时钟。但是，它也包含了用于内部结构的 MMCM 的一些功能集。

时钟输入连接允许多个资源向 MMCM 提供参考时钟。输出计数器（分频器）的个数为 8 个，其中一些能够驱动反相时钟信号（180°相移）。MMCM 在任何一个方向上都具有无限的相移能力，并且可以用于动态相移模式。精细相移的分辨率取决于压控振荡器（Voltage Controlled Oscillator，VCO）的频率。CLKFBOUT 和 CLKOUT0 分数分频功能以 1/8（0.125）的增量提供，以支持更大的时钟频率合成能力。

基于 UltraScale 架构的器件具备扩频（Spread Spectrum，SS）功能。如果不使用 MMCM 扩频特性，外部输入时钟上的扩频将不会被过滤掉，从而传输到输出时钟。

1. MMCM

基于 UltraScale 架构的 FPGA 中，每个 I/O 组包含一个 CMT。MMCM 用于宽范围频率的合成，也可用作内部或者外部时钟的抖动过滤器。

输入多路复用器从全局时钟 I/O、时钟布线或分配资源中选择参考时钟与反馈时钟。每个时钟输入都有一个可编程的计数器分频器（D）。相位频率检测器（Phase Frequency Detector，PFD）比较输入（参考）时钟和反馈时钟的上升沿的相位与频率。如果保持最小的高/低脉冲，则占空比是辅助的。PFD 用于生成与两个时钟之间的相位和频率成比例的信号，该信号驱动电荷泵（Charge Pump，CP）和环路滤波器（Loop Filter，LF）以产生到 VCO 的参考电压。PFD 产生到 CP 和 LF 的向上或向下信号，以确定 VCO 应该在更高或更低频率下工作。当 VCO 以过高的频率工作时，PFD 激活下降信号，控制电压降低，从而降低 VCO 的工作频率。当 VCO 在过低的频率下工作时，向上信号会增加电压。VCO 产生 8 个输出相位和一个用于精细相移的可变相位，可以选择每个输出相位作为输出计数器的参考时钟。每个计数器都可以针对给定的开发人员设计进行独立编程。还提供了一个特殊的计数器 M，该计数器控制 MMCM 的反馈时钟，允许宽范围的频率合成。

除整数分频输出计数器外，MMCM 还为 CLKOUT0 和 CLKFBOUT 添加了一个小数计数器。MMCM 的内部结构如图 1.42 所示。

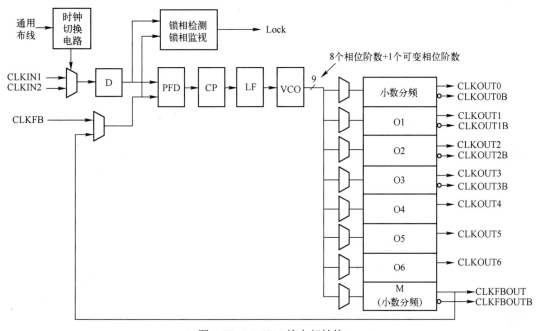

图 1.42　MMCM 的内部结构

UltraScale/UltraScale+架构 FPGA 的 MMCM 原语如图 1.43 所示。其中，MMCME4_BASE/MMCME3_BASE 提供了对一个单独的 MMCM 的最频繁使用特征的访问。时钟去偏移、频率合成、粗略相移和占空比编程可用于 MMCME4_BASE/MMCME3_BASE。MMCME4_ADV/MMCME3_ADV 提供了对 MMCME4_BASE/MMCME3_BASE 功能的访问，可用作时钟切换、访问动态重配置端口（Dynamic Reconfiguration Port，DRP）和动态精细相移的额外端口。

2. PLL

每个 CMT 有两个 PLL，它们为 PHY 逻辑和 I/O 提供时钟。此外，它们可以用作宽频率范围的频率合成器，用作抖动过滤器，并提供基本的相移能力和占空比编程。PLL 在输出数量上与 MMCM 不同，不能对时钟网络进行去偏斜，并且不具有高级相移能力，乘法器和输入除法器具有较小的值范围，并且不具备 MMCM 的许多其他高级功能。

UltraScale/UltraScale+架构 FPGA 的 PLL 原语如图 1.44 所示。对于 UltraScale+器件，其原语带有 E4 而不是 E3。PLLE4_ADV 与 PLLE3_ADV 相同，PLLE4_BASE 与 PLLE3_BASE 相同。

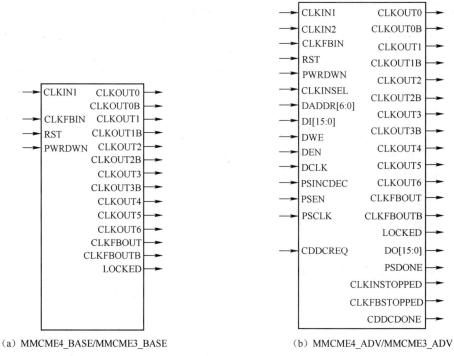

（a）MMCME4_BASE/MMCME3_BASE　　　　（b）MMCME4_ADV/MMCME3_ADV

图 1.43　UltraScale/UltraScale+架构 FPGA 的 MMCM 原语

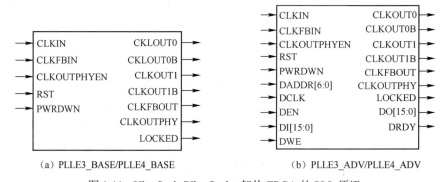

（a）PLLE3_BASE/PLLE4_BASE　　　　（b）PLLE3_ADV/PLLE4_ADV

图 1.44　UltraScale/UltraScale+架构 FPGA 的 PLL 原语

PLLE3_BASE/PLLE4_BASE 提供了对独立 PLL 最常用功能的访问，可用于时钟去偏移、频率合成和占空比编程。PLLE3_ADV/PLLE4_ADV 提供了对所有 PLLE3_BASE/PLLE4_BASE 功能的访问，可用作访问 DRP 的额外端口。

使用 Clocking Wizard 调用 MMCM 原语的 Verilog HDL 和 VHDL 描述如代码清单 1-22 和代码清单 1-23 所示。在该设计中，MMCM 的输入时钟频率为 100MHz，输出时钟频率为 166MHz。

代码清单 1-22　使用 Clocking Wizard 调用 MMCM 原语的 Verilog HDL 描述例子

```
module top(                         // 定义模块 top
    input        clk,               // 定义输入端口 clk
    input        rst,               // 定义输入端口 rst
    input        d,                 // 定义输入端口 d
    output reg   q                  // 定义输出端口 q
    );
wire clk166;                        // 定义网络 clk166
wire lock;                          // 定义网络 lock
Inst_mmcm MMCM1                     // 元件例化语句，调用元件 Inst_mmcm
```

```
(
  .clk_out1(clk166),                           // 端口 clk_out1 连接到网络 clk166
  .reset(rst),                                 // 端口 reset 连接到输入端口 rst
  .locked(lock),                               // 端口 locked 连接到网络 lock
  .clk_in1(clk)                                // 端口 clk_in1 连接到输入端口 clk
);
always @(negedge lock or posedge clk166)       // 过程描述语句，敏感信号 lock 和 clk166
begin                                          // 过程描述语句的开始
  if(!lock)                                    // 如果 lock 为逻辑"0"（低电平）
    q<=1'b0;                                   // 输出端口 q 复位为"0"（低电平）
  else                                         // 否则 clk166 上升沿有效
    q<=d;                                      // 输入端口 d 保存到输出 q
end                                            // 过程描述语句的结束
endmodule                                      // 模块的结束
```

注：读者进入本书提供的\vivado_example\mmcm_verilog 资源目录中，用 Vivado 2023.1 打开名字为 project1.xprj 的工程文件。

代码清单 1-23　使用 Clocking Wizard 调用 MMCM 原语的 VHDL 描述例子

```
library IEEE;                                  -- 声明库 IEEE
use IEEE.STD_LOGIC_1164.ALL;                   -- 使用 IEEE 库的 STD_LOGIC_1164 包
entity top is                                  -- 定义实体 top
Port (                                         -- 端口声明部分
    clk  :  in  std_logic;                     -- 定义输入端口 clk
    rst  :  in  std_logic;                     -- 定义输入端口 rst
    d    :  in  std_logic;                     -- 定义输入端口 d
    q    :  out std_logic                      -- 定义输出端口 q
);
end top;                                        -- 实体部分的结束
architecture Behavioral of top is               -- 结构体部分
signal  clk166 :  std_logic;                    -- 声明信号 clk166
signal  locked :  std_logic;                    -- 声明信号 locked
component Inst_mmcm is                           -- 声明元件 Inst_mmcm
port (                                          -- 声明元件的端口部分
      clk_out1 : out std_logic;                 -- 元件的输出端 clk_out1
      reset    : in  std_logic;                 -- 元件的输入端口 reset
      locked   : out std_logic;                 -- 元件的输出端口 locked
      clk_in1  : in  std_logic                  -- 元件的输入端口 clk_in1
);
end component;                                   -- 元件声明部分的结束
begin                                           -- 结构体描述部分的开始
MMCM : Inst_mmcm                                 -- 元件例化语句，调用元件 Inst_mmcm
port map                                         -- 端口映射语句
(
  clk_out1=>clk166,                             -- 端口 clk_out1 连接到信号 clk166
  reset=>rst,                                   -- 端口 reset 连接到输入端口 rst
  locked=>locked,                               -- 端口 locked 连接到信号 locked
  clk_in1=>clk                                  -- 端口 clk_in1 连接到输入端口 clk
);
process(clk166,locked)                          -- 进程语句
begin                                           -- 进程语句的描述部分
  if (locked='0') then                          -- 如果 locked 为逻辑"0"（低电平）
    q<='0';                                     -- 输出端口 q 复位为"0"（低电平）
  elsif rising_edge(clk166) then                -- 否则，如果 clk166 上升沿有效
    q<=d;                                       -- 输入端口 d 保存到输出端口 q
  end if;                                       -- if 语句的结束
end process;                                    -- 进程语句的结束
end Behavioral;                                 -- 结构体部分的结束
```

注：读者进入本书提供的\vivado_example\mmcm_vhdl 资源目录中，用 Vivado 2023.1 打开名字为 project1.xprj 的工程文件。

使用 Vivado 2023.1 对该设计进行综合后的结果如图 1.45 所示

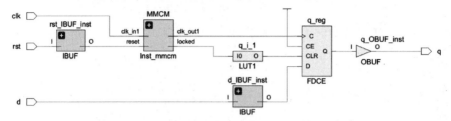

图 1.45 使用 Vivado 2023.1 对该设计进行综合后的结果

思考与练习 1-13：在 Vivado 2013.1 中打开图 1.45，在 Schematic 视图中，单击 MMCM 元件符号中的 "+" 按钮，查看 MMCM 原语 MMCME4_ADV 的元件符号和内部连接关系。

使用 Vivado 2023.1 对该设计进行布局布线后的结果如图 1.46 所示。

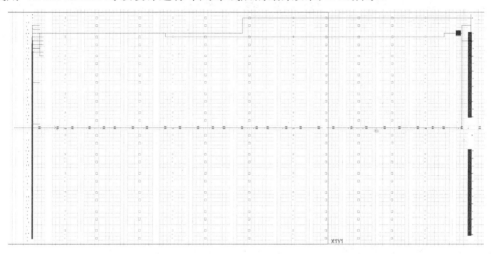

图 1.46 使用 Vivado 2023.1 对该设计进行布局布线后的结果

思考与练习 1-14：在 Vivado 2023.1 中打开如图 1.46 所示布局布线后的 Device 视图，仔细查看该设计的布局和布线，尤其是查看该设计中所使用 MMCM 的位置，以及该设计中时钟的布线。

1.4 存储器资源

本节将介绍 UltraScale+架构 FPGA 中的块存储器（Block RAM，BRAM）资源和 UltraRAM 资源。

1.4.1 BRAM 资源

除分布式 RAM 和高速 SelectIO 存储器接口外，基于 UltraScale+架构的 FPGA 中提供了大量的 36Kb 块存储器（Block RAM，BRAM）。每个 36Kb BRAM 包含两个独立控制的 18Kb RAM。BRAM 放置在 CR 内的列中并且跨越器件。BRAM 数据输出块可级联以实现更深的存储器。此外，BRAM 具有用于节能的休眠模式，并且具有可选择的写入模式操作。

每个 BRAM 有两个写端口和两个读端口。一个 36Kb 的 BRAM 可以配置为用于每个端口的独立端口宽度为 32K×1、16K×2、8K×4、4K×9、2K×18 或 1K×36【当用作真正双端口（True Dual Port，TDP）时】。如果只使用一个端口和一个读取端口，则可以额外配置 36Kb BRAM，其端口宽度为 512×72 位【当用作简单双端口（Simple Dual Port，SDP）时】。

18Kb BRAM 可以为这些端口中的每一个配置独立的端口宽度，如 16K×1、8K×2、4K×4、2K×9 或 1K×18（当用作 TDP 存储器时）。如果只使用一个写端口和一个读端口，则可以额外配置 18Kb BRAM，其端口宽度为 512×36 位（当用作 SDP 存储器时）。

与 7 系列 FPGA BRAM 类似，写入和读取是同步操作。这两个端口对称且完全独立，仅共享存储的数据。每个端口都可以配置为一个可用的宽度，与另一个端口无关。此外，每个端口的读端口宽度可以不同于写端口宽度。存储器的内容可以通过配置比特流进行初始化或清除。在写操作期间，可以将存储器设置为数据输出保持不变，反映正在写入的新数据或正在重写的先前数据。

UltraScale+架构 FPGA 内 BRAM 的主要特性包括：

（1）每个 BRAM 可以保存最多 36Kb 的数据。

（2）支持两个独立的 18Kb 或单个 36Kb 的 BRAM。

（3）每个 36Kb BRAM 可与单个读和写端口（SDP）一起使用，可使 BRAM 的数据宽度加倍，达到 72 位。18Kb BRAM 可与单个读和写端口（SDP）一起使用，可使 BRAM 的数据宽度加倍，达到 36 位。当用作 RAMB36 SDP 存储器时，一个端口宽度是固定的（512×64 或 512×72），另一个端口宽度可以是 32K×1 到 512×72。当用作 RAMB18 SDP 存储器时，一个端口宽度是固定的（512×36），另一个端口宽度可以是 16K×1 到 512×36。

（4）从下到上相邻块 RAM 的数据输出可以级联在一起以构建大块 RAM 块。可选的流水线寄存器可用于支持最大性能。

（5）每 36Kb BRAM 或 36Kb FIFO（First Input & First Output）提供一个 64 位的纠错编码（Error Correction Coding，ECC）块。提供独立的编码/解码功能。ECC 模式具有注入错误的能力。

（6）BRAM 输出的锁存和寄存器模式均可将输出同步置位/复位为初始值。

（7）单独的同步置位/复位引脚独立控制 BRAM 中可选输出寄存器和输出锁存级的置位与复位。

（8）将 BRAM 配置为公共时钟/单个时钟 FIFO 的属性，用于消除标志延迟的不确定性。

（9）18、36 或 72 位宽的 BRAM 端口可以每字节具有单独的写使能。

（10）每个 BRAM 包含可选的地址时序和控制电路，作为 FPGA 内建的独立时钟 FIFO 存储器运行。BRAM 可配置位 18Kb 或 36Kb FIFO。

（11）所有输入都与端口时钟寄存。

（12）根据写使能（WE）引脚的状态，所有输出都具有读取或写期间读取的功能。输出在时钟到输出时序间隔之后可用。写入期间的读取输出具有 3 种操作模式，包括 WRITE_FIRST、READ_FIRST 和 NO_CHANGE。

① 写入操作需要一个时钟沿。

② 读取操作需要一个时钟沿。

③ 锁存或寄存所有输出端口（可选）。输出端的状态不变，直到端口执行另一个读取或写入操作。默认，BRAM 的输出为寄存器模式。

注： 输出数据路径有一个可选的内部流水线寄存器。强烈建议使用寄存器模式，这允许更高的时钟速率。然而，它增加了一个时钟周期延迟。

1．同步双端口和单端口 RAM

真正的 36Kb BRAM 双端口存储器由一个 36Kb 存储器阵列和两个完全独立的访问端口 A 和 B 构成，如图 1.47 所示。类似地，每个 18Kb BRAM 双端口存储器由 18Kb 存储器阵列和两个完全独立的访问端口 A 和 B 构成。结构完全对称，两个端口可以互换。

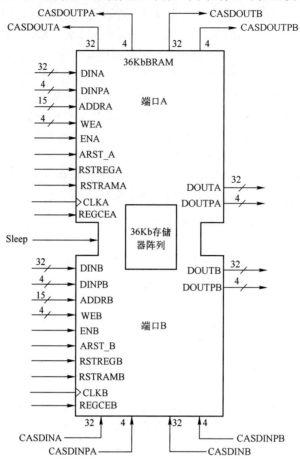

图 1.47 真正的 36Kb BARM 双端口存储器

图 1.47 中端口名字的含义如表 1.11 所示。

表 1.11 图 1.47 端口名字的含义

端口名	含义
DINA、DINB	数据输入总线
DINPA、DINPB	数据输入奇偶校验总线，可用于额外的数据输入
ADDRA、ADDRB	地址总线
ADDRENA、ADDRENB	地址锁存使能。如果为"低"电平，锁存之前的地址
WEA、WEB	字节宽度的写使能
ENA、ENB	当无效时，没有数据写入 BRAM 且输出总线保持它之前的状态
RSTREGA、RSTREGB	同步置位/复位输出寄存器（DO_REG="1"）。RSTREG_PRIORITY 属性决定优先级高于 REGCE
RSTRAMA、RSTRAMB	输出数据锁存器的同步置位/复位
CLKA、CLKB	时钟输入
DOUTA、DOUTB	数据输出总线
DOUTPA、DOUTPB	数据输出奇偶校验总线，可用于额外的数据输出
REGCEA、REGCEB	输出寄存器时钟使能
CASDINA、CASDINB	级联数据输入总线
CASDINPA、CASDINPB	级联奇偶校验输入总线

端口名	含义
CASDOUTA、CASDOUTB	级联数据输出总线
CASDOUTPA、CASDOUTPB	级联奇偶校验输出总线
SLEEP	动态断电省电。如果 SLEEP 有效（活动），块处于节能模式

1）读操作

在锁存模式下，读操作使用一个时钟沿。读取地址寄存在读端口上，在 RAM 访问时间后，保存的数据加载到输出锁存器中。当使用输出寄存器时，读操作需要一个额外的延迟周期。

2）写操作

写操作是单时钟沿操作。写入地址寄存在写端口上，并且将数据输入保存在存储器中。

（1）WRITE_FIRST 模式：在该模式下，输入数据的同时将数据写入存储器并保存在数据输出中（透明写入），如图 1.48 所示。当不使用可选的输出流水线寄存器时，波形对应于锁存模式。

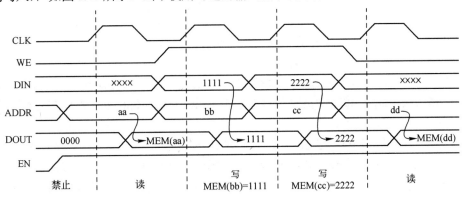

图 1.48　WRITE_FIRST 模式下的写操作

（2）READ_FIRST/Read-Before-Write 模式:在该模式下，当将输入数据保存在存储器中时（先读后写），之前保存在写入地址的数据出现在输出锁存器上，如图 1.49 所示。当不使用可选的输出流水线寄存器时，波形对应于锁存模式。

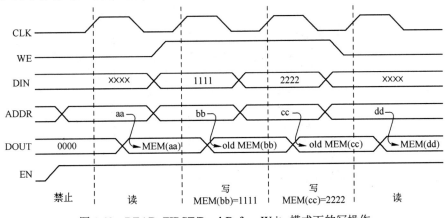

图 1.49　READ_FIRST/Read-Before-Write 模式下的写操作

（3）No-Change 模式：在该模式下的写操作期间，输出锁存器保持不变，如图 1.50 所示，数据输出保持上一次读取的数据，不受同一端口上写入操作的影响。当不使用可选的输出流水线寄存器时，波形对应于锁存模式。该模式是最节能的模式。

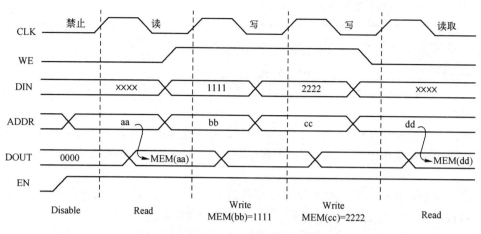

图 1.50　No-Change 模式下的写操作

注：（1）可选的输出寄存器通过消除到用于流水线操作的 CLB 触发器的布线延迟来提高设计性能。FPGA 内为这些输出寄存器提供了独立的时钟和时钟使能输入。输出数据寄存器保持与输入寄存器操作无关的值。

（2）独立的读写端口选择提高了在 BRAM 中实现内容可寻址存储器（Content Addressable Memory，CAM）的效率。该选项适用于所有基于 UltraScale/UltraScale+ 架构 FPGA 内真正双端口 RAM 端口的大小和模式。

每个 18Kb 的块和 36Kb 的块也能配置为 SDP RAM 模式。在该模式下，BRAM 的端口宽度加倍到 36 位（对于 18Kb 的 BRAM）或 72 位（对于 36Kb 的 BRAM）。当 BRAM 用作 SDP 存储器时，可以同时进行独立的读写操作，其中端口 A 指定为写端口，端口 B 指定为读端口。简单双端口 36Kb BARM 如图 1.51 所示，图 1.51 中端口名字的含义如表 1.12 所示。

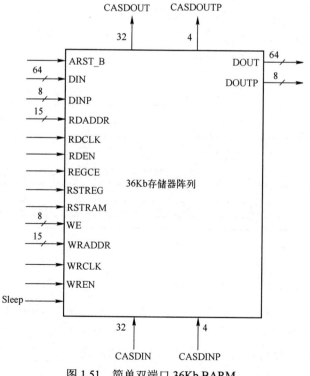

图 1.51　简单双端口 36Kb BARM

表 1.12　图 1.51 中端口名字的含义

端口名	含义
DOUT	数据输出总线
DOUTP	数据输出奇偶校验总线
DIN	数据输入总线
DINP	数据输入奇偶校验总线
RDADDR	读数据地址总线
RDCLK	读数据时钟
RDEN	读端口使能
REGCE	输出寄存器时钟使能
RSTREG	输出寄存器的同步置位/复位
RSTRAM	输出数据锁存器同步置位/复位
WRADDR	写数据地址总线
WRCLK	写数据时钟
WREN	写端口使能
SLEEP	动态断电省电。如果 SLEEP 为高时，块处于节能模式
CASDIN	级联数据输入总线
CASDINP	级联奇偶校验输入总线
CASDOUT	级联数据输出总线
CASDOUTP	级联奇偶校验输出总线

2．FIFO 控制器

许多设计使用 BRAM 来实现 FIFO。公共时钟或独立时钟 FIFO 均可以很容易使用 BRAM 中的专用逻辑实现。这消除了需要额外使用 CLB 逻辑来实现计数器、比较器或生成状态标志，并且每个 FIFO 仅使用一个 BRAM 资源。支持标准模式和首字直通（First Word Fall Through，FWFT）模式。

FIFO 可以配置为 18Kb 或 36Kb 存储器。对于 18Kb 模式，支持的配置有 4K×4、2K×9、1K×18 和 512×36；对于 36Kb 模式，支持的配置有 8K×4、4K×9、2K×18、1K×36 和 512×72。FIFO 端口可以以非对称的方式进行配置。

BRAM 可以配置为具有公共或独立读写时钟的 FIFO 存储器。BRAM 的端口 A 用作 FIFO 读取端口，端口 B 用作 FIFO 写入端口。数据在读取时钟的上升沿从 FIFO 读取，并在写入时钟的上升沿写入 FIFO。

1）独立时钟/双时钟 FIFO

独立时钟 FIFO（也称为双时钟或异步 FIFO）是先进先出队列，其中写入接口和读取接口位于不同的时钟域中。要将 FIFO 配置为独立时钟 FIFO，应将属性 CLOCK_DOMAINS 设置为 INDEPENDENT。

独立时钟 FIFO 提供了一个简单的写入接口和一个简单的读取接口，这两个接口都可以是自由运行的时钟，时钟之间没有频率或相位关系。因此，它非常适合以下情况：

（1）WRCLK 和 RDCLK 具有不同但相关的频率；

（2）WRCLK 和 RDCLK 相位不一致；

（3）WRCLK 和 RDCLK 完全异步（没有关系）。

独立时钟 FIFO 可以支持指定最大限制的时钟频率。双时钟 FIFO 设计避免了不确定性、毛刺或亚稳定问题，并提供了在不同时钟域之间传递数据的便捷方式。写接口与 WRCLK 域同步，每当 WREN 在 WRCLK 上升沿之前处于有效时，将 DIN 上可用的数据写入 FIFO。读接口与 RDCLK 同步，每当 RDWN 在 RDCLK 上升沿之前处于有效时，就会触发 FIFO 中的读操作，并在标准模式下，在 RDCLK 上升沿之后的 DOUT 上显示下一个数据字。

由于 WRCLK 和 RDCLK 之间的内部同步，某些转换需要较长的时钟周期。例如，写操作需要几个时钟周期（WRCLK 和 RDCLK 时钟周期）才能同步到 RDCLK。只有在写操作与 RDCLK 同步之后，RDCLK 中反映的写操作才会输出到 EMPTY 和 PROGEMPTY，这可能会导致这些标志无效。

类似地，RDCLK 和 WRCLK 之间的内部同步也需要延长时钟周期数。例如，读操作需要几个时钟周期（RDCLK 和 WRCLK 时钟周期）才能同步到 WRCLK。只有在读操作和 WRCLK 同步后，WRCLK 输出 FULL 和 PROGFULL 状态中反映的读取操作才能导致这些标志无效。

所有 FIFO 的输入和输出都与 WRCLK 或 RDCLK 同步。由于两个不相关时钟域的不确定性，在实现中保留了一个存储器位置以防止错误。

2）公共时钟/单时钟 FIFO

公共时钟 FIFO 的接口与独立时钟 FIFO 的相同，不同之处在于只有一个时钟输入（CLK），或者有两个时钟输入（WRCLK 和 RDCLK）但必须连接到同一时钟源（时钟缓冲区）。

公共时钟 FIFO（也称为单时钟或同步 FIFO）是一个先进先出的队列，其写入接口和读取接口共享公共时钟域。当使用同步 FIFO 时，CLOCK_DOMAINS 属性应设置为 COMMON，以消除在标志有效和无效时的时钟周期延迟。

因为公共时钟 FIFO 不需要时钟域之间的同步，所以从写入操作到 EMPTY 或 PROGEMPTY 无效，或从读取操作到 FULL 或 PROGFULL 无效的内部延迟比等效的独立时钟 FIFO 快得多。

此外，由于公共时钟 FIFO 不需要处理两个不相关时钟的不确定性，因此它可以使用整个存储器内容用于 FIFO 存储，而不是保留一个存储器位置来防止错误。因此，公共时钟 FIFO 的深度比等效的独立时钟 FIFO 多一个字。

UltraScale/UltraScale+ 架构 FPGA 内建 FIFO 的结构如图 1.52 所示。图 1.52 中端口名字的含义如表 1.13 所示。

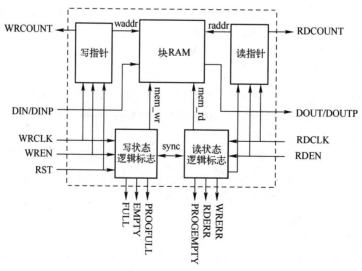

图 1.52　UltraScale/UltraScale+架构 FPGA 内建 FIFO 的结构

表 1.13　图 1.52 中端口名字的含义

端口名字	含义
WRCOUNT	内部 FIFO 写指针或 FIFO 中字数计数的输出。与 WRCLK 同步
RDCOUNT	内部 FIFO 读指针或 FIFO 中字数计数的输出。与 RDCLK 同步
DIN	FIFO 数据输入总线。与 WRCLK 同步
DINP	FIFO 奇偶校验输入总线。与 WRCLK 同步
DOUT	FIFO 数据输出总线。与 RDCLK 同步
DOUTP	FIFO 奇偶校验输出总线。与 RDCLK 同步
WRCLK	写时钟
RDCLK	读时钟
WREN	相对于 WRCLK 的活动高写使能
RDEN	相对于 RDCLK 的活动高读使能
RST	活动高同步复位。与 WRCLK 同步
WRERR	指示由于 FIFO 处于 FULL(满)状态或 FIFO 处于复位条件，使得写操作失败
RDERR	指示由于 FIFO 处于 EMPTY(空)状态或 FIFO 处于复位条件，使得读操作失败
PROGEMPTY	可编程的标志用于指示 FIFO 几乎为空（保留少于或等于由 PROG_EMPTY_THRESH 指定数量的字）。与 RDCLK 同步
PROGFULL	可编程的标志用于指示 FIFO 几乎为满（保留大于或等于由 PROG_FULL_THRESH 指定数量的字）。与 WRCLK 同步
EMPTY	活动高标志，用于指示当前 FIFO 处于 EMPTY(空)状态。与 RDCLK 同步
FULL	活动高标志，用于指示当前 FFIFO 处于 FULL(满)状态。与 WRCLK 同步

标准模式下的 FIFO 操作时序如图 1.53 所示。在标准 FIFO 中，当从 FIFO 中读取一个或多个字时，EMPTY 变成无效。通过 RDEN 有效，下一个数据出现在 RDCLK 的下一个上升沿之后的 DOUT 总线上。当 EMPTY 标志有效时，不能读取更多的数据，任何额外的读操作都会使 RDERR 在下一个 RDCLK 边沿之后变成有效。

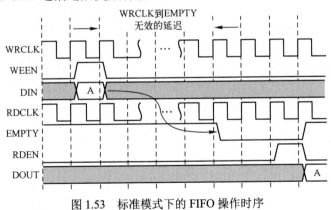

图 1.53　标准模式下的 FIFO 操作时序

FWFT 模式下的 FIFO 操作时序如图 1.54 所示。在 RDEN 信号有效之前，数据放置在 DOUT 总线上。当把第一个字写入空 FIFO 时，第一个字直接传输到输出，并且在 EMPTY 无效的同时出现在 DOUT 总线上。

为了防止系统中的数据丢失，在 RDEN 有效之前，第一个输出值不会从 DOUT 总线中消失。如果没有更多的数据可用，则 EMPTY 有效，并且再次写入 FIFO 的下一个字直接传输到输出。因为数据在读取之前出现在 DOUT 总线上，所以 FIFO 可能需要再进行一次最后的读取才能使 EMPTY（空）有效。在任何一种情况下，读需要与写入操作数数量相同的读取操作才能将 FIFO 返回到空状态。

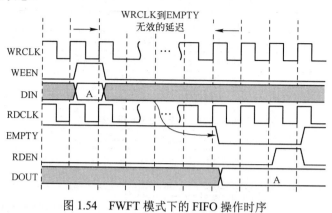

图 1.54   FWFT 模式下的 FIFO 操作时序

一个数据宽度为 4 位、深度为 16 的块存储器的 Verilog HDL 和 VHDL 描述如代码清单 1-24 和代码清单 1-25 所示。

代码清单 1-24   一个数据宽度为 4 位、深度为 16 的块存储器的 **Verilog HDL** 描述例子

```
module top(                            // 声明模块 top
    input clk,                         // 定义输入端口 clk
    input we,                          // 定义输入端口 we
    input en,                          // 定义输入端口 en
    input [3:0] addr,                  // 定义输入端口 addr
    input [3:0] di,                    // 定义输入端口 di
    output reg[3:0] do                 // 定义输出端口 do
);
/* 定义 reg 型变量 RAM，RAM 类型为 BRAM，不是分布式 RAM */
(* ram_style = "block" *) reg [3:0] RAM [15:0];
always @(posedge clk)                  // 过程描述语句，敏感信号 clk 上升沿有效
begin                                  // 过程描述语句的开始
  if(en)                               // 如果 en 为逻辑 "1"（高电平）
    begin                              // if(en)条件的开始
      if(we)                           // 如果 we 为逻辑 "1"（高电平）
        RAM[addr] <= di;               // 将 di 写入 addr 指定的 RAM 单元
      do<= RAM[addr];                  // 将 addr 指定 RAM 单元的内容给 do
    end                                // if(en)条件的结束
end                                    // 过程描述语句的结束
endmodule                              // 模块的结束
```

注：读者进入本书提供的\vivado_example\bram_verilog 资源目录中，用 Vivado 2023.1 打开名字为 project1.xprj 的工程文件。

代码清单 1-25   一个数据宽度为 4 位、深度为 16 的块存储器的 **VHDL** 描述例子

```
library IEEE;                                      -- 声明 IEEE 库
use IEEE.STD_LOGIC_1164.ALL;                       -- 使用 STD_LOGIC_1164 包
use IEEE.STD_LOGIC_UNSIGNED.all;                   -- 使用 STD_LOGIC_UNSIGNED 包
entity top is                                      -- 声明实体 top
Port (                                             -- 端口映射部分
    clk  : in   std_logic;                         -- 定义输入端口 clk
    we   : in   std_logic;                         -- 定义输入端口 we
    en   : in   std_logic;                         -- 定义输入端口 en
    addr : in   std_logic_vector(3 downto 0);      -- 定义输入端口 addr
    di   : in   std_logic_vector(3 downto 0);      -- 定义输入端口 di
    do   : out std_logic_vector(3 downto 0)        -- 定义输出端口 do
```

```
    );                                              -- 实体部分的结束
    end top;                                        -- 结构体部分
    architecture Behavioral of top is               -- 定义子类型 half_byte
    subtype half_byte is std_logic_vector(3 downto 0);  -- 定义类型 ram_t
    type ram_t is array(0 to 15) of half_byte;      -- 定义信号 ram 为 ram_t 类型
    signal ram : ram_t;                             -- 声明属性
    attribute ram_style : string;                   -- 声明属性属于 ram，类型为 block
    attribute ram_style of ram : signal is "block";  -- 结构体描述部分的开始
    begin                                           -- 进程语句
    process(clk)                                    -- 进程语句描述部分的开始
    begin                                           -- 如果 clk 上升沿有效
    if rising_edge(clk) then                            -- 如果 en 为逻辑"1"（高电平）
        if(en='1') then                             -- 如果 we 为逻辑"1"（高电平）
            if(we='1') then                         -- di 写入 addr 指定的 ram 存储单元
                ram(conv_integer(addr))<=di;        -- if(we='1')条件的结束
            end if;                                 -- addr 指定 ram 存储单元内容送到 do
            do<=ram(conv_integer(addr));            -- if(en='1')条件的结束
        end if;                                     -- if rising_edge(clk)条件的结束
    end if;                                         -- 进程语句的结束
    end process;                                    -- 结构体的结束
    end Behavioral;
```

注： 读者进入本书提供的\vivado_example\bram_vhdl 资源目录中，用 Vivado 2023.1 打开名字为 project1.xprj 的工程文件。

使用 Vivado 2023.1 对该设计进行综合后的结果如图 1.55 所示。

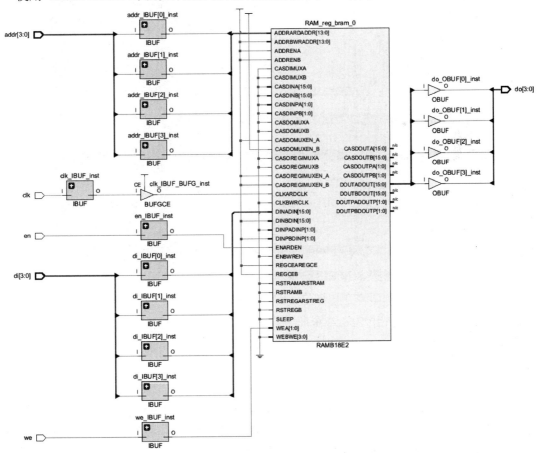

图 1.55 使用 Vivado 2023.1 对该设计进行综合后的结果

思考与练习 1-15：根据图 1.55 给出的结果，分析该设计的原理。

使用 Vivado 2023.1 对该设计进行布局布线后的结果如图 1.56 所示。

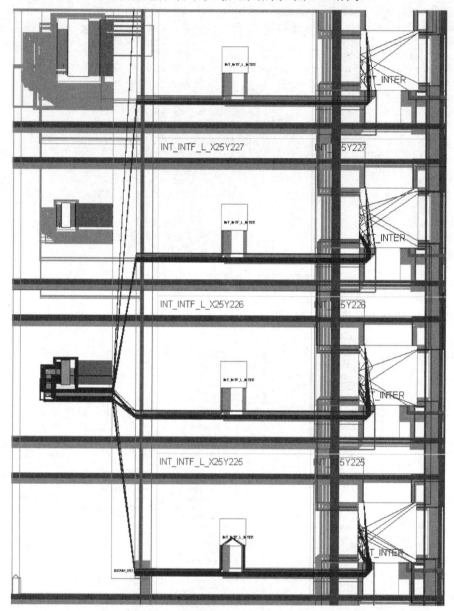

图 1.56　使用 Vivado 2023.1 对该设计进行布局布线后的结果

思考与练习 1-16：根据图 1.56 给出的布局布线后的结果，查看所使用的 BRAM 的位置，以及布线的连接情况。

1.4.2　UltraRAM 资源

UltraRAM 是 UltraScale+架构 FPGA 中提供的单时钟双端口同步存储器。由于 UltraRAM 与列状架构兼容，因此可以例化多个 UltraRAM，并将其直接级联到 FPGA 整个高度的 UltraRAM 列中。单个 CR 中的一列包含 16 个 UltraRAM 块。

具有 UltraRAM 的 FPGA 包含分布在器件中的多个 UltraRAM 列。UltraScale+架构中的大部分器件都包含 UltraRAM 块。

UltraRAM 块是 288Kb 的单时钟同步存储块，排列在 FPGA 内的一列或多列中。每列每个时钟区域有 16 个 UltraRAM 块。多个 UltraRAM 块可以使用专用级联布线在一列中，唯一的限制是 FPGA 的高度或 SSI 器件中的单个超级逻辑区（Super Logic Region，SLR）。此外，可以使用少量逻辑资源将多个列级联在一起。如果级联的 UltraRAM 块被适当地流水线化，则不会有时序损失。

UltraRAM 是一种灵活的高密度存储器构建块。每个 UltraRAM 块最多可以保存 288k 位数据，并配置为 4k×72 存储块。UltraRAM 的容量是 BRAM 的 8 倍。与 BRAM 类似，FPGA 中分布着多个 UltraRAM 列。UltraRAM 有两个端口，这两个端口都寻址所有 4k×72 位。每个端口可以在每个端口的每个时钟周期独立执行一次读或一次写操作。但是，SRAM 阵列内部使用单端口存储单元。双端口操作通过在单个循环中执行端口 A 操作和端口 B 操作来实现。因此，两个端口共享一个时钟输入。每个端口在一个周期内智能执行写或读操作。当执行写操作时，读输出保持不变，并保持以前的值。

UltraRAM 块可以级联以便实现更深层次的存储器。大多数与级联相关的布线都包含在 UltraRAM 列中。因此，如果适当地将 UltraRAM 流水线化，则只需要很少或不需要一般的互联，并且由于布线而不会产生时序损失。

对于两个端口中的每一个，UltraRAM 最多包含 4 个流水级。在独立的非级联模式中，UltraRAM 可以配置为 1~4 个时钟周期延迟，但通常只需要 1~3 个时钟周期延迟，具体取决于目标频率。级联模式延迟是 UltraRAM 链大小、频率目标和其他约束条件的函数。类似地，时钟输出性能取决于所选的输出寄存器。

BRAM 和 UltraRAM 的主要特性比较如表 1.14 所示。

表 1.14　BRAM 和 UltraRAM 的主要特性比较

特性	BRAM	UltraRAM
时钟	2 个	1 个
内建 FIFO	是	否
数据宽度	可配置（1、2、4、9、18、36、72）	固定（72 位）
模式	SDP 和 TDP	两个端口，每个端口能独立读或写（SDP 的超集）
ECC	64 位 SECDED。只支持 64 位 SDP(一个 ECC 译码器用于端口 A，一个 ECC 编码器用于端口 B)	64 位 SECDED。为每个端口的一组完整 ECC 逻辑，使能读你 ECC 操作（用于所有端口的 ECC 编码器和译码器）
级联	（1）只级联输出（通过逻辑资源实现输入级联） （2）在单 CR 中的级联	（1）级联输入和输出（包含全局地址译码） （2）在一个列中级联跨越 CR （3）使用最小逻辑资源的跨越几个列的级联
省电	通过手工信号有效的一种模式	通过手工信号有效的一种模式

UltraRAM URAM288 和 UltraRAM URAM288_BASE 库原语是所有 UltraRAM 配置的基本构建块。UltraRAM URAM288 原语支持所有可能的配置，包括级联和 ECC。UltraRAM URAM288_BASE 原语是一个子集，支持没有级联功能的单个 UltraRAM 块实例。UltraRAM URAM288_BASE 原语符号如图 1.57 所示，UltraRAM URAM288 原语符号如图 1.58 所示。图中端口名字的含义如表 1.15 和表 1.16 所示。

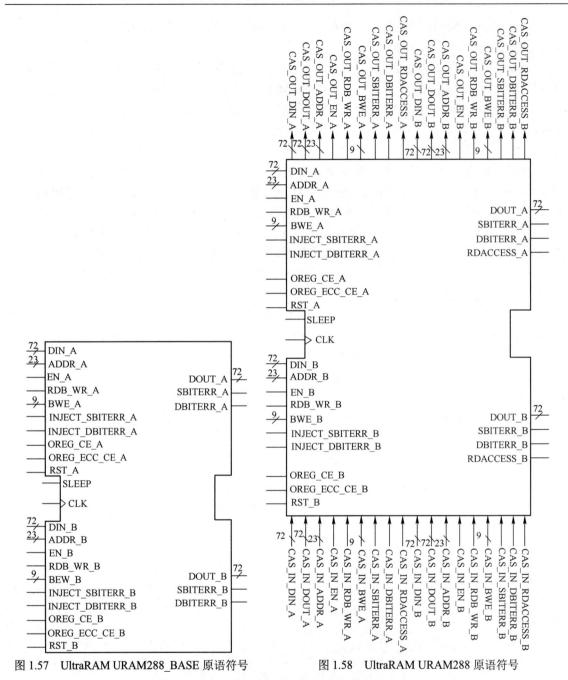

图 1.57　UltraRAM URAM288_BASE 原语符号　　　　图 1.58　UltraRAM URAM288 原语符号

表 1.15　UltraRAM 原语端口名字的含义（非级联端口）

端口名字	含义
CLK	UltraRAM 时钟源
SLEEP	动态功耗门控
端口 A 输入	
ADDR_A[22:0]	端口 A 地址。ADDR_A[22:12]只用于级联模式
EN_A	端口 A 使能。使能/禁止对块 RAM 存储器核的读/写访问
RDB_WR_A	端口 A 读/写模式输入选择。读（BAR）是活动"低"（"0"=读，"1"=写）
BWE_A[8:0]	端口 A 字节写使能

端口名字	含义
DIN_A[71:0]	端口 A 写数据输入
INJECT_SBITERR_A	端口 A 写入过程中的单个位错误注入
INJECT_DBITERR_A	端口 A 写入过程中的两个位错误注入
OREG_CE_A	端口 A SRAM 阵列核心块读取输出流水线寄存器 CLK 使能
OREG_ECC_CE_A	端口 A ECC 译码器输出流水线寄存器 CLK 使能
RST_A	端口 A 输出寄存器的异步或同步复位。复位优先级高于 CE
端口 A 输出	
DOUT_A[71:0]	端口 A 读取数据输出
RDACCESS_A	端口 A 读状态输出
SBITERR_A	端口 A 单个位错误输出状态
DBITERR_A	端口 A 两个位错误输出状态
端口 B 输入	
ADDR_B[22:0]	端口 B 地址。ADDR_B[22:12]只用于级联模式
EN_B	端口 B 使能。使能/禁止对块 RAM 存储器核的读/写访问
BWE_B[8:0]	端口 B 字节写使能
DIN_B[71:0]	端口 B 写数据输入
INJECT_SBITERR_B	端口 B 写入过程中的单个位错误注入
INJECT_DBITERR_B	端口 B 写入过程中的两个位错误注入
OREG_CE_B	端口 B SRAM 阵列核心块读取输出流水线寄存器 CLK 使能
OREG_ECC_CE_B	端口 B ECC 译码器输出流水线寄存器 CLK 使能
RST_B	端口 B 输出寄存器的异步或同步复位。复位优先级高于 CE
端口 B 输出	
DOUT_B[71:0]	端口 B 读取数据输出
RDACCESS_B	端口 B 读状态输出
SBITERR_B	端口 B 单个位错误输出状态
DBITERR_B	端口 B 两个位错误输出状态

表 1.16　UltraRAM 原语端口名字的含义（级联端口）

端口名字	含义
端口 A 级联输入	
CAS_IN_ADDR_A[22:0]	端口 A 输入地址输入。在级联模式中，将该端口连接到 CAS_OUT_ADDR_A
CAS_IN_EN_A	端口 A 输入使能输入。在级联模式中，将该端口连接到 CAS_OUT_EN_A
CAS_IN_BWE_A[8:0]	端口 A 输入写模式字节写使能。在级联模式中，将该端口连接到 CASE_OUT_BWE_A
CAS_IN_RDB_WR_A	端口 A 输入读/写模式选择。在级联模式中，将该端口连接到 CAS_OUT_RDB_WR_A
CAS_IN_DIN_A[71:0]	端口 A 输入写模式。在级联模式中，将该端口连接到 CAS_OUT_DIN_A
CAS_IN_DOUT_A[71:0]	端口 A 输入读模式数据输出。在级联模式中，将该端口连接到 CAS_OUT_DOUT_A
CAS_IN_RDACCESS_A	端口 A 输入读模式读状态。在级联模式中，将该端口连接到 CAS_OUT_RDACCESS_A
CAS_IN_SBITERR_A	端口 A 输入读模式单个位错误标志输入。在级联模式中，将该端口连接到 CAS_OUT_SBITERR_A
CAS_IN_DBITERR_A	端口 A 输入读模式两个位错误标志输入。在级联模式中，将该端口连接到 CAS_OUT_DBITERR_A

续表

端口名字	含义
端口 A 级联输出	
CAS_OUT_ADDR_A[22:0]	端口 A 输出地址。在级联模式中，将该端口连接到 CAS_IN_ADDR_A
CAS_OUT_EN_A	端口 A 输出使能。在级联模式中，将该端口连接到 CAS_IN_EN_A
CAS_OUT_RDB_WR_A	端口 A 输出读/写模式选择。在级联模式中，将该端口连接到 CAS_IN_RDB_WR_A
CAS_OUT_BWE_A[8:0]	端口 A 输出写模式字节写使能。在级联模式中，将该端口连接到 CAS_IN_BWE_A
CAS_OUT_DIN_A[71:0]	端口 A 输出写模式数据。在级联模式中，将该端口连接到 CAS_IN_DIN_A
CAS_OUT_DOUT_A[71:0]	端口 A 输出读模式数据。在级联模式中，将该端口连接到 CAS_IN_DOUT_A
CAS_OUT_RDACCESS_A	端口 A 输出读模式读状态标志。在级联模式中，将该端口连接到 CAS_IN_RDACCESS_A
CAS_OUT_SBITERR_A	端口 A 输出读单个位错误标志。在级联模式中，将该端口连接到 CAS_IN_SBITERR_A
CAS_OUT_DBITERR_A	端口 A 输出读两个位错误标志。在级联模式中，将该端口连接到 CAS_IN_DBITERR_A
端口 B 级联输入	
CAS_IN_ADDR_B[22:0]	端口 B 输入地址输入。在级联模式中，将该端口连接到 CAS_OUT_ADDR_B
CAS_IN_EN_B	端口 B 输入使能输入。在级联模式中，将该端口连接到 CAS_OUT_EN_B
CAS_IN_BWE_B[8:0]	端口 B 输入写模式字节写使能。在级联模式中，将该端口连接到 CASE_OUT_BWE_B
CAS_IN_RDB_WR_B	端口 B 输入读/写模式选择。在级联模式中，将该端口连接到 CAS_OUT_RDB_WR_B
CAS_IN_DIN_B[71:0]	端口 B 输入写模式。在级联模式中，将该端口连接到 CAS_OUT_DIN_B
CAS_IN_DOUT_B[71:0]	端口 B 输入读模式数据输出。在级联模式中，将该端口连接到 CAS_OUT_DOUT_B
CAS_IN_RDACCESS_B	端口 B 输入读模式读状态。在级联模式中，将该端口连接到 CAS_OUT_RDACCESS_B
CAS_IN_SBITERR_B	端口 B 输入读模式单个位错误标志输入。在级联模式中，将该端口连接到 CAS_OUT_SBITERR_B
CAS_IN_DBITERR_B	端口 B 输入读模式两个位错误标志输入。在级联模式中，将该端口连接到 CAS_OUT_DBITERR_B
端口 B 级联输出	
CAS_OUT_ADDR_B[22:0]	端口 B 输出地址。在级联模式中，将该端口连接到 CAS_IN_ADDR_B
CAS_OUT_EN_B	端口 B 输出使能。在级联模式中，将该端口连接到 CAS_IN_EN_B
CAS_OUT_RDB_WR_B	端口 B 输出读/写模式选择。在级联模式中，将该端口连接到 CAS_IN_RDB_WR_B
CAS_OUT_BWE_B[8:0]	端口 B 输出写模式字节写使能。在级联模式中，将该端口连接到 CAS_IN_BWE_B
CAS_OUT_DIN_B[71:0]	端口 B 输出写模式数据。在级联模式中，将该端口连接到 CAS_IN_DIN_B
CAS_OUT_DOUT_B[71:0]	端口 B 输出读模式数据。在级联模式中，将该端口连接到 CAS_IN_DOUT_B
CAS_OUT_RDACCESS_B	端口 B 输出读模式读状态标志。在级联模式中，将该端口连接到 CAS_IN_RDACCESS_B
CAS_OUT_SBITERR_B	端口 B 输出读单个位错误标志。在级联模式中，将该端口连接到 CAS_IN_SBITERR_B
CAS_OUT_DBITERR_B	端口 B 输出读两个位错误标志。在级联模式中，将该端口连接到 CAS_IN_DBITERR_B

调用 UltraRAM 的 Verilog HDL 和 VHDL 描述如代码清单 1-26 和代码清单 1-27 所示。

代码清单 1-26　调用 UltraRAM 的 Verilog HDL 描述例子

```
module top(                        // 定义模块 top
    input clk,                     // 定义输入端口 clk
    input we,                      // 定义输入端口 we
    input en,                      // 定义输入端口 en
    input [13:0] addra,            // 定义输入端口 addra
```

```verilog
    input [13:0] addrb,                    // 定义输入端口 addrb
    input [71:0] di,                       // 定义输入端口 di
    output reg[71:0] do                    // 定义输出端口 do
    );
/* 定义深度为 8192、宽度为 72 位的存储器 ultraram，属性 ram_style 为 ultra */
(* ram_style = "ultra" *) reg [71:0] ultraram [8191:0];
always @(posedge clk)                      // 过程描述语句，敏感信号为 clk
begin                                      // 过程描述语句的开始
  if(en)                                   // 如果 en 为逻辑"1"（高电平）
  begin                                    // 条件语句的开始
    if(we)                                 // 如果 we 为逻辑"1"（高电平）
      ultraram[addra] <= di;               // 将 di 写入 addra 指向的 ultraram 存储单元
    do<= ultraram[addrb];                  // 将 addra 指向 ultraram 存储单元的内容读入 do
  end                                      //if(en)条件的结束
 end                                       // 过程描述语句的结束
endmodule                                  // 模块的结束
```

注：读者进入本书提供的\vivado_example\ultraram_verilog 资源目录中，用 Vivado 2023.1 打开名字为 project1.xprj 的工程文件。

代码清单 1-27　调用 UltraRAM 的 VHDL 描述例子

```vhdl
library IEEE;                                            -- 声明 IEEE 库
use IEEE.STD_LOGIC_1164.ALL;                             -- 使用 STC_LOGIC_1164 包
use IEEE. STC_LOGIC_UNSIGNED.ALL;                        -- 使用 STC_LOGIC_UNSIGNED 包
entity top is                                            -- 声明实体 top
Port (                                                   -- 端口声明部分
    clk   : in  std_logic;                               -- 定义输入端口 clk
    we    : in  std_logic;                               -- 定义输入端口 we
    en    : in  std_logic;                               -- 定义输入端口 en
    addra : in  std_logic_vector(13 downto 0);           -- 定义输入端口 addra
    addrb : in  std_logic_vector(13 downto 0);           -- 定义输入端口 addrb
    di    : in  std_logic_vector(71 downto 0);           -- 定义输入端口 di
    do    : out std_logic_vector(71 downto 0)            -- 定义输出端口 do
  );
end top;                                                 -- 实体部分的结束
architecture Behavioral of top is                        -- 结构体部分
subtype multi_byte is std_logic_vector(71 downto 0);     -- 定义子类型 multi_byte
type ram_t is array(0 to 8191) of multi_byte;            -- 定义类型 ram_t[0:8192][0:71]
signal ultraram : ram_t;                                 -- 定义信号 ultraram 的类型为 ram_t
attribute ram_style : string;                            -- 定义属性 ram_style
attribute ram_style of ram : signal is "ultra";          -- ultraram 的属性 ram_style 为 ultra
begin                                                    -- 结构体描述部分的开始
process(clk)                                             -- 进程语句，敏感信号 clk
begin                                                    -- 进程语句描述部分的开始
if rising_edge(clk) then                                 -- 如果 clk 上升沿有效
  if(en='1') then                                        -- 如果 en 为逻辑"1"（高电平）
    if(we='1') then                                      -- 如果 we 为逻辑"1"（高电平）
      ultraram(conv_integer(addra))<=di;                 -- 将 di 写入 addra 指向的 ultraram 单元
    end if;                                              --if(we='1')条件的结束
    do<=ultraram(conv_integer(addrb));                   -- 将 addra 指向 ultraram 存储单元的内容读入 do
  end if;                                                --if(en='1')条件的结束
end if;                                                  -- if rising_edge(clk)条件的结束
end process;                                             -- 进程描述语句的结束
end Behavioral;                                          -- 结构体部分的结束
```

注：读者进入本书提供的\vivado_example\ultraram_vhdl 资源目录中，用 Vivado 2023.1 打开名字为 project1.xprj 的工程文件。

思考与练习 1-17：在 Vivado 2023.1 中打开综合后的网表视图，分析该设计的原理。

使用 Vivado 2023.1 对该设计进行布局布线后的结果如图 1.59 所示。

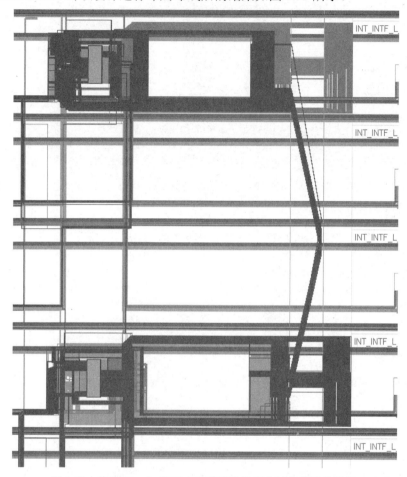

图 1.59　使用 Vivado 2023.1 对该设计进行布局布线后的结果

思考与练习 1-18：根据图 1.59，查看所使用的 UltraRAM 的位置，以及布线的连接情况。

1.5　专用的 DSP 模块

可编程逻辑器件（Programmable Logic Device，PLD）对于数字信号处理应用（Digital Signal Processing，DSP）是有效的，因为它们可以实现自定义的、完全并行的算法。DSP 的应用会使用大量的二进制乘法器和累加器，这是因为 DSP 算法本质上就是卷积运算，因此最好在专用 DSP 资源中实现这些算法。

在 UltraScale/UltraScale+架构的 FPGA 中有许多专用的低功耗 DSP 模块（也称为 DSP 切片），将高速与小尺寸相结合，同时保留了系统设计的灵活性。DSP 资源提高了数字信号处理之外许多应用的速度和效率，如宽动态总线移位器、存储器地址生成器、宽总线多路复用器和存储器映射的 I/O 寄存器。UltraScale/UltraScale+架构 FPGA 中的 DSP 切片使用 DSP48E2 原语定义，该切片在 Xilinx 工具中称为 DSP 或 DSP48E2，其内部基本功能结构如图 1.60 所示。

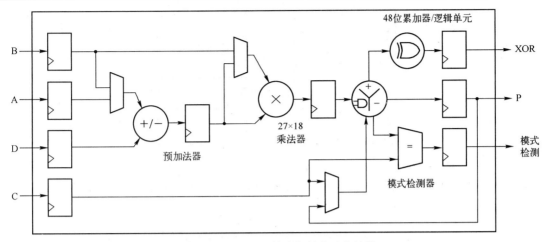

图 1.60　DSP48E2 的内部基本功能结构

DSP 切片功能的一些亮点包括：

（1）带有动态旁路的 27×18 二进制补码乘法器；

（2）节能的 27 位预加法器，优化对称滤波器应用，降低 DSP 逻辑要求；

（3）48 位累加器，可以级联构建 96 位及更宽的累加器、加法器和计数器；

（4）单指令多数据（Single Instruction Multiple Data，SIMD）运算单元，双 24 位或 4 个 12 位加法/减法/累加；

（5）48 位逻辑单元，按位逻辑"与"、逻辑"或"、逻辑"非"、逻辑"与非"、逻辑"或非"、逻辑"异或"和逻辑"异或非"；

（6）模式检测器，终止计数、上溢/下溢、收敛/对称四舍五入支持，以及与逻辑单元组合时的 96 位宽逻辑"与"/逻辑"或非"；

（7）可选的流水线寄存器和专用总线，用于将一列中的多个 DSP 切片级联在一起，以实现分层/复合功能，如脉动 FIR 滤波器。

由于动态 OPMOD 和级联功能，DSP48E2 切片支持顺序和级联操作。DSP 切片的应用包括定点和浮点快速傅里叶（Fast Fourier Transform，FFT）变换功能、脉动 FIR 滤波器、多速率 FIR 滤波器、CIC 滤波器和宽实数/复数乘法器/累加器。

DSP 资源在整个 UltraScale+产品组合中得到了优化和扩展，提供了一种通用的架构，可以提高实现效率、IP 实现和设计迁移。在 UltraScale 系列之间的迁移不需要对 DSP48E2 切片进行任何设计修改。

具有专用互联的两个 DSP48E2 切片构成一个 DSP 瓦片，如图 1.61 所示。DSP 瓦片堆叠在 DSP48E2 列中。DSP 瓦片的高度与 5 个 CLB 相同，如图 1.62 所示，并且还与一个 36Kb 的 BRAM 高度相匹配。从图 1.61 可知，BRAM 可以分成两个 18Kb 的 BRAM。每个 DSP48E2 切片与 18Kb BRAM 水平对齐，提供资源之间的最佳连接。

DSP48E2 列的每个 CR 中有 12 个瓦片高，因此每列每个 CR 提供 24 个 DSP48E2 切片。读者可以通过 Vivado 2023.1 中的 Device 视图查看 DSP48E2 列。DSP48E2 切片可以跨越 CR 级联，直到器件的边界或基于 SSI 技术的 3D IC 中的超级逻辑区域（Super Logic Region，SLR）的边界。

在 UltraScale/UltraScale+低电压 FPGA（VCCINT=0.72V）中，跨 CR 级联可能会影响性能。一列中可级联 DSP48E2 的个数可以通过 Tcl 命令找到：

```
llength [get_sites DSP48E2_X3Y* -of_objects [get_slrs SLR0]]
```

73

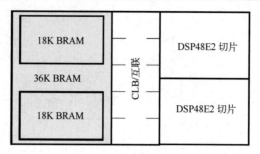

图 1.61　DSP 瓦片

注：在不同的 DSP 列（如果 PS 限制了 DSP 级联高度）或 SLR（带 HBM 接口的 SLR 与无 HBM 接口）中，最大值可能较小。

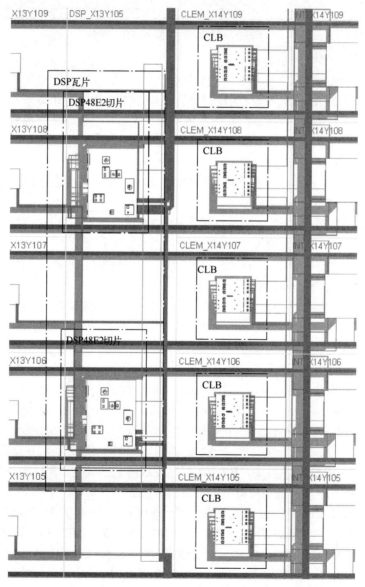

图 1.62　UltraScale+架构 FPGA 中 DSP48E2 和 CLB 的关系

DSP48E2 切片由一个 27 位预加法器、27×18 乘法器，以及一个用作后加法器/减法器、累加器或逻辑单元的灵活 48 位 ALU 组成。DSP48E2 切片支持许多独立的功能，这些功能包括：乘法、乘累加（MACC）、乘加、四输入加法、桶形移位、宽总线多路复用、幅度比较器、按位逻辑功能、宽逻辑"异或"、模式检测、宽计数器。

　　UltraScale+架构支持多个 DSP48E2 切片的级联，以构成更宽的数学函数、DSP 滤波器和复数算术，而无需使用通用逻辑。如图 1.63 所示为 DSP48E2 DSP 切片的内部结构。

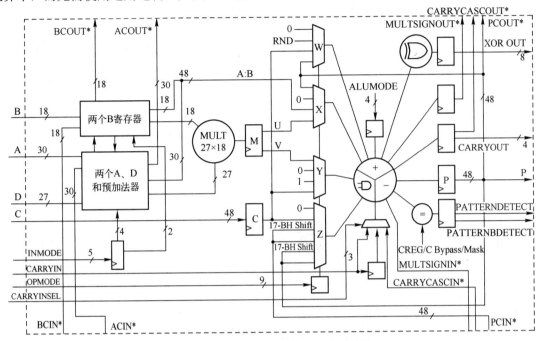

图 1.63　DSP48E2 DSP 切片的内部结构

从图 1.63 可知，DSP48E2 DSP 切片的功能包括：

（1）带有 D 寄存器的 27 位预加法器，可增加 A 或 B 路径的能力。

（2）可以选择 A 或 B 作为预加法器输入，以允许更宽的乘法系数。

（3）预加法器的结果可以发送到乘法器的两个输入端口，以提供平方能力。

（4）在乘法运算（A×B）和加法运算（A+B）之间动态切换时，INMODE 控制支持平衡流水线。

（5）27×18 乘法器。

（6）30 位 A 输入，其较低的 27 位提供给乘法器的 A 输入，整个 30 位的输入构成 48 位 A:B 并置内部总线的较高 30 位。

（7）级联 A 和 B 输入。

① 在直接路径和级联路径之间的半独立可选择的流水线；

② 独立时钟使能用于两级深度 A 和 B 寄存器。

（8）带有独立复位和时钟使能功能的独立 C 输入和 C 寄存器。

（9）CARRYCASCIN 和 CARRYCASCOUT 内部级联信号，支持两个 DSP48E2 切片中的 96 位累加器/加法器/减法器，并支持级联两个以上的 DSP 切片。

（10）MULTSIGNIN 和 MULTSIGNOUT 内部级联信号，具有特殊的 OPMODE 设置，以支持 96 位 MACC 扩展。

（11）四输入加法器/加法器的 SIMD 模式，排除了在第一阶段使用乘法器。

① 两个 24 位 SIMD 加法器/减法器/累加器，带有两个独立的 CARRYOUT 信号；

② 四个 12 位 SIMD 加法器/减法器/累加器，带有四个独立的 CARRYOUT 信号。

（12）48 位逻辑单元。

① 按位逻辑运算，如两输入的逻辑"与"、逻辑"或"、逻辑"非"、逻辑"与非"、逻辑"或非"、逻辑"异或"和逻辑"异或非"；

② 通过 ALUMODE 动态选择逻辑单元模式。

（13）96 位宽逻辑"异或"，可从 8 个 12 位逻辑"异或"到一个 96 位"异或"中选择。

（14）模式检测器，支持上溢/下溢、支持收敛的四舍五入、支持终止计数检测和自动复位，自动复位的优先级高于时钟使能。

（15）级联 48 位 P 总线支持内部低功耗加法器级联，48 位 P 总线支持 12 位 4 个或 24 位 2 个 SIMD 加法器级联。

（16）可选 17 位右移，以使能更宽的乘法器实现。

（17）动态用户控制操作模式。例如，9 位 OPMODE 控制总线提供 W、X、Y 和 Z 多路复用器选择信号；5 位 INMODE 控制总线为 2 个深度 A 和 B 寄存器、预加法器加法和减法控制以及与加法器多路选择功能的屏蔽门提供选择；4 位 ALUMODE 控制总线选择逻辑单元功能和累加器加法-减法控制。

（18）第二级加法器进位输入。支持四舍五入；支持更宽的加法/减法；3 位 CARRYINSEL 多路选择器。

（19）第二级加法器进位输出。支持更宽的加法/减法；可用于每个 SIMD 加法器（最多四个）；级联 CARRYCASCOUT 和 MULTSIGNOUT 允许 MACC 扩展到最多 96 位。

（20）用于同步操作的单时钟。

（21）（可选）输入、流水线和输出/累加寄存器。

（22）（可选）寄存器，用于控制信号（OPMODE、ALUMODE 和 CARRYINSEL）。

（23）带有可编程极性的独立时钟使能和同步复位功能，实现更大的灵活性。

（24）内部乘法器和"异或"逻辑在未使用时可以关闭，以节省电。

从上面的图可知，DSP 切片由一个乘法器和一个累加器构成。乘法和乘累加运算都需要至少 3 个流水线寄存器才能全速运行。第一级乘法运算产生两个部分乘积，用于在第二级一起相加。当乘法器设计中只有一个或两个寄存器时，应当始终使用 M 寄存器以省电和提高性能。加法/减法以及逻辑单元运算至少需要两个流水线寄存器（输入、输出）以全速运行。DSP 切片的级联能力在实现建立在加法器级联而不是加法器树上的高速流水线滤波器方面非常有效。

多路选择器由动态控制信号控制，如 OPMODE、ALUMODE 和 CARRYINSEL，实现了更大的灵活性。与组合乘法相比，使用寄存器和动态 opmode 的设计能够更好地利用 DSP 切片的功能。

通常，由于动态 OPMODE 和级联能力，DSP 切片支持顺序和级联操作。FFT、浮点、计算（乘、加/减、除法）、计数器和大型总线多路复用器是 DSP 切片的一些应用。

DSP 切片的额外功能包括同步复位和时钟使能，两个 A 输入流水线寄存器、模式检测、逻辑单元功能、SIMD 功能和 MACC 以及加-累加扩展到 96 位。DSP 切片支持收敛和对称的四舍五入、计数器的终止计数检测和自动复位，以及顺序累加器的上溢/下溢检测。96 位宽的逻辑"异或"函数可以实现为 8 个 12 位宽度的逻辑"异或"、4 个 24 位宽度的逻辑"异或"或两个 48 位宽度的逻辑"异或"。

图中的 C 输入允许构成许多三输入数学函数，比如三输入加法或带有一个加法的两输入乘法。这个功能的一个子集是对乘法向零或无穷大对称取整的重要支持。C 输入与模式检测器一起也支持收敛的四舍五入。

对于多精度运算，DSP48E2 切片提供了 17 位的右移。因此，可以对来自一个 DSP48E2 的部分乘积向右对齐，并与相邻 DSP48E2 切片中的下一个部分积进行相加。使用该技术，DSP48E2 切片可用于构建更大的乘法器。

输入操作数、中间成绩和累加器输出的可编程流水线提高了吞吐量。48 位的内部总线（PCOUT/PCIN）允许在单列中聚合 DSP 切片。当跨越多列时需要 CLB 逻辑。

如图 1.64 所示，A 和 B 输入端口与 ACIN 和 BCIN 级联端口的数据路径中可以有 0、1 或 2 个流水线级。双 B 寄存器逻辑如图 1.65 所示。通过属性设置不同的流水级。属性 AREG 和 BREG 用于为 ALU 的 X 多路复用器的 A 和 B 直接输入选择流水线级的数量，并且 INMODE[0] 可以动态地改变乘法器的流水线级的数量。属性 ACASREG 和 BCASREG 选择 ACOUT 和 BCOUT 级联数据路径中的流水线级数。由配置位控制的多路复用器选择流经路径、可选寄存器或级联输入。数据端口寄存器通常允许用户权衡增加的时钟频率（更高的性能）与数据延迟。

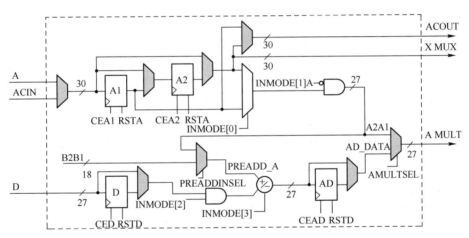

图 1.64　两个 A、D 和预加法器的逻辑

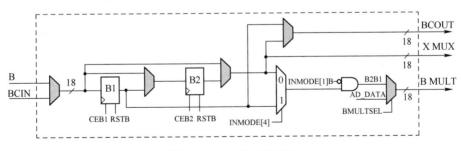

图 1.65　双 B 寄存器逻辑

从图 1.63 可知，每个 DSP48E2 都有一个 48 位的输出端口 P，该输出可以通过 PCOUT 路径内部连接（级联连接）到相邻的 DSP48E2 切片。PCOUT 连接到相邻 DSP48E2 切片中的 Z 多路复用器（PCIN）的输入。该路径在相邻的 DSP48E2 切片之间提供级联流。

DSP48E2 原语的符号如图 1.66 所示。图中各端口的含义如表 1.17 所示。

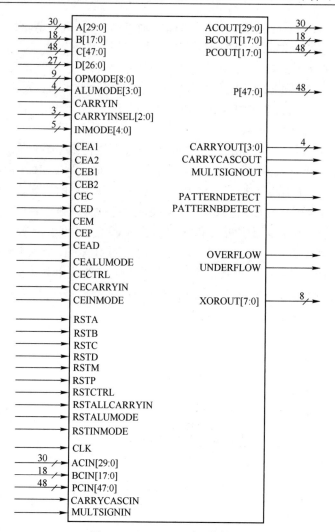

图 1.66   DSP48E2 原语的符号

表 1.17   DSP48E2 原语中各端口的含义

端口名字	方向	宽度	功能
A	输入	30	A[26:0]是乘法器或预加法器的 A 输入。A[29:0]是到第二级加法器/减法器或逻辑函数的 A:B 级联输入的最高有效位（Most Significant Bit，MSB）
ACIN	输入	30	来自前一个 DSP48E2 切片（与 A 多路复用）ACOUT 的级联数据输入
ACOUT	输出	30	到下一个 DSP48E2 切片 ACIN 的级联数据输出
ALUMODE	输入	4	控制 DSP48E2 切片内逻辑功能的选择
B	输入	18	乘法器的 B 输入。B[17:0]是到第二级加法器/减法器或逻辑函数的 A:B 并置输入的最低有效位（Least Significant Bit，LSB）
BCIN	输入	18	来自前一个 DSP48E2 切片（与 B 多路复用）BCOUT 的级联数据输入
BCOUT	输出	18	到下一个 DSP48E2 切片 BCIN 的级联数据输出
C	输入	48	到第二级加法器/减法器、模式检测器或逻辑功能的数据输入
CARRYCASCIN	输入	1	来自前一个 DSP48E2 切片 CARRYCASCOUT 的级联的进位输入
CARRYCASCOUT	输出	1	到下一个 DSP48E2 切片 CARRYCASCIN 的级联进位输出
CARRYIN	输入	1	来自逻辑的进位输入
CARRYINSEL	输入	3	选择进位源

续表

端口名字	方向	宽度	功能
CARRYOUT	输出	4	从累加/加法器/逻辑单元的每个 12 位字段的 4 位进位输出。通常，48 位操作只使用 CARRYOUT3。SIMD 操作可以使用 4 个进位位（CARRYOUT[3:0]）
CEA1	输入	1	用于第一个 A（输入）寄存器的时钟使能。仅在 AREG=2 或 INMODE[0]=1 时，A1 才能使用
CEA2	输入	1	用于第二个 A（输入）寄存器的时钟使能。仅在 AREG=1/2 且 INMODE[0]=0 时，A2 才能使用
CEAD	输入	1	用于预加法器输出 AD 流水线寄存器的时钟使能
CEALUMODE	输入	1	用于 ALUMODE（控制输入）寄存器的时钟使能
CEB1	输入	1	用于第一个 B（输入）寄存器的时钟使能。只有 BREG=2 或 INMODE[4]=1 时，B1 才能使用
CEB2	输入	1	用于第二个 B（输入）寄存器的时钟使能。只有 BREG=1/2 且 INMODE[4]=0 时，B2 才能使用
CEC	输入	1	用于 C（输入）寄存器的时钟使能
CECARRYIN	输入	1	用于 CARRYIN（来自逻辑的输入）寄存器的时钟使能
CECTRL	输入	1	用于 OPMODE 和 CARRYINSEL（控制输入）寄存器的时钟使能
CED	输入	1	用于 D（输入）寄存器的时钟使能
CEINMODE	输入	1	用于 INMODE 控制输入寄存器的时钟使能
CEM	输入	1	用于乘法后 M（流水线）寄存器和内部乘法四舍五入 CARRYIN 寄存器的时钟使能
CEP	输入	1	用于 P（输出）寄存器的时钟使能
CLK	输入	1	DSP48E2 输入时钟，所有内部寄存器和触发器共用
D	输入	27	输入到预加法器的 27 位数据或输入到乘法器的替代输入。预加法器实现由 INMODE3 信号确定的 D+A
INMODE	输入	5	这 5 个控制位选择预加法器、A、B 和 D 输入以及输入寄存器的功能。如果未使用，这些位应连接到 GND
MULTSIGNIN	输入	1	用于 MACC 扩展的前一个 DSP48E2 切片的有符号乘法结果
MULTSIGNOUT	输出	1	用于 MACC 扩展的级联下一个 DSP48E2 切片的有符号乘法结果
OPMODE	输入	9	控制 DSP48E2 切片中 W、X、Y 和 Z 多路复用器的输入
OVERFLOW	输出	1	当与模式检测器合适的设置一起使用时，溢出指示器
P	输出	48	来自第二级加法器/减法器或逻辑函数的数据输出
PATTERNBDETECT	输出	1	在 P[47:0]和模式补码之间的匹配指示符
PATTERNDETECT	输出	1	在 P[47:0]和模式之间的匹配指示符
PCIN	输入	48	从前一个 DSP48E2 切片的 PCOUT 到加法器的级联数据输入
PCOUT	输出	48	到下一个 DSP48E2 切片 PCIN 的级联数据输出
RSTA	输入	1	用于所有 A（输入）寄存器的复位
RSTALLCARRYIN	输入	1	用于 Carry（内部路径）和 CARRYIN 寄存器的复位
RSTALUMODE	输入	1	用于 ALUMODE（控制输入）寄存器的复位
RSTB	输入	1	用于所有 B（输入）寄存器的复位
RSTC	输入	1	用于 C（输入）寄存器的复位
RSTCTRL	输入	1	用于 OPMODE 和 CARRYINSEL（控制输入）寄存器的复位
RSTD	输入	1	用于 D（输入）寄存器和预加法器（输出）AD 流水线寄存器的复位
RSTINMODE	输入	1	用于 INMODE（控制输入）寄存器的复位
RSTM	输入	1	用于 M（流水线）寄存器的复位
RSTP	输入	1	用于 P（输出）寄存器的复位
UNDERFLOW	输出	1	当与模式检测器的适当设置一起使用时，下溢指示器
XOROUT	输出	8	基于 XORSIMD 属性的宽 XOR 输出

使用 UltraScale+ FPGA 内 DSP48E2 切片实现 8 权值滑动平均（Move Average，MA）滤波器，MA 滤波器可用下式表示：

$$y(n) = \frac{1}{8} \times \sum_{i=0}^{7} x(n-i)$$

根据该公式的 Verilog HDL 和 VHDL 描述如代码清单 1-28 和代码清单 1-29 所示。

代码清单 1-28　使用 DSP48E2 实现 8 权值滑动平均滤波器的 Verilog HDL 描述例子

```
(* use_dsp48 = "yes" *) module top(     // 定义 top 模块，并使用 FPGA 内的 DSP 块
    input           clk,                // 定义输入端口 clk
    input           rst,                // 定义输入端口 rst
    input signed [15:0] x,              // 定义有符号输入端口 x
    output signed [15:0] y              // 定义有符号输出端口 y
    );
reg signed [15:0] x1;                   // 定义 reg 型有符号变量 x1
reg signed [16:0] x2;                   // 定义 reg 型有符号变量 x2
reg signed [17:0] x3,x4;                // 定义 reg 型有符号变量 x3 和 x4
reg signed [18:0] x5,x6,x7;             // 定义 reg 型有符号变量 x5、x6 和 x7
wire signed [16:0] sum_17b;             // 定义有符号网络类型 sum_17b
wire signed [17:0] sum_18b_0,sum_18b_1; // 定义有符号网络类型 sum_18b_0/1
wire signed [18:0] sum_19b_0,sum_19b_1; // 定义有符号网络类型 sum_19b_0/1
wire signed [18:0] sum_19b_2,sum_19b_3; // 定义有符号网络类型 sum_19b_2/3
assign sum_17b=x+x1;                    // x+x1 的结果送给 sum_17b
assign sum_18b_0=x+x2;                  // x+x2 的结果送给 sum_18b_0
assign sum_18b_1=x+x3;                  // x+x3 的结果送给 sum_18b_1
assign sum_19b_0=x+x4;                  // x+x4 的结果送给 sum_19b_0
assign sum_19b_1=x+x5;                  // x+x5 的结果送给 sum_19b_1
assign sum_19b_2=x+x6;                  // x+x6 的结果送给 sum_19b_2
assign sum_19b_3=x+x7;                  // x+x7 的结果送给 sum_19b_3
always @(posedge rst or posedge clk)    // 过程语句，rst 为"1"或 clk 上沿有效
begin                                   // 过程描述语句的开始
if(rst)                                 // 如果 rst 为逻辑"1"（高电平）有效
begin                                   // begin 声明 if 条件的开始，类似 C 语言"{"
    x1<=0;                              // 变量 x1 复位为 0
    x2<=0;                              // 变量 x2 复位为 0
    x3<=0;                              // 变量 x3 复位为 0
    x4<=0;                              // 变量 x4 复位为 0
    x5<=0;                              // 变量 x5 复位为 0
    x6<=0;                              // 变量 x6 复位为 0
    x7<=0;                              // 变量 x7 复位为 0
    y<=0;                               // 输出端口 y 复位为 0
end                                     // end 声明 if 条件的结束，类似 C 语言"}"
else                                    // else 表示时钟上升沿有效
begin                                   // begin 声明 else 条件开始，类似 C 语言"{"
    x1<=x;                              // x 非阻塞分配到 x1，延迟一个 clk 周期
    x2<=sum_17b;                        // sum_17b 非阻塞分配到 x2，延迟一个周期
    x3<=sum_18b_0;                      // sum_18b_0 非阻塞分配到 x3，延迟一个周期
    x4<=sum_18b_1;                      // sum_18b_1 非阻塞分配到 x4，延迟一个周期
    x5<=sum_19b_0;                      // sum_19b_0 非阻塞分配到 x5，延迟一个周期
    x6<=sum_19b_1;                      // sum_19b_1 非阻塞分配到 x6，延迟一个周期
    x7<=sum_19b_2;                      // sum_19b_2 非阻塞分配到 x7，延迟一个周期
    y<=sum_19b_3[18:3];                 // sum_19b_3×(1/8)→y
end                                     // end 说明 else 条件的结束，类似 C 语言"}"
end                                     // end 说明 always 语句结束，类似 C 语言"}"
endmodule                               // 模块的结束
```

注：（1）读者进入本书提供的\vivado_example\dsp_verilog 资源目录中，用 Vivado 2023.1 打开名字为 project1.xprj 的工程文件。

（2）该路径下保存着仿真测试文件，读者可以执行行为级仿真和布局布线后的时序仿真。

（3）输出结果 sum_19b_3 通过算术右移 3 位，即 sum_19b_3[18:3],相当于对最终的求和结果乘以 1/8，并增加一个寄存器流水线操作，以最大限度消除"毛刺"。

代码清单 1-29　使用 DSP48E2 实现 8 权值滑动平均滤波器的 VHDL 描述例子

```vhdl
library IEEE;                              -- 声明 IEEE 的库
use IEEE.STD_LOGIC_1164.ALL;               -- 使用 STD_LOGIC_1164 包
use IEEE.STD_LOGIC_SIGNED.ALL;             -- 使用 STD_LOGIC_SIGNED 包
use IEEE.STD_LOGIC_ARITH.ALL;              -- 使用 STD_LOGIC_ARITH 包
use IEEE.NUMERIC_STD.ALL;                  -- 使用 NUMERIC_STD 包
entity top is                              -- 声明实体 top
Port (                                     -- 端口声明部分
    clk  :  in  std_logic;                 -- 定义输入端口 clk
    rst  :  in  std_logic;                 -- 定义输入端口 rst
    x    :  in  std_logic_vector(15 downto 0);   -- 定义输入端口 x
    y    :  out std_logic_vector(15 downto 0)    -- 定义输入端口 y
  );
attribute use_dsp : string;                -- 声明属性 use_dsp
attribute use_dsp of top : entity is "yes";  -- use_dsp 作用于实体 top，取值 yes
end top;                                   -- 实体部分的结束
architecture Behavioral of top is          -- 结构体部分
signal x1        :  std_logic_vector(15 downto 0);  -- 声明信号 x1
signal x2        :  std_logic_vector(16 downto 0);  -- 声明信号 x2
signal x3,x4     :  std_logic_vector(17 downto 0);  -- 声明信号 x3、x4
signal x5,x6,x7  :  std_logic_vector(18 downto 0);  -- 声明信号 x5、x6 和 x7
signal sum_17b   :  std_logic_vector(16 downto 0);  -- 声明信号 sum_17b
signal sum_18b_0 :  std_logic_vector(17 downto 0);  -- 声明信号 sum_18b_0
signal sum_18b_1 :  std_logic_vector(17 downto 0);  -- 声明信号 sum_18b_1
signal sum_19b_0 :  std_logic_vector(18 downto 0);  -- 声明信号 sum_19b_0
signal sum_19b_1 :  std_logic_vector(18 downto 0);  -- 声明信号 sum_19b_1
signal sum_19b_2 :  std_logic_vector(18 downto 0);  -- 声明信号 sum_19b_2
signal sum_19b_3 :  std_logic_vector(18 downto 0);  -- 声明信号 sum_19b_3
begin                                      -- 结构体描述部分的开始
/********************(x+x1)→sum_17b*********************/
sum_17b<=conv_std_logic_vector((conv_integer(x)+conv_integer(x1)),17);
/*******************(x+x2)→sum_18b_0********************/
sum_18b_0<=conv_std_logic_vector((conv_integer(x)+conv_integer(x2)),18);
/*******************(x+x3)→sum_18b_1********************/
sum_18b_1<=conv_std_logic_vector((conv_integer(x)+conv_integer(x3)),18);
/*******************(x+x4)→sum_19b_0********************/
sum_19b_0<=conv_std_logic_vector((conv_integer(x)+conv_integer(x4)),19);
/*******************(x+x5)→sum_19b_1********************/
sum_19b_1<=conv_std_logic_vector((conv_integer(x)+conv_integer(x5)),19);
/*******************(x+x6)→sum_19b_2********************/
sum_19b_2<=conv_std_logic_vector((conv_integer(x)+conv_integer(x6)),19);
/*******************(x+x7)→sum_19b_3********************/
sum_19b_3<=conv_std_logic_vector((conv_integer(x)+conv_integer(x7)),19);
process(rst,clk)                           -- 进程描述语句，敏感信号 rst 和 clk
begin                                      -- 进程描述语句的开始
if(rst='1') then                           -- 如果 rst 为逻辑"1"（高电平）有效
    x1<=x"0000";                           -- 信号 x1 复位为 0
    x2<=x"0000" &'0';                      -- 信号 x2 复位为 0
    x3<=x"0000" & "00";                    -- 信号 x3 复位为 0
    x4<=x"0000" & "00";                    -- 信号 x4 复位为 0
```

```
        x5<=x"0000" & "000";              -- 信号 x5 复位为 0
        x6<=x"0000" & "000";              -- 信号 x6 复位为 0
        x7<=x"0000" & "000";              -- 信号 x7 复位为 0
        y<=x"0000";                       -- 输出端口 y 复位为 0
      else                                -- 否则时钟上升沿有效
        x1<=x;                            -- 信号 x 赋值到信号 x1，延迟一个周期
        x2<=sum_17b;                      -- 信号 sum_17b 赋值到信号 x2，延迟一个周期
        x3<=sum_18b_0;                    -- 信号 sum_18b_0 赋值到信号 x3，延迟一个周期
        x4<=sum_18b_1;                    -- 信号 sum_18b_1 赋值到信号 x4，延迟一个周期
        x5<=sum_19b_0;                    -- 信号 sum_19b_0 赋值到信号 x5，延迟一个周期
        x6<=sum_19b_1;                    -- 信号 sum_19b_1 赋值到信号 x6，延迟一个周期
        x7<=sum_19b_2;                    -- 信号 sum_19b_2 赋值到信号 x7，延迟一个周期
        y<=sum_19b_3(18 downto 3);        -- 信号 sum_19b_3 乘以 1/8，结果送到端口 y
      end if;                             -- 条件语句的结束
    end process;                          -- 进程语句的结束
  end Behavioral;                         -- 结构体的结束
```

注：（1）读者进入本书提供的\vivado_example\dsp_vhdl 资源目录中，用 Vivado 2023.1 打开名字为 project1.xprj 的工程文件。

（2）该路径下保存着仿真测试文件，读者可以执行行为级仿真和布局布线后的时序仿真。

（3）输出结果 sum_19b_3 通过算术右移 3 位，即 sum_19b_3(18 downto 3)，相当于对最终的求和结果乘以 1/8，并增加一个寄存器流水线操作，以最大限度消除"毛刺"。

使用 Vivado 2023.1 对该设计进行综合后的网表结构如图 1.67 所示。

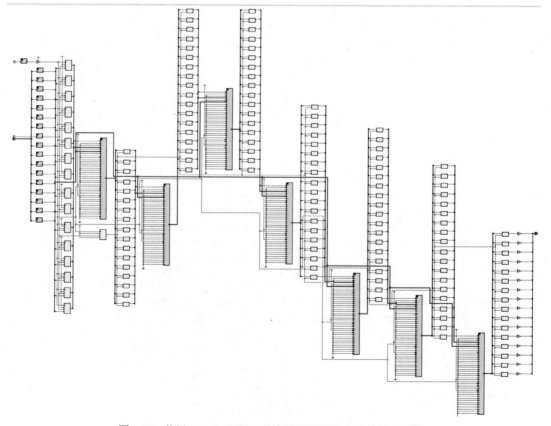

图 1.67　使用 Vivado 2023.1 对该设计进行综合后的网表结构

思考与练习 1-19：用 Vivado 2023.1 打开布局布线后的 Device 视图，查看布局布线后的结果。

1.6　SelectIO 资源

1.6.1　SelectIO 接口资源

基于 UltraScale 架构的 FPGA 提供了不同类型的 I/O 组，这些类型包括高性能（High Performance，HP）、高密度（High-Density，HD）和宽范围（High Range，HR）。其中：

（1）HP I/O 组旨在满足高达 1.8V 电压的高速存储器和其他芯片间接口的性能要求；

（2）HR I/O 组旨在支持电压 3.3V 的更宽范围的 I/O 标准；

（3）HD I/O 组旨在支持低速接口。

Kintex UltraScale 和 Virtex UltraScale 系列 FPGA 提供了具有相应逻辑资源的 HP I/O 组和 HR I/O 组。

（1）SelectIO 接口资源描述了输出驱动器和输入接收器的电气行为，并给出了这些器件中可用的多个标准接口的详细实例。

（2）SelectIO 接口资源描述了这些器件中可用的 I/O 逻辑资源。

（3）本节中对移动工业处理器接口（Mobile Industry Processor Inferface，MIPI）D-PHY 或 HD I/O 的任何引用都不适用于这些器件。

从表 1.1～表 1.5 可知，UltraScale+ 架构的 FPGA 包含 HP、HD 和 HR I/O 组的不同组合，并非所有 FPGA 都支持所有类型的组。Kintex UltraScale+ 和 Virtex UltraScale+ 系列 FPGA 具有 HP I/O 组，具有增强的 MIPI D-PHY 能力和相应的逻辑资源。此外，它们还具有相应逻辑资源的 HD I/O。

（1）SelectIO 接口资源描述了输出驱动器和输入接收器的电气行为，并给出了这些器件中 HP I/O 可用的多个标准接口的详细实例。

（2）SelectIO 接口逻辑资源描述了这些器件 HP I/O 中可用的 I/O 逻辑资源。

（3）HD I/O 资源描述了 Kintex UltraScale+ FPGA 和一些 Virtex UltraScale+ FPGA 中提供的 I/O 的电气与逻辑功能。

（4）本节对 HR I/O 的引用不适用于该架构的 FPGA。

在 HR 和 HP I/O 组中所支持的特性如表 1.18 所示。

表 1.18　在 HR 和 HP I/O 组中所支持的特性

特性	HP I/O 组	HR I/O 组
3.3V I/O 标准	N/A	支持
2.5V I/O 标准	N/A	支持
1.8V I/O 标准	支持	支持
1.5V I/O 标准	支持	支持
1.35V I/O 标准	支持	支持
1.2V I/O 标准	支持	支持
1.0V POD I/O 标准	支持	N/A
LVDS 信号	支持[1]	支持
DCI 和 DCI 级联	支持	N/A
内部 V_{REF}	支持	支持

续表

特性	HP I/O 组	HR I/O 组
内部差分端接（DIFF_TERM）	支持	支持
IDELAY	支持	支持
ODELAY	支持	支持
IDELAYCTRL	支持	支持
ISERDES	支持	支持
OSERDES	支持	支持
发送器预加重	支持	支持[2]
接收器均衡	支持	支持
接收器偏移控制	支持	不支持
接收器 V_{REF} 扫描	支持	不支持
MIPI D-PHY	在 UltraScale+架构的 Kintex 和 Virtex 系列 FPGA 中支持	不支持

注：（1）尽管通常认为 LVDS 是 2.5V I/O 标准，但是 HR I/O 组和 HP I/O 组均支持它。

（2）只有在 HR I/O 组中支持 LVDS 预加重。

所有 UltraScale 器件都具有可配置的 SelectIO 接口驱动器和接收器，支持多个标准接口。强大的功能集包括可编程控制输出强度和转换速率、使用 DCI 的片上终端以及内部生成参考电压（INTERNAL_VREF）的能力。

注：HR I/O 组没有 DCI。因此，本节中对任何 DCI 的引用都不适用于 HR I/O 组。

除了一些例外，每个 I/O 组包含 52 个 SelectIO 引脚，其中 48 个引脚可以配置为单端或差分 I/O 标准，其他 4 个引脚（包括多用途的 VRP 引脚）只能配置为单端模式。每个 SelectIO 资源都包含输入、输出和三态驱动器。

SelectIO 引脚可以配置为各种 I/O 标准，包括单端和差分。

（1）单端 I/O 标准有 LVCMOS、LVTTL、HSTL、SSTL、HSUL 和 POD。

（2）差分 I/O 标准有 LVDS、Mini_LVDS、RSDS、PPDS、BLVDS、TMDS、SLVS、LVPECL、SUB_LVDS 以及差分 HSTL、POD、HSUL 和 SSTL。

当不用作 VRP 引脚时，每个组中的多用途 VRP 引脚只能与单端 I/O 标准一起使用。图 1.68 给出了单端（仅）HP I/O 块（IOB）及其与内部逻辑和器件焊盘的连接。图 1.69 给出了标准 HP I/O 块的内部结构，图 1.70 给出了单端（仅）HR I/O 块的内部结构，图 1.71 给出了标准 HR I/O 块的内部结构。图 1.72 给出了一个组中单端 I/O 块的相对位置。

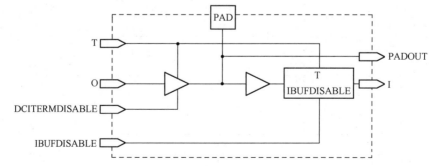

图 1.68　单端（仅）HP I/O 块（IOB）及其与内部逻辑和器件焊盘的连接

当没有配置时，I/O 驱动器为三态且 I/O 接收器为弱上拉。

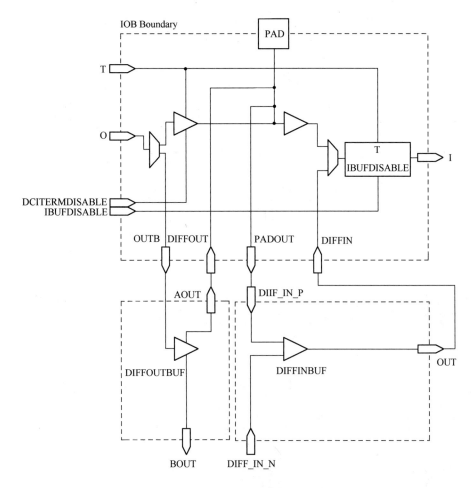

图 1.69　标准 HP I/O 块的内部结构

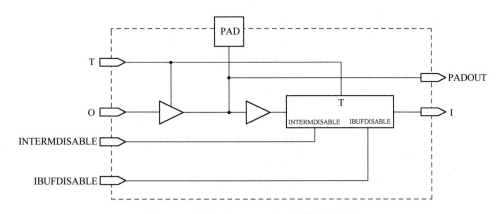

图 1.70　单端（仅）HR I/O 块的内部结构

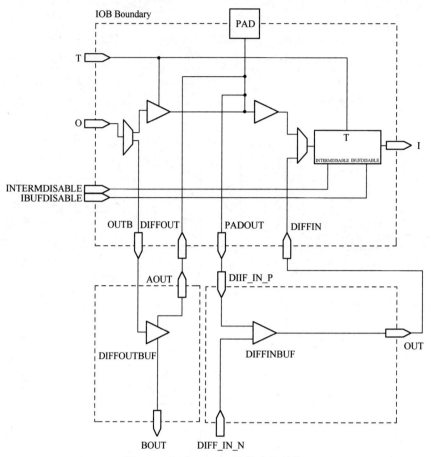

图 1.71　标准 HR I/O 块的内部结构

HP 和 HR I/O 组

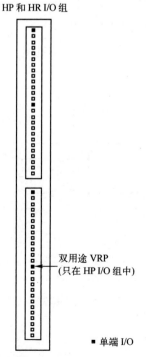

双用途 VRP
(只在 HP I/O 组中)

■ 单端 I/O

图 1.72　一个组中单端 I/O 块的相对位置

每个 I/O 块（I/O Block，IOB）都有到位切片元件的直接连接，该元件包含用于串行化、解串行化、信号延迟、时钟、数据和三态控制以及为 IOB 寄存的输入和输出资源。位切片元件可以在元件模式下单独用作 IDELAY、ODELAY、ISERDES、OSERDES 以及输入和输出寄存器。它们也可以在较低粒度级别上用作 BITSLICE_RX（输入）、BITSLICE_TX（输出）和 BITSLICE_RX_TX（双向）元件，其中所有位切片功能被分组在单个接口中，如图 1.73 所示。

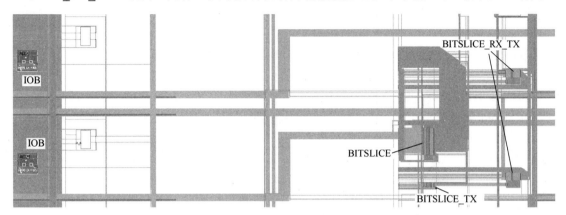

图 1.73　BITSLICE、IOB、BITSLICE_RX_TX 之间的相对位置

1.6.2　SelectIO 接口通用指南

大多数 I/O 组由 52 个 IOB 组成，尽管 HR I/O 最小组由 26 个 IOB 组成。组的个数取决于 FPGA 器件的大小和封装引脚。

1．SelectIO 的电特性

1）V_{CCO}

V_{CCO} 电源是 I/O 电路的主要电源。在 Xilinx 的《UltraScale Architecture SelectIO Resources User Guide》（UG571）中给出了每个支持的 I/O 标准的 V_{CCO} 和 V_{REF} 要求中的 V_{CCO}(V)列中提供了每个支持的输入/输出标准的 V_{CCO} 要求，并说明了输入和输出以及可选的内部差分端接电路的 V_{CCO} 要求。

在一个给定 HP I/O 组中的所有 V_{CCO} 引脚必须连接到 PCB 上相同的外部电压源。因此，给定 I/O 组内的所有 I/O 必须共享相同的 V_{CCO} 电平。V_{CCO} 电压必须符合分配给 I/O 组的 I/O 标准要求。

注：V_{CCO} 电压不正确可能导致功能损失或损坏器件。

2）V_{REF}

具有差分输入缓冲区的单端 I/O 标准需要输入参考电压（V_{REF}）。当 I/O 组中需要 V_{REF} 时，FPGA 开发人员可以使用专用的 V_{REF} 引脚作为 V_{REF} 电源输入（外部）或内部生成的 V_{REF}【INTERNAL_VREF 或 V_{REF} 扫描（仅限 HP I/O 组）】。通过使用 INTERNAL_VREF 约束，使能内部生成的参考电压。只输出 IOB 时，不需要 V_{REF} 或 INTERNAL_VREF，因为只有 IOB 的接收部分利用输入参考电压。

注：在输入 I/O 标准中具有输入参考电压要求并使用内部生成的 V_{REF}（INTERNAL_VREF 或 V_{REF} 扫描）组中，使用 500Ω或 1kΩ的电阻将专用的 V_{REF} 引脚连接到 GND。

在 I/O 标准中没有带输入参考电压要求的组中，将专用的 VREF 引脚连接到 GND（使用 500Ω或 1kΩ的电阻），或使其浮动。在 HP I/O 组中，提供了内部 V_{REF} 扫描，以考虑工艺变化和系统注意事项。

3）V_{CCAUX}

全局辅助（VCCAUX）供电轨主要为器件内部各个块的互联逻辑提供电源。在 I/O 组中，V_{CCAUX} 用于为某些 I/O 标准的输入缓冲区电路供电。其中，包括 1.8V 或以下一些单端 I/O 标准，以及一些 2.5V 标准（仅限 HR I/O 组）。此外，V_{CCAUX} 供电轨为用于大多数差分和 V_{REF} I/O 标准的差分输入缓冲区电路提供电源。

4）V_{CCAUX_IO}

辅助 I/O（VCCAUX_IO）电压供电轨为 I/O 电路提供电源。V_{CCAUX_IO} 只能由 1.8V 供电。

5）V_{CCINT_IO}

这是 I/O 组内的内部供电，连接到 V_{CCINT} 电压供电轨。

UltraScale 器件在 I/O 组 0（I/O bank 0）中提供了包含配置功能的引脚。在 I/O 组 65 中（多功能配置）也用 I/O 引脚，称为多功能或多用途引脚，可用于配置，并在配置完成后转换为可编程的 I/O 引脚。此外，在具有 SLR 的 FPGA 的配置期间，I/O bank 60 和 I/O bank 70 中的引脚具有与多功能引脚类似的限制。对这些组的限制是必须的，即使它们不是配置组。

在配置期间，除了用于配置的组（I/O bank 0 和 I/O bank 65），以及用于多个 SLR 的器件中的 I/O bank 60 和 I/O bank 70，I/O 驱动器在所有的组中都是三态的。在配置期间（直到应用程序设置接管为止），所有 HP I/O 组都使用默认的 IOSTANDARD=LVCMOS18、SLEW=FAST 和 DRIVE=12mA 设置。HR I/O 组中的相应设置为 IOSTANDARD=LVCMOS25、SLEW=FAST 和 DRIVE=12Ma。配置后，未配置的 I/O 具有三态驱动器、焊盘被弱下拉。

在 I/O bank 65（所有器件）和 I/O bank 70（仅具有多个 SLR 的器件）是 HR I/O 组，并配置有 1.8V 的 V_{CCO} 的器件中，如果输入连接到"0"或浮空，并且配置电压为 2.5V，则在配置期间，输入具有"0"～"1"～"0"到互联逻辑的跳变。

具有多个 SLR 的 UltraScale（不是 UltraScale+）FPGA 可以在配置序列期间（在上电和 INIT_B 配置信号有效之间），在从 SLR 中的 I/O 上临时使用弱上拉。在某些板中，这可能会导致从 SLR 中的 I/O 出现不期望的"0"～"1"～"0"跳变。建议在配置过程中对"0"～"1"～"0"跳变敏感的 SLR 中的任何 I/O 引脚连接到主 SLR 的 I/O 引脚，或包含对该引脚的 1kΩ 或更强的外部下拉。

2. 数字控制阻抗（只用于 HP I/O 组）

随着器件面积的增加和系统时钟速度的提高，PCB 设计和制造变得更加困难。随着边沿速率越来越快，保持信号完整性成为一个关键问题。PCB 的走线必须正确地端接，以避免反射和振铃。

为了端接走线，传统上添加电阻以使输出和/或输入匹配接收器或驱动器的阻抗，以及布线的阻抗。然而，由于 FPGA 的 I/O 增加，在 FPGA 引脚附近添加电阻会增加 PCB 的面积和元件的数量，在某些情况下在物理上也是不可能的。为了解决这些问题并实现更好的信号完整性，Xilinx 开发了数字阻抗（Digital Controlled Impedance，DCI）技术。

根据 I/O 标准，DCI 可以控制驱动器的输出阻抗，也可以在接收器处添加并联端接，目的是精确匹配传输线的特性阻抗。DCI 主动调整 I/O 内部的这些阻抗，以校准到 VRP 引脚上的精密参考电阻。这用于补偿温度和电压波动的变化。许多设计要求使用多个 DCI 参考 VRP 引脚。在这些情况下，每个 VRP 引脚都需要一个唯一的参考电阻。

注：对于所有 DCI I/O 标准，外部参考电阻（R_{VRP}）应该是 240Ω。

对于具有受控并行端接的 I/O 标准，DCI 为接收器提供并行端接。这消除了对 PCB 上电阻端接的要求，减少了 PCB 的布线困难和元件数量，并通过消除桩线反射提高了信号完整性。当端接电阻位于传输线太远的位置时，就会发生桩线反射。对于 DCI，端接电阻尽可能地靠近输出驱动器或输入缓冲器，从而消除这种反射。端接电阻的准确值由受控并联端接的 ODT 属性确定。准确的驱动器端接值由受控阻抗驱动器的 OUTPUT_IMPEDANCE 属性确定。DCI 仅在 HP I/O 组中可用，DCI 在 HR I/O 组中不可用。

3．SelectIO 接口原语

Vivado Design Suite 库包含大量的原语列表，它们支持在 I/O 原语中可用的许多 I/O 标准。这些通用原语都可以支持大多数可用的单端 I/O 标准。

（1）IBUF：输入缓冲区。

（2）IBUF_ANALOG：特定于系统监控器输入的输入缓冲区。Vivado Design Suite 工具使用 IBUF_ANALOG 将模拟信号布线到 SYSMONE4 原语。它不是一个物理缓冲区，纯粹是一个软件结构，应该将其看作一个物理传递。

（3）IBUF_IBUFDISABLE：带缓冲区禁止控制的输入缓冲区。

（4）IBUF_INTERMDISABLE：带有缓冲区禁止控制和晶圆上输入端接禁止控制的输入缓冲区（仅 HR I/O 组）。

（5）IBUFE3：带偏移校准和 V_{REF} 调谐的输入缓冲区，以及带有缓冲区禁止控制（仅 HP I/O 组）。

（6）IOBUF：双向缓冲区。

（7）OBUF：输出缓冲区。

（8）OBUFT：三态输出缓冲区。

（9）IOBUF_DCIEN：双向缓冲区，带输入缓冲区禁止和晶圆上输入端接禁止控制（仅 HP I/O 组）。

（10）IOBUF_INTERMDISABLE：双向缓冲区，带输入缓冲区禁止和晶圆上输入端接禁止控制（仅 HR I/O 组）。

（11）IOBUFE3：带偏移校准和 V_{REF} 调谐的双向缓冲区，以及带有缓冲区禁止和晶圆上输入端接使能控制（仅 HP I/O 组）。

下面的通用原语支持大多数可用的差分 I/O 标准。

（1）IBUFDS：差分输入缓冲区。

（2）IBUFDS_DIFF_OUT：带有互补输出的差分输入缓冲区。

（3）IBUFDS_DIFF_OUT_IBUFDISABLE：带有互补输出和缓冲区禁止的差分输入缓冲区。

（4）IBUFDS_DIFF_OUT_INTERMDISABLE：带有互补输出、输入缓冲区禁止和晶圆上输入端接禁止控制的差分输入缓冲区（仅 HR I/O 组）

（5）IBUFDS_IBUFDISABLE：带有缓冲区禁止控制的差分输入缓冲区。

（6）IBUFDS_INTERMDISABLE：带有输入缓冲区禁止和晶圆上输入端接禁止控制的差分输入缓冲区（仅 HR I/O 组）。

（7）IBUFDSE3：带偏移校准，以及缓冲区禁止控制的差分输入缓冲区（仅 HP I/O 组）。

（8）IBUFDS_DPHY：用于 MIPI D-PHY 的差分输入缓冲区。仅由 UltraScale+ 架构的 Virtex、Kintex 和 Zynq 系列 FPGA/SoC 中的 HP I/O 组支持。

（9）IOBUFDS：差分双向缓冲区。

（10）IOBUFDS_DCIEN：带有晶圆上输入端接禁止控制和输入缓冲区禁止的差分双向缓冲区（仅 HP I/O 组）。

（11）IOBUFDS_DIFF_OUT：带有来自输入缓冲区的互补输出的差分双向缓冲区。

（12）IOBUFDS_DIFF_OUT_DCIEN：带有来自输入缓冲区的互补输出，以及带有晶圆上输入端接禁止控制和输入缓冲区禁止控制的差分双向缓冲区（仅 HP I/O 组）。

（13）IOBUFDS_INTERMDISABLE：带有片上输入端接禁止控制和输入缓冲区禁止的双差分双向缓冲区（仅 HR I/O 组）。

（14）IOBUFDSE3：带有偏置校准和输入缓冲区禁止与晶圆上输入端接使能控制的差分双向缓冲区（仅 HP I/O 组）。

（15）OBUFDS：差分输出缓冲区。

（16）OBUFTDS：差分三态输出缓冲区。

（17）OBUFDS_DPHY：用于 MIPI D-PHY 的差分输出缓冲区。只在 UltraScale+ 架构的 Virtex、Kintex 和 Zynq 系列 FPGA/SoC 中的 HP I/O 组支持。

（18）HPIO_VREF：V_{REF} 扫描功能（仅 HP I/O 组）。

注：SelectIO 接口原语的 VHDL 和 Verilog HDL 例化模板以及属性/参数设置，详见 Xilinx 官方文档《UltraScale Architecture Library Guide》（UG974）中第四章设计元素（Design Elements）一章。

1.6.3　SelectIO 接口逻辑资源

每个 I/O 组包含 52 个引脚，这些引脚适用于该组单端标准的输入、输出或双向操作。I/O 组可以是 HR I/O 或 HP I/O 组。这些引脚中最多可以将 48 个引脚配置为 24 个差分信号引脚对，其信号标准适用于 HR I/O 或 HP I/O 组。与每个单端引脚关联的逻辑称为位切片（Bit Slice）。在本节中，差分引脚对被称为_P 引脚的主位切片和_N 引脚的从位切片。

每个组的概述如图 1.74 所示。输入/输出控制块位切片可使用前几代 Xilinx 器件中的元件原语进行编程，或者在要求最大性能时，使用本原 PHY 原语配置。

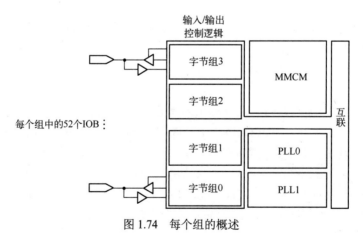

图 1.74　每个组的概述

1. 本原原语

本原原语（Native Primitive）是基本的结构，用于创建元件原语（Component Primitive）。元件原语使用原语的特定设置来提供与以前 FPGA 系列相同的功能。使用本原原语，FPGA 开发人员可以构建高速运行的元件接口，这些接口比使用元件原语要复杂得多。

注：本原模式设计有额外限制。High Speed SelectIO Wizard（HSSIO-Wiz）自动设置所有必须的设置，并检查设计规则以确保设计正常。Xilinx 建议在本源模式中使用 HSSIO-Wiz。

两个可用的 PLL 与同一 I/O 组中的位切片相关联。每个 PLL 都有一个专用的高速时钟连接到位切片的控制器，还有两个额外的输出，可用于放置在 I/O 组覆盖的时钟区域中的逻辑的应用时钟。MMCM 可用作 I/O 组中位切片和放置在 I/O 组覆盖的时钟区域中的逻辑的控制器的时钟源，但是 MMCM 也可用作整个 FPGA 中 I/O 组和逻辑的时钟源。

注：对于需要高性能和低抖动的应用，请使用放置在 I/O 组后面时钟区域中的 PLL。MMCM 可用于需要在多个 I/O 组和时钟区域中时钟要求较慢的应用。

如果时钟输入不是用于需要设计的接口的 I/O 组的一部分，则需要使用下面的约束：

set_property CLOCK_DEDICATED_ROUTE FALSE [get_nets <clock_net_name>]

该约束使得 Vivado 工具给出警告信息，而不会提示出现错误。

注：在本原模式下，PLL 高速时钟输出通用专用的布线（无时钟缓冲区）连接到 BITSLICE_CONTROL.PLL_CLK 输入。因此，始终将 PLL 放置在连接接口 I/O 组的时钟区域中。在使用 XDC 约束的时候，输入时钟缓冲区可以放置在不同的 I/O 组中。

当 MMCM 用于本原或元件模式接口时钟时，必须使用时钟缓冲区。尽管最好的解决方案是将 MMCM 放置在所构建 I/O 接口的附近；但 MMCM 可以放置在与所使用的 I/O 组相邻的时钟区域不同的时钟区域中。I/O 接口的时钟由时钟缓冲区和时钟布线分配。

每个组细分为 4 个字节组，每个组包含 13 个 I/O 引脚，如图 1.75 所示。从图中可知，每个字节组被进一步细分为两个半字节组。三态控制位切片块和上半字节与下半字节控制块仅在使用本原模式时相关。除 RXTX_BITSLICE_12（上半字节中的 BITSLICE_6）仅用于单端信号外，其他所有位切片都可用于单端或差分信号。任何与位切片一起使用的单端时钟都应该使用半字节的 RXTX_BITSLICE_0，并且任何差分时钟都应该使用半字节的 RXTX_BITSLICE_0（P 侧）和 RXTX_BITSLICE_1（N 侧）。

两个中心字节组（1 和 2）中的每一个包含四字节时钟（Quad Byte Clock，QBC）和全局时钟（Global Clock，GC）引脚或引脚对。QBC 引脚可以用作它们所放置的半字节或字节组的捕获时钟输入，但它们也可以通过专用时钟脊向 I/O 组中的所有其他版字节和字节组传递捕获时钟。GC 引脚可以是驱动 MMCM 和/或 PLL 原语的时钟输入。其中一些时钟使能（Clock Capable，CC）输入具有双重功能。较高的和较低的字节组，每一个都包含专用的字节时钟（Dedicated Byte Clock，DBC）引脚（引脚对），它可以用作左字节组内的时钟，这些字节组不具有将捕获时钟驱动到 I/O 组中其他字节组或驱动 I/O 组中 MMCM 或 PLL 的能力。

对于高半字节和低半字节，额外一些限制可能应用于 RXTX_BITSLICE_0。

当使用 RX_BITSLICE 或 RXTX_BITSLICE 时，字节间时钟可能会影响 RXTX_BITSLICE_0 的可用性。

（1）如果使用字节间时钟（QBC）从一个字节（源）中的半字节到另一个字节中的半字节（目的），目的字节中的该半字节必须始终包括 RXTX_BITSLICE_0 且它的 DATA_TYPE 设置为 DATA。

（2）对于接收串行模式应用，每个半字节必须包括 RXTX_BITSLICE_0 且它的 DATA_TYPE 设置为 SERIAL。

IDELAY/ODELAY 和 RX_BITSLICE/TX_BITSLICE/RXTX_BITSLICE 支持 TIME 模式，通过连续调整对准提供更精确的延迟。当 TIME 模式用于 IDELAY/ODELAY 和本源原语时，在初始的校准过程中使用 RXTX_BITSLICE_0。在 IDELAY/ODELAY 的情况下，当 RDY（IDELAYCTRL）为高电平时，该初始校准过程完成。在以下情况下，连接到 RXTX_BITSLICE_0 的元件逻辑在初始校准期间不能使用：

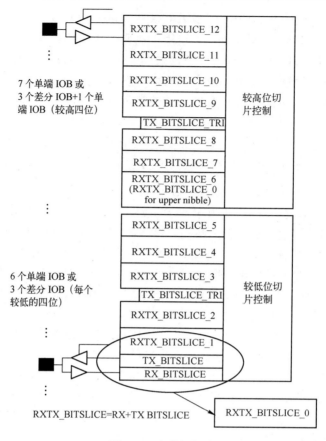

图 1.75　字节组概述

（1）TIME 模式下的 IDELAY/ODELAY；

（2）TIME 模式下的 RX_BITSLICE/TX_BITSLICE/RXTX_BITSLICE。

Vivado 将发出错误消息以指示在 BISC 操作期间与半字节内的 RXTX_BITSLICE_0 相关联的输入布线和逻辑将不可用。如果这些限制不影响设计，则可以使用下面约束禁止 DRC：

set_property UNAVAILABLE_DURING_CALIBRATION TRUE [get_ports <name>]

由于 RXTX_BITSLICE_0 用于 TIME 模式的校准，所以在 IDELAY/ODELAY 处于 TIME 模式且校准完成之前，半字节内的所有其他位切片将不可用。

每个 UltraScale+ 架构 FPGA 的 I/O 组、字节和半字节具有相同的设置。

思考与练习 1-20：用 Vivado 2023.1 打开前面任意一个工程，在 Device 视图中查看 HP I/O 组资源的排列方式，并画图进行说明。

图 1.75 中的 RXTX_BITSLICE 是基本的本原原语，可以用作接收器、发送器或双向电路，该原语是生成 RX_BITSLICE 和 TX_BITSLICE 的基础。

RXTX_BITSLICE 包含一个输入和输出路径。输出和输出路径中包括可以通过 BITSLICE_CONTROL 连续校正 VT 变化的输入和输出延迟、输出路径上 4:1 或 8:1 的串行化逻辑以及输入路径上的 1:4 或 1:8 的解串行化逻辑。输入路径还包括浅 FIFO，以允许将接收到的数据连接到通用互联逻辑的另一个时钟域。RXTX_BITSLICE 的内部结，如图 1.76 所示。

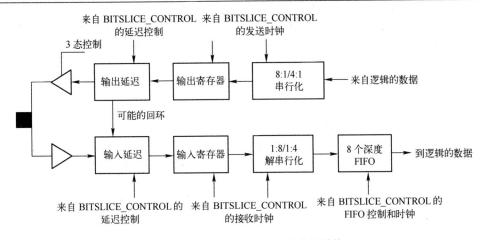

图 1.76　RXTX_BITSLICE 的内部结构

（1）输入和输出延迟各有 512 个抽头（一个抽头的延迟在 UltraScale+器件数据表中提供为 $T_{\text{ODELAY\_RESOLUTION}}$）。可以通过寄存器接口单元（Register Interface Unit，RIU）从 BITSLICE_CONTROL 控制延迟元素，或者直接使用 RXTX_BITSLICE（CLK、CE、INC、LOAD、CNTVALUEIN[8:0]、CNTVALUEOU[8:0]、RST_DLY 和 EN_VTC）上的延迟控制信号直接从互联逻辑控制延迟元素。延迟线可用于两种不同的模式，包括时间（TIME）和计数（COUNT）。在时间模式下，初始延迟（delay_VALUE）以 ps 为单位定义；在计数模式下，初始延迟提供为抽头的个数。当使用时间模式时，内建的自校准（Built-In Self-Calibration，BISC）控制器校准并保持延迟线。

（2）延迟线级联。该功能在 RX_BITSLICE 中可用，在 RXTX_BITSLICE 中不可用。该功能允许 TX_BITSLICE 中未使用的输出延迟线级联到 RX_BITSLICE 中的输入延迟线。结果是将数据传递到 RX_BITSLICE 解串行器寄存器的双倍长度的延迟线。单个延迟线是 512 个抽头。级联输入和输出延迟线使可用延迟的长度加倍。

（3）三态控制。RXTX_BITSLICE 发送器一侧，以及由此产生的 TX_BITSLICE 提供了两种在一个 IOB 中三态输出缓冲区的可能性。三态可以被看作每通道块三态和串行流三态中基于半字节的每位三态。每个 RXTX_BITSLICE 和每个 TX_BITSLICE 有一个 T 输入。输入时 FPGA 逻辑中生成的三态信号到 IOB 中输出缓冲区的 T 输入的逻辑作何。这称为块三态，因为输出缓冲区的串行输出在一定的位周期中是三态的。当串行流中的一个或多个指定位必须出现三态串行输出时，必须使用 BITSLICE_CONTROL.TBYTE_IN[3:0]输入与 TX_BITSICE_TRI 的组合。TX_BITSLICE_TRI 的输出通过 TX_BITSLICE 被布线到输出缓冲区的三态输入。TX_BITSLICE_TRI 的输出是一个串行流，它可以连接到半字节中的所有 TX_BITSLICE，并以这种方式连接到所有三态输出缓冲器输入。在 BITSLICE_CONTROL 的 TBYTE_IN 输入处写入的四个位确定串行流中的三态出现。

（4）FIFO。每个 RXTX_BITSLICE 的接收器和 RX_BITSLICE 有 8 个深度的浅 FIFO。使用 FIFO 中的位切片生成时钟（FIFO_WR_CLK）中的 FIFO_WR_CLK 域来写入解串行化的 4 位或 8 位数据。FIFO 在 FIFO_WR_CLK 的上升沿写入 4 位或 8 位解串行数据。可以在解释来自 FPGA 逻辑侧的一些 FIFO 状态信号后读取 FIFO。通过这种方式，FIFO 执行时钟域跨越元件的角色。

RXTX_BITSLICE 本原原语符号如图 1.77 所示。图中，黑色字表示输入，灰色字表示输出。

注：原语 RXTX_BITSLICE、RX_BITSLICE 和 TX_BITSLICE 的 VHDL 与 Verilog HDL 例化模板，详见 Xilinx 官方文档《UltraScale Architecture Library Guide》（UG974）中第四章设计元素（Design Elements）一章。

2．元件原语

1）IDDRE1

UltraScale+架构 FPGA 在位切片中有专用的寄存器实现输入 DDR 寄存器。该功能通过例化 IDDRE1 原语实现，如图 1.78 所示。IDDRE1 原语支持以下操作模式，包括 OPPOSITE_EDGE、SAME_EDGE 和 SAME_EDGE_PIPELINED。该原语的端口含义如表 1.19 所示。

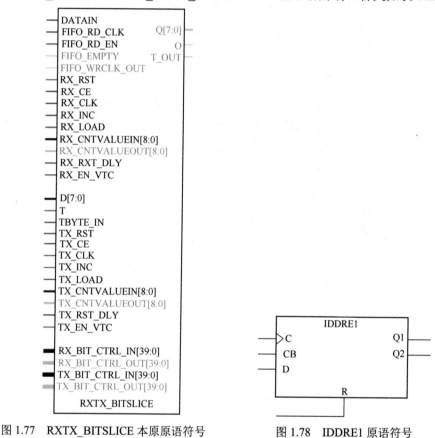

图 1.77 RXTX_BITSLICE 本原原语符号   图 1.78 IDDRE1 原语符号

表 1.19 IDDRE1 原语的端口含义

名字	方向	宽度	含义
C	输入	1	高速时钟输入（C），用于为输入串行数据流提供时钟
CB	输入	1	高速时钟输入的反相
D	输入	1	串行输入数据端口（D）是 ISERDESE3 的串行（高速）数据输入端口，该端口接受来自 IOB 或 FPGA 逻辑的数据
Q1	输出	1	寄存的并行输出 1
Q2	输出	1	寄存的并行输出 2
R	输入	1	活动的高异步复位

注：（1）原语 IDDRE1 的 VHDL 和 Verilog HDL 例化模板，详见 Xilinx 官方文档《UltraScale Architecture Library Guide》（UG974）中第四章设计元素（Design Elements）一章。

（2）设计中使用的 IDDRE1 原语由 Vivado 设计工具转换并实现为 ISERDESE3 原语。

2）ODDRE1

UltraScale+架构 FPGA 的位切片中有寄存器用于实现输出 DDR 寄存器。通过例化 ODDRE1 原语访问该功能，如图 1.79 所示。使用 ODDRE1 时，DDR 多路复用是自动的。无须手动控制多路复用器选择，该控制由时钟生成。ODDRE1 原语仅支持 SAME_EDGE 操作模式。该原语的端口含义如表 1.20 所示。

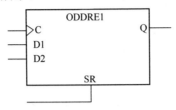

图 1.79　ODDRE1 原语符号

表 1.20　ODDRE1 原语的端口含义

名字	方向	宽度	含义
C	输入	1	高速时钟输入
D1	输入	1	并行数据输入 1
D2	输入	1	并行数据输入 2
Q	输出	1	到 IOB 的数据输出
SR	输入	1	活动的高异步复位

注：（1）原语 ODDRE1 的 VHDL 和 Verilog HDL 例化模板，详见 Xilinx 官方文档《UltraScale Architecture Library Guide》（UG974）中第四章设计元素（Design Elements）一章。

（2）设计中使用的 ODDRE1 原语由 Vivado 设计工具转换并实现为 OSERDESE3 原语。

3）ISERDESE3

该原语是一个具有特定时钟和逻辑功能的串行-并行转换器，旨在改善高速源同步应用的实现。该原语避免了在 FPGA 逻辑中设计解串器时遇到额外的时序复杂性，如图 1.80 所示。该原语的端口含义如表 1.21 所示。

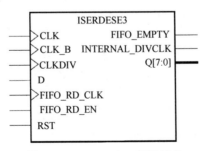

图 1.80　ISERDESE3 原语符号

表 1.21　ISERDESE3 原语的端口含义

名字	方向	宽度	含义
CLK	输入	1	高速时钟输入（CLK），用于为输入串行数据流提供时钟
CLK_B	输入	1	高速时钟输入的反相
CLKDIV	输入	1	分频时钟输入（CLKDIV）通常是 CLK 的分频版本（取决于实现的解串的宽度）。它驱动串行-并行转换器和 CE 模块的输出

续表

名字	方向	宽度	含义
D	输入	1	串行输入数据端口（D）是 ISERDESE3 的串行（高速）数据输入端口。该端口接受来自 IOB 或 FPGA 逻辑的数据
FIFO_EMPTY	输出	1	FIFO 空标志
FIFO_RD_CLK	输入	1	FIFO 读时钟
FIFO_RD_EN	输入	1	当有效时，使能读取 FIFO
INTERNAL_DIVCLK	输出	1	内部分频时钟，用于在禁止 FIFO 时将数据从 ISERDES 发送到 FPGA 结构（不连接）
Q<7:0>	输出	8	8 位寄存器的数据
RST	输入	1	异步复位，有效电平取决于 IS_RST_INVERTED

注： 原语 ISERDESE3 的 VHDL 和 Verilog HDL 例化模板，详见 Xilinx 官方文档《UltraScale Architecture Library Guide》（UG974）中第四章设计元素（Design Elements）一章。

4）OSERDESE3

UltraScale+架构 FPGA 中，该元件是一个 4/8 位并行-串行转换器，具有特定的时钟功能，有助于实现源同步和其他应用。如果需要其他串并转换因子，使用 ODDRE1 原语或在内部逻辑中实现，如图 1.81 所示。该原语的端口含义如表 1.22 所示。

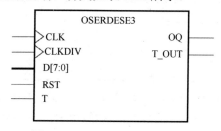

图 1.81　OSERDESE3 原语符号

表 1.22　OSERDESE3 原语的端口含义

名字	方向	宽度	含义
CLK	输入	1	高速时钟输入（CLK），用于为输出串行数据流提供时钟
CLKDIV	输入	1	分频时钟输入（CLKDIV）通常是 CLK 的分频版本（取决于实现的解串的宽度）。它驱动并行-串行转换器和 CE 模块的输入
D<7:0>	输入	8	并行输入数据端口（D）是 OSERDESE3 的并行数据输入端口
OQ	输出	1	到 IOB 的串行输出数据
RST	输入	1	异步复位，有效电平取决于 IS_RST_INVERTED
T	输入	1	来自 FPGA 逻辑的三态输入
T_OUT	输出	1	到 IOB 的三态控制输出

注： 原语 OSERDESE3 的 VHDL 和 Verilog HDL 例化模板，详见 Xilinx 官方文档《UltraScale Architecture Library Guide》（UG974）中第四章设计元素（Design Elements）一章。

5）IDELAYE3

除时钟外的任何输入信号都可以使用该原语延迟，然后直接转发到 FPGA 的逻辑，或使用输入/输出互联（Input and Output Interconnect，IOI）内的 SDR 时钟或 DDR 时钟在简单触发器、IDDR 或 ISERDESE3 中寄存，如图 1.82 所示。时钟不应该使用该元件延迟，因为该元件不能直接布线到全局时钟缓冲区。当必须延迟时钟时，使用 MMCM 或 PLL 生成时钟，并使用精细相移功能延迟时钟。该原语的端口含义如表 1.23 所示。

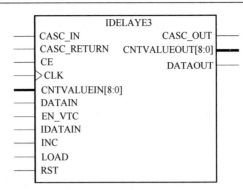

图 1.82　IDELAYE3 原语符号

表 1.23　IDELAYE3 原语的端口含义

名字	方向	宽度	含义
CASC_IN	输入	1	来自 ODELAY CASCADE_OUT 的级联延迟输入
CASC_OUT	输出	1	到 ODELAY 输入级联的级联延迟输出
CASC_RERURN	输入	1	来自 ODELAY DATAOUT 的级联延迟返回
CE	输入	1	活动高使能递增/递减功能
CLK	输入	1	时钟输入
CNTVALUEIN	输入	9	来自 FPGA 逻辑的计数器值，用于动态可加载抽头值输入
CNTVALUEOUT	输出	9	CNTVALUEOUT 引脚用于报告延迟元件的动态切换值。CNTVALUEOUT 仅在 IDELAYE3 处于 "VARIABLE" 或 "VAR_LOAD" 模式时可用
DATAIN	输入	1	DATAIN 输入由逻辑可访问延迟线的 FPGA 逻辑直接驱动。数据通过 DATAOUT 端口返回到 FPGA 逻辑，延迟由 delay_VALUE 设置
DATAOUT	输出	1	来自两个数据端口其中一个（IDATAIN 或 DATAIN）的延迟数据输出
EN_VTC	输入	1	保持 CT 上的延迟恒定
IDATAIN	输入	1	来自 IBUF 用于 IDELAY 的数据输入
INC	输入	1	递增/递减抽头延迟输入
LOAD	输入	1	在 VARIABLE 模式中，将 IDELAYE3 原语加载到预编程值中。在 VAR_LOAD 模式中，它加载 CNTVALUEIN 的值
RST	输入	1	异步复位到 DELAY_VALUE，活动的电平取决于 IS_RST_INVERTED

　　注：原语 IDELAYE3 的 VHDL 和 Verilog HDL 例化模板，详见 Xilinx 官方文档《UltraScale Architecture Library Guide》（UG974）中第四章设计元素（Design Elements）一章。

　　6）ODELAYE3

　　任何输出信号都可以使用该原语来延迟，该原语直接从 FPGA 逻辑转发，或使用 SDR 或 DDR 时钟寄存在简单触发器或 OSERDES 中，该原语符号如图 1.83 所示。该原语的端口含义如表 1.24 所示。

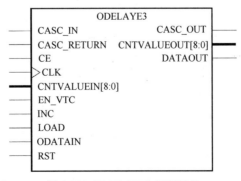

图 1.83　ODELAYE3 原语符号

表 1.24 ODELAYE3 原语的端口含义

名字	方向	宽度	含义
CASC_IN	输入	1	来自 IDELAY CASCADE_OUT 的级联延迟输入
CASC_OUT	输出	1	到 IDELAY 输入级联的级联延迟输出
CASC_RERURN	输入	1	来自 IDELAY DATAOUT 的级联延迟返回
CE	输入	1	活动高使能递增/递减功能
CLK	输入	1	时钟输入
CNTVALUEIN	输入	9	来自 FPGA 逻辑的计数器值，用于动态可加载抽头值输入
CNTVALUEOUT	输出	9	CNTVALUEOUT 引脚用于报告延迟元件的动态切换值。CNTVALUEOUT 仅在 ODELAYE3 处于 "VARIABLE" 或 "VAR_LOAD" 模式时可用
DATAOUT	输出	1	来自 ODATAIN 输入端口的延迟数据
EN_VTC	输入	1	保持 CT 上的延迟恒定
INC	输入	1	递增/递减抽头延迟输入
LOAD	输入	1	在 VARIABLE 模式中，将 ODELAYE3 原语加载到预编程值中。在 VAR_LOAD 模式中，它加载 CNTVALUEIN 的值
ODATAIN	输入	1	来自 OSERDES 或可编程逻辑的用于 ODELAYE3 的数据输入
RST	输入	1	异步复位到 DELAY_VALUE，活动的电平取决于 IS_RST_INVERTED

注：原语 ODELAYE3 的 VHDL 和 Verilog HDL 例化模板，详见 Xilinx 官方文档《UltraScale Architecture Library Guide》（UG974）中第四章设计元素（Design Elements）一章。

7）IDELAYCTRL

如果例化了 IDELAY3/ODELAY3 原语，则必须例化 IDELAYCTRL 模块，除非 DELAY_FORMAT 设置为 COUNT 或在本原模式设计中设计为混合元件和本原模式。每个半字节（一个组中 8 个）有一个 IDELAYCTRL 模块。IDELAYCTRL 模块将其区域中以 TIME 模式配置的各个延迟线连续校准为其编程值，以减少工艺、电压和温度（Process、Voltage and Temperature，PVT）变化的影响。IDELAYCTRL 模块使用系统提供的 REFCLK 校准 IDELAY3（和 ODELAY3）。该 REFCLK 的频率值应用于具有属性（REFCLK_FREQUENCY）的各个 IDELAYE3（ODELAYE3）原语。因此，半字节中的每个延迟元素都需要将该属性设置为相同的值，该原语符号如图 1.84 所示。该原语的端口含义如表 1.25 所示。

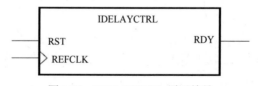

图 1.84 IDELAYCTRL 原语符号

表 1.25 IDELAYCTRL 原语的端口含义

名字	方向	宽度	含义
RDY	输出	1	准备（RDY）信号指示特定区域中的 IDELAYE3 和 ODELAYE3 模块何时校准。如果 REFCLK 保持高电平或低电平一个或多个时钟，则 RDY 信号无效。如果 RDY 为无效低电平，则必须复位 IDELAYCTRL 模块。如果不需要，则不连接/忽略 RDY
REFCLK	输入	1	对 IDELAYCTRL 的时间参考，用于校准同一区域中的所有 IDELAYE3 和 ODELAYE3 模块。REFCLK 可以直接从用户提供的源或 MMCME3/PLLE3 提供，并且必须在全局时钟缓冲区上布线
RST	输入	1	活动高复位。异步有效，同步无效到 REFCLK。为了确保正确的 IDELAY3 和 ODELAY3 操作，配置后必须复位 IDELAYCTRL，并且 REFCLK 信号稳定

注：原语 IDELAYCTRL 的 VHDL 和 Verilog HDL 例化模板，详见 Xilinx 官方文档《UltraScale Architecture Library Guide》（UG974）中第四章设计元素（Design Elements）一章。

1.6.4　高密度 I/O 组

高密度（HD）I/O 组是 SelectIO 资源，旨在支持电压范围从 1.2V 到 3.3V 的各种 I/O 标准。HD I/O 针对高达 250Mb/s 的数据速率运行的单端、电压参考和伪差分 I/O 标准进行了优化。对真差分输入（带外部端接）的有限支持也可用于支持 LVDS 和 LVPECL 时钟输入。HD I/O 也包含接口逻辑，包括寄存器和静态延迟线，也支持异步、系统同步和基于时钟的源同步接口。HD I/O 组中所支持的功能如表 1.26 所示。

表 1.26　HD I/O 组中所支持的功能

功能	HD I/O 组支持
3.3V I/O 标准	LVTTL 和 LVCMOS
2.5V I/O 标准	LVCMOS 和 LVDS/SUB_LVDS
1.8V I/O 标准	LVCMOS、SSTL 和 HSTL
1.5V I/O 标准	LVCMOS、SSTL 和 HSTL
1.35V I/O 标准	SSTL
1.2 V I/O 标准	LVCMOS、SSTL 和 HSTL
LVDS 和 LVPECL	输入支持（带有外部端接）
V_{REF}	在 HD I/O 组中支持内部 V_{REF}（无外部 V_{REF}）
最高数据率	250Mb/s DDR
输出驱动强度控制	支持
输出摆率控制	支持
上拉、下拉和保持	支持
SDR 和 DDR 接口的 ILOGIC	支持
SDR 和 DDR 接口的 OLOGIC	支持
ZHOLD（用于零保持的静态延迟）	支持
内部差分端接（DIFF_TERM）	不支持
DCI 和 DCI 级联	不支持
ISERDES，OSERDES	不支持
可编程的延迟（IDELAY，ODELAY）	不支持
DQS_BIAS	不支持

每个 HD I/O 组包含 24 个 I/O 引脚。当定义为单端标准时，HD I/O 引脚支持输入、输出和双向操作模式。成对的 I/O 引脚可用于支持差分标准功能。对于像 DIFF_SSTL15 这样的伪差分标准，可以提供输入、输出和双向支持。真正的差分标准，如 LVDS_25，只能用作输入缓冲器。

HD I/O 引脚包含使能各种 I/O 接口的 I/O 接口逻辑块（IOI），如图 1.85 所示。

IOI 由专用于每个引脚的 OLOGIC 和 ILOGIC 块组成。支持的接口包括：

（1）异步（或组合）输入和输出接口。

（2）在 IOI 和/或互联逻辑中的带有单数据率（Single Data Rate，SDR）寄存器的系统同步接口。支持包含以下的触发器原语。

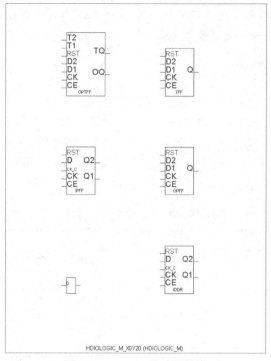

图 1.85　HD I/O 接口逻辑块

① FDCE：带有时钟使能和异步清除的触发器。

② FDPE：带有时钟使能和异步置位的触发器；

③ FDRE：带有时钟使能和同步复位的触发器；

④ FDSE：带有时钟使能和同步置位的触发器。

（3）在 IOI 和/或互联逻辑中的带有双数据率（Dual Data Rate，DDR）寄存器的系统同步接口。支持的原语包括 IDDRE1 和 ODDRE1。

ILOGIC 块在输入端支持可选的静态无补偿零保持（ZHOLD）延迟线，以补偿时钟插入延迟。当时钟路径直接来源于 BUFG/BUFGCE 时，ZHOLD 功能被优化以补偿时钟插入延迟，BUFG/BUFGCE 源自同一组或相邻的组。除非时钟源是 MMCM/PLL，或者除非在 XDC 中设置了 IOBDELAY 属性，否则默认情况使能 ZHOLD。

UltraScale/UltraScale+ FPGA 在 ILOGIC 块中有专用的寄存器用于实现 DDR 寄存器。通过例化 IDDRE1 原语来使用该功能。UltraScale/UltraScale+ FPGA 在 OLOGIC 块中有寄存器用于实现数据和三态控制的输出 DDR 寄存器。当在 HD I/O 中同时使用数据和三态路径时，需要同时使用/不使用输出 DDR 寄存器的数据和三态控制。例如，FPGA 开发人员不能做这样的一个设计，即在数据路径上使用输出 DDR 寄存器，而在三态控制路径上没有输出 DDR 寄存器。在例化 ODDRE1 原语时，可以访问该功能。使用 ODDRE1 时，DDR 多路复用是自动的，无需手动控制，该控制由时钟生成。

1.7　高速串行收发器

在 UltraScale+ 架构不同系列 FPGA 内，提供了 3 种类型的高速收发器：GTH、GTY 和 GTM。其中，在 Artix 和 Kintex 系列 FPGA 中提供了 GTH 和 GTY 两种类型的高速收发器，在 Virtex 系列 FPGA 中提供了 GHY 和 GTM 两种类型的高速收发器。其中：

（1）GTH 收发器具有低功耗、高性能等特点，适用于最坚固的背板。

（2）GTY 收发器具有最大的非归零（Non Return Zero，NRZ）性能，适用于最快的光学和背板应用；用于芯片到芯片、芯片到光学器件和 28G 背板的 33G 收发器。

（3）GTM 收发器使用四电平脉冲幅度调制（4 Pluse Amplitude Modulation，PAM4）实现 58G 芯片到芯片、芯片到光学器件和背板应用的最大性能。

UltraScale+ 架构不同系列 FPGA 内的高速收发器如表 1.27 所示。

表 1.27　UltraScale+ 架构不同系列 FPGA 内的高速收发器

器件系列	收发器类型	最大性能（Gb/s）	最多收发器个数	峰值带宽（Gb/s）
Artix	GTH/GTY	12.5/16.375	12/12	393
Kintex	GTH/GTY	16.3/32.75	44/32	3268
Virtex	GTY/GTM	32.75/58.0	128/48	8384

UltraScale 和 UltraScale+ 架构系列 FPGA 内的收发器包括：

（1）物理媒体连接子层（Physical Medium Attachment Sublayer，PMA）。PMA 包括并行输入串行输出（Parallel Input Serial Output，PISO）接口和串行输入并行输出（Serial Input Parallel Output，SIPO）接口、相位锁相环（Phase Locked Loop，PLL）、时钟数据恢复（Clock Data Recovery，CDR）、预加重和均衡块。

（2）物理编码子层（Physical Coding Sublayer，PCS）。PCS 包含处理并行数据的逻辑，包含 FIFO、编码和解码，以及变速功能。

（3）封装。

（4）FPGA 逻辑接口。

1.7.1　GTH 和 GTY 收发器

GTH 和 GTY 收发器的功能如表 1.28 所示。

表 1.28　GTH 和 GTY 收发器的功能

组	功　能
PCS	2 字节、4 字节和 8 字节（仅 GTY 支持）内部数据路径，以支持不同的线速率要求
	8B/10B 编码和解码
	支持 64B/66B 和 64B/67B
	用于 PCI-E Gen3 的 128B/130B 编码和解码
	逗号检测和字节与字对齐
	PRBS 生成器和检查器
	TX 相位 FIFO
	RX 弹性 FIFO，用于时钟校正和信道绑定
	缓冲区旁路支持固定延迟
	可编程逻辑接口
	支持 100GB 连接单元接口（Attachment Unit Interface，CAUI）
	多通道支持缓冲区旁路
	TX 相位插值器 PPM 控制器用于替换外部压控振荡器（Voltage Controlled Crystal Oscillator，VCXO）
PMA	每 4 个有两个共享 LC 储能 PLL，可获得最佳抖动性能
	每个通道一个环形 PLL，实现最佳的时钟灵活性
	高效功率自适应线性均衡器模式称为具有自动自适应功能的低功耗模式（Low Power Mode，LPM）
	带有自动自适应的 11 抽头（GTH）/15 抽头（GTY）判决反馈均衡器（Decision Feedback Equalizer，DFE）

续表

组	功 能
PMA	TX 预加重
	可编程的 TX 输出
	PCI-E 设计的信标（Beacon）信号
	带外（Out of Band，OOB）信号，包括支持用于串行 ATA（SATA）设计的 COM 信号
	线速率高达 32.75Gb/s（GTY 收发器）或 16.375Gb/s（GTH 收发器）

在 UltraScale+架构系列 FPGA 中，一个 GTH/GTY（Quad）包括四个 GTHE4_ CHANNEL/GTYE4_CHANNEL 原语和一个 GTHE4_COMMON/GTYE4_COMMON 原语，如图 1.86 所示。从图中可知每个 Quad 由 4 个收发器通道构成，并包含两个基于 LC 谐振腔四 PLL（Quad PLL，QPLL）和 4 个基于环的通道 PLL(Channel PLL，CPLL)。用于每个发送器或接收器的时钟可以从 QPLL 或专用 CPLL 中选择。为了获得更大的灵活性，PLL 的参考时钟可以来自 3 个时钟源：

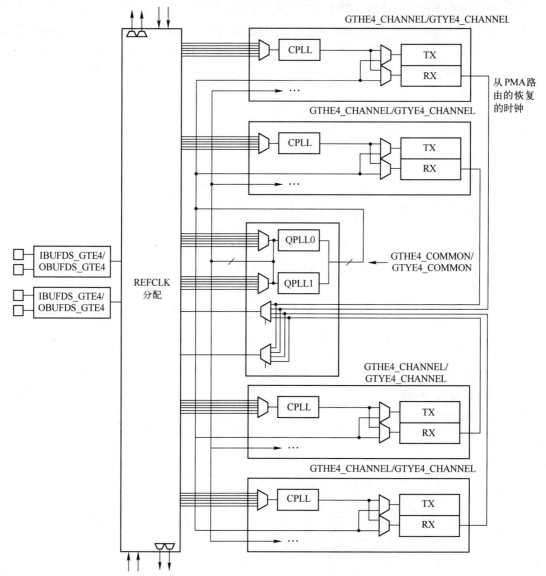

图 1.86　一个 QTH/QTY（Quad）的配置

（1）Quad 中的两个专用参考时钟。两个参考时钟引脚都可以用于恢复时钟输出。

（2）两个北向路径和两个南向路径通往上下两个 Quad。这种结构提供了极大灵活性，并且可以有效地使用所有可用的收发器通道，满足各种系统性能要求。

1.7.2　GTM 收发器

GTM 收发器的功能如表 1.29 所示。

表 1.29　GTM 收发器的功能

组	功能
PCS	KP4 里德-所罗门前向纠错（Reed-Solomon Forward Error Correction，R-SFEC），用于最高 2×58Gb/s 或 1×116Gb/s 的电气和光学链路
	PRBS 生成器和检查器
	可编程 FPGA 逻辑接口
PMA	LC 储能 PLL，可获得最佳抖动性能
	灵活的时钟，两个通道有一个 PLL
	可编程 TX 输出
	带有去加重控制的 TX FIR 滤波器
	连续时间线性均衡器（Continue Time Linear Equalizer，CTLE）
	判决反馈均衡器（Decision Feedback Equalization，DFE）
	前馈均衡（Feed Forward Equalization，FFE）

如图 1.87 所示，GTM_DUAL 原语包含一个 LCPLL 和两个 GTM 通道。与 UltraScale+架构 FPGA 的其他收发器（如 GTH 和 GTY 收发器）相比，GTM 收发器不包含 CHANNEL/COMMON 原语，所有通道端口和属性都在 GTM_DUAL 原语中。

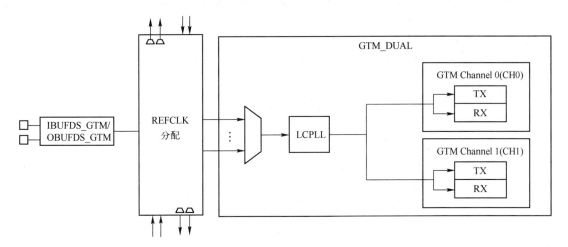

图 1.87　GTM_DUAL 原语

GTM CHANNEL 的内部结构如图 1.88 所示。

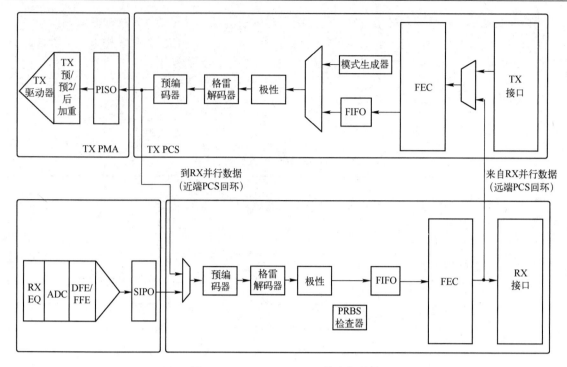

图 1.88　GTM CHANNEL 的内部结构

思考与练习 1-21：用 Vivado 2023.1 打开前面任意一个工程，在 Device 视图中查看 GTY 收发器在 FPGA 内的布局，并画图进行说明。

1.8　系统监控器模块

如图 1.89 所示，通过片上供电传感器和温度传感器对环境的监控，UltraScale+架构 FPGA 内部所提供的系统监控器模块，用于扩展系统的整体安全性和可靠性。此外，系统监控器还提供了最多 17 个设计者分配的外部模拟输入。系统监控器支持片上监控所有元器件的主要供电电压，如 V_{CCINT}、V_{CCAUX}、V_{CCBRAM} 和 V_{CCO}。

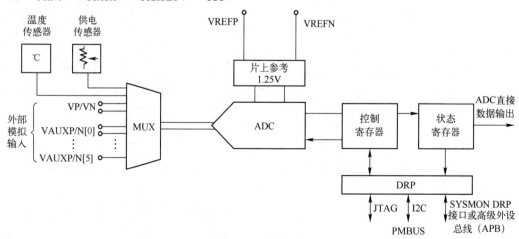

图 1.89　系统监控器的内部结构

通过使用 10 位 200ksps 的 ADC，将传感器的输出和模拟输入数字化，测量的结果保存在寄存器中。如果设计中没有例化 SYSMON，则器件将在默认模式下运行，该模式可用于监测片上的温度和电源电压。SYSMON 有多种操作模式，可通过写入控制寄存器进行用户定义，控制寄存器可通过 DRP、JTAG 或 I2C 进行访问。当在设计中使用块属性例化 SYSMON 时，也可以初始化这些寄存器的内容。

UltraScale+架构 FPGA 中的 SYSMONE4 原语符号如图 1.90 所示，在设计中使用 Verilog HDL/VHDL 来例化并使用该原语，该原语中各个端口的含义如表 1.30 所示。

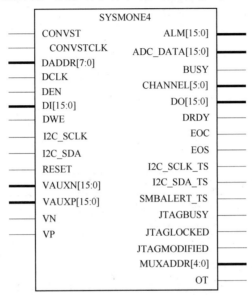

图 1.90　UltraScale+架构 FPGA 中的 SYSMONE4 原语符号

表 1.30　SYSMONE4 原语中各个端口的含义

端口名字	方向	宽度	含义
ALARMS：SYSMON 报警端口			
ALM	输出	16	为温度、V_{CCINT}、V_{CCAUX}、V_{CCBRAM} 输出报警 ALM[0]：系统监控器温度传感器报警输出 ALM[1]：系统监控器 V_{CCINT} 传感器报警输出 ALM[2]：系统监控器 V_{CCAUX} 传感器报警输出 ALM[3]：系统监控器 V_{CCBRAM} 传感器报警输出 ALM[6:4]：未定义 ALM[7]：总线的逻辑"或" ALM[6:0]：可用于标记任何报警的发生 ALM[11:8]：用户供电 1~4 的报警 ALM[14:12]：未定义 ALM[15]：总线 ALM[14:8]的逻辑"或"，可用于标记该组中的任何报警
OT	输出	1	过温度报警
辅助模拟-输入对：16 对辅助模拟输入。除专用差分模拟输入外，SYSMON 还可以通过将数字 I/O 配置为模拟输入来访问 16 个差分模拟输入。这些输入也可以通过 JTAG 端口使能预配置			
VAUXN	输入	16	N 侧辅助模拟输入
VAUXP	输入	16	P 侧辅助模拟输入
控制和时钟：SYSMON 复位、启动转换和时钟输入			
CONVST	输入	1	转换开始输入。此输入控制 SYSMON 输入上的采样时刻，仅用于事件模式中的定时。这个输入来自 FPGA 逻辑中的通用连接

端口名字	方向	宽度	含义
CONVSTCLK	输入	1	转换启动时钟输入。该输入连接到一个时钟网络。与 CONVST 类似，该输入控制 SYSMON 输入上的采样时刻，并且仅用于事件模式定时。该输入来自 FPGA 逻辑中的本地时钟分配网络。因此，为了对采样时刻（延迟和抖动）进行最佳控制，可以使用全局时钟作为 CONVST 源
RESET	输入	1	用于 SYSMON 控制逻辑的复位信号
专用模拟输入对：一对专用的模拟输入。SYSMON 有一对专用模拟输入引脚，用于提供差分模拟输入。如果使用 SYSMON 设计，但不使用 VP 和 VN 的专用外部通道，请将 VP 和 VN 连接到模拟地			
VN	输入	1	N 侧模拟输入
VP	输入	1	P 侧模拟输入
直接数据输出：直接数据输出。每次转换（EOC）都会更新测量结果。与通道一起使用			
ADC_DATA	输出	16	直接数据输出。每次转换（EOC）都会更新测量结果。与通道一起使用
动态可重配置端口（Dynamic Reconfiguration Port，DRP）：用于访问和控制系统监控块			
DADDR	输入	8	DRP 的地址总线
DCLK	输入	1	DRP 的时钟输入
DEN	输入	1	DRP 的使能信号
DI	输入	16	DRP 的输入数据总线
DO	输出	16	DRP 的输出数据总线
DRDY	输出	1	DRP 的读使能
DWE	输入	1	DRP 的写使能
I2C 接口：与 I2C DRP 接口一起使用的端口			
I2C_SCLK	输入	1	I2C_SCLK 的输入。DRP I2C 接口所需。I2C_SCLK_IN 和 I2C_SCLK_TS 端口必须连接到专用 I2C_SCLK 封装引脚
I2C_SCLK_TS	输出	1	I2C_SCLK 的输出。DRP I2C 接口所需。I2C_SCLK_IN 和 I2C_SCLK_TS 端口必须连接到专用 I2C_SCLK 封装引脚
I2C_SDA	输入	1	I2C_SDA 的输入。DRP I2C 接口所需。I2C_SDA_IN 和 I2C_SDA_TS 端口必须连接到专用 I2C_SDA 封装引脚
I2C_SDA_TS	输出	1	I2C_SDA 的输出。DRP I2C 接口所需。I2C_SDA_IN 和 I2C_SDA_TS 端口必须连接到专用 I2C_SDA 封装引脚
SMBALERT_TS	输出	1	用于 SMBALERT 的输出控制信号，连接到 SMBALERT
STATUS：SYSMON 状态端口			
BUSY	输出	1	SYSMON 忙信号。这个信号在 ADC 转换期间跳变为高电平。对于 ADC 或传感器校准期间，该信号也在延长的时间段内跳变为高电平
CHANNEL<5:0>	输出	6	通道选择输出。用于将当前 ADC 转换的 SYSMON 输入 MUX 通道选择在 ADC 转换结束时放置在这些输出上
EOC	输出	1	转换结束（End of Conversion，EOC）信号。当测量值写入状态寄存器时，该信号在 ADC 转换结束时跳变为有效的高电平
EOS	输出	1	序列结束（End of Sequence，EOS）信号。当自动通道序列中的最后一个通道的测量数据写入状态寄存器时，该信号跳变为有效的高电平
JTAGBUSY	输出	1	用于指示 JTAG DRP 交易正在进行
JTAGLOCKED	输出	1	表示 JTAG 接口已经发出 DRP 端口锁定请求。该信号还用于指示 DRP 已经准备好访问（当为低电平）
JTAGMODIFIED	输出	1	用于指示发生了 JTAG 对 DRP 的写入
MUXADDR	输出	5	这些输出用于外部多路复用器模式。它们指示要转换的序列中的下一个通道的地址。它们为外部多路复用器提供通道地址

思考与练习 1-22：用 Vivado 2023.1 打开前面任意一个工程，在 Device 视图中查看系统监控器 SYSMONE4 在 FPGA 内的布局，并画图进行说明。

1.9　互联资源

互联是信号传输路径的可编程网络，这些网络分布在 FPGA 内各个功能元素的输入和输出，这些功能单元包括 IO 块、CLB 切片、DSP 切片和块 RAM。FPGA 内的互联也称为布线，这些布线资源是分段的，用于优化功能单元之间的连接。

如图 1.91 所示，UltraScale+架构 FPGA 内的 CLB 切片以规则的阵列布局。每个 CLB 切片连接到一个开关阵列，用于访问通用的布线资源。这些布线以垂直和水平方向分布在 CLB 切片的行和列之间。一个类似的开关阵列连接其他资源，如 DSP 切片和块 RAM 资源。

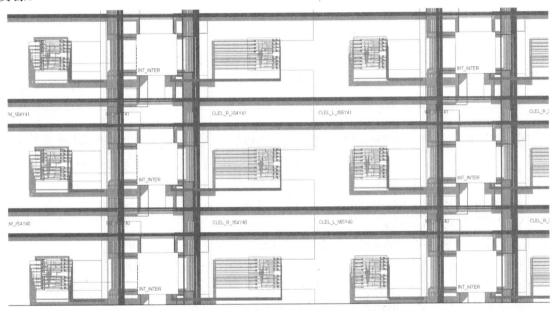

图 1.91　UltraScale+架构 FPGA 内的布线资源

在 UltraScale+架构的 FPGA 内，不同长度的垂直和水平布线资源可以跨越 1、2、4、5、12 或者 16 个 CLB。这样，确保信号能很容易地从源结点传输到目的结点。因此，提供了对下一代宽总线布线（甚至是最高密度的元器件）的支持。同时，也改善了结果和运行时间。

在 UltraScale+架构的一些系列 FPGA 中，采用了 SSI 技术。在这些元器件内的 SLR 之间提供了特殊的互联资源，将多个 SLR 组合有效地增加了列的高度和元器件的整体容量。

思考与练习 1-23：用 Vivado 2023.1 打开前面任意一个工程，在 Device 视图中查看 FPGA 内的互联线资源，说明 FPGA 内的分段布线结构。

1.10　配置模块

Xilinx FPGA 是高灵活性、可重新编程的逻辑器件。类似处理器那样，Xilinx FPGA 也是完全可由用户编程的。对于 FPGA 来说，该程序称为比特流（Bitstream），它定义了特定于应用的 FPGA 功能。在系统上电或系统要求时，比特流加载到 FPGA 内的存储器中。

类似处理器和处理器外设，Xilinx FPGA 可以在系统中根据要求无限次地重新编程。在编程之后，FPGA 比特流保存在高鲁棒性的 CMOS 配置锁存器（CMOS Configuration Latch，CCL）中。尽管 CCL 类似 SRAM 存储器那样可以重新编程，但是 CCL 的设计主要是为了数据完整性。由于 Xilinx FPGA 比特流保存在 CCL 中，因此必须在 FPGA 上电后对其进行重新配置。

将定义的数据加载或编程到 FPGA 中的过程称为配置（Configuration）。配置被设计为灵活的，以适应不同的应用需求，并尽可能利用现有的系统资源来最大限度地降低系统成本。

与处理器类似，Xilinx FPGA 可以选择从外部非易失性存储器中加载或引导自己。或者，类似于处理器外设，Xilinx FPGA 可以由外部设备下载或编程，如微处理器、DSP 处理器、微控制器、PC 或板子测试仪。配置数据路径可以是串行的，以最大限度地减少引脚要求，包括通过行业标准 IEEE 1149.1 JTAG 边界扫描接口。并行配置路径提供了最大的性能和对工业标准接口的访问，非常适合类似处理器、x8/x16 并行 Flash 存储器（闪存）的外部数据源。

1.10.1　配置模式概述

通过特殊的配置引脚，将配置比特流加载到 FPGA 中。这些配置引脚用作多种不同配置模式的接口，包括从串行、从 SelectMAP（并行）（×8、×16 和×32）、JTAG 边界扫描、主串行外设接口（Serial Peripheral Interface，SPI）（串行 NOR 闪存×1、×2、×4 和两个×4，有效×8）、主字节外设接口（Byte Peripheral Interface，BPI）（并行 NOR 闪存×8 和×16）、主串行、主 SelectMAP（并行）（×8 和×16）。

上面提到的"主"和"从"是指配置时钟（CCLK）的方向。

（1）在主配置模式下，FPGA 从内部振荡器驱动 CCLK。配置选项用于选择所需的频率。配置后，默认关闭 CCLK，CCLK 引脚为三态，带有一个弱上拉。例如，在主配置模式下，FPGA 的配置比特流驻留在与 FPGA 在相同的 PCB 上的非易失性存储器中。在该模式下，由 FPGA 内产生配置时钟信号 CCLK，通过 FPGA 给闪存发送时钟或地址来控制配置过程。主配置模式如图 1.92 所示。

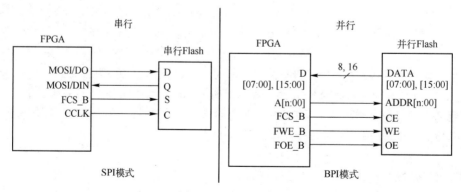

图 1.92　主配置模式

（2）在从配置模式下，CCLK 为输入。在这种模式下，外部处理器、微控制器、DSP 处理器或测试器将配置镜像下载到 FPGA。从配置模式如图 1.93 所示。

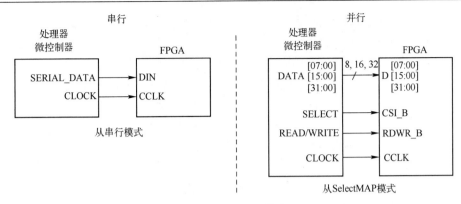

图 1.93　从配置模式

从配置模式的优势在于，FPGA 比特流几乎可以位于整个系统中的任何地方。比特流可以与主机处理器的代码一起保存在闪存中、硬盘上或网络连接的某个地方。从图 1.93 可知，从串行模式是一个简单的接口，由时钟和串行数据输入组成。从 SelectMAP 模式是×8、×16 或×32位宽的处理器外设接口，包括芯片选择输入和读/写控制输入。

通过在模式输入引脚 M[2:0]上设置适当的电平来选择特定的配置模式，如表 1.31 所示。M2、M1 和 M0 模式引脚通过上拉或下拉电阻（<1kΩ）设置在恒定直流电平，或直接连接到地或 V_{CCO_0}。无论如何设置模式引脚，JTAG（边界扫描）配置接口始终可用。

表 1.31　配置模式

配置模式	M[2:0]（模式引脚）	总线宽度	CCLK 方向
主串行 [1]	000	×1	输出
主 SPI	001	×1、×2、×4、×8	输出
主 BPI	010	×8、×16	输出
主 SelectMAP	100	×8、×16	输出
仅 JTAG [2]	101	×1	N/A
从 SelectMAP	110	×8、×16、×32	输入
从串行 [3]	111	×1	输入

注：（1）不建议在 UltraScale 架构 FPGA 中使用，也不支持在 UltraScale+架构 FPGA 中使用。

（2）JTAG 模式始终可用，与模式引脚设置无关。不推荐在基于 SSI 技术的 FPGA 中将模式引脚设置为仅 JTAG，这是由于 ICAP 访问的限制。

（3）由于模式引脚上的内部上拉电阻，从串行是默认设置。

每个配置模式都有一组相应的接口引脚，这些引脚跨越 FPGA 上的一个或两个组。Bank 0 包含专用的配置引脚，并且始终是每个配置接口的一部分。Bank 65 包含一些配置模式中涉及的多功能引脚。

FPGA 还可以通过从 FPGA 逻辑到配置逻辑的内部连接来控制其自身的配置。该器件可以使用其选择的替代设计进行完全重新编程，或者部分重配置以允许对 FPGA 内特定区域使用新功能进行重新编程，同时应用继续在 FPGA 的其他部分中运行。

下面简要给出了 UltraScale+架构的 Artix 系列、Kintex 系列和 Virtex 系列 FPGA 的配置差异：

（1）UltraScale+架构的 FPGA 不支持主串行和主 SelectMAP 配置模式。不建议在其他 UltraScale 架构 FPGA 中使用这些模式。

（2）在 UltraScale+架构的 FPGA 中，配置接口只能工作在 1.8V 或 1.5V。UltraScale+架构 FPGA 中没有 CFGBVS 引脚。当从 UltraScale 架构 FPGA 转到 UltraScale+架构 FPGA 时，CFGBVS 引脚位置变成 RSVDGND，必须将其连接到 GND。

（3）UltraScale 架构 FPGA 和 UltraScale+架构 FPGA 的配置时间与配置速率选择不同。在 UltraScale+架构 FPGA 中，配置帧大小为 93 个 32 位字；在 UltraScale 架构 FPGA 中，配置帧大小为 123 个 32 位字。

1.10.2　JTAG 连接

JTAG 是 Joint Test Action Group 的简称，中文称联合测试行动组。业界经常用 JTAG 来指代边界扫描，这是一种集成电路测试方法，用来对集成电路的内部结构进行测试。在 Xilinx FPGA 中，将 JTAG 作为将比特流文件下载到 FPGA 的基本方法。

JTAG 也是一种串行配置模式，在原型设计中很受欢迎，在板测试中也经常被用到。4 个引脚地 JTAG 边界扫描接口在板测试器和调试硬件中常见。用于基于 UltraScale+架构的 FPGA 的 Xilinx 编程电缆使用 JTAG 接口进行原型下载和调试。在应用中不管最终采用什么配置模式，最好还是包含一个 JTAG 配置路径以方便设计开发。JTAG 的基本连接结构如图 1.94 所示。

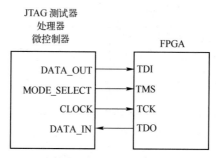

图 1.94　JTAG 的基本连接结构

图 1.94 中 FPGA 内 JTAG 端口的含义如表 1.32 所示。

表 1.32　图 1.94 中 FPGA 内 JTAG 端口的含义

引脚	方向	预配置内部电阻	描述
TDI	输入	上拉	测试数据输入（Test Data In，TDI）。该引脚是所有 JTAG 指令和数据寄存器的串行输入。测试访问端口（Test Access Port，TAP）控制器的状态和当前指令决定 TDI 引脚为特定操作提供的寄存器。TDI 有一个内部上拉电阻，当该引脚没有被驱动时，则向系统提供逻辑高。在 TCK 上升沿时，TDI 施加到 JTAG 寄存器
TDO	输出	上拉	测试数据输出（Test Data Out，TDO）。该引脚是所有 JTAG 指令和数据寄存器的串行输出。TAP 控制器的状态和当前指令决定了为特定操作馈送 TDO 的寄存器（指令或数据）。TDO 在 TCK 的下降沿改变状态，并且仅在通过器件对指令或数据移位期间是活动（有效）的。TDO 是一个活动驱动器的输出。TDO 有一个内部上拉电阻，当该引脚没有活动时提供逻辑高
TMS	输入	上拉	测试模式选择（Test Mode Select，TMS）。该引脚通过 TAP 控制器确定状态序列，这些状态在 TCK 的上升沿发生变化。TMS 具有内部上拉电阻，以便在引脚未驱动时提供逻辑高
TCK	输入	上拉	测试时钟（Test Clcok，TCK）。该引脚是 JTAG 的测试时钟。TCK 对 TAP 控制器和 JTAG 寄存器定序。TCK 具有内部上拉电阻，以便在引脚未驱动时提供逻辑高

1.10.3　保护比特流

与处理器代码类似，定义了 FPGA 功能的比特流在上电期间加载到 FPGA 中。由于该配置数据保存在芯片外，因此存在未经授权复制或修改的可能性。

与处理器类似，有多种技术可以保护比特流和任何嵌入式知识产权（Intellectual Property，IP）核。保护 FPGA 开发人员 IP 机密性的最可靠方法是使用 AES-256 密钥加密配置数据。芯片上解密逻辑的密钥可以保存在电池支持的 RAM 或一次性可编程 eFUSE 中。该技术允许对 IP 进行芯片外保存，并使用高级加密进行保护。

1．回读安全性

默认情况下，可以通过 JTAG 端口、SelectMAP 端口（如果选择了 Persist）或 ICAPE4 原语（如果在设计中例化了 ICAPE4）回读或重新配置活动（有效）的 FPGA 配置。安全的一种基本形式是阻止访问配置逻辑，如不允许配置端口持久存在，以及不使能 ICAP 与外部引脚的连接。此外，比特流回读安全设置（BITSTREAM.READBACK.SECURITY）可以设置为 Level1（禁止回读）或 Level2（禁止回读和重新配置）。在配置的 FPGA 中删除回读安全性设置的唯一方法就是通过使 PROGRAM_B 有效或循环加电来清除 FPGA 程序。如果用户设计是敏感的，则应该考虑比特流加密。加密的使用会自动阻止通过硬件门而不是仅仅比特流设置回读。这是阻止回读和保护 FPGA 开发人员 IP 的最强方法。比特流回读安全设置不影响 SEU 检测的回读。

2．比特流加密

具有 Xilinx UltraScale 架构的 FPGA 具有片上高级加密标准（Advanced Encryption Standard，AES）解密和身份验证逻辑，可提供很好的设计安全性。如果不知道加密密钥，其他人就无法分析外部截获的比特流或复制设计。加密的 FPGA 设计不能被复制或逆向工程。

FPGA AES 系统包含基于软件的比特流加密芯片和片上的比特流解密，芯片上有用于存储加密密钥的专用存储器。FPGA 开发人员使用 Xilinx Vivado 工具生成加密密钥和加密的比特流。基于 UltraScale 架构的 FPGA 将加密密钥内部保存在由小型外部连接电池备份的专用 RAM 中，或者保存在非易失性一次可编程 eFUSE 中。所选选项是在 BITSTREAM.ENCRYPTION.ENCRYPTKEYSELECT 设置为 BBRAM 或 EFUSE 的情况下定义的。加密密钥只能通过外部 JTAG 端口或内部 MASTER_JTAG 原语编程到 FPGA 中，无法回读加密密钥。

在配置期间，FPGA 器件执行反相操作，对传入的比特流进行解密。FPGA AES 加密逻辑使用 256 位加密密钥。芯片上 AES 解密逻辑不能用于除比特流解密之外的任何目的。AES 解密逻辑对用户逻辑不可用，并且不能用于解密除配置比特流之外的任何数据。

尽管 AES-GCM 算法是一种自认证算法，但它使用对称密钥实现，这意味着要加密的密钥和要解密的密钥相同。该密钥必须得到保护，这是因为它是秘密的（因为保存到内部密钥空间）。但是，如果只需要身份验证，UltraScale 架构提供了 RSA-2048 形式的另一种身份验证形式。RSA 是一种非对称算法，这意味着要验证的密钥与用于签名的密钥不同。验证是用公钥完成的。该密钥是公用的，不需要保护，也不需要特殊的安全存储。如果需要，这种形式的身份验证可以与加密结合使用，以提供真实性和机密性。

思考与练习 1-24：用 Vivado 2023.1 打开前面任意一个工程，在 Device 视图中查看 FPGA 内 CONFIG 块的布局，并画图说明该布局。

1.11　参考资料

读者可以参考下面给出的 Xilinx 的官方文档，以便掌握更具体的器件信息。

[1]《UltraScale Architecure and Product Data Sheet：Overview》（DS890）（v4.3）.

[2]《UltraScale Architecture Configuration User Guide》（UG570）（v1.17）.

[3]《UltraScale Architecture Memory Resource User Guide》（UG573）（v1.13）.

[4]《UltraScale Architecture Configurable Logic Block User Guide》（UG574）（v1.5）.

[5]《UltraScale Architecture GTH Transceivers User Guide》（UG576）（v1.7.1）.

[6]《UltraScale Architecture GTY Transceivers User Guide》（UG576）（v1.3.1）.

[7]《UltraScale Architecture DSP Slice User Guide》（GG579）（v1.11）.

[8]《UltraScale Architecture SelectIO Resources User Guide》（UG571）.

[9]《UltraScale Architecture System Monitor User Guide》（v1.10.1）.

[10]《Virtex UltraScale+ FPGAs GTM Transceivers User Guide》（v1.3）.

[11]《UltraScale Architecture Clocking Resources User Guide》（UG572）.

[12]《UltraScale+ Devices Integrated Block for PCI Express Product Guide》（PG213）.

[13]《UltraScale Architecture Libraries Guide》（UG974）（v2018.3）.

第2章　Vivado 设计套件导论

自 Xilinx 公司推出 ISE 设计套件（ISE Design Suite）以来，任何一个使用 Xilinx 可编程逻辑器件进行设计的工程师都是在这个熟悉的设计套件下完成他们的设计的。

本章基于 Xilinx（已被 AMD 收购）2023 年发布的 Vivado 设计套件（Vivado Design Suite）（版本为 2023.1），简要介绍 Vivado 设计套件框架、Vivado 系统级设计流程、Vivado 两种设计流程模式、Vivado 中电路结构的网表描述、Vivado 中工程数据的目录结构、Vivado 中 Journal 文件和 Log 文件功能、Vivado 中 XDC 文件、Vivado IDE 的启动方法、Vivado IDE 主界面、Vivado IDE 工程界面及功能，以及 Vivado 支持的属性。这些内容有助于读者从整体上把握基于 Vivado 设计套件的 FPGA 设计方法，进而能够在 Vivado 2023 设计套件下实现高效率的 FPGA 应用开发。

2.1　Vivado 设计套件框架

2.1.1　Vivado 设计套件功能

Vivado 设计套件旨在提高生产效率。利用 Vivado 设计套件，设计人员能够使用布局和布线工具加速设计实施，这些工具可以针对多个和并行的设计指标进行分析优化，如时序、阻塞、总线长度、利用率和功耗等。Vivado 设计套件在设计的每个阶段都给开发人员提供了设计分析能力，允许在设计过程中尽早地修改设计和设置工具，从而减少设计迭代并提高生产效率。

Vivado 设计套件取代了所有 ISE 设计套件的工具，如工程浏览器（Project Navigator）、核生成器工具（Core Generator Tool）、时序约束编辑器（Timing Constraints Editor）、ISE 仿真器（ISE Simulator，ISim）、在线逻辑分析工具（ChipScope Analyzer）、Xilinx 功耗分析器（Xilinx Power Analyzer）、FPGA 编辑器（FPGA Editor）、规划前设计工具（PlanAhead）和 SmartXplorer。所有这些现在都直接包含在 Vivado 设计套件中。基于 Vivado 的共享可扩展数据模型，整个设计可以在内存中执行，而无须编写或翻译任何中间文件，这加快了运行、调试和实现，同时降低了对内存的要求。Vitis IDE 可以从 Vivado 启动，这是为用于开发面向 Xilinx 嵌入式处理器的嵌入式软件应用而设计的。

所有 Vivado 设计套件工具都使用原本的工具命令语言（Tool Command Language，TCL）接口编写。Vivado 集成设计环境（Integrated Design Environment，IDE）是 Vivado 设计套件的图形用户接口（Graphical User Interface，GUI），其中所有可用的命令和选项都可以通过 Tcl 访问。Vivado 设计套件还提供了对设计数据的强大访问功能，用于报告和配置工具命令与选项。

FPGA 开发人员可以使用下面的方式与 Vivado 设计套件进行交互：

（1）Vivado IDE 中基于 GUI 的命令；

（2）在 Vivado IDE 中的 Tcl 控制台、Vivado IDE 外部的 Vivado 设计套件 Tcl shell 中输入的

Tcl 命令，或保存到 Vivado IDE 或 Vivado 设计套件 Tcl shell 运行的 Tcl 脚本文件中；

（3）基于 GUI 和 Tcl 命令的混合。

Tcl 脚本可以包含覆盖整个设计综合和实现流程的 Tcl 命令，包括在设计流程中的任何点位设计分析生成的所有必要报告。

2.1.2　Vivado 设计套件支持的工业标准

Vivado 设计套件支持以下既定的工业设计标准：Tcl；AXI4、IP-XACT；新思设计约束（Synopsys Design Constraint，SDC）；Verilog、VHDL、VHDL-2008、SystemVerilog，SystemC、C、C++。

Vivado 设计套件解决方案基于原生 Tcl，支持 SDC 和 Xilinx 设计约束（Xilinx Design Constraints，XDC）格式。Verilog、VHDL 和 SystemVerilog 对综合的广泛支持，使采用 FPGA 更加容易。Vivado 高级综合（High Level Synthesis，HLS）允许使用本原的 C、C++或 System C 语言来定义逻辑。使用标准的 IP 互联协议，如 AXI4 和 IP-XACT，可以实现更快、更容易的系统级设计集成。对这些行业标准的支持也使电子设计自动化（Electronic Design Automation，EDA）生态系统能够更好地支持 Vivado 设计套件。此外，许多新的第三方工具可以与 Vivado 设计套件集成在一起。

2.1.3　Vivado 对第三方工具的支持

1．逻辑综合工具

由 Synopsys（新思科技）和 Mentor[明导公司，后被德国 Simens（西门子）公司收购]提供的 Xilinx FPGA 逻辑综合工具支持与 Xilinx 设计套件一起使用。在 Vivado 设计套件中，设计人员可以导入结构化 Verilog 或电子交换格式（Electronic Design Interchange Format，EDIF）的综合网表，以便在实现过程中使用。此外，设计人员可以使用 Vivado 设计套件中逻辑综合工具输出的约束 SDC 或 XDC。

所有 Xilinx IP 和块设计都使用 Vivado Synthesis（综合）。不支持将第三方综合用于 Xilinx IP 或 IP 集成器（IP integrator）块设计，只有少数例外，如用于 7 系列 FPGA 的存储器 IP。

2．逻辑仿真工具

由 Mentor、Cadence、Aldec 和 Synopsys 提供的逻辑仿真工具是集成的，可以直接从 Vivado IDE 启动。在使用 Vivado 设计套件的过程中，开发人员可以在设计流程的任何阶段导出完整的 Verilog 或 VHDL 网表，以便与第三方仿真器一起使用。此外，可以以标准延迟格式（Standard Delay Format，SDF）导出具有实现后延迟的网表结构，以便在第三方时序仿真中使用。Vivado 设计套件还为企业用户生成仿真脚本。利用脚本和编译的库，企业用户可以在没有 Vivado 设计套件的情况下运行仿真。

2.2　Vivado 系统级设计流程

Vivado 系统级设计流程如下所述。

（1）RTL 设计。FPGA 开发人员可以指定 RTL 源文件来创建工程，并将这些源文件用于 RTL 代码开发、分析、综合和实现。Xilinx 提供了一个推荐的 RTL 和约束模板库，以确保 RTL 和 XDC 以最佳方式与 Vivado 设计套件一起使用。Vivado 综合和实现支持多种源文件类型，包括 Verilog、VHDL、SystemVerilog 和 XDC。

（2）IP 设计与系统级设计集成。Vivado 设计套件提供了一个环境，可以配置、实现、验证和集成 IP，将其作为一个独立模块或系统设计中的上下文。IP 可以包含逻辑、嵌入式处理器、数字信号处理器（DSP）模块或基于 C 的 DSP 算法设计。自定义 IP 按照 IP-XACT 协议进行封装，并且通过 Vivado IP Catalog（IP 目录）提供。IP 目录为 IP 的配置、例化和验证提供了对 IP 的快速访问。Xilinx IP 利用 AXI4 互联标准实现更快的系统集成。现有的 IP 可以以 RTL 或网表格式在设计中使用。

（3）IP 子系统设计。Vivado IP 集成器（IP Integrator）环境使 FPGA 开发人员能够使用 AMBA AXI4 互联协议将各种 IP 拼接到 IP 子系统中。开发人员可以使用块设计类型界面配置和连接 IP，并通过绘制类似于原理图的 DRC 来轻松连接整个接口。与传统基于 RTL 的连接相比，使用标准接口连接 IP 可以节约时间。Vivado 提供了连接自动化及一组 DRC，以确保正确的 IP 配置和连接。块设计可以在设计工程中使用，也可以在其他工程之间共享。Vivado IP 集成器环境是嵌入式设计的主要接口和 Xilinx 评估板接口。

（4）I/O 和时钟规划。Vivado IDE 提供了一个 I/O 引脚规划环境，可以将 I/O 端口分配到特定的 FPGA 封装引脚或内部晶圆焊盘上，并提供表格，让开发人员设计和分析封装与 I/O 相关的数据。存储器接口可以交互分配到特定的 I/O 组中，以实现最佳数据流。FPGA 开发人员可以使用 Vivado 引脚规划器中的视图和表格来分析器件与设计相关的 I/O 数据。该工具还提供 I/O DRC 和同步开关噪声（Simulaneous Switch Noise，SSN）分析命令，以验证开发人员的 I/O 分配。

（5）Xilinx 平台板支持。在 Vivado 设计套件中，开发人员可以选择现有的 Xilinx 评估平台作为设计目标。在平台板流程中，在目标板上实现的所有 IP 接口都是公开的，以便快速选择和配置设计中使用的 IP。最终的 IP 配置参数和物理板约束，如 I/O 标准和封装引脚约束，将在整个流程中自动分配和扩散。

（6）综合。Vivado 综合执行整体 RTL 设计的全局或自顶向下的综合。但是，默认情况下，Vivado 设计套件使用脱离上下文（Out of Context，OOC）或自底向上的设计流程综合来自 Xilinx IP 目录的 IP 核和来自 Vivado IP 集成器的块设计。开发人员还可以选择将层次化 RTL 设计的特定模块综合为 OOC 模块。该 OOC 流程使开发人员在顶层设计的上下文之外或独立于顶层设计的情况下，综合、实现和分析层次化设计、IP 核或块设计。OOC 综合的网表在顶层实现期间被保存和使用，以保留结果并减少运行时间。OOC 流程是支持分层团队设计、综合和实现 IP 与 IP 子系统，以及管理大型复杂设计模块的有效技术。Vivado 设计套件也支持使用第三方的综合网表，包括 EDIF 或结构化 Verilog。但是，来自 Vivado IP 目录中的 IP 核应使用 Vivado 综合工具进行综合，基本不支持使用第三方综合工具进行综合（对这一要求也有例外，如 7 系列 FPGA 中的存储器）。

（7）设计分析与仿真。Vivado 设计套件允许开发人员在设计过程的每个阶段中分析、验证和修改设计。开发人员可以进行设计规则和设计方法检查、逻辑仿真、时序和功耗分析，以提高电路性能。该分析可以在 RTL 详细分析、综合和实现之后运行。

（8）布局和布线。当综合的网表可用时，Vivado 提供了优化、布局和布线网表到目标器件资源上的所有功能。对于具有挑战性的设计，Vivado IDE 也提供了高级布图规划功能，以帮助提高实现结果。其中包括将特定逻辑约束到特定区域的能力，或者手工布局特定设计元素，以及修复它们以供后续实现运行的能力。

（9）硬件调试和验证。当实现后，可以使用 Vivado 逻辑分析仪或在独立的 Vivado Lab

Edition 环境中对器件进行编程和分析。调试信号可以在 RTL 设计中识别，或者在综合中插入，并在整个流程中进行处理。开发人员可以使用工程变更指令（Engineering Change Order，ECO）将调试核添加到 RTL 源文件、综合后的网表核实现后的设计中。开发人员还可以修改连接到调试探针的网络，或将内部信号布线到封装引脚，以进行外部探测的 ECO 流程。

（10）加速的内核流。Xilinx Vitis 统一平台软件将加速用例引入 Vivado 流程中。在这种设计方法中，Vivado 用于创建一个平台，该平台由 Vitis 软件平台消耗，以添加加速的内核。硬件设计由平台和加速器组成。在这种情况下，最终的比特流由 Vitis 软件平台创建，因为在 Vivado 中看不到完整的设计。

（11）嵌入式处理器设计。创建嵌入式处理器设计时需要一个稍微不同的工具流。因为嵌入式处理器需要软件有效启动引导和运行，所以软件设计流程必须与硬件设计流程一致。硬件和软件流程之间的数据交换以及跨越这两个域之间的验证至关重要。创建嵌入式处理器硬件设计涉及 Vivado IP 集成器。在 Vivado IP 集成器块设计中，开发人员可以例化、配置和组装处理器核及其接口。Vivado IP 集成器强制执行基于规则的连接并提供设计帮助。通过实现编译后，将硬件设计导出到 Xilinx Vitis 用于软件的开发和验证。仿真和调试功能允许开发人员跨越两个域的仿真和验证设计。Vitis 设计套件是 Xilinx 的统一软件套件，包括 Xilinx 平台上所有嵌入式应用程序和加速应用程序的编译器。Vitis 支持使用更高级的语言进行开发，利用开源的库，并支持特定域的开发环境。

（12）使用 Model Composer 进行基于模型的设计。Model Composer 是一种基于模型的图形设计工具，可以在 MathWorks MATLAB 和 Simulink 产品中进行快速设计，并通过自动代码生成加速到 Xilinx 器件产品的途径。

（13）使用 System Generator 进行基于模型的设计。System Generator 工具作为 Vivado 设计套件的一部分，可用于实现 DSP 功能。独立使用 System Generator 工具创建 DSP 功能，然后将 System Generator 设计封装到 Vivado IP 目录中的 IP 模块中。从这里生成的 IP 可以作为子模块例化到 Vivado 设计中。

（14）基于 C 的高水平综合设计。基于 C 的高水平综合（HLS）设计工具使 FPGA 开发人员使用 C、C++和 System C 描述设计中的各种 DSP 功能。开发人员可以使用 Vivado HLS 工具创建并验证 C 代码。允许开发人员使用高级语言抽象算法描述、数据类型和规范等。开发人员可以使用各种参数创建"假设"场景，以优化设计性能和器件区域。

HLS 允许开发人员使用基于 C 的测试台和仿真直接从其设计环境中仿真生成的 RTL。C 到 RTL 综合将基于 C 的设计转换为 RTL 模块，该模块可以作为更大的 RTL 设计的一部分被封装和实现。

（15）动态功能交换设计。动态功能交换设计（Dynamic Function Exchange，DFx）允许使用部分比特流实时配置正在运行的 Xilinx FPGA 的一部分，从而改变正在运行的设计的特性和功能。必须对可重新配置的模块进行正确规划，以确保它们按需要运行最大的性能。DFx 流程要求严格的设计过程，以确保可重新配置模块被正确设计，从而在部分比特流更新期间实现无"毛刺"操作。这包括减少进入可重新配置模块、布图规划器件资源和引脚布局的信号个数，以及遵守特殊的 DFx DRC。还必须正确规划器件的编程方法，以确保正确配置 I/O 引脚。

（16）分层设计。分层（Hierarchical Design，HD）设计流程使 FPGA 开发人员可以将设计划分为更小、更容易管理的模块，以便独立处理。分层设计流程包括正确的模块接口设计、约束定义、布图规划以及一些特殊的命令和设计技术。使用模块化的分层设计方法，可以独立于设计的其余部分来分析模块，并且在自顶向下的设计中重用模块。设计团队可以对设计的特定部分进行迭代，实现时间收敛和其他设计目标，并重用结果。Vivado 有多个功能可以实现分层设计方法，如在顶层设计的上下文（OOC）之外综合逻辑模块。开发人员可以选择特定的模块或设计层次结构的级别，并将它们综合为 OOC。模块级的约束可用于优化和验证模块性能。在实现过程中，将应用模块设计检查点（Design Check Point，DCP）以建立顶层网表。这种方法也能帮助减少顶层综合运行时间，并消除对已经完成模块的重新综合。

2.3　Vivado 两种设计流程模式

在 FPGA 应用开发过程中，一些开发人员喜欢用自动管理其设计流程和设计数据的设计工具，而另一些开发人员更喜欢自己管理源文件和流程。Vivado 设计套件使用工程文件（.xpr）和目录结构来管理设计流程中的设计源文件、保存不同综合和实现运行的结果，以及跟踪工程的状态。这种对设计数据、过程和状态自动化管理需要一个工程基础设施。因此，Xilinx 将该流程模式称为工程模式（Project Mode）。

开发人员更喜欢像源文件编译一样运行 FPGA 设计过程，只需要简单地编译源文件、实现设计和报告结果。这种编译类型流程模式称为非工程模式（Non-Project Mode）。

这两种流程都使用工程结构来编译和管理设计。其主要区别在于非工程模式在内存中处理整个设计，没有文件写入磁盘，而工程模式在磁盘上创建并维护工程目录结构，以管理设计源文件、结果，以及工程的设置和状态。

2.3.1　工程模式

Vivado 设计套件利用基于结构的工程来组装、实现和跟踪设计的状态，这称为工程模式。在工程模式下，Vivado 工具会自动管理开发人员的设计流程和设计数据。

注：工程模式的主要优势在于 Vivado 设计套件管理整个设计过程，包括依赖关系管理、生成报告、数据保存等。

在工程模式下工作时，Vivado 会在磁盘上创建一个目录结构，以便本地或远程管理设计源文件，并管理对源文件的修改和更新。

注：某些操作系统（如 Microsoft 的 Windows）会限制可用于文件路径和文件名的字符数（如 256）。如果操作系统有这样的限制，建议开发人员创建更靠近驱动器根目录的工程，以便使路径和名字尽可能短。

工程基础设施还用于管理自动化的综合和实现运行，跟踪运行状态，并保存综合和实现结果与报告。例如：

（1）如果在综合后修改 HDL 源文件，Vivado 设计套件将当前的结果识别为过期，并提示开发人员重新综合。

（2）如果修改设计约束，Vivado 工具会提示开发人员重新综合或/和实现。

（3）布线完成后，Vivado 工具自动生成时序、DRC、方法和功耗报告。

（4）设计流程只需要在 Vivado IDE 中单击即可运行。

2.3.2　非工程模式

开发人员可以选择在内存中编译流程。在该编译流程中，开发人员自己管理源文件和设计流程，称为非工程模式。在非工程模式下，开发人员可以使用 Tcl 命令或脚本自己管理设计源文件和设计过程。关键的优势就是开发人员可以完全控制流程的每一步。

在非工程模式下工作时，将从源文件当前的位置读取它们，如从修订控制系统，并通过内存中的流程编译设计。开发人员可以使用 Tcl 命令单独运行每个设计步骤。开发人员还可以使用 Tcl 命令设置设计参数和实现选项。

在设计过程中的任何阶段，开发人员可以保存设计检查点并创建报告。开发人员可以定制每个实现步骤以满足特定的设计挑战，并且开发人员可以在每个设计步骤后分析结果。此外，开发人员可以在任何使用中打开 Vivado IDE 进行设计分析和约束分配。

在非工程模式下，每个设计步骤都使用 Tcl 命令进行控制。例如：

（1）如果在综合后修改 HDL 文件，开发人员必须记住重新运行综合以更新内存中的网表。

（2）如果要在布线后生成时序报告，开发人员必须在布线完成时明确生成时序报告。

（3）使用 Tcl 命令和参数设置设计参数与实现选项。

（4）开发人员可以使用 Tcl 在设计过程的任何阶段保存 DCP 并创建报告。

随着设计流程的进展，Vivado 设计套件将保留设计的表现形式。

2.3.3　两种模式不同点比较

在工程模式下，Vivado IDE 跟踪设计历史，保存相关的设计信息。然而，由于许多功能是自动化的，因此在默认的流程中，设计者很少能控制处理的过程。例如，在每次运行时，只是生成一组标准的报告文件。但是，通过 Tcl 命令或脚本，开发人员可以在工程模式下自定义工具的流程和功能。

在工程模式下，提供了下面的自动处理功能：

（1）开箱即用（Out of the Box，OOB）的设计流程。

（2）易于使用，按钮式界面。

（3）用于定制的强大的 Tcl 脚本语言。

（4）源文件的管理和状态。

（5）自动生成标准的报告。

（6）工具设置与设计配置的保存和重用。

（7）多个综合和实现运行的试验。

（8）运行结果的管理和状态。

非工程模式更像是一种编译方法。在这种方法中，通过 Tcl 命令，开发人员可以完全控制执行的每个行为。这是一个完全可定制的设计流程，适合于正在寻找控制和批量处理的特定开发人员。所有的处理都是在内存中完成的，因此不会自动生成文件或者报告。当开发人员每次对设计进行编译时，他们都必须定义所有的源文件，设置所有工具，设计配置参数，启动所有的实现命令，以及生成报告文件。这可以使用 Tcl 运行脚本来完成，因为工程不是在磁盘上创建的，源文件保留在其最初的位置，并且只有在指定的时间和位置创建设计输出。这种方法给开发人员提供了 Tcl 命令的所有功能，并可以完全控制整个设计过程。

表 2.1 给出了工程模式和非工程模式特性的比较。

表 2.1　工程模式和非工程模式特性的比较

流程元素	工程模式	非工程模式
设计源文件管理	自动	手动
流程导航	引导	手动
流程定制	Tcl 命令无限制	Tcl 命令无限制
报告	自动	手动
分析阶段	设计和设计检查点	设计和设计检查点

2.3.4　两种模式命令的区别

Tcl 命令因使用的模式不同而有所区别，并且在每个模式下的最终 Tcl 运行脚本也不同。在非工程模式下，所有操作和工具设置都要求单独的 Tcl 命令，包括设置工具选项、运行实现命令、产生报告和写入设计检查点。在工程模式下，打包过的命令用于每个综合、实现和报告命令。

例如，在工程模式下，设计者使用 add_files Tcl 命令将源文件添加到工程中用于管理。可以将源文件复制到工程中，这样在工程目录结构中维护一个单独的版本，也可以通过远程引用。在非工程模式下，开发人员使用 read_verilog、read_vhdl、read_xdc 和 read_* Tcl 命令从当前的位置读取不同类型的源文件。

在工程模式下，launch_run 命令启动具有预配置运行策略的工具，并生成标准报告。开发人员可以在设计过程中的每一步之前或者之后运行定制的 Tcl 命令。在工程中自动保存和管理运行结果。在非工程模式下，必须运行每个命令。例如，opt_design、place_design 和 route_design。

很多 Tcl 命令可以用于其中的一种模式，如报告命令。在一些情况下，Tcl 命令特定于工程模式或非工程模式。当创建脚本时，特定为一个模式的命令不能混用。例如，如果使用了工程模式，开发人员就不能使用诸如 synth_design 之类的命令，因为这些命令特定于非工程模式。如果在工程模式下使用了非工程模式的命令，则不会使用状态信息更新数据库，也不会自动生成报告。

图 2.1 给出了工程模式和非工程模式下的命令列表。

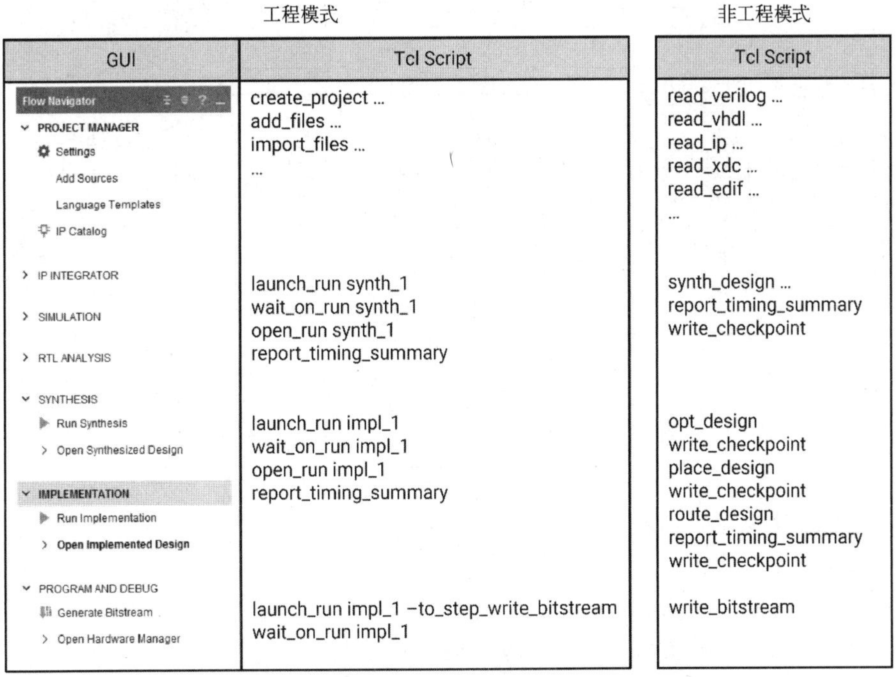

图 2.1　工程模式和非工程模式下的命令列表

注：工程模式包含所有的 GUI 操作，这样导致在绝大多数情况下都会执行 Tcl 命令。Tcl 命令显示在 Vivado IDE 的 Console（控制台）中，也捕获在 vivado.jou 文件中。设计者可以使用这个文件开发用于其中一种模式的脚本。

2.4 Vivado 中电路结构的网表描述

图 2.2 给出了 Vivado 中的网表列表示例。在 Vivado 设计套件中，网表是对设计的描述，网表由单元（Cell）、引脚（Pin）、端口（Port）和网络（Net）构成。图 2.3 给出了一个电路的网表结构，其中：

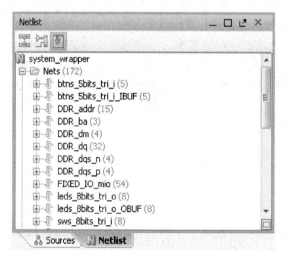

图 2.2 Vivado 中的网表列表示例

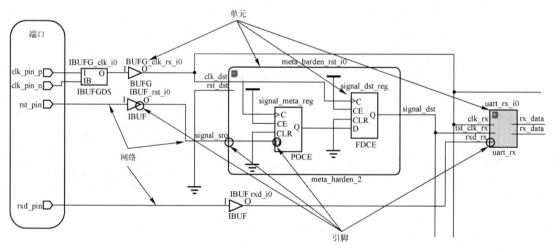

图 2.3 一个电路的网表结构

（1）单元是设计单元。

（2）引脚是单元上的连接点。

（3）端口是设计的顶层端口。

（4）网络用于实现引脚之间，以及引脚到端口的连接。

2.5　Vivado 中工程数据的目录结构

在 Vivado 设计套件中，所有和用户工程相关的数据保存在当前用户工程（以 project_name 标记）下面的目录中。

1．project_name.xpr（文件名）

该文件名为 Vivado 工程文件，用于保存有关工程设置的信息，如工程器件、目标语言和 IP 存储库位置。当设计人员打开 Vivado 工程时，会加载.xpr 文件，以便根据工程的要求配置工具。

2．project_name.runs（文件夹）

包含所有运行数据。例如，包含综合和实现过程的数据。

3．project_name.srcs（文件夹）

该文件夹包含设计源文件，如 VHDL、Verilog HDL 或 SystemVerilog 文件，以及约束文件和 Tcl 脚本。

4．project_name.sim（文件夹）

该文件夹保存着工程设计过程中生成的仿真相关文件，包括测试平台、仿真波形和其他相关的文件。

5．project_name.ip_user_files（文件夹）

该文件夹包含用户创建或定制的 IP 核以及相关的文件。在 Vivado 中创建或自定义 IP 核时，该工具会生成特定于该核的文件，如 IP 核的 XDC 文件和 IP 核的例化模板。这些文件都保存在该文件夹中。

6．project_name.hw（文件夹）

该文件夹包含硬件相关的文件，如综合后的设计检查点、Xilinx 系统归档（Xilinx System Archive，XSA）和硬件定义文件（Hardware Definition File，HDF），这些文件描述了用于软件开发的硬件平台。例如，如果设计人员正在使用 MicroBlaze 软核处理器开发基于 FPGA 的系统，该文件夹将包含定义处理器硬件配置所需的文件。

7．project_name.cache（文件夹）

该文件夹包含工程中使用的知识产权（Intellectual Property，IP）核和其他可重用的设计元件的缓存版本。该缓存允许 Vivado 重用以前生成的文件，从而减少了重复综合或实现运行的需要，有助于提高设计性能。比如，如果设计人员的工程中使用了 AXI 互联的 IP 核，Vivado 将把为该核生成的文件保存在该文件夹中。

注：project_name 为设计人员在创建工程时指定的具体工程名字。

2.6　Vivado 中 Journal 文件和 Log 文件功能

2.6.1　Journal 文件（Vivado.jou）

.jou 文件是一个日志文件，它记录了在 Vivado 会话期间执行的所有命令核生成的消息。它按时间顺序记录在工具中执行的操作，包括开发人员发出的命令和工具的响应。该文件有助于调试、跟踪设计进度，以及通过重新执行记录的命令来重新创建会话。例如，如果在综合或实现的过程中遇到问题，可以查看该文件以确定导致问题发生的命令。在 Windows 操作系统中，该文件的路径为"C:\Users\Username\AppData\Roaming\Xilinx\Vivado"，读者可以在 Vivado 设计套件当前工程的主界面主菜单下，执行菜单命令【File】→【Project】→【Open Journal File】，打开该文件。代码清单 2-1 给出了 Vivado.jou 文件的示例内容。

代码清单 2-1　Vivado.jou 文件的示例内容

```
#--------------------------------------------------------
# Vivado v2023.1 (64-bit)
# SW Build 3865809 on Sun May   7 15:05:29 MDT 2023
# IP Build 3864474 on Sun May   7 20:36:21 MDT 2023
# SharedData Build 3865790 on Sun May 07 13:33:03 MDT 2023
# Start of session at: Wed Aug   2 23:58:43 2023
# Process ID: 5152
# Current directory: C:/Users/何宾/AppData/Roaming/Xilinx/Vivado
# Command line: vivado.exe -gui_launcher_event rodinguilauncherevent14720
# Log file: C:/Users/何宾/AppData/Roaming/Xilinx/Vivado/vivado.log
# Journal file: C:/Users/何宾/AppData/Roaming/Xilinx/Vivado\vivado.jou
# Running On: DESKTOP-42UQOK9, OS: Windows, CPU Frequency: 1992 MHz, CPU Physical cores: 4,
Host memory: 12732 MB
#--------------------------------------------------------
start_gui
open_project F:/vivado_example_2023/ultraram_verilog/project_1/project_1.xpr
update_compile_order -fileset sources_1
reset_run synth_1
launch_runs impl_1 -jobs 4
wait_on_run impl_1
```

2.6.2　Log 文件（Vivado.log）

Vivado 工程中的.log 文件是在设计流程的各个阶段生成的，如综合、实现以及比特流生成。这些文件包含每个特定阶段的详细信息，包括警告和错误消息，以及进度和状态更新。该文件可用于诊断在设计过程的不同阶段中遇到的问题，使开发人员可以查清问题并采取纠正措施。在 Windows 操作系统中，该文件的路径为"C:\Users\Username\AppData\Roaming \Xilinx\Vivado"，读者可以在 Vivado 设计套件当前工程的主界面主菜单下，执行菜单命令【File】→【Project】→【Open Log File】，打开该文件。代码清单 2-2 给出了 Vivado.log 文件的示例内容（片段）。

代码清单 2-2　Vivado.log 文件的示例内容（片段）

```
#--------------------------------------------------------
# Vivado v2023.1 (64-bit)
# SW Build 3865809 on Sun May   7 15:05:29 MDT 2023
# IP Build 3864474 on Sun May   7 20:36:21 MDT 2023
# SharedData Build 3865790 on Sun May 07 13:33:03 MDT 2023
# Start of session at: Wed Aug   2 23:58:43 2023
# Process ID: 5152
# Current directory: C:/Users/何宾/AppData/Roaming/Xilinx/Vivado
# Command line: vivado.exe -gui_launcher_event rodinguilauncherevent14720
# Log file: C:/Users/何宾/AppData/Roaming/Xilinx/Vivado/vivado.log
# Journal file: C:/Users/何宾/AppData/Roaming/Xilinx/Vivado\vivado.jou
```

```
        # Running On: DESKTOP-42UQOK9, OS: Windows, CPU Frequency: 1992 MHz, CPU Physical cores: 4,
Host memory: 12732 MB
        #--------------------------------------------------------
        start_gui
```

WARNING: [Board 49-26] cannot add Board Part xilinx.com:vek280_es:part0:1.0 available at D:/Xilinx/Vivado/2023.1/data/xhub/boards/XilinxBoardStore/boards/Xilinx/vek280/es/rev_a/1.0/board.xml as part xcve2802-vsvh1760-2lp-e-s-es1 specified in board_part file is either invalid or not available

WARNING: [Board 49-26] cannot add Board Part xilinx.com:vek280_es:part0:1.1 available at D:/Xilinx/Vivado/2023.1/data/xhub/boards/XilinxBoardStore/boards/Xilinx/vek280/es/rev_a/1.1/board.xml as part xcve2802-vsvh1760-2lp-e-s-es1 specified in board_part file is either invalid or not available

WARNING: [Board 49-26] cannot add Board Part xilinx.com:vek280_es_revb:part0:1.0 available at D:/Xilinx/Vivado/2023.1/data/xhub/boards/XilinxBoardStore/boards/Xilinx/vek280/es/rev_b/1.0/board.xml as part xcve2802-vsvh1760-2mp-e-s-es1 specified in board_part file is either invalid or not available

WARNING: [Board 49-26] cannot add Board Part xilinx.com:vek280_es_revb:part0:1.1 available at D:/Xilinx/Vivado/2023.1/data/xhub/boards/XilinxBoardStore/boards/Xilinx/vek280/es/rev_b/1.1/board.xml as part xcve2802-vsvh1760-2mp-e-s-es1 specified in board_part file is either invalid or not available

WARNING: [Board 49-26] cannot add Board Part xilinx.com:vhk158_es:part0:1.0 available at D:/Xilinx/Vivado/2023.1/data/xhub/boards/XilinxBoardStore/boards/Xilinx/vhk158/es/1.0/board.xml as part xcvh1582-vsva3697-2mp-e-s-es1 specified in board_part file is either invalid or not available

WARNING: [Board 49-26] cannot add Board Part xilinx.com:vhk158_es:part0:1.1 available at D:/Xilinx/Vivado/2023.1/data/xhub/boards/XilinxBoardStore/boards/Xilinx/vhk158/es/1.1/board.xml as part xcvh1582-vsva3697-2mp-e-s-es1 specified in board_part file is either invalid or not available

WARNING: [Board 49-26] cannot add Board Part xilinx.com:vpk120_es:part0:1.2 available at D:/Xilinx/Vivado/2023.1/data/xhub/boards/XilinxBoardStore/boards/Xilinx/vpk120/es/1.2/board.xml as part xcvp1202-vsva2785-2mp-e-s-es1 specified in board_part file is either invalid or not available

WARNING: [Board 49-26] cannot add Board Part xilinx.com:vpk120_es:part0:1.3 available at D:/Xilinx/Vivado/2023.1/data/xhub/boards/XilinxBoardStore/boards/Xilinx/vpk120/es/1.3/board.xml as part xcvp1202-vsva2785-2mp-e-s-es1 specified in board_part file is either invalid or not available

WARNING: [Board 49-26] cannot add Board Part xilinx.com:vpk120_es_revb:part0:1.0 available at D:/Xilinx/Vivado/2023.1/data/xhub/boards/XilinxBoardStore/boards/Xilinx/vpk120_revb/es/1.0/board.xml as part xcvp1202-vsva2785-2mp-e-s-es1 specified in board_part file is either invalid or not available

WARNING: [Board 49-26] cannot add Board Part xilinx.com:vpk120_es_revb:part0:1.1 available at D:/Xilinx/Vivado/2023.1/data/xhub/boards/XilinxBoardStore/boards/Xilinx/vpk120_revb/es/1.1/board.xml as part xcvp1202-vsva2785-2mp-e-s-es1 specified in board_part file is either invalid or not available

WARNING: [Board 49-26] cannot add Board Part xilinx.com:vpk180_es:part0:1.0 available at D:/Xilinx/Vivado/2023.1/data/xhub/boards/XilinxBoardStore/boards/Xilinx/vpk180/es/1.0/board.xml as part xcvp1802-lsvc4072-2mp-e-s-es1 specified in board_part file is either invalid or not available

WARNING: [Board 49-26] cannot add Board Part xilinx.com:vpk180_es:part0:1.1 available at D:/Xilinx/Vivado/2023.1/data/xhub/boards/XilinxBoardStore/boards/Xilinx/vpk180/es/1.1/board.xml as part xcvp1802-lsvc4072-2mp-e-s-es1 specified in board_part file is either invalid or not available

WARNING: [Board 49-26] cannot add Board Part xilinx.com:zcu208ld:part0:2.0 available at D:/Xilinx/Vivado/2023.1/data/xhub/boards/XilinxBoardStore/boards/Xilinx/zcu208ld/production/2.0/board.xml as part xczu58dr-fsvg1517-2-i specified in board_part file is either invalid or not available

WARNING: [Board 49-26] cannot add Board Part xilinx.com:zcu216ld:part0:2.0 available at D:/Xilinx/Vivado/2023.1/data/xhub/boards/XilinxBoardStore/boards/Xilinx/zcu216ld/production/2.0/board.xml as part xczu59dr-ffvf1760-2-i specified in board_part file is either invalid or not available

WARNING: [Board 49-26] cannot add Board Part xilinx.com:zcu670:part0:2.0 available at D:/Xilinx/Vivado/2023.1/data/xhub/boards/XilinxBoardStore/boards/Xilinx/zcu670/2.0/board.xml as part xczu67dr-fsve1156-2-i specified in board_part file is either invalid or not available

WARNING: [Board 49-26] cannot add Board Part xilinx.com:zcu670ld:part0:1.0 available at D:/Xilinx/

Vivado/2023.1/data/xhub/boards/XilinxBoardStore/boards/Xilinx/zcu670ld/1.0/board.xml as part xczu57dr-fsve1156-2-i specified in board_part file is either invalid or not available

open_project F:/vivado_example_2023/ultraram_verilog/project_1/project_1.xpr

INFO: [filemgmt 56-3] Default IP Output Path : Could not find the directory 'F:/vivado_example_2023/ultraram_verilog/project_1/project_1.gen/sources_1'.

Scanning sources...

Finished scanning sources

INFO: [IP_Flow 19-234] Refreshing IP repositories

INFO: [IP_Flow 19-1704] No user IP repositories specified

INFO: [IP_Flow 19-2313] Loaded Vivado IP repository 'D:/Xilinx/Vivado/2023.1/data/ip'.

update_compile_order -fileset sources_1

reset_run synth_1

INFO: [Project 1-1161] Replacing file F:/vivado_example_2023/ultraram_verilog/project_1/project_1.srcs/utils_1/imports/synth_1/top.dcp with file F:/vivado_example_2023/ultraram_verilog/project_1/project_1.runs/synth_1/top.dcp

WARNING: [Vivado 12-1017] Problems encountered:

1. Failed to delete one or more files in run directory F:/vivado_example_2023/ultraram_verilog/project_1/project_1.runs/synth_1

launch_runs impl_1 -jobs 4

[Thu Aug 3 00:04:09 2023] Launched synth_1...

Run output will be captured here: F:/vivado_example_2023/ultraram_verilog/project_1/project_1.runs/synth_1/runme.log

[Thu Aug 3 00:04:09 2023] Launched impl_1...

Run output will be captured here: F:/vivado_example_2023/ultraram_verilog/project_1/project_1.runs/impl_1/runme.log

2.7 Vivado 中 XDC 文件

2.7.1 XDC 的特性

Xilinx Vivado IDE 使用 Xilinx 设计约束（Xilinx Design Constraints，XDC）格式，而不再支持原来的用户约束文件（User Constraints File，UCF）格式。

XDC 是业界标准 SDC（SDC V1.9）和 Xilinx 专有物理约束的组合。XDC 具有以下属性：

（1）它们不是简单的字符串，而是遵循 Tcl 语义的命令。

（2）通过 Vivado Tcl 翻译器，可以像理解其他 Tcl 命令那样理解它们。

（3）与其他 Tcl 命令一样按顺序读取和解析它们。

设计者可以在设计流程的不同阶段，通过下面几种方式输入 XDC。

（1）将约束保存在一个或者多个 XDC 文件中。要在内存中加载 XDC 文件，需要执行下面其中一个操作：

① 使用 read_xdc 命令。

② 将它添加到其中一个设计工程约束集中。XDC 文件只接收 set、list 和 expr 内建的 Tcl 命令。

（2）通过非管理的 Tcl 脚本生成约束。要执行 Tcl 脚本，需要执行下面其中一个操作：

① 运行 source 命令。

② 使用 read_xdc -unmanaged 命令。

③ 将 Tcl 脚本添加到一个工程约束集中。

2.7.2　XDC 与 UCF 区别

XDC 与 UCF 存在很大的区别，主要表现在以下几个方面：

（1）XDC 是顺序语言，它带有明确的优先级规则。

（2）UCF 通常应用于网络，XDC 通用应用于引脚、端口和单元对象。

（3）UCF 的 TIMESPEC PERIOD 和 XDC 的 create_clock 命令并不总是等效的，并且可能会导致不同的时序结果。

（4）默认情况下，UCF 在异步时钟组之间无时序关系；而在 XDC 中，除非有其他约束，所有时钟都看作有关联的并且有时序（set_clock_groups）。

（5）在 XDC 中，同一对象上可以存在多个时钟。

表 2.2 给出了 UCF 到 XDC 的映射关系。

表 2.2　UCF 到 XDC 的映射关系

UCF	XDC
TIMESPEC PERIOD	create_clock create_generated_clock
OFFSET = IN \<x\> BEFORE \<clk\>	set_input_delay
OFFSET = OUT \<x\> BEFORE \<clk\>	set_output_delay
FROM:TO "TS_"*2	set_multicycle_path
FROM:TO	set_max_delay
TIG	set_false_path
NET "clk_p" LOC = AD12	set_property LOC AD12 [get_ports clk_p]
NET "clk_p" IOSTANDARD = LVDS	set_property IOSTANDARD LVDS [get_ports clk_p]

2.7.3　约束文件的使用方法

设计约束定义了编译流程中必须满足的要求，以便设计在电路板上发挥作用。并非所有的约束都要在编译流程的所有步骤中使用。比如，物理约束仅在实现步骤期间使用（由布局器和布线器使用）。

由于 Xilinx Vivado IDE 的综合和实现算法是时序驱动的，所以设计人员必须正确地创建时序约束。过度约束或欠约束都会使设计的时序收敛变得困难。设计人员必须使用与应用要求相对应的合理约束。

1．约束的组织

Vivado IDE 允许设计人员使用一个或多个约束文件。虽然在整个编译流程中使用单个约束文件似乎更方便，但是随着设计变得更加复杂，维护所有约束可能变成一个挑战。这种情况通常适用于使用多个 IP 核或由不同团队开发的大型块设计。

导入时序和物理约束后，无论源文件的个数如何，也无论设计处于工程模式还是非工程模式，都可以使用 write_xdc 命令将所有约束导出为单个文件。约束将按照读取的工程或设计中的顺序写入指定的输出文件。命令行选项 write_xdc -type 可用于选择要导出的约束子集（时序、物理或弃权）。

注：Xilinx 推荐设计人员通过将时序约束和物理约束保存到两个不同的文件。还可以将某个模块的约束保存在单独的文件中。

125

2. 工程模式

设计人员可以在创建新工程期间或以后利用 Vivado IDE 菜单命令将 XDC 文件添加到约束集。需要注意，如果工程中包含使用自己约束的 IP，则相应的约束文件不会出现在约束集中。相反，它与 IP 源文件一起列出。

设计人员可以将 Tcl 脚本添加到约束集中，作为非管理约束或非管理的 Tcl 脚本。Vivado 设计套件不会将修改后的约束写回到一个非管理的 Tcl 脚本中。Tcl 脚本和 XDC 文件的加载顺序与 Vivado IDE 中显示的顺序相同（如果它们属于同一个 PROCESSING_ORDER 组），或者与命令 report_compile_ORDER -constraints 报告的顺序相同。如果需要，可以在多个约束集中使用 XDC 或 Tcl 脚本。

3. 非工程模式

在非工程模式下，执行编译命令前，必须单独读取每个文件。

4. OOC 约束

在使用 DFX 的设计中，通常使用 OOC 方法来综合设计的一部分。当使用这样的流程时，可以仅为 OOC 综合指定一些约束。例如，当块是综合的 OOC 时，必须定义在块输入边界传播的时钟。

5. 综合和实现约束

默认地，所有添加到约束集中的 XDC 文件和 Tcl 脚本都可以用于综合与实现过程。通过在 XDC 文件或 Tcl 脚本中设置 USED_IN_SYNTHESIS 和 USED_IN_IMPLEMENTATION 属性以更改此行为。该属性的值可以是 TURE 或 FALSE。

注：DONT_TOUCH 属性不会受到上面属性设置的影响，如果在综合时使用 DONT_TOUCH，则将其传递到实现过程。DONT_TOUCH 属性与 USED_IN_IMPLEMENTATION 属性无关。

比如，可以使用下面的方法修改 XDC 只用于实现。

（1）在 Source 窗口中选择约束文件。

（2）在 Source File Properties 窗口中不勾选 Synthesis 前面的复选框，但勾选 Implementation 前面的复选框。

等效的 Tcl 命令为：

```
set_property USED_IN_SYNTHESIS false [get_files 文件名.xdc]
set_property USED_IN_IMPLEMENTATION true [get_files 文件名.xdc]
```

当在非工程模式下运行 Vivado 时，可以直接读取任何步骤之间的约束。属性 USED_IN_SYNTHESIS 和 USED_IN_IMPLEMENTATION 在该模式下无关紧要。

2.7.4 约束顺序

由于 XDC 是按顺序应用的，并且是基于明确的优先级规则排定优先级的，因此必须仔细查看约束的顺序。

注：如果多个物理约束冲突，则最新的约束获胜。例如，如果通过多个 XDC 文件为 I/O 端口分配了不同的位置（LOC），则分配给该端口的最新位置优先。

Vivado IDE 为设计人员的设计提供了充分的可视性。要逐步验证约束，请执行以下操作：

（1）运行相应的报告命令。

（2）查看 Tcl Console（Tcl 控制台）或 Messages（消息）窗口中的消息。

不管在设计中使用一个或多个 XDC 文件，推荐使用下面的顺序来组织约束（见代码清单 2-3）。

代码清单 2-3　XDC 文件的约束顺序

```
## Timing Assertions Section   # Primary clocks
# Virtual clocks
# Generated clocks
# Clock Groups
# Input and output delay constraints
## Timing Exceptions Section   # False Paths
# Max Delay / Min Delay # Multicycle Paths
# Case Analysis # Disable Timing
## Physical Constraints Section
# located anywhere in the file, preferably before or after the timing
constraints # or stored in a separate XDC file
```

注：在定义生成时钟之前，应定义更改时钟关系或时钟传播情况的分析约束。这包括在时钟缓冲区上定义的情况分析，其导致缓冲区的输出时钟受到影响。

从时钟定义开始，必须先创建时钟，然后才能被后续的约束使用。在声明时钟之前，对它的任何引用都会导致错误，并且会忽略相应的约束。在单个约束文件中，以及在设计中的所有 XDC 文件（或 Tcl 脚本）中，都是这样。

约束文件的顺序很重要。设计人员必须保证每个文件中的约束不依赖于另一个文件的约束。如果是这种情况，则必须最后读取包含约束依赖项的文件。如果两个约束文件具有相互依赖关系，则必须手动将它们合并到一个包含正确序列的文件中，或者将这些文件划分为几个单独的文件并正确排序。

2.7.5　XDC 命令

表 2.3 给出了 XDC 文件中有效的命令。在本书随后的章节中，将通过实例对这些命令进行解释。

表 2.3　XDC 文件中有效的命令

Timing Constraint（时序约束）	Physical Constraint（物理约束）	General Purpose（通用）
create_clock create_generated_clock group_path set_clock_groups set_clock_latency set_data_check set_disable_timing set_false_path set_input_delay set_output_delay set_max_delay set_min_delay set_multicycle_path set_case_analysis set_clock_sense set_clock_uncertainty set_input_jitter set_max_time_borrow set_propagated_clock set_system_jitter set_external_delay set_bus_skew	add_cells_to_pblock create_pblock delete_pblock remove_cells_from_pblock resize_pblock create_macro delete_macros update_macro set_package_pin_val **Debug Constraint（调试约束）** create_debug_core create_debug_port connect_debug_port **Power Constraint（功耗约束）** set_power_opt set_switching_activity reset_switching_activity set_operating_conditions reset_operating_conditions add_to_power_rail create_power_rail delete_power_rails get_power_rails remove_from_power_rail **豁免约束（Waiver Constraint）** create_waiver	set expr list filter current_instance get_hierarchy_separator set_hierarchy_separator get_property set_property set_units endgroup startgroup create_property current_design **Netlist Constraint（网表约束）** set_load set_logic_dc set_logic_one set_logic_zero set_logic_unconnected make_diff_pair_ports

续表

Device Object Query（器件对象查询）	Timing Object Query（时序对象查询）	Netlist Object Query（网表对象查询）
get_iobanks get_package_pins get_sites get_bel_pins get_bels get_nodes get_pips get_site_pins get_site_pips get_slrs get_tiles get_wires get_pkgpin_bytegroups get_pkgpin_nibbles	all_clocks get_path_groups get_clocks get_generated_clocks get_timing_arcs get_speed_models Floorplan Object Query（布图对象查询） get_pblocks get_macros	all_cpus all_dsps all_fanin all_fanout all_hsios all_inputs all_outputs all_rams all_registers all_ffs all_latches get_cells get_nets get_pins get_ports get_debug_cores get_debug_ports

2.8　Vivado IDE 的启动方法

启动 Vivado IDE 的 4 种方法如下：

（1）在 Windows 11 操作系统的主界面下，执行菜单命令【开始】→【所有应用】→【Xilinx Design Tools】→【Vivado 2023.1】。

（2）在 Windows 11 操作系统的桌面上单击图 2.4 所示的 Vivado 2023.1 图标。

（3）在 Windows 11 操作系统主界面底部的搜索框中输入"Vivado"，按回车键。

注：当输入 Vivado 命令后，系统自动运行"vivado –mode gui"，启动 Vivado IDE。

（4）在 Windows 11 操作系统的主界面下，执行菜单命令【开始】→【所有应用】→【Xilinx Design Tools】→【Vivado 2023.1 Tcl Shell】。

① 出现如图 2.5 所示的"Vivado 2023.1 Tcl Shell"对话框。

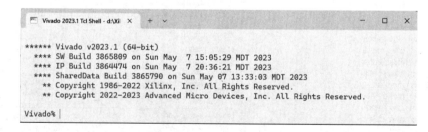

图 2.4　Vivado 2023.1 图标　　　　图 2.5　"Vivado 2023.1 Tcl Shell"对话框（反色显示）

② 在"Vivado%"命令提示符的后面输入"start_gui"命令，按回车键，系统启动 Vivado 设计套件。

注：在图 2.5 所示界面内的"Vivado%"后面输入"help"命令，将列出帮助的主题。

2.9　Vivado IDE 主界面

启动 Vivado IDE 后，进入 Vivado 2023.1 主界面，如图 2.6 所示，该界面内的所有功能图标按组分类。下面对 Vivado 2023.1 主界面进行详细说明。

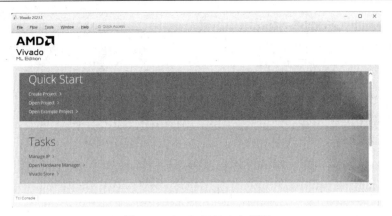

图 2.6　Vivado 2023.1 主界面

2.9.1　Quick Start 分组

在该分组下提供了以下功能，包括 Create Project（创建工程）、Open Project（打开工程）和 Open Example Project（打开示例工程）。

1．Create Project（创建工程）

该选项用于打开创建工程向导，用于指导设计者创建不同类型的工程。设计者也可以使用向导导入之前由 Synplify 工具创建的工程。

2．Open Project（打开工程）

打开名字为 Open Project 的对话框，在该对话框中通过定位到正确的路径，设计者可以打开 Vivado 集成环境工程文件（.xpr 扩展名）。

注：读者也可以在该对话框右侧的 Recent Projects 窗口中单击工程名来打开相应的工程。该窗口会显示 10 个最近打开的工程名。

注：系统默认给出 10 个最近打开的工程。如果读者想改变所列出的最近打开工程的数目，可以在图 2.6 给出的 Vivado 2023.1 主界面主菜单下，执行菜单命令【Tools】→【Settings】，出现如图 2.7 所示的 "Settings" 对话框。在该对话框的左侧窗口中，选择 "Project" 标签；在该对话框右侧窗口下方的 "Recent" 分组下，找到 "Number of recent projects to list" 选项；通过其右侧的下拉框，修改所列出最近打开的工程数量。

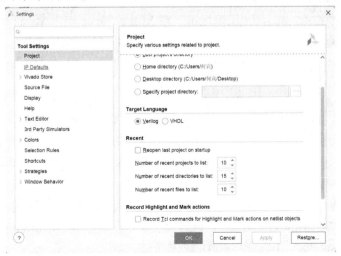

图 2.7　"Settings" 对话框

129

3．Open Example Project（打开示例工程）

图 2.8 中给出了可以打开的示例工程的类型，主要包括以下几大类，即 Versal、Platforms、Soft Processors、Zynq、nonIPI 和 PCIe。

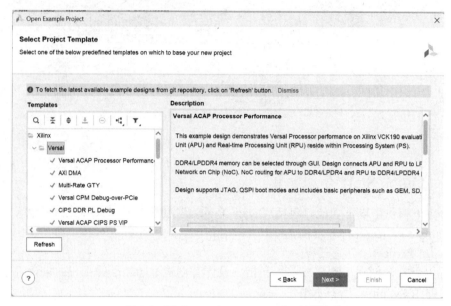

图 2.8 "Select Project Template" 对话框

1）Versal 类

（1）Versal ACAP Processor Performance：该示例展示了在 Xilinx VCK 190 评估套件上的 Versal 处理器性能。应用处理单元（Application Processing Unit，APU）和实时处理单元（Real-time Processing Unit，RPU）驻留在处理系统（Processing System，PS）中。

（2）AXI DMA：包含 NOC 和 AXI DMA 块的 Versal 系统。

（3）Multi-Rate GTY：该示例展示了在 Xilinx VCK 190 和 VMK 180 板子上的 Versal GTY 的用法。

（4）Versal CPM Debug-over-PCIe：提供该示例作为参考，以展示在没有 JTAG 连接的情况下通过使用 CPM 在 PCIe 链路上执行调试设计的能力。

（5）CIPS DDR PL Debug：该示例展示了在 Xilinx Versal 板上 Versal 控制、接口和处理系统（Control，Interface，and Processing System，CIPS）IP 的用法。

（6）Versal ACAP CIPS PS VIP：该示例提供了一个仿真环境，旨在仿真 PS 功能并在可编程器件中实现它们的逻辑。

（7）Versal CPM Tandem PCIe：该示例作为显示串联 PCIe（Tandem PCIe）配置方法的参考，当 Versal 比特流非常大时，这是所需要的功能，并且该示例包含 PCIe 端点，使器件在通电和配置开始后 120ms 将不准备好枚举，这违反了 PCIe 规范。

（8）ChipScoPy Example Design：该示例提供了创建带有调试核 Versal 设计的一个简单方法。

（9）Versal IBERT：该示例提供了创建带有收发器 Versal 设计的简单方式。

（10）Versal HSDP with Soft Aurora：该流程提供了一种使用软 Aurora 接口创建高速调试端口（High Speed Debug Port，HSDP）示例的简单方法。

2）Platforms 类

（1）MPSoC Extensible Embedded Platform：一个可扩展的平台是 Vitis 软件加速流程的基础。这个平台使能 Vitis 创建 PL 内核。它使内核访问 PS（MPSoC）、DDR 存储器、中断控制器和时钟资源。

（2）MPSoC Extensiable Embedded Platform（Part based）：一个可扩展的平台是 Vitis 软件加速流程的基础。这个平台使能 Vitis 创建 PL 内核。它使内核访问 PS（MPSoC）、DDR 存储器、中断控制器和时钟资源。

（3）Versal Extensible Embedded Platform：一个可扩展的平台是 Vitis 软件加速流程的基础。这个平台使能 Vitis 创建 AIE 和 PL 内核。它使内核访问 DDR 存储器、中断控制器和时钟资源。

（4）Versal Extensible Embedded Platform（Part based）：一个可扩展的平台是 Vitis 软件加速流程的基础。这个平台使能 Vitis 创建 AIE 和 PL 内核。它使内核访问 DDR 存储器、中断控制器和时钟资源。

（5）Versal DFX Extensible Embedded Platform：该平台在 VCK 190 板上具有常见的硬件功能，如 AI 引擎、GEM、DDR 和 PDDR。

3）Soft Processors 类

（1）MicroBlaze Design Presets：该嵌入式设计提供了一个 MicroBlaze 子系统，可用于以下例子，包括微控制器、实时处理器、应用类处理器。

（2）TMR Microblaze Example Design：三模冗余 MicroBlaze 支持空间 DPU 应用。

（3）Versal MicroBlaze Design Presets：该嵌入式设计例子提供了一个 MicroBlaze 子系统，可用于以下例子，包括微控制器、实时处理器、应用类处理器。

4）Zynq 类

（1）Zynq UltraScale+ MPSoC Design Presets：Zynq UltraScale+ 由处理系统（Processing System，PS）、平台管理单元（Platform Management Unit，PMU）和可编程逻辑（Programmable Logic，PL）组成。

（2）Zynq-7000 Design Presets：Zynq-7000 由 PS 和 PL 组成。

5）nonIPI 类

（1）BFT Core：小的 RTL 工程。

（2）CPU（HDL）：大的、混合语言 RTL 工程。

（3）CPU（Synthesized）：大的、综合的网表工程。

（4）Wavegen（HDL）：带有 IP 的小 RTL 工程。

6）PCIe 类

（1）Versal ACAP CPM4/CPM5 AXI Bridge Root Port Design：这是 Versal ACAP CPM AXI 桥根端口设计。它允许根据选择的板分别为 VCK 190 和 VPK 120 生成 CPM4/CPM5 版本。

（2）Versal ACAP CPM PCIE PIO Design：该设计是 PIO 且覆盖了 CPM4 和 CPM5。

（3）Versal CPM5 PCIe BMD Simulation Design：这是 Versal CPM5 PCIe BMD Gen5x8 仿真设计。

（4）Versal CPM5 QDMA Simulation Design：这是 CPM5 Gen5x8 QDMA 设计。

（5）VCK190 CPM PCIE BMD Design：VCK 190 CPM PCIE BMD 示例设计。

（6）Versal ACAP CPM QDMA EP Design：这是 Versal ACAP CPM QDMA 端点设计。

2.9.2 Tasks 分组

在该分组下，提供了以下功能，包括 Manage IP（管理 IP）、Open Hardware Manager（打开硬件管理器）和 Vivado Store（Vivado 商店）。

1. Manage IP

打开或创建用于定制和管理 IP 的 IP 工程。Vivado IP 目录显示 Xilinx、第三方或用户创建的 IP，这些 IP 可以自定义为指定 FPGA 器件创建 IP 核。开发人员还可以查看或重新定制现有的 IP 核，并生成输出产品，包括独立 IP 的网表。

2. Open Hardware Manager

打开 Vivado 设计套件硬件管理器以连接到目标 JTAG 电缆或板，使开发人员能将设计编程到 FPGA 中。Vivado 逻辑分析仪和 Vivado 串行 I/O 分析仪功能使开发人员能够调试设计。

3. Vivado Store

Vivado 商店如图 2.9 所示，它将 Tcl 应用、板文件和可配置的示例设计整合到一个位置。目录文件用于维护商店中所有可用条目的列表。开发人员要更新目录，单击图 2.9 左下角的 Refresh 按钮即可。可以安装或删除单个条目。Xilinx 提供了一组无法卸载的板文件以及示例设计和安装。这是因为，如果开发人员在防火墙内或无法访问互联网，他们应该可以访问 Xilinx 专属板的板文件。

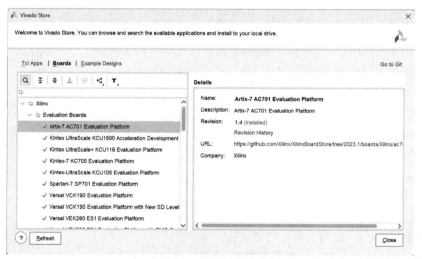

图 2.9　Vivado 商店

（1）Tcl Apps：Tcl 代码的开放源码存储库，主要用于 Vivado 设计套件。Vivado 商店提供了对来自不同来源的多个脚本和应用的访问，这些脚本和应用工具可以解决各种问题并提高生产效率。

（2）Boards：Xilinx 和第三方托管的板文件的 GitHub 存储库。在 Vivado 中使用板文件可以通过将板级资源集成到设计环境中来简化设计创建。

（3）Example Designs：由 Xilinx 和第三方可配置示例设计组成的 GitHub 存储库，这些设计旨在展示工具的特定功能，并提供基线设计。

2.9.3 Learning Center 分组

在该分组下提供了以下功能：Documentation and Tutorials（文档和教程）、Quick Take

Videos（快速打开视频）和 What's New in 2023.1（2023.1 新增的内容）。

1．Documentation and Tutorials

使用 Xilinx Documentation Navigator 或开发人员默认的 Web 浏览器打开或下载 Vivado 设计套件文档。

2．Quick Take Videos

打开 Xilinx 视频教程。

3．What's New in 2023.1

进入 Xilinx 官网的 What's New 页面。

2.10　Vivado IDE 工程界面及功能

本小节将介绍 Vivado IDE 工程界面及功能，内容包括流程处理主界面及功能、工程管理器主界面及功能、工作区窗口和设计运行窗口。

2.10.1　流程处理主界面及功能

如图 2.10 所示，在 Vivado 左侧的 Flow Navigator 窗口中给出了处理的主要流程。

图 2.10　Vivado IDE 的 Flow Navigator 窗口

1．PROJECT MANAGER（工程管理器）

在工程管理器中可以执行的操作包括修改工程设置（Settings）、添加源文件（Add Sources）、查看语言模板（Language Templates），以及打开 Vivado IP 目录（IP Catalog）。

2．IP INTEGRTOR（IP 集成器）

在 IP 集成器中可以执行的操作包括创建块设计（Create Block Design）、打开块设计（Open Block Design）和生成块设计（Generate Block Design）。

3．SIMULATION（仿真）

仿真中可以执行的操作包括运行仿真（Run Simulation）。

4．RTL ANALYSIS（RTL 分析）

在 RTL 分析中可以执行的操作包括运行 Linter（Run Linter）和打开详细描述的设计（Open Elaborated Design）。

注：Run Linter 是 Vivado 的内置功能，它分析 RTL 设计代码并提供违反设计规则（也称为冲突）的详细报告。

5．SYNTHESIS（综合）

在综合中可以执行的操作包括运行综合（Run Synthesis）和打开综合后的设计（Open Synthesized Design）。

6．IMPLEMENTATION（实现）

在实现中可以执行的操作包括运行实现（Run Implementation）和打开实现后的设计（Open

Implemented Design）。

7. PROGRAM AND DEBUG（编程和调试）

在编程和调试中可以执行的操作包括生成比特流（Generate Bitstream）和打开硬件管理器（Open Hardware Manager）。

2.10.2　Sources 窗口及功能

图 2.11　Sources 窗口

Sources 窗口允许开发人员管理工程源文件，包括添加文件、删除文件和对源文件进行重新排序，用于满足指定的设计要求。在该窗口中提供了 4 个标签，包括 Hierarchy（层次）、IP Sources（IP源）、Libraries（库）和 Compile Order（编译顺序），如图 2.11 所示。

1. Hierarchy（层次）标签

图 2.11 给出了"Hierarchy"标签页的内容。在该标签页中，显示了设计模块和实例的层次结构，以及包含它们的源文件。顶层模块定义了编译、综合和实现的设计层次结构。Vivado IDE 会自动检测顶层模块，但设计人员也可以使用 Set as Top 命令手动定义顶层模块。

该标签页中提供了下面的文件夹。

1）Design Sources（设计源文件）

显示源文件类型，这些源文件类型包括 Verilog、VHDL、NGC/NGO、EDIF、IP 核、数字信号处理（DSP）模块、嵌入式处理器，以及 XDC 和 SDC 约束文件。根据不同的情况，在该文件夹中可能包含以下子文件夹。

（1）Syntax Error Files（语法错误文件）：显示具有影响设计层次结构的语法错误文件。

（2）Non-Module Files（非模块文件）：显示在分析过程中产生问题的文件。

（3）Disable Sources（禁用源文件）：显示禁用的文件。

（4）Text（文本）：显示作为工程一部分的文本文件。

2）Constraints（约束文件）

显示用于对设计进行约束的约束文件。

3）Simulation Sources（仿真源文件）

显示用于仿真的源文件。

4）Utility Sources（实用源文件）

保存用于设计运行的 pre-and post-tcl 文件，它还将引用增量编译流程中的 DCP。

在该标签页中，使用不同的图标来标记文件的类型，如表 2.4 所示。

表 2.4　不同类型的文件与对应的图标

文件类型	图标
顶层模块	
缺失文件/模块/实例	

续表

文件类型	图标
OOC 模块	
全局包含文件	
Verilog 头文件	（绿色）
Verilog HDL/VHDL/SystemVerilog	
约束文件	
Tcl 文件	
IP	
锁定 IP	
块设计	
设计检查点	
网表	
隐藏的实例	
报告	

2．IP Sources（IP 源）标签

"IP Sources"标签页中显示了由 IP 核所定义的所有文件，如图 2.12 所示。

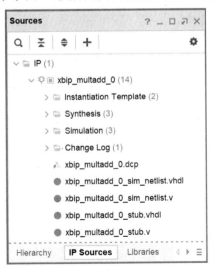

图 2.12　"IP Sources"标签页

3．Libararies（库）标签

"Libararies"标签页中显示了保存到各种库的源文件，如图 2.13 所示。

4．Compile Order（编译顺序）标签

"Compile Order"标签页中显示了所有需要编译源文件的顺序（从第一个到最后一个），并且显示了约束的处理顺序，如图 2.14 所示。在该标签页的顶部，通过下拉菜单，开发人员可以选择 Synthesis（综合）、Implementation（实现）或 Simulation（仿真）。以显示每个设计流程步骤的源文件。

图 2.13　"Libraries"标签页

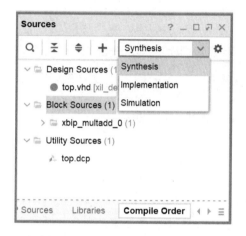

图 2.14　"Compile Order"标签页

当使用源代码时，顶层模块是最后一个要编译的文件。开发人员允许 Vivado IDE 根据定义的顶层模块和详细描述的设计自动确定编译顺序，也可以使用层次更新浮动菜单命令，重新对源文件进行排序，手动控制设计的编译顺序。

5．Source 窗口工具栏按钮

（1）🔍（Search）按钮：单击该按钮，打开 Search（查找）工具条，允许快速定位源文件窗口内的对象。

（2）⤒（Collapse All）按钮：单击该按钮，折叠所有层次树对象，仅显示顶层对象。

（3）⇕（Expand All）按钮：单击该按钮，展开所有层次树对象，以显示源窗口中的所有元素。

（4）➕（Add Sources）按钮：单击该按钮，添加或创建约束文件、仿真源文件和设计源文件。设计源文件包括 HDL 和网表文件，以及现有的 IP 和块设计。

（5）⍰（Show Only Missing Sources）按钮：单击该按钮，筛选源文件，以显示丢失的文件或丢失的实例。当设计层次结构中缺少文件、模块定义或实例时，将使能该命令。当选择该命令时，将过滤源窗口以显示丢失的文件或模块。

2.10.3　工程总结窗口

Vivado IDE 包含交互式的工程总结（Project Summary）窗口，如图 2.15 所示。在设计流程的过程中，该窗口在运行设计命令和设计处理时动态更新。该窗口包含 Overview（概要）标签和用户定义的 Dashboard（仪表板）标签。

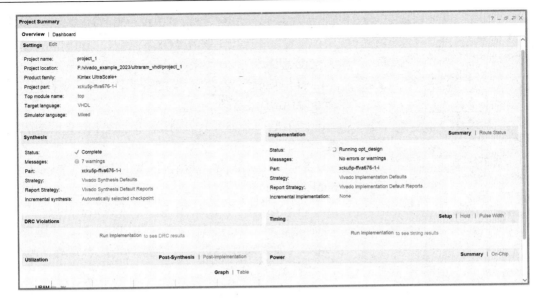

图 2.15　工程总结窗口

1．Dashboard（仪表盘）**标签**

设计人员可以配置工程总结窗口中的"Dashboard"标签页，如图 2.16 所示。通过该标签页，设计人员可以查看和分析数据如下所示。

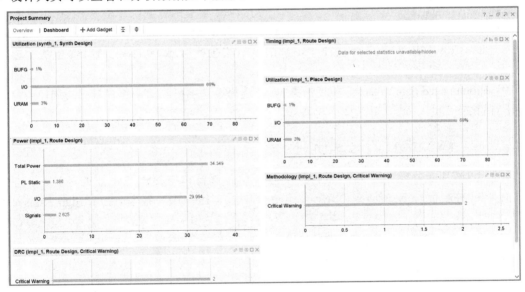

图 2.16　"Dashboard"标签页

（1）以表格或图形形式显示的各种数据；

（2）比较多个运行的值；

（3）创建一个小工具（Gadget），显示单个或多个运行的各种数据点。

注：小工具的数据是从与运行相关的报告中收集的。如果创建小工具，必须首先为运行设置报告。

2．使用小工具

单击图 2.16 左上角的+AddGadget 按钮，弹出"Configure Gadget"（配置小工具）对话框，

如图 2.17 所示。该对话框允许设计人员创建一个小工具，显示为运行定制的数据。在该对话框中，设置以下选项，单击"OK"按钮，即可将小工具添加到仪表盘中。

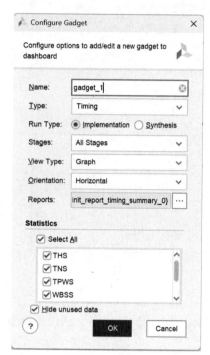

图 2.17 "Configure Gadget"对话框

（1）Name（名字）：指定一个名字来标识在运行 Tcl 命令时使用的小工具。

（2）Type（类型）：选择用于生成小工具数据的报告类型（如 Timing）。

（3）Run Type（运行类型）：选择 Synthesis 或 Implementation。

（4）Stages（阶段）：如果设计人员正在分析一个实现运行，选择一个实现阶段（如 Place），或选择 All Stages；如果设计人员正在分析一个综合运行，则只有一个阶段可用。

（5）View Type（视图类型）：将小工具设置为图形（Graph）或表格（Table）。添加小工具后，可以使用小工具标题中的 Graph/Table 工具栏按钮更改显示。

（6）Orientation（方向）：为图形选择 Vertical（垂直）或 Horizontal（水平）方向。

（7）Reports（报告）：从一个或多个运行中选择报告，以显示小工具的相关数据。

（8）Statistics（统计）：选择要在小工具中显示的统计信息。可用的统计信息基于选定的报告。

（9）Hide unused data（隐藏未使用的数据）：选择该选项可隐藏不包含数据的统计条目。要显示所有的统计信息，请取消选择该选项。

2.10.4 运行设计的交互窗口

如图 2.18 所示，给出了运行设计的交互窗口，该窗口中提供了下面的标签，包括 Tcl Console（Tcl 控制台）、Messages（消息）、Log（日志）、Reports（报告）和 Design Runs（设计运行）。

图 2.18 运行设计的交互窗口

1. Tcl Console 标签

图 2.18 给出了"Tcl Console"标签页。在该标签页中显示了：

（1）来自以前执行 Tcl 命令的消息。

注： Vivado IDE 也将这些消息写到 vivado.log 文件中。

（2）命令错误、警告和成功完成。

（3）设计加载和读取约束的状态。

注：（1）如果没有出现"Tcl Console"标签页，在 Vivado IDE 主界面主菜单下，执行菜单命令【Windows】→【Tcl Console】，打开"Tcl Console"标签页。

（2）要输入 Tcl 命令，单击图 2.18 标签页中底部的命令行输入框，然后输入命令。

2．Messages 标签

"Message"标签页如图 2.19 所示，该标签页中显示了设计和报告消息，这些消息经过分组，使设计人员能够定位来自不同工具或过程的消息。显示的消息带有指向相关对象或源文件的链接。

图 2.19　"Messages"标签页

在图 2.19 给出的标签页的顶部，通过勾选/不勾选 Error（错误）前面的复选框、勾选/不勾选 Critical warning（严重警告）前面的复选框、勾选/不勾选 Info（信息）前面的复选框或勾选/不勾选 Status（状态）前面的复选框，设计人员可以选择显示/隐藏 Error（错误）、显示/隐藏 Critical warning（严重警告）、显示/隐藏 Info（信息）或显示/隐藏 Status（状态）。

注：（1）如果没有出现"Messages"标签页，在 Vivado IDE 主界面主菜单命令【Windows】→【Messages】打开"Messages"标签页。

（2）如果源文件的位置发生改变，Vivado IDE 会删除相关消息中的链接，以防止造成混淆。

3．Log 标签

"Log"标签页如图 2.20 所示。该标签页中显示了对设计进行编译（如综合、实现和仿真）命令活动的输出状态。输出以连续可滚动的格式显示，并在运行新命令时被覆盖。

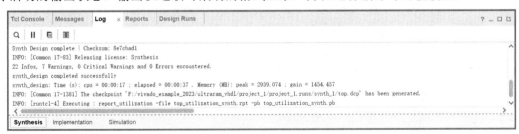

图 2.20　"Log"标签页

注：如果没有出现"Log"标签页，设计人员可以在 Vivado IDE 主界面主菜单下，执行菜单命令【Windows】→【Log】打开"Log"标签页。

4．Reports 标签

"Reports"标签页如图 2.21 所示。该标签页中显示了用于当前活动运行的报告，并在不同的步骤完成后进行更新。报告分组在以不同步骤命名的标题下，以实现信息的快速定位。在图 2.21 中双击报告的名字，则自动在文本编辑器中打开对应的报告。

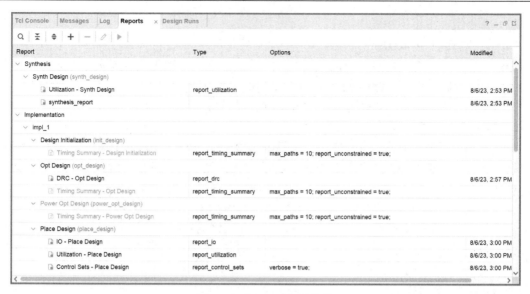

图 2.21 "Reports" 标签页

注：如果没有出现 "Reports" 标签页，设计人员可以在 Vivado IDE 主界面主菜单下，执行菜单命令【Windows】→【Reports】打开 "Reports" 标签页。

5．Design Runs 标签

"Design Runs" 标签页如图 2.22 所示。设计人员可以使用该标签来查看、配置、启动、复位、分析综合和实现运行。该标签页中按设计流程顺序列出了综合和实现的运行，并根据依赖关系列出脱离上下文（OOC）运行，比如依赖 IP 出现在顶层 IP 下。

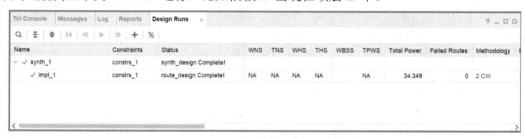

图 2.22 "Design Runs" 标签页

注：如果没有出现 "Design Runs" 标签页，在 Vivado IDE 主界面主菜单下，执行菜单命令【Windows】→【Design Runs】打开 "Design Runs" 标签页。

1）工具栏的功能

图 2.22 中，工具栏内各按钮的功能如下。

（1） Q （Search）按钮：单击该按钮，打开搜索栏以定位消息。

（2） ⊼ （Collapse All）按钮：单击该按钮，折叠所有消息。

（3） ⬦ （Expand All）按钮：单击该按钮，展开所有消息。

（4） I◁ （Reset Runs）按钮：单击该按钮，调用 "Reset Runs" 对话框，以删除以前的运行结果，并将选定运行的状态返回到未启动。

（5） ≪ （Reset to Previous Step）按钮：单击该按钮，将选择的运行复位到前面一步。这允许设计人员在运行过程中后退一步，进行任何必要的修改，然后前进一步完成运行。

（6） ▷ （Launch Runs）按钮：调用 "Launch Runs" 对话框，以启动选择的运行。

（7）»（Launch Next Step）按钮：启动所选择运行的下一步。对于实现运行，可用的步骤有 opt_design、place_design、route_design、write_bitstream。综合只有一个步骤，即 synth_design。

（8）➕（Create Runs）按钮：调用"Create New Runs"对话框来创建和配置新的综合或实现运行。

（9）%（Show Percentage）按钮：按百分比而不是按数字显示利用率。

2）浮动菜单内的命令

在"Design Runs"标签页中，单击鼠标右键，出现浮动菜单。在浮动菜单内，提供了下面的命令。

（1）Run Properties：显示 Run Properties（运行属性）窗口。

（2）Delete：删除选定的非活动运行，并从磁盘中删除关联的运行数据。删除运行之前，系统会提示设计人员进行确认。这里需要注意，开发人员不能删除活动的运行。

（3）Make Active：将选定的运行设置为活动的运行。当使用运行综合和运行实现命令时，自动启动活动的运行。活动运行的结果会显示在 Messages、Compilation、Reports 和 Project Summary 窗口中。

（4）Change Run Setting：改变所选择综合或实现运行的策略和命令行选项。

（5）Set Incremental Synthesis/Set Incremental Implementation：指定一个设计检查点，用作下一次综合或实现运行的参考。

（6）Include Incremental Syntheiss Information in DCP：在综合检查点中包含要在下一次增量综合运行器件进行比较的工具的信息。

（7）Set QoR Suggestions：指定用于下一次综合或实现运行的 QoR 建议文件。

（8）Generate ML Strategies：调用 ML 策略窗口，用于为不满足时序要求的设计生成 ML 策略。

（9）Create ML Strategy Runs：从生成的 ML 策略中创建不同的 ML 策略实现运行。只有在生成 ML 策略后，该选项才可用。

（10）Save as Report Strategy：将当前策略和命令行选项保存为新策略，以供将来使用和修改。

（11）Open Run：打开所选择运行的设计。

（12）Launch Runs：调用"Launch Runs"对话框以启动所选择的运行。

（13）Reset Runs：调用"Reset Runs"对话框以删除之前的运行结果，并将所选择运行的状态设置为未启动。

（14）Launch Next Step：启动所选择运行的下一步。对于实现运行，可用的步骤包括 opt_design、place_design、route_design 和 write_design。综合只有一个步骤，即 synth_design。

（15）Launch Step To：为所选择的运行启动所选择的步骤。

（16）Reset to Previous Step：将所选择的运行复位到前一个步骤。这允许设计人员在运行的过程中后退一步，进行任何需要的修改，然后前进一步以完成运行。

（17）Generate Bitstream：调用 write_bitstream 步骤。该命令仅可以用于已经完成的实现运行。

（18）Display Log：在 Run Properties 窗口中显示 Log 视图。

（19）Display Report：在 Run Properties 窗口中显示 Reports 视图。

（20）Display Messages：在 Run Properties 窗口中显示 Messages 视图。

（21）Create Runs：调用"Create New Runs"对话框去创建和配置新的综合或实现运行。

（22）Open Run Directory：在磁盘上选定的运行目录中打开文件浏览器。

（23）Export to Spreadsheet：将 Design Runs 窗口中的信息导出到电子数据表文件中。

2.11　Vivado 支持的属性

在 Vivado 设计套件中，Vivado 综合可以综合不同类型的属性。在大多数情况下，这些属性具有相同的语法和相同的行为。

（1）如果 Vivado 综合支持该属性，它将使用该属性，并创建反映所使用属性的逻辑。

（2）如果工具无法识别指定的属性，Vivado 综合会将该属性及其值传递给生成的网表。

如果流程中稍后的工具可以使用该属性。例如，LOC 约束不用于综合，但 Vivado 布局器使用该约束，并由 Vivado 综合转发。

1．ASYNC_REG

ASYNC_REG 是一个影响 Vivado 工具流程中许多进程的属性。该属性的目的是通知工具，寄存器能够接收 D 输入引脚相对于源时钟的异步数据，或者说该寄存器是一个同步链上的同步寄存器。

Vivado 综合在遇到该属性时将其看作 DONT_TOUCH 属性，并在网表中向前推送 ASYNC_REG 属性。这个过程确保带有 AYNC_REG 属性的对象不会被优化，并且流程之后的工具会接收该属性以正确处理它。

设计人员可以将该属性放置在任何寄存器上，其值为 FALSE（默认）或者 TRUE。该属性可以在 RTL 或 XDC 中设置。

注：在无负载的信号上设置该属性时要小心。属性和信号可能不会被保留。

ASYNC_REG 属性的 Verilog HDL 和 VHDL 描述例子如代码清单 2-4 和代码清单 2-5 所示。

代码清单 2-4　ASYNC_REG 属性的 Verilog HDL 描述例子

```
(* ASYNC_REG = "TRUE" *) reg [2:0] sync_regs;
```

代码清单 2-5　ASYNC_REG 属性的 VHDL 描述例子

```
attribute ASYNC_REG : string;
attribute ASYNC_REG of sync_regs : signal is "TRUE";
attribute ASYNC_REG : boolean;
attribute ASYNC_REG of sync_regs : signal is TRUE;
```

2．BLACK_BOX

BLACK_BOX 是一个非常有用的调试属性，它指导综合为该模块或者实体创建一个黑盒。当找到属性时，即使模块或实体有有效的逻辑，Vivado 综合也会为该级创建一个黑盒。该属性可以放置在一个模块、实体或者元件上。由于该属性影响综合编译器，所有只能在 RTL 级上设置。

BLACK_BOX 属性的 Verilog HDL 和 VHDL 描述例子如代码清单 2-6 和代码清单 2-7 所示。

代码清单 2-6　BLACK_BOX 属性的 Verilog HDL 描述例子

```
(* black_box *) module test(in1, in2, clk, out1);
```

代码清单 2-7　BLACK_BOX 属性的 Verilog HDL 描述例子

```
attribute black_box : string;
attribute black_box of beh : architecture is "yes";
```

注：在 Verilog 描述中，不需要任何值。该属性的存在会创建黑盒。

3. CASCADE_HEIGHT

CASCADE_HEIGHT 属性是一个整数，用于描述放入 BRAM 的大型 RAM 级联链的长度。当描述的 RAM 大于单个 BRAM 时，Vivado 综合工具必须确定如何配置，通常 Vivado 综合工具会选择级联其创建的 BRAM。CASCADE_HEIGHT 属性可用于缩短链的长度，其防止在有问题的 RAM 上，设计人员可以在 RTL 文件中放置该属性。该属性的值为 0 或 1 时，可有效关闭 BRAM 的任何级联。

CASCADE_HEIGHT 属性的 Verilog HDL 和 VHDL 描述例子如代码清单 2-8 和代码清单 2-9 所示。

代码清单 2-8　CASCADE_HEIGHT 属性的 Verilog HDL 描述例子

```
(* cascade_height = 4 *) reg [31:0] ram [(2**15) - 1:0];
```

代码清单 2-9　CASCADE_HEIGHT 属性的 VHDL 描述例子

```
attribute cascade_height : integer;
attribute cascade_height of ram : signal is 4;
```

4. CLOCK_BUFFER_TYPE

在输入时钟上应用 CLOCK_BUFFER_TYPE 来描述要使用的时钟缓冲区类型。Vivado 综合默认使用 BUFG 作为时钟缓冲区。支持的值有 BUFG、BUFH、BUFIO、BUFMR、BUFR 或 NONE。CLOCK_BUFFER_TYPE 属性可以放在任何顶层时钟端口上，可以在 RTL 或 XDC 中设置该属性。

CLOCK_BUFFER_TYPE 属性的 Verilog HDL 和 VHDL 描述例子如代码清单 2-10 和代码清单 2-11 所示，该属性在 XDC 中描述的例子如代码清单 2-12 所示。

代码清单 2-10　CLOCK_BUFFER_TYPE 属性的 Verilog HDL 描述例子

```
(* clock_buffer_type = "none" *) input clk1;
```

代码清单 2-11　CLOCK_BUFFER_TYPE 属性的 VHDL 描述例子

```
entity test is port(
in1 : std_logic_vector (8 downto 0);
clk : std_logic;
out1 : std_logic_vector(8 downto 0));
attribute clock_buffer_type : string;
attribute clock_buffer_type of clk: signal is "BUFR";
end test;
```

代码清单 2-12　CLOCK_BUFFER_TYPE 属性在 XDC 中描述的例子

```
set_property CLOCK_BUFFER_TYPE BUFG [get_ports clk]
```

5. DIRECT_ENABLE

在输入端口或其他信号上应用 DIRECT_ENABLE 属性，使其在有多个可能的使能时，或当设计人员想强制综合工具使用触发器的使能线时，直接进入触发器的使能线。DIRECT_ENABLE 属性可以放置在任何端口或信号上。

DIRECT_ENABLE 属性的 Verilog HDL 和 VHDL 描述例子如代码清单 2-13 和代码清单 2-14 所示，该属性在 XDC 中描述的例子如代码清单 2-15 所示。

代码清单 2-13　DIRECT_ENABLE 属性的 Verilog HDL 描述例子

```
(* direct_enable = "yes" *) input ena3;
```

代码清单 2-14　DIRECT_ENABLE 属性的 VHDL 描述例子

```
entity test is port(
in1 : std_logic_vector (8 downto 0);
clk : std_logic;
ena1, ena2, ena3 : in std_logic
out1 : std_logic_vector(8 downto 0));
attribute direct_enable : string;
attribute direct_enable of ena3: signal is "yes";
end test;
```

代码清单 2-15　DIRECT_ENABLE 属性在 XDC 中描述的例子

```
set_property direct_enable yes [get_nets -of [get_ports ena3]]
```

注：当 DIRECT_ENABLE 属性在 XDC 中使用时，由于该属性仅用于类型 net，因此必须对对象使用 get_nets 命令。

6. DIRECT_RESET

在输入端口或其他信号上应用 DIRECT_RESET 属性，使其在有多个可能的复位时，或当设计人员想强制综合工具使用触发器的复位线时，直接进入触发器的复位线。DIRECT_RESET 属性可以放置在任何端口或信号上。

DIRECT_RESET 属性的 Verilog HDL 和 VHDL 描述例子如代码清单 2-16 和代码清单 2-17 所示，该属性在 XDC 中描述的例子如代码清单 2-18 所示。

代码清单 2-16　DIRECT_RESET 属性的 Verilog HDL 描述例子

```
(* direct_reset = "yes" *) input rst3;
```

代码清单 2-17　DIRECT_RESET 属性的 VHDL 描述例子

```
entity test is port(
in1 : std_logic_vector (8 downto 0);
clk : std_logic;
rst1, rst2, rst3 : in std_logic
out1 : std_logic_vector(8 downto 0));
attribute direct_reset : string;
attribute direct_reset of rst3: signal is "yes";
end test;
```

代码清单 2-18　DIRECT_RESET 属性在 XDC 中描述的例子

```
set_property direct_reset yes [get_nets -of [get_ports rst3]]
```

注：当 DIRECT_RESET 属性在 XDC 中使用时，由于该属性仅用于类型 net，因此必须对对象使用 get_nets 命令。

7. DONT_TOUCH

使用 DONT_TOUCH 属性代替 KEEP 或者 KEEP_HIERARCHY，DONT_TOUCH 属性的工作方式与 KEEP 或 KEEP_HIERARCHY 属性相同。但是，与 KEEP 和 KEEP_HIERARCHY 属性不同的是，DONT_TOUCH 属性向前注解到布局和布线，以阻止逻辑优化。

注：与 KEEP 和 KEEP_HIERARCHY 属性类似，使用 DONT_TOUCH 属性时要小心。如果其他属性与 DONT_TOUCH 属性冲突，则 DONT_TOUCH 属性优先。

DONT_TOUCH 属性的值为 TRUE/FALSE 或 yes/no。该属性可以放置在任何信号、模块、实体或者元件上。

注：模块或实体的端口不支持 DONT_TOUCH 属性。如果需要保留特定的端口，请使用-flatten_hierarchy none 设置，或者将 DONT_TOUCH 属性放置在模块/实体本身。

通常，DONT_TOUCH 属性仅在 RTL 中设置。需要保留的信号通常可以在读取 XDC 文件之前进行优化。因此，在 RTL 中设置该属性可确保使用该属性。有一个示例建议在 XDC 文件中设置 DONT_TOUCH 属性，即当 DONT_TOUCH 属性在 RTL 中设置为 yes 时，并且希望在不更改 RTL 的情况下取出。在这种情况下，当同一信号的 DONT_TOUCH 属性在 RTL 中设置为 yes 时，在 XDC 中将 DONT_TOUCH 属性设置为 no 将有效删除该属性，而不必更改 RTL。

注：当使用 XDC 删除 RTL 中设置的 DONT_TOUCH 属性时，当实现流程读取相同的 XDC 但有问题的信号已被优化时，设计人员可能会在综合后收到警告。这些警告可以忽略。但是，设计人员也可以通过将 DONT_TOUCH 属性放在标记为仅用于综合的 XDC 文件中来绕过它们。

DONT_TOUCH 属性的 Verilog HDL 和 VHDL 描述例子如代码清单 2-19～代码清单 2-25 所示。

代码清单 2-19　DONT_TOUCH 属性应用于 wire 类型的 Verilog HDL 描述例子

```
(* dont_touch = "true" *) wire sig1;
assign sig1 = in1 & in2;
assign out1 = sig1 & in2;
```

代码清单 2-20　DONT_TOUCH 属性应用于 module 的 Verilog HDL 描述例子

```
(* DONT_TOUCH = "yes" *)
module example_dt_ver
(clk,
In1,
In2,
out1);
```

代码清单 2-21　DONT_TOUCH 属性应用于实例的 Verilog HDL 描述例子

```
(* DONT_TOUCH = "yes" *) example_dt_ver U0
(.clk(clk),
.in1(a),
.in2(b),
out1(c));
```

代码清单 2-22　DONT_TOUCH 属性应用于 signal 的 VHDL 描述例子

```
signal sig1 : std_logic;
attribute dont_touch : string;
attribute dont_touch of sig1 : signal is "true";
....
....
sig1 <= in1 and in2;
out1 <= sig1 and in3;
```

代码清单 2-23　DONT_TOUCH 属性应用于 entity 的 VHDL 描述例子

```
entity example_dt_vhd is
port (
clk : in std_logic;
In1 : in std_logic;
In2 : in std_logic;
```

```
out1 : out std_logic
);
attribute dont_touch : string;
attribute dont_touch of example_dt_vhd : entity is "true|yes";
end example_dt_vhd;
```

代码清单 2-24　DONT_TOUCH 属性应用于 component 的 VHDL 描述例子

```
entity rtl of test is
attribute dont_touch : string;
component my_comp
port (
in1 : in std_logic;
out1 : out std_logic);
end component;
attribute dont_touch of my_comp : component is "yes";
```

代码清单 2-25　DONT_TOUCH 属性应用于 architecture 的 VHDL 描述例子

```
architecture rtl of test is
attribute dont_touch : string;
attribute dont_touch of rtl : architecture is "yes";
```

8．DSP_FOLDING

DSP_FOLDING 属性控制 Vivado 综合是否将与一个加法器连接的两个 MAC 结构折叠为一个 DSP 原语。DSP_FOLDING 属性的值为：

（1）"yes"：工具将转换 MAC 结构。

（2）"no"：工具将不会转换 MAC 结构。

仅 RTL 支持 DSP_FOLDING 属性，它应该放在将包含 MAC 结构的逻辑模块/实体/结构体上。

DSP_FOLDING 属性的 Verilog HDL 和 VHDL 描述例子如代码清单 2-26 和代码清单 2-27 所示。

代码清单 2-26　DSP_FOLDING 属性的 Verilog HDL 描述例子

```
(* dsp_folding = "yes" *) module top .....
```

代码清单 2-27　DSP_FOLDING 属性的 VHDL 描述例子

```
attribute dsp_folding : string;
attribute dsp_folding of my_entity : entity is "yes";
```

9．DSP_FOLDING_FASTCLOCK

DSP_FOLDING_FASTCLOCK 属性告诉工具在使用 DSP 折叠时，哪个端口应成为新的更快时钟。DSP_FOLDING_FASTCLOCK 属性的值为：

（1）"yes"：工具将使用该端口作为连接新时钟的端口。

（2）"no"：工具将不会使用该端口。

仅 RTL 支持 DSP_FOLDING_FASTCLOCK 属性，仅将该属性放置在端口或引脚上。

DSP_FOLDING_FASTCLOCK 属性的 Verilog HDL 和 VHDL 描述例子如代码清单 2-28 和代码清单 2-29 所示。

代码清单 2-28　DSP_FOLDING_FASTCLOCK 属性的 Verilog HDL 描述例子

```
(* dsp_folding_fastclock = "yes" *) input clk_fast;
```

代码清单 2-29　DSP_FOLDING_FASTCLOCK 属性的 VHDL 描述例子

```
attribute dsp_folding_fastclock : string;
```

```
attribute dsp_folding_fastclock of clk_fast : signal is "yes";
```

10．EXTRACT_ENABLE

EXTRACT_ENABLE 属性控制是否使能寄存器推断。通常，Vivado 工具提取或不提取基于启发法的使能，这些启发法通常有利于大多数的设计。如果 Vivado 的行为不符合要求，则该属性将覆盖工具的默认行为。

如果触发器的 CE 引脚有一个不需要的使能，则该属性将其强制到 D 输入逻辑。相反，如果工具没有推断 RTL 中指定的使能，则该属性告诉工具将该使能移动到触发器的 CE 引脚。

如果将 EXTRACT_ENABLE 属性放置在寄存器上，且在 RTL 和 XDC 中受支持，那么它可以采用的布尔值为 yes 或 no。

EXTRACT_ENABLE 属性的 Verilog HDL 和 VHDL 描述例子如代码清单 2-30 和代码清单 2-31 所示，该属性在 XDC 中描述的例子如代码清单 2-32 所示。

代码清单 2-30　EXTRACT_ENABLE 属性的 Verilog HDL 描述例子

```
(* extract_enable = "yes" *) reg my_reg;
```

代码清单 2-31　EXTRACT_ENABLE 属性的 VHDL 描述例子

```
signal my_reg : std_logic;
attribute extract_enable : string;
attribute extract_enable of my_reg: signal is "no";
```

代码清单 2-32　EXTRACT_ENABLE 属性在 XDC 中描述的例子

```
set_property EXTRACT_ENABLE yes [get_cells my_reg]
```

11．EXTRACT_RESET

EXTRACT_RESET 属性控制是否推断寄存器复位。通常，Vivado 工具基于启发法提取或不提取复位，这些启发法通常有利于大多数的设计。如果 Vivado 的行为不符合要求，则该属性将覆盖工具的默认行为。

如果有一个不希望的同步复位进入触发器，则 EXTRACT_RESET 属性将其强制到 D 输入逻辑。相反，如果工具没有推断 RTL 中指定的复位，则 EXTRACT_RESET 属性告诉工具将该复位移动到触发器的专用复位。EXTRACT_RESET 属性只能与同步复位一起使用，其不支持异步复位。

如果将 EXTRACT_ENABLE 属性放置在寄存器上，且在 RTL 和 XDC 中受支持，那么它可以采用的布尔值为 yes 或 no。值 no 表示复位不会到达寄存器的 R 引脚，而是通过逻辑布线到寄存器的 D 引脚；值 yes 表示复位将直接进入寄存器的 R 引脚。

EXTRACT_RESET 属性的 Verilog HDL 和 VHDL 描述例子如代码清单 2-33 和代码清单 2-34 所示，该属性在 XDC 中描述的例子如代码清单 2-35 所示。

代码清单 2-33　EXTRACT_RESET 属性的 Verilog HDL 描述例子

```
(* extract_reset = "yes" *) reg my_reg;
```

代码清单 2-34　EXTRACT_RESET 属性的 VHDL 描述例子

```
signal my_reg : std_logic;
attribute extract_reset : string;
attribute extract_reset of my_reg: signal is "no";
```

代码清单 2-35　EXTRACT_RESET 属性在 XDC 中描述的例子

```
set_property EXTRACT_RESET yes [get_cells my_reg]
```

12．FSM_ENCODING

FSM_ENCODING 属性用于控制状态机上的编码。通常，Vivado 工具基于启发式算法为状态机选择一个编码协议，这种算法对大多数设计都是最好的。

FSM_ENCODING 属性可以放置在状态寄存器上，其合法的值为 one_hot、sequential、johnson、gray、user_encoding 和 none。auto 值是默认值，允许工具确定其最佳编码；user_encoding 值告诉工具仍然可以推断状态机，但使用用户在 RTL 中给定的编码。可以在 RTL 或者 XDC 中设置 FSM_ENCODING 属性。

FSM_ENCODING 属性的 Verilog HDL 和 VHDL 描述例子如代码清单 2-36 和代码清单 2-37 所示。

代码清单 2-36　FSM_ENCODING 属性的 Verilog HDL 描述例子

```
(* fsm_encoding = "one_hot" *) reg [7:0] my_state;
```

代码清单 2-37　FSM_ENCODING 属性的 VHDL 描述例子

```
type count_state is (zero, one, two, three, four, five, six, seven);
signal my_state : count_state;
attribute fsm_encoding : string;
attribute fsm_encoding of my_state : signal is "sequential";
```

13．FSM_SAFE_STATE

FSM_SAFE_STATE 属性指示 Vivado 综合将逻辑插入检测到非法状态的状态机中。当下一个时钟周期到来时，将其置为一个已知的良好状态。

例如，如果一个状态机具有 one_hot 编码，并且处于 0101 状态（对于 one_hot 来说这是非法的），则状态机应该能够恢复。该属性可放置在状态机寄存器上。设计人员可以在 RTL 或 XDC 中设置该属性。

FSM_SAFE_STATE 的合法值如下所示。

（1）auto_safe_state：使用 Hamming-3 编码对一位/翻转进行自动校正。

（2）reset_state：使用 Hamming-2 编码对一位/翻转检测，强制状态机进入复位状态。

（3）power_on_state：使用 Hamming-2 编码对一位/翻转检测，强制状态机进入上电状态。

（4）default_state：强制状态机进入 RTL 中指定的默认状态，即 Verilog 中 case 语句的 default 分支中指定的状态或 VHDL 中 case 语句 others 分支中指定的状态。要使其工作，RTL 中必须要有 default 状态或 others 状态。

FSM_SAFE_STATE 属性的 Verilog HDL 和 VHDL 描述例子如代码清单 2-38 和代码清单 2-39 所示。

代码清单 2-38　FSM_SAFE_STATE 属性的 Verilog HDL 描述例子

```
(* fsm_safe_state = "reset_state" *) reg [7:0] my_state;
```

代码清单 2-39　FSM_SAFE_STATE 属性的 VHDL 描述例子

```
type count_state is (zero, one, two, three, four, five, six, seven);
signal my_state : count_state;
attribute fsm_safe_state : string;
attribute fsm_safe_state of my_state : signal is "power_on_state";
```

14. FULL_CASE (Verilog Only)

FULL_CASE 属性表示在 case、casex 或者 casez 语句中指定了所有可能情况的取值。如果指定了 case 的值，Vivado 综合工具则不能创建额外的逻辑用于 case 值。FULL_CASE 属性放置在 case 语句中，该属性的 Verilog HDL 描述如代码清单 2-40 所示。

代码清单 2-40　FULL_CASE 属性的 Verilog HDL 描述例子

```
(* full_case *)
case select
    3'b100 : sig = val1;
    3'b010 : sig = val2;
    3'b001 : sig = val3;
endcase
```

注：由于 FULL_CASE 属性影响编译器，可以改变设计的逻辑行为，因此只能在 RTL 中设置。

15. GATED_CLOCK

Vivado 综合允许门控时钟的转换。要执行该转换，请使用：

（1）Vivado GUI 的开关，用于指导工具尝试转换。

（2）RTL 属性指导工具，用于确认在门控逻辑中指示哪个信号是时钟。

将 GATED_CLOCK 属性放置在作为时钟的信号或端口上，要控制开关，则应按照下述步骤进行操作。

（1）在 Vivado 2023.1 IDE 工程界面左侧 Flow Navigator 窗口中，找到并用鼠标右键单击 SYNTHESIS，出现浮动菜单。在浮动菜单中，执行菜单命令【Synthesis Settings】。

（2）在弹出的"Settings"对话框中找到名字为"Settings"的标题窗口。

（3）在 Settings 窗口中，找到并展开"Synth Design（vivado）"。

（4）在展开项中，找到"-gated_clock_conversion"条目。通过该条目右侧的下拉框，将该条目的值设置为 off、on 和 auto。下面对这三个值的含义进行简要说明。

① off：禁止门控时钟转换。

② on：如果在 RTL 代码中设置了 GATED_CLOCK 属性，则发生门控时钟转换。该选项使得设计人员能更好地控制结果。

③ auto：如果发生下面事件，则进行转换。

● GATED_CLOCK 属性设置为 true。

● Vivado 综合可以检测到门，并且存在有效的时钟约束集。

注：使用 KEEP_HIERARCHY、DONT_TOUCH 和 MARK_DEBUG 属性时要小心。如果将这些属性放置在需要更改以支持转换的层次结构或实例上，则这些属性可能会干扰门控时钟的转换。

GATED_CLOCK 属性的 Verilog HDL 和 VHDL 描述例子如代码清单 2-41 和代码清单 2-42 所示。

代码清单 2-41　GATED_CLOCK 属性的 Verilog HDL 描述例子

```
(* gated_clock = "true" *) input clk;
```

代码清单 2-42　GATED_CLOCK 属性的 VHDL 描述例子

```
entity test is port (
    in1, in2 : in std_logic_vector(9 downto 0);
```

```
en : in std_logic;
clk : in std_logic;
out1 : out std_logic_vector( 9 downto 0));
attribute gated_clock : string;
attribute gated_clock of clk : signal is "true";
end test;
```

16. IOB

IOB 属性控制寄存器是否应进入 I/O 缓冲区，它的值为 TRUE 或 FALSE。将该属性放在 I/O 缓冲区所需要的寄存器上。该属性只能在 RTL 中设置。

IOB 属性的 Verilog HDL 和 VHDL 描述例子如代码清单 2-43 和代码清单 2-44 所示。

代码清单 2-43　IOB 属性的 Verilog HDL 描述例子

```
(* IOB = "true" *) reg sig1;
```

代码清单 2-44　IOB 属性的 VHDL 描述例子

```
signal sig1: std_logic;
attribute IOB: string;
attribute IOB of sig1 : signal is "true";
```

17. IO_BUFFER_TYPE

将 IO_BUFFER_TYPE 属性应用于任何顶层端口以指示工具使用缓冲区。添加值为 NONE 的属性将禁止输入或输出缓冲区上缓冲区的自动推断，这是 Vivado 综合的默认行为。IO_BUFFER_TYPE 属性仅支持和设置在 RTL 中。

IO_BUFFER_TYPE 属性的 Verilog HDL 和 VHDL 描述例子如代码清单 2-45 和代码清单 2-46 所示。

代码清单 2-45　IOB_BUFFER_TYPE 属性的 Verilog HDL 描述例子

```
(* io_buffer_type = "none" *) input in1;
```

代码清单 2-46　IOB_BUFFER_TYPE 属性的 VHDL 描述例子

```
entity test is port(
in1 : std_logic_vector (8 downto 0);
clk : std_logic;
out1 : std_logic_vector(8 downto 0));
attribute io_buffer_type : string;
attribute io_buffer_type of out1: signal is "none";
end test;
```

18. KEEP

KEEP 属性可以阻止信号被优化或吸收到逻辑块中，该属性指示综合工具保留其放置的信号，并且该信号被放置在网表中。

例如，如果一个信号是两输入的逻辑"与"门输出，并且它驱动另一个逻辑"与"门，则 KEEP 属性可用于阻止该信号合并到包含两个逻辑"与"门的较大 LUT 中。

注：将 KEEP 与其他属性一起使用时要小心。在其他属性与 KEEP 属性冲突的情况下，KEEP 属性通常优先。

KEEP 属性也通常与时序约束结合使用。如果信号上存在通常会优化的时序约束，KEEP 属性会阻止这种情况，并允许使用正确的时序规则。

注：（1）模块或实体的端口不支持 KEEP 属性。如果需要保留特定的端口，请使用 -flatten_

150

herarchy none 设置，或者在模块或实体本身上放置 DONT_TOUCH 属性。

（2）在无负载信号上使用 KEEP 属性时要小心。综合将保留这些信号，这些信号将在流程的后期产生问题。

例如：

（1）当一个信号具有 MAX_FANOUT 属性，而由第一个信号驱动的第二个信号具有 KEEP 属性时，第二个信号上的 KEEP 属性不允许扇出复制。

（2）对于 RAM_STYLE= "block"，当寄存器上有一个 KEEP 需要成为 RAM 的一部分时，KEEP 属性可防止推断 BRAM。

支持的 KEEP 值为 TRUE 时，表示保持信号；值为 FALSE 时，允许 Vivado 综合进行优化，此时不会强制工具删除信号。默认值为 FALSE。

KEEP 属性可以放置在 signal、reg 或者 wire 上。Xilinx 建议仅在 RTL 中设置该属性。由于需要保留的信号通常在 XDC 文件之前进行了优化，因此在 RTL 中设置该属性可以确保使用该属性。

注：KEEP 属性不强迫布局和布线工具保持该信号。在这种情况下，使用 DONT_TOUCH 属性。

KEEP 属性的 Verilog HDL 和 VHDL 描述例子如代码清单 2-47 和代码清单 2-48 所示。

代码清单 2-47　KEEP 属性的 Verilog HDL 描述例子

```
(* keep = "true" *) wire sig1;
assign sig1 = in1 & in2;
assign out1 = sig1 & in2;
```

代码清单 2-48　KEEP 属性的 VHDL 描述例子

```
signal sig1 : std_logic;
attribute keep : string;
attribute keep of sig1 : signal is "true";
    ...
    ...
sig1 <= in1 and in2;
out1 <= sig1 and in3;
```

19. KEEP_HIERARCHY

KEEP_HIERARCHY 属性用于阻止在层次边界的优化。如果在实例上放置了 KEEP_HIERARCHY 属性，综合工具将保持静态级的逻辑层次。这可能会影响 QoR，也不能用于那些描述三态输出和 I/O 缓冲区控制逻辑的模块。KEEP_HIERARCHY 属性可以放置在模块或结构体级，或实例中。如果在 XDC 中使用它，那么它只能放在实例上。

KEEP_HIERARCHY 属性的 Verilog HDL 和 VHDL 描述例子如代码清单 2-49~代码清单 2-51 所示。在 XDC 的实例上使用该属性的描述例子如代码清单 2-52 所示。

代码清单 2-49　在模块上使用 KEEP_HIERARCHY 属性的 Verilog HDL 描述例子

```
(* keep_hierarchy = "yes" *) module bottom (in1, in2, in3, in4, out1, out2);
```

代码清单 2-50　在实例上使用 KEEP_HIERARCHY 属性的 Verilog HDL 描述例子

```
(* keep_hierarchy = "yes" *)bottom u0 (.in1(in1), .in2(in2), .out1(temp1));
```

代码清单 2-51　在结构体上使用 KEEP_HIERARCHY 属性的 VHDL 描述例子

```
attribute keep_hierarchy : string;
attribute keep_hierarchy of beh : architecture is "yes";
```

```
set_property keep_hierarchy yes [get_cells u0]
```

20．MARK_DEBUG

MARK_DEBUG 属性适用于网络对象。一些网络可以具有专用连接或其他方面，这些方面禁止用于调试目的的可见性。MARK_DEBUG 属性的值为 TRUE 或 FALSE。

（1）要设置该属性，请在有问题的信号上放置正确的 Verilog HDL 属性：

（* MARK_DEBUG = "{TRUE|FALSE}" *）

（2）要设置该属性，请在有问题的信号上放置正确的 VHDL 属性：

```
attribute MARK_DEBUG : string;
attribute MARK_DEBUG of signal_name : signal is "{TRUE|FALSE}";
```

其中，signal_name 为内部信号。

（3）在 XDC 中设计该属性的格式如下：

```
set_property MARK_DEBUG value [get_nets <net_name>]
```

其中，<net_name>为信号的名字。

MARK_DEBUG 属性的 Verilog HDL 和 VHDL 描述例子如代码清单 2-53 和代码清单 2-54 所示，该属性在 XDC 中的描述例子如代码清单 2-55 所示。

代码清单 2-53　**MARK_DEBUG** 属性的 **Verilog HDL** 描述例子

```
// Marks an internal wire for debug
(* MARK_DEBUG = "TRUE" *) wire debug_wire,
```

代码清单 2-54　**MARK_DEBUG** 属性的 **VHDL** 描述例子

```
signal debug_wire : std_logic;
attribute MARK_DEBUG : string;
-- Marks an internal wire for debug
attribute MARK_DEBUG of debug_wire : signal is "TRUE";
```

代码清单 2-55　**MARK_DEBUG** 属性在 **XDC** 中的描述例子

```
# Marks an internal wire for debug
set_property MARK_DEBUG TRUE [get_nets debug_wire]
```

通常，MARK_DEBUG 属性的使用是在层次结构的引脚上进行的，并且可以用于任何详细描述的时序元素，如 RTL_REG。当 MARK_DEBUG 属性用于网络时，建议同时使用 get_nets 和 get_pins 命令。例如：

```
set_property MARK_DEBUG true[get_nets-of[get_pins\hier1/hier2/<flop_name>/Q]]
```

这种建议的使用可以确保 MARK_DEBUG 属性进入连接该引脚的网络，与名字无关。

注：如果将 MARK_DEBUG 属性应用于声明为 bit_vector 的信号位，则整个总线将获得 MARK_DEBUG 属性。此外，如果将 MARK_DEBUG 属性放置在层次结构的引脚上，则将保留完整的层次结构。

21．MAX_FANOUT

MAX_FANOUT 属性指示 Vivado 对寄存器和信号的扇出进行限制，可以在 RTL 中指定或将其作为工程的输入。MAX_FANOUT 属性的值为一个整数，且该属性只能用于寄存器和组合信号。该属性只能在 RTL 中设置。

注：（1）不支持输入、黑盒、EDIF 和本原通用电路（Native Generic Circuit，NGC）文件。

（2）针对 UltraScale 器件的 Vivado 设计套件不支持 NGC 格式的文件。建议使用 Vivado 设计套件 IP 定制工具和本原输出产品重新生成 IP。或者设计人员也可以使用 NGC2EDIF 命令将 NGC 文件转换为 EDIG 格式以进行导入。然而，Xilinx 建议今后使用本原 Vivado IP，而不是 XST 生成的 NGC 格式文件。

在全局高扇出信号上使用 MAX_FANOUT 属性会导致综合中的次优化复制。因此，Xilinx 建议仅在具有低扇出的本地信号的层次结构中使用 MAX_FANOUT 属性。

MAX_FANOUT 属性的 Verilog HDL 和 VHDL 描述例子如代码清单 2-56 和代码清单 2-57 所示。

代码清单 2-56　MAX_FANOUT 属性的 Verilog HDL 描述例子

```
(* max_fanout = 50 *) reg sig1;
```

代码清单 2-57　MAX_FANOUT 属性的 VHDL 描述例子

```
signal sig1 : std_logic;
attribute max_fanout : integer; attribute max_fanout : signal is 50;
```

22. PARALLEL_CASE (Verilog Only)

PARALLEL_CASE 属性指定 case 语句必须构建为并行结构。逻辑不是为 if-elsif 结构创建的。由于该属性会影响编译器和设计的逻辑行为，因此只能在 RTL 中设置。该属性的 Verilog HDL 描述例子如代码清单 2-58 所示。

代码清单 2-58　PARALLEL_CASE 属性的 Verilog HDL 描述例子

```
(* parallel_case *) case select
    3'b100 : sig = val1;
    3'b010 : sig = val2;
    3'b001 : sig = val3;
endcase
```

注：该属性只能通过 Verilog HDL 的 RTL 进行控制。

23. RAM_DECOMP

RAM_DECOMP 属性指示该工具推断 RTL RAM 太大，无法适配到单个 BRAM 原语，从而使用更省电的配置。例如，指定为 2K×36 的 RAM 通常被配置为并排排列的两个 2K×18 BRAM，这是产生最快设计的配置。通过设置 RAM_DECOMP 属性，RAM 将被配置为 2 个 1K×36 BRAM，这对电源更友好，因为在读或写过程中，只有一个使用地址的 RAM 是活动的。RAM_DECOMP 是以时序为代价的，因为 Vivado 综合必须使用地址译码。RAM_DECOMP 属性将强制执行该 RAM 的第二种配置。

RAM_DECOMP 属性可接受的值为 power。该属性可以在 RTL 或 XDC 中设置。将属性放在 RAM 实例本身上。

RAM_DECOMP 属性的 Verilog HDL 和 VHDL 描述例子如代码清单 2-59 和代码清单 2-60 所示，该属性在 XDC 中的描述的例子如代码清单 2-61 所示。

代码清单 2-59　RAM_DECOMP 属性的 Verilog HDL 描述例子

```
(* ram_decomp = "power" *) reg [data_size-1:0] myram [2**addr_size-1:0];
```

代码清单 2-60　RAM_DECOMP 属性的 VHDL 描述例子

```
attribute ram_decomp : string;
attribute ram_decomp of myram : signal is "power";
```

代码清单 2-61　RAM_DECOMP 属性在 XDC 中的描述的例子

```
set_property ram_decomp power [get_cells myram]
```

24. RAM_STYLE

RAM_STYLE 属性指示 Vivado 综合工具如何推断存储器。可接受的值为：

（1）block：指示 Vivado 综合工具推断 BRAM 类型元件。

（2）distributed：指示 Vivado 综合工具推断 LUT RAM。

（3）registers：指示 Vivado 综合工具推断寄存器而不是 RAM。

（4）ultra：指示 Vivado 综合工具使用 UltraScale URAM 原语。

（5）mixed：指示 Vivado 综合工具推断 RAM 类型的组合，以最大限度地减少未使用的空间量。

（6）auto：让 Vivado 综合工具决定如何实现 RAM。这与默认行为相同。该值的主要用途是 XPM 必须为 RAM_STYLE 选择一个值。

默认情况下，Vivado 综合工具选择启发法选择要推断的 RAM，这些启发法为大多数设计提供了最佳结果。将 RAM_STYPE 属性放在 RAM 或层次结构级别上。

（1）如果在信号上设置，则该属性将影响该特定信号；

（2）如果设置在一个层次级别上，则会影响该层次级别中的所有 RAM。层次结构的子级不受影响。

可以在 RTL 或 XDC 中设置 RAM_STYLE 属性。

RAM_STYPE 属性的 Verilog HDL 和 VHDL 描述例子如代码清单 2-62 和代码清单 2-63 所示。

代码清单 2-62　RAM_STYPE 属性的 Verilog HDL 描述例子

```
(* ram_style = "distributed" *) reg [data_size-1:0] myram [2**addr_size-1:0];
```

代码清单 2-63　RAM_STYPE 属性的 VHDL 描述例子

```
attribute ram_style : string;
attribute ram_style of myram : signal is "distributed":
```

25. RETIMING_BACKWARD

RETIMING_BACKWARD 属性指示工具通过将寄存器向后移动，使其更靠近受驱动的顺序元件。与重定时全局设置不同，该属性不是时序驱动并且将起作用，无论重定时全局设置是否处于活动状态或者是否存在时序约束。如果全局重定时设置处于活动状态，则 RETIMING_BACKWARD 步骤将首先发生，然后全局重定时可以增强该寄存器以进一步向后移动链，但不会干扰属性并将寄存器移回其原始位置。

注：具有 DONT_TOUCH/MATK_DEBUG 属性的单元，带有时序例外（false_path，multicycle_path）的单元，以及用户例化单元，将阻止该属性。

RETIMING_BACKWARD 属性的 Verilog HDL 和 VHDL 描述例子如代码清单 2-64 和代码清单 2-65 所示，该属性在 XDC 中描述的例子如代码清单 2-66 所示。

代码清单 2-64　RETIMING_BACKWARD 属性的 Verilog HDL 描述例子

```
(*retiming_backward = 1 *) reg my_sig;
```

代码清单 2-65　RETIMING_BACKWARD 属性的 VHDL 描述例子

```
attribute retiming_backward : integer;
attribute retiming_backward of my_sig : signal is 1;
```

代码清单 2-66　RETIMING_BACKWARD 属性在 XDC 中描述的例子

```
set_property retiming_backward 1 [get_cells my_sig];
```

26．RETIMING_FORWARD

RETIMING_FORWARD 属性指示工具通过将寄存器向前移动，使其更靠近受驱动的顺序元件。与重定时全局设置不同，该属性不是时序驱动并且将起作用，无论重定时全局设置是否处于活动状态或者是否存在时序约束。如果全局重定时设置处于活动状态，则 RETIMING_FORWARD 步骤将首先发生，然后全局重定时可以增强该寄存器以进一步移动，但不会干扰属性将寄存器移回其原始位置。

注：具有 DONT_TOUCH/MATK_DEBUG 属性的单元，带有时序例外（false_path，multicycle_path）的单元，以及用户例化单元，将阻止该属性。

RETIMING_FORWARD 属性采用一个整数作为值，该值描述了允许寄存器跨越的逻辑数量。较大的值将允许寄存器跨越更多的逻辑。值为 0 时，将关闭属性。

RETIMING_FORWARD 属性的 Verilog HDL 和 VHDL 描述例子如代码清单 2-67 和代码清单 2-68 所示，该属性在 XDC 中描述的例子如代码清单 2-69 所示。

代码清单 2-67　RETIMING_FORWARD 属性的 Verilog HDL 描述例子

```
(* retiming_forward = 1 *) reg my_sig;
```

代码清单 2-68　RETIMING_FORWARD 属性的 VHDL 描述例子

```
attribute retiming_forward : integer;
attribute retiming_forward of my_sig : signal is 1;
```

代码清单 2-69　RETIMING_FORWARD 属性在 XDC 中描述的例子

```
set_property retiming_forward 1 [get_cells my_sig];
```

27．ROM_STYLE

ROM_STYLE 属性指导 Vivado 综合工具如何将常数数组推断为 BRAM 等存储器结构，可接受的值为：

（1）block：指示 Vivado 综合工具推断 BRAM 类型的元件。

（2）distributed：指示 Vivado 综合工具推断 LUT ROM。指示 Vivado 综合工具将常数数组推断为分布式 RAM（LUTRAM）资源。默认情况下，Vivado 综合工具根据启发法选择要推断的 ROM，这些启发法为大多数设计提供了最佳结果。

（3）ultra：指导 Vivado 综合工具使用 URAM 原语（仅限于 Versal ACAP 器件）。

可以在 RTL 和 XDC 中设置该属性，该属性的 Verilog HDL 和 VHDL 描述例子如代码清单 2-70 和代码清单 2-71 所示。

代码清单 2-70　ROM_STYLE 属性的 Verilog HDL 描述例子

```
(* rom_style = "distributed" *) reg [data_size-1:0] myrom [2**addr_size-1:0];
```

代码清单 2-71　ROM_STYLE 属性的 VHDL 描述例子

```
attribute rom_style : string;
attribute rom_style of myrom : signal is "distributed";
```

28．RW_ADDR_COLLISION

RW_ADDR_COLLISION 属性用于特定类型的 RAM。当 RAM 是一个简单的双端口并且读地址已寄存时，Vivado 综合工具将推断出 BRAM，并且将写入模式设置为 WRITE_FIRST 以获得最佳时序。此外，如果一个设计写入与其正在读取的地址相同的地址，则 RAM 的输出是不可预测的。RW_ADDR_COLLISION 覆盖该行为。RW_ADDR_COLLISION 的值为：

（1）auto：如上描述的默认行为。

（2）yes：插入了旁路逻辑，这样当在同一时间从写入地址读取时，将在输出看到输入的值，从而使整个阵列表现为 WRITE_FIRST。

（3）no：这时值设计人员不关心时序或冲突的可能性。在这种情况下，写入模式将被设置为 NO_CHANGE，从而节省功率。

仅在 RTL 中支持 RW_ADDR_COLLISION 属性。该属性的 Verilog HDL 和 VHDL 描述例子如代码清单 2-72 和代码清单 2-73 所示。

代码清单 2-72　RW_ADDR_COLLISION 属性的 Verilog HDL 描述例子

```
(*rw_addr_collision = "yes" *) reg [3:0] my_ram [1023:0];
```

代码清单 2-73　RW_ADDR_COLLISION 属性的 VHDL 描述例子

```
attribute rw_addr_collision : string;
attribute rw_addr_collision of my_ram : signal is "yes";
```

29. SHREG_EXTRACT

SHREG_EXTRACT 属性指示 Vivado 综合工具是否推断 SRL 结构，可接受的值为：

（1）yes：工具推断 SRL 结构。

（2）no：不推断 SRL，而是创建寄存器。

将 SHREG_EXTRACT 属性放在为 SRL 或具有 SRL 的模块/实体声明的信号上，可以在 RTL 或 XDC 中设置该属性。该属性的 Verilog HDL 和 VHDL 描述例子如代码清单 2-74 和代码清单 2-75 所示。

代码清单 2-74　SHREG_EXTRACT 属性的 Verilog HDL 描述例子

```
(* shreg_extract = "no" *) reg [16:0] my_srl;
```

代码清单 2-75　SHREG_EXTRACT 属性的 VHDL 描述例子

```
attribute shreg_extract : string;
attribute shreg_extract of my_srl : signal is "no";
```

30. SRL_STYLE

SRL_STYLE 属性指示 Vivado 综合工具如何推断设计中发现的 SRL，可接受的值为：

（1）register：Vivado 综合工具不推断 SRL，而是仅使用寄存器。

（2）srl：Vivado 综合工具推断出一个 SRL，在此之前或之后没有任何寄存器。

（3）srl_reg：Vivado 综合工具推断 SRL，并在 SRL 之后留下一个寄存器。

（4）reg_srl：Vivado 综合工具推断 SRL，并在 SRL 之前留下一个寄存器。

（5）reg_srl_reg：Vivado 综合工具推断 SRL，并在 SRL 之前和之后留下一个寄存器。

（6）block：Vivado 综合工具推断 SRL 在 BRAM 中。

将 SRL_STYLE 属性放在为 SRL 声明的信号上，该属性可以在 RTL 和 XDC 中设置。该属性只能用于静态 SRL。动态 SRL 的索引逻辑位于 SRL 元件本身内。因此，不能在 SRL 元件周围创建逻辑来查找元件外部的地址。

注：使用 SRL_STYLE、SHREG_EXTRACT 和 -shreg_min_size 的组合时要小心。SHREG_EXTRACT 属性始终优先于其他属性。如果将 SHREG_EXTRACT 属性设置为 no，将 SRL_STYL 属性设置为 SRL，则使用寄存器。作为全局变量的 -shreg_min_size 总是具有最小的优先级。如果设置了长度为 10 的 SRL，SRL_STYLE 属性设置为 SRL 且 -shreg_min_size 设置为 20，则依然推断 SRL。

SRL_STYLE 属性的 Verilog HDL 和 VHDL 描述的例子如代码清单 2-76 和代码清单 2-77 所示，该属性在 XDC 中描述的例子如代码清单 2-78 所示。

代码清单 2-76　SRL_STYLE 属性的 Verilog HDL 描述例子

```
(* srl_style = "register" *) reg [16:0] my_srl;
```

代码清单 2-77　SRL_STYLE 属性的 VHDL 描述例子

```
attribute srl_style : string;
attribute srl_style of my_srl : signal is "reg_srl_reg";
```

代码清单 2-78　SRL_STYLE 属性在 XDC 中描述的例子

```
set_property srl_style register [get_cells my_shifter_reg*]
```

在上面的例子中，SRL 都是用总线创建的，其中 SRL 从一位移动到下一位。如果要使用 SRL_STYLE 属性的代码有许多不同名字的信号互相驱动，则将 SRL_STYLE 属性放在链中的最后一个信号上。这包括链中的最后一个寄存器是否与其他寄存器处于不同的层次结构级别。属性总是位于链中的最后一个寄存器中。

31. TRANSLATE_OFF/TRANSLATE_ON

TRANSLATE_OFF/TRANSLATE_ON 属性指示 Vivado 综合工具忽略代码块，这些属性在 RTL 中的注释中给出。注释可以以下面其中一个关键字开头：synthesis、synopsys、pragma 或 xilinx。在 Vivado 综合工具的新版本中，使用关键字已经成为可选项，该工具将仅在注释中使用 translate_off/on 或 off/on。

TRANSLATE_OFF 启动忽略，并以 TRANSLATE_ON 结束。这些命令不能嵌套。TRANSLATE_OFF/TRANSLATE_ON 属性只能在 RTL 中设置，该属性的 Verilog HDL 和 VHDL 描述的例子如代码清单 2-79 和代码清单 2-80 所示。

代码清单 2-79　TRANSLATE_OFF/TRANSLATE_ON 属性的 Verilog HDL 描述例子

```
// synthesis translate_off
Code....
// synthesis translate_on
// synthesis off
Code....
// synthesis on
```

代码清单 2-80　TRANSLATE_OFF/TRANSLATE_ON 属性的 VHDL 描述例子

```
-- synthesis translate_off
Code...
-- synthesis translate_on
-- synthesis on
Code....
-- synthesis off
```

注：注意 translate 语句之间包含的代码类型。如果代码影响了设计行为，仿真器可能会使

用该代码，并造成仿真不匹配。

32．USE_DSP

USE_DSP 属性指示 Vivado 综合工具如何处理综合算术结构。默认情况下，除非存在时序问题或阈值限制，否则综合尝试将乘法、乘法-加法、乘法-减法、乘法-累加类型的结构推断到 DSP 块。

加法器、减法器和累加器也可以进入这些块，但默认情况下是使用逻辑而不是使用 DSP 实现。USE_DSP 属性覆盖默认行为，并强制这些结构进入 DSP 块。

USE_DSP 属性可接受的值为 logic、simd、yes 和 no。

（1）logic 值专门用于 XOR 结构，以进入 DSP 原语。对于 logic，这个属性只能放置在 module/architecture 级。其中，module 为 Verilog HDL 中的模块，architecture 为 VHDL 中的结构体。

（2）simd 用于指示工具将单指令多数据流结构（Single Instruction Multiple Data，SIMD）放入 DSP。

（3）yes 和 no 值指示工具是否将逻辑放入 DSP。这些值可以放在 RTL 中的信号、结构体、元件、实体和模块上。优先级从 1 到 3 依次为信号、结构体和元件、模块和实体。

如果未指定属性，则 Vivado 综合的默认行为将确定正确的行为。该属性可以在 RTL 或 XDC 中设置。

注：（1）该属性从 USE_DSP48 重命名，以识别一些较新的 DSP 块的大小不同。即使使用不同大小的 DSP，使用属性 USE_DSP48 仍然有效。

（2）Xilinx 建议设计人员将任何 USE_DSP48 更新为新的属性名字 USE_DSP。

USE_DSP 属性的 Verilog HDL 和 VHDL 描述例子如代码清单 2-81 和代码清单 2-82 所示。

代码清单 2-81　USE_DSP 属性的 Verilog HDL 描述例子

```
(* use_dsp48 = "yes" *) module test(clk, in1, in2, out1);
```

代码清单 2-82　USE_DSP 属性的 VHDL 描述例子

```
attribute use_dsp : string;
attribute use_dsp of P_reg : signal is "no"
```

第3章 Vivado 工程模式基本设计实现

本章将通过一个简单的设计例子，从工程模式的角度来说明 Vivado 的基本设计实现过程。该基本设计实现过程包括创建新的设计工程、创建并添加一个新的设计文件、RTL 详细描述和分析、设计综合和分析、设计行为级仿真、创建实现约束、设计实现和分析、设计时序仿真、生成编程文件、下载比特流文件到 FPGA，以及生成并烧写 PROM 文件。

通过对 Vivado 工程模式下基本设计实现过程的介绍，帮助读者掌握 Vivado 工程模式下的最基本设计实现方法。

3.1 创建新的设计工程

在 Vivado IDE 中创建新设计工程的主要步骤如下所述。

第一步：打开 Vivado 2023.1 集成开发环境。

第二步：在 Vivado 集成开发环境主界面内的"Quick Start"分组下，单击"Create New Project"（创建新工程）选项，弹出"Create a New Vivado Project"对话框，单击【Next】按钮，弹出"New Project-Project Name"对话框，在该对话框中要求设计者给出工程的名字和工程路径，具体参数设置如图 3.1 所示。

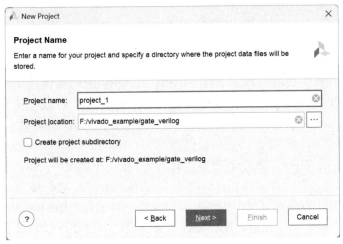

图 3.1 "New Project-Project Name"对话框

其中，Create project subdirectory 前面的复选框提供开发人员是否在当前指定的工程路径下创建一个子目录。例，当前指定的工程路径为 F:/vivado_example/gate_verilog，当选中 Create project subdirectory 前面的复选框时，所创建的工程将保存在 F:/vivado_example/gate_verilog/project_1 目录下。此处不创建工程子目录，即工程放在 F:/vivado_example/gate_verilog 目录下。

注：对于使用 VHDL 开发 FPGA 的读者，名字为"gate_VHDL"，这样是为了使用不同硬

159

件描述语言（Hardware Description Language，HDL）读者学习的方便。

注：读者可以根据自己的需要命名工程名字和指定工程路径，但是不要起中文名字和将工程放到中文的路径下，这样可能会导致 Vivado 综合和仿真工具进行后续处理时产生一些错误。

第三步：单击图 3.1 中的【Next】按钮，弹出 "New Project-Project Type" 对话框，如图 3.2 所示，在该对话框中提供了下面可选的工程类型。

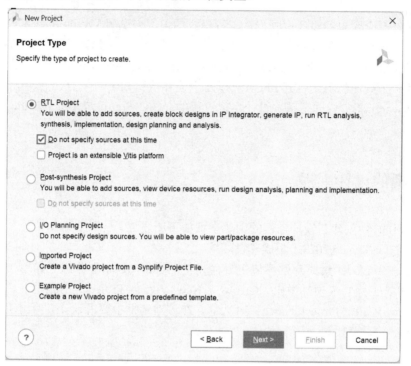

图 3.2 "New Project-Project Type" 对话框

（1）RTL Project：开发人员可以使用 Vivado 设计套件来管理从 RTL 创建到比特流生成的整个设计流程。开发人员可以添加 RTL 源文件、Xilinx IP 目录中的 IP、Vivado IP 集成器中创建的块设计、DSP 源文件以及分层模块的 EDIF 网表。IP 可以包括 Vivado 工具生成的 XCI 或 XCIX 文件、核生成器工具生成的过时的 XCO 文件以及预编译的 EDIF 或 NGC 格式的网表。

注：ISE IP 只支持 7 系列器件。ISE 格式的 IP（.ngc）不再支持 UltraScale 器件。在开始使用 UltraScale 器件设计之前，开发人员应该将其 IP 迁移到本原的 Vivado 设计套件格式。

设计人员从 RTL 工程中可以详细描述和分析 RTL，以确保正确的语法和设计结构。启动和管理各种综合和实现运行，并分析设计和运行结果。设计人员还可以尝试使用不同的约束或实现策略来实现时序收敛。

（2）Post-synthesis Project：开发人员可以使用 Vivado 综合、XST 或任何支持的第三方综合工具生成的网表来创建工程。例如，Vivado 设计套件可以导入 EDIF、NGC 或结构 Verilog 格式的网表，XCI 文件（包括 DCP 在内的所有输出产品必须已经生成），以及 Vivado 设计检查点（Design CheckPoint，DCP）文件。网表可以由包含所有内容的单个文件或多个模块级网表组成的分层文件集组成。

注：针对 UltraScale 器件的 Vivado 设计套件不支持 NGC 格式的文件。建议使用 Vivado 设计套件 IP 定制工具和本原输出产品重新生成 IP。或者设计人员可以使用 NGC2EDIF 命令将

NGC 文件转换为 EDIF 格式以进行导入。然而，Xilinx 建议今后使用本原 Vivado IP，而不是 XST 生成的 NGC 格式的文件。

设计人员可以分析和仿真网表逻辑，启动和管理各种实现运行，并分析布局和布线的设计。设计人员还可以尝试使用不同的约束或实现策略。

建议始终使用 XCI 或 XCIX 文件引用 Vivado IP。Xilinx 不建议只读取 IP DCP 文件。虽然 DCP 确实包含约束，但它不提供 IP 可以提供和可能需要的其他输出产品，如 ELF、COE 和 Tcl 脚本。

（3）I/O Planning Project：通过创建一个空的 I/O 规划工程，可以在设计周期的早期执行时钟资源和 I/O 规划。开发人员可以在 Vivado IDE 中定义 I/O 端口，也可以通过逗号分隔的值（Comma Separated Value，CSV）或 XDC 输入文件导入这些端口。开发人员可以创建一个空的 I/O 规划工程，以探索在不同器件架构中可用的逻辑资源。

当分配完 I/O 后，Vivado IDE 可以创建 CSV、XDC 和 RTL 输出文件，以方便在 RTL 源文件或者网表可用时，在设计流程中稍后使用。输出文件也可以用于创建原理图符号，用于印制电路板（Print Circuit Board，PCB）设计过程。

某些类型的 IP（如存储器、GT、PCIe 和以太网接口）具有与其关联的 I/O 端口，这些 IP 需要在一个管理 IP 工程或一个 RTL 工程中进行配置。

注： 开发人员可以使用 I/O 规划工程作为基于 RTL 的设计工程的基础。

（4）Imported Project：设计人员可以将 Synplify（Synopsys 公司旗下的综合工具产品）所创建的 RTL 工程数据导入 Vivado 工具。导入了工程源文件和编译顺序，但是未导入实现结果和设置。

（5）Example Project：使用可用的一个模板创建新的示例工程。

在该设计中，按图 3.2 所示的进行参数设置。

注： 勾选 "Do not specify sources at this time"，表示在建立工程时不指定源文件。这样，设计人员在生成工程后，再将设计源文件添加到工程中。

第四步： 单击图 3.2 中的【Next】按钮。

注： 设计人员也可以选择在 Vivado 主界面下的 Tcl Console 窗口中输入 Tcl 命令创建工程，如图 3.3 所示。

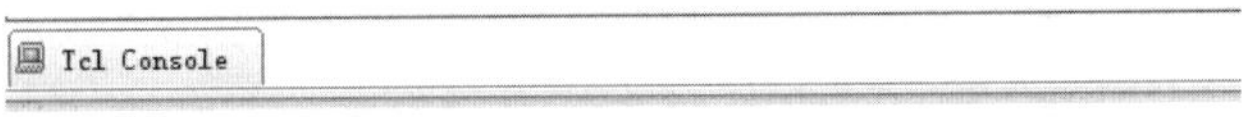

图 3.3　Tcl Console 窗口

可以输入下面的 Tcl 命令创建工程（读者可以根据情况进行修改）：

```
create_project project_Name /exampleDesigns/project_8 -part xc7vx485tffg1157-1
```

默认工程类型是 RTL。

如果读者想创建一个网表工程，按照下面的 Tcl 模板格式输入命令：

```
set_property design_mode GateLvl [current_fileset]
```

可以输入下面的 Tcl 命令在工程中添加设计源文件：

```
add_files -norecurse -scan_for_includes ./designs/oneFlop.v
```

可以输入下面的 Tcl 命令将以上创建的文件放到当前工程路径下：

```
import_files -norecurse ./designs/oneFlop.v
```

第五步：弹出"New Project-Default Part"对话框，在该对话框中的参数设置如图 3.4 所示。

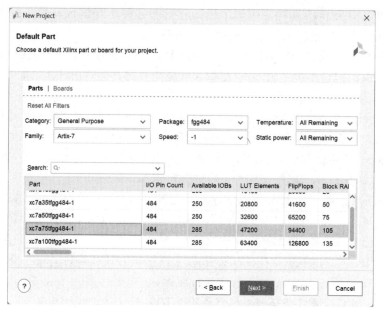

图 3.4 "New Project-Default Part"对话框

注：该设计基于作者开发的 A7-EDP-1 开发板进行设计，该开发板搭载了 Xiling 公司 A7 系列 xc7a75tfgg484-1 的 FPGA 器件。

在图 3.4 下方的窗口中，列出了可供选择的器件。在本设计中，选中"Part"名字为 "xc7a75tfgg484-1"的那一行。

第六步：单击图 3.4 中的【Next】按钮，弹出"New Project-New Project Summary"对话框，该对话框给出了工程类型、工程名字和器件信息的说明。

第七步：单击【Finish】按钮。

3.2 修改工程属性

本节将介绍修改目标语言设置的方法和其他设置参数的含义。

3.2.1 修改目标语言设置

本小节将介绍如何修改工程属性。修改工程属性的主要步骤如下所述。

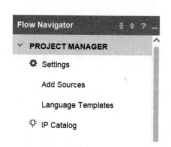

图 3.5 Flow Navigator 窗口

（1）如图 3.5 所示，在 Vivado 当前工程主界面左侧的 Flow Navigator 窗口中，找到并展开"PROJECT MANAGER"条目。在展开条目中，单击"Settings"条目。

（2）弹出"Settings"对话框，如图 3.6 所示。

在该对话框右侧的 General 窗口中，"Target language"标题用于设置当前工程中所使用的语言，默认设置为"Verilog"。对于使用 VHDL 进行工程开发的设计人员来说，通过"Target language"右侧的下拉框将"Target language"设置为"VHDL"。对于使用

Verilog HDL 进行项目开发的设计人员，无须修改该设置。

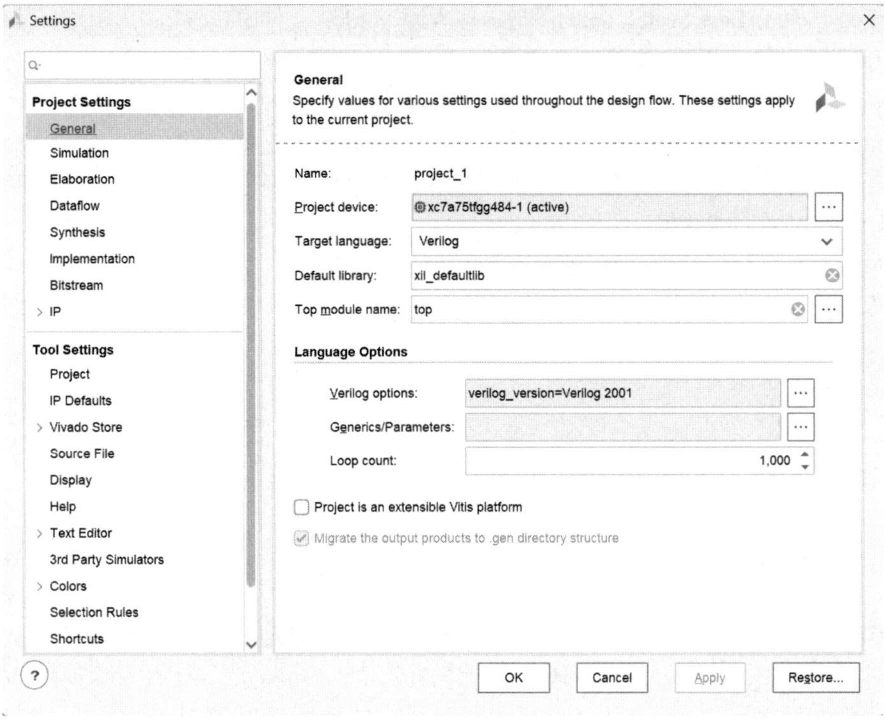

图 3.6　"Settings"对话框

3.2.2　General 设置参数含义

为了设计人员后续操作的方便，这里将详细介绍"Settings"对话框中的 General 设置。对于该对话框中的其他设置，将在本书所涉及的内容中进行详细说明。

General 设置允许设计人员指定工程名字、器件、目标语言、顶层模块名字和语言选项。

（1）Name：指定工程的名字。

（2）Project device：指定要用作综合和实现的默认的目标 FPGA 器件。单击右侧的浏览按钮，打开"Select Device"对话框以选择器件。

注：如果有多个综合或实现运行，设计人员也可以通过从 Run Properties 窗口修改运行设置来更改用于特定运行的器件。

（3）Target language：将设计的目标语言指定为 Verilog 或 VHDL。Vivado 工具以指定的目标语言从设计中生成 RTL 输出。由目标语言控制的输出的具体示例是综合、仿真、顶层包装器、测试平台和 IP 例化模板。

（4）Default library：指定工程默认的库。所有没有明确库规范的文件都在该库中编译。设计人员可以选择库名字，也可以通过在库文本字段中键入来指定新的库名字。

（5）Top module name：指定设计的顶层 RTL 模块名字。开发人员可以输入一个低层模块的名字，以便在指定的模块上进行综合实验。单击右侧的浏览按钮，可以自动搜索顶层模块，并显示可能的顶层模块列表。

（6）Language Options：这里的设置仅用于综合。设计人员可以从"Settings"对话框左侧的 Simulation 条目对应的界面中定义 Verilog options 和 Generics/Parameters。仿真设置应用于仿真文件集，并影响仿真，但不影响综合。

① Verilog options：单击浏览按钮 ⋯ ，在"Verilog options"对话框中设置下面选项。

● Verilog Include Files Search Paths：指定搜索源 Verilog 文件中包含语句引用的文件的路径。

● Defines：指定工程的 Verilog 宏定义。

● Uppercase all identifiers：将所有 Verilog 标识符设置为大写。

② Generics/Parameters：VHDL 支持的类属，而 Verilog 支持为常数值定义参数。这两种技术都允许在不同的情况下重用参数化设计。单击右侧的浏览按钮 ⋯ 可以定义类属和参数值，以替代在源文件中定义的默认值。

③ Loop count：指定循环迭代的最大值，默认值为 1000。

注：循环计数选项在 RTL 详细描述过程中使用，但不能应用于综合。对于综合，必须在"Settings"对话框中左侧 Synthesis 条目所对应界面中的"More Options"字段指定 -loop_iteration_limit 开关。

3.3 创建并添加一个新的设计文件

本节将介绍如何为设计创建一个 Verilog/VHDL 设计文件。下面给出创建设计文件的步骤。

第一步：在 Vivado 工程主界面的 Sources 窗口中选择 Design Sources 文件夹，单击该窗口中的按钮 🔧➕；或者单击鼠标右键，出现浮动菜单，在浮动菜单中，执行菜单命令【Add Sources】，弹出如图 3.7 所示的"Add Sources"对话框。在该对话框中，提供了下面的选项：

图 3.7 "Add Sources"对话框

（1）Add or create constraints（添加或者创建约束）。

（2）Add or create design sources（添加或者创建设计源文件）。

（3）Add or create simulation sources（添加或者创建仿真文件）。

默认选择"Add or create design sources"选项。

第二步：单击图 3.7 中的【Next】按钮，弹出如图 3.8 所示的"Add Sources-Add or Create Design Sources"对话框。

第三步：单击图 3.8 中的【Create File】按钮；或者单击图 3.8 中的➕按钮，出现浮动菜单，在浮动菜单内执行菜单命令【Create File】。

注：读者可以多次单击【Create File】按钮来定义要添加到工程的几个新模块。

第四步：弹出"Create Source File"对话框，如图 3.9 所示。

图 3.8 "Add Sources-Add or Create Design Sources"对话框　　图 3.9 "Create Source File"对话框

在该对话框中，选择添加文件的类型和输入文件的名字。

（1）File type（文件类型）：Verilog。

（2）File name（文件名字）：top。

（3）File location（文件位置）：Local to Project。

注：（1）在 File type（文件类型）中提供的可选文件类型包括 Verilog（.v 后缀名）、Verilog Header（.vh 后缀名）、SystemVerilog（.sv 后缀名）、VHDL（.vhdl 或.vhd 后缀名）或 Memory File（.mem 后缀名）。

（2）对于使用 VHDL 开发工程的读者，如果在图 3.6 中将"Target language"设置为"VHDL"，则"File type"默认设置为"VHDL"。

第五步：单击图 3.9 中的【OK】按钮，退出"Create Source File"对话框。

第六步：在图 3.8 所示的对话框中自动添加了 top.v 文件，如图 3.10 所示。

图 3.10　添加 top.v/top.vhd 文件后的对话框

注：若在图 3.9 中的"File type"设置为"VHDL"，则在图 3.10 所示的对话框中添加了名字为"top.vhd"的源文件。

注：默认情况下，所有 HDL 源文件都会添加到 xil_defaultlib 库中。在 Library 列中，设计

人员可以引用现有的库名字，也可以手动键入新的库名字以根据需要指定其他用户库。

第七步：单击图 3.10 右下角的【Finish】按钮，弹出"Define Module"对话框，该对话框可帮助设计人员定义模块（对于 Verilog HDL 为 module）或实体（对于 VHDL 为 entity）声明的端口。

在该对话框中，需要添加 clk、a、b 和 z 四个端口。其中 I/O Port Definitions（I/O 端口定义）定义了添加到模块定义中的端口。

① Port Name（端口名字）定义出现在 RTL 代码中的端口名字（通过文本框输入设置）。

② Direction（方向）：指定端口是输入、输出或双向端口（通过下拉框设置）。

③ Bus（总线）：指定端口是否是总线端口。如果是，则使用最高有效位（Most Signifiant Bit，MSB）和最低有效位（Least Significant Bit，LSB）选项定义总线宽度（通过复选框设置）。

④ MSB：定义 MSB 的数字。这与 LSB 字段相结合，以确定正在定义的总线宽度（通过旋转按钮设置）。

⑤ LSB：定义 LSB 的数字（通过旋转按钮设置）。

注：如果端口不是总线端口（没有勾选 Bus 前面的复选框）时，MSB 和 LSB 无效。

端口的定义规则如表 3.1 所示。

表 3.1 端口的定义规则

Port Name	Direction		Bus	MSB	LSB
	Verilog HDL 形式	VHDL 形式			
clk	input	in	不勾选	—	—
a	input	in	不勾选	—	—
b	input	in	不勾选	—	—
z	output	out	勾选	5	0

（1）定义 Verilog HDL 模块（module）的端口：弹出如图 3.11 所示的"Define Module"对话框，在该对话框中按表格 3.1 中的内容设置参数。

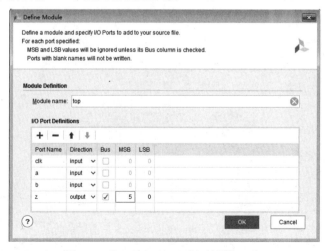

图 3.11 "Define Module"对话框（1）

（2）定义 VHDL 实体（entity）的端口：弹出如图 3.12 所示的"Define Module"对话框，在该对话框中按表格 3.1 中的内容设置参数。

图 3.12　"Define Module"对话框（2）

第八步：单击【OK】按钮，如图 3.13 所示，在 Sources 窗口中添加了 top.v 或 top.vhd 文件。

（a）添加了 top.v 文件

（b）添加了 top.vhd 文件

图 3.13　Sources 窗口

第九步：找到并双击图 3.13 中 top.v 文件或 top.v 文件。打开设计模板，修改设计模板，并添加设计代码，见代码清单 3-1 和代码清单 3-2。在该设计中，两个输入逻辑量 a 和 b 进行了 6 种逻辑运算，并将产生的 6 种逻辑结果送到 $z(5)\sim z(0)$ 端口。

代码清单 3-1　top.v 文件

```
(* USE_LUTNM="true" *) module top(
    input clk,
    input a,
    input b,
    output reg [5:0] z
    );
reg a_tmp,b_tmp;
reg [5:0] z_tmp;
always @(posedge clk)
begin
 a_tmp<=a;
 b_tmp<=b;
end
always @(*)
```

```
begin
  z_tmp[0]=a_tmp & b_tmp;
  z_tmp[1]=~(a_tmp & b_tmp);
  z_tmp[2]=a_tmp | b_tmp;
  z_tmp[3]=~(a_tmp | b_tmp);
  z_tmp[4]=a_tmp ^ b_tmp;
  z_tmp[5]=a_tmp ~^ b_tmp;
end
always @(posedge clk)
begin
z<=z_tmp;
end
endmodule
```

代码清单 3-2　top.vhd 文件

```
library IEEE;
use IEEE.STD_LOGIC_1164.ALL;

entity top is
    port (   clk    : in STD_LOGIC;
             a      : in STD_LOGIC;
             b      : in STD_LOGIC;
             z      : out STD_LOGIC_VECTOR (5 downto 0));
end top;
architecture Behavioral of top is
signal a_tmp,b_tmp : std_logic;
signal z_tmp: std_logic_vector(5 downto 0);
begin
process(clk)
begin
  a_tmp<=a;
  b_tmp<=b;
end process;
z_tmp(0)<=a_tmp and b_tmp;
z_tmp(1)<=a_tmp nand b_tmp;
z_tmp(2)<=a_tmp or b_tmp;
z_tmp(3)<=a_tmp nor b_tmp;
z_tmp(4)<=a_tmp xor b_tmp;
z_tmp(5)<=a_tmp xnor b_tmp;
process(clk)
begin
  z<=z_tmp;
end process;
end Behavioral;
```

注：对于使用 Verilog HDL 的 FPGA 开发人员，输入代码清单 3-1 中给出的代码；对于使用 VHDL 的 FPGA 开发人员，输入代码清单 3-2 中给出的代码。

第十步：添加完 Verilog HDL/VHDL 设计代码后，按下 Ctrl+S 组合键，保存 top.v/top.vhd 文件。

注：在大多数情况下，Vivado IDE 会自动识别设计的顶层模块。在某些情况下，如果可能有多个候选模块，工具会提示设计人员选中设计的顶层模块。设计人员可以在 Sources 窗口中选中要设置为顶层模块的源文件，单击鼠标右键，出现浮动菜单。在浮动菜单内，执行菜单命令【Set as Top】。当设置为顶层文件时，该文件的左侧用 ▪ 符号标记。

3.4　设计 RTL 分析

RTL ANALYSIS（RTL 分析）包括打开详细描述的设计（Elaborated Design）、运行设计规则检查（Design Rule Check，DRC）、生成 RTL 原理图和运行 Linter（Run Linter）。其中，Run Linter 是 Vivado 2023.1 中添加的一个新功能，它分析 RTL 设计代码，并提供冲突的详细报告。当单击 Run Linter 时，Vivado 会自动检查和编译 RTL 源文件，并通过打开 Linter 窗口提供详细报告。

顶层设计的 RTL 详细描述运行 RTL linting 检查，执行高级优化，从 RTL 推断逻辑，构建设计数据结构，并可选地应用设计约束。在默认的 OOC 设计流程中，设计人员可以让 Vivado 设计套件将 IP 核、块设计、DSP 模块或分层模块综合后的设计检查点（Design Check Point，DCP）包含在详细描述中。

3.4.1　运行 Linter

RTL linting 是分析 RTL 代码的一个重要工具，它可以捕获从语法错误到结果质量问题的各种问题。它有助于 RTL 设计者提高生产力，因此越来越多的 FPGA 开发人员采用它。

运行 Linter 是 Vivado 内建的工具，它分析 RTL 设计代码并提供违规行为的详细报告。运行 Linter 通过提供错误的详细分析，帮助在早期阶段检测设计错误。

注：为了介绍 Linter 功能，修改代码清单 3-1 或代码清单 3-2 给出的 HDL 设计代码，人为制造设计缺陷。记得在运行完后，务必恢复到原来正确的设计代码。

下面以 Verilog HDL 设计为例，介绍运行 Linter 的主要步骤。

第一步：在当前 Vivado 工程主界面左侧的 Flow Navigator 窗口中，找到并展开"RTL ANALYSIS"条目。在展开条目中，找到并单击"Run Linter"条目。

第二步：自动弹出"Run Linter"对话框，在该对话框的进度条中指示运行 Linter 的进度。在该过程中，Vivado 会自动检查和编译 RTL 源文件。

第三步：当结束运行 Linter 后，在 Vivado 当前工程主界面的底部出现"Linter"标签页，如图 3.14 所示，该标签页中提供了详细的报告。单击图中"File Name"一列中的超链接，将打开相应的文件，并高亮显示代码中违规的行。如果工具报告了意外的违规行为，FPGA 设计人员可以通过创建弃权（Waiver）来忽略违规行为。

创建弃权规则以忽略违规行为的主要步骤如下所述。

（1）单击图 3.14 中"File Name"一列中提示"top.v:30"的那一行，出现浮动菜单。在浮动菜单内，执行菜单命令【Create Waiver】。

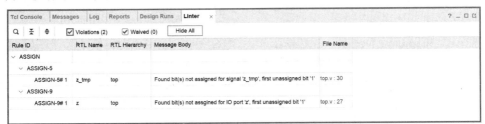

图 3.14　"Linter"标签页

（2）弹出"Create Waiver"对话框，如图 3.15 所示。在该对话框中，可以在

"Description"右侧的文本框中输入自定义的文本（如 ignore this error），以及在"Tags"右侧的文本框中输入自定义的文本（如 1）。在该对话框的 Tcl Command Preview 窗口中自动给出了创建弃权对应的脚本。

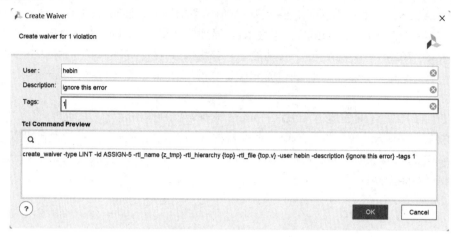

图 3.15 "Create Waiver"对话框

（3）单击图 3.15 右下角的【OK】按钮，退出该对话框。此时图 3.14 中相对应的行将变成灰色显示，即忽略该错误。

再次单击图 3.14 中"File Name"一列中提示"top.v:30"的那一行，出现浮动菜单，该浮动菜单中还提供了另一个菜单命令【Export to Spreadsheet】，当执行该菜单命令时，将"导出表"打开为电子表格格式，将违规报告导出为要在 Microsoft Office 或 Open Office 平台上打开的电子表格。

注：（1）"Linter"标签页不会自动更新。如果源文件有更改，需要确保重新运行 Linter 以查看更新的结果。

（2）在当前版本中，Linter 不支持 OOC 模式的多个运行。Linter 主要用于用户 RTL，RTL 通过全局综合进行综合。

3.4.2 详细描述的实现

RTL 详细描述和分析的步骤如下所述。

第一步：在 Sources 窗口中，选择 top.v 或 top.vhd 文件（默认，设置为顶层文件）。

第二步：可通过下面两种方式中的其中一种运行对设计的详细描述。

方法一：

（1）在 Flow Navigator 窗口中，找到并展开"RTL ANALYSIS"条目，在展开条目中，单击"Open Elaborated Design"。

（2）弹出"Elaborate Design"对话框，如图 3.16 所示，单击该对话框中的【OK】按钮。

注：如果在设计源文件中有脱离上下文（Out-of-Context，OOC）设计模块、IP 核、块设计、DSP 模块，则在打开详细设计时会出现图 3.16 中给出的消息。该消息表明，来自 OOC 运行的链接 IP 和来自 Elaboration 设置的加载约束选项会影响打开详细描述设计的性能。设计人员可以禁止这些设置以加速详细描述。

（3）在 Flow Navigator 窗口中找到并用鼠标右键单击"RTL ANALYSIS"条目，出现浮动菜单。在浮动菜单内，执行菜单命令【Elaboration Settings】。

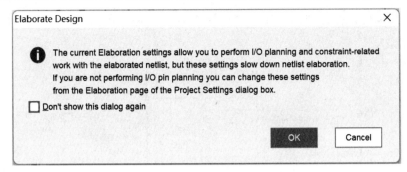

图 3.16　"Elaborate Design"对话框

（4）弹出"Settings"对话框，如图 3.17 所示。在该对话框中，默认选中"Elaboration"条目。

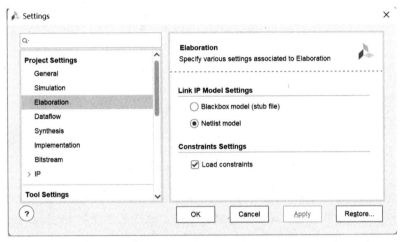

图 3.17　"Settings"对话框

① Link IP Module Settings：当选中"Blackbox model（stub file）"时，将所有 OOC 综合的 IP 看作黑盒；当选中"Netlist model"时，对综合为 OOC 的 IP 使用综合的网表。

② Constraints Settings：当选中"Load constraints"时，将所有活动的约束应用于详细设计（时序和物理）。

当选中"Blackbox model（stub file）"且不选中"Load constraints"时，将不会出现"Elaborate Design"对话框。

方法二：

（1）在 Flow Navigator 窗口中找到并用鼠标右键单击"RTL ANALYSIS"条目，出现浮动菜单。在浮动菜单内，执行菜单命令【New Elaborated Design】。

（2）弹出"Open Elaborated Design"对话框，如图 3.18 所示。在该对话框中，"Design name"默认为"rtl_1"。

（3）单击图 3.18 右下角的【OK】按钮，退出"Open Elaborated Design"对话框。

第三步：在弹出的对话框中给出了在打开详细描述的设计过程中所执行的操作。

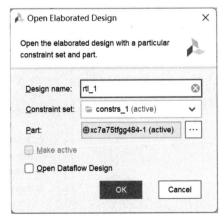

图 3.18　"Open Elaborated Design"对话框

第四步：当执行完打开详细描述的设计操作后，自动打开 Schematic 界面，如图 3.19 所示。

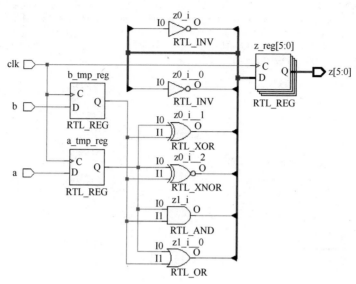

图 3.19　执行完详细描述后的 Schematic 界面

（1）在这个阶段，并不推断出 I/O 缓冲区。

（2）将每个模块打开，用于进一步揭示层次内下面的逻辑和子模块。

（3）是对真实代码设计最贴切的表示。

注：如果设计人员重新运行 "Elaborated Design"，则在选中 "Open Elaborated Design" 条目时，单击鼠标右键，出现浮动菜单。在浮动菜单内，执行菜单命令【Reload Design】。

注：在图 3.19 中，选择一个对象，单击鼠标右键，出现浮动菜单。在浮动菜单内，执行菜单命令【Go To Source】，将自动跳转到定义该对象源代码的位置。这样，读者可以清楚观察 HDL 和逻辑电路硬件原语之间的关系。

思考题 3-1：请读者仔细分析图 3.19 中各个功能部件与 HDL 语言之间的关系。

第五步：查看 RTL 级网表，如图 3.20 所示，在当前 ELABORATED DESIGN 窗口中选择 "Netlist" 标签。在 "Netlist" 标签页中可以看到网表的逻辑结构。

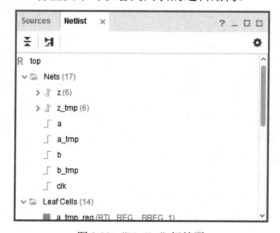

图 3.20　"Netlist" 标签页

"Netlist" 标签页中包含下面的文件夹。

（1）Leaf Cells：显示层次结构中每级的原语逻辑。该文件夹浓缩了网表窗口中逻辑内容和层次模块的显示。

（2）Nets：显示层次结构每一级的网络或线。默认总线的所有位都折叠在总线下，但是设计人员可以展开总线以显示每个单独的位。

下面对网表窗口中可能出现的图标进行说明。

（1）⊩：表示总线。

（2）⥐：表示 IO 总线。

（3）⌐：表示网络。

（4）⌐：表示 IO 网络。

（5）▣：表示层次化单元（逻辑）。

（6）■：表示层次化单元（黑盒）。

注：Vivado IDE 将不包含网表或逻辑内容的层次化单元解释为黑盒。层次化单元可能是设计的黑盒，也可能是编码错误或文件丢失的结果。

（7）☑：表示层次化单元（分配到 Pblock）。

（8）☑：表示层次化单元（黑盒分配到 Pblock）。

（9）☑：表示原语单元（分配到 Pblock）。

（10）☑：表示原语单元（放置并且分配到 Pblock）。

（11）▇：表示原语单元（未布局）。

（12）▇：表示原语单元（布局）。

思考题 3-2：请读者仔细分析图 3.20 中所表示的网表内容。

3.4.3　运行方法检查

Vivado 设计套件基于 "UltraFast Design Methodology Guide for FPGAs and SoCs"（UG949），使用 Report Methodology 命令提供自动化方法检查。

设计人员可以生成关于开放的、详细描述的、综合后的或实现后的设计的方法论报告。对于详细描述的设计，方法论报告会检查 XDC 和 RTL 文件。

运行方法论报告可以让设计人员在综合之前的详细描述阶段尽早发现设计问题，从而节省设计过程中的时间。Xilinx 强烈建议设计人员对设计进行这些检查，并解决发现的任何问题。

运行方法检查的主要步骤如下所述。

第一步：在 Vivado 当前工程主界面左侧的 Flow Navigator 窗口中，找到并展开 "RTL ANALYSIS" 条目。在展开条目中，找到并展开 "Open Elaborated Design" 条目。在展开条目中，找到并单击 "Report Methodology" 条目。

第二步：弹出 "Report Methodology" 对话框，如图 3.21 所示。

① Results name：指定结果的名字，结果将显示在 "Methodology" 标签页中。输入唯一的名字可以更容易地在调试期间识别特定运行的结果。

② Export to file：如果要导出到文件，勾选该选项，并指定要写入报告的文件名字。如果选择默认路径以外的其他路径，单击浏览按钮 … 。

③ Interactive report file：勾选该选项，将报告保存到文件中。

④ Rules：允许设计人员探索和指定要运行的规则。

⑤ Open in a new tab：默认，会为报告创建一个新的标签。要禁止该选项，请不要勾选 "Open in a new tab" 前面的复选框。

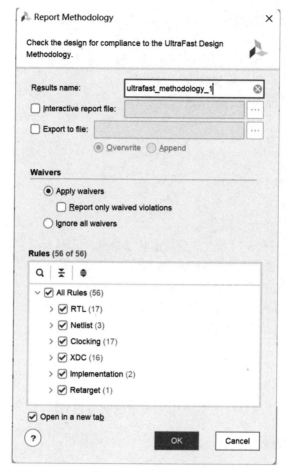

图 3.21 "Report Methodology" 对话框

第三步：单击图 3.21 右下角的【OK】按钮。如果发现违规，将在 Vivado 当前工程主界面底部打开名字为 "Methodology" 的标签页。在该标签页中，显示了按各种规则类别分组的违规行为。

3.4.4 报告 DRC

运行 RTL 设计规则检查（Design Rule Check，DRC）使得设计人员在综合之前的详细描述阶段尽早发现设计问题，从而在设计过程中节省时间。

报告 DRC 的主要步骤如下所述。

第一步：在 Vivado 当前工程主界面左侧的 Flow Navigator 窗口中，找到并展开 "RTL ANALYSIS" 条目。在展开条目中，找到并展开 "Open Elaborated Design" 条目。在展开条目中，找到并单击 "Report DRC" 条目。

第二步：弹出 "Report DRC" 对话框，如图 3.22 所示。

（1）Results name：指定 DRC 结果的名字，该名字出现在 "DRC" 标签页中。输入唯一的名字可以更容易识别调试期间特定运行的结果。

（2）Interactive report file：将结果以 Xilinx RPX 格式写入指定的文件中。RPX 文件是一个交互式报告，包含所有报告信息，可以使用 open_report 命令将其重新加载到 Vivado 设计套件的内存中。

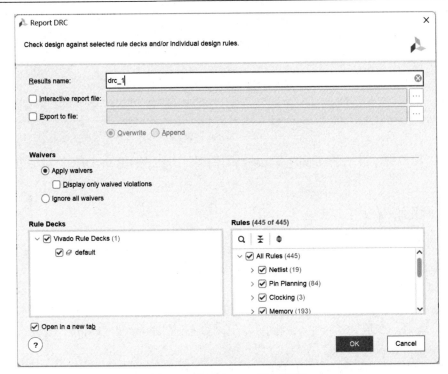

图 3.22　"Report DRC"对话框

（3）Waivers：当选中"Apply waivers"前面的复选框时，可以使用设计人员创建的弃权来抑制掉不希望查看的 DRC；当勾选"Display only waived violations"前面的复选框时，仅显示已经取消的违规行为；当选中"Ignore all waivers"前面的复选框时，忽略设计人员创建的弃权。

（4）Rule Decks：指定要在设计中运行的规则组。规则组是为了方便起见而分组的设计规则检查的集合。在详细描述阶段，只有默认的规则组可用。其他规则组在 FPGA 设计流程的不同阶段可用，如在综合或实现后。

① default：运行 Xilinx 推荐的一组默认检查。

② opt_checks：运行与逻辑优化相关的检查。

③ placer_checks：运行与布局相关的检查。

④ router_checks：运行与布线相关的检查。

⑤ bitstream_checks：运行与比特流生成相关的检查。

⑥ timing_checks：运行与时序约束相关的检查。

注：详细描述的设计不支持 timing_checks 规则组。

⑦ incr_eco_checks：检查增量 ECO 设计修改的有效性。

⑧ eco_checks：检查 ECO 设计修改的有效性。

注：对于详细描述的设计，只有默认的规则组可用。

（5）Rules：指定规则组后，根据需要修改要运行的规则。

第三步：单击图 3.22 右下角的【OK】按钮，弹出"Run DRC"对话框，在该对话框中指示运行 DRC 的过程。

第四步：如果发现违规，在 Vivado 当前工程主界面底部出现 DRC 窗口，如图 3.23 所示。

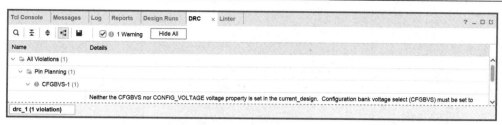

图 3.23 "DRC"窗口

在 DRC 窗口中，显示了发现的违反规则的情况，分组在"Run DRC"对话框中定义的各种规则下。

3.4.5 报告噪声

报告噪声可用于分析与当前设计相关的切换噪声。噪声分析提供了对同时切换输出可能在 I/O 组中的其他输出端口上造成的破坏估计。过多的切换噪声导致不可靠的 I/O。

报告噪声的主要步骤如下所述。

第一步：在 Vivado 当前工程主界面左侧的 Flow Navigator 窗口中，找到并展开"RTL ANALYSIS"条目。在展开条目中，找到并展开"Open Elaborated Design"条目。在展开条目中，找到并单击"Report Noise"条目。

第二步：弹出"Report Noise"对话框，如图 3.24 所示。

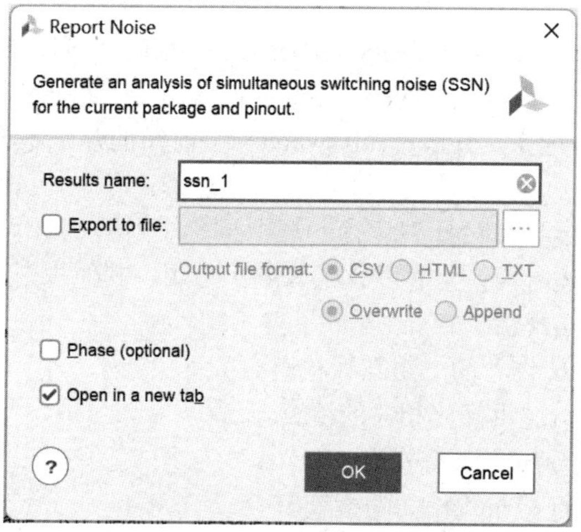

图 3.24 "Report Noise"对话框

（1）Results name：指定在 Vivado IDE 的 Noise 窗口中应用的报告名字。

（2）Export to file：将噪声报告的结果写入指定的文件。设计人员可以指定要导出的文件格式为 CSV、HTML 或文本。

（3）Phase(optional)：在分析不同时钟域中的信号以获得更准确的结果时，需要考虑时钟相位。

（4）Open in a new tab：在 Vivado IDE 的 Noise 窗口中打开噪声报告。如果未勾选该复选框，则新报告将覆盖上次打开的报告。

第三步：单击图 3.24 右下角的【OK】按钮。

第四步：在 Vivado 当前工程主界面底部新添加了 Noise 窗口，在该窗口中给出了噪声报告，如图 3.25 所示。

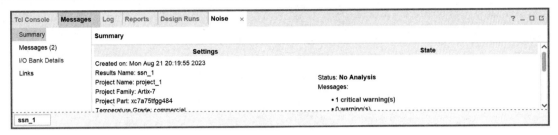

图 3.25　Noise 窗口

3.4.6　生成 HDL 例化模板

在传统的 ISE 开发环境中，可以从用户自己设计的 HDL 代码中生成 HDL 例化模板。但是在 Vivado 设计套件中不提供类似 ISE 中的直接图形化例化模板的方法，需要使用 Tcl 命令才能从用户自己设计的 HDL 代码中生成 HDL 例化模板。

1．定制 Tcl 脚本命令

定制 Tcl 脚本命令的主要步骤如下所述。

第一步：在当前工程目录下，新建一个名字为"template.tcl"的文件。在该文件中输入代码（见代码清单 3-3 和代码清单 3-4）。

代码清单 3-3　template.tcl 文件（位于 gate_verilog 工程下）

```
xilinx::designutils::write_template -verilog
xilinx::designutils::write_template -verilog -stub -file top.vei
read_verilog C:/Users/hebin/AppData/Roaming/Xilinx/Vivado/top.vei
```

代码清单 3-4　template.tcl 文件（位于 gate_vhdl 工程下）

```
xilinx::designutils::write_template -vhdl
xilinx::designutils::write_template -vhdl -stub -file top.vhi
read_verilog C:/Users/hebin/AppData/Roaming/Xilinx/Vivado/top.vhi
```

注：（1）读者根据自己登录 Windows 11 操作系统所使用的用户名来替代代码清单 3-3 和代码清单 3-4 中出现的用户名 hebin。

（2）代码清单 3-3 和代码清单 3-4 表示生成的模板文件名分别为 top.vei(Verilog HDL 模板)和 top.vhi(VHDL 模板)。

第二步：在 Vivado 当前工程主界面主菜单下，执行菜单命令【Tools】→【Custom Commands】→【Customize Commands】。

第三步：出现"Customize Commands"对话框，如图 3.26 所示。在该对话框中，单击左侧 Custom Commands 窗口中的➕按钮。

第四步：弹出"Enter a unique command name"对话框。如图 3.27 所示，在该对话框中的文本框内输入字符串"generate_HDL_template"，作为定制 Tcl 命令的名字。

第五步：按下键盘中的 Enter 按键，退出"Enter a unique command name"对话框。

第六步：如图 3.28 所示，在"Customize Commands"对话框右侧的 Edit Custom Command 窗口中，选中"Source Tcl file"前面的复选框，单击其右侧的浏览按钮⋯。

第七步：弹出"Select Tcl Script"对话框。在该对话框中，将路径定位到\vivado_example\gate_verilog 目录下（使用 Verilog HDL 设计的读者）或\vivado_example\gate_vhdl 目录下（使用 VHDL 设计的读者）。在该目录下，选择 template.tcl 文件。

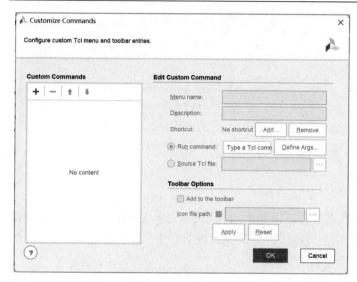

图 3.26 "Customize Commands"
对话框（1）

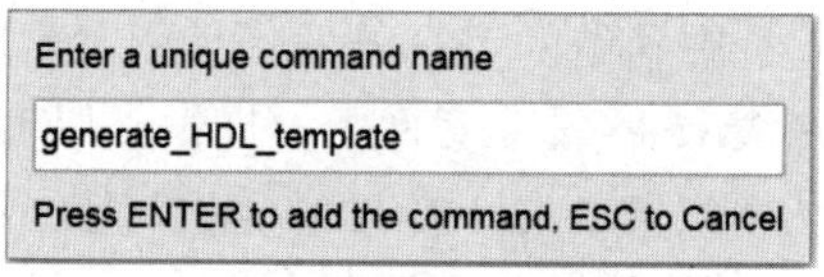

图 3.27 "Enter a unique command name"
对话框

第八步：单击 "Select Tcl Script" 对话框右下角的【OK】按钮，退出该对话框。

第九步：单击图 3.28 右下角的【OK】按钮，退出 "Customize Commands" 对话框。
注意观察，在 Vivado 当前工程主界面的工具栏中出现了按钮 TCL。

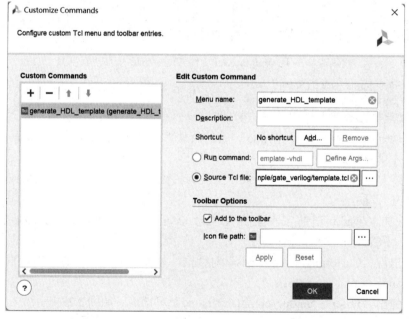

图 3.28 "Customize Commands"对话框（2）

2. 生成顶层模块的例化模板（*）

生成顶层模块的例化模板的主要步骤如下所述。

第一步：按照 3.4.2 一节介绍的方法，打开详细描述后的设计。

第二步：在 Vivado 主界面工具栏中，单击 TCL 按钮。

第三步：在 Vivado 主界面的 Sources 窗口中，看到新生成了 Non-module Files 文件夹。在该文件夹中找到并双击 top.vei/top.vhi，打开例化模板。

注：为了后续流程的正常进行，请读者务必将 Non-module Files 文件夹中的 top.vei 文件或 top.vhi 文件删除。

3.5　行为级仿真

本节将介绍行为级仿真的具体实现过程。

3.5.1　仿真功能概述

Vivado 设计套件有一个逻辑仿真选项，用于验证设计或 IP。在 Vivado IDE 中集成了 Vivado 的仿真器，这样设计人员可以对设计进行仿真，在波形查看器中添加和查看信号，并根据需要检查和调试设计。

整个设计流程不同点的仿真如图 3.29 所示。

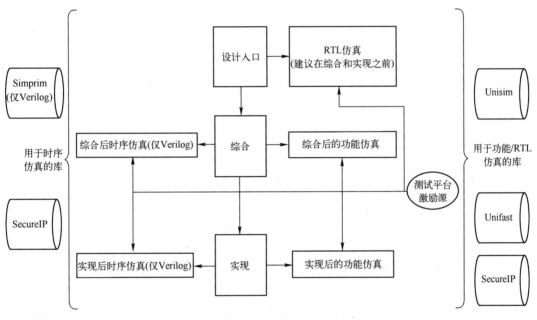

图 3.29　整个设计流程不同点的仿真

设计人员可以使用 Vivado 仿真器来执行设计的行为和结构仿真，以及实现后的时序仿真。从图 3.29 可知，Vivado 仿真可以用于功能和时序仿真的所有地方。设计人员可以通过编写 Verilog 或 VHDL 网表，以及来自详细描述、综合或实现设计的标准延迟格式（Standard Delay Format，SDF）文件来使用第三方仿真器。Vivado IDE 允许设计人员配置和启动 Mentor Graphics、Synopsys、Cadence 和 Aldec 的仿真器。

3.5.2　编译仿真库（可选）

Vivado 提供了与 Vivado 仿真器一起使用的预编译的仿真库，以及 Xilinx IP 所需要的所有静态文件的预编译库。当创建仿真脚本时，它们会引用这些预编译的库。

使用第三方仿真器时，必须在运行仿真之前编译 Xilinx 仿真库。如果设计人员的设计例化 VHDL 原语或 Xilinx IP，其中大多数都是 VHDL 形式，则情况尤其如此。如果设计人员不预编译仿真库，仿真工具将返回"绑定库"失败的信息。

设计人员可以运行 compile_simlib Tcl 命令为目标仿真器编译 Xilinx 仿真库。设计人员可以在 Vivado 当前工程主界面主菜单下，执行菜单命令【Tools】→【Compile Simulation Libraries】来预编译仿真库。

注： 仿真库是预编译的，并提供给 Vivado 仿真器使用。但是，当设计人员使用第三方的仿真器时，必须手动编译库。

3.5.3　行为级仿真的实现

使用功能或寄存器传输级（Register Transfer Level，RTL）仿真来验证语法和功能。首次通过的仿真通常用于验证 RTL 或行为代码，并确认设计能按预期的结果运行。

对于更大的分层设计，设计人员在测试完整设计之前，对单个 IP、块设计或分层模块进行仿真。这种仿真过程使得在检查更大的设计之前更容易对代码进行较小部分的调试。当每个模块都能按预期进行仿真时，创建一个顶层设计测试平台，以验证整个设计是否按计划运行。再次使用相同的测试平台进行最终的时序仿真，以确保在最坏的延迟条件下，该设计的设计功能仍符合预期。

注： 在这个仿真阶段，没有提供时序信息。Xilinx 建议在单位延迟模式下进行仿真，以避免出现竞争情况。

设计人员在最初的设计创建中使用可综合的 HDL 结构。除非必要，不要例化特定元件，这允许：

（1）可读性更强的代码；

（2）更快、更简单的仿真；

（3）代码可移植性（能够迁移到不同的 FPGA 系列）；

（4）代码重用（在将来设计中使用相同代码的能力）。

注： 如果无法推断元件，则可能需要例化这些元件。元件的例化使得设计代码架构也是特定的。

对设计执行行为级仿真的主要步骤如下所述。

第一步： 在如图 3.30 所示的窗口中，选中"Simulation Sources"文件夹。单击鼠标右键，出现浮动菜单。在浮动菜单内，执行菜单命令【Add Sources】；或者在图 3.30 所示的窗口中单击**+**按钮。

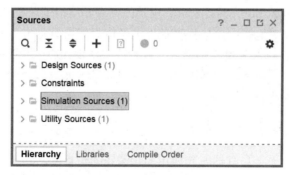

图 3.30　Sources 窗口

第二步： 弹出"Add Sources"对话框。在该对话框内，默认选择"Add or create simulation sources"选项。

第三步：单击【Next】按钮，弹出"Add Sources-Add or Create Simulation Sources"对话框。在该对话框内，单击【Create File】按钮；或者单击该对话框内的**＋**按钮，出现浮动菜单，在浮动菜单内，执行菜单命令【Create File】。

第四步：弹出"Create Source File"对话框。下面分 Verilog HDL 和 VHDL 介绍创建仿真测试文件的方法。

（1）当使用 Verilog HDL 创建测试文件时，按图 3.31 中所示的参数进行设置。

（2）当使用 Verilog HDL 创建测试文件时，按图 3.32 中所示的参数进行设置。

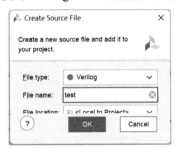
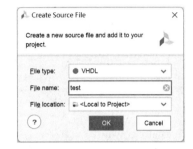

图 3.31　"Create Source File"（添加 test.v）　　图 3.32　"Create Source File"（添加 test.vhd）

第五步：单击图 3.31 或图 3.32 中的【OK】按钮，退出"Create Source File"对话框。

第六步：在"Add Sources-Add or Create Simulation Sources"对话框中，自动添加了名字为"test.v 或 test.vhd"的仿真源文件，单击该对话框右下角的【Finish】按钮。

第七步：弹出"Define Module"对话框，直接单击【OK】按钮。

第八步：弹出"Define Module"提示对话框，直接单击【Yes】按钮。

第九步：如图 3.33 和图 3.34 所示，在 Sources 窗口的"Simulation Sources"下添加了 test.vhd 或者 test.v 文件，该文件作为仿真测试的源文件。

图 3.33　添加 test.v 文件后的 Sources 窗口　　图 3.34　添加 test.vhd 文件后的 Sources 窗口

第十步：在 test.v 文件和 test.vhd 文件中，添加用于测试设计文件的测试向量。

（1）对于使用 Verilog HDL 的读者，双击图 3.33 中的 test.v 文件，打开该文件，并在该文件中添加仿真测试向量，如代码清单 3-5 所示。

代码清单 3-5　test.v 文件

```
`timescale 1ns / 1ps

module test;
reg clk;
reg a;
```

```verilog
    reg b;
    wire [5:0] z;
    top uut(
        .clk(clk),
        .a(a),
        .b(b),
        .z(z)
        );

    always
    begin
      clk=0;
      #5;
      clk=1;
      #5;
    end
    always
    begin
      a=0;
      b=0;
      #20;
      a=0;
      b=1;
      #20;
      a=1;
      b=0;
      #20;
      a=1;
      b=1;
      #20;
    end
endmodule
```

（2）对于使用 VHDL 的读者，双击图 3.34 中的 test.vhd 文件，打开该文件，并在该文件中添加仿真测试向量，如代码清单 3-6 所示。

代码清单 3-6   test.vhd 文件

```vhdl
entity test is
end test;
architecture Behavioral of test is
component top
    Port (clk : in STD_LOGIC;
          a   : in STD_LOGIC;
          b   : in STD_LOGIC;
          z   : out STD_LOGIC_VECTOR (5 downto 0)
          );
end component;
signal clk : std_logic:='0';
signal a   : std_logic:='0';
signal b   : std_logic:='0';
signal z   : std_logic_vector(5 downto 0);
begin
uut : top port map(
            clk=>clk,
            a=>a,
            b=>b,
            z=>z
            );
process
```

```
begin
    clk<='0';
    wait for 5ns;
    clk<='1';
    wait for 5ns;
end process;

process
begin
a<='0';
b<='0';
wait for 20 ns;
a<='0';
b<='1';
wait for 20 ns;
a<='1';
b<='0';
wait for 20 ns;
a<='1';
b<='1';
wait for 20 ns;
end process;
end;
```

第十一步：按下 Ctrl+S 按键，保存 test.v 或 test.vhd 文件。

注：在 test.v 或 test.vhd 文件中添加完测试向量后，在 Simulation Sources 文件夹下 sim_1 子文件夹中的 test 文件和 top 文件呈树状结构排列，这种树状排列结构表示了设计的层次结构。在该设计中，test 文件包含 top 文件。对于测试来说，test 文件为顶层模块，top 文件为底层模块。

第十二步：如图 3.35 所示，在 Vivado 当前工程主界面左侧的 Flow Navigator 窗口中，找到并展开"SIMULATION"条目。在展开条目中，找到并单击"Run Simulation"，单击鼠标右键出现浮动菜单。在浮动菜单内，执行菜单命令【Run Behavioral Simulation】，Vivado 开始运行仿真过程。如图 3.36 所示，出现行为仿真的波形界面。

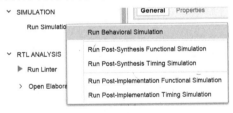

图 3.35　Flow Navigator 窗口

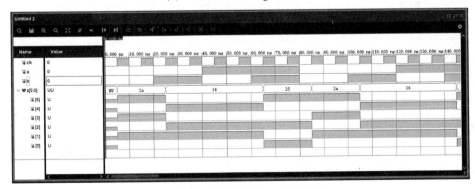

图 3.36　行为仿真波形（反色显示）

注：单击图 3.36 工具栏中的 🔍（放大）或者 🔍（缩小）按钮，将波形调整到合适的大小显示。

注：单击工具栏中的 🔳 按钮，添加若干标尺，使得可以测量某两个逻辑信号跳变之间的时间间隔。

3.5.4 仿真器界面的功能

本小节将对 Vivado 仿真器进行简单说明，以帮助读者在后续对复杂设计进行仿真时能提高仿真的效率。

在 Vivado 仿真器波形窗口的左侧，提供了如图 3.37 所示的两个窗口。在最左侧的 Scope 窗口中，以树形的分层结构，显示了设计的层次结构。在该仿真中，由仿真测试文件中的 test 模块（Verilog HDL）/实体（VHDL）调用了设计文件 top 中的 top 模块（Verilog HDL/实体（VHDL）。当单击 Scope 窗口中的 test 时，在该窗口右侧的"Objects"标签页中给出了该模块包含的信号，如图 3.37 所示；当单击 Scope 窗口中的 uut（模块的例化名字）时，在该窗口右侧的"Objects"标签页中给出了该模块包含的信号，如图 3.38 所示。

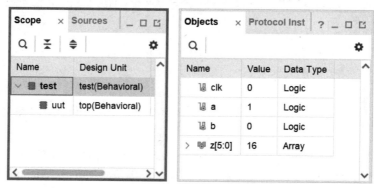

图 3.37 Vivado 仿真器的界面（1）

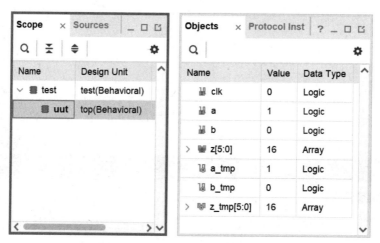

图 3.38 Vivado 仿真器的界面（2）

如果设计人员发现图 3.36 给出的仿真结果不是设计预期所希望的结果，设计人员就需要将图 3.38 给出的设计模块内部的一些关联信号拖曳到波形窗口中，以帮助设计人员查找导致结果偏离预期的真正原因。

1. 添加信号到仿真波形

将图 3.38 内 "Objects" 标签页中的信号拖曳到波形窗口的主要步骤如下所述。

第一步：按住 Ctrl 按键，在 "Objects" 标签页中单击需要拖曳到波形窗口中的多个信号，如单击 a_tm 和 b_tmp，选中这两个信号。

第二步：单击鼠标右键，出现浮动菜单。在浮动菜单内，执行菜单命令【Add to Wave Window】。这样，两个信号就被添加到波形窗口中。

另一种可选的添加信号到波形窗口的方法是：将要添加的信号直接从 "Objects" 标签页中拖曳到波形窗口的 "Name" 一列。

第三步：在 Vivado 当前仿真界面底部的 Tcl Console 窗口中的文本框中输入 "restart"，按回车键，表示 Vivado 仿真器将重新执行仿真过程。

第四步：在 Vivado 当前仿真界面底部的 Tcl Console 窗口中的文本框中输入 "run 1000ns"，按回车键，表示 Vivado 仿真器将重新运行仿真过程，时间长度为 1000ns。

添加信号且重新执行行为级仿真后的波形如图 3.39 所示。

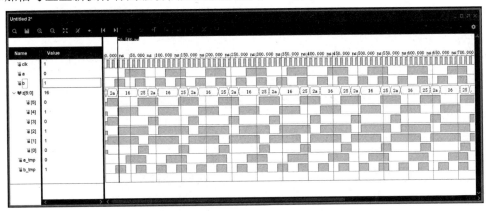

图 3.39　添加完信号且重新执行行为级仿真后的波形

此外，读者也可以在 Vivado 当前仿真界面的工具栏中，在图 3.40 给出的文本框中通过输入数字和下拉框选择时间单位来设置仿真的时间长度，在该文本框中默认每次仿真的时间长度为 10us。然后单击工具栏中的 ▶ 按钮来运行一次仿真过程。通过单击工具栏中的 ◀ 按钮，使得 Vivado 仿真器重新运行仿真。

图 3.40　设置仿真时间长度的文本框

2. Scope 窗口中的选项

当使用鼠标右键单击图 3.37 或图 3.38 中 Scope 窗口中的某个模块时，出现浮动菜单。在浮动菜单中，提供了下面的选项。

（1）Add to Wave Window：将所选范围的所有可见 HDL 对象添加到波形配置中。需要注意，位宽较大的 HDL 对象会减慢波形查看器的显示速度。在发出添加到波形窗口命令之前，可以通过在波形配置上显示来过滤掉这些对象。要设置显示限制，使用下面的 Tcl 命令实现：

```
set_property DISPLAY_LIMIT <maximum bit width> [current_wave_config]
```

（2）Log to Wave Database：开发人员可以记录以下任一项。

① 当前范围的对象。

② 当前作用域和当前作用域下的所有作用域的对象。

（3）Go To Source Code：在选定范围的定义处打开源代码。

（4）Go To Instantiation Source Code：对于 Verilog 的 module（模块）和 VHDL 的 entity（实体）实例，在例化所选实例时打开源代码。

（5）Set Current Scope to Active：将当前作用域设置为所选的作用域。所选择的范围变成了活动仿真范围（get_property active_scope [current_sim]）。活动的仿真范围是 HDL 过程范围，仿真当前处于暂停状态。当在设置中禁止随后的活动范围时，Vivado 仿真器将记住最后一个当前范围的选择，即使在仿真进行时也是如此。当到达断点时，current_scope 仍将指向设置为活动作用范围的最后一个作用域。

等效于使用 Scope 窗口和"Objects"标签页，设计人员可以通过在"Tcl Console"标签页中输入下面的命令来浏览 HDL 设计，这些命令包括 get_scopes、current_scope 和 report_scope。

3. 波形对象

波形窗口显示 HDL 对象、它们的值和波形，以及用于组织 HDL 对象的条目，例如，组、分割器和虚拟总线。

HDL 对象和组织的条目统称为波形配置。波形窗口的波形部分显示用于时间测量的其他条目，包括光标、标记和时间标度尺。

Vivado IDE 在仿真过程中跟踪波形窗口中 HDL 对象值的变化，并使用波形配置检查仿真结果。

设计层次和仿真波形不是波形配置的一部分，而是保存在单独的波形数据库（Wave Database，WDB）文件中。

当鼠标右键单击波形窗口中的 HDL 对象时，弹出浮动菜单。浮动菜单内，提供了下面的选项。

（1）Go To Source Code：在选择顶设计波形对象的定义处打开源代码。

（2）Show in Object Window：在"Objects"标签页中显示设计波形对象的 HDL 对象。

（3）Report Drivers。在 Tcl Console 窗口中显示 HDL 进程的报告，该进程为所选波形对象分配值。

（4）Force Constant：将选定对象强制为常数值。

（5）Force Clock：将选定对象强制为振荡值。

（6）Remove Force：去除选定对象上的任何强制。

（7）Find：在波形窗口中打开查找工具栏，按名字搜索波形对象。

（8）Find Value：在波形窗口中打开查找工具栏，在波形中搜索值。

（9）Select All：在波形窗口中选择所有的波形对象。

（10）Expand：显示所选择波形对象的子对象。

（11）Collapse：隐藏选定波形对象的子对象。

（12）Ungroup：将选定的组或虚拟总线解散。

（13）Rename：更改选定波形对象的显示名字。

（14）Name：更改所选择波形对象名字的显示，以显示完整的层次结构名字（长名字）、简单的信号或总线名字（短名字）或自定义的名字。

（15）Waveform Style：将所选设计波形对象的波形更改为数字或模拟格式。

（16）Signal Color：设置所选择设计波形对象的波形颜色。

（17）Divider Color：设置所选定分割线的条形颜色。

（18）Radix：设置显示所选定设计波形对象值的基数（进制）。

（19）Show as Enumeration：尽可能将所选 SystemVerilog 枚举波形对象的值显示为枚举器标签，以代替数字。

（20）Reverse Bit Order：反转所选择数组/阵列波形对象的值的位顺序。

（21）New Group：将所选择的波形对象打包到类似文件夹的组波形对象中。

（22）New Divider：在波形窗口的波形对象列表中创建一个水平分割符。

（23）New Virtual Bus：创建一个新的逻辑向量波形对象，该对象由选定设计波形对象的位组成。

（24）Cut：允许设计人员在波形窗口中剪切信号。

（25）Copy：允许设计人员在波形窗口中复制信号。

（26）Paste：允许设计人员在波形窗口中粘贴信号。

（27）Delete：允许设计人员在波形窗口中删除信号。

思考题 3-3：查看波形窗口中的行为级仿真结果波形，说明行为级仿真实现的功能。

3.6　设计综合和分析

本节将介绍如何对设计进行综合并对综合的结果进行分析。

3.6.1　综合的概念和特性

本小节将介绍综合的概念和 Vivado 综合工具的特性。

1. 综合的概念

综合（Synthesis）是将 RTL 指定的设计转换为门级表示的过程。Vivado 综合是时序驱动，并针对内存使用和性能进行了优化。Vivado 综合执行以下可综合的子集。

（1）SystemVerilog：SystemVerilog 统一的硬件设计、规范和验证语言 IEEE 标准（IEEE Std 1800-2012）。

（2）Verilog：Verilog 硬件描述语言 IEEE 标准（IEEE Std 1364-2005）。

（3）VHDL：VHDL 语言 IEEE 标准（IEEE Std 1076-2002）。

（4）VHDL 2008。

（5）混合语言：Vivado 支持 VHDL、Verilog HDL 和 SystemVerilog 的混合。

2. Vivado 综合工具的特性

在大多数情况下，Vivado 工具还支持 XDC，该约束基于业界标准 Synopsys 设计约束（SDC）。

Vivado 综合使设计人员能够配置、启动和监视综合运行。Vivado IDE 显示综合结果并创建报告文件。设计人员可以在 Messages（消息）窗口中选择综合警告和错误，以高亮显示 RTL 源文件中的逻辑。

在 Vivado IDE 中，设计人员可以同时或串行启动多个综合运行。在 Linux 系统中，设计人员可以在本地或远程服务器上启动运行。通过多个综合运行，Vivado 综合会创建多个网表，这些网表与 Vivado 设计套件工程一起保存。设计人员可以在 Vivado IDE 中打开不同版本的综合网表，以执行器件和分析设计。设计人员还可以为 I/O 引脚规划、时序、布局规划和实现创建约束。当时钟和时钟逻辑可用于分析与布局时，在生成综合网表之后，可以获得最全面的 DRC 列表。

Vivado 设计套件中提供了两种设置和运行综合的方法：

（1）使用工程模式，从 Vivado IDE 中选择选项；

（2）使用非工程模式，应用 Tcl 命令或脚本，并控制自己的设计文件。

3.6.2　设计综合选项

本小节将介绍设置综合选项的含义，便于后面在修改综合选项时，理解这些选项的含义。在 Vivado 当前工程主界面左侧的"Flow Navigator"窗口中找到并选中"SYNTHESIS"选项，单击鼠标右键，出现浮动菜单。在浮动菜单内，执行菜单命令【Systhesis Settings】，弹出如图 3.41 所示的"Settings"对话框。

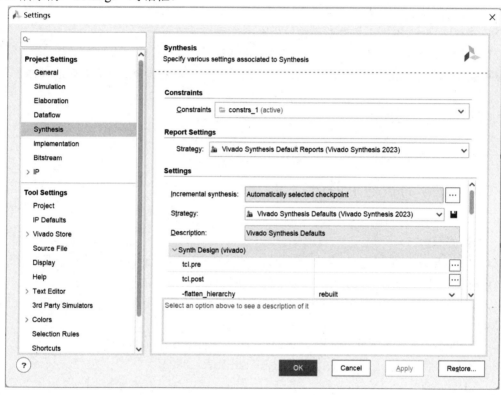

图 3.41　"Settings"对话框

（1）通过"Constraints"右侧的下拉框，可以选择用于综合的多个不同的设计约束集合。一个约束集合是多个文件的集合，它包含 XDC 文件中用于该设计的设计约束条件。有两种类型的设计约束，如下所述。

① 物理约束：定义了引脚的位置和内部单元的绝对或者相对位置。内部单元包括块 RAM、LUT、触发器和器件等。

② 时序约束：定义了设计要求的频率。如果没有时序约束，Vivado 集成设计环境仅对布线长度和布局阻塞进行优化。

通过选择不同的约束，可得到不同的综合结果，在后面的章节中将会详细说明不同约束对设计性能的影响。

（2）在"Settings"区域下，通过"Strategy"右侧的下拉框，可以选择用于运行综合的预定义综合策略，如图 3.42 所示。设计者可以定义自己的策略，后面将会介绍如何创建一个新的策略。

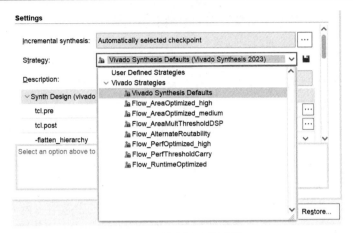

图 3.42　综合策略的选择

表 3.2 给出了策略选项、默认设置和其他选项。

表 3.2　策略选项、默认设置和其他选项

Strategy	Default	Flow_Area_Optimized_high	Flow_AreaOptimized_medium	Flow_AreaMultThresholdDSP	Flow_Alternate Routability	Flow_PerfOptimized_high	Flow_PerfThresholdCarry	Flow_Runtime Optimized
-flatten_hierarchy	rebuilt	rebuilt	rebuilt	rebuilt	rebuilt	rebuilt	rebuilt	none
-gated_clock_conversion	off	off	off	off	off	off	off	off
-bufg	12	12	12	12	12	12	12	12
-directive	Default	AreaOptimized_high	AreaOptimized_medium	AreaMultThresholdDSP	Alternate Routability	Performance Optimized	FewerCarry Chains	RunTime Optimized
-retiming	unchecked	unchecked	unchecked	unchecked	unchecked	unchecked	unchecked	unchecked
-fsm_extraction	auto	auto	auto	auto	auto	one_hot	auto	off
-keep_equivalent_registers	unchecked	unchecked	unchecked	unchecked	unchecked	unchecked	checked	unchecked
-resource_sharing	auto	auto	auto	auto	auto	off	off	auto
-control_set_opt_threshold	auto	1	1	auto	auto	auto	auto	auto
-no_lc	unchecked	unchecked	unchecked	unchecked	checked	checked	checked	unchecked
-no_srlextract	unchecked	unchecked	unchecked	unchecked	unchecked	unchecked	unchecked	unchecked
-shreg_min_size	3	3	3	3	10	5	3	3
-max_bram	−1	−1	−1	−1	−1	−1	−1	−1
-max_uram	−1	−1	−1	−1	−1	−1	−1	−1
-max_dsp	−1	−1	−1	−1	−1	−1	−1	−1
-max_b_cascade_height	−1	−1	−1	−1	−1	−1	−1	−1
-max_u_cascade_height	−1	−1	−1	−1	−1	−1	−1	−1
-cascade_dsp	auto	auto	auto	auto	auto	auto	auto	auto
-assert	unchecked	unchecked	unchecked	unchecked	unchecked	unchecked	unchecked	unchecked

① tcl.pre 和 tcl.post：该选项用于 Tcl 文件的挂钩，分别在综合前和综合后立即运行。

注：tcl.pre 和 tcl.post 脚本中的路径是相对于当前工程的路径，即<project>/<project.runs>/<run_name>。

注：可以使用当前工程或者当前运行的 DIRECTORY 属性定义脚本中的相对路径：

```
get_property DIRECTORY [current_project]
get_property DIRECTORY[current_run]
```

② -flatten_hierarchy：设计者可从下面的选项进行设置。

➢ none：告诉综合工具不要将层次设计平面化（展开）。综合的输出和最初的 RTL 有相同的层次。

➢ full：告诉综合工具将层次化设计，充分展开，只留下顶层。

➢ rebuilt：当设置的时候，rebuilt 允许综合工具展开层次，执行综合，然后基于最初的 RTL 重新建立层次。这个值允许跨越边界进行优化。最终的层次类似于 RTL，这是为了分析方便。

③ -gate_clcok_conversion：该选项可打开或者关闭综合工具对带有使能时钟逻辑转换的能力，门控时钟转换的使用也要求使用 RTL 属性。

④ -bufg：该选项控制综合工具推断设计中需要 BUFG 的个数。在网表内，设计中使用的其他 BUFG 对综合过程是不可见的时候使用这个选项。由 "-bufg" 后面的数字决定工具所能推断出的 BUFG 的个数。例如，如果-bufg 选项设置为最多 12 个，在 RTL 内例化了 3 个 BUFG，则工具还能推断出 9 个 BUFG。

⑤ -directive：代替 effort_level 选项。当指定时，这个选项用不同的优化策略运行 Vivado 综合过程。其值为

➢ Default：默认设置。

➢ RuntimeOptimized：执行更少的时序优化，并消除一些 RTL 优化，以减少综合运行时间。

➢ AreaOptimized_high：执行一般的面积优化，包括强制实现三进制加法器、应用新的阈值来使用进位链 I 比较器，并且实现面积优化的多路复用器。

➢ AreaOptimized_medium：执行一般的面积优化，包括更改控制集优化的阈值，强制执行三进制加法器，将推断的乘法器阈值降低到 DSP 块中，将移位寄存器移动到 BRAM 中，在比较器中应用 CARRY 链使用的较低阈值，以及面积优化的 MUX 操作。

➢ AlternateRoutability：一组改善布线能力的算法（较少使用 MUXF 和 CARRY）。

➢ AreaMultThresholdDSP：专用 DSP 块推断的较低阈值。

➢ FewerCarryChains：更高的操作数位宽阈值，使用 LUT 而不是进位链。

➢ PerformanceOptimized：执行常规时序优化，包括以面积为代价降低逻辑级。

⑥ -retiming：仅用于非 Xilinx Versal 器件。要在 Versal 中控制重定时（retiming），请选择-no_retiming 选项。该布尔选项<on/off>提供了一个选项，通过在组合门或 LUT 之间自动移动寄存器（寄存器平衡）来执行时钟内的时序路径。它保持了电路的原始行为和延迟，不需要修改 RTL 源文件。默认设置为 off。

注：在 OOC 模式下重定时时，由驱动端口驱动或作为驱动端口的寄存器不会重定时。

⑦ -fsm_extraction：该选项控制如何提取和映射有限自动状态机。

⑧ -keep_equivalent_registers：该选项阻止将带有相同逻辑输入的寄存器进行合并。

⑨ -resource_sharing：该选项用于在不同的信号间共享算术操作符。可选的值有 auto、on 和 off。选择 auto 时，根据设计要求的时序，决定是否采用资源共享；on 表示总是进行资源共享；off 表示总是关闭资源共享。

⑩ -control_set_opt_threshold：该选项设置时钟的阈值，以便对较低数量的控制集进行优化，默认为 auto，这意味着工具会根据目标器件选择一个值。支持任何整数值。给定值是工具将控制集移动到寄存器的 D 逻辑中所需的扇出个数。如果扇出高于该值，则工具尝试让信号驱动该寄存器上的 "control_set_pin"。

⑪ -no_lc：选中该选项时，关闭 LUT 的组合，即不允许将两个 LUT 组合在一起构成一个双输出 LUT。

⑫ -no_srlextract：选中该选项时，关闭全部设计的 SRL 提取，这样用简单的寄存器实现。

⑬ -shreg_min_size：该选项推断 SRL 的阈值。默认设置为 3。它设置了将导致推断固定延迟链 SRL（静态 SRL）的时序元件的个数。策略也将该设置定义为 5 和 10。

⑭ -max_bram：描述设计中允许的 BRAM 的最大数量。当设计中有黑盒或第三方网表时，通常会使用该选项，并允许设计人员为这些网表保留空间。默认设置为-1 表示工具选择指定器件允许的最大个数。

⑮ -max_uram：设置设计中允许的 UltraRAM（Xilinx UltraScale+ 架构系列 FPGA 的 BRAM）的最大数量。默认设置为-1，表示工具选择指定器件允许的最大个数。

⑯ -max_dsp：描述设计中允许的 DSP 块的最大数量。当设计中存在黑盒或第三方网表时，通常会使用该选项，并为这些网表留出空间。默认设置为-1，表示工具选择指定器件允许的最大个数。

⑰ -max_cascade_height：控制该工具可以级联的 BRAM 的最大数量。默认设置为-1，表示工具选择指定器件允许的最大个数。

⑱ -max_cascade_height：控制该工具可以级联的 UltraScale+ 架构 FPGA 内 UltraRAM 的最大数量。默认，设置-1 表示工具选择指定器件允许的最大个数。

⑲ -cascade_dsp：控制加法器在求和 DSP 块输出的实现方式。默认，DSP 块输出的求和使用块内建的加法器链计算。值为 tree 时，强制求和在 FPGA 逻辑中实现。可取的值有 auto、tree 和 force。默认值为 auto。

⑳ -assert：使能要评估的 VHDL assert 语句。故障或错误的严重程度会停止综合流程并产生错误。严重级别的警告会产生警告。

注：如果读者想更进一步了解每个选项的说明，则单击并高亮显示每个选项的名字。在选项下方的窗口内将给出每个选项的具体含义。

3.6.3　执行设计综合

本小节将介绍如何对设计进行综合。实现对设计进行综合的步骤如下所述。

第一步：通过下面其中一种方法启动设计的综合过程。

（1）如图 3.43 所示，在 Vivado 当前工程主界面左侧的 Flow Navigator 窗口中找到并展开 "SYNTHESIS" 条目。在展开条目中，找到并用鼠标左键单击 "Run Synthesis"。

（2）在 Vivado 当前工程主界面底部的 Tcl Console 窗口中的文本框中输入 "launch_runs synth_1" 并按回车键，运行综合。

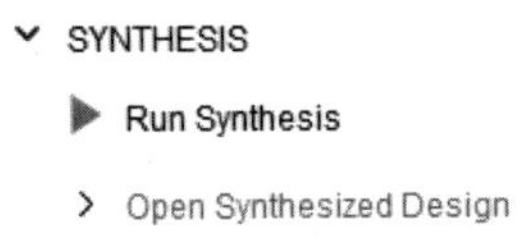

∨ SYNTHESIS

▶ Run Synthesis

〉 Open Synthesized Design

图 3.43　查看 RTL 级网表

注：对于第二种方法来说，如果前面已经执行过综合，在重新运行综合前，必须执行 reset_run synth_1 脚本命令，然后再执行 launch_runs synth_1 脚本命令。

（3）在 Vivado 当前工程主界面底部的 Design Runs 窗口中，找到并用鼠标右键单击 "Name" 为 "synth_1" 的一行，出现浮动菜单。在浮动菜单内，执行菜单命令【Launch Runs】。

（4）在 Vivado 当前工程主界面主菜单下，执行菜单命令【Flow】→【Run Synthesis】。

第二步：弹出 "Launch Runs" 对话框，如图 3.45 所示。在该对话框中，设计人员可以定义在创建综合或实现运行后要执行的操作。

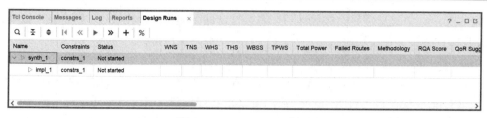

图 3.44　Design Runs 窗口

① Launch directory：指定要为已定义的运行写入运行文件和结果的目录。提示，默认的启动目录位于当前工程中。如果在当前工程结构之外定义一个位置，可能会给源文件的控制和设计可移植性带来问题。

② Launch runs on local host：勾选该选项，表示立即在本地主机上启动新创建的运行。

③ Number of jobs：指定要在本地主机上同时启动的设计运行数。在启动依赖的实现运行之前，必须完成综合运行。

④ Generate scripts only：为综合或实现生成运行脚本，但此时不启动运行。将脚本文件写入运行目录中，可以手工启动，也可以在批处理过程中运行。

第三步：单击图 3.45 中的【OK】按钮，退出"Launch Runs"对话框。同时，开始启动对设计的综合过程。

在运行综合的过程中，在图 3.44 中的 synth_1 前面有一个绿色的小圆圈在转动，同时在 Vivado 当前工程主界面右上角也有一个绿色的小圆圈在转动，在该小圆圈的左侧提示信息 "Running synth_design"。

第四步：当对设计运行综合结束后，弹出如图 3.46 所示的"Synthesis Completed"对话框，该对话框提供了 3 个选项。

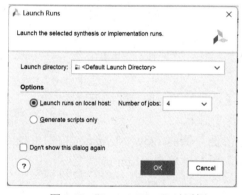

图 3.45　"Launch Runs"对话框

图 3.46　"Synthesis Completed"对话框

（1）Run Implementation（运行实现过程）。

（2）Open Synthesized Design（打开综合后的设计）。

（3）View Reports（查看报告）。

此处选择"Open Synthesized Design"选项。

第五步：单击图 3.46 中的【OK】按钮，Vivado 开始执行打开综合后设计的过程。一旦打开了综合后的设计，Vivado 当前工程主界面的窗口标题由"PROJECT MANAGER"变成了 "SYNTHESIZED DESIGN"。

注：读者也可以在 Vivado 当前工程主界面主菜单下，执行菜单命令【Flow】→【Open Synthesized Design】，打开综合后的设计。

第六步：在 Vivado 右侧的窗口中，单击"Project Summary"标签，即可打开"Project Summary"标签页，如图 3.47 所示。

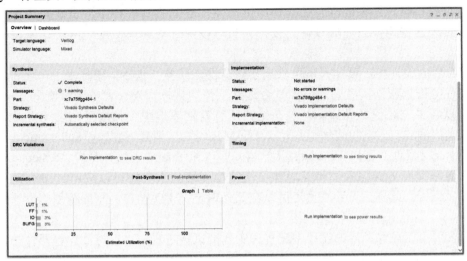

图 3.47　"Project Summary"标签页

3.6.4　打开综合后的设计

在当前 Vivado 工程主界面左侧的 Flow Navigator 窗口中，找到并展开"SYNTHESIS"条目。在展开条目中，找到并展开"Open Synthesized Design"条目。如图 3.48 所示，在"Open Synthesized Design"展开条目中提供了下面的功能选项。

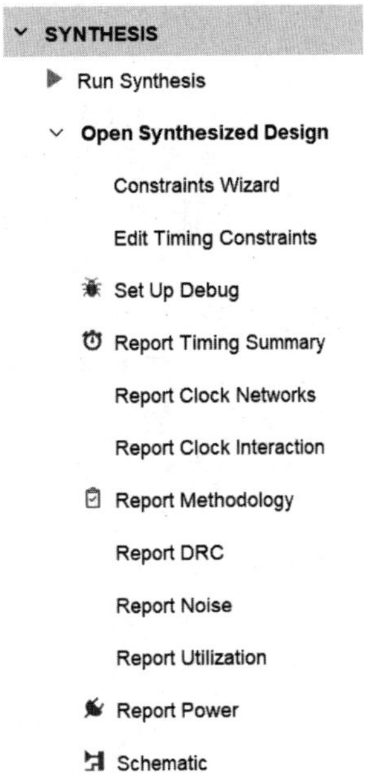

（1）Constraints Wizard（约束向导）。

（2）Edit Timing Constraints（编辑时序约束）：该选项用于启动时序约束标签。

（3）Set Up Debug（设置调试）：该选项用于启动标记网络视图界面，那些标记过的网络视图将用于调试目的。

（4）Report Timing Summary（报告时序总结）：该选项生成一个默认的时序报告。

（5）Report Clock Networks（报告时钟网络）：该选项生成该设计的时钟树。

（6）Report Clock Interaction（报告时钟相互作用）：该选项用于在时钟域之间验证路径上的约束收敛。

（7）Report Methodology（报告方法论）：该选项用于查找当前设计中的错误或问题。方法论分析是一种特殊形式的设计规则检查，专门检查设计是否符合设计方法论，并确定该过程中出现的常见错误。

（8）Report DRC（报告 DRC）：该选项用于对整个设计执行设计规则检查。

图 3.48　"Open Synthesized Design"条目中提供的功能选项

（9）Report Noise（报告噪声）：该选项用于对设计中的输出和双向引脚执行一个 SSO 分析。

（10）Report Utilization（报告利用率）：该选项用于生成一个图形化的利用率报告。

（11）Report Power（报告功耗）：该选项用于生成一个详细的功耗分析报告。

（12）Schematic（原理图）：该选项用于打开原理图视图界面。

当打开综合后的设计时，Vivado 设计套件会打开综合后的网表，并对目标 FPGA 器件应用物理约束和时序约束。综合后设计的不同元件被加载到内存中，设计人员可以根据需要分析和修改这些元件以完成设计。设计人员可以保存对约束文件、网表、调试核以及配置的更新。

在综合后的设计中，设计人员可以执行许多设计任务，包括早期时序、功耗和利用率估计，这些任务可以帮助读者确定设计是否达到了预期目标。设计人员可以使用 Vivado IDE 中的窗口以各种方式探索设计。对象总是在所有其他窗口中交叉选择。设计人员可以从各种窗口交叉探测 RTL 文件中的问题行，包括 Messages（消息）窗口、Schematic（原理图）窗口、Device（器件）窗口、Package（封装）窗口和 Find（查找）窗口。Schematic 窗口允许设计人员以交互方式探索逻辑互联和层次结构。设计人员还可以应用时序约束来执行进一步的时序分析。此外，设计人员还可以交互式地定义 I/O 端口、布图规划或设计配置的物理约束。

设计人员可以在综合后的设计中配置和实现调试核逻辑，以支持被编程器件的测试和调试。在 Schematic 或 Netlist 窗口中，以交互方式选择要调试的信号，然后配置调试核并将其插入设计中。在可能的情况下，通过设计的综合和更新来保留核心逻辑与互联。

注：关于调试核的配置方法将在本书后面的章节中进行详细说明。

3.6.5　打开综合后的原理图

查看设计综合后的原理图的主要步骤如下所述。

第一步：在图 3.48 中找到并单击名字为"Schematic"的条目。

第二步：在 Vivado 当前标题为"SYNTHESIZED DESIGN"的主窗口的右侧新出现了名字为"Schemaitc"的标签页。在该标签页中，给出了该设计综合后的电路结构，如图 3.49 所示。与详细描述的原理图给出的电路结构相比，综合后的电路结构中添加了 I/O 输入缓冲区（IBUF 和 OBUF），以及专用的时钟输入缓冲区 IBUFG，并且逻辑功能使用了 LUT 实现。

思考题 3-4：为什么是这种结构？（提示：FPGA 是基于查找表结构的，关于查找表的详细原理请读者参阅本书第一章中的内容）。

第三步：读者可以选择图 3.49 中的任何一个元件（如 IBUF、LUT、FDRE），单击鼠标右键，出现浮动菜单。在浮动菜单内，执行菜单命令【Go to Source】，即可自动跳转到 HDL 文件中所对应的描述代码。

思考题 3-5：请读者仔细分析 HDL 描述与 FPGA 底层硬件之间的对应关系。

提示：设计综合后表示为层次和基本元素的互连网表。对应于

（1）模块（Verilog HDL 中的 module）/实体（VHDL 中的 entity）的实例。

（2）基本的元素，包括查找表 LUT、触发器、进位链元素、宽的多路复用器 MUX；块 RAM、DSP 单元；时钟元素（BUFG、BUFR、MMCM）；I/O 元素（IBUF、OBUF、I/O 触发器）。

（3）在尽可能的情况下，对象的名字与详细描述网表中的名字相同。

思考题 3-6：查看输入缓冲区和输出缓冲区的结构，分析一下该设计的逻辑通路。

查看综合后电路结构中每个元素/元件的属性。下面以查看 LUT 属性为例。

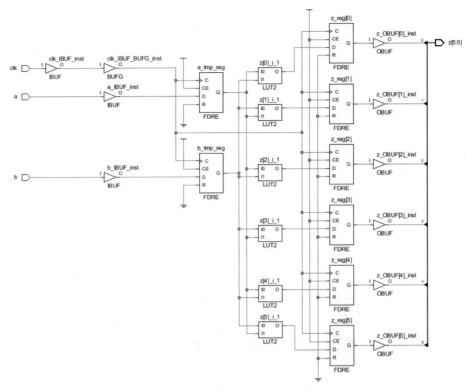

图 3.49　该设计综合后的电路结构

第四步：在图 3.49 内分别用鼠标选择相应的 LUT，总共 6 个 LUT。先选择最上面的一个 LUT。在 SYNTHESIZED DESIGN 窗口的左下角出现名字为 "Cell Properties" 的子窗口，如图 3.50 所示。在该窗口中，有 General、Properties、Power、Nets、Cell Pins 和 Truth Table 标签。

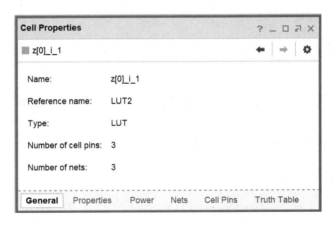

图 3.50　Cell Properties 窗口

第五步：在图 3.50 所示的 Cell Properties 窗口中，单击 "Truth Table" 标签，可以看到在 "Truth Table" 标签页中使用真值表描述了该 LUT 所实现的功能，如图 3.51 所示，并且在输出一列用逻辑表达式 "O=I0 & I1" 进行标记。显然，该 LUT 实现的逻辑功能是对两个逻辑变量（I0 和 I1）执行逻辑 "与" 运算。

思考题 3-7：按上面给出的步骤查看并说明其他 6 个 LUT 内部实现的逻辑关系。

思考题 3-8：从上面给出的综合后的电路结构可知，如果从计算机的角度划分，FPGA 实现算法/逻辑功能属于"数据流"计算机。显然，逻辑数据输入到由组合逻辑和时序逻辑构成的硬件电路中，最后通过输出端口输出。加入用 C 语言实现上面类似的电路功能，应该如何建模？并比较在 CPU 上用软件实现算法和在 FPGA——使用硬件实现算法的本质区别。

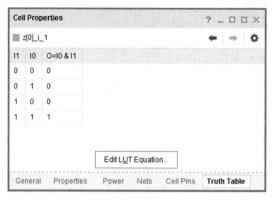

图 3.51 "Truth Table"标签页

注：C 语言在 CPU 上实现，靠程序计数器（PC）串行执行；而 FPGA 上数字逻辑的实现是并行实现的，由逻辑流推动，其处理数据的能力在同样的频率下要比 CPU 快很多倍。所以这也是 FPGA 在进行海量数据处理时的巨大优势，请读者务必认真体会。

3.6.6　查看综合报告

本小节将介绍如何查看综合后的报告。主要步骤如下所述。

第一步：在 Vivado 当前工程底部的窗口中，单击"Reports"。

第二步：如图 3.52 所示，在 Reports 窗口中，找到并展开"Synthesis"条目。在展开条目中，找到并展开"Synth Design"。在展开条目中，提供了下面的报告选项。

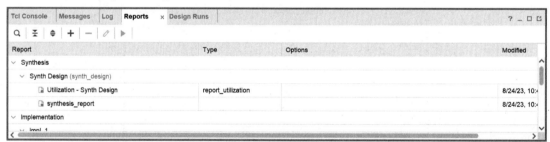

图 3.52　Reports 窗口

1．Utilization-Synth Design（利用率-综合设计）

双击图 3.52 中名字为"Utilization-Synth Design"的一行，在 Vivado 当前 SYNTHESIZED DESIGN 的主界面右侧的窗口中自动添加并打开了名字为"Utilization-Synth Design-synth_1"的标签页，如图 3.53 所示。在该标签页中，以表格的形式给出了技术映射单元的使用情况，主要内容包括切片逻辑、存储器、DSP 切片、IO、时钟，以及设计中所用到的其他资源。

思考题 3-9：读者阅读该报告，查看该设计占用资源的情况。

2．synthesis_report

双击图 3.52 中名字为"synthesis_report"的一行，在 Vivado 当前 SYNTHESIZED DESIGN 的主界面右侧的窗口中自动添加并打开了名字为"synthesis_report-synth_1"的标签页，如图 3.54 所示。在该标签页中，给出了下面的信息。

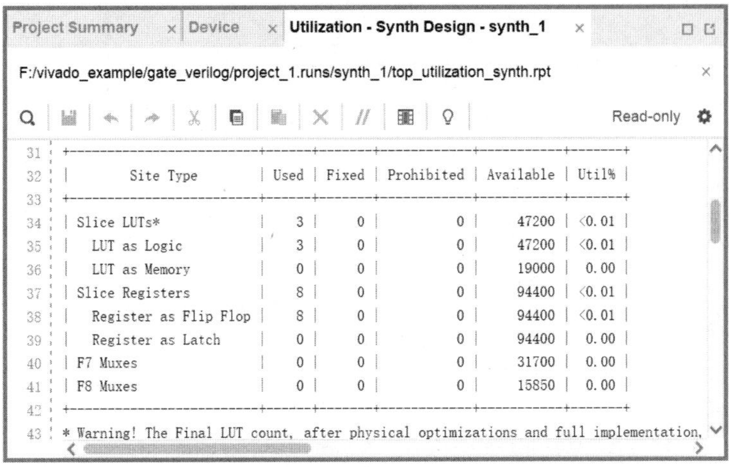

图 3.53　"Utilization-Synth Design-synth_1"标签页

图 3.54　"synthesis_report-synth_1"标签页

（1）HDL 文件的综合、综合的过程、读取时序约束、来自 RTL 设计中的 RTL 原语。

（2）时序优化目标、技术映射、去除引脚/端口、最终单元的使用（技术映射）。

3.6.7　添加其他报告

除了前面一小节介绍的报告，设计人员可以定义新的可配置报告对象，并添加到当前的综合或实现运行中。当处理完成后，报告中将包含在"More Options"字段定义的更多选项。

综合和实现运行能够指定报告策略，这是要在综合运行或实现运行的特定步骤期间生成的可配置报告对象的集合。设计人员可以创建不同的报告策略，以便在设计的不同阶段分配给设计运行。在"Settings"对话框右侧的"Report Settings"标题下的"Strategy"定义了新的报告策略，也可以与所选运行的属性窗口中的综合或实现运行相关联。

添加其他报告的主要步骤如下所述。

第一步：在图 3.52 给出的 Reports 窗口中，找到并用鼠标右键单击"Synth Design（synth_design）"，出现浮动菜单。在浮动菜单内，执行菜单命令【Add Report】；或者在该窗口中单击➕按钮。

第二步：弹出"Add Report"对话框，如图 3.55 所示。

197

图 3.55 "Add Report"对话框

① Report Name: 指定要分配给可配置报表对象的名字。该工具将自动为报告对象指定一个名字, 组合综合或实现运行的名字、分配给报告的过程步骤, 以及生成报告的类型。注意, 设计人员可以手工覆盖 "Report Name" 字段, 但是更改 "Run" 或 "Report Type" 将自动重新命名报告。在单击 "OK" 按钮之前, 设计人员可将手工命名报告名字作为最后一步。

② Run: 该字段仅用于实现运行, 如 opt_design、place_design 和 route_design。

③ Report Type: 为要生成的可配置报告对象定义特定报告。该字段列出了可以分配给运行和步骤的各种报告类型。

④ Options: 对于特定的报告类型, 设计人员可以添加生成报告时要使用的命令行选项。

3.6.8 创建新的运行

在前面介绍 Vivado 综合工具时, 提到通过建立多个运行来探索在不同策略和约束条件下的运行结果。创建新的运行的主要步骤如下所述。

第一步: 使用下面其中一种方法, 启动创建新运行的过程。

(1) 在图 3.44 所示的 Design Runs 窗口中, 鼠标右键单击任意一个运行 (如 synth_1 或 impl_1), 出现浮动菜单。在浮动菜单内, 执行菜单命令【Create Runs】。

(2) 在图 3.44 所示的 Design Runs 窗口中, 单击 ➕ 按钮。

(3) 在 Vivado 当前工程主界面主菜单下, 执行菜单命令【Flow】→【Create Runs】。

(4) 在 Tcl Console 窗口的文本框中输入如下面的 Tcl 命令。

```
create_run synth_2 -parent_run synth_1 -flow {Vivado Synthesis 2023}
```

第二步: 弹出 "Create New Runs-Create New Runs" 对话框, 如图 3.56 所示。在该对话框中, 提供了 3 个选项, 即 Synthesis、Implementation 和 Both。当选择 Synthesis 时, 只为综合创建新的运行; 当选择 Implementation 时, 只为实现创建新的运行; 当选择 Both 时, 将为综合和实现均创建新的运行。

第三步: 单击图 3.56 中的【Next】按钮。

第四步: 弹出新的 "Create New Runs-Configure Synthesis Runs" 对话框, 如图 3.57 所示。在该对话框中, 为新的综合运行配置约束集 (Constraints Set)、器件 (Part)、运行策略 (Run

Strategy）、报告策略（Report Strategy）。当设计人员想让新创建的综合运行作为当前的综合运行时，需要勾选"Make Active"一列下面的复选框。

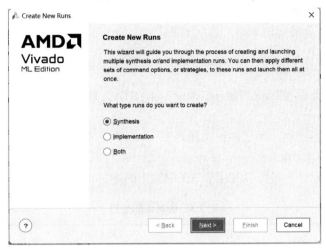

图 3.56　"Create New Runs-Create New Runs"对话框

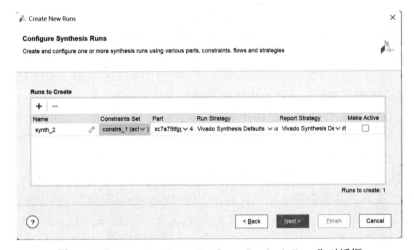

图 3.57　"Create New Runs-Configure Synthesis Runs"对话框

第五步：单击图 3.57 中的【Next】按钮。

第六步：弹出"Create New Runs-Launch Options"对话框。

第七步：单击"Create New Runs-Launch Options"对话框中的【Next】按钮。

第八步：弹出"Create New Runs-Create New Runs Summary"对话框，单击该对话框中的【Finish】按钮。

这样，在 Design Runs 窗口中新创建了一个名字为"synth_2"的综合运行。

3.7　综合后的仿真

在综合或实现后，可以在功能或时序模式下执行网表仿真。网表仿真可以在以下方面对设计人员提供帮助。

（1）识别由以下原因引起的综合或实现后的功能变化。

① 引起不匹配的综合属性或约束（如 full_case 和 parallel_case）。

② 在 Xilinx XDC 文件中应用的 UNISIM 属性。

③ 在综合和仿真之间的语言理解差异。

④ 双端口 RAM 冲突。

⑤ 时序约束的缺失或应用不当。

⑥ 异步路径的操作。

⑦ 优化技术导致的功能问题。

（2）在静态时序分析（Static Timing Analysis，STA）期间，对声明为假或多周期时序路径的敏感处理。

（3）生成网表切换活动，用于估计功耗。

（4）识别 X 状态"悲观"。

对于网表仿真，设计人员可以使用表 3.3 中给出的库。

表 3.3 仿真库的应用

库名字	描述	VHDL 库名字	Verilog 库名字
UNISIM	Xilinx 原语的功能仿真	UNISIM	UNISIMS_VER
UNIMACRO	Xilinx 宏的功能仿真	UNIMACRO	UNIMACRO_VER
UNIFAST	快速仿真库	UNIFAST	UNIFAST_VER

UNIFAST 库是一个可选库，设计人员可以在功能仿真过程中使用它来加速仿真运行时间。UNIFAST 库仅支持 7 系列 FPGA。UltraScale 及更高版本的 FPGA 架构不支持 UNIFAST 库，因为所有优化在默认情况下都是包含在 UNISIM 库中的。

UNISIM 库的原语/元件除时钟元件外没有任何时序信息。为了防止功能仿真过程中出现竞争情况，时钟元件的时钟输出延迟为 100ps。由于 UNISIM 元件中没有任何延迟，波形视图可能会显示组合信号的尖峰和毛刺。

思考题 3-10：在 Vivado 当前工程主界面左侧的 Flow Navigator 窗口中，找到并展开 "SIMULATION" 条目。在展开条目中，找到并选择 "Run Simulation"，单击鼠标右键，出现浮动菜单。在浮动菜单内，执行菜单命令【Run Post-Synthesis Functional Simulation】，启动 Vivado 仿真器，查看仿真器中运行综合后的功能仿真结果，以验证在综合后设计仍然能达到设计的期望。

注：在实际中，综合后的功能仿真比详细描述后的仿真更重要，因为综合后的功能仿真才能比较准确地验证设计功能是否达到预期。

3.8 创建实现约束

本节将介绍实现约束的原理和具体的实现过程。作为基本设计流程的一部分，本节将介绍为设计添加引脚约束和简单时钟约束的过程，对于时序等高级约束等问题，将在后面章节进行详细说明。

3.8.1 实现约束的原理

综合过程成功完成后，就会生成综合后的网表。设计者可以将综合后的网表，以及 XDC 文件或者 Tcl 脚本一起加载到存储器中，用于后续的实现过程。

注：在一些情况下，综合后网表的对象名字和详细描述后设计中对象的名字并不相同。如果出现这种情况，设计者必须使用正确的名字重新创建约束，并将其只保存在实现过程所使用到的 XDC 文件中。

一旦 Vivado 工具可以正确加载所有的 XDC 文件，设计者就可以运行时序分析，用于：

（1）添加缺失的约束；

（2）添加时序异常；

（3）识别在设计中由于长路径导致大的冲突，并且修改 RTL 描述。

3.8.2　I/O 规划工具

本小节将介绍 I/O 规划工具中的不同窗口，以帮助读者高效率使用窗口中提供的功能。

1. 器件窗口

I/O 规划器（I/O Planning）工具中的 Device（器件）窗口如图 3.58 所示，该窗口是用于设计分析和布图规划的主要图形界面。在该窗口中，显示了设备资源，包括器件逻辑、时钟区域、I/O 焊盘、BUFG、MMCM、Pblock、单元位置和网络连接。FPGA 上可以分配特定逻辑的位置称为所在地（Site）。

在该窗口中，显示详细信息的逻辑对象的个数由选定的缩放级决定。缩放级增加的越多，显示详细信息的逻辑对象就越多。

在器件窗口的工具栏中，提供了不同的按钮，这些按钮的功能如下所述。

（1）【Previous】按钮←：复位器件窗口，以显示上一个缩放和坐标。

（2）【Next】按钮➡：在使用【Previous】按钮后，返回器件窗口以显示原始的缩放和坐标。

（3）【Zoom In】按钮⊕：放大器件窗口。

（4）【Zoom Out】按钮⊖：缩小器件窗口。

（5）【Zoom Fit】按钮⬄：缩小以将整个器件适配到器件窗口的显示区域。

（6）【Select Area】按钮：选择指定矩形区域中的对象。

（7）【Autofit Selection】按钮⊕：自动围绕新选择的对象重新绘制器件窗口。该模式可以使能或禁止。

（8）【Routing Resources】按钮：在器件窗口中显示布线资源。

（9）【Draw Pblock】按钮：将光标设置为绘制 Pblock 模式（十字光标），允许设计人员创建一个新的 Pblock 矩形来放置单元。

（10）【Cell Drag & Drop Modes】按钮：指定布局到设备上的单元如何分配布局约束。显示的按钮反映当前选择的模式。

① 【Create BEL Constraint Mode】按钮：为布局的单元指定 LOC 和 BEL 约束，这会将单元固定在切片（Slice）内指定的 BEL。

② 【Create Site Constraint Mode】按钮：为正在布局的单元指定 LOC 布局约束。这将单元固定到指定的切片，但允许单元使用切片内任何可用的 BEL。

③ 【Assign Cell to Pblock Mode】按钮：将逻辑单元分配到 Pblock。这使得实现工具具有最大的灵活性，并且是默认模式。

（11）【Show Cell Connections】按钮：根据以下设置显示选定对象的连接。

① 【Show Input Connections】：显示所选单元的输入连接。

② 【Show Output Connections】：显示所选单元的输出连接。

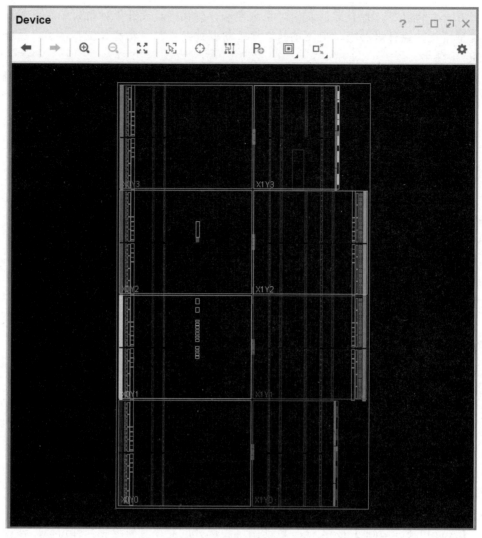

图 3.58　Device（器件）窗口

③【Max Cell Count】：限制显示的连接数，以提高绘图性能。设计人员可以增加该值以可视化具有大量连接的单元，但 Xilinx 建议将该值设置为 1000 或更低，以实现最佳图形显示。

（12）【Settings】按钮 ✿：控制窗口中信息的显示，如图 3.59 所示，提供了下面的设置功能。

① Resource Types 标签：该标签页中定义了显示的器件和设计对象。设计人员可以控制器件窗口中显示的详细程度，这在显示信息过多时尤其有用。在该标签页中，提供了两个分支。第一，Design。来自设计源的元件，如放置在器件上的单元、网络和端口；第二，Device，器件上的资源，如 I/O 组、时钟区域和可以放置设计对象的瓦片。

② Colors 标签：该标签页用于更改器件窗口中元件的颜色和填充值。

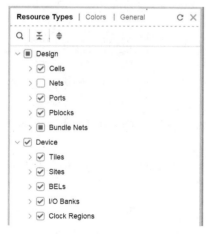

图 3.59　"Settings" 对话框

③ General 标签：该标签页定义了器件上网络连接的显示特性。

Vivado IDE 在器件窗口中显示所选择器件中包含的资源。图形所在地（Site）显示并可用于所有器件的特定资源，包括所有时钟资源，如 BUFG、BUFGTRL、BUFR 和 BUFHCE 元件。该器件内部被划分为更小的矩形称为瓦片（Tile），这些矩形是架构中不同类型逻辑单元的布局所在地。

显示器件资源的详细程度取决于器件窗口的缩放程度。某些资源，如特定的切片资源，在方法之前是不可见的。其他资源，如时钟区域和 I/O 组，即使在查看整个器件时也会出现。此外，设计人员可以控制器件窗口中特定对象或资源的显示。

Vivado IDE 器件窗口中按如下显示资源。

（1）I/O 焊盘和时钟对象：器件外围和中心下方的矩形。

（2）I/O 组：位于一排 I/O 焊盘外的细的、彩色阴影矩形。

（3）可用的 I/O 组所在地：彩色填充的 I/O 组矩形。

（4）未绑定 I/O 组：带白色 X 的矩形。

（5）I/O 时钟焊盘：填充为矩形。

注：当把光标置于逻辑所在地上时，可以查看用于在器件窗口中表示每个所在地的工具提示。

思考题 3-11：在器件窗口中，通过放大和缩小按钮，查看 Xilinx Artix-7 系列 FPGA 内部逻辑资源的布局，并详细说明这些逻辑资源的功能和用途。

2. 封装窗口

I/O 规划器（I/O Planning）工具中的 Package（封装）窗口如图 3.60 所示，该窗口显示了 Xilinx 器件的物理特性，主要用于 I/O 规划过程或端口布局过程。引脚类型以不同颜色和形状显示，以便实现更好的可视化。

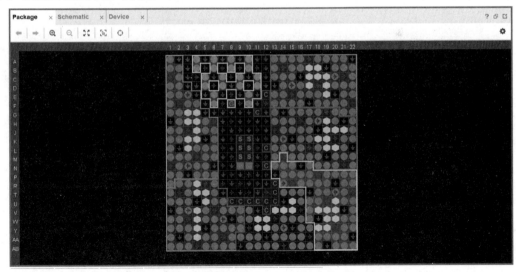

图 3.60　Package（封装）窗口

在封装窗口中，可以执行下面的操作。

（1）将端口拖曳到封装窗口中进行分配，并将布局的单元重新分配给封装窗口中的其他 I/O 引脚。

注：默认情况下，自动检查 I/O 布局处于启用状态，在拖放过程中只允许合法的引脚布局。

（2）将引脚和 I/O 组可视化。

① VCC 和 GND 引脚显示为红色 VCC 符号 和绿色 GND 符号 。

② 时钟使能引脚显示为六边形引脚 。

③ 用户和多用途引脚显示为灰色的圆形 。

④彩色区域显示器件上不同的 I/O 组。

（3）在封装窗口中移动光标，在窗口顶部和左侧主动显示 I/O 引脚的坐标。

（4）将光标悬停在引脚上以显示引脚信息的提示文字。额外的 I/O 引脚和组信息显示在状态栏环境底部的信息栏中（Vivado 当前界面的右下角）。

（5）选择 I/O 引脚或 I/O 组以在器件和封装窗口之间进行交叉探测，并查看 Package Pin Properties（封装引脚属性）窗口中的引脚信息。

除【Setting】按钮外，封装窗口工具栏中的按钮功能与器件窗口工具栏中的按钮功能类似，请读者参考器件窗口工具栏中按钮的功能介绍。下面仅介绍封装窗口中【Settings】按钮 的功能。

封装窗口中的【Settings】按钮定义了在封装窗口中可见的层和对象，并提供其在封装窗口中使用的图标图例，如图 3.61 所示。

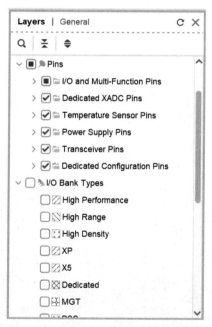

图 3.61　封装窗口中的"Layers"标签页

在完成指定的设置后，单击图 3.61 中的【Close】按钮 。Vivado IDE 将保存设计人员的设置，并在每次启动工具时重新加载它们。要将选项恢复为默认设置，单击图 3.61 中的【Reset】按钮 。

图 3.61 中的"Layer"标签页控制封装窗口中要显示的元素。为了便于读者对显示元素的控制，对"Layers"标签页中的选项进行以下说明。

（1）I/O Ports：设计中当前处于固定或未固定状态的端口。该设计可能具有当前未布局的端口，这些端口未显示在封装窗口中。

（2）Pins：可用的封装引脚分组到特定类别，如多功能引脚、电源引脚和未连接引脚，引脚按如下显示。

① 电源引脚与 I/O 组分开显示。

② 多功能引脚显示为其所包含的 I/O 组的一部分。

（3）I/O Bank Types：不同类型的 I/O 组，根据目标器件的不同而有所不同。例如，图 3.62 显示了 MGT。

（4）I/O Banks：器件上每个 I/O 组和 GT 组的引脚位置。每个 I/O 组和 GT 组都有颜色编码，以便区分引脚组。提示，关闭 I/O 组层是放置引脚分配的一种简单方法。使用该方法，设备人员可以保留组以备日后使用，或显示组已满。

（5）Other：在所在地（Site）后面绘制 x 轴和 y 轴的网格线。

图 3.62　在封装窗口中显示 MGT

此外，在图 3.62 中的"General"标签页中提供了下面的选项。

（1）Autocheck I/O Placement：切换交互式 I/O 布局 DRC 的自动强制。使能该选项时，将根据使能的设计规则检查交互式 I/O 端口的布局。

（2）Show Bottom View：显示从底部查看的封装引脚。

（3）Show Differential I/O Pairs：在封装窗口中显示差分对引脚。

3. I/O Ports 窗口

I/O Ports 窗口使设计人员能够在封装窗口或器件窗口中创建、配置 I/O 端口并将其布局到 I/O 所在地上。I/O Ports 窗口显示设计中定义的 I/O 信号端口，如图 3.63 所示。

创建 RTL 源文件或网表工程将使用设计源文件中定义的 I/O 端口填充 I/O Ports 窗口。在 I/O 规划工程中，可以从 CSV 或 XDC 文件导入端口列表，并为工程手工创建端口。

Tcl Console	Messages	Log	Reports	Design Runs	Package Pins	I/O Ports	×				
Name	Direction		Neg Diff Pair	Package Pin		Fixed	Bank	I/O Std	Vcco	Vref	Drive Str
∨ ⌷ All ports (9)											
∨ ⬡ z (6)	OUT					☐		default (LVCMOS18) ▾	1.800		12
◁ z[5]	OUT				∨	☐		default (LVCMOS18) ▾	1.800		12
◁ z[4]	OUT				∨	☐		default (LVCMOS18) ▾	1.800		12
◁ z[3]	OUT				∨	☐		default (LVCMOS18) ▾	1.800		12

图 3.63　I/O Ports 窗口

下面对 I/O Ports 窗口中工具栏中的按钮进行简单介绍。

（1）【Search】按钮 Q：在 I/O Ports 窗口中按名字、关键字或各种端口属性中的值来搜索端口。

（2）【Collapse All】按钮 ⤨：按名字显示总线，不显示总线的各个位。

（3）【Expand All】按钮 ⇕：显示展开总线的所有引脚。

（4）【Group by Interface and Bus】按钮 ⣿：按接口或名字字母顺序显示端口。

（5）【Create I/O Port Interface】按钮 ＋：定义一个新的端口接口以对端口进行分组。设计人员可以选择端口接口并将其作为 I/O 规划环境中的一个对象布局。

（6）【Schematic】按钮 ⤵：打开选定 I/O 端口的原理图窗口。

（7）【Settings】按钮 ✿：滚动 I/O Ports 窗口以显示在其他窗口（如网表或器件窗口）中选择的对象。

3.8.3 添加引脚约束

在该设计中，使用 A7-EDP-1 硬件开发平台上的两个开关作为 a 和 b 的逻辑输入量，使用硬件开发平台上的 6 个 LED 灯作为 z0～z5 的逻辑输出量，使用硬件开发平台上有源晶体振荡器输出的 100MHz 时钟信号作为该设计的时钟输入。

注： 本小节给出的引脚约束条件参考了本书配套的硬件开发平台 Z7-EDP-1 的原理图。

本小节将通过 I/O 规划器图形化界面添加引脚约束。添加实现约束条件的步骤如下所述。

第一步： 在 Vivado 的 Sources 窗口中选中 Constraints 文件夹，如图 3.64 所示，单击鼠标右键，出现浮动菜单。在浮动菜单内，执行菜单命令【Add Sources】。

第二步： 弹出"Add Sources"对话框。在该对话框下，默认选择"Add or Create Constraints"选项。

第三步： 单击【Next】按钮，弹出"Add Sources-Add or Create Constraints"对话框。在该对话框下，单击【Create File】按钮；或者单击╋按钮，出现浮动菜单，在浮动菜单内，执行菜单命令【Create File】。

第四步： 弹出"Create Constraints File"对话框。在该对话框中，按图 3.65 中所示的进行参数设置。

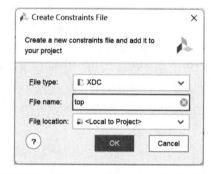

图 3.64　Sources 窗口中的 Constraints 文件夹　　　图 3.65　"Create Constraints File"对话框

第五步： 单击【OK】按钮，自动退出"Create Constraints File"对话框，并返回"Add Sources-Add or Create Constraints"对话框。在该对话框中，在名字为"Constraint File"的一列下面添加了名字为"top.xdc"的约束文件。

第六步： 单击"Add Sources-Add or Create Constraints"对话框中的【Finish】按钮。在 Sources 窗口中 Constraints 文件夹下面的 constrs_1 子文件夹下添加了名字为"top.xdc"的约束文件，如图 3.66 所示。

第七步： 在执行后面的操作前，必须首先打开综合后的设计（具体方法参考 3.6.4 节中的相关内容）。

第八步： 由于创建了新的 top.xdc 文件，因此在执行"Open Synthesized Design"操作时，会弹出"Synthesis is Out-of-date"对话框。在该对话框中提示下面的信息，即"You are opening a synthesized design that is now out-of-date because: constraints were modified, Would you like to open the out-of-date design or re-run synthesis?"，也就是 Vivado 发现修改了默认的约束，将综合后的设计标记为过期，提示设计人员是否打开过期的设计还是重新运行综合。在该对话框中，单击【Open Design】按钮。

第九步： Vivado 当前主界面的标题变成"SYNTHESIZED DESIGN"，表示已经打开综合后的设计。在该主界面右上角的下拉框中，选择"I/O Planning"，如图 3.67 所示。

图 3.66　添加 top.xdc 文件后的 Sources 窗口　　　图 3.67　Vivado 主界面中的下拉框选项

第十步：如图 3.68 所示，在 Vivado 主界面的底部出现了新的 I/O Ports 窗口。

Name	Direction	Neg Diff Pair	Package Pin	Fixed	Bank	I/O Std	Vcco	Vref	Drive Strength	Slew Type	Pull Type	IN_TE
All ports (9)												
z (5)	OUT			☐		default (LVCMOS18)	1.800		12		NONE	
z[5]	OUT	∨		☐		default (LVCMOS18)	1.800		12		NONE	
z[4]	OUT	∨		☐		default (LVCMOS18)	1.800		12		NONE	
z[3]	OUT	∨		☐		default (LVCMOS18)	1.800		12		NONE	
z[2]	OUT	∨		☐		default (LVCMOS18)	1.800		12		NONE	
z[1]	OUT	∨		☐		default (LVCMOS18)	1.800		12		NONE	
z[0]	OUT	∨		☐		default (LVCMOS18)	1.800		12		NONE	
Scalar ports (3)												
a	IN	∨		☐		default (LVCMOS18)	1.800				NONE	
b	IN	∨		☐		default (LVCMOS18)	1.800				NONE	
clk	IN	∨		☐		default (LVCMOS18)	1.800				NONE	

图 3.68　未添加约束条件的 I/O Ports 窗口

（1）显示了工程中定义的所有端口，即 z(z[5]～z[0])、a、b 和 clk 端口。在这些端口中，a、b 和 clk 端口为标量端口（Scalar Ports），即端口宽度为 1。

（2）将总线分组到可扩展的文件夹。

（3）将端口显示为一组总线或者列表，如端口 z。

（4）以图标的形式标识 I/O 端口的方向和状态，如 IN▶或 OUT◀。

注：I/O Ports 窗口中列出的端口名字（Name）以及端口的方向（Direction）信息是从综合后的设计中导入的。

第十一步：按表 3.4，在"Package Pin"一列下所对应的每行端口的小方格中输入每个逻辑端口在目标 FPGA 上的引脚位置，以及在"I/O Std"标题下通过下拉框为每个逻辑端口定义其 I/O 电气标准。

表 3.4　逻辑端口的 I/O 约束

Name（端口名字）	Package Pin（封装引脚）	I/O Std（I/O 标准）
z[5]	AA13	LVCMOS33
z[4]	AB17	LVCMOS33

续表

Name（端口名字）	Package Pin（封装引脚）	I/O Std（I/O 标准）
z[3]	AB16	LVCMOS33
z[2]	AA16	LVCMOS33
z[1]	Y16	LVCMOS33
z[0]	Y17	LVCMOS33
a	U5	LVCMOS33
b	T5	LVCMOS33
clk	J19	LVCMOS33

第十二步：输入完引脚约束条件后的 I/O Ports 窗口如图 3.69 所示。

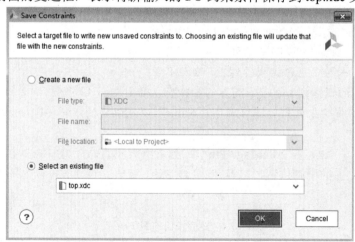

图 3.69　输入完引脚约束后的 I/O Ports 窗口

第十三步：按 Ctrl+S 组合键，弹出"Out of Date Design"对话框。单击该对话框中的【OK】按钮，退出该对话框。

第十四步：弹出"Save Constraints"对话框，如图 3.70 所示。在该对话框中，选中"Select an existing file"前面的复选框，表示将新输入的 I/O 约束条件保存到 top.xdc 文件中。

图 3.70　"Save Constraints"对话框

第十五步：单击"Save Constraints"对话框中的【OK】按钮，退出该对话框。

第十六步：在图 3.67 所示的界面中，通过下拉框选择"Default Layout"条目，并且单击

SYNTHESIZED DESIGN 窗口中的【Close】按钮✕。

第十七步：弹出"Confirm Close"对话框，在该对话框中提示信息"Ok to close 'Synthesized design'?"，单击该对话框中的【OK】按钮，退出综合后的设计界面。

第十八步：在 Sources 窗口中，找到并双击 top.xdc 文件，打开该文件，该文件中的约束条件如代码清单 3-7 所示。

代码清单 3-7　top.xdc 文件

```
set_property PACKAGE_PIN AA13 [get_ports {z[5]}]
set_property PACKAGE_PIN AB17 [get_ports {z[4]}]
set_property PACKAGE_PIN AB16 [get_ports {z[3]}]
set_property PACKAGE_PIN AA16 [get_ports {z[2]}]
set_property PACKAGE_PIN Y16 [get_ports {z[1]}]
set_property PACKAGE_PIN Y17 [get_ports {z[0]}]
set_property PACKAGE_PIN U5 [get_ports a]
set_property PACKAGE_PIN T5 [get_ports b]
set_property PACKAGE_PIN J19 [get_ports clk]
set_property IOSTANDARD LVCMOS33 [get_ports {z[5]}]
set_property IOSTANDARD LVCMOS33 [get_ports {z[4]}]
set_property IOSTANDARD LVCMOS33 [get_ports {z[3]}]
set_property IOSTANDARD LVCMOS33 [get_ports {z[2]}]
set_property IOSTANDARD LVCMOS33 [get_ports {z[1]}]
set_property IOSTANDARD LVCMOS33 [get_ports {z[0]}]
set_property IOSTANDARD LVCMOS33 [get_ports a]
set_property IOSTANDARD LVCMOS33 [get_ports b]
set_property IOSTANDARD LVCMOS33 [get_ports clk]
```

下面对 top.xdc 文件中用到的命令进行简要说明。

1）set_property

将定义的属性名字和值分配给指定的对象。该命令可用于定义设计中对象的任何属性。每个对象都有一组预定义的属性，这些属性具有预期值或一系列值。

该命令的格式为：

```
set_property [-quiet] [-verbose] name value objects ...
```

其中：

（1）[-quiet]：忽略命令错误。如果命令失败，不返回错误消息。

（2）[-verbose]：命令执行期间停止消息限制。返回来自该命令的所有消息。

（3）name：要设置的属性的名字。

（4）value：要设置的属性的值。

（5）objects：要在其上设置属性的对象。

2）get_ports

获取当前设计中与指定搜索模式匹配的端口对象的列表。默认命令获取设计中所有端口的列表。

该命令的格式为：

```
get_ports [-regexp] [-nocase] [-filter arg] [-of_objects args] [-match_style arg] [-quiet] [-
verbose] [patterns]
```

其中：

（1）[-regexp]：模式是完整的正则表达式。

（2）[-nocase]：执行不区分大小写的匹配（仅在指定-regexp 时有效）。

（3）[-filter]：使用表达式筛选别表。

（4）[-of_objects]：获取这些网络的端口、实例、站点、时钟、时序路径、I/O 标准、I/O 组、封装引脚的端口。

（5）[-match_style]：模式匹配的类型，有效值是 ucf、sdc。默认为 sdc。

（6）[-quiet]：忽略命令错误。

（7）[-verbose]：在命令执行期间暂停消息限制。

（8）[pattern]：将端口名字与模式进行匹配。默认值为 "*"。

打开综合后的设计，然后在 Vivado 当前工程主界面底部的 Tcl Console 窗口中输入下面的命令：

```
report_property [get_ports port_name]
```

其中，port_name 为当前设计中所包含的一个端口，如 a、b、z[0]~z[5]和 clk。该命令获取指定对象上所有属性的属性名字、属性类型和属性值。

在当前 XDC 文件中，使用 set_property 和 get_ports 命令，实现位置和 I/O 约束的具体命令格式如下所述。

（1）I/O 引脚位置设置命令的格式为：

```
set_property PACKAGE_PIN <pin name> [get_ports <port>]
```

（2）I/O 引脚驱动能力设置命令的格式为：

```
set_property DRIVE <2 4 6 8 12 16 24> [get_ports <ports>]
```

（3）I/O 引脚电气标准设置命令的格式为：

```
set_property IOSTANDARD <IO standard> [get_ports <ports>]
```

（4）I/O 引脚抖动设置命令的格式为：

```
set_property SLEW <SLOW|FAST> [get_ports <ports>]
```

（5）I/O 引脚上拉设置命令的格式为：

```
set_property PULLUP true [get_ports <ports>]
```

（6）I/O 引脚下拉设置命令的格式为：

```
set_property PULLDOWN true [get_ports <ports>]
```

注：在添加引脚约束条件时，读者可以直接在 top.xdc 文件中输入代码清单 3-7 中给出的约束命令，而无须通过 GUI 界面。当在 top.xdc 文件中直接输入约束条件时，要求读者对 Tcl 命令非常熟悉。

3.8.4 添加时序约束

本小节将介绍在设计工程中添加简单的时序约束条件的方法。在该时序约束中，将输入时钟的频率约束到 100MHz，以及设置输入时钟的波形条件。对于更复杂的时钟约束方法，将在本书后续章节中进行详细介绍。

本小节将介绍如何通过 GUI 在约束文件中添加时序约束条件，主要步骤如下所述。

第一步：在 Flow Navigator 窗口中找到并展开 "SYNTHESIS" 条目。在展开条目中，找到并展开 "Open Synthesized Design" 条目。在展开条目中，找到并单击 "Edit Timing Constraints"。

第二步：在打开综合后设计的主界面中，出现新的 Timing Constraints 窗口，如图 3.71 所示。在该窗口中，双击 *"Double click to create a Create Clock constraint"*。

图 3.71　Timing Constraint 窗口

第三步：弹出"Create Clock"对话框，如图 3.72 所示。在该对话框中，单击"Source objects"右侧的□按钮。

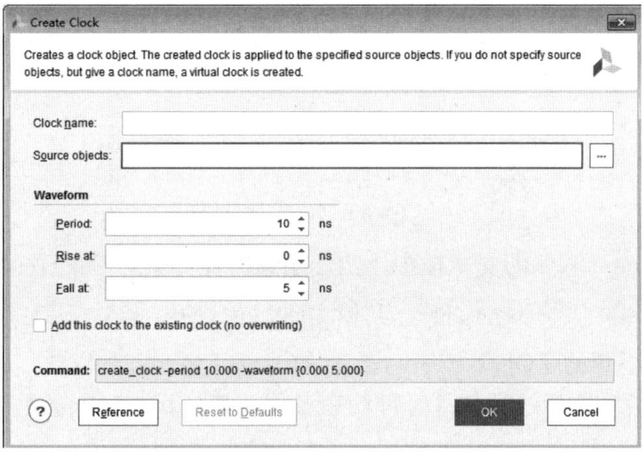

图 3.72　"Create Clock"对话框（1）

第四步：弹出"Specify Clock Source Objects"对话框，如图 3.73 所示。按图设置查找参数，单击【Find】按钮。在"Results"标题下选择"clk"，单击右侧的 → 按钮，将其添加到右侧的"Selected"标题下。

图 3.73　"Specify Clock Source Objects"对话框

第五步：单击图 3.73 中的【Set】按钮。退出"Specify Clock Source Objects"对话框。

第六步：返回到图 3.74 所示的"Create Clcok"对话框。从图中可知，在"Source objects"右侧的文本框中添加了[get_port clk]。在"Waveform"标题下，将 clk 约束为 50%的占空比。

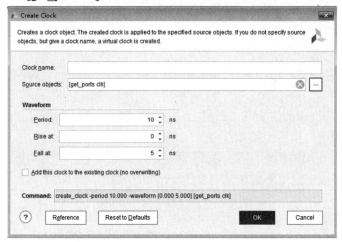

图 3.74 "Create Clock"对话框（2）

在标题"Command"右侧的文本框中，给出了该时序约束对应的 Tcl 命令：

```
create_clock -period 10.000 -waveform {0.000 5.000} [get_ports clk]
```

第七步：单击右下角的【OK】按钮，退出"Create Clock"对话框。

第八步：如图 3.75 所示，添加了时钟约束条件。按 Ctrl+S 组合键，将该约束条件保存到 top.xdc 文件中。

图 3.75 添加了时钟约束条件后的 Timing Constraints 窗口

第九步：在保存该时钟约束条件的过程中，弹出"Out of Date Design"对话框，单击【OK】按钮，退出该对话框。

第十步：在 Vivado 当前的 SYNTHESIZED DESIGN 主界面中，单击该界面右上角的×按钮，

第十一步：弹出"Confirm Close"对话框，提示信息"OK to close 'Synthesized Design'?"，单击【OK】按钮，退出所打开的综合后的设计界面，并返回到 Vivado 的 PROJECT MANAGER 主界面。

第十二步：在 Sources 窗口中，找到并打开 top.xdc 文件。在该文件中，新添加了时钟约束条件。

注：在添加时钟约束条件时，读者可以直接在 top.xdc 文件中输入第六步给出的时钟约束命令，而无须通过 GUI 界面。当在 top.xdc 文件中直接输入时钟约束条件时，要求读者对 Tcl 命令非常熟悉。

3.9 设计实现和分析

Vivado 设计套件包括各种设计流程，并支持一系列设计源。为了生成可以下载到 Xilinx

FPGA 的比特流，设计必须通过实现。实现是采用逻辑网表并将其映射到目标 Xilinx FPGA 物理阵列的一系列步骤。实现过程包括逻辑优化、逻辑单元的布局和单元之间的连接布线。

3.9.1　设计实现原理

Vivado 设计套件实现过程将逻辑网表和约束转换为布局与布线后的设计，为生成比特流做好准备。实现过程包括以下子过程。

（1）打开综合后的设计（Open Synthesized Design）：组合网表、设计约束和 Xilinx 目标器件数据，建立设计中的内存以驱动实现。

（2）优化设计（Opt Design）：优化逻辑设计，使其更容易适配到目标 Xilinx FPGA。

（3）功耗优化设计（Power Opt Design）（可选）：优化设计元素以降低目标 Xilinx FPGA 的功耗。

（4）布局设计（Place Design）：将设计布局到目标 Xilinx FPGA 上，并执行扇出复制以改善时序。

（5）布局后的功耗优化设计（Post-Place Power Opt Design）（可选）：额外优化以降低布局后的功耗。

（6）布局后的物理优化设计（Post-Place Phys Opt Design）（可选）：使用基于布局的估计时序优化逻辑和布局，包括复制高扇出的驱动器。

（7）布线设计（Route Design）：将设计布线到目标 Xilinx FPGA。

（8）布线后的物理优化设计（Post-Route Phys Opt Design）（可选）：使用实际的布线延迟优化逻辑、布局和布线。

（9）写比特流（Write Bitstream）：为 Xilinx FPGA 配置生成比特流。通常，比特流生成在实现之后（除 Versal 器件外）。

（10）写器件镜像（Write Device Image）：为可编程的 Versal 器件生成可编程的器件镜像。

上面部分实现子过程所对应的 Tcl 命令如表 3.5 所示。

表 3.5　部分实现子过程对应的 Tcl 命令

子过程名字	Tcl 命令
打开综合后的设计	synth_design
	open_checkpoint（仅非工程模式）
	open_run（仅工程模式）
	link_design
优化设计	opt_design
功耗优化设计（可选）	power_opt_design
布局设计	place_design
布局后的功耗优化设计（可选）	power_opt_design
布局后的物理优化设计（可选）	phys_opt_design
布线设计	route_design
布线后的物理优化设计（可选）	phys_opt_design
写比特流	write_bitstream

3.9.2 设计实现设置

1．访问实现设置

（1）在 Flow Navigator 窗口中找到并选择"IMPLEMENTATION"条目，单击鼠标右键，出现浮动菜单。在浮动菜单内，执行菜单命令【Implementation Settings】。

（2）弹出如图 3.76 所示的"Settings"对话框。在该窗口中，单击"Implementation"选项，可以看到窗口右侧出现实现过程选项设置界面。

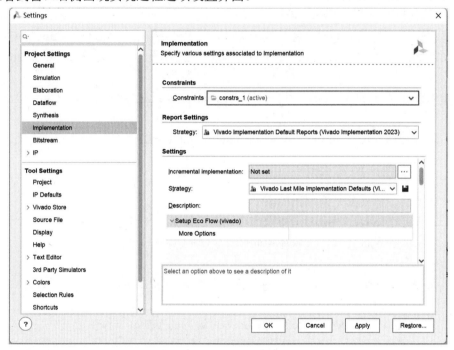

图 3.76 "Settings"对话框

① Constraints：选择默认情况下要用于执行运行的约束集。

② Report Settings：使用该选项选择报告策略。设计人员可以从预设的报告策略中进行选择，也可以定义自己的策略来选择在每个设计步骤中运行哪些报告。

③ Incremental implementation：如果需要，指定增量编译的检查点。

④ Strategy：选择要用于执行运行的策略。Vivado 设计套件包括一套预定义的策略。设计人员也可以创建自己的实现策略，并将更改保存为新策略以供将来使用。

⑤ Description：描述所选择的实现策略。用户定义策略的描述可以通过输入新的描述来更改。不能更改 Vivado 工具标准实施策略的描述。

2．策略选项含义

Vivado 设计套件包含用户定义的策略（User Defined Strategies）和预配置的策略（Vivado Strategies），如图 3.77 所示。

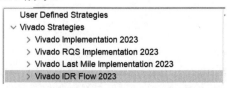

图 3.77 Vivado 设计套件提供的策略

1）Vivado Implementation 2023

表 3.6 给出了实现类别，表 3.7 给出了实现策略描述。

表 3.6　实现类别

类　　别	目　　的
Performance（性能）	提高设计性能
Area（面积）	减少 LUT 个数
Power（功耗）	添加整体功耗优化
Flow（流程）	修改流程步骤
Congestion（拥塞）	减少阻塞和相关的问题

表 3.7　实现策略描述

实现策略名字	描　　述
Vivado Implementation Defaults	平衡运行时间，努力实现时序收敛
Performance_Auto_1	place_design 的最佳预测命令
Performance_Auto_2	place_design 的第二个最佳预测命令
Performance_Auto_3	place_design 的第三个最佳预测命令
Performance_Explore	使用多个算法进行优化、布局和布线，这是为了得到潜在的、较好的优化结果
Performance_ExplorePostRoutePhysOpt	类似于 Performance_Explore，但在布线后增加了 phys_opt_design 以进行进一步的改善
Performance_LBlockPlacement	忽略用于布局 BRAM 和 DSP 的时序约束，取而代之的是使用线长
Performance_LBlockPlacementFanoutOpt	忽略用于布局 BRAM 和 DSP 的时序约束，取而代之的是使用线长，并且执行对高扇出驱动器的复制
Performance_EarlyBlockPlacement	在全局布局的早期阶段完成 BRAM 和 DSP 的布局
Performance_NetDelay_high	补偿乐观的延迟估计。为长距离和高扇出的连接，添加额外的延迟代价（high 设置，最悲观的）
Performance_NetDelay_low	补偿乐观的延迟估计。为长距离和高扇出的连接，添加额外的延迟代价（low 设置，最不悲观的）
Performance_Retiming	将物理优化设计中的重定时与额外的布局优化和更高的布线器延迟代价相结合
Performance_ExtraTimingOpt	运行额外的时序驱动优化，以改善整体的时序松弛
Performance_RefinePlacement	在布局后的优化阶段中增加了布线器的工作量，并禁止在布线器中的时序放松
Performance_SpreadSLL	SSI 器件的一个布局变化，带有水平扩展 SLR 跨越的趋势
Performance_BalanceSLL	SSI 器件的一个布局变化，带有更频繁的 SLR 边界跨越
Congestion_SpreadLogic_high	将逻辑分散到整个器件，以避免创建阻塞区域（high 设置是最高程度的分散）
Congestion_SpreadLogic_medium	将逻辑分散到整个器件，以避免创建阻塞区域（medium 设置是中等程度的分散）
Congestion_SpreadLogic_low	将逻辑分散到整个器件，以避免创建阻塞区域（low 设置是最低程度的分散）
Congestion_SpreadLogic_Explore	类似于 Congestion_SpreadLogic_high，但使用了探索（explore）命令进行布线
Congestion_SSI_SpreadLogic_high	将逻辑分散到整个器件，以避免创建阻塞区域，专用于 SSI 器件（high 设置是最高程度的分散）
Congestion_SSI_SpreadLogic_low	将逻辑分散到整个器件，以避免创建阻塞区域，专用于 SSI 器件（low 设置是最低程度的分散）
Area_Explore	使用多个优化算法，以使用更少的 LUT
Area_ExploreSequential	类似于 Area_Explore，但是增加了跨越时序单元的优化
Area_ExploreWithRemap	类似于 Area_Explore，但是增加了重映射优化以压缩逻辑级

续表

实现策略名字	描　述
Power_DefaultOpt	增加功耗优化（power_opt_design）以减少功耗
Power_ExploreArea	将顺序面积（sequential area）优化和功耗优化（power_opt_design）进行组合，以减少功耗
Flow_RunPhysOpt	类似于实现运行默认（Implementation Run Default），但是使能物理优化步骤（phys_opt_design）
Flow_RunPostRoutePhysOpt	类似于 Flow_RunPhysOpt，但是使用带有-directive Explore 选项的布线后物理优化步骤
Flow_RuntimeOptimized	每个实现步骤都在权衡设计性能以获得更好的运行时间。禁止物理优化（phys_opt_design）
Flow_Quick	尽可能快的运行时间，禁止所有时序驱动的行为。对于估计利用率有用

2）Vivado IDR Flow 2023

IDR 是一种特殊类型的实现运行，它使用复杂的流程来尝试收敛时序。由于 IDR 可能具有竞争性，因此预计编译时间大约是标准运行的 3.5 倍。IDR 围绕复杂的时序收敛功能提供了一个简单的用户界面，在高比例的设计中，其效果至少与 FPGA 专家不相上下。

时序收敛的 IDR 是一种积极的时序收敛实现运行，其唯一目标是时序收敛。不考虑功耗和编译时间，但是在节省利用率的情况下，可以进行一些功耗优化。它分为 3 个阶段，如图 3.78 所示。

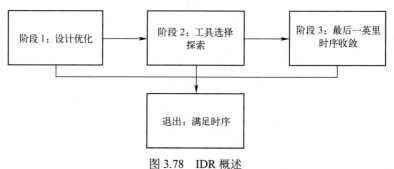

图 3.78　IDR 概述

流程是自动化的，设计人员无法控制哪些阶段可以运行。在尝试使用 IDR 关闭时序之前，设计应该清除设计方法问题，运行 report_methodology 并修复或放弃所有严重警告和警告。

（1）阶段 1：设计优化。在该阶段生成并应用结果质量（Quality of Result，QoR）建议。例如，编译时间是标准实现运行的 2.5 倍。原因如下。

① 生成用于分析的准确数据，实现工具必须运行到布局后或布线后。若要应用这些建议，必须复位设计运行并重新运行实现工具。

② 通过在进行新的分析和生成新的建议之前实现 QoR 建议的影响，设计问题的影响不会被高估，从而产生最大的 QoR 影响。

（2）阶段 2：工具选择探索。该阶段使用 ML 策略来预测要使用的最佳工具选择。

（3）阶段 3：最后一英里时序收敛。该阶段利用布线后物理优化设计（phys-opt-design），使用最后一英里（Last Mile）命令增量实现，并且增量 QoR 建议以收敛时序。要进入该阶段，设计的 RQA 分数必须为 3 或更高，最坏负松弛（Worst Negative Slack，WNS）必须在-0.250～0.000 之间。如果不满足这些标准，则跳过该阶段并退出流程。

IDR 的支持如表 3.8 所示。

表 3.8　IDR 的支持

条目	支持状态
支持器件	UltraScale、UltraScale+、Versal
流程	工程模式
DFX	是（不包括 Versal Last Mile）
Vitis	否

IDR 报告界面如图 3.79 所示。

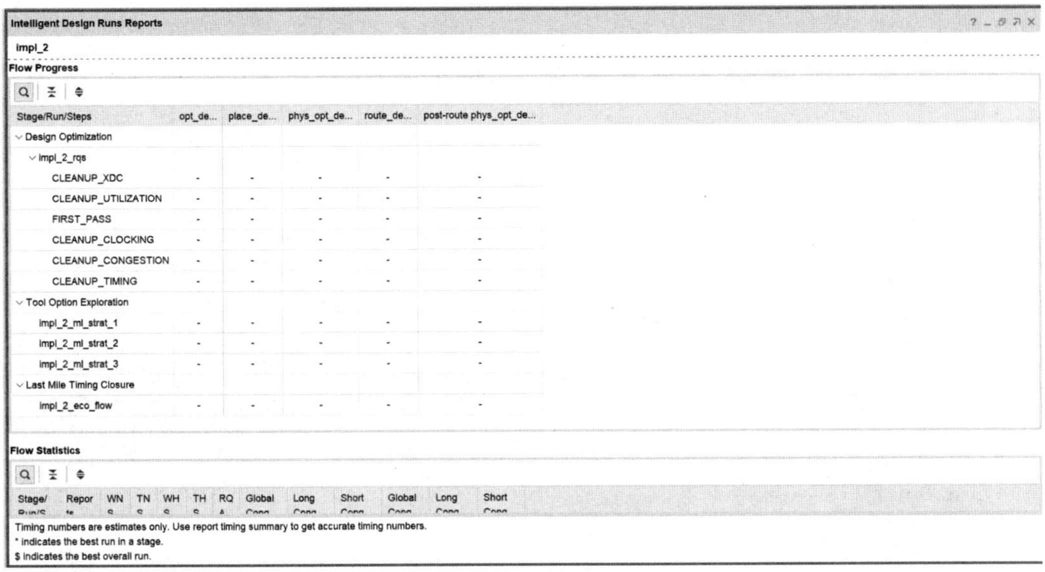

图 3.79　IDR 报告界面

3）QoR 建议

QoR 建议用于通过以下策略提高设计满足时序要求的能力。

（1）给命令（如 opt_design）添加开关。

（2）为设计对象（如单元和网络）添加属性。

（3）完整的实现策略。

report_qor_suggestion 命令在 Vivado IDE 或基于文本的报告中生成报告。它可以用于下面的目的：

（1）在内存中生成和查看有关当前设计的新的建议；

（2）使用 read_qor_suggestions 命令查看已经读入的现有建议。

report_qor_suggestions 命令可在综合后的任何时间对加载在内存中的设计运行。生成的建议对象考虑了许多设计特征，并生成了以下类别的建议，包括 Clocking、XDC、Netlist、Utilization、Congestion、Timing 和 Strategies。

在生成新的建议之前，必须将设计加载到内存中。可以在综合后的任何阶段运行 report_qor_suggestions。返回的建议按重要性排序，最重要的建议列在报告的顶部。

只报告改进设计 QoR 所需要的建议。有时，在发布建议之前，需要布局和布线信息。此外还有一些限制，以确保只生成包含必要设计更改的建议。

（1）网表建议是在分析网表的基础上生成的。它们识别导致流程后期时序失败的常见网表结构，但它们不能直接查看时序路径，因此可以在时序收敛的路径上生成。

217

（2）时钟建议通常要在布局后生成，但是这里也有一些例外，比如在布局之前有可用的准确信息。除了少数例外，它们需要一个失败的时序路径。

（3）时序建议是通过检查每个时钟组的前 100 个失败时序路径生成的。

（4）当判断建议所针对的资源被过度使用，并且没有导致关键资源的增加时，就会生成使用建议。这些可以在任何设计阶段报告。

（5）仅在布局后报告拥塞。如果设计被布线且满足时序，它不报告拥塞建议，因为事实证明这些建议不会对时序收敛产生影响。

（6）策略，最后的类别，包含实现策略。这些是使用分析许多设计特征的 ML 算法生成的。使用这些对象时的流程与上面描述的略有不同。

生成的建议必须反馈到流程中才能起作用。例如，需要重新运行设计阶段，如图 3.80 所示。

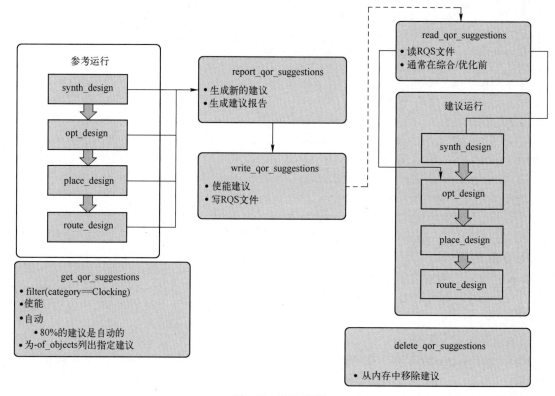

图 3.80　建议流程

当满足下面的标准时，在建议运行中执行建议。

（1）使能（ENABLED）建议。

（2）必须运行 APPLICABLE_FOR 阶段。

（3）建议必须为自动（AUTO）。

当把该策略应用于实现运行时，在 Design Runs 窗口中，找到并用鼠标右键单击该实现运行（如 impl_1），出现浮动菜单。在浮动菜单内，执行菜单命令【Set QoR Suggestions】。

弹出"Set QoR Suggestions"对话框，如图 3.81 所示。在对话框中，勾选"Enable suggestions"前面的复选框。此时，允许设计人员选择一个建议文件、自动运行或两者的组合。如果尚未添加所选择的建议文件，则会将其添加到 utils_1 文件集。

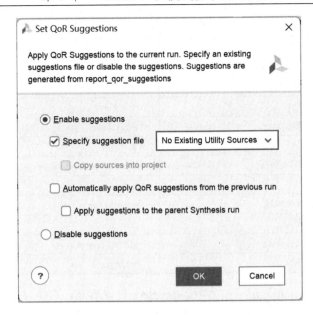

图 3.81　"Set QoR Suggestions"对话框

3．优化设计选项

"Opt Design"（优化设计）选项用于控制逻辑优化过程，确保在布局之前进行最有效的逻辑设计（在工程模式下自动使能该选项）。它执行网表连接检查，以警告潜在的设计问题，比如具有多个驱动器和未驱动输入的网络。逻辑优化还执行 BRAM 功耗优化。

通常，设计连接错误会传播到流程失败的逻辑优化步骤。在运行实现之前，使用 DRC 报告确保有效连接是至关重要的。

逻辑优化跳过对 DONT_TOUCH 属性设置为 TRUE 值的单元和网络的优化。逻辑优化还跳过已直接应用时序约束和例外的设计对象的优化。这样可以防止在设计之外优化约束的目标对象时丢失约束。逻辑优化还跳过对具有物理约束（如 LOC、Bel、RLOC、LUTNM、HLUTNM、ASYNC_REG 和 LOCK_PINS）的设计对象的优化。每个优化阶段结束时的 Info 消息提供了由于约束而阻止的优化数量的总结。可以使用-debug_log 开关生成关于哪些约束阻止了哪些优化的特定消息。Vivado 工具可以对内存中的设计进行逻辑优化。

注：通过选择相应的命令选项，可以将逻辑优化限制为特定的优化。只有那些指定的优化才会运行，而所有其他优化都被禁止，即使那些默认执行的优化。

表 3.9 描述了在选择多个选项时执行优化的顺序。这种排序确保执行最有效的优化。

表 3.9　选择多个选项时执行优化的顺序

阶段	名字	选项	默认
1	重定位	-retarget	X
2	常量传播	-propconst	X
3	清除	-sweep	X
4	多路复用器优化	-muxf_remap	
5	进位优化	-carry_remap	
6	控制集合并	-control_set_merge	
7	等效驱动器合并	-merge_equivalent_drivers	

阶段	名字	选项	默认
8	BUFG 优化	-bufg_opt	X
9	移位寄存器优化	-shift_register_opt	X
10	MBUFG 优化	-mbufg_opt	
11	DSP 寄存器优化	-dsp_register_opt	
12	控制集减少	（属性控制）	X
13	基于模块的扇出优化	-hier_fanout_limit <arg>	
14	重映射	-remap	
15	重新综合重新映射	-resynth_remap	
16	重新综合面积	-resynth_area	
17	重新综合时序面积	-resynth_seq_area	
18	BRAM 功耗优化	-bram_power_opt	X

图 3.82 给出了"Opt Design"选项中的-directive 设置界面。命令（-directive）为 opt_design 提供了不同的行为模式，一次只能指定一个命令，并且该命令选项与其他选项不兼容，可用的命令如下所述。

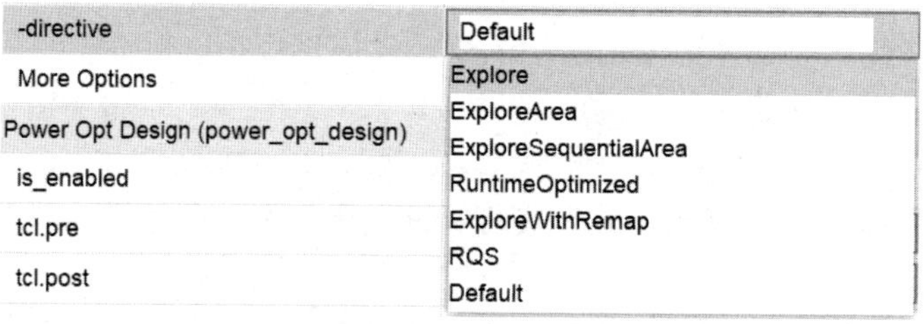

图 3.82 "Opt Design"选项中的-directive 设置界面

（1）Explore：运行多次优化。

（2）ExploreArea：运行多次优化，重点是减少组合逻辑。

（3）AddRemap：运行默认逻辑优化流程，包括 LUT 重新映射以降低逻辑级别。

（4）ExploreSequentialArea：运行多次优化，重点是减少寄存器和相关组合逻辑。

（5）RuntimeOptimized：运行最少的优化次数，用设计性能换取更快的运行时间。

（6）NoBRAMPowerOpt：运行除 BRAM 功耗优化外的所有默认 opt_design 优化。

（7）ExploreWithRemap：与 Explore 命令相同，但是包含 Remap 优化。

（8）Default：使用默认设置运行 opt_design。

（9）RQS：指示 opt_design 选择 report_qor_advancement 策略建议指定的命令。要求在调用此命令之前读取包含策略建议的 RQS 文件。

4. 功耗优化选项

功耗优化 power_opt_design 是使用时钟门控优化动态功耗的可选步骤。它既可以用于工程模式，也可以用于非工程模式，可以在逻辑优化后运行，也可以在布局后运行，以减少设计中的电力需求。功耗优化包括 Xilinx 智能时钟门控解决方案，可以在不改变功能的情况下降低设计中的动态功耗。

Vivado 功耗优化分析了设计的所有部分。它还确定了主动变化信号可以被时钟门控的机会，因为它们不是每个时钟周期都被读取的。这减少了开关活动，进而减少了动态功耗。

（1）使用时钟使能（Clock Enable，CE）：功耗优化创建门控逻辑以驱动寄存器时钟使能，使寄存器仅捕获相关时钟周期的数据。注意，在实际的硅片中，CE 实际上是门控时钟，而不是在触发器 D 输入和反馈 Q 输出之间进行选择。这提高了 CE 输入的性能，但也降低了时钟功率，如图 3.83 所示。

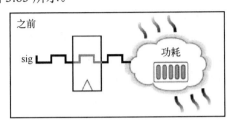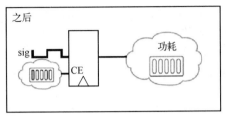

图 3.83　时钟门控原理

（2）智能时钟门控：智能时钟门控降低了简单双端口或真正双端口模式下专用 BRAM 的功耗。这些块包括阵列使能、写使能和输出寄存器时钟使能。

大部分的省电来自于使用阵列使能，如图 3.84 所示。Vivado 功耗优化器实现了在没有写入数据和没有使用输出时降低功耗的功能。

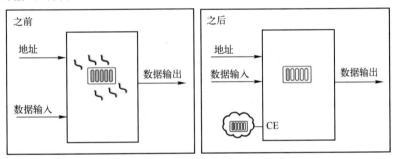

图 3.84　BRAM 的智能时钟门控技术

5．布局设计选项

Vivado 的布局工具将网表中的单元布局到目标 Xilinx FPGA 中的特定站点上。与其他实现命令一样，Vivado 布局工具从内存中的设计中工作，并对其进行更新。

Vivado 布局工具同时优化了以下几个方面的设计布局。

（1）时序松弛（Timing Slack）：选择在时序关键路径中布局单元，以最大限度减少负松弛。

（2）线长（Wire Length）：驱动整体布局，以最大限度地减少连接地的整体线长。

（3）拥塞（Congestion）：Vivado 布局工具监视引脚密度并扩展单元，以减少潜在地布线拥塞。

在开始布局之前，Vivado 实现运行 DRC，包括来自 report_drc 用户选择的 DRC，以及 Vivado 布局工具内建的 DRC。内部 DRC 检查非法布局，比如没有 LOC 约束的存储器 IP 单元和具有冲突 IOSTANDARD 的 I/O 组。

在设计规则检查之后，Vivado 布局工具在布局其他逻辑单元之前布局时钟和 I/O 单元。时钟和 I/O 单元被同时布局，因为它们通常通过特定于目标 Xilinx FPGA 器件布局规则而相关。对于 UltraScale、UltraScale+和 Versal 器件，布局工具也分配时钟轨道并对时钟进行预布线。在这个阶段处理具有 IOB 属性的寄存器单元，以确定哪些 IOB 值为 TRUE 的寄存器应该映射到 I/O 逻辑站点。如果布局工具未能遵守 IOB 属性 TRUE，则会发出关键警告。

在布局阶段，布局工具的目标是：

（1）I/O 端口和它们相关的逻辑；

（2）全局时钟缓冲区；

（3）时钟管理瓦片（MMCM 和 PLL）；

（4）吉比特收发器（Gigabit Transceiver，GT）单元。

在时钟和 I/O 布局之后，剩余的布局阶段由全局布局、详细布局和布局后优化构成。全局布局由两个主要阶段构成，包括布图规划和物理综合。

"Place Design (place_design)" 选项设置界面如图 3.85 所示。在该选项中，-directive 提供的可用命令如下所述。

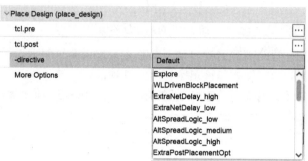

图 3.85 "Place Design (place_design)" 选项的设置界面

（1）Explore：详细布局和布局后优化方面做出更大的努力。

（2）WLDrivenBlockPlacement：线长驱动的 RAM 和 DSP 块的布局。通过指示布局工具最小化到块/来自块的连接距离，覆盖时序驱动的布局。该命令能改善到/来自 RAM 和 DSP 块的时序。

（3）EarlyBlockPlacement：时序驱动的 RAM 和 DSP 块布局。RAM 和 DSP 块的位置在布局过程的早期就完成了，并用于布局剩余逻辑的"锚点"。

（4）ExtraNetDelay_high：增加高扇出和长距离网络的估计延迟。该命令可以改善关键路径的时序，这些路径在 place_design 之后满足时序，但是由于乐观估计的延迟而在 route_design 中失败。支持两级悲观情绪，即 high 和 low。ExtraNetDelay_high 应用了最高级别的悲观情绪。

（5）ExtraNetDelay_low：增加高扇出和长距离网络的估计延迟。该命令可以改善关键路径的时序，这些路径在 place_design 之后满足时序，但是由于乐观估计的延迟而在 route_design 中失败。支持两级悲观情绪，即 high 和 low。ExtraNetDelay_low 应用了最低级别的悲观情绪。

（6）SSI_SpreadLogic_high：遍及 SSI 器件扩展逻辑以避免创建拥塞区域。支持两个级别，即 high 和 low。SpreadLogic_high 实现最高级别的扩展。

（7）SSI_SpreadLogic_low：遍及 SSI 器件扩展逻辑以避免创建拥塞区域。支持两个级别，即 high 和 low。SpreadLogic_high 实现最低级别的扩展。

（8）AltSpreadLogic_high：将逻辑扩展到整个器件，以避免创建拥塞区域。支持 3 个级别，即 high、medium 和 low。AltSpreadLogic_high 可实现最高级别的扩展。

（9）AltSpreadLogic_medium：将逻辑扩展到整个器件，以避免创建拥塞区域。支持 3 个级别，即 high、medium 和 low。AltSpreadLogic_medium 可实现普通级别的扩展。

（10）AltSpreadLogic_low：将逻辑扩展到整个器件，以避免创建拥塞区域。支持 3 个级别，即 high、medium 和 low。AltSpreadLogic_low 可实现普最小级别的扩展。

（11）ExtraPostPlacementOpt：布线后优化中布局工具付出更大的努力。

（12）ExtraTimingOpt：在后期使用一组替代算法进行时序驱动布局。

（13）SSI_SpreadSLLs：在 SLR 之间分区，并为连接更高的区域分配额外的区域。

（14）SSI_BlanceSLLs：在 SLR 之间分区，同时尝试在 SLR 之间平衡 SLL。

（15）SSI_BlanceSLRs：在 SLR 之间分区，以平衡 SLR 之间的单元个数。

（16）SSI_HighUtilSLRs：强制布局工具尝试在每个 SLR 中更紧密地放置逻辑。

（17）RuntimeOptimized：运行最少的迭代，用更高的设计性能换取更快的运行时间。

（18）Quick：绝对、最快的运行时间，非时序驱动，执行法定设计所需的最低要求。

（19）Default：使用默认设置运行 place_design。

（20）RQS：指示 place_design 选择 report_qor_advancement 策略建议指定的命令。要求在调用此命令之前读取包含策略建议的 RQS 文件。

当在具有挑战性的设计上收敛时序时，用户可以选择许多不同的 place_design 命令，以选择最佳的时序结果。Auto 命令使用 ML 来预测要运行的最佳命令。用户可以通过只运行这些命令而不是可用命令中列出的全部命令来获益。

命令的 ML 预测有一定的误差，因此建议运行 3 个 Auto_n 命令并获得最佳结果。预测的命令与可用命令中提到的命令等效，因此除这些命令外，运行 Auto 命令没有任何好处。该工具选择的命令将在日志文件中报告。

（21）Auto_1：高性能预测命令。

（22）Auto_2：第二好的预测命令。

（23）Auto_3：第三好的预测命令。

可用的选项如下所述。

（1）-unplace：取消对设计中没有固定位置的所有单元和端口的布局。具有固定位置的对象的 IS_LOC_FIXED 属性值为 TRUE。

（2）-no_timing_driven：禁止默认时序驱动布局算法。这将导致基于线长的更快的布局，但是忽略在布局过程中的任何时序约束。

（3）-timing_summary：布局后，将估计时序摘要输出到日志文件中。默认时，数字反映了布局工具内部的估计值。

（4）-verbose：更好地分析布局结果。该选项通过 place_design 命令查看单元和 I/O 布局的其他详细信息。

（5）-post_place_opt：布局后优化是一种布局优化，可以以额外的运行时间为代价，潜在地改善关键路径时序。

（6）-no_psip：该选项禁止布局器中的默认物理综合算法。

（7）-no_bufg_opt：该选项禁止布线器中的默认 BUFG 插入算法。

（8）-ultrathreads：该选项仅用于 UltraScale+SSI 和 vu440 器件，并通过分发多个由 general 指示的线程来加快布局速度。maxThreads 在多个 SLR 之间尽可能均匀。布局结果会略有不同，这取决于是否使用超线程。

6. 布局后物理优化选项

物理优化在设计的负松弛路径上执行时序驱动优化。物理优化有两种操作模式，即布局后和布线后。

在布局后模式中，优化是基于单元布局的时间估计进行的。物理优化会自动合并由于逻辑优化而引起的网表更改，并根据需要布局单元。

在布线后模式中，优化是基于实际的布线延迟进行的。除了在逻辑更改和布局单元时自动更新网表，物理优化还根据需要自动更新布线。

注：在 WNS 小于-0.200ns 或超过 200 个失败端点的设计上使用布线后的物理优化可能会导致运行时间长，而 QoR 几乎没有改善。

整体物理优化在布局后模式中更具有竞争性，在布局后模式中有更好的逻辑优化机会。在布线后模式中，物理优化趋向保守，以避免干扰时序收敛的布线。在运行之前，物理优化会检查设计的布线状态，以确定使用哪种模式。

如果设计没有负松弛，并且要求具有基于时序优化选项的物理优化，则该命令将快速退出并且不执行优化。为了平衡运行时间和设计性能，物理优化不会自动尝试优化设计中的所有失败路径。只有前百分之几的故障路径被考虑优化。因此，可以使用多次连续的物理优化来减少设计中失败路径的数量。

图 3.86 给出了"Post-Place Phys Opt Design（phys_opt_design）"选项的设置界面。命令（-diretive）为 phys_opt_design 提供了不同的行为模式，一次只能指定一个命令，并且该命令选项与其他选项不兼容，可用的命令如下所述。

图 3.86 "Post-Place Phys Opt Design (phys_opt_design)"选项的设置界面

（1）Explore：在多次优化中运行不同的算法，包括复制非常高的扇出网络、SLR 交叉优化和称为关键路径优化的最后阶段，其中物理优化的子集在所有端点时钟的顶部关键路径上运行，而不考虑松弛。

（2）ExploreWithHoldFix：在多次优化中运行不同的算法，包括保持冲突修复、SLR 交叉优化和高扇出网络的复制。

（3）ExploreWithAggressiveHoldFix：在多次优化中运行不同的算法，包括竞争性保持冲突修复、SLR 交叉优化和高扇出网络的复制。

注：保持修复仅修复超过特定阈值的保持时间冲突。这是因为布线器需要修复任何低于阈值的保持时间冲突。

（4）AggressiveExplore：与 Explore 类似，但是有不同的优化算法和更具竞争性的目标。包括允许降低 WNS 的 SLR 交叉优化阶段，该阶段应在后续优化算法中重新获得。还包含保持冲突修复优化。

（5）AlternateReplication：使用不同的算法进行关键单元的复制。

（6）AggressiveFanoutOpt：使用不同的算法进行与扇出相关的优化，目标更激进。

（7）AddRetime：执行默认的 phys_opt_design 流程，并添加寄存器重定时。

（8）AlternateFlowWithRetiming：执行更激进的复制以及 DSP 和 BRAM 的优化，并且使能寄存器重定时。

（9）Default：使用默认设置运行 phys_opt_design。

（10）RuntimeOptimized：运行最少的迭代，用更高的设计性能换取更快的运行时间。

（11）RQS：指示 phys_opt_design 选择 report_qor_suggestion 策略建议指定的 phys_opt_design 命令。要求在调用该命令之前读取包含策略建议的 RQS 文件。

注：所有命令都与 phys_opt_design 的布局后和布线后版本兼容。

7. 布线设计选项

Vivado 布线工具对布局后的设计进行布线，并对布线的设计进行优化，以解决保持时间冲突。Vivado 布线工具从布局的设计开始，并尝试布线所有的网络。它可以从未布线、部分布线或完全布线的已经布局的设计开始。对于部分布线的设计，Vivado 布线工具以现有布线作为起点，而不是从头开始。对于完全布线的已经布局的设计，布线器检查时序冲突，并尝试重新布线关键部分以满足时序要求。

注：重新布线的过程通常称为"撕毁并重新布线"。

布线器提供了布线整个设计或布线单个网络和引脚的选项。在对整个设计进行布线时，使用基于时序约束的自动时序预算。可以使用两种不同的模式对单个网络和引脚进行布线，包括交互式布线器模式和自动延迟模式。交互式布线器模式使用快速、轻量级的时序建模，在交互会话中提高响应能力。由于估计的延迟是悲观的，因此牺牲了一些延迟精度。在这种模式下，忽略时序约束，但以下几种选择会影响布线。

（1）基于资源的布线（默认）：布线器从可用的布线资源中进行选择，从而实现最快的布线器运行时间。

（2）最小延迟（-delay option）：布线器尝试从可用的布线资源中获得尽可能小的延迟。

（3）延迟驱动（-max_delay 和-min_delay）：根据最大延迟、最小延迟或两者指定的时序要求。布线器尝试以符合指定要求的延迟来布线网络。

在自动延迟（Auto Delay）模式中，布线器运行时序驱动流程，并根据时序约束进行自动时序预算，但是与默认流程不同的是，只对指定的网络或引脚布线。该模式用于在对设计的其余部分进行布线之前对关键网络和引脚进行布线。这包括建立关键、保持关键或两着兼有的网络和引脚。自动延迟模式不适用于在包含大量布线的设计中布线单个网络，应改为使用交互式布线。

为了在布线多个单独的网络和引脚时获得最佳的结果，请分别对网络和引脚进行优先级排序与布线。这避免了对关键布线资源的争用。

布线需要一次性的"运行时命中"进行初始化，即使在编辑网络和引脚的布线时也是如此。初始化的时间随设计的大小和器件的大小而增加。除非关闭并重新打开设计，否则不需要重新初始化布线器。

在开始布线之前，Vividao 工具运行 DRC，包括：

（1）用户从 report_drc 中选择的 DRC；

（2）Vivado 布线器引擎内部内置的 DRC。

Vivado 设计套件首先布局全局资源，如时钟、复位、I/O 和其他专用资源。该默认优先级内置于 Vivado 布线工具中。然后布线器根据时序关键性对数据信号进行优先级排序。

图 3.87 给出了"Route Design（route_design）"选项的设置界面。在布线整个设计时，命令（-directive）为 route_design 提供不同的行为模式，一次只能指定一个命令，该命令选项与大多数其他选项不兼容，以防止发生冲突的优化。可用的命令如下所述。

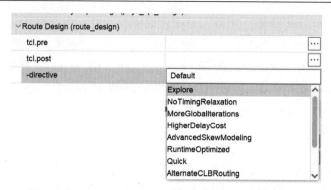

图 3.87 "Route Design(route_design)" 选项的设置界面

（1）Explore：允许布线器在初始布线后探索不同的关键路径位置。

（2）AggressiveExplore：指导布线工具进一步扩大对关键路径的探索，同时保持最初的时序预算。与 Explore 命令相比，该命令使布线器的运行时间显著增加，因为布线器使用更激进的优化阈值来尝试满足时序限制。

（3）NoTimingRelaxation：阻止布线器放松时序以完成布线。如果布线器在满足时序方面有困难，它会运行更长的时间来尝试满足最初的时序约束。

（4）MoreGlobalIterations：在所有阶段而不仅仅是最后阶段使用详细的时序分析，即使时序只有轻微的改善，也会运行更多的全局迭代。

（5）HigherDelayCost：调整布线器内部的代价函数，以强调迭代的延迟，从而允许权衡编译时间以获得更好的性能。

（6）RuntimeOptimized：运行最少的迭代，以牺牲设计性能为代价换取更快的运行时间。

（7）AlternateCLBRouting：选择替代的布线算法，虽然算法需要额外的运行时间，但是有助于解决布线拥塞。

（8）Quick：绝对、最快的编译时间，非时序驱动，执行合法设计所需要的最低要求。

（9）Default：使用默认设置运行 route_design。

（10）RQS：指示 route_design 选择 report_qor_suggestion 策略建议指定的命令。要求在调用此命令之前读取包含策略建议的 RQS 文件。

以下命令是为了获得更好的布线结果而牺牲编译时间的方法：

（1）NoTimingRelaxation；

（2）MoreGlobalIterations；

（3）HigherDelayCost；

（4）AdvancedSkewModeling；

（5）AggressiveExplore；

可用选项的含义如下所述。

（1）-nets：该操作仅限于指定的网络列表。该选项需要一个参数，该参数是网络对象的 Tcl 列表。

（2）-pins：该操作仅限于指定的引脚。该选项需要一个参数，该参数是 pin 对象的 Tcl 列表。

（3）-delay：默认情况下，布线器使用可用资源以最快的运行时间布线各个网络和引脚，而不考虑时序关键性。-delay 选项指示布线器找到具有尽可能小的延迟的布线。

（4）-min_delay 和-max_delay：这些选项只能与-pins 选项一起使用，用于指定以皮秒为单位的所需目标延迟。

（5）-auto_delay：与-nets 或-pins 选项一起使用，可在时序约束驱动模式下进行布线。时序预算是从时序约束自动派生的，因此该选项与-min_delay、-max_lay 或-delay 不兼容。

（6）-preserve：此选项在保留现有布线的同时布线整个设计。在没有-preserve 的情况下，现有的布线会被取消并重新布线，以提高关键路径的时序。此选项最常用于"预布线"关键网络，即先布线某些网络，以确保它们能够最好地访问布线资源。实现这些布线后，-preserve 选项确保在布线设计的其余部分时不会中断这些布线。注意，-preserve 完全独立于 FIXED_ROUTE 和 IS_ROUTE_FIXED 网络属性。布线保留在使用布线的 route_design 操作期间持续。-preserve 选项可以与-directive 一起使用，但有一个例外，即-directive Explore 选项，它可以修改布局，进而修改布线。

（7）-unroute：删除整个设计的布线，或与-nets 或-pins 选项组合使用时删除网络和引脚的布线。该选项不会删除具有 FIXED_ROUTE 属性的网络上的布线。删除具有 FIXED_ROUTE 属性的网络上的布线需要首先删除这些属性。

（8）-timing_summary：布线器根据其内部估计的时序向日志输出最终的时序总结，由于延迟估计中的悲观情绪，该时序可能与实际布线的时序略有不同。-timing_summary 选项强制布线器调用 Vivado 静态时序分析器，以根据实际布线延迟报告时序摘要。这会为静态时序分析带来额外的运行时间。当使用-directive Explore 选项时，将忽略-timing_summary。当使用-directive Explore 选项时，无论是否使用-timing_summary，布线总是调用 Vivado 静态定时分析器以获得最准确的时序更新。

（9）-tns_cleanup：为了获得最佳运行时间，布线器专注于改善最坏负松弛（Worst Negative Slack，WNS）路径，而不是减少总的负松弛（Total Negative Slack，TNS）。-tns_cleanup 选项在布线结束时调用一个可选阶段，在此期间，布线器尝试修复所有失败路径以减少 TNS。因此，该选项可能会以牺牲运行时间为代价减少 TNS，但可能不会影响 WNS。当设计人员打算使用布线后物理优化跟踪布线器运行时，需要在布线期间使用-tns_cleanup 选项。在布线过程中使用该选项可确保物理优化集中在 WNS 路径上，并且不会在布线器可以修复的非关键路径上浪费精力。在已经布线的设计上运行 route_design -tns_cleanup 只会调用布线器的 TNS 清理阶段，不会影响 WNS（TNS 清理是可重入的）。此选项与-directive 兼容。

（10）-physical_nets：该选项仅在逻辑"0"和逻辑"1"布线上运行。该选项涵盖了设计中的所有逻辑常数值，并与-unroute 选项兼容。由于物理器件中的常数"0"和常数"1"绑定与逻辑网络没有确切的相关性，因此无法使用-nets 和-pins 选项可靠地布线与取消布线这些网络。

（11）-ultrathreads：该选项以牺牲可重复性为代价缩短布线器的运行时间。有了-ultrathreads，布线器运行更快，但在相同的运行之间，布线变化非常小。

（12）-release_memory：布线器初始化后，布线器数据会保存在内存中，以确保最佳性能。该选项强制布线器从内存中删除其数据，并将内存释放回操作系统。

（13）-finalize：交互布线时，可以指定 route_design-finalize 来完成任何部分布线的连接。对于 UltraScale+设计，如果在 ECO 任务中更改了寄存器的位置和布线，则需要执行该步骤。

（14）-no_timing_driven：此选项禁止时序驱动的布线，主要用于测试设计布线的可行性。

（15）-eco：此选项与增量模式一起使用，以在对设计进行一些 ECO 修改后获得更短的运行时间，同时保持可布线性和时序收敛。

8．增量实现

有关增量实现，将在本书后续章节中进行详细介绍。

3.9.3 设计实现及分析

本小节将介绍设计的实现过程，并且分析设计实现后的结果。

1．启动设计实现过程

设计人员可以使用下面其中一种方法启动设计实现过程。

方法一：在 Vivado 当前工程主界面左侧的 Flow Navigator 窗口中找到并展开 "IMPLEMENTATION" 条目。在展开条目中，选择 "Run Implementation" 条目，Vivado 开始执行设计实现过程。

方法二：在 Vivado 当前工程主界面底部的 Tcl Console 窗口中的文本框中输入下面的脚本命令

```
launch_runs impl_1
```

按回车键，Vivado 将自动运行实现过程。

注：如果前面已经运行过实现，在重新运行实现过程时，必须事先在 Tcl Console 窗口中的文本框中输入下面的脚本命令

```
reset_run impl_1
```

按回车键，Vivado 将取消前面运行的实现过程。然后输入上面的 launch_runs 脚本命令。

方法三：在 Vivado 当前工程主界面底部的 Design Runs 窗口中，鼠标右键单击名字为 "impl_1" 的一行，出现浮动菜单。在浮动菜单内，执行菜单命令【Launch Runs】。注意，如果前面已经运行过实现过程，则在出现浮动菜单时，应该先执行菜单命令【Reset Runs】，清除前面运行的实现过程，然后重新执行菜单命令【Launch Runs】。

方法四：在图 3.88 所示的窗口中首先选中名字为 "impl_1" 的一行，然后在工具栏中找到并单击【Launch Runs】按钮 ▶，启动实现过程。注意，如果前面已经运行过实现过程，则应该在所示窗口的工具栏中，首先找到并单击【Reset Runs】按钮 ◄，清除前面运行的实现过程，然后单击【Launch Runs】按钮 ▶。

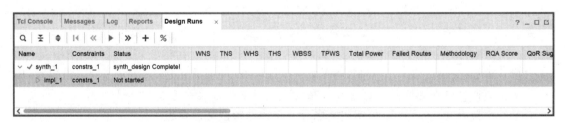

图 3.88　Design Runs 窗口

方法五：在 Vivado 当前工程主界面主菜单下，执行菜单命令【Flow】→【Run Implementation】。

使用上面的其中一种方法启动设计运行后，弹出如图 3.89 所示的 "Launch Runs" 对话框。单击该对话框中的【OK】按钮，退出该对话框，自动启动设计实现过程。启动设计实现过程后，读者会发现在图 3.88 中名字为 "imple_1" 的前面有一个绿色的小圆圈在转动，同时在 Vivado 当前工程主界面右上角也有一个绿色的小圆圈在转动，同时在该小圆圈左侧通过文本显示实现过程运行的阶段。

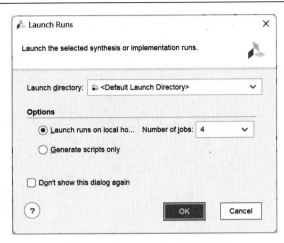

图 3.89　"Launch Runs" 对话框

2．查看布局布线结果

查看布局布线结果的步骤如下所述。

第一步：实现过程结束后，通过下面 3 种不同的方式进行提示。

（1）在图 3.88 中名字为 "impl_1" 的前面使用符号✔标记实现过程的结束。

（2）在 Vivado 当前工程主界面右上角提示 "Implementation Complete" 信息，同时也使用符号✔标记。

（3）弹出 "Implementation Completed" 对话框，如图 3.90 所示。在该对话框内提供了 3 个选项，即

Open Implemented Design（打开实现后的设计）（默认选项）、Generate Bitstream（生成比特流）、View Reports（查看报告）。

在此，选择 "Open Implemented Design" 前面的复选框，即打开实现后的设计。

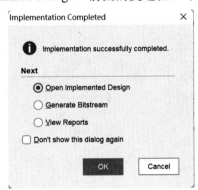

图 3.90　"Implementation Completed" 对话框

第二步：单击【OK】按钮，弹出 "Open Implemented Design" 对话框，在该对话框中通过进度条显示了打开实现后设计的过程。当完成打开实现后的设计时，自动退出该对话框。

第三步：Vivado 由当前工程主界面切换到 IMPLEMENTED DESIGN 界面。在该界面中，自动打开 Device 窗口，如图 3.91 所示。

第四步：在 Device 窗口的工具栏中，找到并单击【Routing Resources】按钮 ，使得在 Device 窗口中显示该设计所使用 FPGA 的内部连线资源。

第五步：单击 Device 窗口工具栏中的【Zoom In】按钮 ，放大该器件视图，同时通过移

动鼠标光标的位置来调整视图在窗口中的位置，查看该设计所使用的 IOB 位置，如图 3.92 所示。

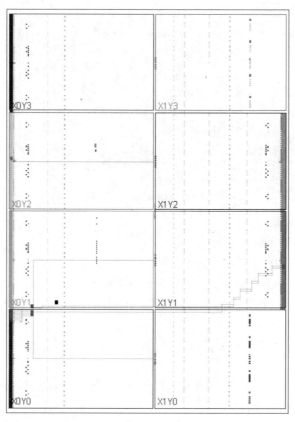

图 3.91　在 Device 窗口中显示设计所用 FPGA 的内部结构（反色显示）

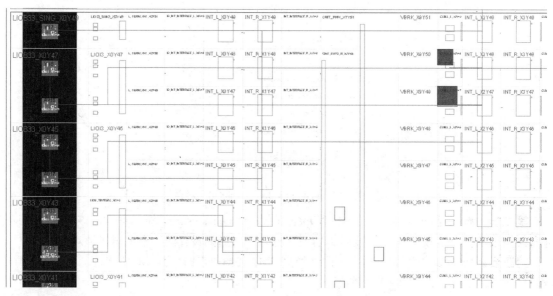

图 3.92　该设计所使用 FPGA 的部分 IOB 位置（反色显示）

思考题 3-12： 结合本书第 1 章对 Xilinx FPGA 内部结构的介绍。仔细查找当前设计所使用 FPGA 器件内部的时钟管理单元、块存储器、数字信号处理模块，以及其他设计资源的布局。

思考题 3-13：将鼠标放到每个逻辑资源上，查看 Xilinx 对每个逻辑资源的位置定义，这对于后面读者进行相应位置约束的描述也是至关重要的。

第六步：按上面的方法继续调整视图在当前窗口中的位置。如图 3.93 所示，显示了设计中使用的部分布线资源。

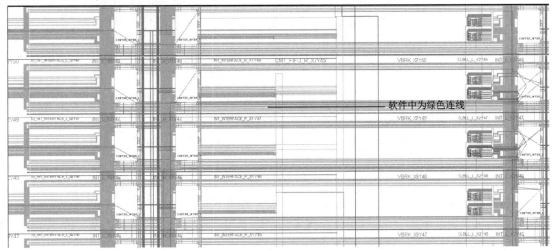

图 3.93　该设计中使用的部分布线资源（反色显示）

第七步：放大视图，并调整其在窗口中的位置。如图 3.94 所示，给出了该设计所使用的部分逻辑资源，可以看到其内部的结构，包括查找表 LUT、多路复用器 MUX、快速进位链、触发器资源。

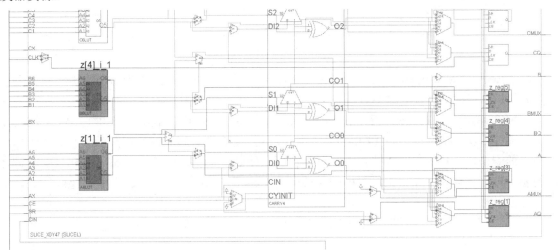

图 3.94　该设计使用的部分逻辑资源（反色显示）

3．查看实现后报告

在 Flow Navigator 窗口中的"IMPLEMENTATION"条目下的"Open Implemented Design"中提供了最重要的报告，如图 3.95 所示。

（1）Report Clock Networks（报告时钟网络）：在时钟网络窗口中，显示报告时钟网络命令的结果。每个时钟树显示了从源到端点的时钟网络，端点按类型排序。在报告时钟网络窗口中，可以遍历和浏览整个时钟树。通过单击该窗口右上角的【Settings】按钮 ⚙，出现浮动窗口，在浮动窗口中设置在时钟树上显示或隐藏的对象，如图 3.96 所示。

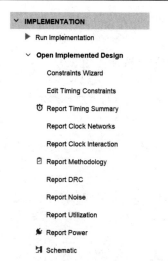

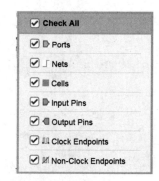

图 3.95　"Open Implemented Design"中提供的报告　　图 3.96　设置在时钟树上显示的对象

思考题 3-14： 单击图 3.95 中的"Report Clock Networks"条目，打开时钟网络（Clock Networks）窗口，如图 3.97 所示。在该窗口中，查看该设计的时钟网络关系，并说明时钟网络与原始 HDL 设计之间的联系。

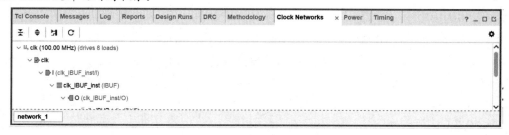

图 3.97　时钟网络窗口

（2）Report Clock Interaction（报告时钟交互）：该报告分析了从一个时钟域（源时钟）到另一个时钟域（目的时钟）的时序路径。

如图 3.98 所示，时钟交互窗口显示了设计中所有时钟的网络矩阵，并提供它们交互的视觉表示。通过该窗口工具栏中的【Hide unused clocks】按钮 ，可以减少矩阵的大小。将光标放在矩阵的一个单元格上，可以快速总结时钟交互。矩阵中的显示颜色表示源时钟和目的时钟之间的相互作用。通过该窗口工具栏中的【Show legend】按钮 ，可以显示/隐藏矩阵图例。该窗口还显示时钟交互的表格视图，显示源到目的时钟交互的时序数据。

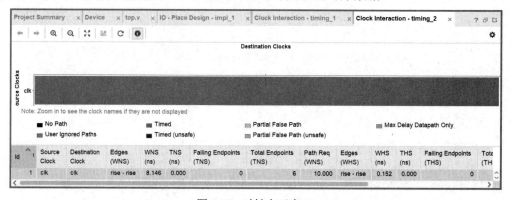

图 3.98　时钟交互窗口

思考题 3-15：单击图 3.95 中的"Report Clock Interaction"条目，打开时钟交互窗口，如图 3.98 所示，查看该窗口中给出的时钟交互信息。

此外，在 Vivado 当前工程主界面下的 Reports 窗口中包含了一些其他有用的报告。图 3.99 所示的 Reports 窗口中提供了不同的报告类型，具体如下所述。

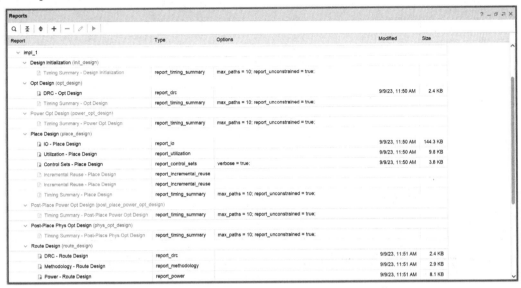

图 3.99　Reports 窗口

1）利用率报告

读者可以通过下面给出的不同方法查看利用率报告。

方法一：在 Vivado 当前 IMPLEMENTED DESIGN 主界面左侧的 Flow Navigator 窗口中找到并展开"IMPLEMENTATION"条目。在展开条目中，找到并展开"Opem Implemented Design"条目。在展开条目中，找到并双击"Report Utilization"条目，出现"Report Utilization"对话框，如图 3.100 所示。在该对话框中，文本框中给出了默认的"Results name"为"utilization_1"。单击该对话框中的【OK】按钮，退出该对话框。在 Vivado 当前主界面底部出现新的 Utilization 窗口，如图 3.101 所示。在该窗口中，以图表形式打开利用率报告。

图 3.100　"Report Utilization"对话框

方法二：在图 3.99 中找到并展开"Place Design（place_design）"。在展开项中，找到并单击"Utilization-Place Design"。在 Vivado 当前的 IMPLEMENTED DESIGN 主界面中，自动打开名字为"Ultilization-Place Design-impl_1"的窗口。在该窗口中，以文本形式给出了该设计中所使用的 FPGA 资源。

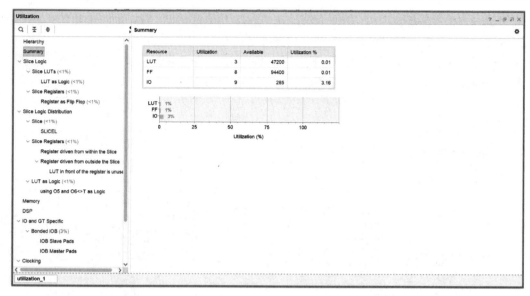

图 3.101　Utilization 窗口

思考题 3-16：读者阅读资源利用率报告，并给出该设计中所使用的 FPGA 资源。在查看完资源利用率报告后请及时关闭利用率报告窗口。

2）I/O 位置报告

在图 3.99 中找到并展开"Place Design（place_design）"。在展开项中，找到并单击"IO-Place Design"。在 Vivado 当前的 IMPLEMENTED DESIGN 主界面中自动打开了名字为"IO-Place Design-impl_1"的窗口，如图 3.102 所示。从图中可知，该报告中提供了一个文本形式的表格，该表格列出了每个信号、每个信号的属性，以及它在 FPGA 上的物理位置。

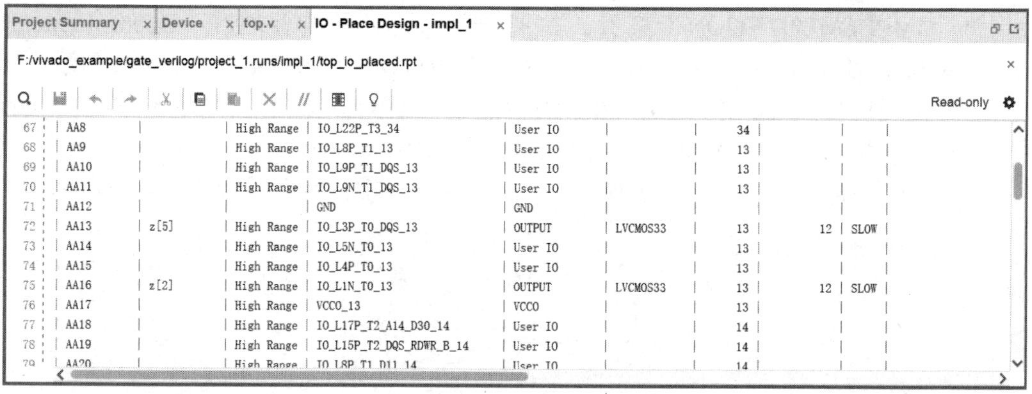

图 3.102　IO-Place Design-impl_1 窗口

3）时钟利用率报告

在图 3.99 中找到并展开"Route Design（route_design）"。在展开项中，找到并单击"Clock Utilization-Route Design"。在 Vivado 当前的 IMPLEMENTED DESIGN 主界面中，自动打开名字为"Clock Utilization-Route Design-impl_1"的窗口，如图 3.103 所示，该窗口中给出了时钟利用率报告，该报告给出了设计中所用到的时钟资源，包括 BUFG、BUFH、BUFHCE、MMCM 和时钟域分析。

4）控制集报告

在图 3.99 中找到并展开"Place Design（place_design）"。在展开项中，找到并单击

"Control Sets-Place Design"。在 Vivado 当前的 IMPLEMENTED DESIGN 主界面中，自动打开名字为"Control Sets-Place Design-impl_1"的窗口，如图 3.104 所示，该窗口中给出了设计中控制集的个数（理想的，这个数字应该尽可能小）。控制集的个数用于描述如何对控制信号进行分组，具体体现在以下几个方面。

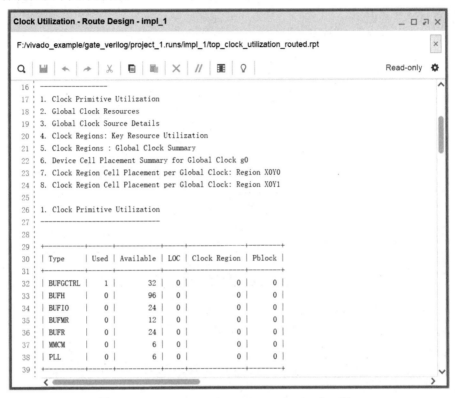

图 3.103　Clock Utilization-Route Design-impl_1 窗口

（1）确定了工具的能力，即能达到高器件利用率。

（2）由推断出的置位、复位和时钟使能信号确定设计中控制集的个数。

（3）如果设计者希望在设计中尽可能共享控制信号，可以减少控制信号的个数。

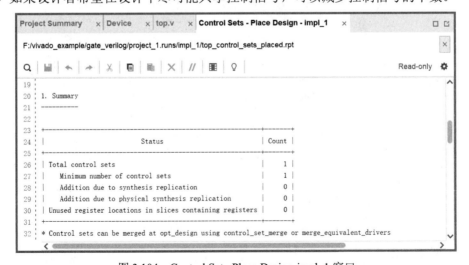

图 3.104　Control Sets-Place Design-impl_1 窗口

3.9.4 静态时序分析

本小节将简单介绍静态时序分析的作用，在后面章节将详细介绍静态时序分析的具体过程。

1. 静态时序路径概念

图 3.105 给出了一个静态时序路径。一个静态时序路径是指：

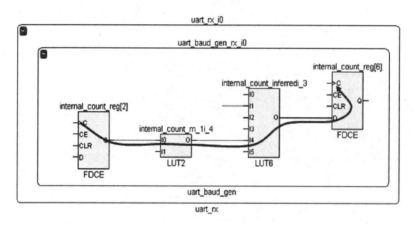

图 3.105 静态时序路径

（1）开始于一个时钟控制的元素；

（2）经过任意个数的组合元素和互连这些元素的网络；

（3）结束于一个时钟控制的元素。

其中，时钟控制的元素包括触发器、BRAM 和 DSP 切片。组合元素包括 LUT、宽的多路复用器 MUX 和进位链等。

2. 建立检查的概念

建立检查：在下一个时钟事件之前，检查一个时钟控制元素的变化传播到另一个时钟控制元素需要的时间。图 3.106 给出了建立检查的示意图。

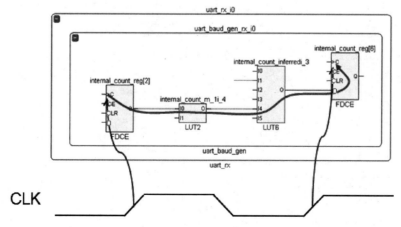

图 3.106 建立检查的示意图

3. 保持检查的概念

保持检查：在相同的事件到达目的元件前，检查由一个时钟事件所引起的，在一个时钟控制元件上逻辑变化没有传播到目的时钟控制元件的时间。通常是指从时钟的上升沿到该时钟相同的边沿。保持检查所有时序路径。图 3.107 给出了保持检查的示意图。

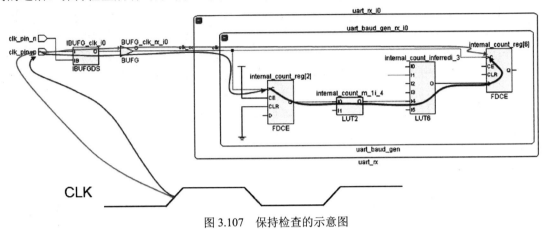

图 3.107　保持检查的示意图

最短的延迟用于源时钟和数据路径延迟，最长的延迟用于目的时钟延迟。

4．静态时序分析的意义

对于一个设计来说，它是由单元和网络的互连组成的。很明显：

（1）一个设计的功能由 RTL 设计文件决定。

（2）由仿真工具验证设计功能的正确性。

（3）一个器件的性能由构成设计的单元的延迟所决定，它可以通过静态时序分析（Static Timing Analysis，STA）验证。

（4）在 STA 中，设计中的元器件的功能并不重要。

（5）对于设计中的每个元器件，都需要花费时间执行它的功能，主要表现在以下几个方面。

① 对于一个 LUT，存在从它的输入到输出的传播延迟。

② 对于一个网络，存在从驱动器到接收器的传播延迟。

③ 对于一个触发器，在它的采样点周围的一个要求时间内有稳定的数据。

（6）以上延迟取决于下面的因素。

① 由 FPGA 的组件和设计实现决定，即元素的物理特性（构成结构）和对象的位置（一个对象相对于其他对象的位置）。

② 由环境因素决定，包含器件处理工艺的不同、单元上的电压、单元的温度。Xilinx 提供了元器件和网络的延迟，通过对量产元器件的特性细化得到这些延迟。

（7）在 STA 中，使用在合适拐点处的特性化延迟。

在 FPGA 的设计过程中，STA 的必要性体现在以下几个方面。

（1）很多 FPGA 实现的过程基于时序驱动。例如，综合器用于电路的结构、布局器用于优化单元的位置、布线器用于选择布线的元素。

（2）必须对工具进行约束，以确定所期望的性能目标。

（3）在设计的过程中使用 STA，然后生成报告。

（4）STA 确定最终的设计是否提供了所期望的性能。

5．静态时序分析报告

静态时序分析报告包括时序检查、时钟定义、具有相同源和目标时钟的时钟内时序路径、跨时钟域的时钟间时序路径、路径组定义以及类似于报告时序命令的详细时序路径。

实现过程结束后，在 Vivado 当前 IMPLEMENTED DESIGN 主界面左侧的 Flow Navigator 窗口中找到并展开"IMPLEMENTATION"条目。在展开条目中，找到并展开"Open Implemented Design"条目。在选展开条目中，单击"Report Timing Summary"条目。出现"Report Timing Summary"对话框，如图 3.108 所示。默认情况下，该对话框会报告每个时钟域或每个路径组的 10 条最差时序路径。设计人员通过设置"Maximum number of paths per clock or path group"可以更改该选项，使每个路径组返回更多或更少的时序路径。此外，默认时序总结为每个端点对象报告一个路径。这意味默认不报告一个端点的多个失败时序路径。但是也可以通过设置"Maximum number of worst paths per endpoint"选项来更改此设置。这两个选项相互作用，以确定每个端点和每个路径组报告多少个失败的时序路径。

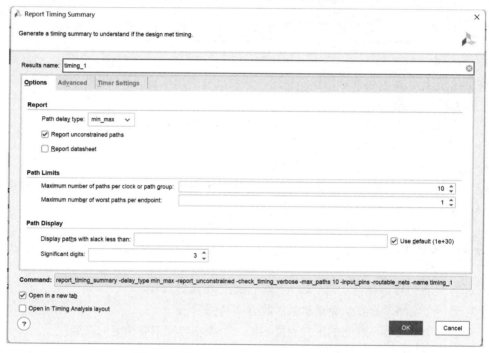

图 3.108 "Report Timing Summary"对话框

在"Report Timing Summary"对话框中，"Results name"显示了用于生成时序总结报告的默认名字。此外，该对话框提供了下面的标签和常用选项。

1）Options 标签

（1）Path delay type：指定当运行时序报告时要分析的延迟类型。其中，max 仅用于时序路径的建立分析；min 仅用于保持分析；min_max 用于建立和保持分析。

（2）Report unconstrainted paths：包括当前设计中无约束路径的时序。默认情况下，报告仅包括受约束的路径。

（3）Report datasheet：添加输入 I/O 相对于时钟的建立和保持时间、从时钟到输出焊盘的最大/最小延迟以及输入/输出总线的偏移。该信息也可以在 Report Datasheet 命令中找到。

（4）Maximum number of paths per clock or path group：指定报告返回的路径数。默认情况下，报告包括 10 个最差时序路径或每个路径组的最差路径。

（5）Maximum number of worst paths per endpoint：指定每个端点要报告的时序路径的个

数。该数量受每个时钟或组的路径数的限制。

（6）Display paths with slack less than：在报告中去掉设计人员不感兴趣的路径。该设置不影响总结报告，只影响详细信息中列出的路径。勾选"Use default"前面的复选框，即可恢复默认设置。

（7）Significant digits：为时序报告中报告的值配置有效数字。默认值为 3。

2）Advanced 标签

（1）Report from cells：从指定层次结构单元实例的级别运行报告。默认情况下，报告应用于整个设计。仅报告开始、结束或完全包含在指定单元内的路径。

（2）Show input pins in path：在报告返回的时序路径描述中包括输入引脚以获取更多详细信息。

（3）Report unique pins：每个唯一引脚组仅报告一个时序路径。

（4）Export to file：将时序总结报告的结果写到指定的文件中。默认，勾选"Overwrite"，覆盖同名的现有文件；勾选"Append"，将新报告追加到指定的文件中。

（5）Interactive report file：将报告时序总结的结果写到指定的文件（RPX）中。

注：保存的 RPX 文件可以通过在 Vivado 主界面主菜单下执行菜单命令【Reports】→【Open Interactive Report】重新加载，可提供用于开放式设计的交互和交叉探测。

（6）Ignore command errors（quiet mode）：运行报告时序总结命令时不显示错误。

（7）Suspend message limits during command：运行报告时忽略可能定义的任何消息限制。

3）Timer Settings 标签

（1）Interconnect：指定要在时序分析中使用的互联延迟。设计人员使用已实现设计中的实际布线延迟、综合（或实现）设计中的估计延迟，或者不使用互联延迟来仅检查逻辑延迟。

（2）Multi-corner configuration：配置当前设计中的慢和快时序角。制造过程、电压和温度（PVT）总的变量决定了整个器件的延迟，并组合起来定义了一个时序角。该选项与 config_timing_corners TCL 命令有关。

① Slow：指定要为慢角分析的延迟类型。对建立分析使用最大延迟，对保持分析使用最小延迟，或对所有的建立和保持分析使用 min_max 延迟。使用 none 可将此拐角从时序分析中排除。

② Fast：指定要为快角分析的延迟类型。对建立分析使用 max 延迟，对保持分析使用 min 延迟，或对所有设置和保持分析都使用 min_max 延迟。使用 none 可将此拐角从时序分析中排除。

（3）Disable flight delays：在 I/O 延迟计算中忽略封装延迟。飞行延迟是发生在封装引脚和晶圆焊盘之间的封装延迟。该选项与 config_timing_analysis Tcl 命令有关。

此外，提供了下面的公共选项。

（1）Command：显示制定了用于生成报告的所有指定选项的 Tcl 命令。

（2）Open in a new tab：在 Vivado IDE 的时序结果窗口中单开新的时序报告。如果没有勾选该选项前面的复选框，则新报告将覆盖上次打开的报告。

（3）Open in Timing Analysis layout：将 Vivado IDE 当前布局的视图更改为时序分析布局视图。

单击图 3.106 中【OK】按钮，在 Vivado 当前 IMPLEMENTED DESIGN 主界面的底部出现新的名字为"Timing"的窗口，如图 3.109 所示。

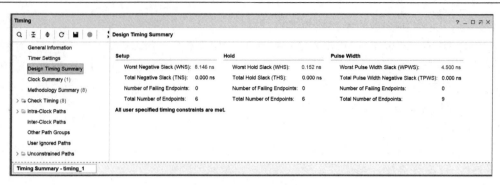

图 3.109　Timing 窗口

1）Setup（建立）

（1）最坏负松弛（Worst Negative Slack，WNS）：所有时序路径上的最坏负松弛，用于分析最大延迟。WNS 可以是正数或者负数。当 WNS 为正时，表示没有冲突。

（2）总的负松弛（Total Negative Slack，TNS）：当只考虑每个时序路径端点最坏的冲突时所有 WNS 的和。当满足所有的时序约束时，为 0ns；否则，有冲突时，为负数。

（3）失败端点的个数（Number of Failing Endpoints）：有一个冲突（WNS<0ns）端点总的个数。

单击"Setup"下面"Worst Negative Slack（WNS）"后面的超链接数字 8.146ns，即可给出从 a_tmp_reg/c 到不同 z_reg[]/D 的延迟值，包括 Logic Delay（逻辑延迟）和 Net Delay（网络延迟），如图 3.110 所示。

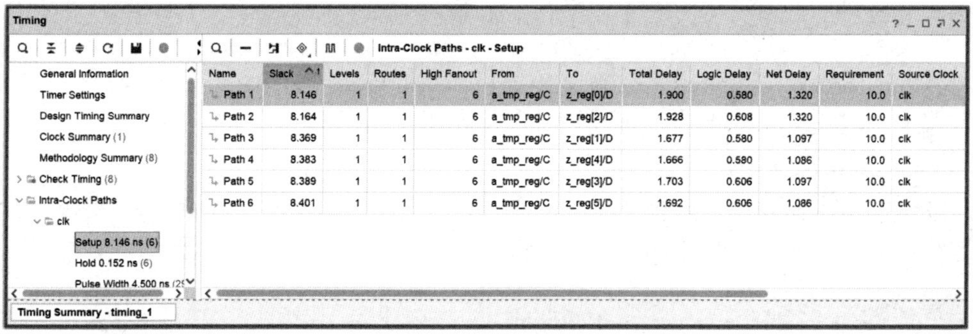

图 3.110　建立分析 WNS 的结果

2）Hold（保持）

最坏保持松弛（Worst Hold Slack，WHS）：对应于所有时序路径上的最坏松弛，用于分析最小延迟。WHS 可以是正数或者负数。当 WHS 为正时，表示没有冲突。

单击"Hold"下面"Worst Negative Slack（WNS）"后面的超链接数字 0.152ns，即可给出从 a_tmp_reg/c 到不同 z_reg[]/D 的延迟值，包括 Logic Delay（逻辑延迟）和 Net Delay（网络延迟），如图 3.111 所示。

3）Pulse Width（脉冲宽度）

最坏脉冲宽度松弛（Worst Pulse Width Slack，WPWS）：当使用最小和最大延迟时，对应于以上所列出的所有时序检查中最坏的松弛。

单击 Vivado 当前 IMPLEMENTED DESIGN 主界面右侧的关闭按钮✕，弹出"Confirm Close"对话框。在该对话框中，提示"OK to close 'Implemented Design'?"信息，单击【OK】按钮，退出该对话框，同时自动将 Vivado 主界面从 IMPLEMENTED DESIGN 切换到 PROJECT MANAGER。

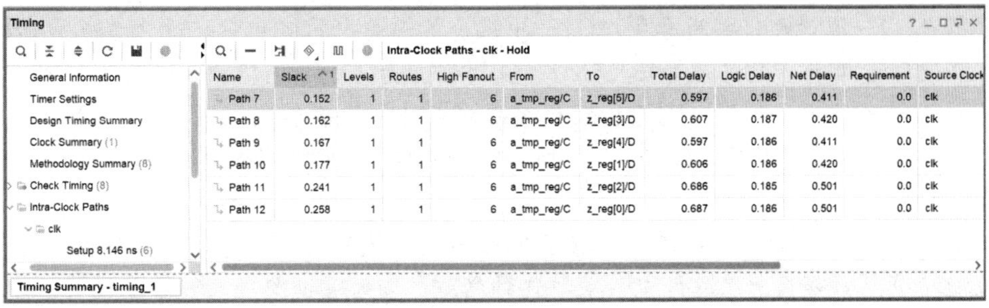

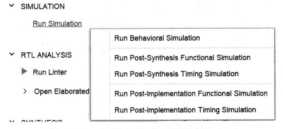

图 3.111　保持分析 WNS 的结果

3.10　布局布线后时序仿真

本节将介绍如何对设计执行布局布线后时序仿真。时序仿真和行为级仿真最大的不同点在于时序仿真带有标准延迟格式（Standard Delay Format，SDF）的信息，而行为级仿真不带有时序信息。在数字电路中的毛刺、竞争冒险等时序问题都会表现在设计的布局布线后时序仿真中。对设计执行布局布线后时序仿真的步骤如下所述。

第一步：在 Vivado 当前工程主界面左侧的 Flow Navigator 窗口中，找到并展开"SIMULATION"条目。在展开条目中，找到并单击"Run Simulation"，单击鼠标右键出现浮动菜单。在浮动菜单内，执行菜单命令【Run Post-Implementation Timing Simulation】，如图 3.112 所示。

第二步：弹出"Run Simulation"对话框。在该对话框中，通过进度条显示了运行仿真的进度。

第三步：Vivado 主界面自动切换到了 SIMULATION 主界面。

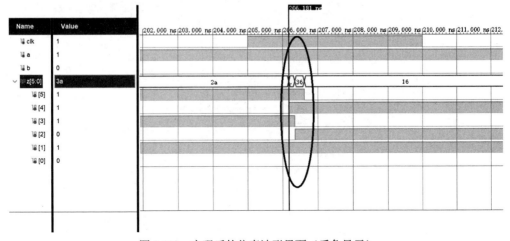

图 3.112　运行实现后时序仿真的入口

第四步：在波形窗口的工具栏中，找到单击【Zoom In】按钮 🔍，对仿真波形局部放大，并且调整仿真波形在窗口中的位置，实现后的仿真波形界面如图 3.113 所示。

图 3.113　实现后的仿真波形界面（反色显示）

思考题 3-17：请读者仔细观察图 3.113 中黑色椭圆圈内的信号变化情况，说明毛刺是如何产生的。在波形窗口中，通过添加标尺，计算从时钟上升沿到不同输出 z 的延迟时间。

提示：不同的逻辑量从输入到输出经过芯片内互连线传输延迟和逻辑门的翻转延迟，这些时间是不一样的，从图中看到延迟是 ps。所以可以看到 z[5:0]逻辑信号上有一个很小的过渡区域，也就是毛刺。

思考题 3-18：查阅相关资料，说明在 FPGA 内"关键路径"的定义，以及为什么关键路径对设计性能有很大的影响。在设计中，采取何种措施，缩短关键路径，以提高设计性能。

第五步：单击 Vivado 当前 SIMULATION 主界面右侧的【Close Simulation】按钮，弹出"Confirm Close"对话框。在该对话框中，提示"OK to close simulation?"信息，单击【OK】按钮，退出该对话框，同时自动将 Vivado 主界面从 SIMULATION 切换到 IMPLEMENTED DESIGN。

第六步：继续执行关闭操作，将 Vivado 主界面从 IMPLEMENTED DESIGN 切换到 PROJECT MANAGER。

3.11 生成编程文件

编程文件用于对 FPGA 进行配置。通过调试主机和目标 FPGA 之间的 JTAG 通道，将编程文件下载到目标 FPGA 中。

3.11.1 配置器件属性

设计人员可以更改的最常见的配置设置属于器件配置设置类别。这些设置是器件模型上的属性，设计人员可以使用所选综合或实现的设计网表的"Edit Device Properties"对话框对其进行修改。本小节将介绍配置器件属性的方法，主要步骤如下所述。

第一步：按前面介绍的方法，执行"Open Implemented Design"操作。

第二步：在 Vivado 主界面主菜单下，执行菜单命令【Tools】→【Edit Device Properties】。

第三步：弹出"Edit Device Properties"对话框，如图 3.114 所示。该对话框用于为当前设计编程和配置属性。

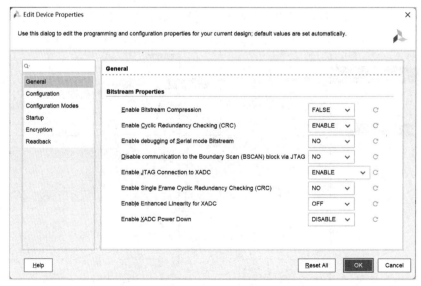

图 3.114 "Edit Device Properties"对话框

注：读者可根据 FPGA 的实际应用场景来修改器件属性。

第四步：单击图 3.114 中的【OK】按钮，退出"Edit Device Properties"对话框。

第五步：将 Vivado 主界面由 IMPLEMENTED DESIGN 切换回 PROJECT MANAGER。

下面将详细介绍图 3.114 中的各种参数的设置含义。

注：针对不同的 Xilinx FPGA 器件，这些属性会有所不同，下面介绍的参数针对 7 系列 FPGA。

1．General

（1）Enable Bitstream Compression：默认值为 FALSE，可选值为 TRUE 或 FALSE。使用比特流中的多帧写入功能来减小比特流的大小，而不是位文件的大小。使用压缩并不能保证比特流大小的缩小。

（2）Enable Cyclic Redundancy Checking（CRC）：默认值为 ENABLE，可选值为 ENABLE 或 DISABLE。控制比特流中循环冗余校验（Cyclic Redundancy Check，CRC）值的生成。当使能时，将根据比特流内容计算唯一的 CRC 值。如果计算的 CRC 值与比特流中的 CRC 值不匹配，则无法配置器件。当禁止 CRC 时，在比特流中插入一个常数值来代替 CRC，并且器件不计算 CRC。CRC 默认值为 ENABLE，除非 bitstream.ENCRYPTION.ENCRYPT 为 YES，否则 CRC 被禁止。

（3）Enable debugging of Serial mode Bitstream：默认值为 NO，可选值为 NO 或 YES。用于创建调试比特流。调试比特流明显大于标准比特流。调试比特流只能用于主串行和从串行配置模式。除标准比特流外，调试比特流还提供以下功能，即在同步字之后将 32 个"0"写入 LOUT 寄存器；单独加载每个帧；在每帧之后执行 CRC；在每帧之后将帧地址写入 LOUT 寄存器。

（4）Disable communication to the Boundary Scan（BSCAN）block via JTAG：默认值为 NO，可选值为 NO 或 YES。当配置后，禁止通过 JTAG 与边界扫描（Boundary Scan，BSCAN）块的通信。

（5）Enable JTAG Connection to XADC：默认值为 ENABLE，可选值为 ENABLE、DISABLE 或 STATUSONLY。使能/禁止与 XADC 的通信。

（6）Enable Single Frame Cyclic Redundancy Checking（CRC）：默认值为 NO，可选值为 NO 或 YES。在比特流中以规则的间隔插入 CRC 值。这些值验证输入比特流的完整性，并且可以在将配置数据加载到器件之前标记错误（显示在 ICAP 的 INIT_B 引脚和 PRERROR 端口上）。虽然最适合部分比特流，但当设置为 YES 时，该属性会将 CRC 值插入所有比特流，包括完整器件比特流。

（7）Enable Enhanced Linearity for XADC：默认值为 OFF，可选值为 OFF 或 ON。禁止一些内建的数字校准功能，该功能使 INL 看上去比实际模拟性能更差。

（8）Enable XADC Power Down：默认值为 DISABLE，可选值为 DISABLE 或 ENABLE。使器件能够关闭 XADC 电源以降低功耗。只建议永久关闭 XADC 电源。

2．Configuration

1）Configuration Setup

（1）Configuration Rate（MHz）：默认值为 3，可选值为 3、6、9、12、16、22、26、33、40、51 和 66。当在主模式下配置时，使用内部振荡器生成配置时钟 Cclk。使用该选项可以选择 Cclk 的速率。

（2）Enable external configuration clock and set divide value：默认值为 DISABLE，可选值为

DISABLE、DIV-1、DIV-2、DIV-4 或 DIV-8。允许将外部时钟用作所有主模式的配置时钟。外部时钟必须连接到两用 EMCCLK 引脚。

（3）Configuration Voltage：默认为空，可选的值 1.5、1.8、2.5 或 3.3，用于设置配置 I/O 组的电压标准。

（4）Configuration Bank Voltage Selection：默认为空，可选的值 GND 或 VCCO。用于指定配置组的电压。

2）BPI Configuration

（1）1st Read cycle：默认值为 1，可选值为 1、2、3 或 4。帮助将 BPI 配置和闪存器件中页面模式操作的时序同步。它允许设计人员设置有效读取第一页的周期个数。BPI_page_size 必须设置为 4 或 8 才能使用该选项。

（2）Page Size（byte）：默认值为 1，可选值为 1、4 或 8。对于 BPI 配置，该选项允许开发人员指定与闪存每页所需读取次数相对应的页面大小。

（3）Synchronous Mode：默认值为 DISABLE，可选值为 DISABLE、TYPE1 或 TYPE2。为不同类型的 BPI 闪存器件设置 BPI 同步配置模式。DISABLE（默认值）将禁止同步配置模式；TYPE1 使能同步配置模式和设置，以支持 Micron G18（F）系列；TYPE2 使能同步配置模式和设置，以支持 Micron（Numonyx）P30 和 P33 系列。

3）SPI Configuration

（1）Enable SPI 32-bit address style：默认值为 NO，可选值为 NO 或 YES。使能 SPI 32 位地址形式，这是存储容量为 256 MB 及更大的 SPI 器件所必需的。

（2）Bus width：默认值为 NONE，可选值为 NONE、1、2 和 4。将来自第三方 SPI 闪存器件的主 SPI 配置的 SPI 总线设置为双（x2）或四（x4）模式。

（3）Enable the FPGA to use a falling edge clock for SPI data capture：默认值为 NO，可选值为 NO 或 YES。将 FPGA 设置为使用下降沿时钟进行 SPI 数据捕获。这改善了时序裕度，并且允许更快的时钟速率用于配置。

4）MultiBoot Settings

（1）Load a fallback bitstream when a configuration attempt fails：默认值为 DISABLE，可选值为 DISABLE 或 ENABLE。当配置尝试失败时，使能或禁止加载默认位流。如果使用 MultiBoot 解决方案设置 BITSTREAM.CONFIG.NEXT_CONFIG_ADDR，则使能 BITSTREAM.CONFIG.FALLBACK 设置。Virtex 7 HT 器件不支持回退 MultiBoot。

（2）Starting address for the next configuration in a MultiBoot setup：默认值为 0x00000000，可选值为<string>。为 MultiBoot 设置中的下一个配置设置起始地址，该地址保存在 WBSTAR 寄存器中。

（3）Enable the IPROG command in Bitstream：默认值为 ENABLE，可选值为 ENABLE 或 DISABLE。当设置为禁止时，将从.bit 文件中删除 IPROG 命令。这允许在上电时加载 Golden 镜像，而不是在多启动（Multiboot）设置中跳到多启动镜像。

（4）Specifiy the internal value of the RS[1:0] settings in the Warm Boot Start Address：默认值为 00，可选值为 00、01、10 或 11。为下一次启动指定热启动起始地址（Warm Boot Start Address，WBSTAR）寄存器中 RS[1:0]设置的内部值。

（5）Enable whether the RS[1:0] tristate is enabled by setting the option in the Warm Boot Start Address：默认值为 DISABLE，可选值为 DISABLE 或 ENABLE。通过设置 WBSTAR 中的选项，指定是否使能 RS 三态。0，使能 RS 三态；1，禁止 RS 三态。

（6）Watchdog Timer value in Configuration mode：默认值为 0x00000000，可选值为 8 位十六进制数。在配置模式中使能看门狗定时器并设置值。该选项不能与 TIMER_USR 同时使用。

5）Configuration Pin Settings during User Mode

（1）Cclk Pin：默认值为 PULLUP，可选值为 PULLUP 或 PULLNONE。给 Cclk 引脚添加内部上拉。PULLNONE 设置禁止上拉。

（2）Done Pin：默认值为 PULLUP，可选值为 PULLUP 或 PULLNONE。给 Done 引脚添加内部上拉。PULLNONE 设置禁止上拉。仅当设计人员打算将外部上拉电阻连到该引脚时，才使用 Done 引脚。如果不使用 Done 引脚，内部将自动连接上拉电阻。

（3）INIT Pin：默认值为 PULLUP，可选值为 PULLUP 或 PULLNONE。给定是否设计人员想要给 INIT 引脚添加上拉电阻，还是使 INIT 引脚浮空。

（4）M0 Pin：默认值为 PULLUP，可选值为 PULLUP、PULLDOWN 或 PULLNONE。给 M0 引脚添加内部上拉电阻、下拉电阻或两者都不添加。选择 PULLNONE 可禁止 M0 引脚上的上拉电阻和下拉电阻。

（5）M1 Pin：默认值为 PULLUP，可选值为 PULLUP、PULLDOWN 或 PULLNONE。给 M1 引脚添加内部上拉电阻、下拉电阻或两者都不添加。选择 PULLNONE 可禁止 M1 引脚上的上拉电阻和下拉电阻。

（6）M2 Pin：默认值为 PULLUP，可选值为 PULLUP、PULLDOWN 或 PULLNONE。给 M2 引脚添加内部上拉电阻、下拉电阻或两者都不添加。选择 PULLNONE 可禁止 M2 引脚上的上拉电阻和下拉电阻。

（7）PROGRAM Pin：默认值为 PULLUP，可选值为 PULLUP 或 PULLNONE。给 PROGRAM_B 引脚添加内部上拉电阻。PULLNONE 设置禁止上拉。在配置后上拉电阻影响引脚。

（8）TCK Pin：默认值为 PULLUP，可选值为 PULLUP、PULLDOWN 或 PULLNONE。给 TCK 引脚（JTAG 测试时钟）添加上拉电阻、下拉电阻或两者都不添加。PULLNONE 显示没有连接上拉电阻或下拉电阻。

（9）TDI Pin：默认值为 PULLUP，可选值为 PULLUP、PULLDOWN 或 PULLNONE。给 TDI 引脚（该引脚是所有 JTAG 指令和 JTAG 寄存器的串行数据输入）添加上拉电阻、下拉电阻或两者都不添加。PULLNONE 显示没有连接上拉电阻或下拉电阻。

（10）TDO Pin：默认值为 PULLUP，可选值为 PULLUP、PULLDOWN 或 PULLNONE。给 TDO 引脚（该引脚是所有 JTAG 指令和数据寄存器的串行数据输出）添加上拉电阻、下拉电阻或两者都不添加。PULLNONE 显示没有连接上拉电阻或下拉电阻。

（11）TMS Pin：默认值为 PULLUP，可选值为 PULLUP、PULLDOWN 或 PULLNONE。给 TMS 引脚（该引脚是 TAP 控制器的模式输入信号，TAP 控制器为 JTAG 提供控制逻辑）添加上拉电阻、下拉电阻或两者都不添加。PULLNONE 显示没有连接上拉电阻或下拉电阻。

（12）Unused IOB Pins：默认值为 PULLDOWN，可选值为 PULLUP、PULLDOWN 或 PULLNONE。向未使用的 SelectIO 引脚（IOB）添加上拉电阻、下拉电阻或两者都不添加。它对专用配置引脚没有影响。专用配置引脚的列表因 FPGA 架构差异而有所不同。PULLNONE 设置显示没有连接上拉电阻或下拉电阻。

6）Misc Settings

（1）Digitally Controlled Impedance（DCI）circuit match frequency：默认值为 ASREQUIRED，可选值为 ASREQUIRED、CONTINUOUS 或 QUIET。控制数字控制阻抗电路尝试更新

DCIIOSTANDARD 阻抗匹配的频率。

（2）Drop INIT_B pin when there is a configuration error：默认值为 ENABLE，可选值为 ENABLE 或 DISABLE。当使能时，当检测到配置错误时，INIT_B 引脚断言为"0"。

（3）Enable over-temperature shutdown：默认值为 DISABLE，可选值为 ENABLE 或 DISABLE。当系统监视器检测到温度超过可接受的最高运行温度时，使能设备断电。使用该选项需要为系统监视器设置外部电路。

（4）Prohibit usage of the configuration pins as user I/O and persist after configuration：默认值为 NO，可选值为 NO 或 YES。配置后，保持对多功能配置引脚的配置逻辑访问。主要用于在配置后维护 SelectMAP 端口以进行读回访问，但可用于任何配置模式。JTAG 配置不需要持续（Persist），因为 JTAG 端口是专用的并且始终可用。Persist 和 ICAP 不能同时使用。使用 SelectMAP 配置引脚的回读和部分重配置需要持续，并且应在使用 SelectMAP 或 Serial 模式时使用。

（5）Enable the SelectMAP abort sequence：默认值为 ENABLE，可选值为 ENABLE 或 DISABLE。使能或禁止 SelectMAP 模式终止序列。如果禁止，则忽略器件引脚上的终止序列。

（6）Watchdog Timer value in User mode：默认值为 0x00000000，可选值为 8 位十六进制数。在配置模式下使能看门狗定时器并设置值。该选项不能与 TIMER_CFG 同时使用。

7）User Settings

（1）User ID：默认值为 0xFFFFFFFF，可选值为 8 位十六进制数。用于确认实现修订。设计人员可以在 User ID 寄存器中输入最多 8 位的十六进制字符串。

（2）User Access：默认为空，可选的值为 8 位十六进制数或 TIMESTAMP。将 8 位十六进制字符串或时间戳写入 AXSS 配置寄存器。时间戳值的格式为 ddddd MMMM yyyyy hhhhh mmmmmm ssssss，对应为日、月、年（2000 年=00000）、小时、分、秒。通过 USR_ACCESS 原语，FPGA 结构可以直接访问该寄存器中的内容。

3．Startup

1）General Settings

（1）Wait on the DONE pin to go High and wait for the first clock edge before moving to the Done state：默认值为 YES，可选值为 YES 或 NO。告诉 FPGA 等待 CFG_DONE（DONE）引脚变为高电平，并在移动到 Done 状态之前等待第一个时钟沿。

（2）Select Startup Clock：默认值为 CCLK，可选值为 CCLK、USERCLK 或 JTAGCLK。配置器件之后的 StartupClk 序列可以同步到 CCLK、用户时钟（USERCLK）或 JTAG 时钟（JTAGCLK）。默认值为 CCLK。CCLK 允许设计人员与 FPGA 器件中提供的内部时钟同步。用户时钟允许设计人员同步到连接到 STARTUP 符号的 CLK 引脚的用户定义信号。JTAG 时钟可以让设计人员同步到 JTAG 提供的时钟，该时钟对 TAP 控制器进行排序，TAP 控制器为 JTAG 提供控制逻辑。Spartan7 7s6/7s15 器件不支持 STARTUPE2.CLK（用户时钟）用户启动时钟引脚。

2）Startup Sequence Settings

（1）Select the Startup phase that activates the DONE signal：默认值为 4，可选值为 4、1、2、3、5 或 6。选择激活 FPGA DONE 信号的启动（Startup）阶段。当 DONEPIPE 设置为 YES 时，DONE 被延迟。

（2）Select the Startup phase that releases the internal tristate control to the I/O buffers：默认值为 5，可选的值为 5、1、2、3、4、6、DONE 或 KEEP。选择将内部三态控制释放到 I/O 缓冲器的启动（Startup）阶段。

（3）Select the Startup phase that asserts the internal write enable to all components connected to the GWE signal：默认值为 6，可选的值为 6、1、2、3、4、5、DONE 或 KEEP。选择启动阶段，该阶段使得进入触发器、LUT RAM 和移位寄存器的内部写使能有效。GWE_cycle 也使能 BRAM。在启动阶段之前，禁止 BRAM 的读和写。

（4）Select the Startup phase to wait until MMCMs/PLLs lock：默认值为 NOWAIT，可选值包括 NOWAIT、0、1、2、3、4、5 和 6。选择启动阶段以等待 DLL/DCM/PLL 锁定（Lock）。如果选择 NOWAIT，则启动序列不会等待 DLL/DCM/PLL 锁定（Lock）。

（5）Specifies a stall in the Startup cycle until digitally controlled impedance(DCI)match signals are asserted：默认值为 AUTO，可选值为 AUTO、NOWAIT、0、1、2、3、4、5 或 6。指定启动周期中的暂停，直到 DCI 匹配信号有效。DCI 匹配没有在匹配周期上开始。启动序列在该循环中等待，直到 DCI 匹配为止。考虑到在确定 DCI 匹配所需的时间时有许多变量，在任何给定的系统中，完成启动序列所需的 CCLK 循环次数都可能不同。理想情况下，配置解决方案应继续驱动 CCLK，直到 DONE 变高。指定设置 AUTO 后，write_bitstream 将在设计中搜索任何 DCI I/O 标准。如果存在 DCI 标准，则 write_bitstream 使用 bitstream. STARTUP.MATCH_CYCLE=2。否则，write_bitstream 使用 bitstream.STARTUP.MATCH_ CYCLE=NOWAIT。

4．Encryption

1）Encryption Settings

（1）Enable Bitstream Encryption：默认值为 NO，可选值为 NO 或 YES。加密比特流。

（2）Select location of encryption key：默认值为 BBRAM，可选值为 BBRAM 或 EFUSE。从电池支持的 RAM（BBRAM）或 eFUSE 寄存器中确定要使用的 AES 加密密钥的位置。只有当 Encrypt 选项设置为 TRUE 时，该属性才可用。

2）Key Settings

（1）HMAC Authentication key：默认值为空，可选的值为十六进制数。HKey 为比特流加密设置哈希消息认证（Hash Message Authentication Code，HMAC）身份验证密钥。7 系列器件具有在硬件中实现的片上比特流密钥 HMAC 算法，以提供超出单独 AES 解密的额外安全性。这些器件需要 AES 和 HMAC 密钥来加载、修改、截取或克隆比特流。若要使用该选项，必须首先将 Encrypt 设置为 YES。

（2）AES encryption key（key0）：默认值为空，可选的值为十六进制数。key0 设置用于加密比特流的 AES 加密密钥。若要使用该选项，必须首先将 Encrypt 设置为 YES。

（3）Input encryption file：默认值为空，可选的值为字符串。指定输入加密文件的名字（文件扩展名为.nky）。若要使用该选项，必须首先将 Encrypt 设置为 YES。

（4）Starting cipher block chaining（CBC）value：默认值为空，可选的值为 32 位十六进制数。设置起始密码块（Cipher Block Chaining，CBC）值。

5．Readback

（1）Prevent the assertions of GHIGH and GSR during configuration：默认值为 NO，可选值为 NO 或 YES。防止在配置期间使 GHIGH 和 GSR 有效。这是活动部分重配置增强功能所要求的。

（2）Select between the top and bottom ICAP：默认值为 AUTO，可选值为 AUTO、TOP 或 BOTTOM。在顶部和底部的 ICAP 端口之间进行选择。

（3）Specify security level for Readback and Reconfiguration：默认值为 NONE，可选值为 NONE、LEVEL1 或 LEVEL2。指定是否禁止回读和重新配置。LEVEL1 将禁止回读；LEVEL2 将禁止回读和重新配置。

（4）Enable the XADC from continuing to work during partial reconfiguration：默认值为 DISABLE，可选值为 DISABLE 或 ENABLE。禁止时，XADC 可以在部分重配置期间连续工作；使能时，XADC 在部分重配置期间以安全模式工作。

3.11.2　修改生成编程文件选项

默认，Tcl 命令 write_bitstream 只生成一个二进制比特流文件（.bit）。读者可以通过生成编程文件选项来生成其他类型的文件。生成其他类型文件的主要步骤如下所述。

第一步：在 Vivado 当前工程主界面左侧的 Flow Navigator 窗口中找到并选中"PROGRAM AND DEBUG"条目，单击鼠标右键，出现浮动菜单。在浮动菜单内，执行菜单命令【Bitstream Settings】。

第二步：弹出"Settings"对话框，如图 3.115 所示。在该对话框中，默认选中"Bitstream"条目。在右侧的 Bitstream 窗口中，找到并勾选"-bin_file"右侧的复选框，生成 bin 文件，该文件将用于生成 PROM 文件。

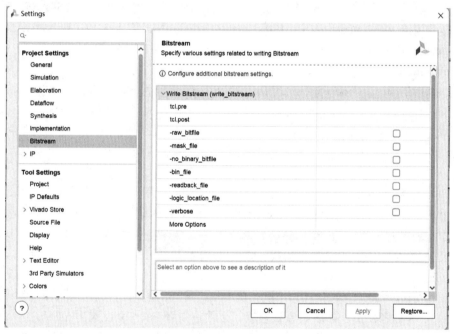

图 3.115　"Settings"对话框

下面对其他部分选项进行简要说明。

（1）-raw_bitfile：该选项产生原始比特文件，该文件包含和二进制比特流相同的信息，但它是 ASCII 格式。输出文件的名字为"文件名.rbt"。

（2）-mask_file：该选项产生一个掩码文件，该文件中有掩码数据，其配置数据在比特文件中。这个文件定义了比特流文件中的哪一位应该和回读数据进行比较，用于验证目的。如果掩码为 0，需要验证比特流中的该位；否则不需要验证。输出文件的名字为"文件名.msk"。

（3）-no_binary_bitfile：不产生二进制比特流文件。当想生成 ASCII 比特流或者掩码文件时，或者生成一个比特流文件时，使用该选项。

（4）-bin_file：创建一个二进制文件（.bin），只包含所使用器件的编程数据，而没有标准比特流文件中的头部信息。

（5）-logic_location_file：创建一个 ASCII 逻辑定位文件（.ll），该文件给出了锁存器、LUT、BRAM 及 I/O 块输入和输出的比特流位置。帧参考比特和位置文件中的比特数，帮助设计者观察 FPGA 寄存器中的内容。

第三步：单击图 3.115 底部的【OK】按钮，退出"Settings"对话框。

3.11.3　执行生成可编程文件

本小节将介绍如何生成可编程文件。生成可编程文件的步骤如下所述。

第一步：在 Vivado 当前工程主界面左侧的 Flow Navigator 窗口中，找到并展开"PROGRAM AND DEBUG"条目。在展开条目中，找到并单击"Generate Bitstream"。

第二步：弹出"Launch Runs"对话框，单击该对话框右下角的【OK】按钮，退出该对话框，开始生成比特流的过程。

第三步：当生成比特流文件后，弹出"Bitstream Generation Completed"对话框，如图 3.116 所示。单击该对话框中右下角的【Cancel】按钮，退出"Bitstream Generation Completed"对话框。

图 3.116　"Bitstream Generation Completed"对话框

3.12　下载比特流文件到 FPGA

当生成用于编程 FPGA 的比特流数据后，将比特流数据下载到目标 FPGA 元器件。

Vivado 集成工具，允许设计者连接一个或多个 FPGA 进行编程，同时和这些 FPGA 进行交互。可以通过 Vivado 集成环境用户接口或者使用 Tcl 命令，连接 FPGA 硬件系统。在这两种方式下，连接目标 FPGA 元器件的步骤都是相同的。包括：

（1）打开硬件管理器（Hardware Manager）；

（2）通过运行在主机上的硬件服务器（hardware server），打开硬件目标元器件；

（3）给需要编程的目标 FPGA 元器件分配相应的比特流编程文件；

（4）编程或者下载编程文件到目标器件。

使用 Vivado 硬件管理器编程 FPGA 的步骤如下所述。

第一步：将外部+5V 电源插到本书配套 A7-EDP-1 开发平台标记为 J6 的电源插座上，并通过 USB 电缆将开发平台标记为 J12 的 USB 插座与 PC/笔记本电脑的 USB 接口连接。

第二步：将 A7-EDP-1 开发平台标记为 J11 上的跳线帽设置为 EXT，即采用外部供电。

第三步：将 A7-EDP-1 开发平台标记为 SW8 的开关置于 ON 状态，给开发平台供电。

第四步：在 Vivado 当前工程主界面左侧的 Flow Navigator 窗口中，找到并展开"PROGRAM AND DEBUG"条目。在展开条目中，找到并单击"Open Hardware Manager"。

第五步：Vivado 主界面切换到 HARDWARE MANAGER 主界面，如图 3.117 所示。单击图中的"Open Target"图标，单击鼠标右键出现浮动菜单。在浮动菜单内，执行菜单命令【Auto Connect】。

第六步：当检测到搭载 Artix 7 FPGA 的硬件时，在当前 HARDWARE MANAGER 主界面中出现新的名字为"Hardware"的子窗口，如图 3.118 所示。

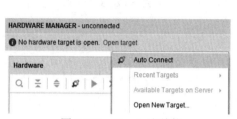

图 3.117　Vivado 当前的
HARDWARE MANAGER 主界面（部分）

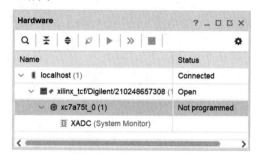

图 3.118　Hardware 子窗口

第七步：选中 xc7a75t_0，单击鼠标右键，出现浮动菜单。在浮动菜单内，执行菜单命令【Program Device】，如图 3.119 所示。

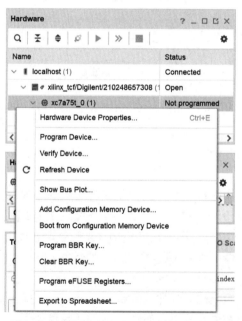

图 3.119　执行菜单命令【Program Device】

第八步：如图 3.120 所示，弹出"Program Device"对话框。在该对话框中，默认指向当前工程的 top.bit 文件。如果不是指向当前工程的 top.bit 文件，则单击"Bistream file"文本框右侧的□按钮。打开"Open File"对话框，在该对话框中将分配文件指向当前生成的 bit 文件目录下。例如，F:/vivado_example/gate_verilog/gate_verilog. runs/impl_1/top.bit，并且退出"Open File"对话框。

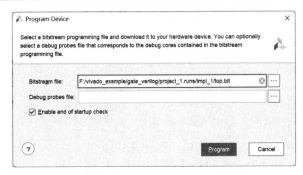

图 3.120 "Program Device"对话框

第九步：单击图 3.120 中的【Program】按钮。

第十步：如图 3.121 所示，弹出"Program Device"对话框。在该对话框中，通过进度条显示了编程器件的进度。

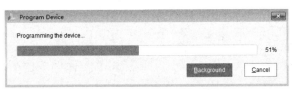

图 3.121 "Program Device"对话框

第十一步：编程成功后，在 A7-EDP-1 开发平台上拨动标记为 SW0 和 SW1 的开关，观察标记为 LED0、LED1、LED2、LED3、LED4 和 LED5 的 LED 灯的变化情况。验证该设计的正确性。

3.13　生成并烧写 PROM 文件

本节将介绍如何生成和下载 PROM 到 A7-EDP-1 开发平台上型号为 N25Q32 的 Flash 中。主要步骤如下所述。

第一步：确保 A7-EDP-1 开发平台正常上电，以及正确连接 USB 电缆。

第二步：在选中 xc7a75t_0，单击鼠标右键，出现浮动菜单。在浮动菜单内，执行菜单命令【Add Configuration Memory Device】，如图 3.122 所示。

图 3.122　添加 SPI Flash 入口界面

第三步：出现"Add Configuration Memory Device"对话框，如图 3.123 所示。为了加快器件的搜索速度，设置下面参数。

① Manufacturer：Micron。

② Type：spi。

③ Density（Mb）：32。

④ Width：x1_x2_x4。

在"Select Configuration Memory Part"标题下的窗口中列出了可用的 SPI Flash 具体型号。根据本设计的要求，选中名字为"n25q32-3.3v-spi-x1_x2_x4"的一行。

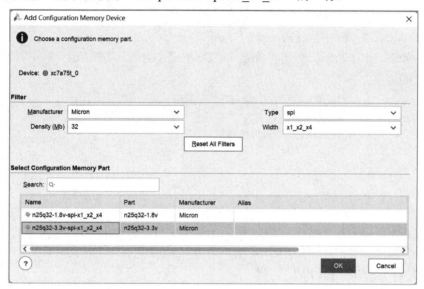

图 3.123 "Add Configuration Memory Device"对话框

第四步：单击图 3.123 中的【OK】按钮，退出"Add Configuration Memory Device"对话框。

第五步：出现"Add Configuration Memory Device Completed"对话框。在该对话框中，提示"Do you want to program the configuration memory device now?"信息。

第六步：单击【OK】按钮，退出该对话框。

第七步：出现"Program Configuration Memory Device"对话框，如图 3.124 所示。在该对话框中，单击"Configuration file"右侧的按钮。

第八步：弹出"Specify File"对话框。在该对话框中，指向下面路径，即

E:/vivado_example/gate_verilog/gate_verilog.runs/impl_1

在该路径下选中名字为"top.bin"的文件。

第九步：单击【OK】按钮。退出"Specify File"对话框。

第十步：在图 3.124 中添加了编程文件 top.bin，其余按默认参数设置。

第十一步：单击【OK】按钮，退出"Program Configuration Memory Device"对话框。

第十二步：单击【OK】按钮。

第十三步：按照图 3.125 中所示操作，弹出"Program Configuration Memory Device"对话框。在该对话框中，通过进度条和文本信息给出了编程配置存储器 N25Q32 的过程进度，如图 3.126 所示。

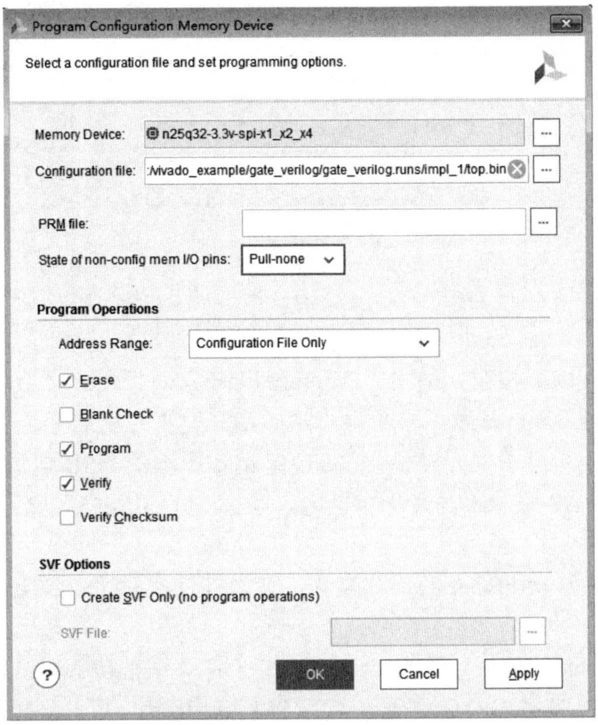

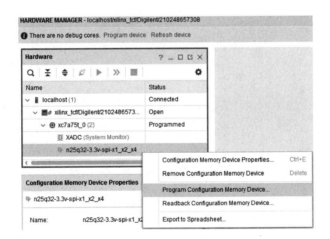

图 3.124　"Program Configuration Memory Device"对话框

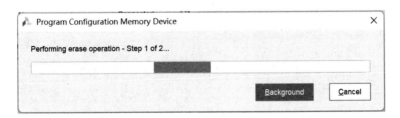

图 3.125　添加 SPI Flash 后的 Hardware 子窗口

图 3.126　"Program Configuration Memory Device"对话框

第十四步：对存储编程结束后，自动弹出"Program Flash"对话框，如图 3.127 所示。在该对话框中，提示"Flash programming completed successfully"信息。

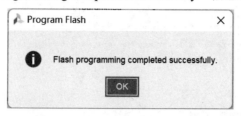

图 3.127 "Program Flash"对话框

第十五步：单击【OK】按钮，退出"Program Flash"对话框。

第十六步：给 A7-EDP-1 开发平台断电，然后将开发平台上名字为 J10 的跳线设置到标记 SPI 的位置，并且断开 A7-EDP-1 开发平台与 PC/笔记本电脑的 USB 电缆连接。

第十七步：重新给 A7-EDP-1 开发平台上电。观察 SPI Flash 启动后，验证 FPGA 是否正常工作。

注：（1）SPI Flash 启动 FPGA 的过程较慢，读者可以通过更改配置器件属性来提高器件的启动速度。

（2）一旦执行完上面的步骤，就会在 Hardware 子窗口中自动添加 n25q32-3.3v-spi-x1_x2_x4 器件，如图 3.126 所示。读者以后需要重新烧写 SPI Flash 时，只需要选择该器件，单击鼠标右键，出现浮动菜单。在浮动菜单内，执行菜单命令【Program Configuration Memory Device】即可。

第4章　Vivado 非工程模式基本设计实现

在非工程模式的整个流程中，可以使用 Tcl 命令编译设计。在这种模式下，会创建一个内存工程，让 Vivado 工具管理设计的各种属性，但工程文件不会写入磁盘，也不会保留工程状态。

本章将主要介绍 Vivado 非工程模式基本设计实现的方法。

4.1　非工程模式基本命令和功能

Tcl 命令提供了设置和运行设计，以及执行分析和调试的灵活性与功能。可以在批处理模式下运行 Tcl 命令，可以从 Vivado 2023.1 Tcl shell 窗口运行 Tcl 命令，也可以通过 Vivado IDE 的 Tcl 控制台运行。非工程模式使设计人员能够完全控制每个设计流程步骤，但设计人员必须手动管理源文件、报告和称为 DCP 的中间结果。设计人员可以在实现过程的任何阶段生成各种报告、执行 DRC 和写 DCP。

本节将介绍非工程模式的基本命令，并给出一段 Tcl 脚本文件说明其使用方法。

4.1.1　非工程模式基本命令列表

为了本章后续内容的学习，表 4.1 给出了非工程模式基本命令。

表 4.1　非工程模式基本命令

命　　令	功　　能
read_edif	将 EDIF 或者 NGC 网表导入当前工程的设计源文件集合中
read_verilog	读入用于非工程模式会话的 Verilog(.v)和 System Verilog（.sv）源文件
read_vhdl	读入用于非工程模式会话的 VHDL（.vhd 或 vhdl）源文件
read_ip	读入用于非工程模式会话的已经存在的 IP(.xco 或者.xci)工程文件。使用来自.xco IP 工程的.ngc 网表。对于.xci IP，使用 RTL 用于编译；或者如果存在网表，则使用网表
read_xdc	读入用于非工程模式会话的.sdc 或者.xdc 文件
set_param set_property	用于多个目的。例如，它可以定义设计配置、工具设置等
link_design	如果会话中使用网表文件，则对设计进行编译，用于综合目的
synth_design	启动 Vivado 综合，包含有设计顶层模块名字和目标器件参数
opt_design	执行高层次设计优化
power_opt_design	执行智能时钟门控，用于降低系统的整体功耗（可选）
place_design	对设计进行布局
phys_opt_design	执行物理逻辑优化，以改善时序和布线能力（可选）
route_design	对设计进行布线
report_*	运行多个标准的报告，可以在设计过程的任何一个阶段运行它
write_bitstream	生成一个比特流文件，并且运行 DRC

命　　令	功　　能
write_checkpoint read_checkpoint	在设计流程的任何点保存设计。一个设计检查点由网表和约束构成，它们在设计流程的该点处进行了优化，以及包含实现的结果
start_gui stop_gui	调用在存储器中当前设计的 Vivado 集成开发环境

4.1.2　典型 Tcl 脚本的使用

为了方便读者从整体上了解 Vivado 非工程模式下基本命令的功能，下面给出了用于 Vivado 设计套件 BFT 设计示例的非工程模式 Tcl 脚本。从该脚本中可以说明使用设计检查点，用于保存设计流程中各个阶段的数据库状态，以及手工生成各种报告的方法。

通过下面的命令运行 create_bft_batch.tcl 脚本文件（代码清单 4-1）：

```
vivado -mode tcl -source create_bft_batch.tcl
```

代码清单 4-1　create_bft_batch.tcl 脚本文件

```
# create_bft_batch.tcl
# bft sample design
# A Vivado script that demonstrates avery simple RTL-to-bitstream batch flow
#
# NOTE: typical usage would be "vivado -mode tcl -source create_bft_batch.tcl"
#
# STEP#0: define output directory area.
#
set outputDir ./Tutorial_Created_Data/bft_output
file mkdir $outputDir
#
# STEP#1: setup design sources and constraints
#
read_vhdl -library bftLib [ glob ./Sources/hdl/bftLib/*.vhdl ]
read_vhdl ./Sources/hdl/bft.vhdl
read_verilog [ glob ./Sources/hdl/*.v ]
read_xdc ./Sources/bft_full.xdc
#
# STEP#2: run synthesis, report utilization and timing estimates, write checkpoint
design
#
synth_design -top bft -part xc7k70tfbg484-2 -flatten rebuilt
write_checkpoint -force $outputDir/post_synth
report_timing_summary -file $outputDir/post_synth_timing_summary.rpt
report_power -file $outputDir/post_synth_power.rpt
#
# STEP#3: run placement and logic optimization, report utilization and timing
estimates, write checkpoint design
#
opt_design
power_opt_design
place_design
phys_opt_design
write_checkpoint -force $outputDir/post_place
report_timing_summary -file $outputDir/post_place_timing_summary.rpt
#
# STEP#4: run router, report actual utilization and timing, write checkpoint design,
run drc, write verilog and xdc out
#
route_design
```

```
write_checkpoint -force $outputDir/post_route
report_timing_summary -file $outputDir/post_route_timing_summary.rpt
report_timing -sort_by group -max_paths 100 -path_type summary -file
$output-Dir/post_route_timing.rpt
report_clock_utilization -file $outputDir/clock_util.rpt
report_utilization -file $outputDir/post_route_util.rpt
report_power -file $outputDir/post_route_power.rpt
report_drc -file $outputDir/post_imp_drc.rpt
write_verilog -force $outputDir/bft_impl_netlist.v
write_xdc -no_fixed_only -force $outputDir/bft_impl.xdc
#
# STEP#5: generate a bitstream
#
write_bitstream -force $outputDir/bft.bit
```

4.2　Vivado 集成开发环境分析设计

设计者可以在任何设计步骤启动 Vivado 集成开发环境，用于对当前活动的设计进行交互的图形分析和定义约束。

4.2.1　启动 Vivado 集成开发环境

对于存储器中活动的设计来说，当工作在非工程模式下时，使用下面的命令可以打开/关闭 Vivado 集成开发环境。

（1）start_gui：打开 Vivado 集成开发环境，用于存储器中活动的设计。

（2）stop_gui：关闭 Vivado 集成开发环境，并且返回"Vivado Design Suite Tcl shell"界面。

注：如果在图形界面下关闭 Vivado 集成开发环境，则将关闭"Vivado Design Suite Tcl shell"界面，并且在存储器中不保存内容设计。为了返回"Vivado Design Suite Tcl shell"界面，并且保证活动设计的完整性，需要在 Vivado 集成开发环境 Tcl 控制台下输入"stop_gui"命令

在设计过程的每个阶段，设计者均可以打开 Vivado 集成开发环境，对存储器中保存的当前设计进行分析和操作。在非工程模式下，在 Vivado 集成开发环境中，一些工程的特性是不可用的，如 Flow Navigator、Project Summary，以及源文件的访问、管理和运行。然而，通过 Vivado 集成开发环境的【Tools】菜单，可以使用分析及修改约束等很多特性。

需要知道的是，在 Vivado 集成开发环境中，在存储器中对设计所做的任何变化都会自动应用到下游工具中，这里没有保存的功能。如果设计者想要将约束的变化用于后续的运行，则在 Vivado 集成开发环境主菜单下，执行菜单命令【File】→【Export】→【Export Constraints】，即可写到一个新的包含所有 XDC 文件的文件夹中。

4.2.2　打开设计检查点的方法

通过 Vivado 集成开发环境，设计者可以在保存的设计检查点上对设计进行分析。通过使用 Tcl 命令（synth_design、opt_design、power_opt_design、place_design、phys_opt_design 和 route_design），设计者可以在非工程模式下运行一个设计，并且可以在任何阶段保存一个设计。这样，就可以在 Vivado 集成开发环境中读取设计。设计者可以从一个布线后的设计开始，分析时序，仅通过布局来解决时序问题。然后保存刚才的工作，以及设计中还没有进行的布线

操作。Vivado 集成开发环境显示打开设计检查点的名字。

设计者可以打开、分析和保存设计检查点，也可以将变化保存到新的设计检查点。

（1）在 Vivado 集成开发环境下，执行菜单命令【File】→【Checkpoint】→【Save】，保存对当前设计检查点的修改。

（2）在 Vivado 集成开发环境下，执行菜单命令【File】→【Checkpoint】→【Write】，将设计检查点的当前状态保存到一个新的设计检查点。

4.3 修改设计路径

本节将介绍如何启动 Vivado Tcl 环境，并修改路径，将路径指向设计文件所在的目录。下面给出修改路径的步骤。

第一步：在 Window 11 操作系统桌面上，执行菜单命令【开始】→【所有程序】→【Xilinx Design Tools】→【Vivado 2023.1 Tcl Shell】，弹出 Vivado 2023.1 Tcl Shell 界面。如图 4.1 所示，在一系列提示信息后，出现提示符"Vivado%"。

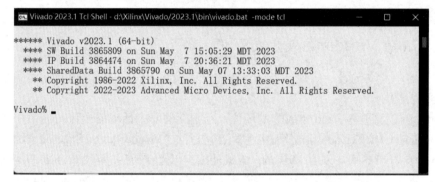

图 4.1 启动 Vivado 2023.1 Tcl Shell 界面（反色显示）

第二步：如图 4.2 所示，修改路径，指向当前提供设计源文件的目录。在"Vivado%"提示符后面输入命令"cd f:/vivado_example/gate_verilog_no_project"。

图 4.2 修改设计路径后的 Vivado 2023.1 Tcl Shell 界面（反色显示）

注：需要事先在建立目录\vivado_example\gate_verilog_no_project。

4.4 设置设计输出路径

本节将介绍如何设置设计的输出路径。设置设计输出路径的步骤如下所述。

第一步：在"Vivado%"提示符后输入命令"set outputDir ./gate_Created_Data/top_output"。

第二步：在"Vivado %"提示符后输入命令"file mkdir $outputDir"。

在 Vivado 2023.1 Tcl Shell 界面中输入上述命令的格式如图 4.3 所示

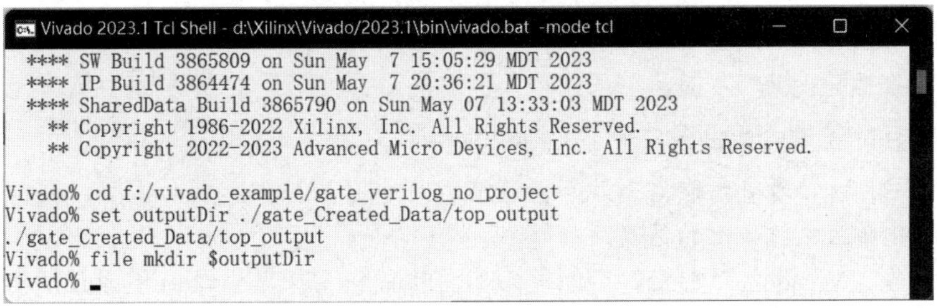

图 4.3　设置设计输出路径（反色显示）

4.5　读取设计文件

本节将介绍如何读取设计文件和约束文件。读取设计文件和约束文件的步骤如下所述。

第一步：如图 4.4 所示，在"Vivado%"提示符后输入命令"read_verilog top.v"。

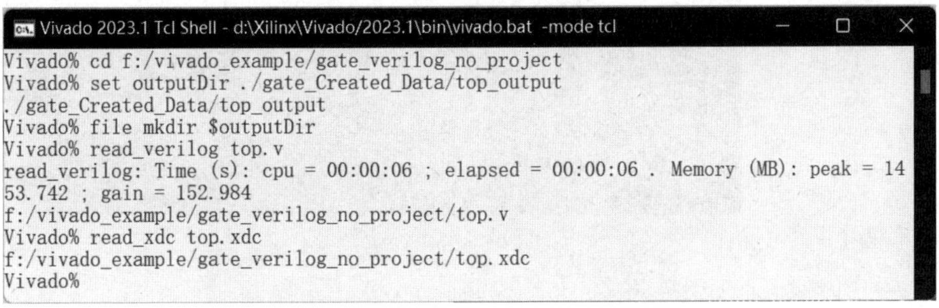

图 4.4　读取设计源文件和约束文件（反色显示）

第二步：在"Vivado%"提示符后输入命令"read_xdc top.xdc"。

注：在读取设计文件之前，需要在\vivado_example\gate_verilog_no_project 目录下事先放置 top.v 文件和 top.xdc 文件。

4.6　运行设计综合

在非工程模式下对设计进行综合并执行分析的步骤如下所述。

第一步：在"Vivado%"提示符后输入下面命令，对设计进行综合。

```
synth_design –top top –part xc7a75tfgg484-1
```

注：synth_design 命令完整的语法格式为

```
synth_design [-name <arg>] [-part <arg>] [-constrset<arg>] [-top <arg>] [-include_dirs<args>]
        [-generic <args>] [-verilog_define<args>] [-flatten_hierarchy<arg>]
        [-gated_clock_conversion<arg>] [-directive <arg>] [-rtl] [-bufg<arg>] [-no_lc]
        [-fanout_limit<arg>] [-mode <arg>] [-fsm_extraction<arg>]
        [-keep_equivalent_registers] [-resource_sharing<arg>]
        [-control_set_opt_threshold<arg>] [-quiet] [-verbose]
```

思考题 4-1：请读者查看综合过程中在 Vivado 2023.1 Tcl Shell 界面中打印出的信息。

第二步：综合完成后，在"Vivado%"提示符后面输入下面命令，写入设计检查点。

```
write_checkpoint –force $outputDir/post_synth
```

第三步：在"Vivado%"提示符后面输入下面的命令，用于生成时序报告。

```
report_timing_summary –file $outputDir/post_synth_timing_summary.rpt
```

第四步：在"Vivado%"提示符后面输入下面的命令，用于生成功耗报告。

```
report_power –file $outputDir/post_synth_power.rpt
```

思考题 4-2：请读者查看在写入设计检查点、生成时序报告和功耗报告的过程中在 Vivado 2023.1 Tcl Shell 界面中打印出的信息。

第五步：在"Vivado%"提示符后面输入下面的命令，启动 Vivado 集成开发环境。

```
start_gui
```

如图 4.5 所示对设计进行综合后打开的 Vivado IDE 界面。

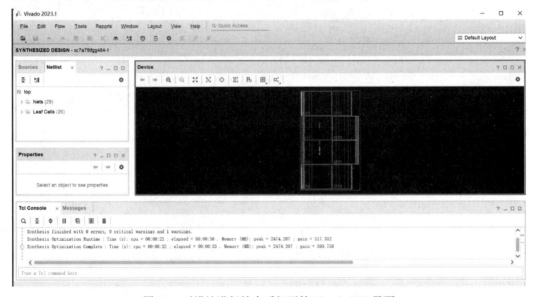

图 4.5　对设计进行综合后打开的 Vivado IDE 界面

思考题 4-3：读者可以查看综合结果和设计报告，并对设计报告进行分析。

第六步：在图 4.5 下方的 Tcl Console 窗口中输入下面的命令，退出 Vivado 集成开发环境。

```
stop_gui
```

4.7　运行设计布局

对设计进行布局和逻辑优化，以及进行分析的步骤如下所述。

第一步：在"Vivado%"提示符后面输入下面命令，对设计进行优化。

```
opt_design
```

注：opt_design 命令完整的语法格式为

```
opt_design [-retarget] [-propconst] [-sweep] [-bram_power_opt] [-remap]
        [-resynth_area] [-directive <arg>] [-quiet] [-verbose]
```

第二步：在"Vivado%"提示符后面输入下面命令，对功耗进行优化。

```
power_opt_design
```

注：power_opt_design 命令完整的语法格式为

power_opt_design [-quiet] [-verbose]

第三步：在"Vivado%"提示符后面输入下面命令，对设计进行布局。

place_design

注：place_design 命令完整的语法格式为

place_design [-directive <arg>] [-no_timing_driven] [-quiet] [-verbose]

第四步：在"Vivado%"提示符后面输入下面命令，对设计进行逻辑物理优化。

phys_opt_design

注：phys_opt_design 命令完整的语法格式为

phys_opt_design [-fanout_opt] [-placement_opt]
[-rewire] [-critical_cell_opt][-dsp_register_opt] [-bram_register_opt] [-hold_fix] [-retime]
[-force_replication_on_nets<args>] [-directive <arg>] [-quiet] [-verbose]

第五步：在"Vivado%"提示符后面输入下面命令，写设计检查点。

write_checkpoint –force $outputDir/post_place

第六步：在"Vivado%"提示符后面输入下面命令，生成时序总结报告。

report_timing_summary –file $outputDir/post_place_timing_summary.rpt

第七步：在"Vivado%"提示符后面输入下面命令，启动 Vivado 集成开发环境。

start_gui

如图 4.6 所示为对设计进行布局后打开的 Vivado IDE 界面。

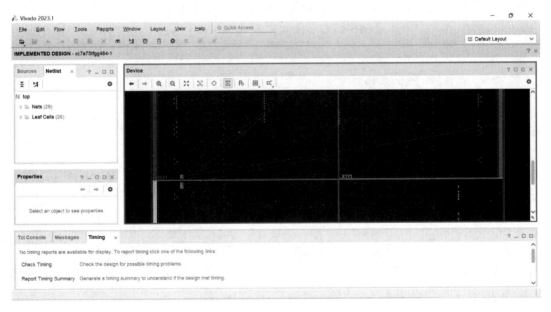

图 4.6　对设计进行布局后打开的 Vivado IDE 界面

思考题 4-4：读者可以查看布局后的结果和设计报告，并对该设计报告进行分析。

提示：要特别注意在图中布局的区域，说明布局的情况。

第八步：在图 4.6 下方的 Tcl Console 窗口中输入下面的命令，退出 Vivado 集成开发环境。

```
stop_gui
```

4.8 运行设计布线

运行设计布线及分析结果的步骤如下所述。

第一步：在"Vivado%"提示符后输入下面命令，对设计进行布线。

```
route_design
```

注：route_design 命令完整的语法格式为

```
route_design [-unroute] [-re_entrant<arg>] [-nets <args>] [-physical_nets]
            [-pin <arg>] [-directive <arg>] [-no_timing_driven][-preserve] [-delay]
            [-free_resource_mode] -max_delay<arg> -min_delay<arg>
            [-quiet] [-verbose]
```

第二步：在"Vivado%"提示符后面输入下面命令，写设计检查点。

```
write_checkpoint –force $outputDir/post_route
```

第三步：在"Vivado%"提示符后面输入下面命令，生成时序总结报告。

```
report_timing_summary –file $outputDir/post_route_timing_summary.rpt
```

第四步：在"Vivado%"提示符后面输入下面命令，生成时序报告。

```
report_timing –sort_by group –max_paths 100 –path_type summary –file $outputDir/post_route_timing.rpt
```

第五步：在"Vivado%"提示符后面输入下面命令，生成时钟利用率报告。

```
report_clock_utilization –file $outputDir/clock_util.rpt
```

第六步：在"Vivado%"提示符后面输入下面命令，生成利用率报告。

```
report_utilization –file $outputDir/post_route_util.rpt
```

第七步：在"Vivado%"提示符后面输入下面命令，生成功耗报告。

```
report_power –file $outputDir/post_route_power.rpt
```

第八步：在"Vivado%"提示符后面输入下面命令，生成 DRC 报告。

```
report_drc –file $outputDir/post_imp_drc.rpt
```

第九步：在"Vivado%"提示符后面输入下面命令，写 Verilog 文件。

```
write_verilog –force $outputDir/top_impl_netlist.v
```

第十步：在"Vivado%"提示符后面输入下面命令，写 XDC 文件。

```
write_xdc –no_fixed_only –force $outputDir/top_impl.xdc
```

第十一步：在"Vivado%"提示符后面输入下面命令，启动 Vivado 集成开发环境。

```
start_gui
```

如图 4.7 所示为对设计进行布线后打开的 Vivado IDE 界面。

思考题 4-5：读者可以查看布线结果和设计报告，并分析该设计报告。

提示：要特别注意图中布线的区域。

第十二步：在图 4.7 下方的 Tcl Console 窗口中输入下面的命令，退出 Vivado 集成开发环境。

```
stop_gui
```

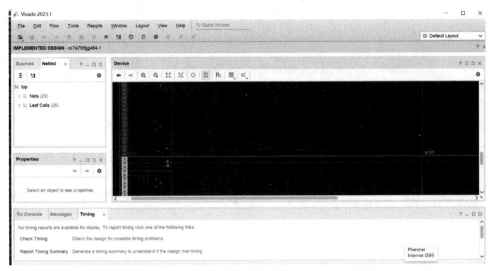

图 4.7　对设计进行布线后打开的 Vivado IDE 界面

4.9　生成比特流文件

生成比特流文件的步骤如下所述。

在"Vivado%"提示符后面输入下面命令，生成比特流文件：

```
write_bitstream –force $outputDir/top.bit
```

4.10　下载比特流文件

下载比特流文件的步骤如下所述。

注：在下载比特流文件到 FPGA 前，需要给 A7-EDP-1 开发板上电，以及使用 USB 电缆将 A7-EDP-1 硬件开发平台上的 USB 接口与 PC/笔记本电脑的 USB 接口进行连接。

第一步：在"Vivado%"提示符后面输入 open_hw_manager 命令，打开硬件。

第二步：在"Vivado%"提示符后面输入 connect_hw_server 命令，连接服务器。图 4.8 给出了输入该命令后返回的连接服务器信息，表示连接服务器成功。

```
Vivado% open_hw_manager
open_hw_manager: Time (s): cpu = 00:00:07 ; elapsed = 00:00:08 . Memory (MB): peak = 1462.250 ; gain = 161.281
Vivado% connect_hw_server
INFO: [Labtools 27-2285] Connecting to hw_server url TCP:localhost:3121
INFO: [Labtools 27-2222] Launching hw_server...
INFO: [Labtools 27-2221] Launch Output:

****** Xilinx hw_server v2023.1
  **** Build date : May  7 2023 at 15:26:57
    ** Copyright 1986-2022 Xilinx, Inc. All Rights Reserved.


INFO: [Labtools 27-3415] Connecting to cs_server url TCP:localhost:0
INFO: [Labtools 27-3417] Launching cs_server...
INFO: [Labtools 27-2221] Launch Output:

******** Xilinx cs_server v2023.1.0
  ****** Build date  : Apr 10 2023-23:59:24
    **** Build number : 2023.1.1681142364
      ** Copyright 2017-2022 Xilinx, Inc. All Rights Reserved.
      ** Copyright 2022-2023 Advanced Micro Devices, Inc. All Rights Reserved.


connect_hw_server: Time (s): cpu = 00:00:00 ; elapsed = 00:00:05 . Memory (MB): peak = 1486.125 ; gain = 23.875
localhost:3121
Vivado%
```

图 4.8　输入连接服务器命令后返回的消息（反色显示）

第二步：在"Vivado%"提示符后面输入 current_hw_target 命令，显示当前连接的硬件目标。图 4.9 给出了输入该命令后返回的硬件目标信息。

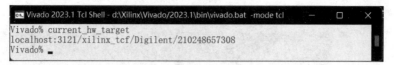

图 4.9　输入当前硬件目标命令后返回的消息（反色显示）

第三步：在"Vivado%"提示符后面输入 open_hw_target 命令，打开硬件目标。图 4.10 给出了输入该命令后返回所打开的硬件目标信息。

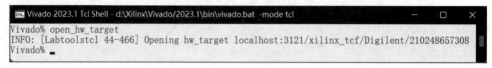

图 4.10　输入打开硬件目标命令后返回的消息（反色显示）

第四步：在"Vivado%"提示符后面输入下面命令，分配编程文件。

```
set_property  PROGRAM.FILE  {f:/vivado_example/gate_verilog_no_project/gate_Created_Data/top_output/top.bit} [lindex [get_hw_devices]]
```

第五步：在"Vivado%"提示符后面输入下面命令，对 FPGA 器件进行编程。

```
program_hw_devices [lindex [get_hw_devices]]
```

如果编程成功，则出现"End of startup status：HIGH"的提示信息，如图 4.11 所示。

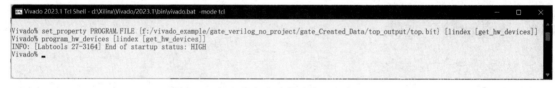

图 4.11　提示编程成功的消息（反色显示）

第六步：编程完成后，对设计进行验证。

第5章 Vivado 创建和封装用户 IP 核流程

本章将介绍如何通过 Vivado 集成开发环境内所提供的知识产权（Intellectual Property，IP）核封装器工具（IP Packager）实现用户 IP 的定制，并调用用户定制 IP 对用户定制的 IP 进行验证。

通过本章内容的学习，读者可掌握定制 IP 和调用 IP 的设计流程，并体会 Vivado 集成开发环境基于 IP 的"积木块"设计思想。

5.1 Vivado IP 设计方法

本节将对 Vivado IP 设计方法进行简要说明。

5.1.1 Vivado IP 设计流程

Xilinx Vivado 设计套件提供了一个以知识产权为中心的设计流程，如图 5.1 所示。在以 IP 为中心的流程中，允许设计人员从各种设计来源向设计中添加 IP 模块。环境的核心是一个可扩展的 IP 目录，其中包含 Xilinx 提供的即插即用 IP。可以通过添加以下内容来扩展 IP 目录。

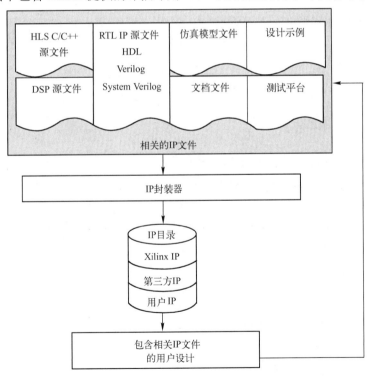

图 5.1 Vivado 设计套件 IP 设计流程

（1）用于 DSP 设计的系统生成器（System Generator）模块（Simulink 算法中的 MATLAB）。

（2）Vivado 高级综合（High-Level Synthesis，HLS）设计（C/C++算法）。

（3）第三方 IP。

（4）使用 Vivado IP 封装器工具封装为 IP 的设计。

在设计中使用 IP 的方法如下所述。

（1）使用管理的 IP 流程定制 IP 并生成输出产品，包括一个综合设计检查点（Design Check Point，DCP），以保留在当前和未来版本中使用的定制。

（2）通过引用创建的 Xilinx 核实例（Xilinx Core Instance，XCI）文件，在工程或非工程模式下使用 IP，这是使用具有贡献团队成员的大型工程的推荐方法。

（3）访问工程中的 IP 目录以定制 IP 并将其添加到设计中。将 IP 文件保存在工程的本地，或者对于团队规模较小的工程，建议从工程外部保存。

（4）右键单击 IP 集成器画布添加源，并将 RTL 模块添加到设计图中，该设计图在画布上提供 RTL。

（5）在非工程脚本流中创建和定制 IP 并生成输出产品，包括生成 DCP。

5.1.2　IP 核术语

Vivado 集成开发环境使用以下术语描述 IP、存储位置以及表示方式。

（1）IP Definition（IP 定义）：IP 的 IP-XACT 特性的描述。

（2）IP Customization（IP 定制）：从 IP 定义中定制一个 IP，生成 Xilinx 核实例（Xilinx Core Instance，XCI）文件。XCI 文件保存在用户指定的位置。

（3）IP Location（IP 位置）：在当前工程中，包含一个或多个定制 IP 的目录。

（4）IP Repository（IP 存储库）：添加到 Xilinx IP 目录的 IP 定义集合的统一视图。

（5）IP Catalog（IP 目录）：IP 目录允许探索即插即用知识产权，以及第三方供应商提供的其他符合 IP-XACT 的 IP。这可能包括设计人员打包为 IP 的设计。

（6）Output Products（输出产品）：为定制 IP 生成的文件。它们可以包括 HDL、约束和仿真目标。在生成输出产品期间，Vivado 工具将定制 IP 保存在 XCI 文件中，并使用 XCI 文件生成综合和仿真过程中使用的文件。

（7）Global Synthesis（全局综合）：综合 IP 和顶层用户逻辑。

（8）脱离上下文（Out-Of-Context，OOC）设计流程：为生成的输出产品创建独立的综合设计运行。该默认流程创建设计检查点（Design Check Point，DCP）文件和 Xilinx 设计约束文件（_ooc.xdc）。

（9）分层 IP 和子系统 IP（Hierarchical IP and Subsystem IP）：用于描述 IP，即在分层拓扑中使用多个 IP 构建的子系统，作为块设计或 RTL 流程的一部分。

（10）子核 IP（Sub-core IP）：指 IP 使用了非分层（子系统）IP 的其他 IP。这可以是来自 Vivado IP 目录、用户定义 IP、第三方 IP 或 IP 核心库的 IP。

5.2　创建并封装包含源文件的 IP

5.2.1　创建新的用于创建 IP 的工程

创建新工程的步骤如下所述。

第一步：在 Windows 11 操作系统桌面上，执行菜单命令【开始】→【所有应用】→【Xilinx Design Tools】→【Vivado 2023.1】，启动 Vivado 集成开发环境。

第二步：在 Vivado 2023.1 主界面下，单击 "Create Project" 选项，弹出 "New Project-Create a New Vivado Project" 对话框。

第三步：单击【Next】按钮，弹出 "New Project-Project Name" 对话框。在该对话框中，按如下设置参数。

（1）Project name：gate_ip。

（2）Project location：E:\vivado_example。

（3）勾选 "Create project subdirectory" 前面的复选框。

第四步：单击【Next】按钮，弹出 "New Project-Project Type" 对话框。在该对话框中，按如下设置参数。

（1）勾选 "RTL Project" 前面的复选框。

（2）其他按默认设置。

第五步：单击【Next】按钮，弹出 "New Project-Add Sources" 对话框。在该对话框中，单击【Add Files】按钮，弹出 "Add Source Files" 对话框。在该对话框中，定位到下面的路径。

> E:\vivado_example\source

在该路径下，选择 gate.v 文件。单击【OK】按钮，退出 "Add Source Files" 对话框。gate.v 文件中的代码如代码清单 5-1 所示。

代码清单 5-1　gate.v 文件

```
module gate #(parameter DELAY=3) (
    input a,
    input b,
    output [5:0] z
    );
assign #DELAY z[0]=a & b;
assign #DELAY z[1]=~(a & b);
assign #DELAY z[2]=a | b;
assign #DELAY z[3]=~(a | b);
assign #DELAY z[4]=a ^ b;
assign #DELAY z[5]=a ~^ b;
endmodule
```

第六步：在 "New Project-Add Sources" 对话框中添加了 gate.v 文件。在该对话框中，按如下设置参数。

（1）勾选 "Copy sources into project" 前面的复选框。

（2）Target language：Verilog。

（3）Simulator language：Mixed。

第七步：单击【Next】按钮，弹出 "New Project-Add Constraints（optional）" 对话框。

第八步：单击【Next】按钮，弹出 "New Project-Default Part" 对话框。在该对话框中，选择器件 "xc7a75tfgg484-1"。

第九步：单击【Next】按钮，弹出 "New Project-New Project Summary" 对话框。

第十步：单击【Finish】按钮。

5.2.2　设置定制 IP 的库名和目录

IP 设置允许设计人员为 IP 指定各种特定于工程的选项。对于设计人员创建的每个工程，必须再次访问工程的设置才能修改设置。

1. 设置参数

设置库名和目录的步骤如下所述。

第一步：在 Vivado 当前工程主界面左侧的 Flow Navigator 窗口中，找到并展开"PROJECT MANAGER"条目。在展开条目中，选择"Settings"。

第二步：弹出如图 5.2 所示的"Settings"对话框。在该对话框的左侧窗口中，找到并展开"IP"条目。在展开条目中，找到并选择"Packager"。在该对话框的右侧窗口中，按如下设置参数。

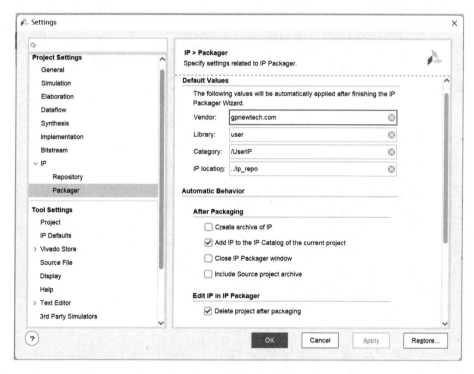

图 5.2　"Settings"对话框

（1）Vendor：gpnewtech.com。

（2）Library:user。

（3）Category：/UserIP。

（4）其他按默认参数设置。

第三步：单击【OK】按钮，退出"Settings"对话框。

2. 术语说明

（1）IP：让设计人员指定核容器的使用、仿真脚本的自动生成、更新日志创建、设置 IP 输出产品的默认位置以及打开 IP 缓存。

（2）Repository（存储库）：添加 IP 存储库并指定要包含在 IP 目录中的 IP。

（3）Packager（封装器）：设置 IP 封装器在封装 IP 时使用的默认行为。

3．IP 设置界面

IP 设置界面如图 5.3 所示，该界面中的参数含义如下所述。

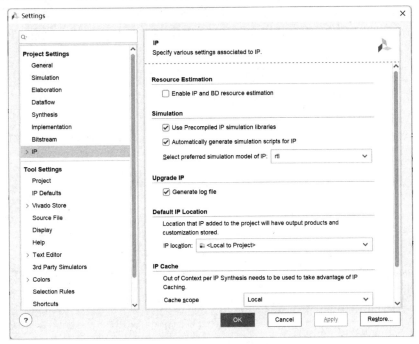

图 5.3　IP 设置界面

（1）Enable IP and BD resource estimation（使能 IP 和 BD 资源估计）：当勾选该选项时，使能 IP 和 BD 资源估计。

（2）Simulation（仿真）：默认勾选"Use Precompiled IP simulation libraries（使用预编译 IP 仿真库）"和"Automatically generate simulation scripts for IP（IP 自动生成仿真脚本）"前面的复选框。

① Vivado 为所有 Xilinx IP 静态文件提供预编译库，以便与 Vivado 仿真器一起使用。创建仿真脚本时，它们会引用这些预编译的库。

②"Automatically generate simulation scripts for IP"选项会为每个 IP 自动生成仿真脚本。Vivado 工具将脚本放在<project name>.ip_user_files 目录中。

（3）Upgrade IP（升级 IP）：默认勾选"Generate log file（生成日志文件）"前面的复选框。这将在升级 IP 时创建一个 ip_upgrade.log 文件。当设计人员升级其他 IP 时，它们会添加到日志文件的顶层。日志文件保存在工程目录的根位置（放置工程 XPR 文件的位置）。要禁止正在创建的日志文件，请不要勾选"Generate log file（生成日志文件）"前面的复选框。

（4）Default IP Location（默认 IP 位置）：设计人员可以使用该设置创建和保存 IP 源的位置。默认 Vivado 工具将 IP 保存在.srcs/sources_1/IP 目录下的工程目录结构内的 RTL 工程中。

① 当使用修订控制系统时，建议将 IP 与其他源文件一样保存在工程之外。

② Vivado 在单独的<project_name>.gen 目录中生成所有 IP 输出产品，将生成的输出产品与<project_name>.srcs 目录中的当前源分离，提供了一个更干净的目录结构来区分 IP 源和输出产品。它还最大限度地减少了为大多数修订控制用例重新创建工程 IP 所需登记文件的个数，因为对于许多修订控制场景不需要登记输出产品。

③ 定制 IP 时，请使用 IP Location（IP 位置）设置保存 IP 及其输出产品的位置。设置默认

IP 位置将在多个 Vivado 会话中持续存在。

（5）IP Cache（IP 缓存）：用于定义 Vivado 如何为工程使用 IP 缓存。缓存选项如下所述。

① Cache scope（缓存范围）：选项有 Disabled（禁止）、Local（本地）（默认设置）或 Remote（远程）。对于 Local，缓存目录是工程的本地目录，并且不能修改位置。Remote 选项用于指定的目录。

② Cache location（缓存位置）：浏览到，然后选择缓存位置。对于 Local，缓存目录是工程的本地目录（project_name.ip_cache），并且无法修改。对于 Remote，它是设计人员指定的目录。

③ Clear Cache（清除缓存）：在 Tcl Console 窗口中发出以下命令，从磁盘中删除缓存文件。

```
config_ip_cache-clear_output_repo
```

5.2.3　封装定制 IP 的实现

封装 IP 的步骤如下所述。

第一步：在 Vivado 当前工程主界面主菜单下，执行菜单命令【Tools】→【Create and Package New IP】。

第二步：弹出"Create and Package New IP"对话框。

第三步：单击【Next】按钮。

第四步：弹出"Create and Package New IP-Create Peripheral,Package IP or Package a Block Design"对话框。在该对话框中，勾选"Package your current project"前面的复选框。

第五步：单击【Next】按钮，弹出"Create and Package New IP-Package Your Current Project"对话框。在该对话框中，给出了默认的保存 IP 的路径。

第六步：单击【Next】按钮，弹出"Create and Package New IP-New IP Creation"对话框。

第七步：单击【Finish】按钮，在 Vivado 当前工程主界面右侧的窗口中弹出新的名字为"Package IP-gate"的标签页。

第八步：单击【OK】按钮，在"Package IP-gate"标签页的右侧弹出"Identification"对话框。在该对话框中，按图 5.4 中所示对参数进行设置。

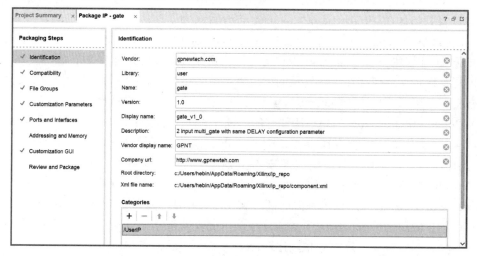

图 5.4　"Identification"对话框

第九步：单击图 5.4 中"Compatibility"条目。

第十步：弹出如图 5.5 所示的"Compatibility"对话框。该对话框用于确认该 IP 所支持的 FPGA 的类型。

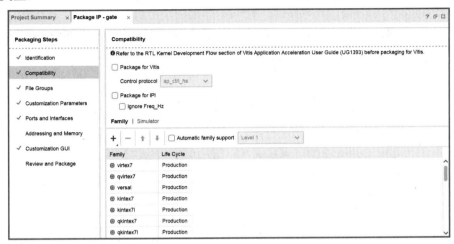

图 5.5　"Compatibility"对话框

第十一步：单击图 5.5 中的"File Groups"条目，弹出如图 5.6 所示的"File Groups"对话框。在该对话框中，设计者可以添加一些额外的文件，如测试平台文件。在该设计中，并没有这样操作。

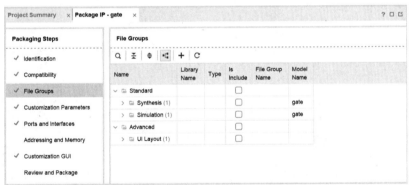

图 5.6　"File Groups"对话框

第十二步：单击图 5.6 中的"Customization Parameters"条目。如图 5.7 所示，弹出"Customization Parameters"对话框。从图中可以看出，从 gate.v 文件中提取了参数 DELAY。

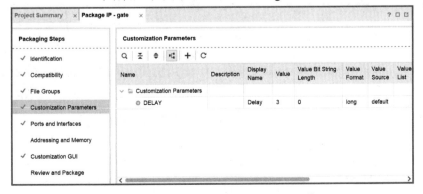

图 5.7　"Customization Parameters"对话框

271

第十三步：双击图 5.7 中的"DELAY"一行，弹出如图 5.8 所示的"Edit IP Parameter"对话框。

（1）"Editable"选项用于决定用户是不是可以修改该参数的值，如果不想让用户修改该参数的值，则可以将"Yes"修改为"No"。

（2）"Format"选项确定值的数据格式，可选项有 long、float、bool、bitstring 和 string。设计者可以通过右侧下拉框修改值的数据格式。

（3）"Specify Range"选项用于确定其值是不是有限制。在该设计中，勾选"Specify Range"前面的复选框，表示"Delay"可选的值是有限的。

（4）在"Type"后的复选框中选择"List of values"，表示有有限个值。

第十四步：如图 5.9 所示，单击图中的➕按钮，在"List of values"下出现输入文本框，在文本框中输入 3。按照这个方法，再添加 5、7、9 三个数，图中给出的是输入完 4 个值后的界面。在"Show As"右侧的下拉框中，选择"Drop List"（表示用户可以通过下拉框选择不同的值）。在"Default Value"右侧的下拉框中选择 3，表示默认值为 3。

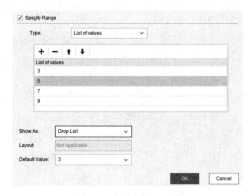

图 5.8 "Edit IP Parameter"对话框   图 5.9 设置有限个值

第十五步：单击【OK】按钮，退出"Edit IP Parameter"对话框。

第十六步：单击图 5.7 中的"Customization GUI"条目，弹出如图 5.10 所示的"Customization GUI"对话框。该对话框中给出了输入/输出端口，以及带有默认值的参数选项。

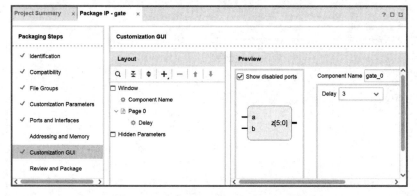

图 5.10 "Customization GUI"对话框

第十七步：单击图 5.10 中的"Review and Package"条目。在弹出的"Review and Package"对话框中单击【Package IP】按钮，如图 5.11 所示。

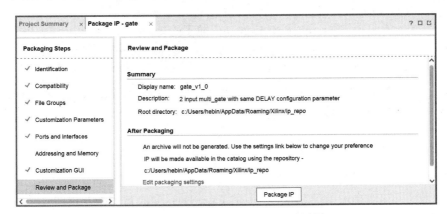

图 5.11　"Review and Package"对话框

第十八步：弹出"Package IP"对话框，提示"Finished packaging 'gate_v_1_0' successfully"消息，即提示封装 IP 成功。

注：读者需要记住保存定制 IP 核的路径，如图 5.11 中显示 Root directory 的路径为 c:/User/hebin/AppData/Roaming/Xilinx/ip_repo。

第十九步：单击【OK】按钮，退出"Package IP"对话框。

第二十步：在 Vivado 当前工程主界面主菜单下，执行菜单命令【File】→【Project】→【Close】。

第二十一步：弹出"Close Project"对话框。在该对话框中，显示信息"OK to close project 'gate_ip'?"。

第二十二步：单击【OK】按钮，退出"Close Project"对话框，同时自动关闭当前的工程。

5.3　调用并验证包含源文件的 IP 设计

本节将介绍如何建立新的设计工程，在该设计工程中调用前面封装的包含源代码的 IP 核，并验证设计的正确性。

5.3.1　创建新的用于调用 IP 的工程

创建新工程的步骤如下所述。

第一步：在 Windows 11 操作系统桌面上，执行菜单命令【开始】→【所有程序】→【Xilinx Design Tools】→【Vivado 2023.1】，启动 Vivado 集成开发环境。

第二步：在 Vivado 2023.1 主界面下，单击"Create Project"选项，弹出"New Project-Create a New Vivado Project"对话框。

第三步：单击【Next】按钮，弹出"New Project-Project Name"对话框。在该对话框中，按如下设置参数。

（1）Project name：ip_call。

（2）Project location：E:\vivado_example。

（3）勾选"Create project subdirectory"前面的复选框。

第四步：单击【Next】按钮，弹出 "New Project-Project Type" 对话框。在该对话框中，按如下设置参数。

（1）勾选 "RTL Project" 前面的复选框。

（2）勾选 "Do not specify sources at this time" 前面的复选框。

第五步：单击【Next】按钮，弹出 "New Project-Default Part" 对话框。在该对话框中，选择器件 "xc7a75tfgg484-1"。

第六步：单击【Next】按钮，弹出 "New Project-New Project Summary" 对话框。

第七步：单击【Finish】按钮。

5.3.2 设置包含调用 IP 的路径

设置库名和目录的步骤如下所述。

第一步：在 Vivado 当前工程主界面左侧的 Flow Navigator 窗口中，找到并展开 "PROJECT MANAGER" 条目。在展开条目中，选择 "Settings"。

第二步：弹出如图 5.12 所示的 "Settings" 对话框。在该对话框左侧的窗口中，选择并展开 "IP" 条目。在展开条目中，选择 "Repository"。在右侧窗口中，单击 ✚ 按钮，弹出 "IP Repositories" 对话框。

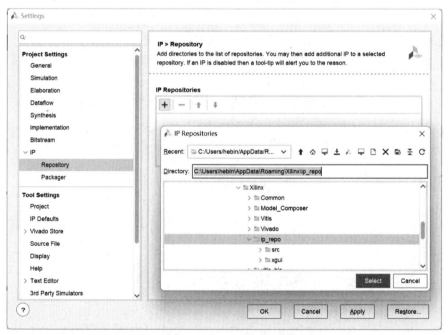

图 5.12 "Setting" 对话框

第三步：将 "Directory" 指向创建 IP 核的 Root directory 的路径。

第四步：单击【Select】按钮。

第五步：弹出 "Add Repository" 对话框。在该对话框中，提示信息 "1 repository was added to the project"。

第六步：单击【OK】按钮，退出 "Add Repository" 对话框。

第七步：如图 5.13 所示，可以看到在 "IP Repositories" 标题栏下面的窗口中新添加了 IP 的路径。

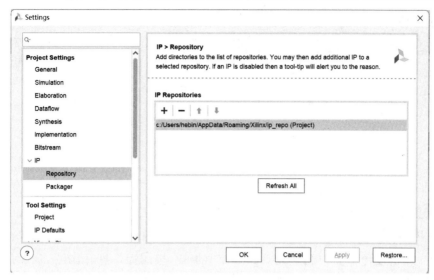

图 5.13　添加了一个 IP 的路径

第八步：单击【OK】按钮，退出"Settings"对话框。

5.3.3　创建基于 IP 的系统

创建基于 IP 系统的步骤如下所述。

第一步：在 Vivado 当前工程主界面左侧的 Flow Navigator 窗口中，找到并展开"IP INTEGRATOR"条目。在展开条目中，选择"Create Block Design"。

第二步：弹出如图 5.14 所示的"Create Block Design"对话框。在该对话框中，按如下设置参数。

（1）Design name：design_1。

（2）其他按默认参数设置。

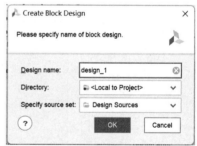

图 5.14　"Create Block Design"对话框

第三步：单击【OK】按钮，在 Vivado 当前工程主界面右侧的窗口中出现名字为"Diagram"的空白设计界面，如图 5.15 所示，在该界面中，单击 ✚ 按钮。

图 5.15　Diagram 设计界面

第四步：弹出如图 5.16 所示的 IP 查找对话框。在该对话框"Search"右侧的文本框中输入"gate"，名字为"gate_v1_0"的 IP 核就出现在下面的窗口中，双击名字为"gate_v1_0"这一行将 IP 添加到设计界面中。如图 5.17 所示，可以看到在设计界面中添加了例化名字为

"gate_0"的 IP 核。

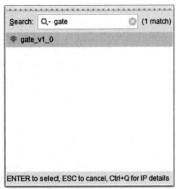

图 5.16　IP 查找对话框

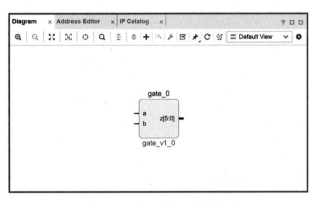

图 5.17　添加 IP 核后的设计界面

第五步：双击设计界面中名字为"gate_0"的 IP 核图标，打开如图 5.18 所示的"Re-customize IP"对话框。该对话框给出了 IP 的符号，以及可修改的参数。在该设计中，通过下拉框将"Delay"的值从默认的 3 改为 5。

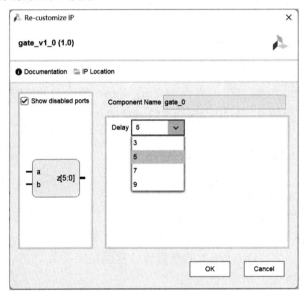

图 5.18　"Re-customize IP"对话框

第六步：单击【OK】按钮。

第七步：将光标移动到 gate_0 端口 a 的引出线上，单击鼠标右键，出现浮动菜单。在浮动菜单内，执行菜单命令【Make External】。

第八步：类似地，将光标移动到 gate_0 端口 b 的引出线上，单击鼠标右键，出现浮动菜单。在浮动菜单内，执行菜单命令【Make External】。

第九步：将光标移动到 gate_0 端口 z[5:0]的引出线上，单击鼠标右键，出现浮动菜单。在浮动菜单内，执行菜单命令【Make External】。

第十步：通过上面的步骤，引出外部端口，如图 5.19 所示，保存该设计界面。

第十一步：在图 5.20 中，选中名字为"a_0"的端口，在左侧的 External Port Properties 窗口中，通过"Name"右侧的文本框，将该端口的名字改为 a，如图 5.20 所示。类似地，将端口 b_0 的名字改为 b，将端口 z_0 的名字改为 z。

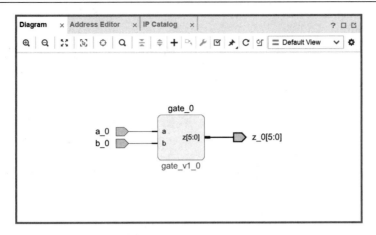

图 5.19　gate_0 引出端口后的设计界面

第十二步：按 Ctrl+S 组合键，保存修改后的设计。

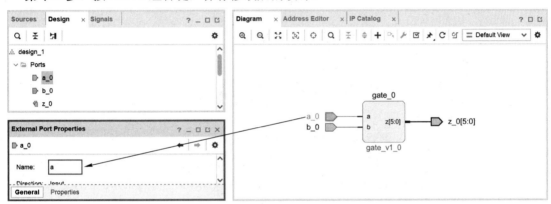

图 5.20　修改端口的名字

第十三步：如图 5.21 所示，在 Sources 窗口中选中 design_1(design_1.bd)"，单击鼠标右键，出现浮动菜单。在浮动菜单内，执行菜单命令【Generate Output Products】。

图 5.21　Sources 窗口

第十四步：如图 5.22 所示，弹出"Generate Output Products"对话框，单击该对话框中的【Generate】按钮。这将为 IP 创建 XCI 和 DCP，以及更改日志、行为仿真模型和例化模板。

第十五步：弹出【Managing Output Products】对话框。在该对话框中，进度条给出了生成输出产品的过程。

图 5.22 "Generate Output Products" 对话框

第十六步：生成过程结束后，再次弹出 "Generate Output Products" 对话框。在该对话框中，提示消息 "Out-of-context module run was launched for generating output products"。

第十七步：单击【OK】按钮，退出 "Generate Output Products" 对话框。

第十八步：在图 5.21 所示的 Sources 窗口中，选中 "design_1(design_1.bd)"，单击鼠标右键，出现浮动菜单。在浮动菜单内，执行菜单命令【Create HDL Wrapper】。

第十九步：弹出 "Create HDL Wrapper" 对话框，如图 5.23 所示。在该对话框中，勾选 "Let Vivado manage wrapper and auto-update" 前面的复选框。

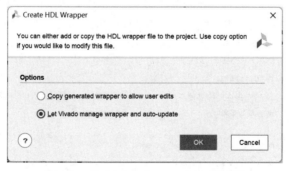

图 5.23 "Create HDL Wrapper" 对话框

第二十步：单击图 5.23 中的【OK】按钮，退出 "Create HDL Wrapper" 对话框。

第二十一步：在 Sources 窗口中名字为 "design_1_i：design_1（design_1.bd）" 的 IP 核设计上面添加了 design_1_wrapper(design_1_wrapper.v)文件，该文件是 design_1.bd 生成的 Verilog HDL 文件，如代码清单 5-2 所示。

代码清单 5-2　design_1_wrapper.v 文件

```
`timescale 1 ps / 1 ps
module design_1_wrapper
   (a,
    b,
    z);
   input a;
   input b;
   output [5:0]z;
   wire a;
   wire b;
   wire [5:0]z;

   design_1 design_1_i
       (.a(a),
        .b(b),
        .z(z));
endmodule
```

5.3.4　执行行为级仿真

添加测试文件并执行行为级仿真的步骤如下所述。

第一步：在 Vivado 当前工程界面的 Sources 窗口中，选中"Simulation Sources"文件夹，单击鼠标右键，出现浮动菜单。在浮动菜单内，执行菜单命令【Add Sources】。

第二步：弹出"Add Sources"对话框。在该对话框中，默认选中"Add or Create Simulation Sources"前面的复选框。

第三步：单击【Next】按钮，弹出"Add Sources-Add or Create Simulation Sources"对话框。在该对话框中，单击【Add Files】按钮。

第四步：弹出"Add Source Files"对话框。将目录指定到下面的路径。

E:\vivado_example\source

在该路径下选择 test.v 文件。

第五步：单击【Open】按钮，返回"Add Sources"对话框。在该对话框中，单击【Finish】按钮。图 5.24 给出了添加完 test.v 文件后的 Sources 窗口。

图 5.24　添加完 test.v 文件后的 Sources 窗口

代码清单 5-3   test.v 文件

代码清单 5-3   test.v 文件

```
`timescale 1ns / 1ps
module test;
reg a;
reg b;
wire [5:0] z;
design_1_wrapper uut(
    .a(a),
    .b(b),
    .z(z)
    );
initial
begin
  while(1)
   begin
   a=0;
   b=0;
   #100;
   a=0;
   b=1;
   #100;
   a=1;
   b=0;
   #100;
   a=1;
   b=1;
   #100;
   end
  end
 endmodule
```

第六步：在 Vivado 当前工程主界面左侧的 Flow Navigator 窗口中，找到并展开"SIMULATION"条目。在展开条目中，选择"Run Simulation"，单击鼠标右键，出现浮动菜单。在浮动菜单内，执行菜单命令【Run Behavioral Simulation】，启动行为仿真过程。

第七步：Vivado 切换到 SIMULATION-Behavioral Simulation 主界面。在该主界面右侧的窗口中出现该设计执行完行为仿真后的波形，如图 5.25 所示。

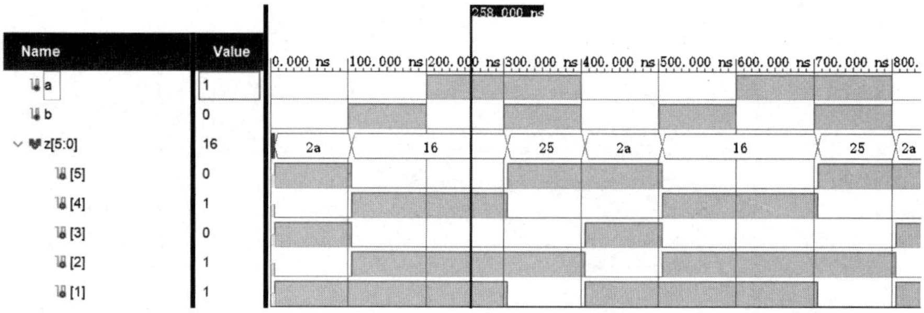

图 5.25   行为仿真后的波形界面

第八步：单击 Vivado 当前 SIMULATION-Behavioral Simulation 主界面右上角的【Close Simulation】按钮，退出行为仿真界面。

思考题 5-1：从波形界面中看到逻辑输入 a 和 b 的变化需要 5ns 后才能反映到输出 z[5:0]，请说明原因。

提示：查看 gate.v 设计文件中的"Delay"参数，并且在构建系统时，将"Delay"的值从 3 改成 5。

5.3.5 系统设计综合

系统设计综合的步骤如下所述。

第一步：在 Vivado 当前工程主界面左侧的 Flow Navigator 窗口中，找到并展开"SYNTHESIS"条目。在展开条目中，选择"Run Synthesis"，启动综合过程。

第二步：等待综合完成后，按照前面的方法，打开综合后的原理图界面，如图 5.26 所示。

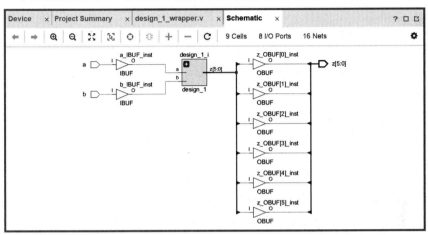

图 5.26 综合后的原理图界面

第三步：退出综合后的原理图界面。

思考题 5-2：仔细分析"design_1"模块的内部结构。

5.3.6 系统实现和验证

修改系统约束文件，并对系统进行验证的步骤如下所述。

第一步：如图 5.27 所示，在 Vivado 当前工程主界面的 Sources 窗口中，找到并展开"Constaints"条目。在展开条目中，找到并展开"constrs_1"条目。在展开条目中，找到并双击"system.xdc"条目（如果没有该条目，则需要手工添加 system.xdc 文件）。

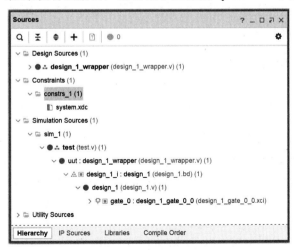

图 5.27 Sources 窗口

第二步：找到并打开本书提供资料的"\vivado_example\source\system.xdc"文件，将其添加到该设计中。

第三步：按照前面的方法对设计进行实现、生成比特流文件，并下载到作者配套开发的 A7-EDP-1 开发平台中，对设计进行验证。

5.4 创建并封装不包含源文件的 IP

在前面调用定制 IP 的时候，读者可以看到 IP 内部的详细源代码，但在很多情况下 IP 作为知识产权的成果，设计者并不希望公开 IP 的源代码，当提供给调用 IP 的用户时，这些用户可以正常使用这些 IP，但是不能看到 IP 的内部源代码，这样就很好地保护了 IP 设计者的知识产权。基于这样一个目的，本节将介绍在创建并封装 IP 时避免"暴露"源代码的方法。

5.4.1 创建网表文件

创建网表文件的主要步骤如下所述。

第一步：在 Vivado 2023.1 集成开发环境中，重新打开包含源文件的 IP 核工程，即

> E:\vivado_example\gate_verilog\gate_verilog.xpr

第二步：在 Vivado 集成开发环境主界面左侧的 Flow Navigator 窗口中，找到并展开"SYNTHESIS"条目。在展开条目中，选择"Run Synthesis"，Vivado 开始对该设计执行综合过程。

第三步：执行完综合过程后，弹出"Synthesis Completed"对话框。在该对话框中，勾选"Open Synthesized Design"前面的复选框。

第四步：自动打开综合后的设计。在 Vivado 当前工程主界面底部的 Tcl Console 窗口中输入下面的命令

> write_edif e:/vivado_example/ip_edif/top.edf

将 top.edf 文件写到 E:/vivado_example/ip_edif 目录下。

注：电子设计交换格式（Electronic Design Interchange Format，EDIF）是 EDA 工具之间传递信息的标准格式，即以网表的形式描述电路结构。读者可用写字板工具打开 top.edf 文件。

第五步：关闭并退出工程。

5.4.2 创建新的设计工程

创建新的设计工程的步骤如下所述。

第一步：启动 Vivado 2023.1 集成开发环境。

第二步：在 Vivado 2023.1 主界面下，单击"Create New Project"选项，弹出"New Project-Create a New Vivado Project"对话框。

第三步：单击【Next】按钮，弹出"New Project-Project Name"对话框。在该对话框中，按如下设置参数。

（1）Project name：project_1。

（2）Project location：E:\vivado_example/gate_ip_edif。

（3）勾选"Create project subdirectory"前面的复选框。

第四步：单击【Next】按钮，弹出"New Project-Project Type"对话框。在该对话框中，按如下设置参数。

（1）勾选"RTL Project"前面的复选框。

（2）其他按默认设置。

第五步：单击【Next】按钮，弹出"New Project-Add Sources"对话框。在该对话框中，单击【Add Files】按钮，弹出"Add Source Files"对话框。在该对话框中，定位到下面的路径。

E:\vivado_example\ip_edif

在该路径下，选择"top.edf"文件。可以看到在"New Project-Add Sources"对话框中添加了"top.edf"文件，并且注意下面的设置。

（1）在该对话框中，勾选"Copy sources into project"前面的复选框。

（2）Target language：Verilog。

（3）Simulator language：Mixed。

第六步：单击【Next】按钮，弹出"New Project-Add Constraints（optional）"对话框。

第七步：单击【Next】按钮，弹出"New Project-Default Part"对话框。在该对话框中，选择器件"xc7a75tfgg484-1"。

第八步：单击【Next】按钮，弹出"New Project-New Project Summary"对话框。

第九步：单击【Finish】按钮。

5.4.3　设置定制 IP 的库名和目录

设置库名和目录的步骤如下所述。

第一步：在 Vivado 当前工程主界面左侧的 Flow Navigator 窗口中，找到并展开"PROJECT MANAGER"条目。在展开条目中，选择"Settings"。

第二步：弹出 "Settings"对话框。在该对话框的左侧窗口中，找到并展开"IP"条目。在展开条目中，找到并选择"Packager"。在该对话框的右侧窗口中，按如下设置参数。

（1）Vendor: gpnewtech.com。

（2）Library：user。

（3）Category：/UserIP。

（4）其他按默认参数设置。

第三步：单击【OK】按钮，退出"Settings"对话框。

5.4.4　封装定制 IP 的实现

本小节将介绍如何将 top.edf 文件封装为用户自定义的 IP。封装 IP 的步骤如下所述。

第一步：在 Vivado 当前工程主界面主菜单下，执行菜单命令【Tools】→【Create and IP Package】。

第二步：弹出"Create and Package New IP"对话框。

第三步：单击【Next】按钮。

第四步：弹出"Create and Package New IP-Create Peripheral,Package IP or Package a Block Design"对话框。在该对话框中，勾选"Package your current project"前面的复选框。

第五步：单击【Next】按钮，弹出"Create and Package New IP-Package Your Current Project"对话框。在该对话框中，给出了保存 IP 的默认路径，即

C:/Users/hebin/AppData/Roaming/Xilinx/Vivado/../ip_repo

第六步：单击【Finish】按钮，弹出"Package IP-top"标签页。

第七步：单击【OK】按钮，在"Package IP-top"标签页的右侧弹出"Identification"对话框。在该对话框中，按如下设置参数。

（1）Library：user（与前面声明的库名称一致）。

（2）Name：top。

（3）Display name：top_v1_0。

（4）Description：2 input multi_gate with same DELAY configuration parameter。

（5）Vendor display name：GPNT。

（6）Company url：http://www.gpnewtech.com。

（7）其他按默认参数设置。

第八步：单击"Package IP-top"标签页中的"Compatibility"条目。

第九步：弹出"Compatibility"对话框。该对话框用于确认该 IP 所支持的 FPGA 的类型。

第十步：单击"Package IP-top"标签页中的"File Groups"条目。

第十一步：弹出"File Groups"对话框。在该对话框中，设计者可以添加一些额外的文件，如测试平台文件。在该设计中，并没有这样操作。

第十二步：单击"Package IP-top"标签页中的"Customization GUI"条目，弹出"Customization GUI"对话框，如图 5.28 所示。该对话框给出了输入/输出端口，以及带有默认值的参数选项。

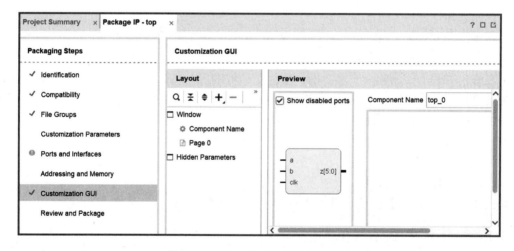

图 5.28 "Customization GUI"对话框

第十三步：选择"Review and Package"选项。在弹出的"Review and Package"对话框中单击【Package IP】按钮。

第十四步：弹出"Package IP"对话框，提示"Finished packaging 'top_v_1_0' successfully"消息，即提示封装 IP 成功。

第十五步：单击【OK】按钮。

第十六步：在 Vivado 当前工程主界面主菜单下，执行菜单命令【File】→【Project】→【Close】，关闭当前的工程。

5.5　调用并验证不包含源文件的 IP 设计

5.5.1　创建新的用于调用 IP 的工程

本节将介绍如何创建一个新的工程，并在该工程中创建一个新的 IP。创建新工程的步骤如下所述。

第一步：在 Windows 11 操作系统中，执行菜单命令【开始】→【所有程序】→【Xilinx Design Tools】→【Vivado 2023.1】，启动 Vivado 集成开发环境。

第二步：在 Vivado 2023.1 主界面下，单击"Create New Project"选项，弹出"New Project-Create a New Vivado Project"对话框。

第三步：单击【Next】按钮，弹出"New Project-Project Name"对话框。在该对话框中，按如下设置参数。

（1）Project name：project_1。

（2）Project location：E:/vivado_example/gate_ip_edif_call。

（3）勾选"Create project subdirectory"前面的复选框。

第四步：单击【Next】按钮，弹出"New Project-Project Type"对话框。在该对话框中，按如下设置参数。

（1）勾选"RTL Project"前面的复选框。

（2）勾选"Do not specify sources at this time"前面的复选框。

第五步：单击【Next】按钮，弹出"New Project-Default Part"对话框。在该对话框中，选择器件"xc7a75tfgg484-1"。

第六步：单击【Next】按钮，弹出"New Project-New Project Summary"对话框。

第七步：单击【Finish】按钮。

5.5.2　设置包含调用 IP 的路径

设置库名和目录的步骤如下所述。

第一步：在 Vivado 当前工程主界面左侧的 Flow Navigator 窗口中，找到并展开"PROJECT MANAGER"条目。在展开条目中，选择"Settings"。

第二步：弹出"Settings"对话框。在该对话框左侧的窗口中，选择并展开"IP"条目。在展开条目中，选择"Repository"。在右侧窗口中，单击 ✚ 按钮，弹出"IP Repositories"对话框。

第三步：将 Directory 指向前面生成 IP 时所指定的 Root directory。

第四步：单击【Select】按钮。

第五步：弹出"Add Repository"对话框。在该对话框中，提示已经添加一个 IP 容器。

第六步：单击【OK】按钮，退出"Add Repository"对话框。

第七步：可以看到在"IP Repositories"标题栏下面的窗口中新添加了 IP 的路径。

第八步：单击【OK】按钮，退出"Settings"对话框。

5.5.3　创建基于 IP 的系统

创建基于 IP 系统的步骤如下所述。

第一步：在 Vivado 当前工程主界面左侧的 Flow Navigator 窗口中，找到并展开"IP INTEGRATOR"条目。在展开条目中，选择"Create Block Design"。

第二步：弹出 "Create Block Design"对话框。在该对话框中保持默认的参数设置。

第三步：单击【OK】按钮，在 Vivado 当前工程主界面右侧窗口中出现名字为"Diagram"的空白设计界面，在该界面中，单击➕按钮。

第四步：弹出 IP 查找对话框。在该对话框"Search"右侧的文本框中输入"top"，在下面的窗口中列出了名字为"top_v1_0"的 IP，双击名字为"top_v1_0"的 IP，这样该 IP 的一个实例即可添加到空白设计界面中。如图 5.29 所示，设计界面中添加了名字为"top_0"的一个 IP 实例。

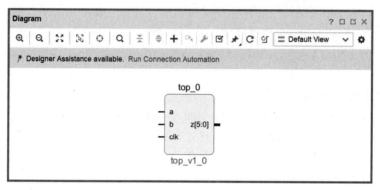

图 5.29　添加了名字为"top_0"的 IP 实例

第五步：将光标移动到 top_0 端口 a 的引出线上，单击鼠标右键，出现浮动菜单。在浮动菜单内，执行菜单命令【Make External】。

第六步：类似地，将光标移动到 top_0 端口 b 的引出线上，单击鼠标右键，出现浮动菜单。在浮动菜单内，执行菜单命令【Make External】。

第七步：类似地，将鼠标光标移动到 top_0 端口 clk 的引出线上，单击鼠标右键，出现浮动菜单。在浮动菜单内，执行菜单命令【Make External】。

第八步：将光标移动到 top_0 端口 z[5:0]的引出线上，单击鼠标右键，出现浮动菜单。在浮动菜单内，执行菜单命令【Make External】。

第九步：按照 5.3.3 小节介绍的方法，将端口的名字改为 a、b、clk 和 z。改完端口名字后的原理图界面如图 5.30 所示。

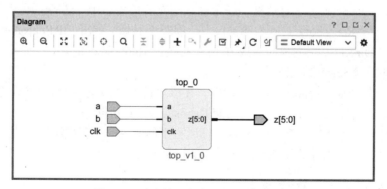

图 5.30　改完端口名字后的原理图界面

第十步：在 Sources 窗口中，选择"design_1.bd"，单击鼠标右键，出现浮动菜单。在浮动菜单内，执行菜单命令【Generate Output Products】。

第十一步：弹出 "Generate Output Products" 对话框。

第十二步：单击【Generate】按钮。

第十三步：在 Sources 窗口中，选择 "design_1.bd"，单击鼠标右键，出现浮动菜单。在浮动菜单内，执行菜单命令【Create HDL Wrapper】。

第十四步：弹出 "Create HDL Wrapper" 对话框。在该对话框中，勾选 "Let Vivado manage wrapper and auto-update" 前面的复选框，单击【OK】按钮。

注：读者此时在 Sources 窗口中想要查看所添加 IP 的 HDL 源代码，已经没有任何可能了！

5.5.4　系统设计综合

系统设计综合的步骤如下所述。

第一步：在 Vivado 当前工程主界面左侧的 Flow Navigator 窗口中，找到并展开 "SYNTHESIS" 条目。在展开条目中，选择 "Run Synthesis"，启动综合过程。

第二步：等待综合完成后，打开综合后的原理图界面，如图 5.31 所示。

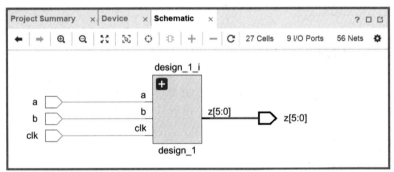

图 5.31　综合后的原理图界面

第三步：用鼠标左键一直单击符号中的 ➕ 按钮，直到展开全部的结构，如图 5.32 所示。

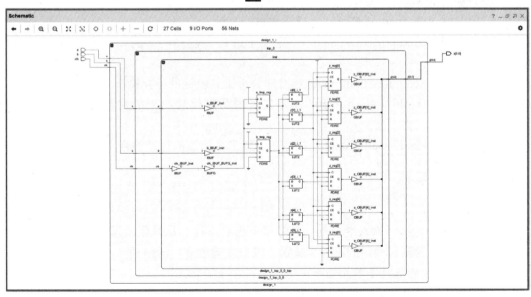

图 5.32　充分展开 IP 内部的设计结构

第6章 Vivado 时序和物理约束原理及实现

本章将主要介绍在 Vivado IDE 中时序约束和物理约束的原理与实现方法。在 FPGA 设计中，时序约束问题和物理约束问题是困扰设计者的一个难题。

本章将首先介绍时序检查概念和时序约束概念，在此基础上通过实例介绍时序报告的分析方法，以及如何对一个设计进行时序约束。然后，介绍物理约束的原理，并通过具体设计实例介绍布局和布线约束的实现方法。

通过本章内容的学习，读者可以比较深入地对时序约束和物理约束问题进行研究，为实现高效的 FPGA 设计奠定基础。

6.1 时序检查的概念

本节将介绍时序约束的一些基本概念，包括基本术语、时序路径、建立和保持松弛、建立和保持分析、恢复和去除分析。以帮助读者能够更好地分析时序报告。

6.1.1 基本术语

（1）发送沿（Launch Edge）：发送数据的源时钟的活动边沿。

（2）捕获边沿（Capture Edge）：捕获数据的目的时钟的活动边沿。

（3）源时钟（Source Clock）：发送数据的时钟。

（4）目的时钟（Destination Clock）：捕获数据的时钟。

（5）建立要求（Setup Requirement）：定义了最苛刻建立约束的发送沿和捕获沿之间的关系。

（6）建立关系（Setup Relationship）：由时序分析工具验证的建立检查。

（7）保持要求（Hold Requirement）：定义了最苛刻保持约束的发送沿和捕获沿之间的关系。

（8）保持关系（Hold Relationship）：由时序分析工具验证的保持检查。

6.1.2 时序路径

1. 常见时序路径

常见的时序路径包括从输入端口到内部时序单元的路径、从时序单元到时序单元的内部路径、从内部时序单元到输出端口的路径和从输入端口到输出端口的路径。

1）从输入端口到内部时序单元的路径

在从输入端口到时序单元的路径中，数据：

① 由板上的时钟在器件外部发出。

②　在一个称为输入延迟[SDC（Synopsys Design Constraints）文件定义]的延迟后到达器件端口。

③　在到达由目的时钟驱动的时序单元之前，通过器件内部逻辑进行传播。

2）从时序单元到时序单元的内部路径

在从时序单元到时序单元的内部路径中，数据：

①　在器件内部，由源时钟所驱动时序单元发出数据。

②　在到达由目的时钟驱动的时序单元之前，通过内部逻辑进行传输。

3）从内部时序单元到输出端口的路径

在从内部时序单元到输出端口的路径中，数据：

①　在器件内部，由源时钟驱动时序单元发出数据。

②　在到达输出端口前，通过内部的一些逻辑进行传播。

③　在经过称为输出延迟（SDC 文件定义）的额外延迟后，由板上的时钟捕获。

4）从输入端口到输出端口的路径

在从输入端口到输出端口的路径中，数据在不被锁存的情况下遍历器件。因此，这种类型的路径通常称为输入到输出路径。输入和输出延迟参考时钟可以是虚拟时钟或者设计时钟。

图 6.1 对上面所介绍的路径进行了展示。在该例子中，设计时钟 CLK0 可以用作板级时钟，用于对 DIN 和 DOUT 的延迟进行约束。

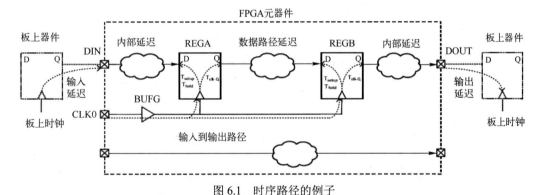

图 6.1　时序路径的例子

2．时序路径

每个时序路径由 3 部分构成。

1）源时钟路径

源时钟路径是源时钟从其源点（通常是输入端口）到启动时序单元的时钟引脚的路径。对于从输入端口开始的时序路径，不存在源时钟路径。

2）数据路径

数据路径是数据在路径起点和路径终点之间传播的时序路径的一部分。

①　路径起点是时序单元时钟引脚或数据输入端口。

②　路径端点是时序单元数据输入引脚或数据输出端口。

3）目的时钟路径

目的时钟路径是目标时钟从其源点（通常是输入端口）到捕获时序单元的时钟引脚的路径。对于结束于输出端口的时序路径，不存在目的时钟路径。

典型的时序路径如图 6.2 所示。

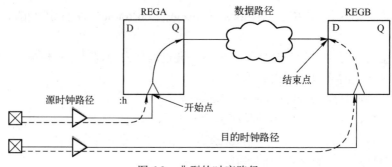

图 6.2 典型的时序路径

3．发送和捕获时钟

在时序单元或端口之间传输时：

（1）数据由源时钟的一个边沿启动，该边沿称为启动/发送边沿；

（2）数据由目的时钟的一个边沿捕获，该边沿称为捕获边沿；

在典型的时序路径中，在一个时钟周期内，数据在两个时序单元之间传输。在这种情况下：

（1）启动/发送边沿发生在 0ns；

（2）捕获边沿发生在一个周期之后。

6.1.3 建立和保持松弛

术语 Slack 英文本身的意思是松弛，它的取值对于判定时序关系非常重要：

（1）当建立时间/保持时间的松弛（Slack）值为正数时，则表示当前的时序关系满足建立/保持时间的要求，并且还有充裕的时间裕度；

（2）当建立时间/保持时间的松弛（Slack）值为负数时，则表示当前的时序关系不满足建立/保持时间的要求，并且所给出的时间裕度明显不够。

如图 6.3 所示，建立松弛表示为

$$建立松弛=数据所要求的建立时间-数据到达的时间$$

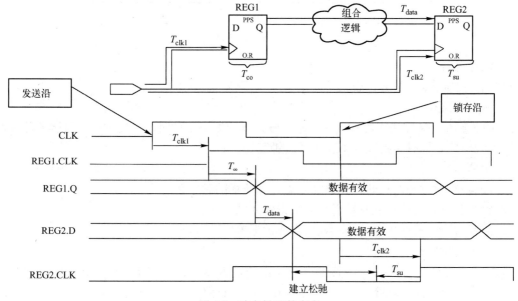

图 6.3 建立松弛的定义

注：T_{su} 表示所要求的建立时间。

如图 6.4 所示，保持松弛表示为

$$保持松弛=撤除数据的时间-数据所要求的保持时间$$

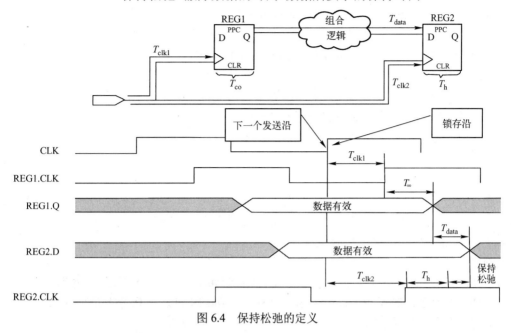

图 6.4　保持松弛的定义

注：T_h 表示数据所要求的保持时间。

6.1.4　时序分析关键概念

1. 最大和最小延迟分析

时序分析是静态验证设计的时序行为，该时序行为在硬件上加载和运行后是可预测的。它考虑了一系列制造和环境变化，这些变化被组合为延迟模型，这些模型按时序角的变化分组。根据所有推荐的拐角分析时序就足够了，对于每个拐角，在最悲观的条件下执行所有检查就足够了。例如，针对 Xilinx FPGA 的设计必须通过以下 4 项分析：

（1）慢角中的最大延迟分析。

（2）慢角中的最小延迟分析。

（3）快角中的最大延迟分析。

（4）快角中的最小延迟分析。

注：慢角是指高温和低电压的环境条件，快角是指低温和高电压的环境条件。

根据执行的检查，将使用代表最悲观情况的延迟，这就是为什么以下检查和延迟类型总是关联的原因：

（1）建立和恢复检查的最大延迟。

① 给定拐角的最坏情况延迟（最慢延迟）用于源时钟路径和数据/复位路径累计延迟。

② 相同拐角的最佳情况延迟（最快延迟）用于目的时钟路径累积延迟。

（2）保持和去除检查的最小延迟。

① 给定拐角的最佳情况延迟（最快延迟）用于源时钟路径和数据/复位路径累计延迟。

② 相同拐角的最坏情况延迟（最慢延迟）用于目的时钟路径累积延迟。

映射到不同拐角时，这些检查变为：

（1）建立/恢复（最大延迟分析）。

① 源时钟（Slow_max）、数据路径（Slow_max）、目的时钟（Slow_min）。

② 源时钟（Fast_max）、数据路径（Fast_max）、目的时钟（Fast_min）。

（2）保持/去除（最小延迟分析）。

① 源时钟（Slow_min）、数据路径（Slow_min）、目的时钟（Slow_max）。

② 源时钟（Fast_min）、数据路径（Fast_min）、目的时钟（Fast_max）。

对于松弛（Slack）计算，来自不同拐角的延迟永远不会混合在同一路径上。

最常见的情况是，建立或恢复冲突发生在慢角延迟中，而保持或去除冲突发生在快角延迟中。然而，由于这并不总是正确的（尤其是对于 I/O 时序），Xilinx 建议设计人员在两个拐角上执行这两种分析。

2. 建立/恢复关系

建立检查仅在两个时钟之间最悲观的建立关系上执行，默认这对应于启动/发送和捕获边沿之间的最小正增量。例如，考虑对各自时钟的上沿敏感的两个触发器之间的路径，该路径的启动/发送和捕获边沿仅为时钟上升沿。

时钟定义如下：

（1）clk0 具有 6ns 的周期。其中，第一上升沿在 0ns 时和第一下降沿在 3ns 时。

（2）clk1 具有 4ns 的周期。其中，第一上升沿在 0ns 时和第一下降沿在 2ns 时。

如图 6.5 所示，有两个独特的建立关系，即建立（1）和建立（2）。

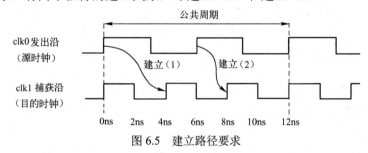

图 6.5　建立路径要求

从 clk0 到 clk1 的最小正增量是 2ns，这对应于建立（2）。公共周期为 12ns，对应于两个时钟两次同时对准之间的时间。

当考虑理想时钟波形时，即在将从时钟根的插入延迟施加到触发器时钟引脚之前，建立关系。

注：如果超过 1000 个周期都没有找到公共周期，则使用在这 1000 个周期内最坏的建立关系。对于这样的情况，称这两个时钟是不可扩展的，或者说时钟没有公共周期。设计者查看这些时钟之间的路径来访问它们之间的有效性，或者决定是否把它们当作异步路径。

在计算路径要求时，基于以下两个重要的考虑：

（1）时钟沿是理想的，即没有考虑时钟树插入延迟。

（2）默认的，在 0 时刻时钟相位是对齐的。异步时钟没有已知的相位关系。当分析它们之间的路径时，时序引擎使用默认的假设。

数据延迟包含从起点到端点的所有单元和网络延迟。在 Vidado 工具中将建立时间作为数据路径的一部分。用下面等式表示：

（1）数据要求时间（建立）=捕获沿时间+目的时钟路径延迟-时钟不确定性-建立时间

（2）数据到达时间（建立）=发送沿时间+源时钟路径延迟+数据路径延迟

建立松弛是指要求时间和达到时间的差值，表示为

$$松弛（建立）=数据要求时间-数据到达时间$$

如上面等式所示，当数据在所要求时间之前到达时，会出现正的建立松弛。

恢复时间是指把异步复位信号切换到不活动状态后，下一个活动时钟沿之前的最小时间。这个时间用于安全地锁存一个新的数据。

恢复检查类似于建立检查，只是它适用于异步引脚，如预置或清除。关系的建立方式与建立相同，松弛等式也是相同的，只是使用了恢复时间而不是建立时间。

下面给出计算恢复松弛的等式：

（1）要求时间（恢复）=目的时钟沿起始时间+目的时钟路径延迟-时钟不确定性-恢复时间

（2）到达时间（恢复）=源时钟沿开始时间+源时钟路径延迟+数据路径延迟

因此，恢复松弛可以表示为

$$松弛（恢复）=要求时间-到达时间$$

3．保持/去除检查

保持检查（也称为保持关系）直接连接到建立关系。虽然建立分析确保在最悲观的情况下可以安全地捕获数据，但保持关系确保：

（1）当前启动边沿发送的数据不能被前一锁存边沿捕获（H1a 和 H2a 分别对应于图 6.6 中的建立边沿 S1 和 S2）；

（2）启动边沿之后的下一个活动源时钟边沿发送的数据不能被当前锁存边沿捕获（H1b 和 H2b 分别对应于图 6.6 中的建立边沿 S1 和 S2）。

在保持分析期间，时序引擎只报告任意两个时钟之间最悲观的保持关系。最悲观的保持关系并不总是与最差的建立关系相关联。时序引擎必须审视所有可能的建立关系及其相应的保持关系，以确定最悲观的保持关系。

例如，考虑与建立关系例子中相同的路径。存在两种独特的建立关系。图 6.6 说明了每个建立关系的两个保持关系。

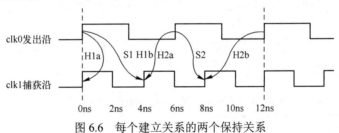

图 6.6　每个建立关系的两个保持关系

最大的保持要求是 0ns，这对应于源和目标时钟的第一个上升沿。

因此，可以得到下面的关系等式：

（1）数据要求时间（保持）=目的时钟捕获沿时间+目的时钟路径延迟+时钟不确定性+保持时间

（2）数据到达时间（保持）=源时钟发送沿时间+源时钟路径延迟+数据路径延迟

保持松弛是指要求时间和到达时间的差值：

$$松弛（保持）=数据到达时间-数据要求时间$$

如上面等式所示，当新数据在所要求时间之后到达时，保持松弛为正。

去除检查类似于保持检查，不同之处在于它适用于异步引脚，如预置或清除。关系的建立方式与保持相同，松弛等式也相同，只是使用了去除时间而不是保持时间。

去除时间是在一个活动时钟沿后，异步复位信号可以安全切换到不活动状态前的最小时间。

下面给出了去除松弛计算的等式：

（1）要求时间（去除）=目的时钟沿起始时间+目的时钟路径延迟+时钟不确定性+去除时间

（2）到达时间（去除）=源时钟沿起始时间+源时钟路径延迟+数据路径延迟

因此，去除松弛可以表示为

$$松弛（去除）=到达时间-要求时间$$

4. 路径要求

路径要求表示时序路径的捕获边沿和发送边沿之间的时间差。

例如，当考虑与上一部分中相同的路径和时钟时，存在以下路径要求。

（1）建立路径要求（S1）$=1 \times T(clk1)-0 \times T(clk0)=4ns$

（2）建立路径要求（S2）$=2 \times T(clk1)-1 \times T(clk0)=2ns$

其相对应的保持要求如下所述。

（1）对于建立 S1：

保持路径要求（H1a）$=(1-1) \times T(clk1)-0 \times T(clk0)=0ns$

保持路径要求（H1b）$=1 \times T(clk1)-(0+1) \times T(clk0)=-2ns$

（2）对于建立 S2：

保持路径要求（H2a）$=(2-1) \times T(clk1)-1 \times T(clk0)=-2ns$

保持路径要求（H2b）$=2 \times T(clk1)-(1+1) \times T(clk0)=-4ns$

时序分析仅针对两个最悲观的要求进行。在上面的例子中，建立要求是 S2，保持要求是 H1a。

5. 时钟相移

时钟相移对应于由于时钟路径中的特殊硬件而相对于参考时钟延迟的时钟波形。在 Xilinx FPGA 中，当 MMCM 或 PLL 原语的输出时钟属性 CLKOUT*_PHASE 不为零时，通常会引入时钟相移。

在时序分析期间，可以通过设置 MMCM/PLL 的 PHASHIFT_MODE 属性以两种不同的方式对时钟相移进行建模，如表 6.1 所述。

表 6.1 **MMCM/PLL 的 PHASHIFT_MODE 属性**

PHASHIFT_MODE 属性	相移建模	描述
WAVEFORM	时钟波形修改	通常需要 set_multycle_path -setup 约束来调整从相移时钟或到相移时钟的时钟域跨越路径上的时序路径要求
LATENCY	MMCM/PLL 插入延迟	不需要额外的多周期路径约束

默认的 MMCM/PLL 时钟相移模式因 Xilinx FPGA 器件有所不同。然而，默认模式可以由设计人员在每个 PLL/MMCM 的基础上覆盖。例如，7 系列和 UltraScale 系列 FPGA 使用 WAVEFORM 模式，UltraScale+和 Versal SoC 使用 LATENCY 模式。

MMCM/PLL PHASHIFT_MODE 属性不影响器件的配置，它只影响静态时序分析引擎的松弛计算。由于可能需要在 WAVEFORM/LATENCY 模式之间调整时序约束，因此工具 QoR 随后也可能受到影响。

当在任何 CLKOUTx 引脚上定义引脚相移，并且多个时钟到达 MMCM/PLL 的输入引脚时，模式 PHASHIFT_MODENCY=LATENCY 无效，并触发"Warning Timing 38-437"警告。在这种情况下，MMCM/PLL 应配置为使用模式 PHASHIFT_MODE=WAVEFORM。

当在两个时钟之间引入偏斜（Skew）以满足时序时，PHASHIFT_MODE=LATENCY 的使用特别方便。当把时钟相移设置为负、零或正时，不需要额外的多周期路径约束来调整时序路径要求。

6．时钟偏斜

1）定义

时钟偏移是目标时钟路径和源时钟路径之间的插入延迟差：

（1）从它们在设计中的公共点开始；

（2）分别连接到端点和起点时序单元时钟引脚。

在下面的等式中，T_{cj} 是从公共节点到端点时钟引脚的延迟，T_{ci} 是从公共节点到起点时钟引脚的延迟：

$$T_{skewi,j}=T_{cj}-T_{ci}$$

2）时钟悲观去除

典型的时序路径报告显示了源和目标时钟路径的延迟细节，从它们的根到时序单元时钟引脚。如下所述，源时钟和目的时钟以不同的延迟进行分析，即使在它们的公共电路上也是如此。公共时钟树部分如图 6.7 所示。

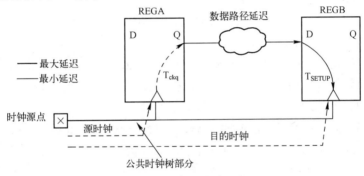

图 6.7　公共时钟树部分

公共部分上的这种延迟差异在偏斜计算中引入了一些额外的悲观。为了避免不切实际的松弛计算，这种悲观通过称为时钟悲观消除（Clock Pessimism Removal，CPR）值的延迟来补偿。CPR 可通过下面的公式计算：

CPR = 公共时钟电路 (最大延迟-最小延迟)

根据所执行的分析类型，将 CPR 加上或减去偏斜。

（1）最大延迟分析（建立/恢复）：CPR 被加到目的时钟路径延迟。

（2）最小延迟分析（保持/去除）：从目的时钟路径延迟中减去 CPR。

Vivado 设计套件时序报告每个时序路径的时钟偏移，如下所述（在这种情况下为保持分析）。

（1）目的时钟延迟（Destination Clock Delay，DCD）。

（2）源时钟延迟（Source Clock Delay，SCD）。

（3）时钟悲观去除（Clock Pessimism Removal，CPR）。

在许多情况下，CPR 的准确性在布线前后都会发生变化。例如，考虑一个时序路径，其中源和目标时钟是相同的时钟，并且起点和终点时钟引脚由相同的时钟缓冲器驱动。

在布线之前，公共点是时钟网络驱动器，即时钟缓冲器输出引脚。CPR 仅补偿从时钟根到时钟缓冲器输出引脚的悲观。

在布线之后，公共点是器件架构中源和目的时钟路径共享的最后一个布线资源。该公共点没有在网表中表示，因此不能通过从时序报告中减去公共时钟电路延迟差来直接检索对应的 CPR。时序引擎基于没有直接暴露给用户的器件信息来计算 CPR 值。

3）乐观偏斜

Xilinx FPGA 器件提供高级时钟资源，如专用时钟布线树和时钟修改块（Clock Modifying Block，CMB）。一些 CMB 具有通过使用锁相环电路（存在于 PLL 或 MMCM 原语中）来补偿时钟树插入延迟的能力。补偿量基于 PLL 的反馈回路上存在的插入延迟。在许多情况下，PLL（或 MMCM）使用相同类型的缓冲器驱动多个时钟树，包括在反馈环路上。由于器件可能很大，所有这些时钟树分支上的插入延迟并不总是与反馈环路延迟匹配。当反馈环路延迟大于源或目标时钟延迟时，由 PLL 驱动的时钟变得过补偿。在这种情况下，CPR 的符号发生了变化，这有效地消除了松弛值中的偏斜乐观，这是需要的，以确保在分析期间在任何时序路径时钟的公共节点处不存在人为偏斜。

建议：在定时分析过程中始终使用 CPR 补偿，以保持松弛精度和整体时序签核质量。

7．时钟不确定性

时钟不确定性是任何一对时钟边沿之间可能的时间变化的总量。不确定性包括计算的时钟抖动（系统、输入和离散）；由某些硬件原语引入的相位误差；以及设计人员在设计约束中指定的任何时钟不确定性（set_clock_uncertainty）。

对于主时钟，抖动由 set_input_jitter 和 set_system_jitter 定义。对于 MMCM 和 PLL 等时钟生成器，工具根据设计人员指定的源时钟抖动及其配置来计算抖动。对于其他生成的时钟（如基于触发器的时钟分频器），抖动与其源时钟的抖动相同。

将设计人员指定的时钟不确定性添加到 Vivado 设计套件时序引擎计算的不确定性。对于生成时钟（如来自 MMCM、PLL 和基于触发器的时钟分频器），设计人员在源时钟上指定的不确定性不会通过时钟生成器传播。

时钟不确定性有两个目的：

（1）在松弛数中保留一定量的裕度，以表示时钟上可能影响硬件功能的任何噪声。由于延迟和抖动数字是保守的，Xilinx 不建议添加额外的不确定性以确保正确的硬件功能。

（2）在一个或多个实现步骤期间，过约束与时钟或时钟对相关的路径增加了 QoR 裕量，QoR 裕量可用于帮助下一步收敛这些路径上的时序。通过使用时钟不确定性，不会修改时钟波形及其关系，因此仍然可以正确应用剩余的时序约束。

8．脉冲宽度检查

脉冲宽度检查是在信号波形通过器件传播之后到达硬件原语时对信号波形进行的一些规则检查。它们通常对应于原语内部电路所规定的功能限制。例如，DSP 时钟引脚上的最小周期检查确保驱动 DSP 实例的时钟不会以高于内部 DSP 所允许的频率运行。

脉冲宽度检查不影响综合或实现。它们的分析必须在生成比特流之前执行一次，就像 Vivado 设计套件提供的任何其他设计规则检查一样。

设计人员必须查看目标器件的 Xilinx FPGA 数据表，以了解发生冲突的原语工作范围。在偏斜冲突的情况下，必须简化时钟树或将时钟资源放置在更靠近冲突引脚的位置。

6.2　定义时钟

本节将详细介绍定义时钟的方法。

6.2.1　关于时钟

在数字设计中，时钟代表了从寄存器到寄存器可靠传输数据的时间基准。Vivado IDE 时序引擎使用时钟特性来计算时序路径要求，并通过计算松弛报告设计时序裕量。

必须准确定义时钟，以最好的准确性来确定所覆盖的最大时序路径。以下特性定义了时钟。

（1）它在其树根的驱动器引脚或端口上定义，称为源点。

（2）通过组合周期和波形属性描述边沿。

（3）以纳秒（ns）为单位指定周期，它对应于波形重复的时间。

（4）波形是时钟周期内，以纳秒（ns）描述的上升沿和下降沿绝对时间的列表。列表必须包含偶数个值。第一个值对应于第一个上升沿。除非另有规定，否则默认占空比为 50%，默认相移为 0ns。

图 6.8 给出了两个时钟波形的描述，从图中可知：

（1）时钟 clk0 的周期为 10ns，占空比为 50%，相移为 0ns；

（2）时钟 clk1 的周期为 8ns，占空比为 75%（逻辑"1"在 8ns 周期内持续 6ns），相移为 2ns。

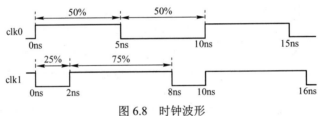

图 6.8　时钟波形

因此，可以使用下面的方法分别描述 clk0 和 clk1。

（1）clk0:　period= 10, waveform= {0 5}。

（2）clk1:　period= 8, waveform= {2 8}。

1．传播时钟

周期和波形属性表示了时钟的理想特性。当进入 FPGA 并且通过时钟树传播时，时钟边沿被延迟，并且受到噪声和硬件行为引起变化的影响，这些特性称为时钟网络延迟和时钟不确定性。时钟不确定性包括时钟抖动、相位误差以及由设计人员指定的任何额外的不确定性。

默认 Vivado IDE 总是将时钟看作传播时钟，即非理想时钟，以便提供准确的松弛值，其中包括时钟树插入延迟和不确定性。

2．专用硬件资源

Xilinx FPGA 的专用硬件资源可有效地支持大量的设计时钟。这些时钟通常由板上的外部元件生成。它们通常通过输入端口进入 FPGA 器件内部。

此外，也可以通过 FPGA 内称为时钟修改模块的特殊原语生成时钟，如 MMCM、PLL、BUFR。

它们也可以通过诸如 LUT 和寄存器之类的规则单元进行转换。

6.2.2　基本时钟

基本时钟是通过输入端口或吉比特收发器输出引脚（比如，恢复时钟）进入设计的板级时钟。基本时钟只能由 create_clock 命令定义。

注：基本时钟必须在吉比特收发器输出上定义，仅使用于 7 系列 FPGA。对于 UltraScale 和 UltraScale+系列 FPGA，定时器自动导出 GT 输出端口上的时钟。

基本时钟必须附加到网表对象。该网表对象表示设计中的点，所有时钟沿都源自该点并在时钟树上向下游传播。换句话说，基本时钟的源点定义了 Vivado IDE 在计算松弛公式中使用的时钟延迟和不确定性时使用的时间零点。

图 6.9 给出了一个基本时钟的例子。在该例子中，通过 sysclk 端口，将 PCB 上的时钟引入 FPGA 器件中，并且通过输入缓冲区和一个时钟缓冲区，最终到达路径上的寄存器。该时钟的属性表示为：周期为 10ns，占空比为 50%，无相位移动。

Vivado IDE 忽略来自定义主时钟点上游单元的所有时钟树延迟。如果设计人员在设计中间的引脚上定义主时钟，则只有其延迟的一部分用于时序分析。如果该时钟与设计中的其他相关时钟通信，则这可能是一个问题，因为时钟之间的偏斜以及因此产生的松弛值可能不准确。

必须首先定义主时钟，因为其他时序约束通常会引用它们。

如图 6.9 所示，PCB 上的时钟通过端口 sysclk 进入 FPGA，然后通过输入缓冲器和时钟缓冲器传播，然后到达路径寄存器。该时钟的周期为 10ns，其占空比为 50%，它的相位没有偏移。建议在输入端口上定义板时钟，而不是在时钟缓冲器的输出上定义。

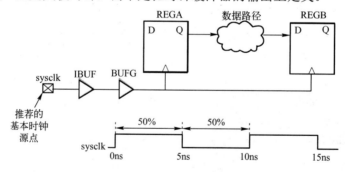

图 6.9　一个基本时钟的例子

对应的 XDC 为

```
create_clock -period 10 [get_ports sysclk]
```

与 sysclk 类似，PCB 上的时钟 devclk 通过端口 CLKIN1 输入 FPGA 内。该时钟周期为 10ns，占空比为 25%，相移为 90°。对应的 XDC 表示为

```
create_clock -name devclk -period 10 -waveform {2.5 5} [get_ports ClkIn]
```

图 6.10 显示了一个收发器 gt0，它从板上的高速链路恢复时钟为 rxclk。时钟 rxclk 的周期为 3.33ns，占空比为 50%，并且布线到 MMCM。MMCM 生成用于设计的几个补偿时钟。

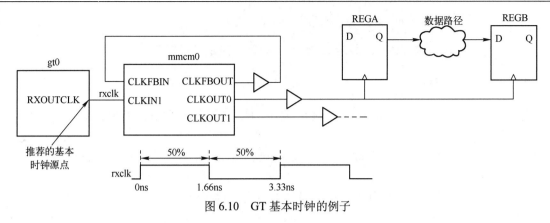

图 6.10　GT 基本时钟的例子

当在 gt0 输出驱动器引脚上定义了 rxclk 时，MMCM 驱动的所有生成时钟都有一个公共源点，该源点为 gt0/RXOUTCLK。它们之间的路径上的松弛计算使用适当的时钟延迟和不确定值。对应的 XDC 表示为

create_clock -name rxclk -period 3.33 [get_pins gt0/RXOUTCLK]

在图 6.11 中，差分缓冲器驱动 PLL。在这种情况下，基本时钟必须仅在差分缓冲器的正端输入上创建。在缓冲器的每个正/负端输入上创建基本时钟将导致不切实际的 CDC 路径。例如：

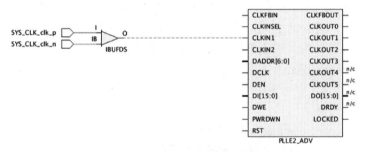

图 6.11　差分缓冲区上的基本时钟

create_clock -name sysclk -period 3.33 [get_ports SYS_CLK_clk_p]

6.2.3　虚拟时钟

虚拟时钟是指在设计中没有物理连接到任何网表元素的时钟。虚拟时钟是通过 create_clock 命令定义的，而不指定源对象。

在以下情况下，虚拟时钟通常用于指定输入和输出延迟约束：

（1）外部器件 I/O 参考时钟不是设计时钟之一。

（2）FPGA I/O 路径与内部生成时钟有关，该时钟不能正确地对该生成时钟进行定时。

注：这种情况发生在两个周期的比值不是整数的情况，这样就导致一个非常紧张和不可靠的时序路径要求。

（3）设计人员只想为与 I/O 延迟约束相关的时钟指明不同的抖动和延迟，而不修改内部时钟特性。

例如，时钟 clk_virt 的周期为 10ns，但是它没有附加到任何网表对象。未指定<object>参数。在这种情况下，强制使用"-name"选项。在 XDC 中表示为

```
create_clock -name clk_virt -period 10
```

在输入和输出延迟约束中使用虚拟时钟前，必须首先定义虚拟时钟。

6.2.4　生成时钟

生成时钟由设计内特殊的称为时钟修改块的特殊单元（例如，MMCM）或某些用户逻辑驱动。

生成时钟总是和主时钟相关联。create_generated_clock 命令考虑主时钟的起始点。主时钟可以是基本时钟或其他生成时钟。

生成时钟的属性直接源自其主时钟。设计人员必须描述修改电路如何转换主时钟，而不是指定它们的周期或波形。

主时钟和生成时钟之间的关系可以是以下任意一种：

（1）简单的分频。

（2）简单的倍频。

（3）分频和倍频的组合，用于得到一个非整数比值（通常由 MMCM 和 PLL 完成）。

（4）相位移动或者一个波形反转。

（5）占空比变换。

（6）上面的组合。

推荐首先定义所有的基本时钟，因为它们用于定义所要生成的时钟。

注：为了计算生成时钟的延迟，工具跟踪生成时钟的源引脚和主时钟的源引脚之间的时序和组合路径。在某些情况下，可能希望仅通过组合路径进行跟踪，以计算生成的时钟延迟。设计人员可以使用-combinational 命令行选项来完成该操作。

1．用户定义的时钟

用户定义的生成时钟是：

（1）通过命令 create_generated_clock 定义。

（2）连接到网表对象，最好是时钟树根引脚。

使用"-source"选项指定主时钟，该选项表示在设计中的引脚或端口，主时钟通过该引脚或端口传播。通常使用主时钟源点或者生成时钟源单元的输入时钟引脚。

注："-source"选项只接受引脚或端口网表对象，它不能接受时钟对象。

【**例 6-1**】　使用 Verilog HDL 生成二分频时钟驱动电路的描述例子如代码清单 6-1 所示。

代码清单 6-1　生成二分频时钟驱动电路的 **Verilog HDL** 描述例子

```verilog
module top(
  input clk,
  input d,
  output reg q
  );
reg clk1=1'b0;
always @(posedge clk)
begin
 clk1=~clk1;
end

always @(posedge clk1)
begin
 q<=d;
```

```
    end
endmodule
```

注：读者可以定位到本书配套资源的\vivado_example\clkdiv2 目录下，用 Vivado 2023.1 打开该设计。

1）定义基本时钟

第一步：对上述设计代码执行设计综合，并打开综合后的设计，如图 6.12 所示。

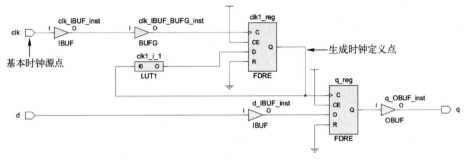

图 6.12　使用 D 触发器二分频后的生成时钟

第二步：在 Vivado 当前工程主界面左侧的 Flow Navigator 窗口中，找到并展开"SYNTHESIS"条目。在展开条目中，找到并展开"Open Synthesized Design"条目。在展开条目中，选择"Edit Timing Constraints"。

第三步：在 Vivado 当前工程主界面右侧的窗口中，弹出"Timing Constraints"标签页，如图 6.13 所示。在该标签页中，双击"Create Clock（0）"条目。

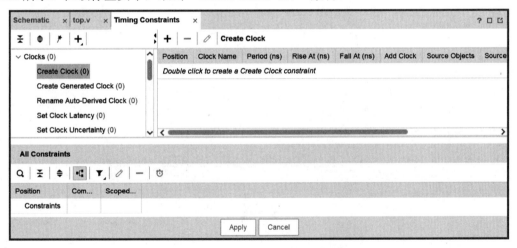

图 6.13　"Timing Constraints"标签页

第四步：弹出"Create Clock"对话框，如图 6.14 所示。在该对话框中，按如下设置参数。

（1）Clock name：clkin。

（2）单击"Source objects"右侧的按钮 ⋯ ，弹出"Specify Clock Source Objects"对话框，如图 6.15 所示。

① 在该对话框中，单击【Find】按钮。在图 6.15 左下角的 Results 子窗口中，列出了找到的两个端口（clk 和 d）。

② 选中 Results 子窗口中的"clk"。单击按钮 ➡，将 clk 移至 Results 子窗口右侧的 Selected 子窗口中。

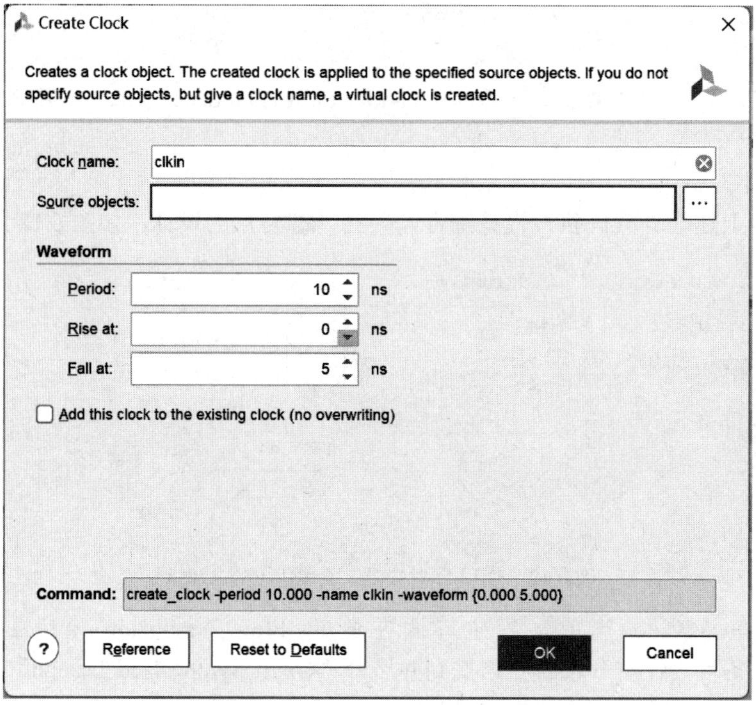

图 6.14 "Create Clock" 对话框

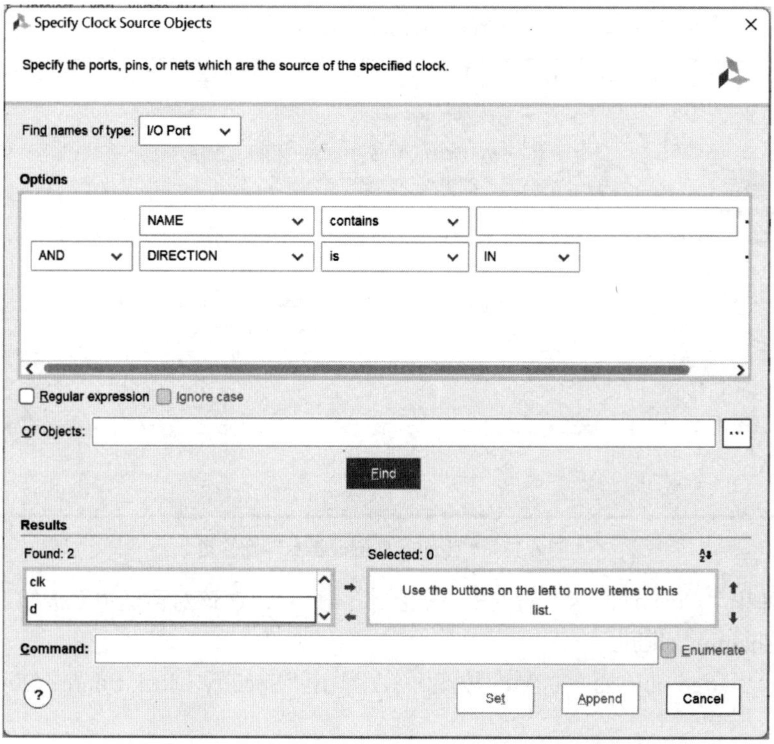

图 6.15 "Specify Clock Source Objects" 对话框

第五步：单击图 6.15 中的【OK】按钮，退出 "Specify Clock Source Objects" 对话框，并返回到 "Create Clock" 对话框。

第六步：在 "Create Clock" 对话框底部 "Command" 右侧的文本框中，自动填充了如下所示的 Tcl 命令。

```
create_clock -period 10.000 -name clkin -waveform {0.000 5.000} [get_ports clk]
```

第七步：单击图 6.14 中的【OK】按钮，退出"Create Clock"对话框。

2）定义生成时钟

第一步：在图 6.13 中，双击"Create Generated Clock(0)"。

第二步：弹出"Create Generated Clock"对话框，如图 6.16 所示。按如下设置参数。

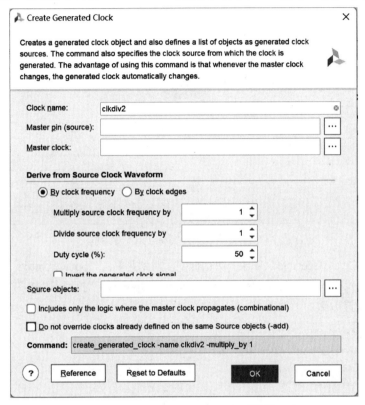

图 6.16 "Create Generated Clock"对话框（1）

（1）Clock name：clkdiv2。

（2）单击"Master pin(source)"右侧的按钮 ⋯ ，弹出"Specify Master Pin"对话框，如图 6.17 所示。在该对话框中，按如下设置参数。

① 通过下拉框将"Find names of type"设置为"I/O Port"。

② 单击【Find】按钮。

③ 在图 6.17 左下角的 Results 子窗口中列出了找到的 3 个端口（clk、d 和 q）。在该子窗口中，选择"clk"，单击 ➡ 按钮，将 clk 添加到右侧的 Selected 子窗口中。

第三步：单击图 6.17 中的【OK】按钮，退出"Specify Master Pin"对话框，并返回到"Create Generated Clock"对话框。

第四步：在"Create Generated Clock"对话框中，找到"Derive from Source Clock Waveform"标题。在该标题窗口中，按如下设置参数。

（1）选中"By clock frequency"。

（2）Divide source clock frequency by：2。

图 6.17 "Specify Master Pin" 对话框

第五步：在 "Create Generated Clock" 对话框中，找到并单击 "Source objects" 右侧的按钮…。

第六步：弹出 "Specify Generated Clock Source Objects" 对话框，如图 6.18 所示。在该对话框中，按如下设置参数。

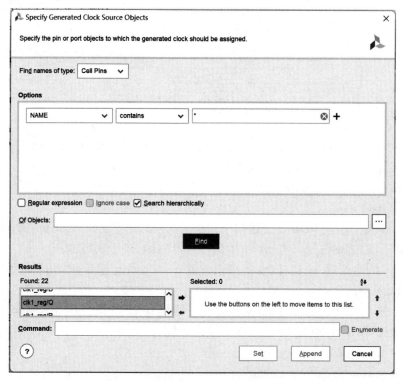

图 6.18 "Specify Generated Clock Source Objects" 对话框

（1）Find name of type：Cell Pins。

（2）单击【Find】按钮。

（3）在图 6.18 左下角的 Results 子窗口中列出了找到的单元引脚。在该子窗口中，选中 "clk1_reg/Q"，单击按钮 ➡，将 clk1_reg/Q 移动到右侧的 Selected 子窗口中。

第七步：单击图 6.18 中的【Set】按钮，退出 "Specify Generated Clock Source Objects" 对话框，同时返回到 "Create Generated Clock" 对话框。

第八步：设置完参数后的 "Create Generated Clock" 对话框，如图 6.19 所示。在该对话框下面 "Command" 右侧的文本框中，自动填充了如下所示的 Tcl 命令。

```
create_generated_clock -name clkdiv2 -source [get_ports clk] -divide_by 2 [get_pins clk1_reg/Q]
```

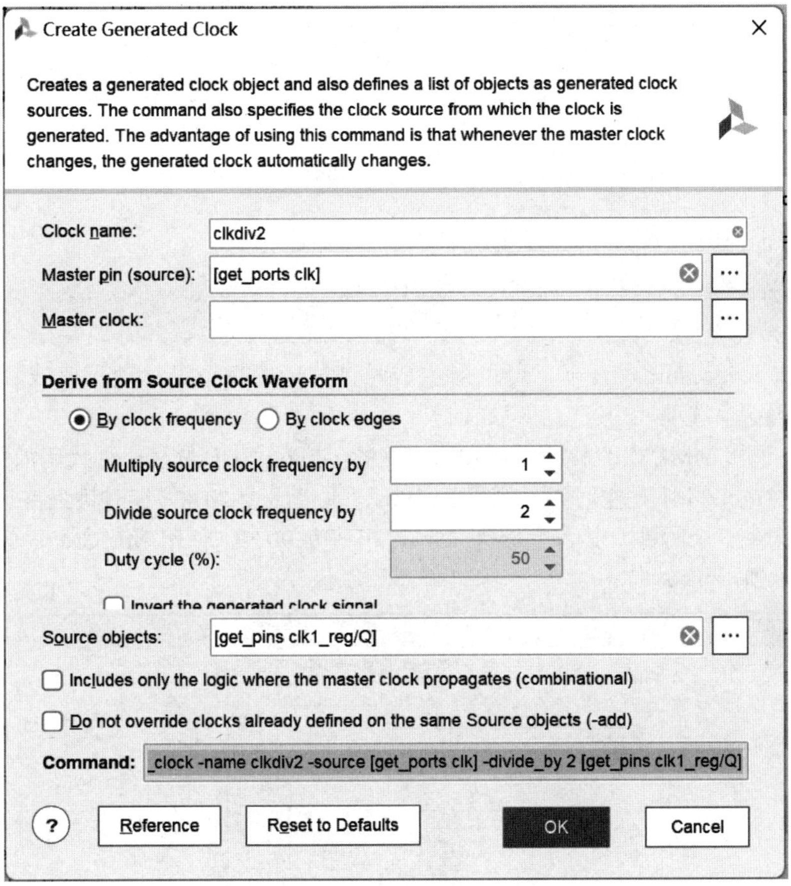

图 6.19 "Create Generated Clock" 对话框（2）

第九步：单击图 6.19 中的【OK】按钮，退出 "Create Generated Clock" 对话框。

第十步：按 Ctrl+S 组合键，保存设置的基本时钟和生成时钟约束条件。

第十一步：弹出 "Out of Date Design" 对话框，单击该对话框中的【OK】按钮，退出该对话框。

第十二步：弹出 "Save Constraints" 对话框。默认勾选 "Select an existing file" 前面的复选框。

第十三步：单击 "Save Constraints" 对话框中的【OK】按钮，退出 "Save Constraints" 对话框。

第十四步：单击 Vivado 当前 SYNTHESIZED DESIGN 主界面右上角的【Close】按钮。

第十五步：弹出"Confirm Close"对话框，单击【OK】按钮，退出该对话框，同时 Vivado 切换到当前工程主界面。

第十六步：在 Vivado 当前工程主界面主菜单下，执行菜单命令【File】→【Project】→【Close】，关闭当前的设计工程。

此外，可以不使用图 6.19 中的"-divided_by"选项，通过选中"By clock edges"前面的复选框来使用"-edge"选项代替它，根据主时钟的沿直接描述生成时钟的波形，如图 6.20 所示。它的参数是主时钟边沿的索引，以列表形式给出。该列表用于定义生成时钟沿的位置，它起始于时钟的上升沿。

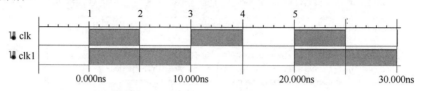

图 6.20　基本时钟和生成时钟的波形

在 XDC 中，使用"-edge"选项的生成时钟可以描述为

```
create_generated_clock -name clkdiv2 -source [get_pins REGA/C] -edges {1 3 5} \
[get_pins REGA/Q]
```

通过使用"-edge_shift"选项，可以对生成时钟波形的每个沿移动正值或者负值。当需要相移时，才使用这个选项。

【例 6-2】 调用 MMCM IP 核驱动触发器电路的 Verilog HDL 描述，如代码清单 6-2 所示。

在该例子中，clk_in1 是主时钟，周期为 10ns，占空比为 50%。该时钟最终连接 mmcm0 模块，由该模块产生一个时钟，其占空比为 25%，相移为 90°。使用 MMCM 生成的时钟驱动触发器电路如图 6.21 所示。

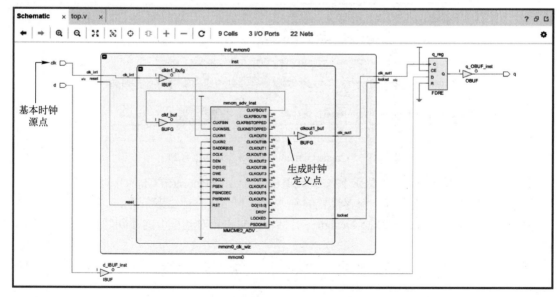

图 6.21　使用 MMCM 生成的时钟驱动触发器电路

代码清单 6-2　调用 MMCM IP 核驱动触发器电路的 Verilog HDL 描述例子

```
module top(
    input clk,
    input d,
    output reg q
    );
wire clk1;
mmcm0 Inst_mmcm0(
    .clk_out1(clk1),          // output clk_out1
    .locked(),               // output locked
    .clk_in1(clk)            // input clk_in1
);
always @(posedge clk1)
begin
  q<=d;
end
endmodule
```

注：读者可以定位到本书配套资源的\vivado_example\clkmmcm 目录下，用 Vivado 2023.1 打开该设计。

对该设计执行主时钟和生成时钟约束的 Tcl 命令如下所述：

```
create_clock -period 10.000 [get_ports clk]
create_generated_clock -name clkshift -source [get_pins Inst_mmcm0/inst/mmcm_adv_inst/ CLKIN1] -
edges {1 2 3} -edge_shift {2.500 0.000 2.500} [get_pins Inst_mmcm0/inst/ mmcm_adv_inst/CLKOUT0]
```

基本时钟源点和生成时钟定义点之间的时序关系如图 6.22 所示。这个生成时钟参照主时钟 clk 边沿 1、2 和 3 定义，这些边沿发生在 0ns、5ns 和 10ns 时刻。为了得到所希望的波形，将第一个边沿和第三个边沿移动 2.5ns。

图 6.22　基本时钟源点和生成时钟定义点之间的时序关系

对于该生成时钟定义点约束来说：

（1）第一个上升沿：0ns+2.5ns=2.5ns；

（2）下降沿：5ns+0ns=5ns；

（3）第二个上升沿：10ns+2.5ns=12.5ns。

2．自动派生的时钟

自动派生的时钟也称为自动生成时钟。Vivado IDE 在时钟修改模块（Clock Modifying Blocks，CMB）的输出引脚自动创建这些约束，前提是已经定义了相关的主时钟。

在 Xilinx 7 系列 FPGA 中，CMB 包括 MMCM/PLL、BUFR、PHASER。在 Xilinx UltraScale 系列 FPGA 中，CMB 包括 MMCM/PLL、BUFG_GT/BUFGCE_DIV、GT_COMMON/ GT_CHANNEL/IBUFDS_GTE3、BITSLICE_CONTROL/RX_BITSLICE、ISERDESE3。

如果设计人员定义的时钟（主时钟或生成时钟）也定义在同一网表对象上，即在同一定义点（网络或引脚）上，则不会创建自动生成时钟。自动派生的时钟是用连接到定义点的网络最顶层中的段名字命名的。

图 6.23 给出了自动生成时钟的例子，该例子说明了由 MMCM 生成的时钟。在该例子中，主时钟 clkin 驱动 clkip/mmcm0 的 CLKIN 输入。自动生成时钟的名字是"cpuclk"，它的定义点是"clkip/mmcm0/CLKOUT"。

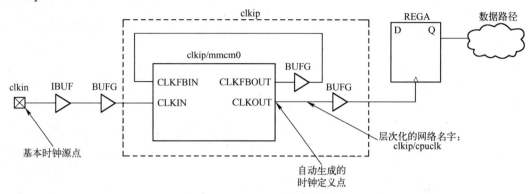

图 6.23　自动生成时钟的例子

可以使用 get_clocks -of_objects <pin/port/net>命令查询自动生成的时钟，这样不需要知道它的名字。

1）本地网络名字

如果 CMB 实例位于设计的层次结构中，则本地网络名字（没有其父单元名字的名字）将用于生成的时钟名字。例如，对于名字为 clkip/cpuClk 的分层网络，父单元名字为 clkip，生成时钟名字为 cpuClk。

2）名字冲突

如果两个自动生成时钟之间存在名字冲突，Vivado IDE 会添加唯一的后缀来区分它们，如 usrclk、usrclk_1、usrclk_2 等。

要强制生成时钟的名字，请在 RTL 中选择唯一且相关的网络名字或使用 create_generated_clock 强制生成时钟的名字。

3）重命名自动派生时钟

可以重命名工具自动创建的生成时钟。重命名过程包括使用有限数量的参数调用 create_generated_clock 命令：

```
create_generated_clock -name new_name [-source master_pin] [-master_clock master_clk]
source_object
```

必须指定的参数是新生成的时钟名字和生成的时钟源对象。生成的时钟源对象是创建自动派生时钟的对象（CMB 输出引脚、UltraScale 的 GT 输出引脚等）。只有当多个时钟通过源引脚传播时，才能使用-source 和-master 参数，以消除任何歧义。

如果将-edges/-edge_shift/-divide_by/-multiply_by/-combinational/-duty_cycle/-invert 选项中的任何一个传递给 create_generated_clock 命令，则不会重命名生成的时钟。取而代之的是，创建具有指定特性的新生成的时钟。

当一个模块（IP/BD/DFx/…）在上下文之外综合时，当综合顶层并且不可访问模块内部引脚和时钟名字时，将该模块推断为黑盒。在这种情况下，用于综合的顶层 XDC 约束不能引用时钟名字或重命名模块内部生成的自动生成时钟。对于 OOC 综合，顶层时序约束必须指向通过传播这些时钟的模块端口的 OOC 时钟。可以使用一些查询来完成，如'get_clocks-of_objects[get_pins<OOC_MODULE_OUTPUT_CLOCK_PORT>]。用于实现的 XDC 约束不具有该限制，因为在应用 XDC 约束之前重建了整个设计。

6.2.5　时钟组

默认 Vivado IDE 总是计算设计中所有时钟之间的路径，除非设计人员使用时钟组。set_clock_groups 命令禁止在设计人员所标识的时钟组之间进行时序分析，并且不在一个时钟组内的时钟之间进行时序分析。与 set_false_path 约束不同，忽略时钟之间两个方向的时序。

可以多次使用-group 选项指定多组时钟。如果设计中不存在组中的任何时钟，则该组将变为空。只有当至少有两个组有效且不为空时，set_clock_groups 约束才保持有效。如果只有一个组保持有效，而所有其他组都为空，则不应用 set_clock_groups 约束，并生成错误消息。

通过原理图查看器或时钟网络报告查看时钟树的拓扑结构，以确定哪些时钟不能被同步在一起。设计人员也可以使用时钟交互报告，查看两个时钟之间已经存在的约束，确定它们是否共享相同的基本时钟，即它们有一个已知的相位关系，或者识别没有公共周期的时钟（不可扩展的）。

注：忽略两个时钟之间的时序分析，不意味它们之间的路径可以在硬件中正确工作。为了防止出现"灾难"，设计者必须验证那些包含正确重同步电路或者异步数据传输协议的路径。

1．时钟类别

（1）同步时钟：当两个时钟的相对相位可预测时，它们是同步的。当它们的树来源于网表相同的根并且它们有公共周期时，通常属于同步时钟。例如，周期比为 2 的生成时钟及其主时钟是同步的，因为它们通过相同的网表资源传播到生成时钟源点，并且具有 2 个周期的公共周期。它们可以安全地定时在一起。

（2）异步时钟：当无法确定它们的相对相位时，两个时钟就是异步的。例如，由电路板上独立振荡器生成的两个时钟，并且通过不同输入端口进入 FPGA，它们没有已知的相位关系。因此，将它们看作异步时钟。在大多数情况下，基本时钟可以看作异步时钟。当与它们各自生成的时钟相关联时，它们构成异步时钟组。

（3）不可扩展时钟：当时序引擎在 1000 个周期后也不能确定它们的公共周期时，两个时钟就是不可扩展的。在这种情况下，在时序分析中，使用贯穿于这 1000 个周期内的最坏建立关系，但是时序引擎不能保证这是最悲观的。例如，两个带有奇数小数周期比值的时钟就属于这种情况。例如，考虑共享相同基本时钟的两个 MMCM，生成的两个时钟 clk0 和 clk1。其中：

（1）clk0 具有 5.125ns 的周期。

（2）clk1 具有 6.666ns 的周期。

在 1000 个周期内，它们的上升沿没有重新对齐。时序引擎在两个时钟之间的时序路径上使用一个 0.01ns 建立路径要求。即使这两个时钟在它们的时钟树根上有一个已知的相位关系，但是它们的波形不允许它们之间实现安全的时序分析。

与异步时钟一样，松弛计算正常出现。由于这个原因，通常将不可扩展的时钟同化为异步时钟。对于约束电路和跨时钟域电路，必须以相同的方式处理这两个电路类型。

2．异步时钟组

异步时钟和不可扩展时钟无法安全定时。在分析过程中，可以使用 set_clock_groups 命令忽略它们之间的时序路径。

【例 6-3】 两个不同时钟驱动异步 FIFO 的 Verilog HDL 描述例子如代码清单 6-3 所示。

代码清单 6-3　驱动异步 **FIFO** 的 **Verilog HDL** 描述例子

```verilog
module top(
    input wr_clk,
    input rd_clk,
    input [7:0] wr_data,
    output [7:0] rd_data,
    input rd_en,
    input wr_en,
    output empty,
    output full
    );
fifo_generator_0    Inst_fifo (
    .wr_clk(wr_clk),      // input wire wr_clk
    .rd_clk(rd_clk),      // input wire rd_clk
    .din(wr_data),        // input wire [7 : 0] din
    .wr_en(wr_en),        // input wire wr_en
    .rd_en(rd_en),        // input wire rd_en
    .dout(rd_data),       // output wire [7 : 0] dout
    .full(full),          // output wire full
    .empty(empty)         // output wire empty
);
endmodule
```

注：读者可以定位到本书配套资源的\vivado_example\clkasyncgroup 目录下，用 Vivado 2023.1 打开该设计。

在该设计中，添加异步时钟组约束的主要步骤如下所述。

第一步：对设计代码执行设计综合，并打开综合后的设计。

第二步：在 Vivado 当前 SYNTHESIZED DESIGN 主界面左侧的 Flow Navigator 窗口中，找到并展开"SYNTHESIS"条目。在展开条目中，找到并展开"Open Synthesized Design"条目。在展开条目中，找到并选择"Edit Timing Constraints"。

第三步：弹出"Timing Constraints"标签页，如图 6.24 所示。双击图中的"Create Clock"条目，按前面所介绍的方法，添加如下所示的基本时钟 Tcl 约束命令。

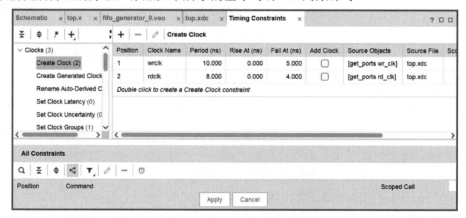

图 6.24　"Timing Constraints"标签页

```
create_clock -period 10.000 -name wrclk -waveform {0.000 5.000} [get_ports wr_clk]
create_clock -period 8.000 -name rdclk -waveform {0.000 4.000} [get_ports rd_clk]
```

第四步：双击图 6.24 中的"Set Clock Groups"条目。

第五步：弹出"Set Clock Groups"对话框，如图 6.25 所示。在"Group name"右侧的文本框中输入"clkasyncgroup"，将异步组名字设置为"clkasyncgroup"。

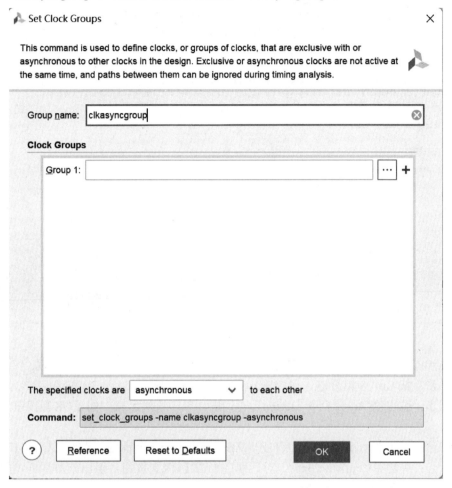

图 6.25 "Set Clock Groups"对话框

第六步：在"Clock Group"标题窗口中，单击标题"Group 1"文本框右侧的按钮 ⋯ 。

第七步：弹出"Specify Clocks"对话框。在该对话框中，按如下设置参数。

（1）单击该对话框中的【Find】按钮。

（2）在该对话框左下角的 Results 子窗口中，列出了所找到的两个时钟（rdclk 和 wrclk）。在 Results 子窗口中选中"rdclk"，单击➡按钮，将 rdclk 添加到 Selected 子窗口中。

（3）单击该对话框中的【Set】按钮，退出"Specify Clocks"对话框，并返回到"Set Clock Groups"对话框。

第八步：在"Set Clock Groups"对话框中的"Clock Groups"标题窗口中，单击"Group 1"标题右侧的按钮 ➕，添加新的 Group 2。

第九步：单击标题"Group 2"文本框右侧的按钮 ⋯ 。

第十步：弹出"Specify Clocks"对话框。在该对话框中，按如下设置参数。

（1）单击该对话框中的【Find】按钮。

（2）在该对话框左下角的 Results 子窗口中，列出了所找到的两个时钟（rdclk 和 wrclk）。

在 Results 子窗口中选中 "wrclk"，单击➡按钮，将 wrclk 添加到 Selected 子窗口中。

（3）单击该对话框中的【Set】按钮，退出 "Specify Clocks" 对话框，并返回到 "Set Clock Groups" 对话框。

第十一步：在图 6.25 中，通过下拉框将 "The specified clocks are" 设置为 "asynchronous"。设置完参数的 "Set Clock Groups" 对话框如图 6.26 所示。

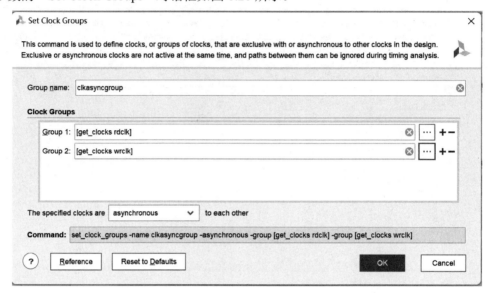

图 6.26　设置完参数的 "Set Clock Groups" 对话框

第十二步：单击图 6.26 中的【OK】按钮，退出 "Set Clock Groups" 对话框。

第十三步：按 Ctrl+S 组合键，保存输入的时序约束条件。

第十四步：弹出 "Out of Date Design" 对话框，单击该对话框中的【OK】按钮，退出该对话框。

第十五步：单击 Vivado 当前 SYNTHESIZED DESGIN 主界面右上角的【Close】按钮✖。

第十六步：弹出 "Confirm Close" 对话框。单击【OK】按钮，退出该对话框，同时返回到 Vivado 当前工程主界面。

第十七步：在 Vivado 当前工程主界面的 Source 窗口中，找到并展开 "Constraints" 条目。在展开条目中，找到并展开 "constrs_1" 条目。在展开条目中，找到并双击 "top.xdc"。在 top.xdc 文件中添加的完整时序约束条件如代码清单 6-4 所示。

代码清单 6-4　top.xdc 中添加的完整时序约束条件

```
create_clock -period 10.000 -name wrclk -waveform {0.000 5.000} [get_ports wr_clk]
create_clock -period 8.000 -name rdclk -waveform {0.000 4.000} [get_ports rd_clk]
set_clock_groups -name clkasyncgroup -asynchronous -group [get_clocks rdclk] -group [get_clocks wrclk]
```

3. 互斥时钟组

一些设计需要有几种不同时钟的操作模式。时钟之间的选择通常用时钟多路复用器（如 BUFGMUXH、BUFGCTRL）或 LUT 来完成。Xilinx 建议尽可能避免在时钟树中使用 LUT。由于这些单元是可组合的单元，Vivado IDE 将所有进入的时钟传播到输出。在 Vivado IDE 中，一个时钟树上可以同时存在多个时序时钟，这样便于一次报告所有的操作模式，但是在硬件上是不可能的。这些时钟称为互斥时钟。通过使用 "set_clock_groups" 的选项对它们进行约束，即

（1）-logically_exclusive。

（2）-physically_exclusive。

注：physically 和 logically 标签指的是 Xilinx FPGA 不需要的 ASIC 技术中的各种信号完整性分析（串扰）模式，对于 Xilinx FPGA 来说，这两个选项是等效的。

【例 6-4】 时钟多路复用器构成互斥时钟组的 Verilog HDL 描述例子如代码清单 6-5 所示。

代码清单 6-5　时钟多路复用器构成互斥时钟组的 Verilog HDL 描述例子

```verilog
module top(
    input clk1,                      //the first clock input
    input clk2,                      //the second clock input
    input clk_sel,                   //clock select input
    input d,                         //data input
    output reg q                     //register data output
    );
wire clk;
BUFGMUX #(
.CLK_SEL_TYPE("SYNC") // ASYNC, SYNC
)
BUFGMUX_inst (
.O(clk),            // 1-bit output: Clock output
.I0(clk1),          // 1-bit input: Clock input (S=0)
.I1(clk2),          // 1-bit input: Clock input (S=1)
.S(clk_sel) // 1-bit input: Clock select
);
always @(posedge clk)                //clk from clk_mux IP output
begin
  q<=d;
end

endmodule
```

注：读者可以定位到本书配套资源的\vivado_example\clkexcgroup 目录下，用 Vivado 2023.1 打开该设计。

在该设计中，添加互斥时钟组约束的主要步骤如下所述。

第一步：对设计代码执行设计综合，并打开综合后的设计，如图 6.27 所示。

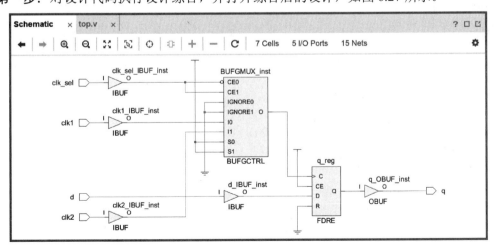

图 6.27　设计综合后的原理图

第二步：在 Vivado 当前 SYNTHESIZED DESIGN 主界面左侧的 Flow Navigator 窗口中，找

到并展开"SYNTHESIS"条目。在展开条目中，找到并展开"Open Synthesized Design"条目。在展开条目中，找到并选择"Edit Timing Constraints"。

第三步：弹出"Timing Constraints"标签页。双击该标签页中的"Create Clock"条目，按前面所介绍的方法，添加如下所示的基本时钟 Tcl 约束命令。

```
create_clock -period 10.000 -name clk1 -waveform {0.000 5.000} [get_ports clk1]
create_clock -period 15.000 -name clk2 -waveform {0.000 7.500} [get_ports clk2]
```

第四步：双击"Timing Constraints"标签页中的"Set Clock Groups"条目。

第五步：弹出"Set Clock Groups"对话框。在"Group name"右侧的文本框中输入"clkexcgroup"，将互斥组名字设置为"clkexcgroup"。

第六步：在"Clock Group"标题窗口中，单击标题"Group 1"文本框右侧的按钮 ⋯ 。

第七步：弹出"Specify Clocks"对话框。在该对话框中，按如下设置参数。

（1）单击该对话框中的【Find】按钮。

（2）在该对话框左下角的 Results 子窗口中，列出了所找到的两个时钟（clk1 和 clk2）。在 Results 子窗口中选中"clk1"，单击 ➡ 按钮，将 clk1 添加到 Selected 子窗口中。

（3）单击该对话框中的【Set】按钮，退出"Specify Clocks"对话框，并返回到"Set Clock Groups"对话框。

第八步：在"Set Clock Groups"对话框中的"Clock Groups"标题窗口中，单击"Group 1"标题右侧的按钮 ✚ ，添加新的 Group 2。

第九步：单击标题"Group 2"文本框右侧的按钮 ⋯ 。

第十步：弹出"Specify Clocks"对话框。在该对话框中，按如下设置参数。

（1）单击该对话框中的【Find】按钮。

（2）在该对话框左下角的 Results 子窗口中，列出了所找到的两个时钟（clk1 和 clk2）。在 Results 子窗口中选中"clk2"，单击 ➡ 按钮，将 clk2 添加到 Selected 子窗口中。

（3）单击该对话框中的【Set】按钮，退出"Specify Clocks"对话框，并返回到"Set Clock Groups"对话框。

第十一步：在"Set Clock Groups"对话框中，通过下拉框将"The specified clocks are"设置为"physically exclusive"。

第十二步：单击"Set Clock Groups"对话框中的【OK】按钮，退出"Set Clock Groups"对话框。

第十三步：按 Ctrl+S 组合键，保存输入的时序约束条件。

第十四步：弹出"Out of Date Design"对话框，单击该对话框中的【OK】按钮，退出该对话框。

第十五步：单击 Vivado 当前 SYNTHESIZED DESGIN 主界面右上角的【Close】按钮 ✖ 。

第十六步：弹出"Confirm Close"对话框。单击【OK】按钮，退出该对话框，同时返回到 Vivado 当前工程主界面。

第十七步：在 Vivado 当前工程主界面的 Source 窗口中，找到并展开"Constraints"条目。在展开条目中，找到并展开"constrs_1"条目。在展开条目中，找到并双击"top.xdc"。在 top.xdc 文件中添加的完整时序约束条件如代码清单 6-6 所示。

代码清单 6-6　top.xdc 中添加的完整时序约束条件

```
create_clock -period 10.000 -name clk1 -waveform {0.000 5.000} [get_ports clk1]
```

```
create_clock -period 15.000 -name clk2 -waveform {0.000 7.500} [get_ports clk2]
set_clock_groups -name clkexcgroup -physically_exclusive -group [get_clocks clk1] -group [get_clocks clk2]
```

6.2.6　时钟延迟、抖动和不确定性

除定义时钟波形外，还必须指定与操作条件和环境相关的可预测，以及随机的变化。

1．时钟延迟

在板上和 FPGA 内部传播时，时钟边沿以一定的延迟到达目的地。这种延迟通常表示为：

（1）源延迟（在时钟源点前的延迟，通常在器件外）。

（2）网络延迟，由网络延迟引入的延迟。

由网络延迟引入的延迟（也称为插入延迟）是自动估计的（布局前的设计）或精确计算的（布线后的设计）。

① 自动估计（布线前设计）。

② 精确计算（布线后设计）。

在很多非 Xilinx 的时序引擎中，要求使用 SDC 命令 set_propagated_clock 触发计算时钟树之间的传播延迟。Vivado 不要求这个命令。相反，它默认计算时钟传播延迟：

（1）将所有时钟看作传播时钟。

（2）生成的时钟延迟包括其主时钟的插入延迟加上其本身的网络延迟。

对于 Xilinx FPGA，主要使用 set_clock_latency 命令指定元器件外的时钟延迟。在 XDC 中，将时钟延迟表示为：

```
set_clock_latency -source -early 0.2 [get_clocks sysClk]    # （最小的源延迟值）
set_clock_latency -source -late 0.5 [get_clocks sysClk]    # （最大的源延迟值）
```

2．时钟不确定性

1）时钟抖动

对于 ASIC 器件，时钟抖动通常用时钟不确定性特性来表示。然而，对于 Xilinx FPGA 来说，抖动特性是可以预测的。它们可以由时序分析引擎自动计算，也可以单独指定。

（1）输入抖动：输入抖动是连续时钟沿之间相对于标称或理想时钟到达时间的变化的差异。输入抖动是一个绝对值，表示时钟边沿每一侧的变化。

使用 set_input_jitter 命令分别指定每个基本时钟的输入抖动。设计人员不能直接在生成时钟上指定输入抖动，但是 Vivado IDE 时序引擎自动计算从主时钟继承过来的生成时钟抖动。

① 对于由 MMCM 或者 PLL 驱动的生成时钟，输入抖动用计算的离散抖动代替。

② 对于由组合或者时序单元创建的时钟，生成时钟的抖动与其主时钟抖动相同。

（2）系统抖动：系统抖动是由供电噪声、PCB 噪声或系统的任何额外抖动引起的整体抖动。

在 XDC 中，使用 set_system_jitter 命令只为整个设计设置一个值，即所有时钟。

注： 输入抖动和系统抖动在时钟不确定性的整体计算中的影响并非可以忽略，并且不遵循单个等式。时钟不确定性的计算取决于路径、时钟拓扑结构、路径中涉及的时钟对、时钟树上是否存在 MMCM/PLL 以及其他考虑因素。然而，Report Timing（报告时序）命令的文本和 GUI 显示了每个时序路径时钟不确定性的分解。

2）额外的时钟不确定性

根据需要，使用 set_clock_uncerity 命令为不同的拐点、延迟或特定的时钟关系定义额外的

时钟不确定性。这是一种从时序角度为设计的一部分添加额外裕量的便捷方法。

无论约束的顺序如何，时钟间的不确定性总是优先于简单的时钟不确定性。在下面的例子中，尽管在时钟 clk1 上最后定义了 1.0ns 的简单时钟不确定性，但是从时钟 clk1 到时钟 clk2 的时序路径受到 2.0ns 时钟不确定性的约束：

```
set_clock_uncertainty 2.0 -from [get_clocks clk1] -to [get_clocks clk2] set_clock_uncertainty 1.0 [get_clocks clk1]
```

当在两个时钟域之间定义时钟的不确定性时，请确保约束时钟域的所有可能交互，即 clk1 到 clk2、clk2 到 clk1。

6.3　I/O 延迟约束

在设计中，为了准确地建模外部的时序上下文，设计人员必须为输入和输出端口提供时序信息。由于 Vivado IDE 只能识别 FPGA 边界内的时序，因此设计人员需要使用以下命令来指定超出这些边界外的延迟值：

（1）set_input_delay；

（2）set_output_delay。

6.3.1　输入延迟

set_input_delay 命令用于指定输入端口上相对于设计接口处的时钟边沿的输入路径延迟。

当考虑应用板时，输入延迟表示以下之间的相位差：

（1）从外部芯片通过 PCB 传播到 FPGA 的输入封装引脚的数据；

（2）相对参考板时钟。

因此，输入延迟值可以是正值或者负值，这取决于 FPGA 接口处的时钟和数据相对相位。

注：还可以在内部数据引脚上设置输入延迟，如 STARTUPE3/DATA_IN[0:3]（Xilinx UltraScale+ FPGA）。

1. 使用输入延迟选项

虽然在 SDC 标准中-clock 是可选项，但 Vivado IDE 工具需要它。相对时钟可以是设计时钟或虚拟时钟。

推荐：使用虚拟时钟时，使用与设计中输入端口相关的设计时钟相同的波形。这样，时序路径要求是现成的。使用虚拟时钟可以方便地对不同的抖动或源延迟场景进行建模，并且不需要修改设计时钟。

输入延迟命令选项如下所述。

1）最小和最大输入延迟命令选项

-min 和-max 选项为以下项指定不同的值：

（1）min 延迟分析（保持/去除）；

（2）max 延迟分析（建立/恢复）。

2）时钟下降输入延迟命令选项

-clock_fall 选项指定输入延迟约束应用于由相对时钟下降沿启动的时序路径。如果没有该选项，Vivado IDE 假设相对时钟只有上升沿。

不要将-clock_fall 选项与-rise 和-fall 选项混淆。这些选项指的是数据边沿，而不是时钟边沿。

3）添加延迟输入延迟命令选项

如果出现下面情况，必须使用-add_delay 选项：

（1）存在最大（或最小）输入延迟约束；

（2）设计人员希望在同一端口上指定第二个最大（或最小）输入延迟约束。

该选项通常用于相对于多个时钟沿约束的输入端口，如 DDR 接口。

输入延迟选项只能用于输入或者双向端口，不包括自动忽略的时钟输入端口。不能将输入延迟约束应用到内部引脚。

2. 使用 set_input_delay 命令选项

【例 6-5】 输入延迟例子 1

该例子定义了相对于先前定义的最小和最大分析的 sysClk 的输入延迟：

```
create_clock -name sysClk -period 10 [get_ports CLK0]
set_input_delay -clock sysClk 2 [get_ports DIN]
```

【例 6-6】 输入延迟例子 2

该例子定义了相对于先前定义的虚拟时钟的输入延迟：

```
create_clock -name clk_port_virt -period 10
set_input_delay -clock clk_port_virt 2 [get_ports DIN]
```

【例 6-7】 输入延迟例子 3

该例子定义了相对于 sysClk 的最小分析和最大分析的不同输入延迟：

```
create_clock -name sysClk -period 10 [get_ports CLK0]
set_input_delay -clock sysClk -max 4 [get_ports DIN]
set_input_delay -clock sysClk -min 1 [get_ports DIN]
```

【例 6-8】 输入延迟例子 4

为了约束 I/O 端口之间的纯组合路径，必须在 I/O 端口上相对于先前定义的虚拟时钟定义输入和输出延迟。该例子在端口 DIN 和 DOUT 之间的组合路径上设置了 5ns（10ns-4ns-1ns）约束：

```
create_clock -name sysClk -period 10
set_input_delay -clock sysClk 4 [get_ports DIN]
set_output_delay -clock sysClk 1 [get_ports DOUT]
```

【例 6-9】 输入延迟例子 5

该例子指定了相对于 DDR 时钟的输入延迟值：

```
create_clock -name clk_ddr -period 6 [get_ports DDR_CLK_IN]
set_input_delay -clock clk_ddr -max 2.1 [get_ports DDR_IN]
set_input_delay -clock clk_ddr -max 1.9 [get_ports DDR_IN] -clock_fall -add_delay
set_input_delay -clock clk_ddr -min 0.9 [get_ports DDR_IN]
set_input_delay -clock clk_ddr -min 1.1 [get_ports DDR_IN] -clock_fall -add_delay
```

该例子创建了从 FPGA 外部的 clk_ddr 时钟的上升沿和下降沿启动的数据到对上升沿和上升沿都敏感的内部触发器数据输入的约束。

【例 6-10】 输入延迟例子 6

此例子指定 STARTUPE3 内部引脚（UltraScale+ FPGA）上的时钟和输入延迟，以对从 STARTUPE2 到逻辑结构的路径进行计时：

```
create_generated_clock -name clk_sck -source [get_pins -hierarchical*axi_quad_spi_0/ ext_spi_clk] [get_
pins STARTUP/CCLK] -edges {3 5 7}
        set_input_delay -clock clk_sck -max 7 [get_pins STARTUP/DATA_IN[*]] -clock_fall
        set_input_delay -clock clk_sck -min 1 [get_pins STARTUP/DATA_IN[*]] -clock_fall
```

6.3.2　输出延迟

set_output_delay 命令用于指定在设计接口处的时钟沿的输出路径延迟。

当考虑应用板时，该延迟表示下面之间的相位差：

（1）通过 PCB，从 FPGA 输出封装引脚传播到另一个器件的数据；

（2）相对的参考板时钟。

输出延迟值可以是正值或者负值，这取决于 FPGA 器件的外部时钟和数据相对相位。

注：还可以在内部数据引脚上设置输出延迟，如 STARTUPE3/DATA_OUT[0:3]（Xilinx UltraScale+ FPGA）。

1．使用输出延迟选项

输出延迟命令选项如下所述。

1）最小和最大输出延迟命令选项

-min 和-max 选项为最小延迟分析（保持/去除）和最大延迟分析（建立/恢复）。如果两者都不使用，则输出延迟值同时适用于最小值和最大值。

2）时钟下降输出延迟命令选项

-clock_fall 选项指定输出延迟约束应用于由相对时钟下降沿发出的时序路径。如果没有该选项，Vivado IDE 默认情况仅假定相对时钟的上升沿（器件外部）。

不要将-clock_fall 选项和-rise 与-fall 选项混淆，这些选项指向数据沿而不是时钟沿。

3）加延迟输出延迟命令选项

在下面的情况下，必须使用-add_delay 选项：

（1）存在一个最大输出延迟约束；

（2）设计人员想在相同端口上指定第二个最大输出延迟约束。

这对于最小输出延迟约束也是如此，该选项通常用于相对于多个时钟沿约束输出端口。例如，DDR 接口中的上升沿和下降沿，或当输出端口连接到使用不同时钟的多个器件时。

特别提示，设计人员只能将输出约束应用于输出或双向端口。不能将输出延迟约束应用于内部引脚。

2．使用 set_output_delay 命令选项

【例 6-11】　输出延迟例子 1

此例子为最小和最大分析定义了相对于先前定义的 sysClk 的输出延迟：

```
create_clock -name sysClk -period 10 [get_ports CLK0]
set_output_delay -clock sysClk 6 [get_ports DOUT]
```

【例 6-12】　输出延迟例子 2

此例子定义了相对于先前定义的虚拟时钟的输出延迟：

```
create_clock -name clk_port_virt -period 10
set_output_delay -clock clk_port_virt 6 [get_ports DOUT]
```

【例 6-13】　输出延迟例子 3

此例子指定了相对于 DDR 时钟的输出延迟值，其中 min（保持）和 max（设置）分析的值不同：

```
create_clock -name clk_ddr -period 6 [get_ports DDR_CLK_IN]
set_output_delay -clock clk_ddr -max 2.1 [get_ports DDR_OUT]
set_output_delay -clock clk_ddr -max 1.9 [get_ports DDR_OUT] -clock_fall -add_delay
set_output_delay -clock clk_ddr -min 0.9 [get_ports DDR_OUT]
set_output_delay -clock clk_ddr -min 1.1 [get_ports DDR_OUT] -clock_fall -add_delay
```

此例子创建了从器件外部的 clk_ddr 时钟的上升沿和下降沿启动的数据到对上升沿和上升沿都敏感的内部触发器的数据输出的约束，如图 6.28 所示。

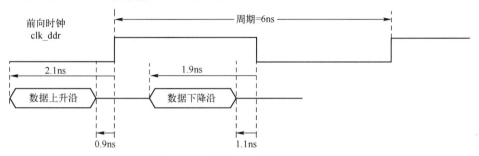

图 6.28　例子 6-13 的输出延迟

【例 6-14】　输出延迟例子 4

此示例指定 STARTUPE3 内部引脚（UltraScale+设备）上的时钟和输出延迟，以对从逻辑结构到 STARTUPE2 的路径进行计时：

```
create_generated_clock -name clk_sck -source [get_pins -hierarchical
*axi_quad_spi_0/ext_spi_clk] [get_pins STARTUP/CCLK] -edges {3 5 7}
set_output_delay -clock clk_sck -max 6 [get_pins STARTUP/DATA_OUT[*]]
set_output_delay -clock clk_sck -min 1 [get_pins STARTUP/DATA_OUT[*]]
```

【例 6-15】　以本书前面的设计为例，通过观察静态时序分析报告，提出改善时序的第一种方法。

1）打开并分析时序报告

第一步：将本书配套资源\vivado_example\gate_verilog 目录中的所有文件（包括文件夹）复制粘贴到\vivado_example\sync_gate_constraint_1 目录中，并使用 Vivado 2023.1 打开该设计工程。

第二步：对该设计执行设计综合和设计实现。

第三步：在 Vivado 当前 IMPLEMENTED DESIGN 主界面左侧的 Flow Navigator 窗口中，找到并展开"IMPLEMENTATION"条目。在展开条目中，找到并展开"Open Implemented Design"条目。在展开条目中，找到并选择"Report Timing Summary"。

第四步：弹出"Report Timing Summary"对话框。在该对话框中，保持默认设置。单击该对话框中的【OK】按钮，退出该对话框。

第五步：在 Vivado 当前 IMPLEMENTED DESIGN 主界面底部的窗口中，弹出新的"Timing"标签页。

第六步：在"Timing"标签页中，找到并展开"Unconstrained Paths"条目。在展开条目中，找到并展开"clk to NONE"条目。在展开条目中，分别单击"Setup"和"Hold"条目，分别打开"Unconstrained Paths-clk-None-Setup"标签页和"Unconstrained Paths-clk-NONE-

Hold"标签页，如图 6.29 和图 6.30 所示。

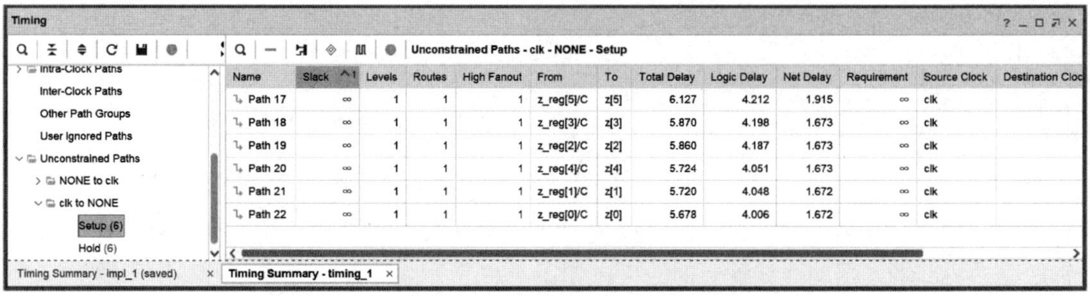

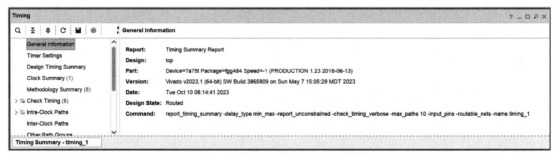

图 6.29 "Unconstrainted Paths-clk-NONE-Setup"标签页

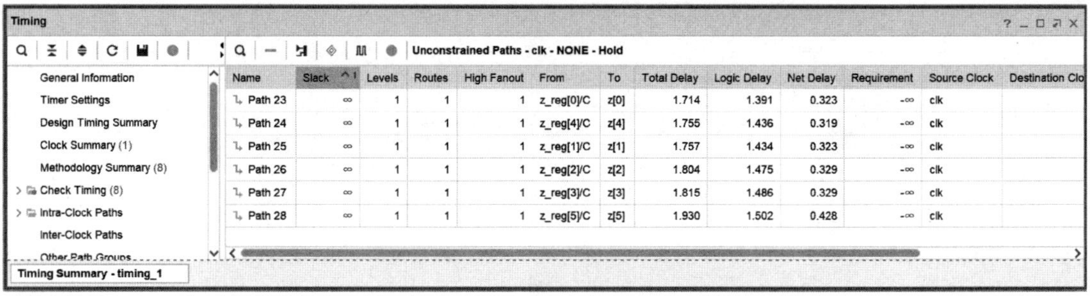

图 6.30 "Unconstrainted Paths-clk-NONE-Hold"标签页

通过对图 6.29 内"Net Delay"一列的观察，发现其"Net Delay"（网络延迟）的值在 1.672～1.915ns 之间。这是由于从 z_reg 寄存器到输出端口存在连线造成的。

类似地，通过对图 6.30 内"Net Delay"一列的观察，发现其"Net Delay"（网络延迟）的值在 0.323～0.428ns 之间。

2）时序报告细节分析

步骤一：双击"Timing"标签页中的"General Information"，在其右侧出现 General Information（一般信息）窗口，如图 6.31 所示。在该窗口中，提供了下面的信息。

图 6.31 General Information 窗口

（1）Design（设计名字）。

（2）Part（器件）：包含所选 FPGA 器件（Device）、封装（Package）和速度等级（Speed）（带速度文件版本）。

（3）Date（日期）：给出了报告的发布时间。

（4）Design State（设计状态）：给出该报告所对应的设计阶段。在此给出的是布线后（Routed）。

（5）Command（命令）：给出了为生成报告而执行的等效 Tcl 命令。

步骤二：双击图 6.31 中的"Timer Settings"，在右侧出现 Timer Settings（定时器设置）窗口，如图 6.32 所示。在该窗口中，提供了下面的信息。

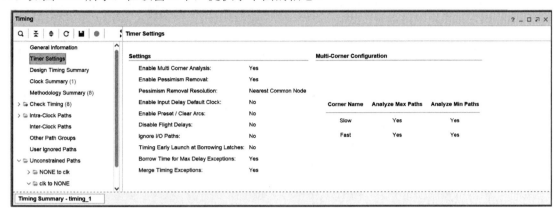

图 6.32　Timer Settings 窗口

（1）Enable Multi Corner Analysis（使能多角分析）：此分析针对每个角使能（多角配置）。

（2）Enable Pessimism Removal（使能悲观去除）：确保报告每个路径的源和目标时钟时，其公共节点没有偏斜（注意：必须始终使能该设置）。

（3）Enable Input Delay Default Clock（使能输入延迟默认时钟）：在没有设计人员约束的输入端口上创建默认的空输入延迟约束。默认它处于禁止状态。

（4）Enable Preset/Clear Arcs（使能预置/清除弧）：使能通过异步引脚的时序路径传播。它不影响恢复/去除检查，并且在默认情况下处于禁止状态。

（5）Disable Flight Delays（禁止"飞行"延迟）：禁止用于 I/O 延迟计算的封装延迟。

（6）Ignore I/O Paths（忽略 I/O 路径）：忽略来自基本输入的路径以及到基本输出的路径，并且在默认情况下处于禁止状态。

（7）Timing Early Launch at Borrowing Latches（借用锁存的时序提前启动）：从通过透明锁存器的路径的启动使能中去除时钟延迟悲观，并且在默认情况下处于禁止状态。

（8）Borrow Time for Max Delay Exceptions（最大延迟例外的借用时间）：允许 set_max_delay 时序例外覆盖的时序路径借用时间，并且在默认情况下处于使能状态。

（9）Merge Timing Exceptions（合并时序例外）：允许/阻止时序引擎合并时序例外，并且在默认情况下处于使能状态。

步骤三：双击图 6.32 中"Design Timing Summary"，在右侧出现 Design Timing Summary（设计时序总结）窗口，如图 6.33 所示。

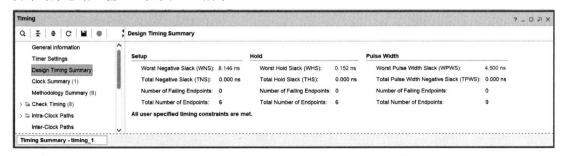

图 6.33　Design Timing Summary 窗口

1）Setup（建立）区域（最大延迟分析）

该区域显示与最大延迟分析相关的所有检查：建立、恢复和数据检查。

（1）最差负松弛（Worst Negative Slack，WNS）：该值对应于最大延迟分析的所有时序路径中的最差松弛。它可以是正值或负值。

（2）总的负松弛（Total Negative Slack，TNS）：当只考虑每个时序路径端点的最坏冲突时，所有 WNS 冲突的总和。其值为 0ns 时，满足用于最大延迟分析的所有时序约束；为负值时，出现一些冲突。

（3）失败端点数（Number of Failing Endpoints）：发生冲突的端点总数（WNS<0 ns）。

（4）端点总数（Total Number of Endpoint）：分析的端点总数。

2）Hold（保持）区域（最小延迟分析）

该区域显示与最小延迟分析相关的所有检查：保持、去除和数据检查。

（1）最差保持松弛（Worst Hold Slack，WHS）：对应于最小延迟分析的所有时序路径中的最差松弛。它可以是正值或负值。

（2）总的保持松弛（Total Hold Slack，THS）：当只考虑每个时序路径端点的最坏冲突时，所有 WHS 冲突的总和。其值为 0ns 时，满足用于最小延迟分析的所有时序约束；为负值时，出现一些冲突。

（3）失败端点数（Number of Failing Endpoints）：发生冲突的端点总数（WHS<0 ns）。

（4）端点总数（Total Number of Endpoints）：分析的端点总数。

3）Pulse Width（脉冲宽度）区域（引脚切换限制）

该区域显示与引脚切换限制相关的所有检查，包括最小低脉冲宽度、最小高脉冲宽度、最小周期、最大周期和最大偏斜[同一叶子单元的两个时钟引脚之间，如 PCIe 或 GT（仅UltraScale 器件）]。

（1）最差脉冲宽度松弛（Worst Pulse Width Slack，WPWS）：当同时使用最小和最大延迟时，对应于上面列出的所有时序检查中最差的松弛。

（2）总脉冲宽度负松弛（Total Pulse Width Negative Slack，TPWS）：当只考虑设计中每个引脚的最严重冲突时所有 WPWS 违反的总和。其值为 0 ns 时，满足所有相关约束；为负值时，出现一些冲突。

（3）失败端点数（Number of Failing Endpoints）：发生冲突的引脚总数（WPWS<0 ns）。

（4）端点总数（Total Number of Endpoints）：分析的端点总数。

步骤四：双击图 6.33 中的"Clock Summary"，在右侧出现 Clock Summary（时钟总结）窗口，如图 6.34 所示。该部分包括与 report_clocks 生成的信息类似的信息，即设计中的所有时钟（无论是由 create_clock、create_generated_clock 或由工具自动创建的）的属性，如名字（Name）、周期（Period）、波形（Waveform）和目标频率（Frequency）。

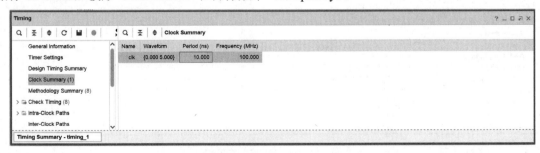

图 6.34　Clock Summary 窗口

注：名字的缩进反映了主时钟和生成时钟之间的关系。

步骤五：双击图 6.34 中的"Methodology Summary"，在右侧出现 Methodology Summary（方法论总结）窗口，如图 6.35 所示。该部分包括与方法论冲突的表格。

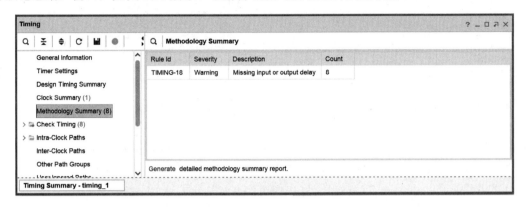

图 6.35　Methodology Summary 窗口

注：报告时序总结没有运行 Report Methodology，它只报告从最近运行的 report_methodology（在存储器内的设计或通过重新加载检查点）中跟踪到的冲突行为的摘要。

步骤六：单击图 6.35 中的"Generate"。

步骤七：弹出"Report Methodology"对话框，保持该对话框中的默认设置，单击【OK】按钮，退出"Report Methodology"对话框。

步骤八：在 Vivado 当前 IMPLEMENTED DESIGN 主界面底部的窗口中，出现新的"Methodology"对话框，如图 6.36 所示。图中给出了所有与设计方法冲突的信息。从图中可知，缺少相对于 clk 的输入延迟和输出延迟约束。

Name	Severity ^1	Details
∨ 🗀 All Violations (8)		
∨ 🗀 Timing (8)		
∨ 🗀 Bad Practice (8)		
∨ ❶ TIMING-18 (8)		
❶ TIMING #1	Warning	An input delay is missing on a relative to the rising and/or falling clock edge(s) of clk.
❶ TIMING #2	Warning	An input delay is missing on b relative to the rising and/or falling clock edge(s) of clk.
❶ TIMING #3	Warning	An output delay is missing on z[0] relative to the rising and/or falling clock edge(s) of clk.
❶ TIMING #4	Warning	An output delay is missing on z[1] relative to the rising and/or falling clock edge(s) of clk.
❶ TIMING #5	Warning	An output delay is missing on z[2] relative to the rising and/or falling clock edge(s) of clk.
❶ TIMING #6	Warning	An output delay is missing on z[3] relative to the rising and/or falling clock edge(s) of clk.
❶ TIMING #7	Warning	An output delay is missing on z[4] relative to the rising and/or falling clock edge(s) of clk.
❶ TIMING #8	Warning	An output delay is missing on z[5] relative to the rising and/or falling clock edge(s) of clk.

ultrafast_methodology_1 (8 violations)

图 6.36　"Methodology"对话框

步骤九：双击图 6.35 中的"Check Timing"，在右侧出现 Check Timing（检查时序）窗口，如图 6.37 所示。该部分包含有关缺少时序约束或存在需要审查的约束问题的路径信息。为了完成时序核销，必须约束所有端点。

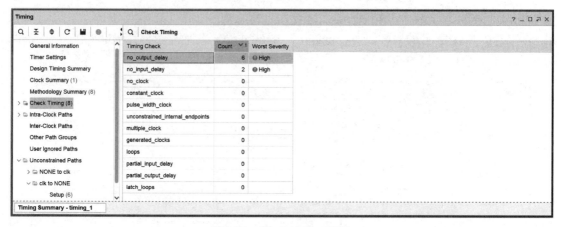

图 6.37　Check Timing 窗口

（1）no_input_delay：没有任何输入延迟约束的非时钟输入端口个数。

（2）no_output_delay：至少没有一个输出延迟约束的非时钟输出端口个数。

（3）no_clock：定义的时序时钟未到达时钟引脚的个数。还报告了恒定时钟引脚。

（4）constant_clock：检查连接到恒定信号（gnd/vss/data）的时钟信号。

（5）pulse_width_clock：报告只有一个与引脚相关的脉冲宽度检查，没有建立或保持检查，没有恢复、去除或 clk>Q 检查的时钟引脚。

（6）unconstrained_internal_endpoints：没有时序要求的路径端点数（不包括输出端口）。此数字与丢失的时钟定义直接相关，no_clock 检查也会报告该情况。

（7）multiple_clock：多个时序时钟到达的时钟引脚数。如果其中一个时钟树中有一个时钟多路复用器，就会发生这种情况。默认情况下，共享同一时钟树的时钟会一起定时，这并不代表实际的定时情况。在任何给定时间下，时钟树上只能存在一个时钟。

如果设计人员不相信时钟树应该有 MUX，则需要查看时钟树以了解多个时钟是如何以及为什么到达特定的时钟引脚。

（8）generated_clocks：生成的时钟数，指的是不属于同一时钟树的主时钟源。当在主时钟和生成的时钟源点之间的逻辑路径上禁止时序弧时，可能会出现这种情况。当指定-edges 选项时，该检查也适用于生成时钟的各个边沿，即逻辑路径的单边沿性（反相/非反相）必须与主时钟和生成时钟之间的边沿关联相匹配。

（9）loops：在设计中找到的组合环路的数量。Vivado IDE 时序引擎会自动断开环路，以报告时序。

（10）partial_input_delay：只有最小输入延迟或最大输入延迟约束的非时钟输入端口的个数。建立和保持分析都不会报告这些端口。

（11）partial_output_delay：只有最小输出延迟或最大输出延迟约束的非时钟输出端口个数。建立和保持分析都不会报告这些端口。

（12）latch_loops：检查设计中通过锁存器的环路并发出警告。这些环路不会作为组合环路的一部分报告，并且会影响相同路径上锁存时间借用的计算。

步骤十：双击图 6.37 中的 "Intra-Clock Paths"，在右侧出现 Intra-Clock Paths（时钟内路径）窗口，如图 6.38 所示。表中总结了具有相同源和目标时钟的时序路径（这种路径称为时钟内路径）最坏松弛和总的冲突个数。

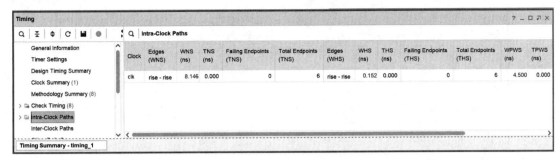

图 6.38　Intra-Clock Paths 窗口

要查看详细信息，请单击左侧索引中"Intra-Clock Paths"下的名字。例如，设计人员可以查看每个时钟的松弛和冲突总结，以及建立/保持/脉冲宽度检查的 N 个最差路径的详细信息。N 是使用命令行上的-max_paths 或每个时钟或路径组（GUI）的最大路径数来定义的。

每个分析类型的标签旁边都会显示最差松弛值和报告的路径数。在图 6.39 中，在左侧索引中的时钟内路径部分下选择了建立（Setup）总结，右侧窗口中显示了一个列出与该时钟相关的所有路径的表格。

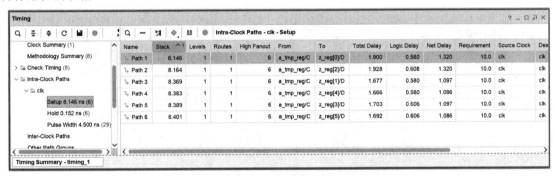

图 6.39　Intra-Clock Paths-clk-Setup 窗口

（1）选中图 6.39 中名字为"Path 1"的一行，单击鼠标右键，出现浮动菜单。在浮动菜单内，执行菜单命令【Schematic】。

（2）在 Vivado 当前 IMPLEMENTED DESIGN 主界面中，弹出 Schematic 窗口，如图 6.40 所示。为了进一步分析路径延迟，执行下面的操作。

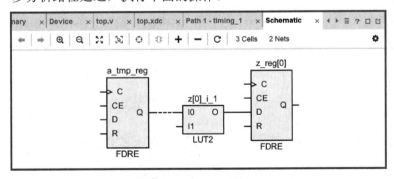

图 6.40　Schematic 窗口

（3）双击图 6.39 中名字为"Path 1"的一行，弹出"Path 1-timing_1"标签页，如图 6.41 所示。

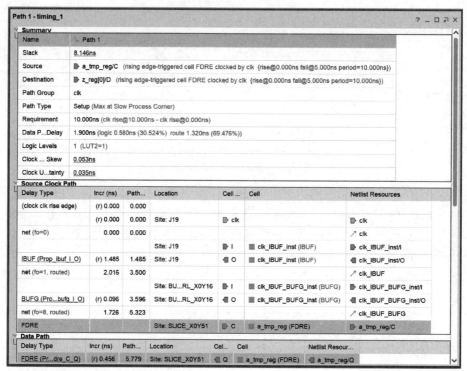

（a）Path 1-timing_1标签页(1)（部分）

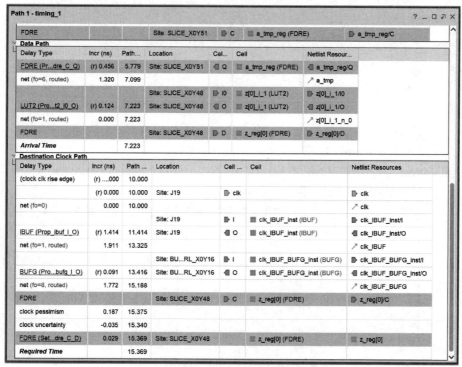

（b）Path 1-timing_1标签页(2)（部分）

图 6.41　Path 1-timing_1 标签页

图 6.41 分为 3 个部分。

① Source Clock Path（源时钟路径）：从图 6.41 中可以看出，该路径从 clk 端口一直到

clk_IBUF_BUFG，延迟总共 5.323ns。

② Data Path（数据路径）：从图 6.41 中可以看出，该路径从 a_tmp_reg/Q 开始，一直到 z_reg[0]/D。延迟从前面的 5.779ns 开始，一直到 7.223ns 结束。

③ Destination Clock Path（目的时钟路径）：从图 6.41 中可以看出，该路径从 clk 端口一直到 z_reg[0]/C，延迟总共 15.369ns。

步骤十一： 双击图 6.39 中的"Inter-Clock Paths"，在右侧出现 Inter-Clock Paths（时钟间路径）窗口，如图 6.42 所示。该部分总结了不同源时钟和目标时钟之间的时序路径的最坏松弛和总冲突情况。

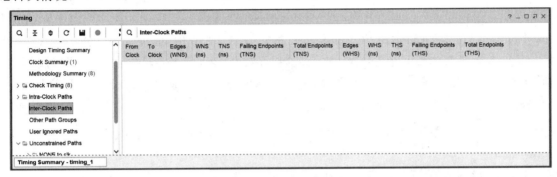

图 6.42　Inter-Clock Paths 窗口

要查看详细信息，请单击左侧索引中"Inter-Clock Paths"下的名字。例如，设计人员可以查看每个时钟的松弛和冲突总结，以及建立/保持/脉冲宽度检查的 N 个最差路径的详细信息。N 是使用命令行上的-max_paths 或每个时钟或路径组（GUI）的最大路径数来定义的。

步骤十二： 双击图 6.42 中的"Other Path Groups"，在右侧出现 Other Path Groups（其他路径组）窗口，如图 6.43 所示。该部分显示了默认路径组和设计人员定义的路径组。

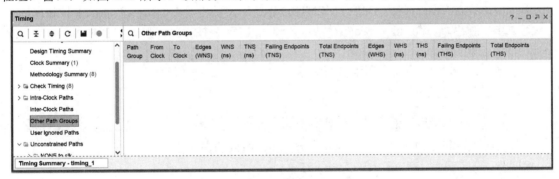

图 6.43　Other Path Groups 窗口

提示： **async_default** 是 Vivado IDE 时序引擎自动创建的路径组。它包括所有以异步时序检查结束的路径，如恢复和去除。这两个检查分别在建立（setup）和保持（hold）类中报告，这两个类对应于最大延迟分析和最小延迟分析。使用 group_path 创建的任何组也将显示在该部分中。源时钟和目标时钟的任何组合都可以出现在路径组中。

步骤十三： 双击图 6.43 中的"User Ignored Paths"，在右侧出现 User Ignored Paths（用户忽略路径）窗口，如图 6.44 所示。该部分显示了在时序分析期间由于 set_clock_groups 和 set_false_path 约束而被忽略的路径。报告的松弛是无限的。

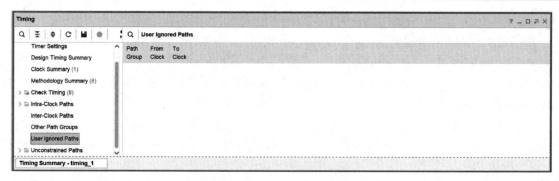

图 6.44　User Ignored Paths 窗口

步骤十四：双击图 6.44 中的"Unconstrained Paths"，在右侧出现 Unconstrained Paths（未约束路径）窗口，如图 6.45 所示。该部分显示由于缺少时序约束而未定时的逻辑路径。这些路径按源和目标时钟对分组。当没有时钟可以与路径起点或终点关联时，时钟名称信息显示为空（或 NONE）。

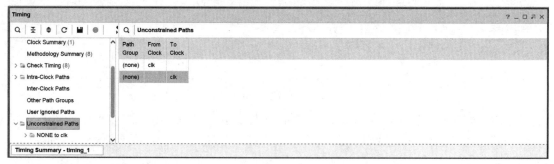

图 6.45　Unconstrained Paths 窗口

4）添加时序约束条件

第一步：单击 Vivado 当前 IMPLEMENTED DESIGN 主界面右上角的【Close】按钮。

第二步：弹出"Confirm Close"对话框，单击【OK】按钮，退出该对话框，自动返回到 Vivado 当前工程主界面。

第三步：在 Vivado 当前工程主界面的 Sources 窗口中，找到并打开 top.xdc 文件。在该文件中，添加下面一行代码。

```
set_property IOB TRUE [get_ports z[*]]
```

该行代码表示将端口 z 前面的寄存器合并到 I/O 组内的寄存器。

第四步：按 Ctrl+S 组合键，保存 top.xdc 文件。

第五步：对该设计重新执行设计综合和设计实现。

第六步：在实现过程完成后，再次打开图 6.46 和图 6.47 所示的时序分析窗口。

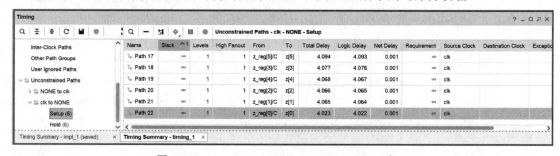

图 6.46　Unconstrained Paths-clk-NONE-Setup 窗口

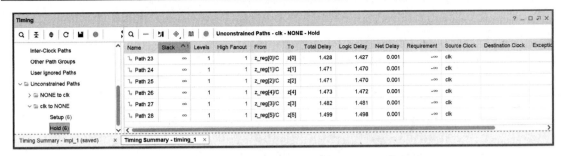

图 6.47　Unconstrained Paths-clk-NONE-Hold 窗口

从图中可知，通过将 z 端口前面的寄存器合并到 z 端口所对应的 I/O 块中，消除了网络延迟。

从该例子可知，时序约束的目的虽然是为了实现收敛，但实质上是通过时序约束指导 Vivado 的布局和布线过程，也就是通过 Vivado 布局布线工具重新规划设计中所有功能单元的位置，以及布局的策略。从另一个方面也提醒读者，可以通过下面所介绍的干预布局的方法改善时序。

第七步：关闭当前的设计。

【例 6-16】 以前面的设计为例，通过观察静态时序分析报告，提出改善时序的第二种方法。

添加时序约束的步骤如下所述。

第一步：将前面的设计复制到\vivado_example\sync_gate_constraint_2 目录中，并且打开该设计工程。

第二步：对该设计执行设计综合，并打开综合后的设计。

第三步：在 Vivado 当前 SYNTHESIZED DESIGN 主界面左侧的 Flow Navigator 窗口中，找到并展开"SYNTHESIS"条目。在展开条目中，找到并展开"Open Synthesized Design"条目。在展开条目中，选择"Edit Timing Constraints"。

第四步：如图 6.48 所示，弹出"Timing Constraints"标签页。在该标签页中，找到并展开"Ouputs"条目。在展开条目中，双击"Set Output Delay"。

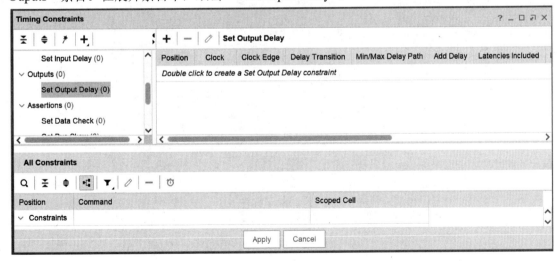

图 6.48　"Timing Constraints"标签页

第五步：弹出"Set Output Delay"对话框，如图 6.49 所示。在该对话框中，单击【Clock】右侧的按钮┄。

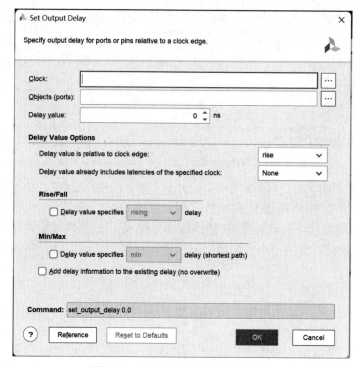

图 6.49 "Set Output Delay" 对话框

第六步：弹出"Specify Clock"对话框，如图 6.50 所示。在该对话框中，单击【Find】按钮。在该对话框的 Results 子窗口中列出了 clk，选中"clk"，并单击 Results 子窗口右侧的按钮 ➡，将 clk 信号添加到 Selected 子窗口中。

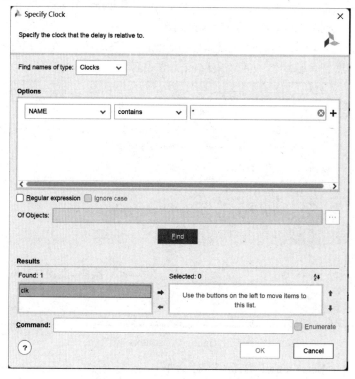

图 6.50 "Specify Clock" 对话框

第七步：单击该对话框中的【OK】按钮，退出"Specify Clock"对话框，并返回到"Set Output Delay"对话框。此时，在该对话框底部的"Command"右侧文本框中给出了对应的 Tcl 命令，即

```
set_output_delay -clock [get_clocks    "*"] 0.0
```

第八步：在"Set Output Delay"对话框中，找到并单击"Objecs(ports)"标题右侧的按钮 。

第九步：弹出"Specify Delay Objects"对话框，如图 6.51 所示。在该对话框内，单击【Find】按钮，在该对话框左下角的 Results 子窗口中列出了 z[0]~z[5]端口。选中 Results 子窗口中的 z[0]~z[5]，单击右侧的按钮 ，将 z[0]~z[5]全部添加到 Selected 子窗口中。

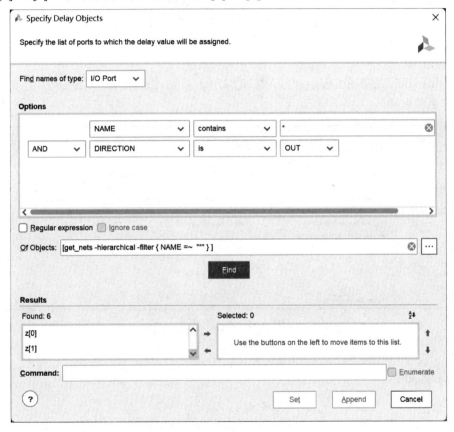

图 6.51　"Specify Delay Objects"对话框

第十步：单击该对话框中的【Set】按钮，退出"Specify Delay Objects"对话框，同时返回到"Set Output Delay"对话框。

第十一步：在"Set Output Delay"对话框中的"Delay value"标题右侧的文本框中输入"-2.0"，该选项表示输出延迟为-2.0ns。

第十二步：在"Set Output Delay"对话框中，通过下拉框，将"Delay value is relatve to clock edge"设置为"rise"。

第十三步：在"Set Output Delay"对话框中，通过下拉框，将"Delay value already includes latencies of the specified clock"设置为"Network/Souces"。

此时，在"Set Output Delay"对话框底部的"Command"标题对应的文本框中给出了 Tcl 命令：

```
        set_output_delay -clock [get_clocks    "*"] -network_latency_included -source_latency_included -2.0
[get_ports -filter { NAME =~    "*" && DIRECTION == "OUT" }    -of_objects [get_nets -hierarchical -filter { NAME
=~    "*" } ]]
```

第十四步：单击"Set Output Delay"对话框中的【OK】按钮，退出该对话框，并返回到 "Timing Constraints"标签页。

第十五步：按 Ctrl+S 组合键，保存通过 GUI 设置的时序约束条件。

第十六步：弹出"Out of Date Design"对话框，单击【OK】按钮，退出该对话框。

第十七步：单击 Vivado 当前 SYNTHESIZED DESIGN 主界面右上角的按钮✕。

第十八步：弹出"Confirm Close"对话框，单击【OK】按钮，退出该对话框，并返回到 Vivado 当前工程主界面。

第十九步：对修改后的设计重新执行设计实现过程。

第二十步：运行完实现过程后，打开图 6.52 所示的时序总结报告。从图中可以看出，时序约束满足松弛要求。

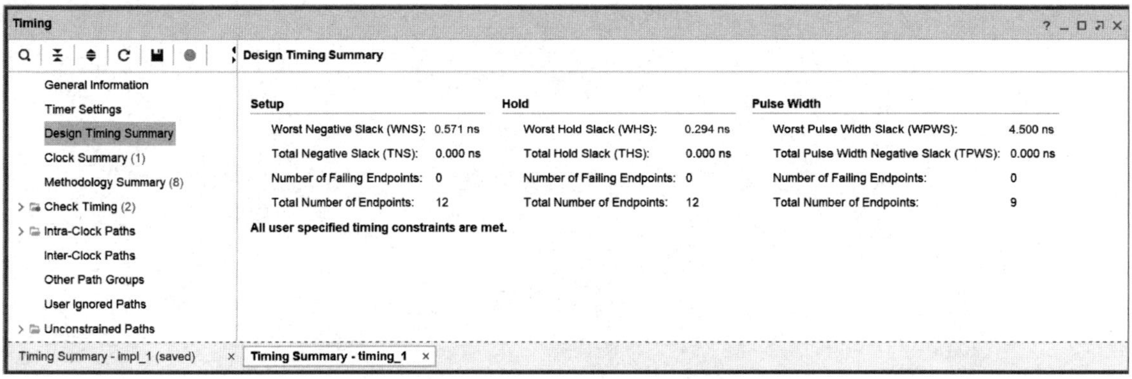

图 6.52　添加时序约束条件后的时序总结报告

6.4　时序例外

当逻辑行为以默认的方式不能正确地定时逻辑行为时，需要时序例外。当设计人员想以不同的方式处理时序时，就必须使用时序例外命令（例如，对于设计中每个时钟只捕获一次结果的逻辑）。表 6.2 给出了 Vivado IDE 中支持的时序例外命令。

表 6.2　时序例外命令

命　　令	功　　能
set_multicycle_path	指定将数据从路径开始传播到路径结束时所需要的时钟周期数
set_false_path	指定在设计中不进行分析的逻辑路径
set_max_delay set_min_delay	设置最小和最大路径延迟值。这将使用设计人员指定的最大和最小延迟值覆盖默认的建立和保持约束

6.4.1　多周期路径

多周期路径约束允许设计人员基于设计时钟波形修改定时器确定的建立和保持关系。默认，Vivado IDE 时序引擎执行单周期分析。由于这个分析可能过于严格，因此可能并不适合某些逻辑路径。

最常见的例子是逻辑路径，它需要多个时钟周期才能使数据稳定在端点。如果路径起点和路径端点的控制电路允许，Xilinx 推荐设计人员使用 multicycle_path 约束，放松建立要求。

保持要求可能仍然维持最初的关系，这取决于设计人员的意图。这将帮助时序驱动算法集中对其他要求比较苛刻的路径进行分析。它也可以帮助减少运行时间。

1. 设置路径乘数和时钟边沿

set_multicycle_path 命令用于修改相对于源时钟或目的时钟的路径要求乘数（对于建立分析、保持分析或者所有）。带有基本选项的 set_multcycle_path 命令的语法为

> set_multicycle_path <path_multiplier> [-setup|-hold] [-start|-end]
> [-from <startpoints>] [-to <endpoints>] [-through <pins|cells|nets>]

设计人员必须指定<path_multiplier>的值。定时器使用的默认值是：

（1）1，用于建立分析（或者恢复）；

（2）0，用于保持分析（或者去除）。

保持关系和建立关系相关，使用以下公式检索大多数常见情况下的保持周期：

保持周期=建立路径乘数（setup path multiplier）-1-保持路径乘数（hold path multiplier）

（1）默认，建立路径乘数是相对于目的时钟定义的。通过使用-start 选项修改源时钟的建立要求。

（2）类似地，保持路径乘数是相对于源时钟定义的。通过使用-end 选项修改目的时钟的保持要求。

重要提示：每个建立关系都有两个保持关系。

（1）第一保持关系确保建立启动边沿不会被在活动捕获边沿之前到达的边沿捕获。

（2）第二保持关系确保活动发射边沿之后的边沿不被活动捕获边沿捕获。时序分析工具计算两种保持关系，但在分析和报告期间只保留最严格的关系。如图 6.53 所示为路径上建立和保持关系的例子。

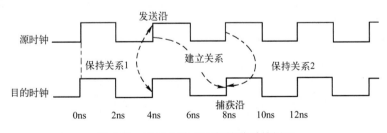

图 6.53　路径上建立和保持关系的例子

当对由同一时钟或由两个相同时钟（即，当时钟具有相同的波形，有/没有相移时）计时的路径应用多周期路径约束时，-start 和-end 选项没有明显效果。

表 6.3 说明-end 和-start 选项如何影响活动的发送沿和捕获沿。

表 6.3 -end 和-start 选项如何影响活动的发送沿和捕获沿

	源时钟（-start）移动发送沿	目的时钟（-end）移动捕获沿
建立	←-- （向后）	--→ （向前）（默认）
保持	--→ （向前）（默认）	←-- （向后）

set_multicycle_path 命令的-setup 选项，不仅修改建立关系，而且还影响和建立关系相关的保持关系。如果需要将保持关系恢复到最初的位置，需要使用另一条包含-hold 选项的 set_multicycle_path 命令。

注：可以在单个路径、多个路径，甚至在两个时钟之间设置多周期约束。

2．单时钟域上的多周期

在相同的时钟域内或具有相同波形（无相移）的两个时钟之间定义的多周期约束以相同的方式工作，如图 6.54 所示。

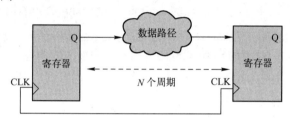

图 6.54 单时钟域上多周期的约束

静态时序分析（Static Timing Analysis，STA）工具给出的默认建立和保持关系如图 6.55 所示。

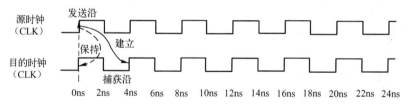

图 6.55 默认建立和保持关系

建立和保持时序要求如下所述。

（1）建立检查：

$$T_{数据路径(最大)} < TCLK_{(t=周期)} - T_{建立}$$

（2）保持检查：

$$T_{数据路径(最小)} > TCLK_{(t=0)} + T_{保持}$$

1）松弛建立而维持保持

【例 6-17】 多周期触发器的 Verilog HDL 描述例子如代码清单 6-7 所示。

代码清单 6-7 多周期触发器的 Verilog HDL 描述例子

```verilog
module top(
 input   clk,
 input   d,
 output q
     );
 reg enable;
 wire q_tmp;
```

```
            always @(posedge clk)
            enable<=~enable;

            FDCE data0_reg (
            .Q(q_tmp),                    // 1-bit output: Data
            .C(1'b0),                     // 1-bit input: Clock
            .CE(enable),                  // 1-bit input: Clock enable
            .CLR(clr),                    // 1-bit input: Asynchronous clear
            .D(d)                         // 1-bit input: Data
            );
            FDCE data1_reg (
            .Q(q),                        // 1-bit output: Data
            .C(clk),                      // 1-bit input: Clock
            .CE(enable),                  // 1-bit input: Clock enable
            .CLR(1'b0),                   // 1-bit input: Asynchronous clear
            .D(q_tmp)                     // 1-bit input: Data
            );
            endmodule
```

注：读者可以定位到本书配套资源的 \vivado_example\clkexcgroup 目录下，用 Vivado 2023.1 打开该设计。

在该设计中，每两个周期启动一次两个触发器之间的路径，如图 6.56 所示。在该路径上定义多周期路径约束是安全的，以指示目的时钟的第一个沿不活动，只有目的时钟的第二个边沿捕获新数据。

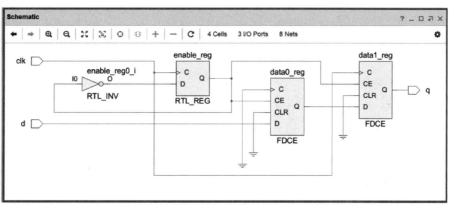

图 6.56　每两个周期使能寄存器

当未添加多周期约束时，对该设计执行设计综合和设计实现后的时序报告如图 6.57 所示。

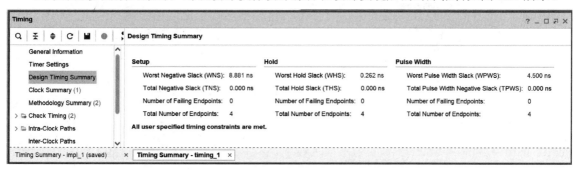

图 6.57　未添加多周期路径的时序报告

在该设计中，添加建立多周期路径约束的主要步骤如下所述。

第一步：打开综合后的设计。

第二步：在 Vivado 当前 SYNTHESIZED DESIGN 主界面右侧的窗口中，找到并展开"SYNTHESIS"条目。在展开条目中，找到并展开"Open Synthesized Design"条目。在展开条目中，找到并选择"Edit Timing Constraints"。

第三步：在图 6.58 中，找到并展开"Exceptions"条目。在展开条目中，双击"Set Multicycle Path"。

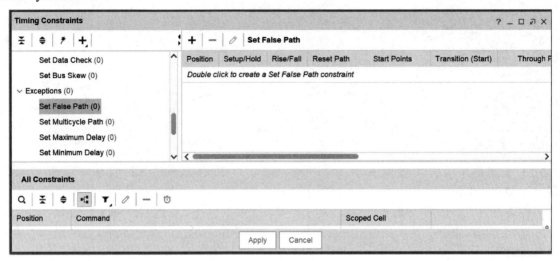

图 6.58 "Timing Constraints"标签页

第四步：弹出"Set Multicycle Path"对话框，如图 6.59 所示。在该对话框中，按如下设置参数。

图 6.59 "Set Multicycle Path"对话框

（1）Specify path multiplier：2。

（2）单击"Targets"标签。

（3）在"Start Points"标题窗口中，单击"From"右侧的按钮⋯。

第四步：弹出"Specify Start Points"对话框。在该对话框中，单击【Find】按钮。在该对话框左下角的 Results 子窗口中，找到并选中"data0_reg/C"，单击右侧的按钮➡，将 data0_reg/C 添加到 Selected 子窗口中。

第五步：单击该对话框中的【Set】按钮，退出"Specify Start Points"对话框，并返回到"Set Multicycle Path"对话框。

第六步：在"End Points"标题窗口中，单击"To"右侧的按钮⋯。

第七步：弹出"Specify Start Points"对话框。在该对话框中，单击【Find】按钮。在该对话框左下角的 Results 子窗口中，找到并选中"data1_reg/D"，单击右侧的按钮➡，将 data1_reg/D 添加到 Selected 子窗口中。

第八步：单击该对话框中的【Set】按钮，退出"Specify Start Points"对话框，并返回到"Set Multicycle Path"对话框。

第九步：单击"Set Multicycle Path"对话框中的"Options"标签。在该标签页中，找到"Setup/Hold"标题窗口，勾选"Use path multiplier for"前面的复选框，并且在其后面的下拉框中选择"setup"。

在"Set Multicycle Path"对话框底部的"Command"标题窗口右侧的文本框中给出了上面设置所对应的 Tcl 命令：

```
set_multicycle_path -setup -from [get_pins data0_reg/C] -to [get_pins data1_reg/D] 2
```

第十步：单击"Set Multicycle Path"对话框中的【OK】按钮，退出该对话框，并返回到"Timing Constraints"标签页。

第十一步：按 Ctrl+S 组合键，保存通过 GUI 设置的多周期建立路径约束。

第十二步：对该设计重新执行设计综合和设计实现。

第十三步：打开实现后的时序报告，如图 6.60 所示。显然，出现了时序不收敛的情况。

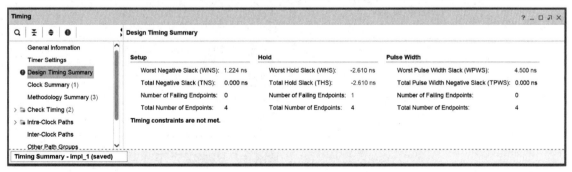

图 6.60　实现后的时序报告（添加建立多周期路径约束后）

如果新的保持要求变得过于激进，可能会导致时序收敛的困难。设计人员有责任在设计安全的情况下放宽保持要求。在与上图相同的例子中，将建立检查移动到第二个捕获边沿后，保持检查自动移动到第一个捕获边沿（建立检查前的一个时钟周期）。

图 6.61 说明了当使用多周期路径约束仅定义路径乘数时，建立和保持关系的变化情况。

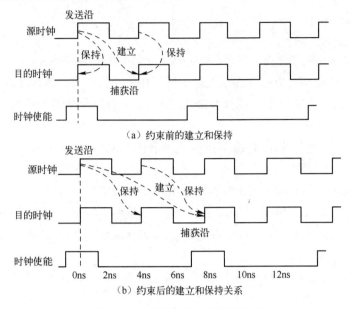

图 6.61　多周期路径：只放松建立

由于存在时钟使能，该路径不需要将数据保持在 data0_reg0 中一个周期即可工作。在这个情况下，Xilinx 建议将保持关系恢复到初始关系，即在相同的发送沿和捕获沿之间。要执行该操作，必须添加第二个只修改保持检查的多周期路径约束。

按照前面的方法，再次打开"Edit Timing Constraints"对话框。在该对话框中的"Options"标签页中，将"Use path multiplier for"设置为"hold"。设置完保持多周期路径的 Tcl 命令为

```
set_multicycle_path -hold -from [get_pins data0_reg/C] -to [get_pins data1_reg/D] 1
```

对该设计重新执行设计综合和设计实现，打开实现后的时序报告，如图 6.62 所示。显然，满足时序收敛的条件。

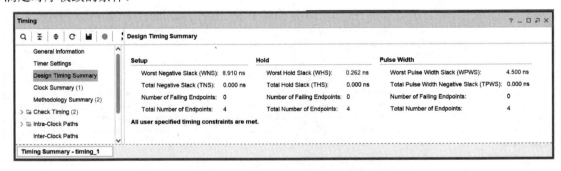

图 6.62　实现后的时序报告（添加保持多周期路径约束后）

在使用 set_multicycle_path -hold 命令时，需要-end 选项，这是由于必须要将捕获沿向后（移动到原来的位置）移动。

注：由于发送和捕获时钟有相同的波形，因此-end 选项是可选的。将捕获沿向后移动，导致当发送沿向前移动时有相同的保持关系。为了简化表达式，下面的例子省略了-end 选项。

图 6.63 给出了应用两个多周期路径约束后更新的建立和保持关系。

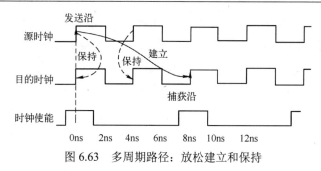

图 6.63　多周期路径：放松建立和保持

总结该例子，下面约束对于正确定义 data0_reg/C 和 data1_reg/D 之间的多周期路径（乘数为 2）是必要的：

```
set_multicycle_path 2 -setup -from [get_pins data0_reg/C] -to [get_pins data1_reg/D]
set_multicycle_path 1 -hold -from [get_pins data0_reg/C] -to [get_pins data1_reg/D]
```

对于建立乘数为 4 的多周期，图 6.64 给出了其最终的表示：

```
set_multicycle_path 4 -setup -from [get_pins data0_reg/C] -to [get_pins data1_reg/D]
set_multicycle_path 3 -hold -from [get_pins data0_reg/C] -to [get_pins data1_reg/D]
```

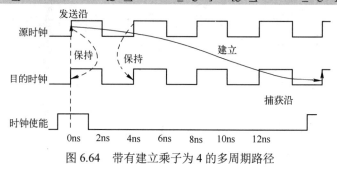

图 6.64　带有建立乘子为 4 的多周期路径

2）移动建立

【例 6-18】　建立=5/相应的移动保持。

假设建立路径乘数设置为 5。由于未指定保持路径乘数，因此保持关系源自建立启动和捕获边沿：

```
set_multicycle_path 5 -setup -from [get_pins data0_reg/C] -to [get_pins data1_reg/D]
```

默认情况下，根据捕获时钟应用建立乘数。这导致捕获时钟的边沿向前移动。建立捕获边沿出现在 5 个时钟周期之后，而不是仅一个时钟周期。因为没有指定保持乘数，所以用于保持检查的捕获时钟的边沿保持在用于建立检查的活动边沿之前一个周期到达的边沿。

启动时钟上的边沿不会因建立和保持关系而改变，如图 6.65 所示。

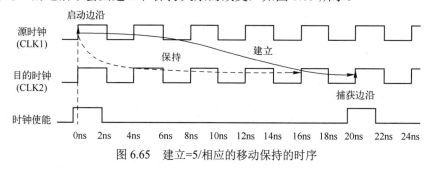

图 6.65　建立=5/相应的移动保持的时序

对于 4 个周期的保持要求，时序驱动的实现工具通常必须在数据路径中插入大量延迟，以满足慢时序角和快时序角的保持时序。这会导致不必要的面积和功耗。因此，在可能的情况下放宽保持要求是很重要的。

在该例子中，时钟使能信号提供了不必将数据保持在 data0_reg 中的 4 个周期的安全性，而不会有亚稳态风险。

【例 6-19】 建立=5/保持=4。

该例子中，假设定义了以下内容：

（1）建立乘数 5；

（2）保持程序 4（5-1）。

这对应于每 5 个周期启动和捕获一个新数据时两个连续单元之间的传输：

```
set_multicycle_path 5 -setup -from [get_pins data0_reg/C] -to [get_pins data1_reg/D]
set_multicycle_path 4 -hold -from [get_pins data0_reg/C] -to [get_pins data1_reg/D]
```

默认情况下，针对目标时钟应用建立乘数，这在这种情况下导致将捕获边沿向前移动到第 5 个周期而不是第一个周期。

对应地，默认，保持检查在建立检查之后。

在指定第二个命令时，针对源时钟应用保持乘数，这在这种情况下导致将启动边沿向前移动到第 4 个周期，如图 6.66 所示。

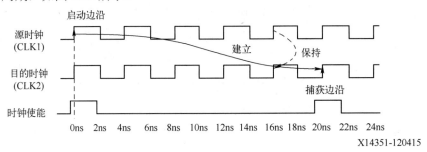

图 6.66 建立=5/保持=4 的时序（1）

由于源时钟和目的时钟都具有相同的波形并且相位对准，因此图 6.66 和图 6.67 等效。

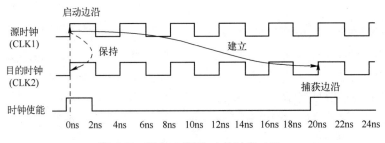

图 6.67 建立=5/保持=4 的时序（2）

通常，在时钟域内或具有相同波形的两个时钟之间，当定义 "N" 的建立乘数时，定义 "N-1" 的保持乘数（最常见的情况），对应的 Tcl 命令为

```
set_multicycle_path N -setup -from [get_pins data0_reg/C] -to [get_pins data1_reg/D]
set_multicycle_path N-1 -hold -from [get_pins data0_reg/C] -to [get_pins data1_reg/D]
```

3．多周期路径和时钟相位移动

有时候必须在两个时钟域内定义一个时序约束，这两个时钟有相同的周期，但是它们之间

有相移。在这些情况下，了解时序引擎使用默认的建立和保持关系至关重要。如果不仔细调整，两个时钟之间的相移可能会导致对两个时钟域的逻辑过度约束。图 6.68 给出了多周期路径和时钟相位移动。

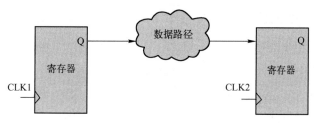

图 6.68　多周期路径和时钟相位移动

对于一个例子，假设：

（1）两个时钟 CLK1 和 CLK2 有相同的波形；

（2）CLK2 移动+0.3ns。

时序引擎通过查看两个波形上的所有边沿，并选择发送和捕获时钟上的两个边沿来计算建立关系，这会导致更严格的约束。

由于时钟相移，时序引擎使用的建立和保持关系可能不是期望的那样，如图 6.69 所示。

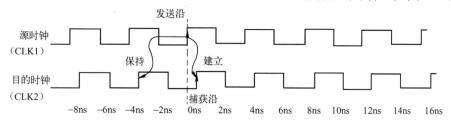

图 6.69　没有多周期路径约束的相移路径

在该例子中，由于相移而产生的建立约束是 0.3ns，这使得几乎不可能实现时序收敛。另一方面，保持检查是-3.7ns，这太宽松了。

必须对建立和保持边沿进行调整，以满足设计人员的目的，即通过添加建立乘数为 2 的多周期路径约束来实现：

```
set_multicycle_path 2 -setup -from [get_clocks CLK1] -to [get_clocks CLK2]
```

这将导致用于建立要求的捕获沿向前移动一个周期。保持的默认沿源自建立要求，无须指定，如图 6.70 所示。

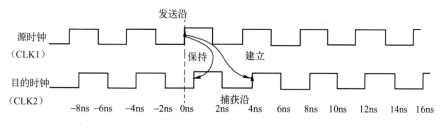

图 6.70　添加建立多周期路径乘数 2 约束后的路径

在两个时钟域之间负相移的情况下，如图 6.71 所示，用于建立和保持检查的发送沿和捕获沿与前面类似（单时钟域，无相位移动）。

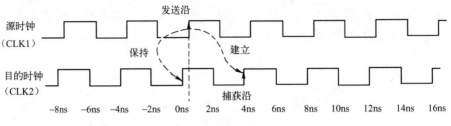

图 6.71　负相移路径的默认关系

4. 从慢时钟到快时钟的多周期

发送时钟 CLK1 是慢时钟，捕获时钟 CLK2 是快时钟，如图 6.72 所示。

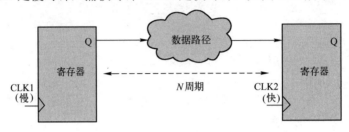

图 6.72　从慢时钟到快时钟的多周期

对于一个例子，假设：

（1）CLK2 的频率是 CLK1 的 3 倍；

（2）在接收寄存器上的一个时钟使能信号，允许在时钟之间设置多周期约束。

从慢时钟到快时钟的多周期波形，如图 6.73 所示。

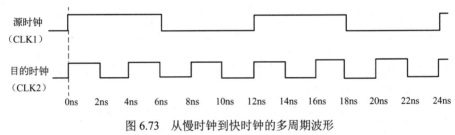

图 6.73　从慢时钟到快时钟的多周期波形

没有使用多周期约束时，STA 工具解析的建立和保持关系，如图 6.74 所示。

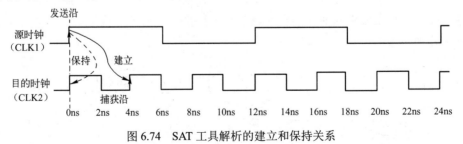

图 6.74　SAT 工具解析的建立和保持关系

【例 6-20】 该例子定义了一个建立乘数为 3 的多周期路径约束，格式为

```
set_multicycle_path 3 -setup -from [get_clocks CLK1] -to [get_clocks CLK2]
```

建立乘数的结果将用于建立检查的捕获时钟向前移动 2 个周期（3-1 个周期）。由于未指定保持乘数，因此保持关系由工具从建立发送和捕获沿导出，多周期约束未修改发送时钟活动

沿。多周期后的建立和保持关系，如图 6.75 所示。

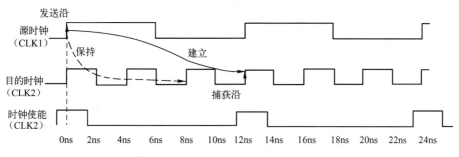

图 6.75　多周期后的建立和保持关系

在这个路径上，没有必要在发送寄存器内保持一个 CLK2 周期的数据。如果这样做，将增加不必要的逻辑，它将增加面积和消耗功率。

因为接收寄存器有时钟使能信号，放松保持要求是安全的，所以没有亚稳定状态的风险。

【例 6-21】　建立=3/保持=2（-end）。

为了放松前面例子的保持要求，保持关系的捕获边沿必须向后移动 2 个时钟周期。这是通过使用 set_multicycle_path=hold 命令指定-end 选项来完成的，如图 6.76 所示：

```
set_multicycle_path 3 -setup -from [get_clocks CLK1] -to [get_clocks CLK2]
set_multicycle_path 2 -hold -end -from [get_clocks CLK1] -to [get_clocks CLK2]
```

提示：如果未使用 set_multicycle_path -hold 指定-end，则启动边沿将向前移动。这不会产生预期的保持要求。

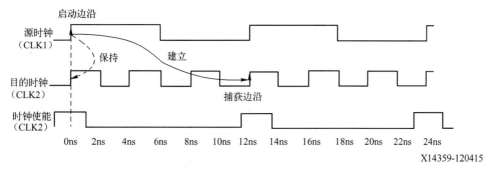

图 6.76　建立=3、保持=2 的多周期约束时序

5．从快时钟到慢时钟的多周期

发送时钟 CLK1 是快时钟，捕获时钟 CLK2 是慢时钟，如图 6.77 所示。

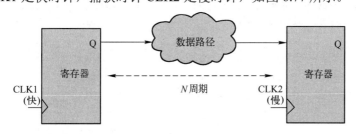

图 6.77　从快时钟到慢时钟的多周期

假设 CLK1 的频率是 CLK2 的 3 倍，从快时钟到慢时钟之间的多周期波形如图 6.78 所示。

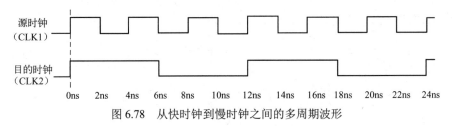

图 6.78　从快时钟到慢时钟之间的多周期波形

没有使用多周期约束时，STA 工具解析的建立和保持关系如图 6.79 所示。

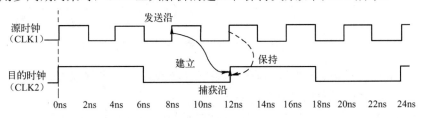

图 6.79　STA 工具解析的建立和保持关系

【例 6-22】　该例子针对发送时钟（-start）定义了建立乘数为 3、保持乘数为 2 的多周期路径约束。在 XDC 中，格式为

```
set_multicycle_path 3 -setup -start -from [get_clocks CLK1] -to [get_clocks CLK2]
set_multicycle_path 2 -hold -from [get_clocks CLK1] -to [get_clocks CLK2]
```

根据启动时钟（-start）定义建立乘数的结果是将用于建立检查的启动时钟的边沿向后移动 2 个周期（3-1 个周期），但是由于保持乘数是根据启动时钟定义的（默认-start 选项带有-hold），用于保持关系的启动时钟边沿向前移动 2 个周期。

对于建立和保持检查，捕获时钟沿没有发生变化，如图 6.80 所示。

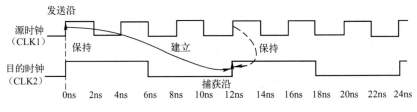

图 6.80　setup=3（-start），hold=2 的多周期路径

对于从快-慢时钟域跨越（Clock Domain Crossing，CDC），定义一个相对于启动时钟（-start）的建立乘数 "N"，保持乘数为 "N-1"（最常见的情况）。在 XDC 中，其格式为

```
set_multicycle_path N -setup -start -from [get_clocks CLK1] -to [get_clocks CLK2]
set_multicycle_path N-1 -hold -from [get_clocks CLK1] -to [get_clocks CLK2]
```

定义带有建立因子 "N" 的多周期路径如表 6.4 所示，其总结了前面的结果。

表 6.4　定义带有建立因子 "N" 的多周期路径

情　景	多周期约束
相同时钟域或者两个之间的同步时钟域（相同周期，没有相移）	set_multicycle_path N -setup -from CLK1 -to CLK2 set_multicycle_path N-1 -hold -from CLK1 -to CLK2
从慢到快时钟的同步时钟域之间	set_multicycle_path N -setup -from CLK1 -to CLK2 set_multicycle_path N -hold -end -from CLK1 -to CLK2
从快到慢时钟的同步时钟域之间	set_multicycle_path N -setup -start -from CLK1 -to CLK2 set_multicycle_path N -hold -from CLK1 -to CLK2

6.4.2　假路径

假路径指在设计中拓扑结构上存在，但是：

（1）没有起作用；

（2）不需要确定时序。

因此，在分析时序的过程中，将忽略假路径。

假路径的例子包括添加了双同步器逻辑器的跨越时钟域、可能在上电时写入一次的寄存器、复位或者测试逻辑、忽略异步分布式 RAM 写和异步读时钟之间的路径（如果适用）。

图 6.81 给出了一个没有起作用路径的例子，因为两个多路复用器都由相同的选择信号驱动，所以不存在从 Q 到 D 的路径，应该被定义为假路径。

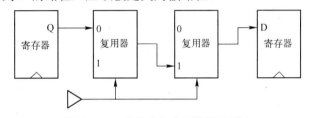

图 6.81　一个没有起作用路径的例子

当存在下面情况时，使用多周期约束代替一个假路径约束：

（1）设计的意图只是为了放松同步路径上的时序要求；

（2）仍然要求对路径确定时序、验证和优化。

从时序分析中去掉假路径的原因如下所述。

（1）减少运行时间：当从时序分析中删除了假路径时，该工具不需要对这些不起任何作用的路径确定时序或优化。具有对确定时序和优化引擎可见的不起任何作用的路径可能导致较大的运行损失。

（2）改善结果质量（Quality of Results，QoR）：消除假路径可以极大地提高 QoR。综合、布局和优化设计的质量在很大程度上受到工具尝试解决时序问题的影响。

如果某些不起任何作用的路径存在时序冲突，工具可能会尝试修复这些路径，而不是处理真正起作用的路径。不仅可能会增加不必要的设计规模（例如逻辑复制），而且工具可能会跳过修复实际问题，因为不起作用的路径具有更大的冲突，这会掩盖其他实际的冲突。最好的结果总是通过一组现实的约束来实现。

使用 XDC 命令 set_false_path 在工具内定义假路径，其语法格式为

set_false_path [-setup] [-hold] [-from <node_list>] [-to <node_list>] [-through <node_list>]

可以使用命令的以下额外选项来微调路径范围：

（1）-from 选项的节点列表应该是有效起点的列表。有效起点是时钟对象、时序元件的时钟引脚或者输入（输入输出）基本端口。可以提供多个元素。

（2）-to 选项的节点列表应该是有效端点的列表。有效的端点是时钟对象、输出（或输入输出）基本端口，或时序元件的输入数据引脚。可以提供多个元素。

（3）-through 选项的节点列表应该是有效引脚、端口或网络的列表。可以提供多个元素。

在不使用-from 和-to 的情况下使用-through 选项时要小心，因为它会从时序分析中删除通过该引脚或端口列表的任何路径。当时间约束是为 IP 或子模块设计的，但随后在不同的上下文

或更大的工程中使用时，要特别小心。当单独使用-through 选项时，可能会删掉比预期还要多的路径。

-through 选项的顺序是重要的。比如，下面两个命令是不同的：

```
set_false_path -through cell1/pin1 -through cell2/pin2
set_false_path -through cell2/pin2 -through cell1/pin1
```

下面的例子将去除从 reset 端口到所有寄存器的时序路径：

```
set_false_path -from [get_port reset] -to [all_registers]
```

下面的例子禁止两个异步时钟域之间的时序路径（如从 CLKA 到 CLKB）：

```
set_false_path -from [get_clocks CLKA] -to [get_clock CLKB]
```

前面的例子禁止了从时钟 CLKA 到时钟 CLKB 的路径。从时钟 CLKB 到时钟 CLKA 的路径未被禁止。因此，在任何一个方向上禁止两个时钟域之间的所有路径需要两个 set_false_path 命令：

```
set_false_path -from [get_clocks CLKA] -to [get_clock CLKB]
set_false_path -from [get_clocks CLKB] -to [get_clock CLKA]
```

尽管前面的两个 set_false_path 示例执行了预期的操作，但当两个或多个时钟域异步并且这些时钟域之间的路径应在任一方向禁止时，Xilinx 建议使用 set_clock_groups 命令：

```
set_clock_groups -group CLKA -group CLKB
```

如图 6.82 所示，可以使用-through 选项代替-from 或者-to 选项。在 XDC 中，约束格式为

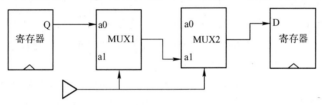

图 6.82　没有起作用路径的例子

```
set_false_path -through [get_pins MUX1/a0] -through [get_pins MUX2/a1]
```

注：-through 选项的顺序很重要。在上面的示例中，该顺序确保假路径首先通过引脚 MUX1/a0，然后通过引脚 MUX2/a1。

另一个常用的例子是在设计中的异步双口分布式 RAM，写操作与时钟 RAM 同步，但在设计允许的情况下，读操作可以是异步的。在这种情况下，可以将写入时钟和读取时钟时间的时序路径设置为假路径。

6.4.3　最大和最小延迟

设计人员可以覆盖路径的最大/最小延迟：

（1）使用最大延迟约束覆盖路径上的默认建立（或者恢复）要求；

（2）使用最小延迟约束覆盖默认的保持（或者去除）要求。

1. 设置最大延迟和最大延迟约束

通过两条不同的 XDC 命令设置最大延迟约束和最小延迟约束。这些命令接受类似的选项。

（1）最大延迟约束的语法格式为

set_max_delay <delay> [-datapath_only] [-from <node_list>] [-to <node_list>] [-through <node_list>]

（2）最小延迟约束的语法格式为

set_min_delay <delay> [-from <node_list>] [-to <node_list>] [-through <node_list>]

① -from 选项的节点列表是有效起点的列表。有效起点是时钟、输入（或者输入输出）端口或者时序单元（如寄存器或 RAM）的时钟引脚。使用无效起点的节点将导致路径分段。可以提供多个元素。

② -to 选项的节点列表应该是有效端点的列表。有效端点是时钟、输出（或输入输出）端口或时序单元的数据引脚。使用无效端点的节点将导致路径分段。可以提供多个元素。

③ -through 选项的节点列表应该是有效引脚、端口或者网络的列表。

默认，时序引擎将时钟偏移（Skew）包含在松弛计算中。

-datapath_only 选项可用于从松弛计算中去掉时钟偏移。-datapath_only 选项仅受 set_max_delay 命令支持，并且需要-from 选项。

表 6.5 总结了-datapath_only 对 set_max_delay 约束行为的影响。带或不带-datapath_only 的 set_max_delay 的路径延迟计算的常见行为如下：

（1）当路径起始于输入端口并且已在该端口上指定了 set_Input_delay 时，在路径延迟计算中包括输入延迟；

（2）当路径在输出端口上结束并且在该端口上指定了 set_Output_delay 时，在路径延迟计算中包含输出延迟。

（3）当路径在时序元件的数据引脚上结束时，在路径延迟计算中包括数据引脚的建立时间。

表 6.5　带和不带-datapath_only 的最大延迟约束之间的差异

	set_max_delay	set_max_delay -datapath_only
路径延迟计算	当约束从时序元件的时钟引脚开始或在顺序元件的数据引脚结束时包含的偏移	从未包含偏移
保持要求	不可触碰（Untouched）	假路径(False-ed path)
-from 选项	可选	强制

1）在一个路径上设置最大延迟和最小延迟约束的结果

如果未使用-datapath_only 选项，则在路径上设置最大延迟约束时不会修改路径上的最小要求。路径上的保持（去除）检查保持其默认状态。

注：如果在 set_max_delay 中使用-datapath_only 选项，将导致忽略该/那些路径上的保持要求（生成一些内部 set_false_path-hold 约束）。

类似地，在路径上设置最小延迟约束时，不修改默认的建立（恢复）检查。例如，如果一个路径只有最大延迟要求，可以使用 set_max_delay 和 set_false_path 命令的组合。例如：

set_max_delay 5 -from [get_pins FD1/C] -to [get_pins FD2/D] set_false_path -hold -from [get_pins FD1/C] -to [get_pins FD2/D]

该例子为从 FD1/C 开始到 FD2/D 结束的路径设置了 5ns 的建立要求。由于使用了 set_false_path 命令，因此没有最低要求。

2）约束输入和输出逻辑

set_max_delay 命令和 set_min_delay 命令通常不用于约束输入和输出逻辑。输入端口和第一级寄存器之间通常使用 set_input_delay 延迟命令约束。该命令提供了用于将时钟和输入端口关联的选项。

同样的，对于最后一级寄存器和输出端口之间输出逻辑通常使用 set_output_delay 命令约束。然而，set_max_delay 命令和 set_min_delay 命令用于约束基于输入端口和输出端口之间的纯粹的组合逻辑路径。

【例 6-23】 纯组合逻辑电路的最大和最小延迟约束的例子。在该例子中，使用 Verilog HDL 进行描述，如代码清单 6-8 所示。

代码清单 6-8　纯组合逻辑电路的 Verilog HDL 描述例子

```verilog
module top(
    input a,
    input b,
    output [4:0] z
);

    assign z[0]=a & b;
    assign z[1]=a | b;
    assign z[2]=a ^ b;
    assign z[3]=~a;
    assign z[4]=~b;
endmodule
```

注：读者可以定位到本书配套资源的\vivado_example\delaypath 目录下，用 Vivado 2023.1 打开该设计。

为该设计添加最大和最小延迟约束的主要步骤如下所述。

第一步：打开综合后的设计。

第二步：在 Vivado 当前 SYNTHESIZED DESIGN 主界面左侧的 Flow Navigator 窗口中，找到并展开"SYNTHESIS"条目。在展开条目中，找到并展开"Open Synthesized Design"条目。在展开条目中，选择"Edit Timing Constraints"条目。

第三步：在 Vivado 当前 SYNTHESIZED DESIGN 主界面的右侧窗口中，出现新的"Timing Constraints"标签页，如图 6.83 所示。在该标签页中，找到并展开"Clocks"条目。在展开条目中，找到并双击"Create Clock"条目。

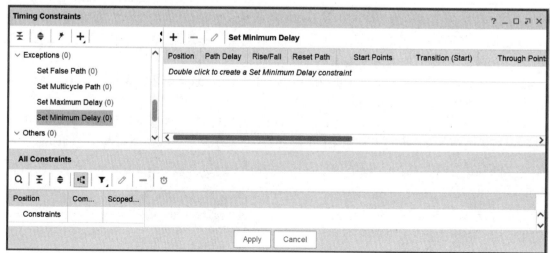

图 6.83　"Timing Constraints"标签页

第四步：弹出"Create Clock"对话框。在该对话框中，按如下设置参数。

（1）Clock name：clk_virt。

（2）Source objects：;（保持为空）。

（3）在"Waveform"标题窗口中，"Period"设置为10ns；"Rise at"设置为0ns；"Fall at"设置为5ns。

第五步：单击该对话框中的【OK】按钮，退出该对话框，并返回到"Timing Constraints"标签页。

第六步：在"Timing Constraints"标签页中，找到并展开"Exceptions"条目。在展开条目中，双击"Set Minimum Delay"条目。

第七步：弹出"Set Minimum Delay"对话框，如图6.84所示。在该对话框中，按如下设置参数。

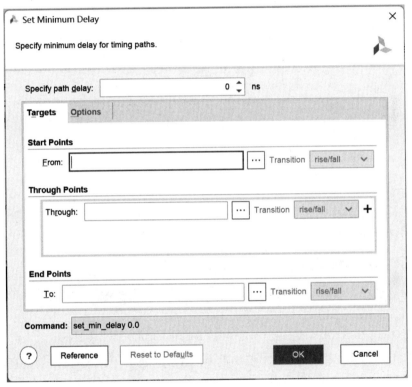

图6.84　"Set Minimum Delay"对话框

（1）Specify path delay：0ns。

（2）在"Start Points"标题窗口中，单击"From"右侧的按钮⋯，弹出"Specify Start Points"对话框。在该对话框中，按如下设置参数。

① Find names of type：I/O Port。

② 单击【Find】按钮。

③ 在该对话框左下角的 Results 子窗口中，列出了找到的端口。在该窗口中，首先依次选中 a 和 b，然后单击右侧的按钮➡，将其添加到右侧的 Selected 子窗口中，最后单击该对话框中的【OK】按钮，退出"Specify Start Points"对话框，并返回到"Set Minimum Delay"对话框。

（3）在"End Points"标题窗口中，单击"To"右侧的按钮⋯，弹出"Specify End

Points"对话框。在该对话框中，按如下设置参数。

① Find names of type：I/O Port。

② 单击【Find】按钮。

③ 在该对话框左下角的 Results 子窗口中，列出了找到的端口。在该子窗口中，首先依次选中 z[0]、z[1]、z[2]、z[3]和 z[4]，然后单击右侧的按钮➡，将其添加到右侧的 Selected 子窗口中，最后单击该对话框中的【OK】按钮，退出"Specify End Points"对话框，并返回到"Set Minimum Delay"对话框。

第八步：设置完最小延迟的"Set Minimum Delay"对话框如图 6.85 所示，单击该对话框中的【OK】按钮，退出"Set Minimum Delay"对话框。

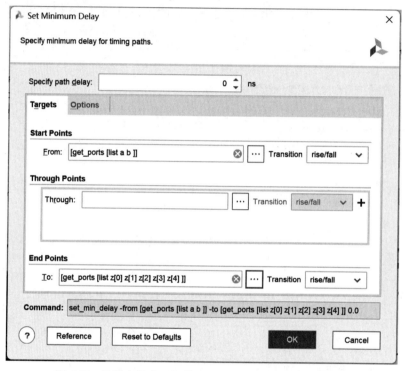

图 6.85　设置完最小延迟的"Set Minimum Delay"对话框

第九步：在"Timing Constraints"标签页中，找到并展开"Exceptions"条目。在展开条目中，双击"Set Maximum Delay"条目。

第十步：弹出"Set Maximum Delay"对话框，如图 6.86 所示。在该对话框中，按如下设置参数。

（1）Specify path delay：11ns。

（2）在"Start Points"标题窗口中，单击"From"右侧的按钮⋯，弹出"Specify Start Points"对话框。在该对话框中，按如下设置参数。

① Find names of type：I/O Port。

② 单击【Find】按钮。

③ 在该对话框左下角的 Results 子窗口中，列出了找到的端口。在该子窗口中，首先依次选中 a 和 b，然后单击右侧的按钮➡，将其添加到右侧的 Selected 子窗口中，最后单击该对话框中的【OK】按钮，退出"Specify Start Points"对话框，并返回到"Set Maximum Delay"对话框。

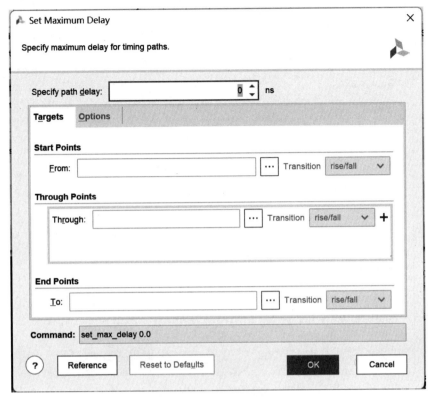

图 6.86　"Set Maximum Delay"对话框

（3）在"End Points"标题窗口中，单击"To"右侧的按钮 ⋯ ，弹出"Specify End Points"对话框。在该对话框中，按如下设置参数。

① Find names of type：I/O Port。

② 单击【Find】按钮。

③ 在该对话框左下角的 Results 子窗口中，列出了找到的端口。在该子窗口中，首先依次选中 $z[0]$、$z[1]$、$z[2]$、$z[3]$ 和 $z[4]$，然后单击右侧的按钮 ➡ ，将其添加到右侧的 Selected 子窗口中，最后单击该对话框中的【OK】按钮，退出"Specify End Points"对话框，并返回到"Set Maximum Delay"对话框。

第十一步：设置完最大延迟的"Set Maximum Delay"对话框如图 6.87 所示，单击该对话框中的【OK】按钮，退出"Set Maximum Delay"对话框。

第十二步：自动返回到"Timing Constraints"标签页。按 Ctr+S 组合键。

第十三步：弹出"Out of Date Design"对话框，单击该对话框中的【OK】按钮，退出"Out of Date Design"对话框。

第十四步：弹出"Save Constraint"对话框，默认勾选"Select an existing file"前面的复选框，单击该对话框中的【OK】按钮。

第十五步：单击 Vivado 当前 SYNTHESIZED DESIGN 主界面右侧的【Close】按钮 ✕ 。

第十六步：弹出"Confirm Close"对话框，单击【OK】按钮，退出该对话框，并自动返回到 Vidado 当前工程主界面。

第十七步：对添加时序约束的设计重新执行设计综合和设计实现。

第十八步：打开实现后的时序报告，如图 6.88 所示。从图中可以看出，约束条件满足时序收敛要求。

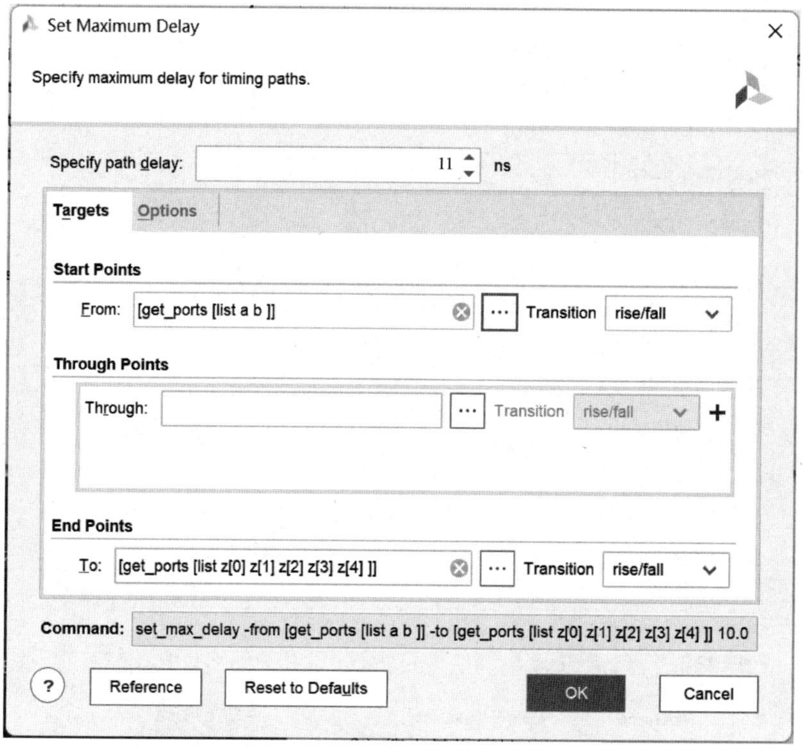

Set Maximum Delay
Specify maximum delay for timing paths.
Specify path delay:
11
ns
Targets
Options
Start Points
From:
[get_ports [list a b]]
Transition
rise/fall
Through Points
Through:
Transition
rise/fall
End Points
To:
[get_ports [list z[0] z[1] z[2] z[3] z[4]]]
Transition
rise/fall
Command:
set_max_delay -from [get_ports [list a b]] -to [get_ports [list z[0] z[1] z[2] z[3] z[4]]] 10.0
Reference
Reset to Defaults
OK
Cancel

图 6.87　设置完最大延迟的“Set Maximum Delay”对话框

Timing
General Information
Timer Settings
Design Timing Summary
Clock Summary (1)
Methodology Summary
Check Timing (0)
Intra-Clock Paths
Inter-Clock Paths
Design Timing Summary
Setup
Worst Negative Slack (WNS): 0.618 ns
Total Negative Slack (TNS): 0.000 ns
Number of Failing Endpoints: 0
Total Number of Endpoints: 5
Hold
Worst Hold Slack (WHS): 3.326 ns
Total Hold Slack (THS): 0.000 ns
Number of Failing Endpoints: 0
Total Number of Endpoints: 5
Pulse Width
Worst Pulse Width Slack (WPWS): NA
Total Pulse Width Negative Slack (TPWS): NA
Number of Failing Endpoints: NA
Total Number of Endpoints: NA
All user specified timing constraints are met.
Timing Summary - impl_1 (saved)

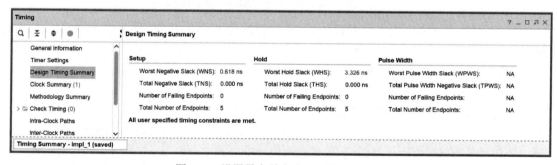

图 6.88　设置最大最小延迟后的时序报告

第十九步：退出该设计工程。

3）约束异步信号

set_max_delay 命令可以用于约束不具有时钟关系但需要最大延迟的异步信号。

例如，使用 set_clock_groups 命令（推荐）或者 set_false_path 命令（不推荐）禁止两个异步时钟域之间的时序路径。这假定设计人员已经使用双寄存同步器或者 FIFO 正确地设计了不同的时钟域。但是，设计人员必须确保两个时钟域之间的路径延迟不会过高。

在一些多维 CDC 场景中，位之间的偏移必须在某些要求内。即使可以通过总线偏移约束（set_bus_skew）来约束偏移，但也必须确保两个时钟域之间的路径延迟不会过高。这可以通过用 set_max_delay-datapath_only 替换相关路径上源 XDC 文件内的 set_false_path 或 set_clock_groups 约束来实现。

注：假路径约束和最大延迟约束之间存在运行时影响，因为路径是用最大延迟计时的。

如果必须为两个时钟域之间的某些或所有路径指定最大延迟，则必须使用命令 set_max_delay -datapath_only 来约束这些路径。在这种情况下，set_clock_groups 不能用于将两个时钟域定义为异步，因为它在约束优先级方面取代了 set_max_delay 约束。必须使用 set_false_path 或 set_max_delay 约束的组合来约束其他跨时钟域路径：

```
set_max_delay <delay> -datapath_only -from <startpoints_source_clock_domain> \
-to <endpoints_destination_clock_domain>
```

2．路径分段

与其他 XDC 约束不同，在-from 和-to 选项的情况下，set_max_delay 命令和 set_min_delay 命令可以分别接受无效起点或终点的列表。

当指定了无效的起点时，时序引擎会停止通过节点的时序传播，从而使节点成为有效的起点。

如图 6.89 所示，在以下示例中，唯一有效的起点是 FD1/C：

```
set_max_delay 5 -from [get_pins FD1/C]
```

如图 6.90 所示，如果约束应用于 FD1/Q，则时序引擎停止通过弧 C→Q 的传播，以使引脚 Q 成为有效的起点：

```
set_max_delay 5 -from [get_pins FD1/Q]
```

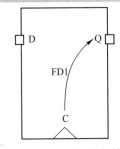 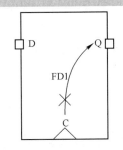

图 6.89　初始的时序弧　　　　　图 6.90　在路径分段后，时序没有传播

停止传播时序以创建有效起点的过程称为路径分割。路径分割影响最大和最小延迟分析。路径分割还影响通过这些节点（FD1/C 和 FD1/Q）的任何时序约束。

注： 由于路径分段，从 FD1/Q 开始的路径的启动时钟不使用时钟插入延迟。这可能会导致大的偏移，因为仍然考虑端点的时钟偏移。如图 6.91 所示。

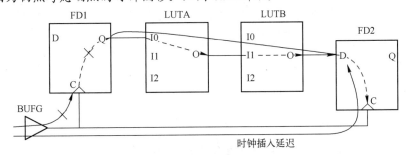

图 6.91　路径分段导致较大的时钟偏移

路径分段可能会产生意想不到的后果，所以必须完全避免路径分段或者非常小心地使用它。

路径分割后，路径上没有默认的保持要求。假设没有指定-datapath_only 选项，则在必要时使用 set_min_delay 命令设置路径上的保持要求。

由于存在风险，当路径分段发生时会发出严重警告。

如果设计人员将输出 FD1/Q 作为起点，以避免将时钟偏移考虑在内，Xilinx 建议使用

-datapath_only 选项。相反，请参见以下示例：

```
set_max_delay 5 -from [get_pins FD1/C] -datapath_only
```

同样，当指定了无效端点时，时序引擎会在节点之后停止传播，使节点成为有效端点。

如图 6.92 所示，在以下示例中，最大延迟是在 LUTA/O 上指定的，它不是有效的端点：

```
set_max_delay 5 -from [get_pins LUTA/O]
```

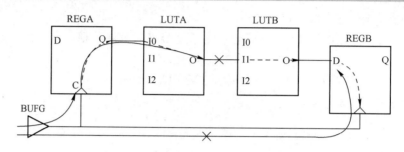

图 6.92　当指定无效端点时，路径分段

为了使 LUTA/O 成为有效的端点，时序在 LUTA/O 之后停止传播。因此，通过 LUTA/O 的所有时序路径都受到建立和保持的影响。对于从 REGA/C 开始到 LUTA/O 结束的路径，只考虑启动时钟的插入延迟。这可能会导致非常大的偏移。

由于路径分割会阻止通过时序弧的传播，因此可能会产生意想不到的后果。所有通过这些节点的时序路径都会受到影响。

如图 6.93 所示，在以下示例中，在 LUTA/O 和 REGB/D 之间设置了最大延迟：

```
set_max_delay 6 -from [get_pins LUTA/O] -to [get_pins REGB/D]
```

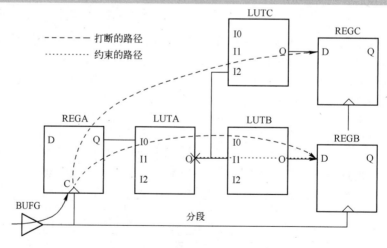

图 6.93　路径分段打断了多个路径

由于引脚 LUTA/O 不是有效的起点，因此发生路径分割，并且破坏了来自 LUTA/I* 和 LUTA/O 的时序弧。即使仅在 LUTA/O 和 REGB/D 之间设置了 set_max_delay 约束，其他路径（如 REGA/C 和 REGC/D 之间的路径）也会断开。

路径分割可能会导致时序异常之间的优先级发生变化，但事实并非如此。

set_clock_groups 约束是否取代 set_max_delay 约束可能存在差异。考虑下面两种情况。

（1）场景 1：

```
set_max_delay <ns> -datapath_only -from <instance> -to <instance>
```

在该场景中，为-from/-to 提供了实例名字。set_max_delay 约束总是被 set_clock_groups -asynchronous 覆盖，因为 Vivado 在提供实例时总是选择有效的起点。

（2）场景 2：

```
set_max_delay <ns> -datapath_only -from <pin> -to <pin | instance>
```

在这种情况下，如果-from 提供的引脚名字导致路径分割，则 set_clock_groups-asynchronous 不会覆盖特定的 set_max_delay 约束。背后的原因是路径分段迫使从引脚名字开始的路径不再被看作由第一个时钟域启动。因此，该路径不再由 set_clock_groups 约束覆盖，并应用 set_max_delay 约束。

6.4.4　Case 分析

在一些设计中，某些信号在特定模式下是一个常数。例如，在功能模式下，测试信号不会切换，其或者为 VDD 或者为 VSS。这也用于一些信号，这些信号在上电后不会切换。同样，在当今设计中，有多个工作模式，在一些工作模式下，一些信号是活动的，而在另一些工作模式下，信号是不活动的。

为了帮助减少分析空间、运行时间和存储器开销，让静态时序引擎知道有常数值的信号这是非常重要的。这样，保证不会报告不起作用的或者不相关的路径。

使用 set_case_analysis 命令，将信号声明为对时序引擎是不活动的。该命令应用于引脚和/或端口。

注：在引脚上设置 Case 分析后，将禁止与该引脚相关的时序弧。时序引擎不会报告任何经过禁止时序弧的路径。

set_case_analysis 命令的语法为

```
set_case_analysis <value><pins or ports objects>
```

该语法中的<value>可以是 0、1、rise、rising、fall 或 falling。

当指定 rise、rising、fall 或 falling 时，这意味着给定的引脚或者端口只能考虑用于指定跳变的时序分析。禁止另一个跳变。

可以在端口、叶子单元的引脚或者层次模块的引脚上设置 case 值。

在图 6.94 给出的例子中，在多路复用器的输入引脚上提供了两个时钟。但是，当在选择端引脚 S 被设置为一个常数值后，只有 clk_2 通过输出引脚传播。

在 XDC 中，其约束命令格式为

```
create_clock -name clk_1 -period 10.0 [get_pins clock_sel/I0]
create_clock -name clk_2 -period 15.0 [get_pins clock_sel/I1]
set_case_analysis 1 [get_pins clock_sel/S]
```

在下面的例子中，BUFG_GT 具有动态时钟分频，作为其 DIV[2:0]引脚，由一些逻辑驱动，而不是连接到 VCC/GND，如图 6.95 所示。

在这种情况下，假设输出时钟可能出现最坏的情况（除以 1），并将输入时钟传播到缓冲输出。这种最坏的情况可能是悲观的，并且如果没有执行时钟分频 1，则会过度约束设计。通过 set_case_analysis 约束设置 DIV[2:0]总线，可以控制 BUFG_GT 输出引脚上的自动生成时钟。

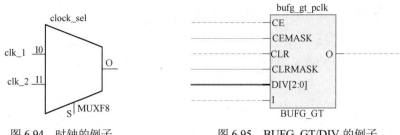

图 6.94　时钟的例子　　　　　　图 6.95　BUFG_GT/DIV 的例子

例如，如果最坏情况下的时钟分频器为 3，则应将以下情况分析应用于 BUFG_GT：

```
set_case_analysis 0 [get_pins bufg_gt_pclk/DIV[0] ]
set_case_analysis 1 [get_pins bufg_gt_pclk/DIV[1] ]
set_case_analysis 0 [get_pins bufg_gt_pclk/DIV[2] ]
```

注：Xilinx UltraScale 和 Xilinx UltraScale+ GT_CHANNEL 具有多个输入时钟，其通过多个级别的内部多路复用器传播到 GT_CHANNNEL 的输出（如 TXOUTCLK）。案例分析可以以类似的方式用于 GT_CHANNEL 时钟复用控制信号（如 TXSYSCLKSEL、TXOUTCLKSEL），以选择输入或内部时钟中的哪一个应该传播到 GT_CHANNEL 的输出。

6.4.5　禁止时序弧

可以使用 set_disable_timing 命令禁止单元内的时序弧。只能禁止从单元的输入端口到输出端口的时序弧。

注：set_disable_timing 命令也可用于从端口或线禁用时序弧。在这种情况下，不使用命令行选项-from 和-to，只指定端口对象或时序弧对象。

计时器会自动禁用某些时序弧，以处理特定情况。定时器通过禁用环路内的一个时序弧来断开环路。

另一个例子是 MUX 上的 Case 分析集。默认，MUX 的所有数据输入都会传播到输出端口，但当对选择信号进行 Case 分析时，只有一个数据输入端口会传播到该输出端口。这是由定时器通过断开从其他数据输入端口到输出端口的时序弧来完成的。

set_disable_timing 命令使设计人员能够手动打断设计中的单元时序弧。例如，设计人员可以决定组合反馈回路的哪个时序弧应该被禁止，而不是让工具做出这个决定。

此外，假设多个时钟到达 LUT 输入引脚，但只有一个时钟应传播到 LUT 输出端口。可以通过断开与不应传播的时钟相关的时序弧来处理这种情况。

还有一种涉及 LUTRAM 的场景可能非常频繁。在 LUTRAM 内部，写入和读取时钟之间存在从 WCLK 引脚到输出 O 引脚的物理路径。然而，基于 LUTRAM 的异步 FIFO 的设计方式使得这种 CDC 路径 WCLK→O 不能通过构造来实现。尽管如此，该时序弧是使能的，并且可能导致定时器通过该 WCLK→O 时序弧报告路径。该弧也可能触发一些 timing-10 DRC 违规。在这种情况下，设计人员应该禁止 WCLK→O 弧，这样这些路径就不会被定时和报告，也不会触发无效的 DRC 违规。在基于 Xilinx LUTRAM 的 FIFO 的当前实现中，自动禁止该时序弧。

注：禁止时序弧后，定时器将不会通过该弧报告任何时序路径。设计人员应该非常小心，不要禁止任何有效的时序弧。这可能会掩盖一些时序冲突和/或时序问题，这些问题可能会导致硬件设计失败。

set_disable_arc 命令的语法为

set_disable_timing [-from <arg>] [-to <arg>] [-quiet] [-verbose] <objects>

只能向-from 和-to 命令行选项提供引脚名字，而不能提供 Vivado 工具对象。引脚名字还应与库单元中的引脚名字相匹配，而不是与设计引脚名字匹配。例如：

set_disable_timing -from WCLK -to O [get_cells inst_fifo_gen/ gdm.dm/gpr1.dout_i_reg[*]]

上述命令禁止所有基于 LUTRAM 的异步 fifo inst_fifo_gen/gdm/gpr1.dout_i_reg[*]的 WCLK→O 时序弧。

命令行选项-from 和-to 是可选的。如果未指定-from，则将禁止以-to 指定的引脚结束的所有时序弧。同样，如果未指定-to，则禁止在用-from 指定的引脚上开始的所有时序弧。如果没有指定-from 和-to，则禁止命令中指定的单元格的所有时序弧。

可以使用命令 report_disable_timing 列出定时器自动禁止和设计人员手工禁止的所有时序弧。需要注意，因为列表可能很大。使用-file 命令行选项可以将结果保存到文件中。

注：report_disable_timing 的作用域可以是一个或多个具有-cells 的层次模块。

6.5　CDC 约束

跨时钟域（Clock Domain Crossing，CDC）约束适用于具有不同启动和捕获时钟的时序路径。根据启动和捕获时钟的关系以及在 CDC 路径上设置的时序异常，有同步 CDC 和异步 CDC。

异步 CDC 路径可以是安全的，也可以是不安全的。异步 CDC 路径的安全和不安全术语与用于时钟间时序分析的术语不同。当异步 CDC 路径使用同步电路来防止捕获时序单元的亚稳态时，它被认为是安全的。

CDC 路径的时序分析可以通过使用 set_false_path 或 set_clock_groups 约束来完全忽略，也可以通过仅使用 set_max_delay -datapath_only 来部分分析。此外，可以使用 set_bus_skew 约束来约束多位 CDC 路径捕获时间扩展。

6.5.1　关于总线偏移约束

总线偏斜约束用于设置几个异步 CDC 路径之间的最大偏移要求。总线偏移不是与时序路径相关联的传统时钟偏移。相反，它对应于由相同的 set_bus_skew 约束覆盖的所有路径上的最大捕获时间差。总线偏移要求适用于快角和慢角，但没有对拐角进行分析。

总线偏移约束的目的是限制可以启动数据并由单个目的地时钟边沿捕获的源时钟边沿的个数。容差取决于用于受约束路径的 CDC 同步方案。总线偏移约束通常用于以下 CDC 拓扑：

（1）格雷码总线传输，如在异步 FIFO 中；

（2）用 CE、MUX 或 MUX Hold 电路实现的多位 CDC；

（3）配置寄存器。

尽管 set_bus_skew 命令不会阻止在安全定时同步 CDC 上设置总线偏移约束，但不需要这样的约束。建立和保持检查已经确保了两个安全定时同步 CDC 路径之间的安全传输。

总线偏移约束的 CDC 场景为：

（1）set_clock_groups 覆盖的异步 CDC；

（2）完全由 set_false_path 和/或 set_max_delay -datapath_only 覆盖的异步 CDC；

（3）由 set_false_path 和/或 set_max_delay -datapath_only 覆盖的同步 CDC 路径。

总线偏移约束不是时序例外；相反，这是一个时序断言。因此，它不会干扰时序异常（set_clock_group、set_false_path、set_max_delay、set_max_delay-datapath_only 和 set_multcycle_path）及其优先级。

总线偏斜约束仅通过 route_design 命令进行优化。要报告 set_bus_skew 约束，请使用 report_bus_skew 命令，或在 Vivado IDE 主界面下执行菜单命令【Reports】→【Timing>Report Bus Skew】。不会在 Timing Summary 报告（report_Timing_Summary）中报告总线偏移约束。

6.5.2 set_bus_skew 命令的语法

带有基本选项的 set_bus_skew 命令的语法为：

```
set_bus_skew [-from <args>] [-to <args>] [-through <args>] <value>
```

（1）-from 选项的对象列表应该是有效起点的列表。set_bus_skew 的有效起点是时序元素（如寄存器或 RAM）或单元本身的时钟引脚。set_bus_skew 不支持输入（或 inout）端口。

（2）-to 选项的节点列表应该是有效端点的列表。set_bus_skew 的有效端点是时序单元或单元本身的数据引脚。set_bus_skew 不支持输出（或 inout）端口。

（3）-through 选项的节点列表应该是有效引脚或网络的列表。

注：（1）在指定总线偏移约束时，必须同时指定-from 和-to 选项。

（2）Xilinx 建议在扇出为 1（单负载）的路径上设置总线偏移约束。此外，每个总线偏移约束必须覆盖至少两个起点和两个端点。

总线偏移值必须合理。Xilinx 建议使用大于源和目标时钟最小周期的一半的值。总线偏移的推荐值也取决于 CDC 拓扑结构，如以下示例所示。

【例 6-24】 set_bus_skew 约束例子（1）。

在本例中，CDC 是握手机制的一部分。当数据可用于采样时，源时钟域生成发送信号。目标时钟域对发送信号使用四级同步器。在四级同步器之后，信号驱动 CDC 目标寄存器的时钟使能引脚。在这种时钟使能控制 CDC 结构中，总线偏移必须调整为 CE 路径上的级数，因为它表示数据有效的目的地时钟周期的个数，如图 6.96 所示。

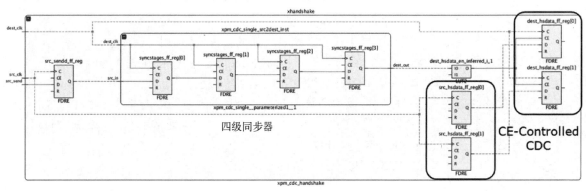

图 6.96 set_bus_skew 约束例子（1）

如果源时钟周期为 5ns，目标时钟周期为 2.5ns，则 CDC 路径上的总线偏移应设置为 10ns（4×2.5ns）：

```
set_bus_skew -from [get_cells src_hsdata_ff_reg*] -to [get_cells dest_hsdata_ff_reg*] 10.000
```

注：为了完整性，CDC 需要额外的 set_max_delay 约束，以确保源寄存器和目标寄存器不

会相距太远：

> set_max_delay -datapath_only -from [get_cells src_hsdata_ff_reg*] -to [get_cells dest_hsdata_ff_reg*]
> 10.000

【例 6-25】 set_bus_skew 约束例子（2）。

在这个例子中，CDC 是格雷码编码的总线。系统必须确保目标时钟域同时只捕获格雷码编码的总线的一个跳变，如图 6.97 所示：

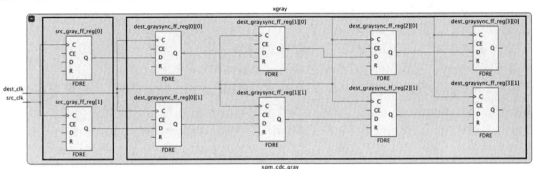

图 6.97 set_bus_skew 约束例子（2）

> set_bus_skew -from [get_cells src_gray_ff_reg*] -to [get_cells {dest_graysync_ff_reg[0]*}] 2.500

注：为了完整性，CDC 需要一个额外的 set_max_delay 约束，以确保源寄存器和目标寄存器不会相距太远。在这种情况下，最大延迟被设置为源时钟周期，因为 CDC 在较慢时钟和较快时钟之间，并且目标时钟域只应捕获总线的一个跳变：

> set_max_delay -datapath_only -from [get_cells src_gray_ff_reg*] -to [get_cells {dest_graysync_ff_reg[0]*}]
> 5.000

6.6 物理约束原理

6.6.1 关于布局约束

Vivado IDE 允许通过设置对象属性的值对设计对象进行物理约束，例子包括：

（1）IO 约束，如位置和 IO 标准；

（2）布局约束，如单元位置；

（3）布线约束，如固定的布线；

（4）配置约束，如配置模式。

与时序约束类似，物理约束必须保存在 XDC 文件或 Tcl 脚本中，以便在打开设计时与网表一起加载。将设计加载到内存后，可以使用 Tcl 控制台或 Vivado IDE 提供的编辑工具以交互方式输入新约束。对于大多数物理约束，是通过对象上的属性来定义的：

> set_property <property> <value> <object list>

注：当 XDC 中出现非法的约束条件时，Vivado 提示"Critial Warning"（严重警告）信息，其中也包含对设计中没有的对象进行约束的情况。Xilinx 推荐设计者仔细查看严重警告信息，以保证所有的约束条件都是正确的。

6.6.2 网表约束

网表约束是在网表对象（如端口、引脚、网络或者单元）上设置的，需要综合和实现才能以特殊方式处理它们。

在使用网表约束时，必须确保设计人员了解使用这些约束的影响。它们可能会增加设计面积、降低设计性能，或两者都有。

1．CLOCK_DEDICATED_ROUTE

在网络上设置 CLOCK_DEDICATED_ROUTE，以指示时钟信号的布线方式。

CLOCK_DEDICATED_ROUTE 属性在时钟网络上用于覆盖默认布线。这是一种高级控制，需要格外小心，因为它可能会影响时序的可预测性和布线能力。

例如，当专用时钟布线不可用时，CLOCK_DEDICATED_ROUTE 可以设置为 FALSE。FALSE 值允许 Vivado 工具使用通用布线资源将时钟从输入端口布线到全局时钟资源，如 BUFG 或 MMCM。只有当锁定 FPGA 封装引脚分配时，并且时钟输入无法分配给适当的具有时钟使能输入的引脚（Clock Capable Input Pin，CCIO）时，才应将其作为最后手段。除非与 FIXED_ROUTE 一起使用，否则布线将是次优且不可预测的。

2．MARK_DEBUG

在 RTL 中的网络上设置 MARK_DEBUG 以保留它并使其在网表中可见。这允许它在编译流程中的任何点连接到逻辑调试工具。

3．DONT_TOUCH

在叶子单元、层次化单元或者网络对象上设置 DONT_TOUCH，以便在网表优化的过程中保留它。该属性用于：

（1）防止网络被优化掉。具有 DONT_TOUCH 的网络不能通过综合或实现来吸收。这有助于逻辑探测或调试设计中不希望的优化。要保留具有多个层次段的网络，请将 DONT_TOUCH 放置在最靠近其驱动器的网络 PARENT（get_property PARENT $net）上。

（2）禁止合并手工复制的逻辑。有时最好手动复制逻辑，如跨宽区域的高扇出驱动器。将 DONT_TOUCH 添加到手动复制的驱动器（以及原始驱动器）会阻止综合和实现优化这些单元。

注：使用 reset_property 可复位 DONT_TOUCH 属性。将 DONT_TOUCH 属性设置为 0 不会复位该属性。

避免在分层单元上使用 DONT_TOUCH 进行实现，因为 Vivado IDE 实现不会使逻辑分层平坦化。在综合中使用 KEEP_HIERARCHY 来维护应用 XDC 约束的逻辑层次结构。

4．LOCK_PINS

LOCK_PINS 是一个单元的属性，用于在逻辑 LUT 的输入（I0，I1，I2，……）和 LUT 物理输入引脚（A6，A5，A4）之间指定映射关系。

普遍的用法是，将时序上有严格要求的 LUT 输入强迫映射到最快的 A6 和 A5 的物理输入。

【例 6-26】 LOCK_PINS 约束例子（一）。

将 I1 映射到 A6，以及将 I0 映射到 A5（交换默认的映射）：

```
set myLUT2 [get_cells u0/u1/i_365]
set_property LOCK_PINS {I0:A5 I1:A6} $myLUT2
# Which you can verify by typing the following line in the Tcl Console:
get_property LOCK_PINS $myLUT2
```

【例 6-27】　LOCK_PINS 约束例子（二）。

在 LUT6 上，将 I0 映射到 A6，以及 I1 到 I5 的映射并不重要：

```
% set_property LOCK_PINS I0:A6 [get_cell u0/u1/i_768]
```

6.6.3　布局约束原理

将布局约束应用到单元，用于控制这些单元在 FPGA 内的位置。布局约束包括：

（1）LUTNM。应用于两个 LUT 以控制其在单个 LUT 站点上的布局的唯一字符串名字。与 HLUTNM 不同，LUTNM 可以用于组合属于不同层次单元的 LUT。

（2）HLUTNM。应用到同一层次结构的两个 LUT 唯一字符串名字，以控制它们在单个 LUT 站点上的布局。在多次例化的单元中使用 HLUTNM。

（3）PROHIBIT。禁止布局到某个站点（Site）。

（4）PBLOCK。将逻辑块约束到 FPGA 内的物理区域。PBLOCK 是一个只读单元属性，是为其分配单元到 Pblock 的名字。只有使用 XDC Tcl 命令 add_cells_to_pblock 和 remove_cells_from_pblock 才能更改单元 Pblock（Cell Pblock）的成员身份。

（5）PACKAGE_PIN。指定目标 FPGA 封装引脚上设计端口的位置。

（6）LOC。将网表中的逻辑元素布局到 FPGA 器件的站点（Site）。

（7）BEL。将来自网表的逻辑元素布局到 FPGA 切片内特定的 BEL 中。

1．布局类型

在 Vivado 工具中，提供了以下两种类型的布局。

（1）固定布局：固定布局是由设计者通过下述方式指定的布局，包括手工布局、XDC 约束，以及对加载到存储器中设计的单元对象使用 IS_LOC_FIXED 或者 IS_BEL_FIXED。

（2）非固定布局：非固定布局是由实现工具执行的布局。通过将布局设置为固定，实现无法在下一次迭代或增量运行期间移动受约束的单元。

固定布局保存在 XDC 文件中，在该文件中显示为简单的 LOC 或 BEL 约束。

（1）IS_LOC_FIXED：将 LOC 约束从未固定提升为固定。

（2）IS_BEL_FIXED：将 BEL 约束从未固定提升为固定。

2．布局约束实例

【例 6-28】　一个块 RAM 放置在 RAMB18_X0Y10 的位置，并且将其位置固定：

```
set_property LOC RAMB18_X0Y10 [get_cells u_ctrl0/ram0]
```

【例 6-29】　将 LUT 布局到切片内的 C5LUT BEL 位置，并固定其 BEL 分配：

```
set_property BEL C5LUT [get_cells u_ctrl0/lut0]
```

【例 6-30】　将输入总线寄存器布局到 ILOGIC 单元中，以缩短输入延迟：

```
set_property IOB TRUE [get_cells mData_reg*]
```

【例 6-31】　将两个小的 LUT 组合到一个 LUT6_2 中，它使用了 O5 和 O6 输出：

```
set_property LUTNM L0 [get_cells {u_ctrl0/dmux0 u_ctrl0/dmux1}]
```

【例 6-32】　阻止布局工具使用第一列 BRAM：

```
set_property PROHIBIT TRUE [get_sites {RAMB18_X0Y* RAMB36_X0Y*}]
```

【**例 6-33**】 阻止布局工具使用时钟域 X0Y0：

% set_property PROHIBIT TRUE [get_sites -of [get_clock_regions X0Y0]]

【**例 6-34**】 阻止布局工具使用 SLR0：

% set_property PROHIBIT TRUE [get_sites -of [get_slrs SLR0]]

注：当给单元同时分配 BEL 和 LOC 属性时，必须在 LOC 之前指定 BEL。

6.6.4 布线约束原理

布线约束应用于网络对象，用于控制它们的布线资源。固定布线是用于锁定布线的一种机制。锁定一个网络布线包含 3 个网络属性，如表 6.6 所示。

表 6.6　网络属性

属性	功能
ROUTE	只读网络属性
IS_ROUTE_FIXED	用于将整个布线标记为固定
FIXED_ROUTE	网络的固定布线部分

为了保证网络布线的固定，布线上的所有单元也必须事先固定。

【**例 6-35**】 完全固定布线的例子。

该例子使用图 6.98 中的设计，并创建约束来固定 netA 的布线。

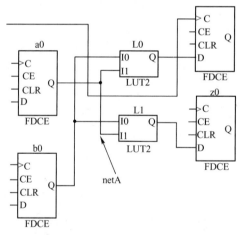

图 6.98　带有固定布线网络的结构

当将实现后的设计加载到存储器中时，设计者就可以查询任意网络的布线信息，Tcl 命令查询格式为

% set net [get_nets netA]
% get_property ROUTE $net
　　{ CLBLL_LL_CQ CLBLL_LOGIC_OUTS6 FAN_ALT5 FAN_BOUNCE5 { IMUX_L17 CLBLL_LL_B3 }
IMUX_L11 CLBLL_LL_A4 }

布线被定义为一系列相对的布线节点名字，扇出使用嵌入大括号表示。通过在网络上设置以下属性来固定布线：

% set_property IS_ROUTE_FIXED TRUE $net

在 XDC 文件中对约束逆向注解以备将来运行。因此，应该保留连接固定网络的所有单元的位置。设计人员可以在原理图或者器件视图中选择单元来查询该信息，或者设计人员可以直接从 Tcl 控制台查询。例如：

```
% get_property LOC [get_cells {a0 L0 L1}] SLICE_X0Y47 SLICE_X0Y47 SLICE_X0Y47
% get_property BEL [get_cells {a0 L0 L1}] SLICEL.CFF SLICEL.A6LUT SLICEL.B6LUT
```

由于固定布线通常是时序关键的，因此还必须在 LUT 的 LOCK_PINS 属性中捕获 LUT 引脚映射，以阻止布线器交换引脚。

同样，设计人员可以从 Tcl 控制台中查询每个逻辑引脚的站点（Site）引脚：

```
% get_site_pins -of [get_pins {L0/I1 L0/I0}] SLICE_X0Y47/A4 SLICE_X0Y47/A2
% get_site_pins -of [get_pins {L1/I1 L1/I0}] SLICE_X0Y47/B3 SLICE_X0Y47/B2
```

固定 netA 布线所需的完整 XDC 约束如下所述：

```
    set_property BEL CFF [get_cells a0] set_property BEL A6LUT [get_cells L0] set_property \BEL B6LUT
[get_cells L1]
    set_property LOC SLICE_X0Y47 [get_cells {a0 L0 L1}] set_property LOCK_PINS {I1:A4 I0:A2}
[get_cells L0] set_property LOCK_PINS {I1:A3 I0:A2} [get_cells L1]
    set_property FIXED_ROUTE { CLBLL_LL_CQ CLBLL_LOGIC_OUTS6 FAN_ALT5 FAN_BOUNCE5
{IMUX_L17 CLBLL_LL_B3 }    IMUX_L11 CLBLL_LL_A4 } [get_nets netA]
```

如果使用交互式 Tcl 命令而不是 XDC，则可以使用 place_cell 命令同时指定多个布局约束：

```
place_cell a0 SLICE_X0Y47/CFF L0 SLICE_X0Y47/A6LUT L1 SLICE_X0Y47/B6LUT
```

6.7　配置约束

配置约束是应用于当前设计的比特流生成的全局约束，这包括诸如配置模式之类的约束。

【例 6-36】 将 CONFIG_MODE 设置为 M_SELECTMAP 的例子：

```
set_property CONFIG_MODE M_SELECTMAP [current_design]
```

【例 6-37】 打开调试比特流的例子：

```
% set_property BITSTREAM.GENERAL.DEBUGBITSTREAM Yes [current_design]
```

【例 6-38】 禁止 CRC 检查的例子：

```
set_property BITSTREAM.GENERAL.CRC Disable [current_design]
```

6.8　定义相对布局的宏

相对布局的宏（Relatively Placed Macro，RPM）是一组基本逻辑元素（Basic Logic Element，BLE）的列表。逻辑元素的例子包括 FF、LUT、DSP、RAM。

RPM 主要用于将小的逻辑组紧密布局在一起，以提高资源效率实现更快的互联。

6.8.1　定义设计元素集

定义具有 U 集（U_SET）或 HU 集（HU_SET）约束的设计元素集。

通过相对位置（Relative Location，RLOC）约束，集合中的每个元素放置在相对于集合的其他元素的位置。

带有 RLOC 约束和公共集合名字的逻辑元素在 RPM 中相关联。

U_SET、HU_SET 和 RLOC 约束：

（1）在 HDL 设计文件中必须定义为属性；

（2）Xilinx 设计约束（Xilinx Design Constraint，XDC）格式不支持。

设计人员可以使用 create_macro 和 update_macro 命令在 Vivado 设计套件中定义宏对象，其作用类似于设计中的 RPM。

6.8.2　创建宏

要创建 RPM，需要执行下面的步骤：

（1）将单元分为一组；

（2）定义 RPM 集中单元的相对位置；

（3）在 RPM 单元上指定 RLOC_ORIGIN 约束或 LOC 约束，以固定 RRM 在目标器件上的布局。

6.8.3　单元分配到 RPM 集

将分层模块中分配 RLOC 约束的设计元素自动分组到 RPM 集合中。

通过使用由设计层次结构和 RLOC 约束的组合来隐式定义的 H_SET 约束进行分组。

在设计层次结构的单个块中具有 RLOC 约束的所有设计元素都被认为在同一个 H_SET 中，除非将它们标记有另一个集合约束，如 U_SET 或 HU_SET。

1）显式分组设计元素

虽然 H_SET 是基于设计层次结构和 RLOC 约束的存在而隐含的，但设计人员也可以使用 U_SET 和 HU_SET 约束将设计元素显式分组到 RPM 集合中。

（1）用 U_SET 显式分组设计元素：U_SET 允许对单元进行分组，而不考虑层次结构或它们在设计中的位置。具有相同集合名字的所有单元格都是同一 RPM 集合的成员。

用 U_SET 约束标记的设计元素可以是原语或非原语符号。

当附加到非原语符号时，U_SET 约束在层次结构中向下传播到它下面被分配 RLOC 约束的所有原语符号。

（2）使用 HU_SET 显式分组设计元素：HU_SET 有一个明确的用户定义和层次结构限定的集合名字。这使设计人员可以创建分层 RPM，其中 RLOC 约束可以放置在层次结构的不同级别的单元上。

具有相同层次 set_name 的所有单元都是相同集合的成员。

2）在 VHDL 中定义 RPM 集的语法

在 VHDL 中将 RPM 集定义为属性的语法为如下所示。

```
attribute U_SET : string;
attribute HU_SET : string;
...
attribute U_SET of my_reg : label is "uset0";
attribute HU_SET of other_reg : label is "huset0";
```

3）在 Verilog 中定义 RPM 集的语法

在 Verilog 中将 RPM 集定义为属性的语法如下所示。

（1）U_SET 例子：

> (* U_SET = "uset0", RLOC = "X0Y0" *) FD my_reg (.C(clk), .D(d0), .Q(q0));

（2）HU_SET 例子：

> (* HU_SET = "huset0", RLOC = "X0Y0" *) FD other_reg (.C(clk), .D(d1), .Q(q1));

推荐：在 Vivado 综合中使用 H_SET 和 HU_SET RPM 时，保留包含 RPM 的模块或实例的层次边界。这避免了由于层次结构被分解而导致同一层次级别的 RPM 之间的命名冲突。

【例 6-39】 带有宏定义的 Verilog HDL 描述例子如代码清单 6-9 所示。

代码清单 6-9　带有宏定义的 Verilog HDL 描述例子

```
module top(
input   clk,
input d0,d1,d2,
output q0,q1,q2
    );
  (* U_SET = "uset0", RLOC = "X0Y0" *) FD my_reg (.C(clk), .D(d0), .Q(q0));
   (* U_SET = "uset0", RLOC = "X0Y0" *) FD my_reg1 (.C(clk), .D(d1), .Q(q1));
   FD my_reg2(.C(clk), .D(d2), .Q(q2));
endmodule
```

注：读者可以定位到本书配套资源的\vivado_example\macrodef 目录下，用 Vivado 2023.1 打开该设计。

4）在物理约束窗口中的 RPM 定义

RPM 集必须作为属性嵌入 HDL 源文件中。综合后，与 RPM 相关的属性作为只读属性出现在网表对象上，供 Vivado IDE 布局器使用。

（1）查看 RPM 定义：在"物理约束"窗口中查看 RPM 定义。

① 展开 RPM 文件夹以显示 RPM 列表。

② 选择 RPM 以查看其属性或选择相关单元格。

注：在设计综合后，读者可以打开综合后的设计，可以从 Nextlist 窗口中将 my_reg 拖动到 Device（器件）窗口来放置和锁定 RPM，读者会发现 my_reg1 同时也被拖进了 Device（器件）窗口中，这是因为 RPM 作为单个形状移动，而不是按单元移动，这点要特别注意！

（2）通过 opt_design 保留 RPM：opt_design 可以自由地优化和去除属于 RPM 的一些 LUT。为了防止 opt_design 优化 RPM 内部的逻辑，有必要在属于 RPM 的所有单元上将属性 DONT_TOUCH 设置为 TRUE。可以通过 RTL 或 XDC 设置 DONT_TOUCH 属性。

6.8.4　分配相对位置

使用 RLOC 属性可以为设计对象指定相对位置。RLOC 属性指定 RPM 集中每个单元的相对 X-Y 坐标。要指定 RLOC 特性，请使用两个不同的栅格坐标系中的任意一个：

（1）基于相对切片的坐标；

（2）基于绝对 ROM 栅格的坐标。

使用以下语法：

> RLOC=XmYn

其中，m 是表示对象的相对或绝对 X 坐标的整数；n 是表示对象的相对或绝对 Y 坐标的整数。

1. 基于相对切片的坐标

相对网格系统，也被称为标准网格，用于同质 RPM，其中 RPM 中的所有单元都属于相同的站点类型（如切片、BRAM 和 DSP）。

注：对象相对于同一 RPM 集中的其他对象进行定位。

相对网格是标准矩形网格，其中每个网格元素的大小相同。

【例 6-40】 下面的 Verilog HDL 描述，导致 8 个切片高度的列，每个切片中都有一个 FD 单元，如代码清单 6-10 所示。

代码清单 6-10　包含相对网格的 Verilog HDL 描述例子

```
(* RLOC = "X0Y0" *) FD sr0 (.C(clk), .D(d[0]), .Q(y[0]));
(* RLOC = "X0Y1" *) FD sr1 (.C(clk), .D(d[1]), .Q(y[1]));
(* RLOC = "X0Y2" *) FD sr2 (.C(clk), .D(d[2]), .Q(y[2]));
(* RLOC = "X0Y3" *) FD sr3 (.C(clk), .D(d[3]), .Q(y[3]));
(* RLOC = "X0Y4" *) FD sr4 (.C(clk), .D(d[4]), .Q(y[4]));
(* RLOC = "X0Y5" *) FD sr5 (.C(clk), .D(d[5]), .Q(y[5]));
(* RLOC = "X0Y6" *) FD sr6 (.C(clk), .D(d[6]), .Q(y[6]));
(* RLOC = "X0Y7" *) FD sr7 (.C(clk), .D(d[7]), .Q(y[7]));
```

2. BEL/LOC 约束

对于复杂结构，除 RLOC 外，可能还需要指定 BEL 或 LOC 约束。BEL 约束必须用于对齐 RPM 集合内的单元。例如，将 LUT 与寄存器对齐。LOC 约束不常见，通常不使用，因为 RPM 设置是在 FPGA 的特定位置强制设置的，布局工具无法移动。每当需要指定某些 BEL 或 LOC 约束时，重要的是不要混淆这些约束的来源。BEL/LOC 约束应完全通过 RTL 或 XDC 指定，但不能两者同时指定。

【例 6-41】 在 RTL 中指定 BEL 约束的 Verilog HDL 描述例子如代码清单 6-11 所示。

代码清单 6-11　在 RTL 中指定 BEL 约束的 Verilog HDL 描述例子

```
(*BEL="H6LUT",RLOC="X0Y0"*) LUT6 S0_LUTH (...);
(*BEL="G6LUT",RLOC="X0Y0"*) LUT6 S0_LUTG (...);
(*BEL="F6LUT",RLOC="X0Y0"*) LUT4 S0_LUTF (...);
(*BEL="E5LUT",RLOC="X0Y0"*) LUT4 S0_LUTE (...);
(*BEL="D6LUT",RLOC="X0Y0"*) LUT6 S0_LUTD (...);
(*BEL="C6LUT",RLOC="X0Y0"*) LUT6 S0_LUTC (...);
(*BEL="B6LUT",RLOC="X0Y0"*) LUT4 S0_LUTB (...);
(*BEL="A5LUT",RLOC="X0Y0"*) LUT4 S0_LUTA (...);

(*BEL="CARRY8",RLOC="X0Y0"*)CARRY8#(.CARRY_TYPE("DUAL_CY4"))S0_CARRY8(...);

(*BEL="HFF2",RLOC="X0Y0"*) FD FD_out5 (...);
(*BEL="GFF2",RLOC="X0Y0"*) FD FD_out4 (...);
(*BEL="FFF2",RLOC="X0Y0"*) FD FD_out3 (...);
(*BEL="DFF2",RLOC="X0Y0"*) FD FD_out2 (...);
(*BEL="CFF2",RLOC="X0Y0"*) FD FD_out1 (...);
(*BEL="BFF2",RLOC="X0Y0"*) FD FD_out0 (...);
```

注：为了简化，在代码中忽略了 INIT 字符串。

【例 6-42】 在 Verilog HDL 中定义 RPM，在 XDC 中指定 BEL 约束，如代码清单 6-12 和代码清单 6-13 所示。

代码清单 6-12　在 Verilog HDL 中定义 RPM

```
(*RLOC="X0Y0"*) LUT6 S0_LUTH (...);
(*RLOC="X0Y0"*) LUT6 S0_LUTG (...);
```

```
(*RLOC="X0Y0"*) LUT4 S0_LUTF (...);
(*RLOC="X0Y0"*) LUT4 S0_LUTE (...);
(*RLOC="X0Y0"*) LUT6 S0_LUTD (...);
(*RLOC="X0Y0"*) LUT6 S0_LUTC (...);
(*RLOC="X0Y0"*) LUT4 S0_LUTB (...);
(*RLOC="X0Y0"*) LUT4 S0_LUTA (...);

(*RLOC="X0Y0"*) CARRY8#(.CARRY_TYPE("DUAL_CY4")) S0_CARRY8(...);

(*RLOC="X0Y0"*) FD FD_out5 (...);
(*RLOC="X0Y0"*) FD FD_out4 (...);
(*RLOC="X0Y0"*) FD FD_out3 (...);
(*RLOC="X0Y0"*) FD FD_out2 (...);
(*RLOC="X0Y0"*) FD FD_out1 (...);
(*RLOC="X0Y0"*) FD FD_out0 (...);
```

注：为了简化，在代码中忽略了 INIT 字符串。

代码清单 6-13　XDC 文件

```
set_property BEL CARRY8 [get_cells S0_CARRY8]
set_property BEL HFF2 [get_cells FD_out5]
set_property BEL GFF2 [get_cells FD_out4]
set_property BEL FFF2 [get_cells FD_out3]
set_property BEL DFF2 [get_cells FD_out2]
set_property BEL CFF2 [get_cells FD_out1]
set_property BEL BFF2 [get_cells FD_out0]
set_property BEL A5LUT [get_cells S0_LUTA]
set_property BEL B6LUT [get_cells S0_LUTB]
set_property BEL C6LUT [get_cells S0_LUTC]
set_property BEL D6LUT [get_cells S0_LUTD]
set_property BEL E5LUT [get_cells S0_LUTE]
set_property BEL F6LUT [get_cells S0_LUTF]
set_property BEL G6LUT [get_cells S0_LUTG]
set_property BEL H6LUT [get_cells S0_LUTH]
```

3．基于绝对 RPM 网格的坐标

RPM_GRID 系统用于异构 RPM，其中 RPM 中的单元属于不同的站点类型（如切片、BRAM 和 DSP 的组合）。这是一个映射到特定 Xilinx 器件的绝对坐标系。

由于单元可以占用不同大小的站点，所以 RPM_GRID 系统使用绝对 RPM_GRID 坐标。选择特定站点时，RPM_GRID 值在 Vivado IDE 的 Site Properties 窗口中可见。也可以使用 Tcl 命令使用 RPM_X 和 RPM_Y 站点属性查询坐标。

1）RPM_GRID 坐标 VHDL 例子

【例 6-43】 该 VHDL 例子使用 RPM_GRID 坐标定义 RLOC 约束，如代码清单 6-14 所示。

在该例子中，两个移位寄存器相对于一个 BRAM 布局，四级连接到输入，四级连接到输出。

代码清单 6-14　使用 RPM_GRID 坐标定义 RLOC 约束的 VHDL 描述例子

```
attribute RLOC : string;
attribute RPM_GRID : string;
attribute RLOC of di_reg3 : label is "X25Y0";
attribute RLOC of di_reg2 : label is "X27Y0";
attribute RLOC of di_reg1: label is "X29Y0";
attribute RLOC of di_reg0 : label is "X31Y0";
attribute RLOC of ram0 : label is "X34Y0";
attribute RLOC of out_reg3 : label is "X37Y0";
attribute RLOC of out_reg2 : label is "X39Y0";
attribute RLOC of out_reg1 : label is "X41Y0";
```

> attribute RLOC of out_reg0 : label is "X43Y0";

2）设置属性调用 RPM_GRID 系统

要使用 RPM_GRID 系统，请在 RPM 集合中的任何单元上设置一个属性：

> attribute RPM_GRID of ram0 : label is "GRID";

只要至少有一个单元有 RPM_GRID 属性等于 GRID，就会使用 RPM_GRID 坐标系。

尽管 RPM_GRID 坐标是基于目标器件的绝对坐标，但它们定义了 RPM 集元素的相对位置。在实现过程中，RPM 组可以布局在器件上的任何合适的位置。

3）RPM_GRID 坐标值

RPM_GRID 坐标值与 FPGA 上的 SLICE 的坐标值显著不同。这些坐标：

（1）保存为 Vivado 工具中器件站点上的 RPM_X 和 RPM_Y 属性；

（2）可以使用 get_property 进行查询。

【例 6-44】 该例子执行下面的操作，从所选的 SLICE 获取 RPM 坐标，使用 join 以输出所需格式的"X"和"Y"坐标：

> join "X[get_property RPM_X [get_selected_objects]]Y[get_property RPM_Y [get_selected_ objects]]"
> X25Y394

4）在 RTL 源文件中直接定义 RLOC 属性

由于标准栅格简单且相对，因此可以直接在 RTL 源文件中定义 RPM 的 RLOC 特性。

由于 RPM_GRID 坐标必须从目标器件中提取，因此设计人员可能需要：

（1）对设计进行迭代，以在综合后找到正确的 RPM_GRID 值；

（2）将坐标作为属性添加到 RTL 源文件中；

（3）在布局之前重新综合网表。

6.8.5 分配固定位置到 RPM

可选择使用 RLOC_ORIGIN 或 LOC 约束来布局和固定器件上 RPM 的位置。在 Vivado IDE 中，这些属性固定 RPM 原点或 RPM 的左下角。RPM 集中的每个剩余单元都是通过使用相对位置（RLOC）从原点偏移来布局的。

【例 6-45】 该例子给出使用 RLOC_ORIGIN 固定分层的 RPM。将 RLOC 约束分配给 RPM 寄存器单元，以创建二乘三的跨布局模式，如代码清单 6-15 所示。

代码清单 6-15 Verilog HDL 描述例子

```
(* RLOC = "X0Y0" *) FDC sr0...
(* RLOC = "X1Y0" *) FDC sr1...
(* RLOC = "X2Y0" *) FDC sr2...
(* RLOC = "X0Y1" *) FDC sr3...
(* RLOC = "X1Y1" *) FDC sr4...
(* RLOC = "X2Y1" *) FDC sr5...
```

RPM 被例化到设计中三次，每个单元上都有 RLOC：

```
(* RLOC = "X0Y0" *) ffs u0...
(* RLOC = "X3Y2" *) ffs u1...
(* RLOC = "X6Y4" *) ffs u2...
```

最后，将 X74Y15 的 RLOC_ORIGIN 分配给单元 u0，如图 6.99 所示。

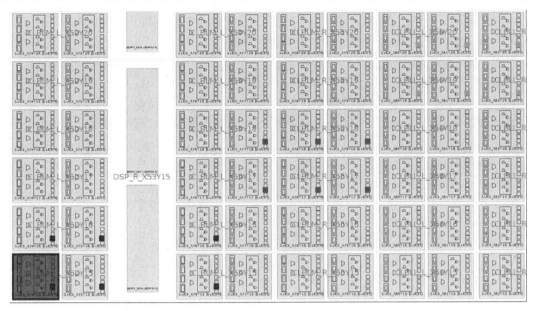

图 6.99　RLOC_ORIGIN 的 RPM 布局

提示：尽管 RPM 控制逻辑元素的相对位置，但它们不能确保使用特定的布线资源将逻辑从一个实现连接到下一个实现。

6.9　布局约束实现

本节将通过一个设计实例说明布局约束的实现方法。如图 6.100 所示，给出了一个三位计数器的设计实例。

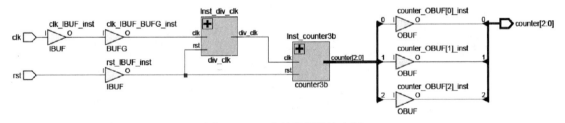

图 6.100　三位计数器设计实例

从该设计中可以看出该设计由两个模块构成，即 div_clk 模块和 counter3b 模块。

下面将对该设计中的两个模块进行布局约束。

6.9.1　修改综合属性

为了更好地对该设计进行布局约束，需要对该设计的综合属性进行修改。下面给出修改综合属性的步骤。

第一步：定位到本书所提供资料的下面路径。

```
\vivado_example\counter
```

第二步：打开该设计工程。

第三步：在 Vivado 当前工程主界面左侧的 Flow Navigator 窗口中，找到并选择 "SYNTHESIS" 条目，单击鼠标右键，出现浮动菜单。在浮动菜单内，执行菜单命令【Synthesis Settings】。

第四步：弹出"Settings"对话框。在该对话框中，选中"Synthesis"条目。在右侧窗口中，找到"Settings"标题窗口。在该标题窗口中，通过下拉框将选项"-flatten_hierarchy"的值改为"none"。

第五步：单击该对话框中的【OK】按钮，退出"Settings"对话框。

第六步：弹出"Create New Run"对话框。在该对话框中，提示信息"Properties for the completed run 'synth_1' have been modified. Do you want to preserve the state of 'synth_1' and apply these changes to a new run ?"，单击该对话框中的【No】按钮，退出"Create New Run"对话框

第七步：对该设计执行设计综合。

第八步：等综合过程结束后，打开综合后的设计。

6.9.2 布局约束方法

本小节将介绍如何对设计进行布局约束。实现布局约束的步骤如下所述。

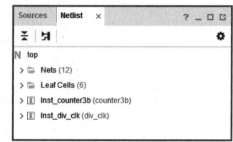

图 6.101 综合后的 Netlist 窗口

第一步：在图 6.101 所示的综合后的 Netlist 窗口中，单击"Inst_counter3b"，出现浮动菜单。在浮动菜单内，执行菜单命令【Floorplaning】→【Draw Pblock】。

第二步：在 Device（器件）窗口中绘制一个 Pblock 块，如图 6.102 所示。该矩形框表示设计中的例化模块 Inst_counter3b 将使用该矩形框所圈定范围内的逻辑资源，即 Inst_counter3b 将布局到该矩形框中。

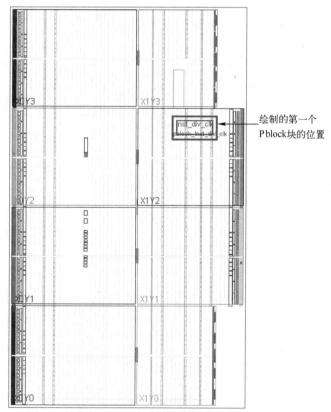

图 6.102 在 Device 窗口中绘制一个 Pblock 块（1）（反色显示）

第三步：弹出如图 6.103 所示的"New Pblock"对话框。在该对话框中，给出了刚才所绘制的 Pblock 的名字为"pblock_Inst_counter3b"。

第四步：单击该对话框中的【OK】按钮，退出"New Pblock"对话框。

第五步：在图 6.101 所示的综合后的 Netlist 窗口中，单击"Inst_div_clk"，出现浮动菜单。在浮动菜单内，执行菜单命令【Floorplaning】→【Draw Pblock】。

第六步：在 Device 窗口中再绘制一个 Pblock 块，如图 6.104 所示。该矩形框表示设计中的例化模块 Inst_div_clk 将使用该矩形框所圈定范围内的逻辑资源，即 Inst_div_clk 将布局到该矩形框中。

图 6.103 "New Pblock"对话框

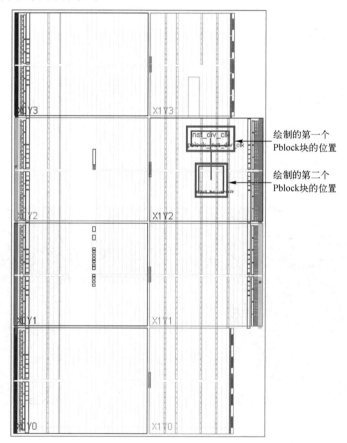

图 6.104 在 Device 窗口中绘制一个 Pblock 块（2）（反色显示）

第七步：弹出"New Pblock"对话框。在该对话框中，给出了刚才所绘制的 Pblock 的名字为"pblock_Inst_div_clk"。

第八步：单击该对话框中的【OK】按钮，退出"New Pblock"对话框。

第九步：按 Ctrl+S 组合键，保存通过 GUI 界面输入的布局约束条件。

第十步：弹出"Out of Date Design"对话框，单击该对话框中的【OK】按钮，退出"Out of Date Design"对话框。

第十一步：弹出"Save Constraint"对话框，默认勾选"Select an existing file"前面的复选框，单击该对话框中的【OK】按钮。

第十二步：单击 Vivado 当前 SYNTHESIZED DESIGN 主界面右侧的【Close】按钮✕。

第十三步：打开 top.xdc 文件，在该约束文件内添加了布局约束的命令，如代码清单 6-16 所示。

代码清单 6-16　top.xdc 文件中添加的布局约束的命令

```
create_pblock pblock_Inst_counter3b
add_cells_to_pblock [get_pblocks pblock_Inst_counter3b] [get_cells -quiet [list Inst_counter3b]]
resize_pblock [get_pblocks pblock_Inst_counter3b] -add {SLICE_X62Y136:SLICE_X79Y142}
create_pblock pblock_Inst_div_clk
add_cells_to_pblock [get_pblocks pblock_Inst_div_clk] [get_cells -quiet [list Inst_div_clk]]
resize_pblock [get_pblocks pblock_Inst_div_clk] -add {SLICE_X68Y119:SLICE_X77Y129}
resize_pblock [get_pblocks pblock_Inst_div_clk] -add {RAMB18_X2Y48:RAMB18_X2Y51}
resize_pblock [get_pblocks pblock_Inst_div_clk] -add {RAMB36_X2Y24:RAMB36_X2Y25}
```

第十四步：对设计进行实现。

第十五步：对设计实现后，打开布局布线后的结果。

第十六步：退出该设计。

6.10　布线约束实现

在图 6.105 所示的 Device 窗口中，允许设计者为设计布线。设计者可以在任何单个的网络上取消布线、布线和锁定布线。

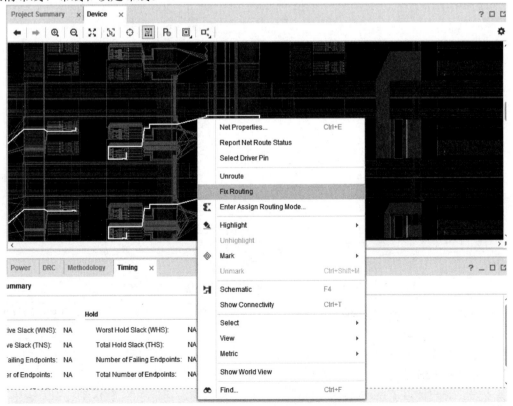

图 6.105　Device 窗口

（1）取消布线和布线：在重入模式下，调用布线器，用于在网络上执行操作。

（2）固定布线：放置布线，在布线数据库中，将其标记为锁定，并且锁定驱动器的 LOC 和 BEL，以及网络负载。

6.10.1　手工布线

手工布线允许设计者为网络选定特定的布线资源，这样允许设计者完全控制信号的布线路径。手工布线时，不调用 route_design。在布线数据库中，直接更新布线。

当设计者需要准确地控制网络延迟时，就需要使用手工布线。需要特别注意的是，手工布线必须清楚地知道元器件的内部结构。这种方法最好用于有限的信号和短距离的连接。

当进行手工布线时，需要遵循下面的规则：

（1）驱动器和负载要求 LOC 约束和 BEL 约束。

（2）在手工布线时，不允许分支。但是，设计者可以从分支点开始一个新的手工布线。这样，就可以实现分支。

（3）必须锁定 LUT 负载的引脚。

（4）设计者必须布线到负载，这些负载并没有连接到一个驱动器。

（5）只允许完整的连接，不允许出现天线。

（6）允许带有非锁定布线网络的重叠。在手工布线后，运行 route_design 解决由于重叠网络所引起的冲突。

6.10.2　进入分配布线模式

本小节将介绍如何进入分配布线模式。进入分配布线模式的步骤如下所述。

第一步：进入 Device 窗口。

第二步：选择需要布线的网络 b_IBUF。

（1）没有布线的网络由红色的飞线表示。

（2）部分布线网络由黄色高亮显示。

第三步：单击鼠标右键，出现浮动菜单。在浮动菜单内，执行菜单命令【Enter Assign Routing Mode】。

第四步：如图 6.106 所示，弹出 "Assign Routing Mode：Target Load Cell Pin" 对话框。读者可以（可选的）选择一个想要布线的负载单元引脚。在该例子中，选择 "z_OBUF[4]_inst_i_1"。

第五步：单击【OK】按钮。

注：读者可以打开本书提供的 vivado_example\gate_verilog_assign_route 设计资料。由于这个设计比较简单，所以读者可以删除已经完成的某个布线网络，进行手工布线练习。

第六步：如图 6.107 所示，布线分配网络分为两个部分，即 Assigned

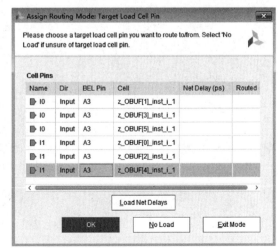

图 6.106　"Assign Routing Mode：Target Load Cell Pin" 对话框

Nodes 和 Neighbor Nodes。

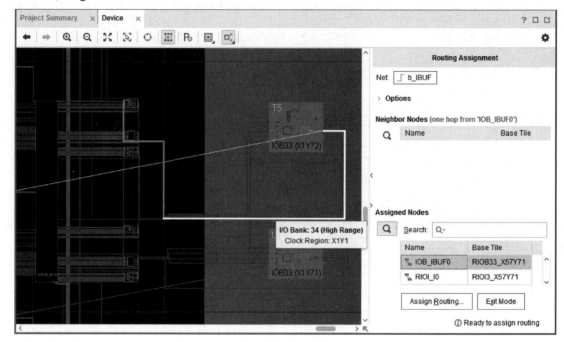

图 6.107　Device 窗口

在"Assigned Nodes"部分显示了已经分配了布线的节点，每个已经分配节点作为单独的一行显示。从图 6.107 中可知，选择"IOB_IBUF0"，其"Base Tile"为"RIOB33_X57Y71"。带有分配布线的节点，以橙色高亮方式显示。

在"Assigned Nodes"标题窗口中，在分配节点之间的任何空白点都以 GAP 行的形式显示，如图 6.108 所示。要分配下一个布线段，选择空白点之前的节点和之后的节点，或者"Assigned Nodes"部分最后一个分配的节点。

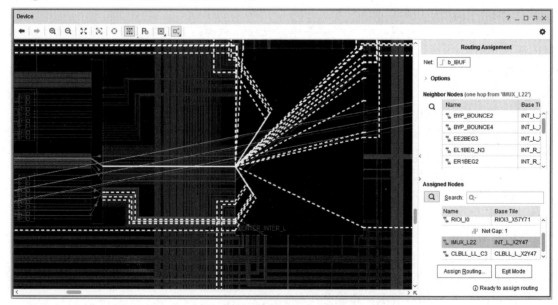

图 6.108　分配下一个布线段

在"Neighbor Nodes"部分，显示了允许的相邻节点。如图 6.108 所示，以白色高亮的形式，显示当前选择的节点；以白色虚线的形式，显示相邻的节点。

6.10.3　分配布线节点

一旦确定哪一个相邻的节点用于下一个布线段，设计者就可以：

（1）在"Neighbor Node"部分选中该相邻节点。单击鼠标右键，出现浮动菜单。在浮动菜单内，执行菜单命令【Assign Node】。

（2）在"Neigbor Nodes"部分，双击节点。

（3）在 Device 窗口中单击节点。

一旦给相邻节点分配了布线路径，则在"Assigned Node"部分显示该节点，并且在 Device 窗口中以橙色高亮方式显示。

分配节点，直到到达负载为止，或者已经准备使用空白点分配路径为止。

6.10.4　取消分配布线节点

本小节将给出取消分配布线节点的方法，步骤如下所述。

第一步：在 Routing Assignment 窗口中，进入 Assigned Nodes 子窗口。

第二步：选择将要取消分配布线的节点。

第三步：单击鼠标右键，出现浮动菜单。在浮动菜单内，执行菜单命令【Remove】。

这样，从分配窗口中将该节点移除。

6.10.5　完成并退出分配布线模式

本小节将介绍如何完成并退出分配布线模式，实现步骤如下所述。

第一步：在 Device 窗口中，选择一个网络。

第二步：在"Assigned Nodes"标题窗口下，单击 Assign Routing... 按钮。

第三步：如图 6.109 所示，弹出"Assign Routing"对话框。该对话框用于在提交布线前，对分配的节点进行验证。

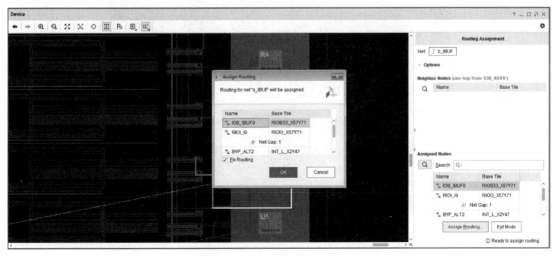

图 6.109　"Assign Routing"对话框

第四步：单击【OK】按钮。

注：如果设计者不想提交布线分配，可以通过下面的方法取消并退出分配布线模式。

（1）在"Assigned Nodes"标题窗口下，单击 Exit Mode 按钮。

（2）在"Device"窗口中，单击鼠标右键，出现浮动菜单。在浮动菜单内，执行菜单命令【Exit Assign Routing Mode】。

注 1：当提交布线后，将固定驱动器与负载 BEL 和 LOC。

注 2：在 Device 窗口中，以绿色线高亮显示已经分配的布线；以黄色虚线显示部分已经分配的布线。

6.10.6　锁定 LUT 负载上的单元输入

设计者必须确保到 LUT 负载的布线不会被其他 LUT 的输入换掉。实现锁定 LUT 负载上的单元输入的步骤如下所述。

第一步：打开 Device 窗口。

第二步：在该窗口下，选择负载 LUT。

第三步：单击鼠标右键，出现浮动菜单。在浮动菜单内，执行菜单命令【Lock Cell Input Pins】。

6.10.7　分支布线

当给一个带有多个负载的网络分配布线时，通过下面的方法实现对该网络的布线。

（1）按前面的方法，进入手工布线模式。

（2）为网络的所有分支分配布线。

如图 6.110 所示，给网络 b_ibuf 已经分配了一部分的布线。

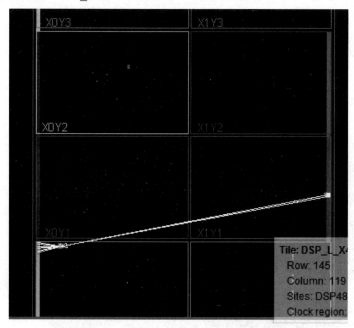

图 6.110　分配了一部分布线的网络 b_ibuf

为分支分配布线的步骤如下所述。

第一步：进入 Device 窗口。

第二步：选择将要布线的网络，在本例中选择 b_ibuf。

第三步：单击鼠标右键，出现浮动菜单。在浮动菜单内，执行菜单命令【Enter Assign Routing Mode】。

第四步：弹出如图 6.111 所示的对话框，该对话框给出了 b_ibuf 网络所有的负载。

注：如果为负载已经分配了布线，则在"Routed"所对应的列中使用 ✓ 标记。

第五步：单击【OK】按钮，如图 6.112 所示，弹出"Assign Routing"对话框。在该对话框中，选择开始布线驱动器一侧的节点。

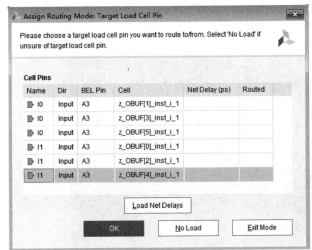

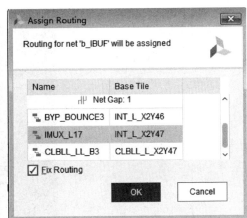

图 6.111　"Assign Routing Mode:Target Load Cell Pin"对话框　　图 6.112　"Assign Routing"对话框

第六步：单击【OK】按钮，并按前面的方法分配布线。

6.10.8　直接约束布线

在布线数据库中，以直接的布线字符串的方式保存固定布线的分配。在一个直接的布线字符串中，由嵌套的"{}"表示分支。

如图 6.113 所示，给出了一个分支布线的例子。在这个简化的布线图上，给出了不同的元器件。其中：

（1）方框表示驱动器和负载；

（2）矩形框表示开关；

（3）连线表示节点。

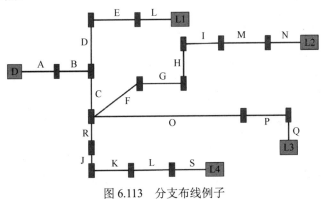

图 6.113　分支布线例子

一个简化直接布线字符串如下：

{A B {D E L} C {F G H I M N} {O P Q} R J K L S}

6.11　修改逻辑实现

在实现后，使用 Vivado 集成开发环境用户接口或者 Tcl 脚本命令，可以修改逻辑对象的属性。修改逻辑对象属性的步骤如下所述。

第一步：如图 6.114 所示，在 Device 窗口下，选择一个逻辑对象。在本设计中，选择一个 LUT。

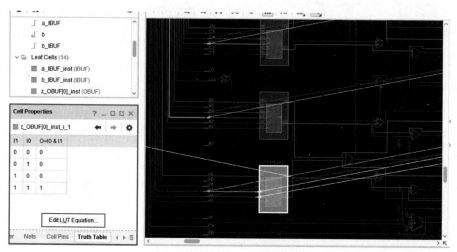

图 6.114　Device 窗口

第二步：在图 6.114 中，单击"Truth Table"标签。

第三步：在"Truth Table"标签页下，单击 **Edit LUT Equation...** 按钮。

第四步：如图 6.115 所示，弹出"Specify LUT Equation"对话框。在该对话框的"LUT equation"右侧输入逻辑表达式。

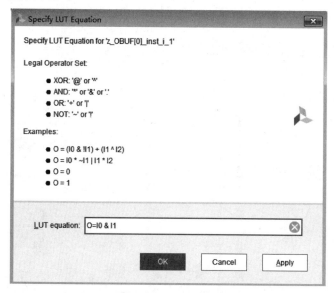

图 6.115　"Specify LUT Equation"对话框

第五步：单击【OK】按钮。

第六步：在 Vivado 主界面主菜单下，执行菜单命令【File】→【Save Constraints】，保存约束文件。

6.12　增量编译

增量编译是一个高级的设计流程，用于探索设计中的时序收敛。当重新综合小的设计后：

（1）加速布局和布线的运行时间；

（2）通过重新使用以前的布局和布线保护时序收敛。

6.12.1　增量编译流程

当综合后的结果的改变导致和参考设计有95%的相似之处时，增量编译这个流程非常的有用。图 6.116 给出了增量编译的流程。

在增量编译中，涉及两个不同的设计。

1. 参考设计

第一个增量编译流程的设计是参考设计。参考设计通常是当前设计的早期迭代或者改变，这个早期的设计已经被综合、布局和布线。

参考设计检查点（Design Checkpoint，DCP）可能是包含用于收敛时序的代码变化、布局规划和修改约束的多次设计迭代的结果。

当加载当前设计后，使用 read_checkpoint -incremental<dcp>命令加载参考设计检查点。使用-incremental 选项使能增量编译设计流程用于随后的布局和布线操作。

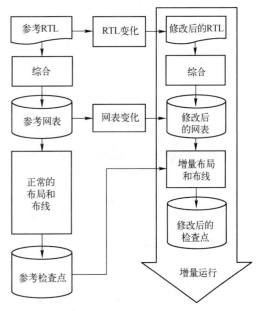

图 6.116　增量编译的流程

2. 当前设计

第二个增量编译流程称为当前设计。当前设计和来自参考设计的小的设计改变或者变化合并。这些改变或者变化包括 RTL 改变、网表变化、RTL 改变和网表的变化。

6.12.2　运行增量布局和布线

被更新的当前设计被首先加载到存储器中，然后增量地加载参考设计检查点。增量编译流程中关键的元器件是增量布局和布线。参考设计检查点包括网表、约束和物理数据（布局和布线）。

（1）当前设计和参考设计进行比较，用于识别匹配的单元和网络。

（2）重新使用来自参考设计检查点的布局，在当前设计中放置匹配的单元。

（3）重新使用来自参考设计检查点的布线，在当前设计中匹配网络。

1. 带有多个扇出的网络

Vivado 布线器为带有多个扇出的网络进行细粒度的匹配。如果合适，重用或者放弃每个布线段。

在增量布局完成后，参考设计和当前设计中不匹配的对象将被布局；在重新使用已布线后，参考设计和当前设计中不匹配的对象将被布线。

2．有效地使用布局和布线

有效地使用来自参考设计的布局和布线，取决于两个设计之间的差异。甚至很小的差异都会导致很大的影响。

1）小的 RTL 变化的影响

虽然综合试图降低网表名字的变化，有时候很小的 RTL 变化将导致非常大的设计变化：

（1）推断存储器大小的增加；

（2）内部总线的变宽；

（3）将数据类型从无符号改成有符号。

2）改变约束和综合选项的影响

类似地，改变下面的约束和综合选项，将对增量布局和布线有相当大的影响：

（1）改变时序约束和重新综合；

（2）保留或者解散逻辑层次；

（3）使能寄存器重定时。

3．检查参考设计和当前设计的相似度

运行 report_incremental_reuse 命令将检查并报告参考设计检查点文件和当前设计的相似度。该命令比较在存储器中的当前设计和参考设计检查点，报告匹配的单元、网络和端口的百分比。

相似度越高，越可以有效地重用来自参考设计的布局和布线。图 6.117 给出了一个报告，比较在存储器内的综合后的设计和布局后的设计检查点。

```
+------------------------------------------+--------+-------+------------+
|             Type (类型)                  | Count  | Total | Percentage |
|                                          | (个数) | (总计)| (百分比)   |
+------------------------------------------+--------+-------+------------+
| Reused Cells (重用的单元)                |  3591  | 3821  |   93.98    |
| Reused Ports (重用的端口)                |    71  |   71  |  100.00    |
| Reused Nets  (重用的网络)                |  6142  | 6564  |   93.57    |
|                                          |        |       |            |
| Reused Cells (重用的单元)                |  3591  |       |            |
| Non-Reused Cells (非重用的单元)          |   230  |       |            |
|   New (新的)                             |   230  |       |            |
| Fully reused nets (充分重用的网络)       |  5383  |       |            |
| Partially reused nets (部分重用的网络)   |   759  |       |            |
| New nets (新的网络)                      |   422  |       |            |
+------------------------------------------+--------+-------+------------+
```

图 6.117　报告

当单元、网络和端口的相似度达到 95%时，与普通的布局和布线运行时间相比，Vivado 的增量布局和布线大约有 3 倍的改善。当相似度降低到 80%以下的时候，使用增量布局和布线将几乎不会带来任何改善。

其他影响改善运行时间的因素包括：

（1）在关键时序区域进行改变的个数。

（2）当使用增量流程或者标准流程时，phys_opt_design 命令执行时序驱动的逻辑转换，它可能产生不同的结果。如果使用 phys_opt_design 造成的设计变化，集中在关键时序区域，则布线重用不会提供所期望的好处。

（3）布局和布线运行时的初始化部分。对于较短的布局和布线运行时间，Vivado 布局和布线器的初始化开销可能抵消来自增量布局和布线过程所带来的利益。对于较长运行时间的设计，初始化只占用很少量的运行时间。

6.12.3　使用增量编译

在工程模式和非工程模式下，当使用以下命令加载参考设计检查点时，进入增量布局和布线模式：

```
read_checkpoint -incremental <dcp_file>
```

其中：

（1）dcp_file 指定参考设计检查点的路径和名字；

（2）使用-incremental 选项，使能增量设计流程用于后面的布局和布线操作；

（3）在非工程模式下，该命令将跟随 opt_design，但是在 place_design 的前面。

使用下面的方法可以退出增量编译模式：

（1）不使用-incremental 选项；

（2）如果使用工程，去掉增量编译检查点设置。

制定一个设计检查点文件 DCP 作为参考文件，运行增量布局：

```
link_design ;#加载当前设计
opt_design
read_checkpoint -incremental <dcp_file>
place_design
```

推荐：在运行增量编译流程时，限制使用 opt_design -resynth_area。

在工程模式下，读者可以在 Design Run 窗口中设置增量编译选项。下面给出设置步骤。

第一步：如图 6.118 所示，在 Vivado 主界面的 Design Runs 窗口下，选中一个实现 impl_1。单击鼠标右键，出现浮动菜单。在浮动菜单内，执行菜单命令【Set Incremental Compile】。

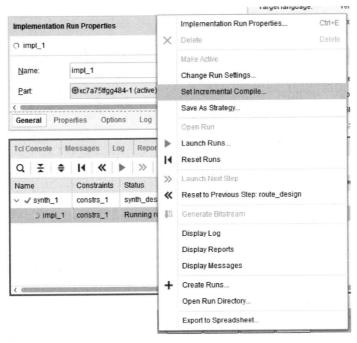

图 6.118　设置增量编译入口

第二步：如图 6.119 所示，弹出"Set Incremental Compile"对话框。在该对话框中，设置参考设计的检查点。

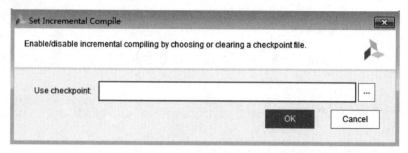

图 6.119 "Set Incremental Compile"对话框

第三步：单击【OK】按钮。

注 1：如果对设计进行了复位，则删除了参考设计检查点文件。如果要使用它，则将它单独保存到一个目录中。

注 2：如果不想使用增量编译，则在如图 6.120 所示的"Settings"对话框中，将"Incremental compile"后面变为空，即不使用参考设计检查点。

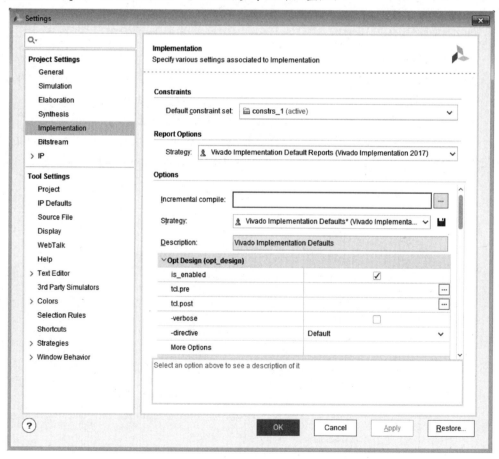

图 6.120 "Settings"对话框

6.12.4　增量编译高级分析

在完成增量布局和布线后，设计者可以分析带有单元和重用细节的时序。时序报告中的对象，给出了物理数据的重用。这样，识别更新的设计是否影响关键路径。

为了在时序报告中看到增量流程的细节，可以使用 report_timing -label_reused 选项。这个选项将生成一个报告，该报告中将详细地展示出在输入和输出引脚上的重用标号。这些标号用于表示重用于引脚的单元和网络的物理数据的个数。图 6.121 给出了一个增量编译高级分析报告，其中：

```
-------------------------------------------------        --------------------
(NR)SLICE_X46Y42      FDRE  (Prop_fdre_C_Q)   0.259  -1.862 r  fftI/fifoSel_reg[5]/Q
                      net (fo=8, estimated)   0.479  -1.383    fftI/n_fifoSel_reg[5]
(R)SLICE_X46Y43                                              r  fftI/wbDOut_reg[31]i5/I1
(R)SLICE_X46Y43       LUT4  (Prop_lut4_I1_O)  0.043  -1.340 r  fftI/wbDOut_reg[31]i5/O
                      net (fo=32, routed)     1.325  -0.014    fftI/wbDOut_reg[31]i5
(R)SLICE_X44Y39                                              r fftI/wbcI/wbDOut_reg[0]i1/S
(PNR)SLICE_X44Y39     MU        op_muxf7_S_O) 0.154   0.140 r
fftI/wbcI/wbDOut_reg[0]i1/O
                      net (fo=1, routed)      0.000   0.140    fftI/wbcI/wbDOut_reg[0]i1
(PNR)SLICE_X44Y39                                           r  fftI/wbDout_reg[0]/D
-------------------------------------------------        --------------------
```

图 6.121　增量编译高级分析报告

（1）（R），重用所有单元布局和网络布线。

（2）（NR），没有重用单元布局和网络布线。

（3）（PNR），重用单元布局，但是没有重用网络布线。

（4）（N），引脚、单元或者网络是一个新的设计对象，没有出现在参考设计中。

第7章 Vivado 调试工具原理和实现

Vivado 设计套件中集成的逻辑分析仪（Integrated Logic Analyzer，ILA）功能允许设计人员在 FPGA、SoC 或 Versal 器件上执行实现后设计的系统内调试。当设计中需要监控信号时，可以使用 ILA。设计人员可以使用该功能在硬件上触发事件，并以系统速度捕获数据。ILA 核可以在 RTL 代码中例化，也可以在 Vivado 设计流程的综合后插入。

7.1 设计调试原理和方法

对 FPGA 的调试，是一个反复迭代，直到满足设计功能和设计时序的过程。对于 FPGA 这样比较复杂数字系统的调试，就是将其分解成一个个很小的部分，然后通过仿真或者调试，对设计中的每个很小部分进行验证。这样，要比在一个复杂设计完成后，再进行仿真或者调试效率高得多。设计者可以通过使用下面的设计和调试方法，保证设计的正确性：

（1）RTL 级的设计仿真；

（2）实现后设计仿真；

（3）系统内调试。

对于前面两种方法，在本书前面的章节中进行了详细说明。本章将通过一个设计实例，详细介绍系统内调试方法。

1）系统内逻辑设计调试

Vivado 集成设计环境包含逻辑分析特性，使得设计者可以对一个实现后的 FPGA 元器件进行系统内调试。在系统内对设计进行调试的好处包括：在真正的系统环境下，以系统要求的速度，调试设计的时序准确性和实现后的设计。系统内调试的局限性包括：与使用仿真模型相比，稍微降低了调试信号的可视性，潜在地延长了设计/实现/调试迭代的时间。这个时间取决于设计的规模和复杂度。

通常 Vivado 工具提供了不同的方法用于调试设计，设计者可以根据需要使用这些方法。

2）系统内串行 I/O 设计调试

为了实现系统内对串行 I/O 进行验证和调试，Vivado 集成开发环境包括一个串行的 I/O 分析特性。这样，设计者可以在基于 FPGA 的系统中，测量并且优化高速串行 I/O 连接。这个特性可以解决大范围的系统内调试和验证问题，即从简单的时钟和连接问题到复杂的松弛分析和通道优化问题。使用 Vivado 内的串行 I/O 分析仪比使用外部测量仪器技术的优势在于：设计者可以测量接收器对接收信号进行均衡后的信号质量。这样，就可以在 Tx 到 Rx 通道的最优点进行测量。因此，就可以确保得到真实和准确的数据。

Vivado 集成开发环境提供了用于生成设计的工具。该设计用于应用吉比特收发器端点和实时软件进行测量，帮助设计者优化高速串行 I/O 通道。

系统内调试包括 3 个重要的阶段：

（1）探测阶段，用于标识需要在设计中进行探测的信号，以及进行探测的方法。

（2）实现阶段，实现设计，包括将额外的调试 IP 连接到被标识为探测的网络。

（3）分析阶段，通过与设计中的调试 IP 进行交互，调试和验证功能问题。

在探测阶段，主要分为两个步骤：

（1）识别需要探测的信号或者网络；

（2）确认将调试核添加到设计中的方法。

很多时候，设计者决定需要探测的信号，以及探测这些信号的方法，它们之间互相影响。通过设计者手工添加调试 IP 元件，将其例化到设计源代码中（称为 HDL 例化探测流程），或者设计者让 Vivado 工具自动插入调试核到综合后的网表中（称为网表插入探测流程）。表 7.1 给出了不同调试方法的优势和权衡。

表 7.1　不同调试方法的优势和权衡

调 试 目 标	推荐的调试编程流程
在 HDL 源代码中识别调试信号，同时保留灵活性，用于流程后面使能或者禁止调试	（1）在 HDL 中，使用 mark_debug 属性标记需要调试的信号； （2）使用 Set up Debug 向导来引导设计者通过网表插入探测流程
在综合后的设计网表中识别调试网络，不需要修改 HDL 源代码	（1）使用 Mark Debug，通过右键单击菜单选项，选择在综合设计的网表中需要调试的网络； （2）使用 Set up Debug 向导来引导设计者使用网表插入探测流程
使用 Tcl 命令，自动调试探测流程	（1）使用 set_property Tcl 命令，在调试网络上设置 mark_debug 属性； （2）使用网表插入探测流程 Tcl 命令，创建调试核，并将其连接到调试网络
在 HDL 语言中，将信号添加到 ILA 调试核中	（1）识别用于调试的 HDL 信号； （2）使用 HDL 例化探测流程产生和例化一个 ILA 核，并且将它连接到设计中的调试信号

7.2　创建新的调试设计

本节将介绍如何使用 Xilinx 提供的 FIFO 核建立新的设计，用于后面的调试。

7.2.1　创建新的 FIFO 调试工程

本小节将介绍如何创建一个新的 FIFO 调试工程，其步骤如下所述。

第一步：在 Vivado 主界面主菜单下，执行菜单命令【File】→【New Project】，弹出"New Project-Create a New Vivado Project"对话框。

第二步：单击【Next】按钮，弹出"New Project-Project Name"对话框，按如下设置参数。

（1）Project name：fifo_vhdl/fifo_verilog。

（2）Project location：E:/vivado_example。

（3）勾选"Create project subdirectory"前面的复选框。

注：使用 VHDL 的读者设置名字为"fifo_vhdl"，使用 Verilog 的读者设置名字为"fifo_verilog"。

第三步：单击【Next】按钮，弹出"New Project-Project Type"对话框，在该对话框内选择"RTL Project"，选中"Do not specify source at this time"前的复选框。

第四步：单击【Next】按钮，弹出"New Project-Default Part"对话框，在该对话框内选择"xc7a75tfgg484-1"。

第五步：单击【Next】按钮，弹出"New Project-New Project Summary"对话框。

第六步：单击【Finish】按钮。

第七步：在 Vivado 当前工程主界面左侧的 Flow Navigator 窗口中，找到并展开"PROJECT MANAGER"条目。在展开条目中，找到并单击"Settings"。

第八步：弹出"Settings"对话框。在对话框中，默认选中"General"条目。通过下拉框将"Target language"设置为"Verilog/VHDL"。

注：对于使用 VHDL 语言开发的读者，选择"VHDL"；对于使用 Verilog HDL 语言开发的读者，选择"Verilog"。

第九步：单击【OK】按钮，退出"Settings"对话框。

7.2.2 添加 FIFO IP 到设计中

本小节将介绍如何使用 IP 生成器例化一个 FIFO IP。添加 FIFO IP 到设计中的步骤如下所述。

第一步：在 Vivado 主界面左侧的 Flow Navigator 窗口下，选择并展开"PROJECT MANAGER"条目。在展开条目中，单击"IP Catalog"。

第二步：如图 7.1 所示，在 Vivado 主界面中出现"IP Catalog"标签页。在该标签页下，列出了可供使用的 IP 核。在该标签页搜索框中输入"FIFO"，在下面窗口中列出了可用的 FIFO IP 核资源。

第三步：在可用的 FIFO IP 核资源窗口中，找到并双击名字为"FIFO Generator"的 IP 核。

图 7.1 "IP Catalog"标签页

第四步：如图 7.2 所示，弹出"Customize IP-FIFO Generator(13.2)"对话框。在该对话框中，按如下设置参数。

1）"Basic"标签页

（1）Interface Type：Native。

（2）FIFO Implementation：Common Clock Block RAM。

2）"Native Ports"标签页

（1）Read Mode：Standard FIFO。

（2）Write Width：8。

（3）Write Depth：16。

（4）Reset Type：Asynchronous Reset。

（5）不勾选"Enable Safety Circuit"前面的复选框。

其余参数按默认设置。

第五步：单击【OK】按钮，弹出"Generate Output Products"对话框，如图 7.3 所示。在该对话框中，提示将生成名字为"fifo_generator_0.xci"的 IP 核例化，同时也将生成例化模板、综合后的检查点、结构化的仿真，以及修改日志。

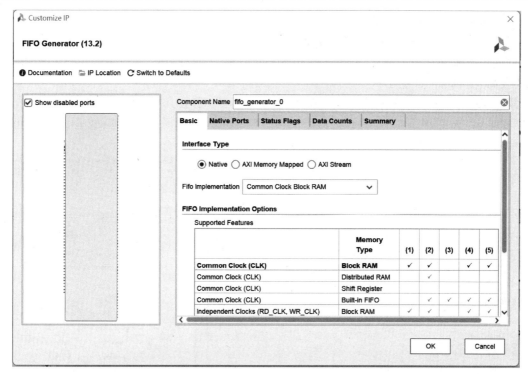

图 7.2　"Customize IP-FIFO Generator(13.2)"对话框

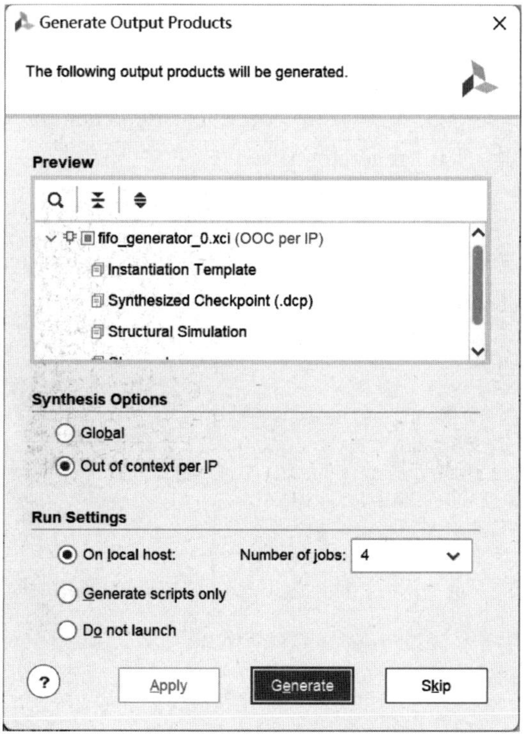

图 7.3　"Generate Output Products"对话框

第六步：单击图 7.3 中的【Generate】按钮，退出"Generate Output Product"对话框。

第七步：弹出新的"Generate Output Products"对话框。在该对话框中，提示信息"Out-of-context module run was launched for generating output products"。

第八步：单击【OK】按钮，退出该对话框。

第九步：在 Vivado 当前工程主界面的 Sources 窗口内，添加了名字为"fifo_generator_0"的 IP 核实例，如图 7.4 所示。

第十步：在 Sources 窗口中单击"IP Sources"标签，弹出如图 7.5 所示的标签页。在该标签页中，单击并展开"fifo_generator_0"。在展开条目中，找到并展开"Instantiation Template"。

图 7.4 Sources 窗口中添加了 fifo_generator_0 实例　　　　图 7.5 "IP Sources"标签页

注：对于使用 VHDL 语言开发的读者，选择"fifo_generator_0.vho"；对于使用 Verilog HDL 语言开发的读者，选择"fifo_generator_0.veo"。

FIFO IP 的 VHDL 例化模板和 Verilog 例化模板见代码清单 7-1 和代码清单 7-2。

代码清单 7-1　FIFO IP 的 VHDL 例化模板（fifo_generator_0.vhd）

```
COMPONENT fifo_generator_0
  PORT (
    clk : IN STD_LOGIC;
    rst : IN STD_LOGIC;
    din : IN STD_LOGIC_VECTOR(7 DOWNTO 0);
    wr_en : IN STD_LOGIC;
    rd_en : IN STD_LOGIC;
    dout : OUT STD_LOGIC_VECTOR(7 DOWNTO 0);
    full : OUT STD_LOGIC;
    empty : OUT STD_LOGIC
  );
END COMPONENT;

your_instance_name : fifo_generator_0
  PORT MAP (
    clk => clk,
    rst => rst,
    din => din,
    wr_en => wr_en,
    rd_en => rd_en,
    dout => dout,
    full => full,
```

```
    empty => empty
);
```

代码清单 7-2　FIFO IP 的 Verilog 例化模板（fifo_generator_0.veo）

```
fifo_generator_0 your_instance_name (
    .clk(clk),              // input wire clk
    .rst(rst),              // input wire rst
    .din(din),              // input wire [7 : 0] din
    .wr_en(wr_en),          // input wire wr_en
    .rd_en(rd_en),          // input wire rd_en
    .dout(dout),            // output wire [7 : 0] dout
    .full(full),            // output wire full
    .empty(empty)           // output wire empty
);
```

7.2.3　添加顶层设计文件

添加顶层设计文件的步骤如下所述。

第一步：在 Sources 窗口中，将标签页重新切换到"Hierarchy"标签页。

第二步：选中"Design Sources"，单击鼠标右键，出现浮动菜单。在浮动菜单内，执行菜单命令【Add Sources】。

第三步：弹出"Add Sources-Add Sources"对话框。在该对话框内，勾选"Add or create design sources"前面的复选框。

第四步：单击【Next】按钮，弹出"Add Sources-Add or Create Design Sources"对话框。在该对话框内，单击【Create File】按钮。

第五步：弹出"Create Source File"对话框。在该对话框中，按如下设置参数。

（1）File type：VHDL/Verlog。

注：使用 VHDL 语言设计的读者选择"VHDL"；使用 Verilog 语言设计的读者选择"Verilog"。

（2）File name：top。

第六步：单击【OK】按钮，退出"Create Source File"对话框。

第七步：返回"Add Sources-Add or Create Design Sources"对话框。在该对话框中，添加了名字为"top.vhd"或"top.v"的 HDL 文件。

第八步：单击【Finish】按钮，弹出"Define Module"对话框。

第九步：单击【OK】按钮，退出"Define Module"对话框。

7.2.4　在顶层文件中添加设计代码

本小节介绍如何在顶层文件中添加设计代码，主要步骤如下所述。

第一步：在 Sources 窗口中，找到并打开 top.vhd/top.v 文件。

注：使用 VHDL 语言设计的读者选择"VHDL"；使用 Verilog 语言设计的读者选择"Verilog"。

第二步：在 top.v/top.vhd 文件中添加设计代码。

注：使用 VHDL 语言开发的读者，参考代码清单 7-3 给出的代码，在 top.vhd 文件中添加设计代码；使用 Verilog 语言开发的读者，参考代码清单 7-4 给出的代码，在 top.v 文件中添加设计代码。

代码清单 7-3   **top.vhd** 文件

```vhdl
library IEEE;
use IEEE.STD_LOGIC_1164.ALL;
use IEEE.STD_LOGIC_ARITH.ALL;
use IEEE.STD_LOGIC_UNSIGNED.ALL;
-- Uncomment the following library declaration if using
-- arithmetic functions with Signed or Unsigned values
--use IEEE.NUMERIC_STD.ALL;

-- Uncomment the following library declaration if instantiating
-- any Xilinx leaf cells in this code.
--library UNISIM;
--use UNISIM.VComponents.all;

entity top is
    Port (
            rd_trig    :    in    std_logic;                              -- read trigger signal
            rst        :    in    std_logic;                              -- reset signal
            clk        :    in    std_logic;                              -- clock input signal
            wr_trig    :    in    std_logic;                              -- write trigger signal
            dout       :    out   std_logic_vector(7 downto 0);           -- fifo data output
            empty      :    out   std_logic;                              --fifo empty flag
            full       :    out   std_logic                              --fifo full flag
        );
end top;

architecture Behavioral of top is
type fifo_data is array(15 downto 0) of std_logic_vector(7 downto 0);
signal data_in    :   fifo_data:=(x"00",x"01",x"02",x"03",x"04",x"05",x"06",x"07",
                                  x"08",x"09",x"0a",x"0b",x"0c",x"0d",x"0e",x"0f");
type state is(ini,wr_fifo,ready,rd_fifo);
signal next_state : state ;
signal rd_en      :   std_logic;
signal wr_en      :    std_logic;
signal j          :    integer range 0 to 15;
signal din        :    std_logic_vector(7 downto 0);
COMPONENT fifo_generator_0              --- copy from Instatiation Template
    PORT (
        clk : IN STD_LOGIC;
        rst : IN STD_LOGIC;
        din : IN STD_LOGIC_VECTOR(7 DOWNTO 0);
        wr_en : IN STD_LOGIC;
        rd_en : IN STD_LOGIC;
        dout : OUT STD_LOGIC_VECTOR(7 DOWNTO 0);
        full : OUT STD_LOGIC;
        empty : OUT STD_LOGIC
    );
END COMPONENT;
begin
Inst_fifo : fifo_generator_0
    PORT MAP (
        clk =>clk,
        rst =>rst,
        din => din,
        wr_en =>wr_en,
        rd_en =>rd_en,
        dout =>dout,
```

```vhdl
            full => full,
            empty => empty
        );
    process(rst,clk)
    begin
        if(rst='1') then
            next_state<=ini;
            j<=0;
            rd_en<='0';
            wr_en<='0';
        elsif rising_edge(clk) then
            case next_state is
                when ini=>
                            j<=0;
                            rd_en<='0';
                        if(wr_trig='1')then
                            next_state<=wr_fifo;
                        else
                            next_state<=ini;
                        end if;
                when wr_fifo=>
                            din<=data_in(j);
                            if(j=15) then
                            next_state<=ready;
                        else
                            j<=j+1;
                            wr_en<='1';
                            next_state<=wr_fifo;
                        end if;
when ready =>
                            j<=0;
                            wr_en<='0';
                            if(rd_trig='1') then
                             next_state<=rd_fifo;
                            else
                             next_state<=ready;
                            end if;
                when rd_fifo =>
                            if(j=15) then
                                next_state<=ini;
                            else
                                j<=j+1;
                                rd_en<='1';
                                next_state<=rd_fifo;
                            end if;
                end case;
            end if;
    end process;
end Behavioral;
```

代码清单 7-4　top.v 文件

```verilog
module top(
input wire rd_trig,
input wire rst,
input wire clk,
input wire wr_trig,
output wire [7:0] dout,
```

```
   output wire empty,
   output wire full
      );
   reg [7:0] data_in [15:0];
   initial
   begin
   data_in[15]=8'h0f; data_in[14]=8'h0e; data_in[13]=8'h0d; data_in[12]=8'h0c;
   data_in[11]=8'h0b; data_in[10]=8'h0a; data_in[9]=8'h09;  data_in[8]=8'h08;
   data_in[7]=8'h07;  data_in[6]=8'h06;  data_in[5]=8'h05;  data_in[4]=8'h04;
   data_in[3]=8'h03;  data_in[2]=8'h02;  data_in[1]=8'h01;  data_in[0]=8'h00;
   end
   reg [1:0] next_state;
   parameter ini=2'b00,  wr_fifo=2'b01, ready=2'b11, rd_fifo=2'b10;
reg wr_en;
reg rd_en;
   reg[7:0] din;
wire[7:0] dout1;
   reg[3:0] j;
   assign dout=dout1;
   fifo_generator_0 Inst_fifo1 (
        .clk(clk), // input clk
        .rst(rst), // input rst
        .din(din), // input [7 : 0] din
        .wr_en(wr_en), // input wr_en
        .rd_en(rd_en), // input rd_en
        .dout(dout1), // output [7 : 0] dout
        .full(full), // output full
        .empty(empty) // output empty
      );
always @(posedge rst or posedge clk)
begin
   if(rst)
      begin
          next_state<=ini;
          j<=0;
          rd_en<=1'b0;
          wr_en<=1'b0;
      end
    else
      begin
          case (next_state)
            ini :
              begin
                    j<=0;
                    rd_en<=1'b0;
                if(wr_trig==1'b1)
                    next_state<=wr_fifo;
              end
            wr_fifo:
              begin
                din<=data_in[j];
                  if(j==15)
                    next_state<=ready;
                  else
                    begin
                        j<=j+1;
                        wr_en<=1'b1;
                        next_state<=wr_fifo;
                    end
              end
```

```
ready:
    begin
        j<=0;
        wr_en<=1'b0;
        if(rd_trig==1'b1)
            next_state<=rd_fifo;
        else
            next_state<=ready;
    end
rd_fifo:
    begin
        if(j==15)
            next_state<=ini;
        else
            begin
                j<=j+1;
                rd_en<=1'b1;
                next_state<=rd_fifo;
            end
    end
    endcase
end
end
endmodule
```

7.2.5　添加约束文件

本小节将介绍如何为设计指定引脚约束位置，该引脚约束参考 A7-EDP-1 开发平台的设计图纸和相关资料。添加约束条件的步骤如下所述。

第一步：在 Vivado 当前工程主界面 Sources 窗口下，找到并选择"Constraints"，单击鼠标右键，出现浮动菜单。在浮动菜单内，执行菜单命令【Add Sources】。

第二步：弹出"Add Sources-Add Sources"对话框。在该对话框中，选择"Add or create constraints"。

第三步：单击【Next】按钮，弹出"Add Sources-Add or Create Constraints"对话框。在该对话框中，单击【Create File】按钮。

第四步：弹出"Create Constraints File"对话框，按如下设置参数。

（1）File type：XDC。

（2）File name：top。

（3）File location：Local to Project。

第五步：单击【OK】按钮，返回"Add Sources-Add or Create Constraints"对话框。在该对话框中，添加了名字为"top.xdc"的约束文件。

第六步：单击【Finish】按钮。

第七步：在 Vivado 当前工程主界面 Sources 窗口的 Constraints 文件夹中添加了 top.xdc 文件。

第八步：在 Vivado 当前工程主界面左侧的 Flow Navitor 窗口中，找到并展开"SYNTHESIS"条目。在展开条目中，找到并单击"Run Synthesis"。

第九步：弹出"Launch Runs"对话框。在该对话框中保持默认设置，单击【OK】按钮，退出"Launch Runs"对话框。

第十步：等待综合过程结束后，弹出"Synthesis Completed"对话框。在该对话框中，勾选"Open Synthesized Design"前面的复选框。

第十一步：单击【OK】按钮，退出"Synthesis Completed"对话框，同时自动打开综合后的设计，Vivado 由当前工程主界面切换到 SYNTHESIZED DESIGN 界面。

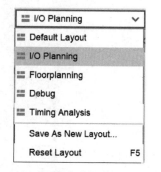

第十二步：在 Vivado 当前 SYNTHESIZED DESIGN 主界面右上角的下拉框中，选择"I/O Planning"，如图 7.6 所示。

第十三步：在 Vivado 当前 SYNTHESIZED DESIGN 主界面底部窗口中出现新的"I/O Ports"标签页。在"Package Pin"栏下，输入每个逻辑端口在 FPGA 上的引脚位置，以及在"I/O Std"栏（I/O 标准）下，为每个逻辑端口定义其 I/O 电气标准，如图 7.7 所示。

图 7.6 在下拉框中选择"I/O Planning"

Name	Direction	Neg Diff Pair	Package Pin	Fixed	Bank	I/O Std		Vcco	Vref	Drive Strength		Slew Type		Pull Type	
All ports (14)															
core_clk_44880 (1)	IN			☑	15	LVCMOS33*		3.300						NONE	∨
Scalar ports (1)															
clk	IN		J19	∨	☑	15	LVCMOS33*		3.300					NONE	∨
FIFO_READ_44880 (9)	OUT			☑	(Multip	LVCMOS33*		3.300		12	∨			NONE	∨
dout (8)	OUT			☑	13	LVCMOS33*		3.300		12	∨			NONE	∨
dout[7]	OUT		Y13	∨	☑	13	LVCMOS33*		3.300		12	∨			NONE	∨
dout[6]	OUT		AB15	∨	☑	13	LVCMOS33*		3.300		12	∨			NONE	∨
dout[5]	OUT		AB12	∨	☑	13	LVCMOS33*		3.300		12	∨			NONE	∨
dout[4]	OUT		Y14	∨	☑	13	LVCMOS33*		3.300		12	∨			NONE	∨
dout[3]	OUT		AB11	∨	☑	13	LVCMOS33*		3.300		12	∨			NONE	∨
dout[2]	OUT		AA14	∨	☑	13	LVCMOS33*		3.300		12	∨			NONE	∨
dout[1]	OUT		AA9	∨	☑	13	LVCMOS33*		3.300		12	∨			NONE	∨
dout[0]	OUT		W14	∨	☑	13	LVCMOS33*		3.300		12	∨		∨	NONE	∨
Scalar ports (1)															
empty	OUT		C20	∨	☑	16	LVCMOS33*		3.300		12			∨	NONE	∨
FIFO_WRITE_44880 (1)	OUT			☑	16	LVCMOS33*		3.300		12			∨	NONE	∨
Scalar ports (1)															
full	OUT		C22	∨	☑	16	LVCMOS33*		3.300		12			∨	NONE	∨
Scalar ports (3)															
rd_trig	IN		U5	∨	☑	34	LVCMOS33*		3.300						NONE	∨
rst	IN		T5	∨	☑	34	LVCMOS33*		3.300						NONE	∨
wr_trig	IN		W5	∨	☑	34	LVCMOS33*		3.300						NONE	∨

图 7.7 "I/O Ports"标签页

第十四步：按下 Ctrl+S 组合键，将输入的 I/O 引脚位置和 I/O 标准保存到 top.xdc 文件中。

第十五步：弹出"Out of Date Design"对话框。单击该对话框中的【OK】按钮，退出该对话框。

第十六步：弹出"Save Constraints"对话框。默认，勾选"Select an existing file"前面的复选框，该选项表示将前面输入的 I/O 约束条件保存到已经存在的 top.xdc 文件中。

第十七步：单击【OK】按钮，退出"Save Constraints"对话框。

第十八步：单击 Vivado 当前 SYNTHESIZED DESIGN 主界面右上角的【Close】按钮×。

第十九步：弹出"Confirm Close"对话框，单击该对话框中的【OK】按钮，退出"Confirm Close"对话框。同时，Vivado 将重新切换到当前工程主界面中。

第二十步：在 Vivado 当前工程主界面的 Sources 窗口中，找到并展开"Constraints"条目。在展开条目中，找到并展开"constrs_1"条目。在展开条目中，找到并双击"top.xdc"。打开 top.xdc 约束文件。在该文件中，以 Tcl 命令给出的 I/O 引脚约束条件如代码清单 7-5 所示。

代码清单 7-5　top.xdc

```
set_property PACKAGE_PIN J19 [get_ports clk]
set_property PACKAGE_PIN Y13 [get_ports {dout[7]}]
set_property PACKAGE_PIN AB15 [get_ports {dout[6]}]
set_property PACKAGE_PIN AB12 [get_ports {dout[5]}]
set_property PACKAGE_PIN Y14 [get_ports {dout[4]}]
set_property PACKAGE_PIN AB11 [get_ports {dout[3]}]
set_property PACKAGE_PIN AA14 [get_ports {dout[2]}]
set_property PACKAGE_PIN AA9 [get_ports {dout[1]}]
set_property PACKAGE_PIN W14 [get_ports {dout[0]}]
set_property PACKAGE_PIN C20 [get_ports empty]
set_property DRIVE 12 [get_ports {dout[4]}]
set_property PACKAGE_PIN C22 [get_ports full]
set_property PACKAGE_PIN U5 [get_ports rd_trig]
set_property PACKAGE_PIN T5 [get_ports rst]
set_property PACKAGE_PIN W5 [get_ports wr_trig]
set_property IOSTANDARD LVCMOS33 [get_ports clk]
set_property IOSTANDARD LVCMOS33 [get_ports {dout[7]}]
set_property IOSTANDARD LVCMOS33 [get_ports {dout[6]}]
set_property IOSTANDARD LVCMOS33 [get_ports {dout[5]}]
set_property IOSTANDARD LVCMOS33 [get_ports {dout[4]}]
set_property IOSTANDARD LVCMOS33 [get_ports {dout[3]}]
set_property IOSTANDARD LVCMOS33 [get_ports {dout[2]}]
set_property IOSTANDARD LVCMOS33 [get_ports {dout[1]}]
set_property IOSTANDARD LVCMOS33 [get_ports {dout[0]}]
set_property IOSTANDARD LVCMOS33 [get_ports empty]
set_property IOSTANDARD LVCMOS33 [get_ports full]
set_property IOSTANDARD LVCMOS33 [get_ports rd_trig]
set_property IOSTANDARD LVCMOS33 [get_ports rst]
set_property IOSTANDARD LVCMOS33 [get_ports wr_trig]
```

7.3　网表插入调试探测流程的实现

本节将首先介绍网表插入调试探测流程，然后基于 7.2 节给出的设计实例详细介绍网表插入调试探测流程的实现过程。

7.3.1　网表插入调试探测流程的方法

当在分层设计时，插入 Vivado 工具中的调试核，用于解决不同 Vivado 设计者的不同需求。

（1）最高级是在一个简单的向导内，基于所选择的用于调试的网络集合，自动创建和配置集成逻辑分析仪（Integrated Logic Analyzer，ILA）V2.1 核。

（2）下一个层次是，在 Vivado 主界面主菜单下执行菜单命令【Window】，弹出 Debug 窗口。这个窗口内，允许控制单个调试核、端口和它们的属性。

（3）最低层次是 Tcl 调试命令集合，设计者可以手工输入或者作为脚本反复使用。

对于设计人员来说，可以根据情况，混合使用这 3 种模式插入和定制调试核。

1. 标记用于调试的 HDL 信号

在综合前，通过使用 mark_debug 属性，设计者可以在 HDL 源文件中标识用于调试的信号。在 HDL 中，标识用于调试的信号所对应的网络将在 Debug 窗口中自动列出。

用于调试所标记网络的过程，取决于基于 RTL 的工程还是综合后的网表工程。

1）对于一个 RTL 网表工程

（1）在 VHDL 或者 Verilog 源文件中，使用 mark_debug 约束可以标记用于调试的 HDL 信号。在 HDL 中，用于 mark_debug 约束的有效值是 TRUE 或者 FALSE。Vivado 综合特性不支持 SOFT 值。

（2）使用 Xilinx 综合技术（Xilinx Synthesis Technology，XST），设计者可以在 VHDL 和 Verilog 源文件中，使用 mark_debug 属性标记用于调试的网络。此外，有效值是 TRUE 或者 FALSE。如果可能，SOFT 值允许软件优化指定的网络。

2）对于一个综合后的网表工程

（1）使用 Synopsys Synplify 综合工具，设计者可以在 VHDL 或者 Verilog HDL 文件内，使用 mark_debug 和 syn_keep 属性；或者在 SDC 文件中单独使用 mark_debug 属性，来标记用于调试的网络。当该行为由 syn_kepp 属性控制时，Synplify 不支持 SOFT 值。

（2）使用 Mentor Graphics Precision 综合工具，设计者可以在 VHDL 或者 Verilog HDL 文件中，使用 mark_debug 属性来标记用于调试的网络。

2．标记用于调试的 HDL 信号的例子

1）Vivado 综合 mark_debug 语法例子

（1）VHDL 语法例子：

```
attribute mark_debug : string;
attribute mark_debug of char_fifo_dout: signal is "true";
```

（2）Verilog 语法例子：

```
(* mark_debug = "true" *) wire [7:0] char_fifo_dout;
```

2）Synplify mark_debug 语法例子

（1）VHDL 语法例子：

```
attribute syn_keep : boolean;
attribute mark_debug : string;
attribute syn_keep of char_fifo_dout: signal is true;
attribute mark_debug of char_fifo_dout: signal is "true";
```

（2）Verilog 语法例子：

```
(* syn_keep = "true", mark_debug = "true" *) wire [7:0] char_fifo_dout;
```

（3）SDC 语法例子：

```
define_attribute {n:char_fifo_din[*]} {mark_debug} {"true"}
```

3）Precision mark_debug 语法例子

（1）VHDL 语法例子：

```
attribute mark_debug : string;
attribute mark_debug of char_fifo_dout: signal is "true";
```

（2）Verilog 语法例子：

```
(* mark_debug = "true" *) wire [7:0] char_fifo_dout;
```

7.3.2 网表插入调试探测流程的实现

本小节将介绍网表插入调试探测流程的实现过程。

1. 添加测试点

第一步：选中 top.v 文件。

第二步：在 Vivado 当前工程主界面左侧的 Flow Navigator 窗口中，找到并展开"SYNTHESIS"条目。在展开条目中，找到并单击"Open Synthesized Design"，打开综合后的设计。

第三步：Vivado 切换到 SYNTHESIZED DESIGN 主界面。在该主界面左侧的窗口中，自动打开"Netlist"标签页。在该标签页中，列出了当前设计中存在的所有网络节点，如图 7.8 所示。

第四步：从所列出的网络节点中，选择需要调试的端口，并且进行标记。如图 7.9 所示，在"Netlist"标签页下，找到并展开"Inst_fifo1"条目。在展开条目中，找到并选中"din(8)"，然后单击鼠标右键，出现浮动菜单。在浮动菜单内，执行菜单命令【Mark Debug】。执行完该操作后，在 din(8)前面添加了调试标记 🐞 。

第五步：按照前面的方法分别选择"dout(8)""rd_en""wr_en"，然后执行菜单命令【Mark Debug】，为这些网络添加调试标记，如图 7.10 所示。

图 7.8　"Netlist"标签页

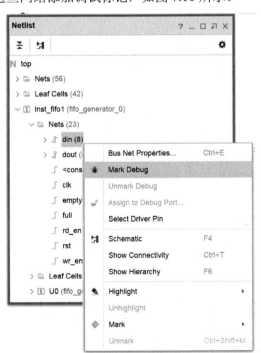

图 7.9　标记调试端口

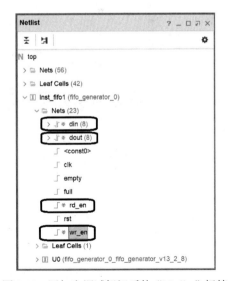

图 7.10　添加完调试标记后的"Netlist"标签页

第六步：按 Ctrl+S 组合键，保存添加调试标记后的网表。

第七步：弹出"Out of Date Design"对话框。单击该对话框中的【OK】按钮，退出该对话框。

2．设置调试内核参数

第一步：在 Vivado 当前 SYNTHESIZED DESIGN 主界面主菜单下，执行菜单命令【Tools】→【Set Up Debug】。

第二步：弹出"Set Up Debug-Set Up Debug"对话框，单击该对话框中的【Next】按钮。

第三步：弹出"Set Up Debug-Nets to Debug"对话框，如图 7.11 所示。

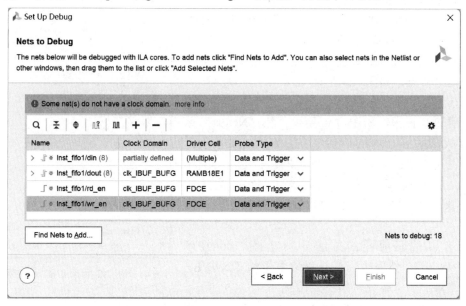

图 7.11 "Set Up Debug-Nets to Debug"对话框（1）

第四步：如图 7.12 所示，选中第一行需要调试的网络 Inst_fifo/din(8)。然后单击鼠标右键，出现浮动菜单。在浮动菜单内，执行菜单命令【Select Clock Domain】。

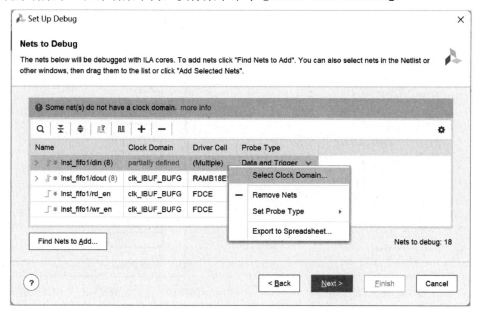

图 7.12 "Set Up Debug-Nets to Debug"对话框（2）

第五步：弹出"Select Clock Domain"对话框，如图 7.13 所示。在该对话框中，选中"clk_IBUF_BUFG"。

第六步：单击图 7.13 中的【OK】按钮，退出"Select Clock Domain"对话框，并且返回到"Set Up Debug-Nets to Debug"对话框。在该对话框中，为 Inst_fifo1/din(8)网络分配了 clk_IBUF_BUFG，如图 7.14 所示。

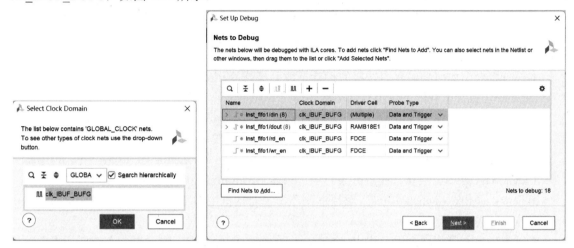

图 7.13　"Select Clock Domain"对话框　　图 7.14　"Set Up Debug-Nets to Debug"对话框（3）

第七步：单击图 7.14 中的【Next】按钮。

第八步：弹出"Set Up Debug-ILA Core Options"对话框，如图 7.15 所示。在该对话框的"Trigger and Storage Settings"标题下，分别勾选"Capture control"和"Advanced trigger"前面的复选框，然后单击该对话框中的【Next】按钮。

图 7.15　"Set Up Debug-ILA Core Options"对话框

第九步：弹出"Set Up Debug-Set Up Debug Summary"对话框，单击该对话框中的【Finish】按钮。

第十步：单击 Vivado 当前 SYNTHESIZED DESIGN 主界面右上角的【Close】按钮，将 Vivado 切换到当前工程主界面。

第十一步：弹出"Unsaved Changes"对话框。在该对话框中，提示信息"Would you like to save 'Synthesized Design-synth_1' before closing?"。

第十二步：单击【Yes】按钮，退出"Unsaved Changes"对话框。

第十三步：弹出"Out of Date Design"对话框。单击【OK】按钮，退出"Out of Date Design"对话框。

3. 下载设计

本部分将介绍如何将带有调试核的设计下载到搭载 Xilinx Artix 7 FPGA 的硬件开发平台 A7-EDP-1 中，执行下载的主要步骤如下所述。

第一步：通过 USB 电缆，将 A7-EDP-1 硬件开发平台上标记为 USB-JTAG 的 USB 接口连接到 PC/笔记本电脑的 USB 接口上，并打开 A7-EDP-1 硬件开发平台上的开关，给硬件平台供电。

第二步：在 Vivado 当前工程主界面左侧的 Flow Navigator 窗口中，找到并展开 "IMPLEMENTATION"条目。在展开条目中，单击"Run Implementation"。

第三步：弹出"Launch Runs"对话框，单击该对话框中的【OK】按钮，退出该对话框，此时开始执行实现过程。

第四步：实现过程结束后，弹出"Implementation Completed"对话框。在该对话框中，勾选"Generate Bitstream"前面的复选框，并单击该对话框中的【OK】按钮。

第五步：弹出新的"Launch Runs"对话框，单击该对话框中的【OK】按钮，此时开始执行生成比特流文件的过程。

第六步：当生成比特流过程结束后，弹出"Bitstream Generation Completed"对话框。在该对话框中，勾选"Open Hardware Manager"前面的复选框，并单击该对话框中的【OK】按钮。

第七步：Vivado 自动切换到 HARDWARE MANAGER 主界面。单击该界面中的"Open target"，出现浮动菜单。在浮动菜单内，执行菜单命令【Auto Connect】。

第八步：在 Hardware 窗口中，找到并选中"xc7a75t_0"，单击鼠标右键，出现浮动菜单。在浮动菜单内，执行菜单命令【Program Device】。

第九步：弹出"Program Device"对话框，如图 7.16 所示。在该对话框中，需要同时下载比特流文件（.bit）和调试器核文件（.ltx）。

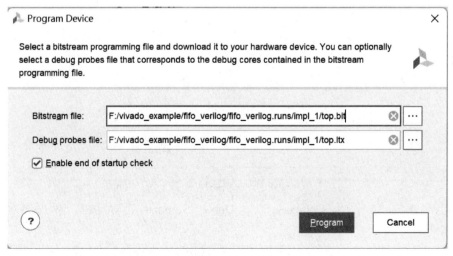

图 7.16 "Program Device"对话框

第十步：单击图 7.16 中的【Program】按钮，将比特流文件和调试核文件同时下载到 FPGA 中。

第十一步：在 Vivado HARDWARE MANAGER 主界面的右侧出现新的调试器界面 hw_ila_1，如图 7.17 所示。

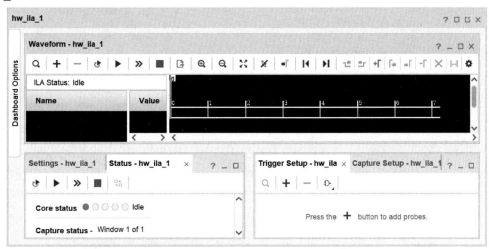

图 7.17　调试器界面 hw_ila_1

4．设置调试环境

本小节将介绍如何设置 ILA 的触发条件，主要步骤如下所述。

第一步：在图 7.17 中，找到名字为 "Trigger Setup-hw_ila_1" 的子窗口。在该子窗口中，单击 Add Probes ✚ 按钮，出现浮动窗口，如图 7.18 所示。在该浮动窗口中，通过按下 Ctrl 按键和单击鼠标左键，分别选中 "Inst_fifo1/rd_en" 和 "Inst_fifo1/wr_en"。

第二步：单击该浮动窗口中的【OK】按钮，退出该浮动窗口。

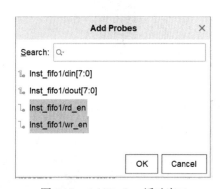

图 7.18　Add Probes 浮动窗口

第三步：在 Trigger Setup-hw_ila_1 子窗口中，通过 "Value" 一列的下拉框，将 rd_en 和 wr_en 都设置为 "1"，如图 7.19 所示。

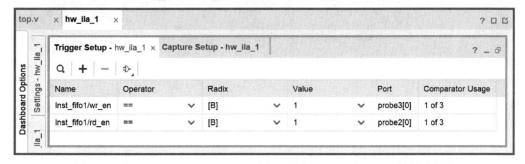

图 7.19　在 Trigger Setup-hw_ila_1 子窗口中设置 rd_en 和 wr_en 的触发条件

第四步：在 Trigger Setup-hw_ila_1 子窗口的工具栏中，单击按钮 ⊅，出现浮动菜单。在浮动菜单内，执行菜单命令【Set Trigger Condition to 'Global OR'】，如图 7.20 所示。该设置表示，当 rd_en== "1" 或 wr_en== "1" 时，触发捕获条件。

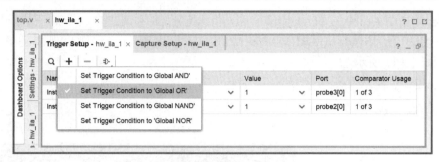

图 7.20　设置触发器的全局"或"条件

第五步：在 Waveform 窗口内，单击按钮➕，出现名字为"Add Probes"的浮动窗口，如图 7.21 所示。在该浮动窗口中，按前面的方法，将 Inst_fifo/din[7:0]、Inst_fifo1/dout[7:0]、Inst_fifo1/rd_en 和 Inst_fifo1/wr_en 信号添加到 Waveform 窗口中，如图 7.22 所示。

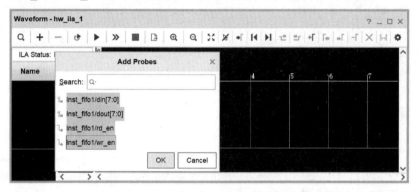

图 7.21　在 Add Probes 窗口中选择要观察的信号

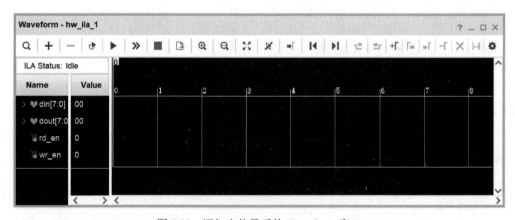

图 7.22　添加完信号后的 Waveform 窗口

第六步：设置 A7-EDP-1 硬件开发平台上的开关位置。

① T5 引脚对应的 SW0 开关设置为逻辑"0"（低电平）时，表示系统当前不处于复位状态；当 SW0 开关设置为逻辑"1"（高电平）时，表示系统当前处于复位状态。

② U5/W5 所对应的 SW1/SW3 开关设置为逻辑"1"（高电平）时，表示信号 rd_en/wr_en 有效；当 SW1 和 SW3 开关设置为逻辑"0"（低电平）时，表示信号 rd_en/wr_en 无效。

5．运行在线硬件调试

1）工具栏中按钮的功能

下面介绍图 7.22 工具栏中的按钮功能。

（1）Enable Auto Re-Trigger（使能自动重新触发）按钮 ⟳：单击该按钮，使 Vivado IDE 能够在成功完成触发、上传和显示操作后，自动重新授权启动与 Waveform 触发器关联的 ILA 核。在每次成功触发事件时，显示在对应于 ILA 核心的 Waveform 窗口中的捕获数据被覆盖。Auto Re-Trigger（自动重新触发）选项可与 Run Trigger（运行触发器）和 Run Trigger Immediate（立即运行触发器）操作一起使用。单击 Stop Trigger（停止触发器）按钮可停止当前正在运行的触发器。

（2）Run Trigger（运行触发器）按钮 ▶：授权启动与 Waveform 窗口关联的 ILA 核，以检测由 ILA 核基本或高级触发设置定义的触发器事件。

（3）Run Trigger Immediate（立即运行触发器）按钮 ≫：使与 Waveform 窗口关联的 ILA 核立刻授权启动触发，与 ILA 核的触发设置无关。该按钮可用于通过捕捉 ILA 核探测点（probe）输入的任何活动来检测设计的"活力"。

（4）Stop Trigger（停止触发器）按钮 ■：停止与 Waveform 窗口相关联的 ILA 的 ILA 核触发器。

（5）Export ILA Data（导出 ILA 数据）按钮 🗋：从 ILA 核捕获数据并将其保存到文件中。数据可以以原本、.csv 或.vcd 格式捕获。单击该按钮时，将显示以下对话框，如图 7.23 所示。

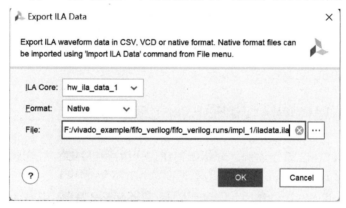

图 7.23　"Export ILA Data"对话框

① ILA Core：要为其导出数据的 ILA 调试核的名字。

② Format：该格式可从 Native、CSV 和 VCD 格式中选择。其中，Native 格式配置 write_hw_ila_data 命令以默认 ILA 文件格式文件的形式导出 ILA 数据，该文件可用于导入 Vivado 并在其他时间点再次导入，以便设计人员可以查看之前捕获的 ILA 数据；CSV 格式配置 write_hw_ila_data 命令以.csv 文件的形式导出 ILA 数据，该文件可用于将数据导入电子表格或第三方应用程序；VCD 文件格式配置 write_hw_ila_data 命令以.vcd 文件的形式导出 ILA 数据，该文件可用于导入第三方应用程序或查看器。

2）运行在线硬件调试

运行在线硬件调试的主要步骤如下所述。

第一步：在图 7.22 中，单击按钮 ⟳。

第二步：单击按钮 ▶。

第三步：将 A7-EDP-1 硬件开发平台上的 SW0 开关设置为逻辑"0"，使复位无效；然后分别将 SW3 和 SW1 开关设置为逻辑"1"，使 wr_en 和 rd_en 信号有效。此时，满足事先设置的触发条件。

第四步：捕获的信号显示在 Waveform 窗口中。通过单击该窗口工具栏中的按钮 🔍 和按钮

403

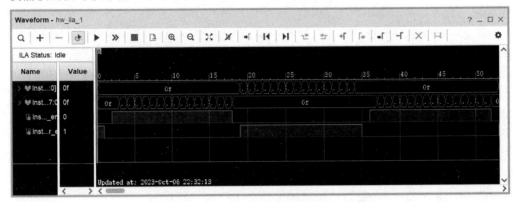

，使捕获的信号波形能正常显示在 Waveform 窗口中，如图 7.24 所示。

图 7.24 在 Waveform 窗口中显示捕获的波形

第五步：单击按钮█，停止 ILA 捕获过程。

第六步：单击 Vivado 当前 HARDWARE MANAGER 主界面右上角的按钮✕。

第七步：弹出"Confirm Close"对话框，提示信息"OK to close 'Hardware Manager'？"。

第八步：单击【OK】按钮，退出"Confirm Close"对话框，同时 Vivado 返回到当前工程主界面。

第九步：在 Vivado 当前工程主界面主菜单中，执行菜单命令【File】→【Project】→【Close】，关闭当前的设计工程。

7.4 添加 HDL 属性调试探测流程的实现

本节将以 VHDL 语言设计为例，介绍如何在设计中添加 HDL 综合属性设置。添加 HDL 综合属性设置的步骤如下所述。

第一步：在 Vivado 中打开 fifo_vhdl.xprj 工程，在 Sources 窗口中选中 top.vhd 文件。

第二步：如图 7.25 所示，在 top.vhd 文件中，添加图中框选的属性声明语句。

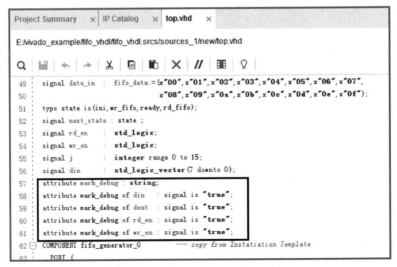

图 7.25 添加属性声明语句

注：该属性声明语句表示，将 din、dout、rd_en、wr_en 网络标记为调试。

第三步：按 Ctrl+S 组合键，保存该设计文件。

第四步：在 Vivado 当前工程主界面左侧的 Flow Navigator 窗口中，找到并展开 "SYNTHESIS" 条目。在展开条目中，单击 "Run Synthesis"。

第五步：等待综合完成后，打开综合后的设计。

第六步：如图 7.26 所示，在 "Netlist" 标签页内，找到并展开 "Nets"，可以看到 din(8)、dout_OBUF(8)、rd_en 和 wr_en 网络前面添加了调试标记 。

第七步：按照 7.3.2 小节介绍的方法，设置调试所需要的时钟网络。

第八步：按照 7.3.2 小节介绍的方法，添加约束文件，对设计进行综合、实现、生成设计的比特流文件，下载比特流文件.bit 和探测调试文件.lfx 到 FPGA 器件中。

图 7.26　在 "Netlist" 标签页中添加调试标记的网络

注：从本书所提供资料的/vivado_example/source 路径下找到并添加 top.xdc 约束文件。

第九步：按照 7.3.2 小节介绍的方法，添加 rd_en 和 wr_en 触发条件，并将触发条件设置为 "1"。

第十步：按照 7.3.2 小节介绍的方法，启动调试核捕获功能，调整 A7-EDP-1 开发板上的开关，观察满足触发条件后的 Waveform 窗口。

7.5　添加 HDL 例化调试核探测流程的实现

本节将介绍如何使用 HDL 例化调试核调试探测流程，主要步骤如下所述。

第一步：打开本书配套资源\vivado_example\fifo_verilog_1 路径中的 Vivado 工程文件 fifo_verilog_1.xprj。

第二步：在 Vivado 主界面左侧的 Flow Navigator 窗口下，找到并展开 "PROJECT MANAGER" 条目。在展开条目中，找到并单击 "IP Catalog"，在 Vivado 主界面右侧出现 "IP Catalog" 标签页。

第三步：如图 7.27 所示，在搜索框中输入 "ila"。在下面的窗口中，给出所搜到的相关 IP 核列表。在列表窗口中，双击 "ILA（Integrated Logic Analyzer）"。

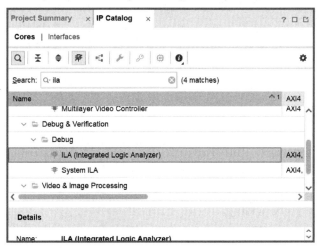

图 7.27　"IP Catalog" 标签页

第四步：弹出图 7.28 所示的"Customize IP"对话框，将"Component Name"后面的名字改为"fifo_debug0"。

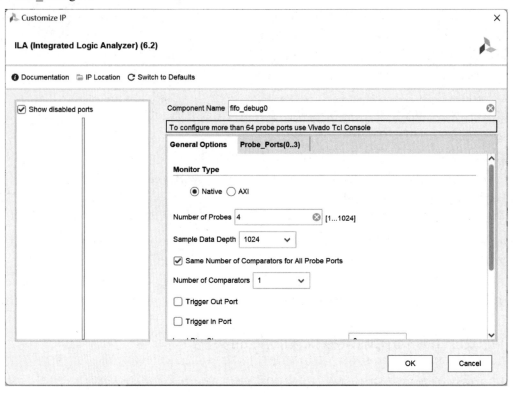

图 7.28 "Customize IP"对话框

第五步：如图 7.28 所示，单击"General Options"标签，在该标签页中，按如下设置参数。

（1）Number of Probes：4。

（2）不勾选"Trigger Out Port"和"Trigger In Port"前面的复选框。

（3）其他按默认参数设置。

第六步：如图 7.29 所示，单击"Probe_Ports(0..3)"标签，在该标签页中，按如下设置参数。

General Options	Probe_Ports(0..3)		
Probe Port	Probe Width [1..4096]	Number of Comparators	Probe Trigger or Data
PROBE0	1	1	DATA AND TRIGGER
PROBE1	1	1	DATA AND TRIGGER
PROBE2	8	1	DATA AND TRIGGER
PROBE3	8	1	DATA AND TRIGGER

图 7.29 "Probe_Ports(0..3)"标签页

（1）PROBE0：1（Probe Width）。

（2）PROBE1：1（Probe Width）。

（3）PROBE2：8（Probe Width）。

（4）PROBE3：8（Probe Width）。

第七步：单击【OK】按钮，弹出"Generate Output Products"对话框。

第八步：单击该对话框中的【Generate】按钮。

第九步：在 Vivado 当前工程主界面的 Sources 窗口内，单击"IP Sources"标签。在该标签页内，找到并展开"fifo_debug0"条目。在展开条目中，找到并双击"fifo_debug.veo"，如图 7.30 所示

图 7.30　Sources 窗口中的"IP Sources"标签页

第十步：fifo_debug0 的 Verilog HDL 模板文件如代码清单 7-6 所示。

代码清单 7-6　fifo_debug0.veo 文件

```
fifo_debug0 your_instance_name (
    .clk(clk),              // input wire clk
    .probe0(probe0),        // input wire [0:0]   probe0
    .probe1(probe1),        // input wire [0:0]   probe1
    .probe2(probe2),        // input wire [7:0]   probe2
    .probe3(probe3)         // input wire [7:0]   probe3
);
```

第十一步：打开 top.v 文件，在该文件中添加 fifo_debug0 例化语句，如代码清单 7-7 所示。

代码清单 7-7　top.v 文件中添加 fifo_debug0 例化语句

```
fifo_debug0 Inst_fifo1 (
    .clk(clk),              // input clk
    .rst(rst),              // input rst
    .din(din),              // input [7 : 0] din
    .wr_en(wr_en),          // input wr_en
    .rd_en(rd_en),          // input rd_en
    .dout(dout),            // output [7 : 0] dout
    .full(full),            // output full
    .empty(empty)           // output empty
);
```

第十二步：在 Vivado 主界面左侧的 Flow Navigator 窗口下，找到并展开"IMPLEMENTATION"条目。在展开条目中，单击"Run Implementation"，对设计进行实现。

第十三步：实现结束后，弹出"Implementation Completed"对话框。在该对话框中，选中"Generate Bitstream"前面的复选框。

第十四步：单击【OK】按钮，等待生成比特流文件。

第十五步：弹出"Bitstream Generation Completed"对话框。在该对话框中，选中"Open Hardware Manager"前面的复选框。

第十六步：单击【OK】按钮，下载完比特流文件后，出现调试器界面。

第十七步：按照 7.3.2 小节介绍的方法，对设计进行综合、实现、生成设计的比特流文件，下载比特流文件 top.bit 和探测调试文件 debug_nets.lfx 到 FPGA 器件中。

第十八步：按照 7.3.2 小节介绍的方法，添加 rd_en 和 wr_en 触发条件，并将触发条件设置为"1"。

第十九步：按照 7.3.2 小节介绍的方法，启动调试核捕获功能，调整 A7-EDP-1 开发板上的开关，观察满足触发条件后的 Waveform 窗口。

7.6 VIO 原理和应用

虚拟输入/输出（Virtual Input/Output，VIO）调试功能可以实时监控和驱动内部 FPGA、SoC 或 Versal ACAP 信号，如图 7.31 所示为 VIO 的内部结构。在无法对目标硬件进行物理访问的情况下，可以使用该功能驱动和监视实际硬件上存在的信号。

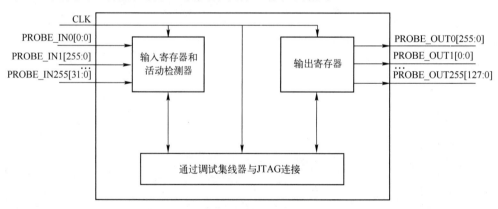

图 7.31　VIO 的内部结构

需要设计人员在 RTL 代码中例化该调试核，因此他们需要提前知道要驱动什么网络。

（1）PROBE_IN：VIO 核的这些输入使用连接到 CLK 输入端口的设计时钟进行寄存，VIO 核会定期读回输入值并显示在 Vivado 逻辑分析仪调试界面中。

（2）PROBE_OUT：VIO 核的这些输出被驱动到周围的用户设计中。Vivado 逻辑分析仪功能将输出值驱动为"1"和"0"的组合。PROBE_OUT 也可以在生成期间初始化为任何所需要的值。

（3）活动检测器：活动检测器每个 VIO 核输入都有额外的单元来捕获输入上是否存在跳变。由于设计时钟很可能比分析仪的采样周期快得多，因此被监测的信号可能在连续采样之间跳变多次。活动检测器捕获此行为，结果与 Vivado 逻辑分析器中的值一起显示。

7.6.1　设计原理

本小节将介绍如何在本书前面的设计 gate_verilog 的基础上添加 VIO 核。新建一个名字为"gate_verilog_vio"的目录，将 gate_verilog 目录中的所有内容复制到 gate_verilog_vio 目录中。

如图 7.32 所示，在该设计中添加一个 VIO 核，其提供 3 个输出端口，其中一个端口 probe_out0 用于选择进入寄存器 a_tmp_reg 和寄存器 b_tmp_reg 的信号。当 probe_out0 输出 "1" 时，将外部端口 a 和 b 提供的信号分别连接到寄存器 a_tmp_reg 和寄存器 b_tmp_reg；当 probe_out0 输出 "0" 时，将 VIO 核输出端口 probe_out1 和 probe_out2 信号连接到寄存器 a_tmp_reg 和 b_tmp_reg，这样就可以通过 VIO 提供的端口来控制整个 FPGA 的设计。此外，FPGA 设计的最终输出 z 可以连接到 VIO 核的 probe_in0 输入端口。

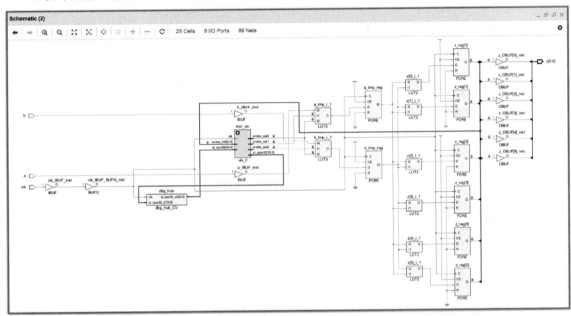

图 7.32　添加 VIO 核的整体设计

7.6.2　添加 VIO 核

本小节将介绍如何添加 VIO 核，主要步骤如下所述。

第一步：用 Vivado 2023.1 集成开发环境打开\vivado_example\gate_verilog_vio 目录下的工程文件 project_1.xprj。

第二步：在 Vivado 当前工程主界面左侧的 Flow Navigator 窗口中，找到并展开"PROJECT MANAGER"条目。在展开条目中，找到并单击"IP Catalog"。

第三步：在 Vivado 当前工程主界面右侧窗口中，出现"IP Catalog"标签页。在该标签页的搜索框中输入"VIO"。在下面的子窗口中列出了可用的 VIO（Virtual Input/Output）核，如图 7.33 所示。

第四步：双击"VIO（Virtual Input/Output）"，弹出"Customize IP-VIO(Virtual Input/Output)(3.0)"对话框。

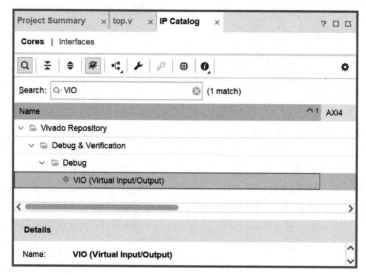

图 7.33 "IP Catalog" 标签页

（1）单击"General Options"标签，如图 7.34 所示，按如下设置参数。

① Input Probe Count：1。

② Output Probe Count：3。

③ 勾选"Enable Input Probe Activity Detectors"前面的复选框。

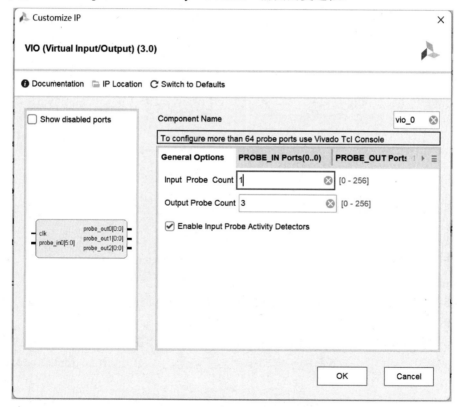

图 7.34 "General Options" 标签页

（2）单击"PROBE_IN Ports(0..0)"标签，如图 7.35 所示，将"PROBE_IN0"设置为"6"。

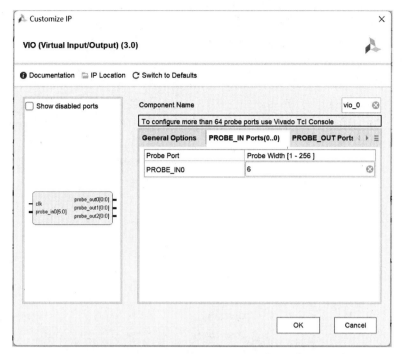

图 7.35　"PROBE_IN Ports(0..0)"标签页

（3）单击"PROBE_OUT Ports(0..2)"标签，如图 7.36 所示的标签页。在该标签页中，按如下设置参数。

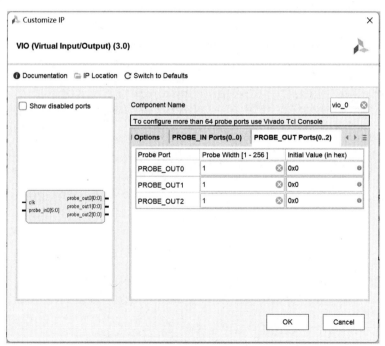

图 7.36　"PROBE_OUT Ports(0..0)"标签页

① PROBE_OUT0：1。

② PROBE_OUT1：1。

③ PROBE_OUT2：1。

第五步：单击图 7.36 中的【OK】按钮。

第六步：弹出"Generate Output Products"对话框，单击该对话框中的【Generate】按钮，退出"Generate Output Products"对话框。

第七步：在 Vivado 当前工程主界面的 Sources 窗口中，单击"IP Sources"标签。在该标签页中，可以看到 VIO 核的实例 vio_0，如图 7.37 所示。找到并展开"vio_0"条目。在展开条目中，找到并展开"Instatiation Template"条目。在展开条目中，双击"vio_0.veo"，打开其例化模板，如代码清单 7-8 所示。

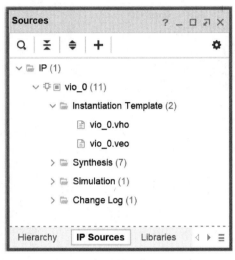

图 7.37　VIO 核的实例 vio_0

代码清单 7-8　vio_0.veo 文件的 Verilog HDL 例化模板

```
vio_0 your_instance_name (
    .clk(clk),                          // input wire clk
    .probe_in0(probe_in0),              // input wire [5 : 0] probe_in0
    .probe_out0(probe_out0),            // output wire [0 : 0] probe_out0
    .probe_out1(probe_out1),            // output wire [0 : 0] probe_out1
    .probe_out2(probe_out2)             // output wire [0 : 0] probe_out2
);
```

第八步：在 Vivado 当前工程主界面的 Sources 窗口中，单击"Hierarchy"标签。在该标签页中，找到并展开"Design Sources"条目。在展开条目中，找到并双击 top.v 文件，修改设计代码，添加 VIO 核的例化语句，如代码清单 7-9 所示。

代码清单 7-9　top.v 文件

```
module top(
    input clk,
    input a,
    input b,
    output reg [5:0] z
    );
reg [5:0]z_tmp;
wire [5:0] z_vio;
reg a_tmp,b_tmp;
wire a_in,b_in;
wire sel;
wire a_vio,b_vio;
```

```
assign a_in=sel ? a : a_vio;
assign b_in=sel ? b : b_vio;
assign z_vio=z;
vio_0 Inst_vio (
  .clk(clk),                  // input wire clk
  .probe_in0(z),              // input wire [5 : 0] probe_in0
  .probe_out0(sel),           // output wire [0 : 0] probe_out0
  .probe_out1(a_vio),         // output wire [0 : 0] probe_out1
  .probe_out2(b_vio),         // output wire [0 : 0] probe_out2
);
always @(posedge clk)
begin
 a_tmp<=a_in;
 b_tmp<=b_in;
end
always @(*)
begin
 z_tmp[0]=a_tmp & b_tmp;
 z_tmp[1]=~(a_tmp & b_tmp);
 z_tmp[2]=a_tmp | b_tmp;
 z_tmp[3]=~(a_tmp | b_tmp);
 z_tmp[4]=a_tmp ^ b_tmp;
 z_tmp[5]=a_tmp ~^ b_tmp;
end
always @(posedge clk)
begin
z<=z_tmp;
end
endmodule
```

第九步：按 Ctrl+S 组合键，保存该设计文件。

7.6.3　生成比特流文件

本小节将介绍如何对设计进行处理并生成比特流文件，主要步骤如下所述。

第一步：在 Vivado 主界面左侧的 Flow Navigator 窗口中，找到并展开"SYNTHESIS"条目。在展开条目中，找到并单击"Run Synthesis"。

第二步：弹出"Launch Runs"对话框，单击该对话框中的【OK】按钮，退出"Launch Runs"对话框，同时开始设计综合过程。

第三步：当完成综合过程后，弹出"Synthesis Completed"对话框。在该对话框中，勾选"Run Implementation"前面的复选框，单击【OK】按钮。

第四步：弹出"Launch Runs"对话框，单击该对话框中的【OK】按钮，退出"Launch Runs"对话框，同时开始设计实现过程。

第五步：当完成实现过程后，弹出"Implementation Completed"对话框。在该对话框中，勾选"Generate Bitstream"前面的复选框，单击【OK】按钮。

第六步：弹出"Launch Runs"对话框，单击该对话框中的【OK】按钮，退出"Launch Runs"对话框，同时开始生成比特流文件的过程。

第七步：当完成生成比特流文件的过程后，出现"Bitstream Generation Completed"对话框。在该对话框中，勾选"Open Hardware Manager"前面的复选框，单击【OK】按钮。

第八步：退出"Bitstream Generation Completed"对话框，同时 Vivado 切换到 HARDWARE MANAGER 主界面。

7.6.4 下载并调试设计

本小节将介绍如何将生成的比特流文件下载到 A7-EDP-1 开发板上的 xc7a75tfgg484-1 器件中，并通过 VIO 核对设计进行监控，主要步骤如下所述。

第一步：通过 USB 电缆，将 A7-EDP-1 硬件开发平台上的 USB 接口连接到 PC/笔记本电脑的 USB 接口上，并打开硬件开发平台上的电源开关，给硬件开发平台供电。

第二步：在 Vivado 当前 HARDWARE MANAGER 主界面中，找到并单击"Open target"，单击鼠标右键，出现浮动菜单。在浮动菜单内，执行菜单命令【Auto Connect】。

第三步：在 Vivado 当前 HARDWARE MANAGER 主界面中，出现新的 Hardware 子窗口。在该子窗口中，找到并选择"xc7a75t_0"，单击鼠标右键，出现浮动菜单。在浮动菜单内，执行菜单命令【Program Device】。

第四步：弹出"Program Device"对话框，如图 7.38 所示。在该对话框中，选择要下载的比特流文件（.bit）和调试核文件（.ltx）。

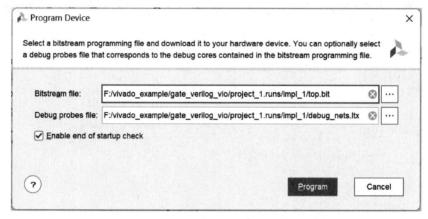

图 7.38 "Program Device"对话框

第五步：单击该对话框中的【Program】按钮，退出"Program Device"对话框，同时在 Vivado 中自动打开调试器界面，如图 7.39 所示。

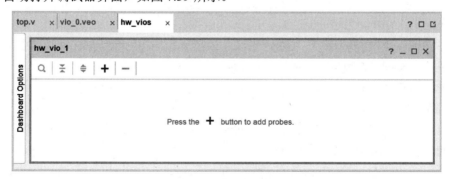

图 7.39 调试器界面

第六步：在图 7.39 给出的界面中，单击➕按钮，出现名字为"Add Probes"的浮动窗口，如图 7.40 所示。在该浮动窗口内，通过按下 Ctrl 按键和鼠标左键，选择 a_vio、b_vio、sel 和 z_OBUF[5:0]，如图 7.40 所示。

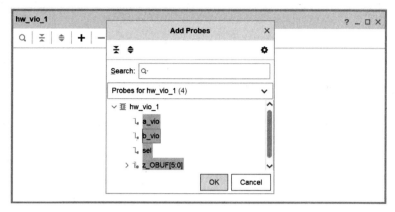

图 7.40　Add Probes 浮动窗口

第七步：单击 Add Probes 浮动窗口中的【OK】按钮，退出该浮动窗口。

第八步：在调试器界面中添加了 a_vio、b_vio、sel 和 z_OBUF[5:0]，如图 7.41 所示。

Name	Value	Activity	Direct...	VIO
a_vio	[B] 1 ▾		Output	hw_vio_1
z_OBUF[5:0]	[H] 16	↕	Input	hw_vio_1
z_OBUF[5]	0	↓	Input	hw_vio_1
z_OBUF[4]	1	↑	Input	hw_vio_1
z_OBUF[3]	0	↓	Input	hw_vio_1
z_OBUF[2]	1	↑	Input	hw_vio_1
z_OBUF[1]	1		Input	hw_vio_1
z_OBUF[0]	0		Input	hw_vio_1
sel	[B] 1 ▾		Output	hw_vio_1
b_vio	[B] 0 ▾		Output	hw_vio_1

图 7.41　添加完信号后的调试器界面

第九步：在图 7.41 所示的界面中，通过下拉框将 sel 设置为"0"，此时 a_vio 和 b_vio 的值将送给 FPGA 设计。

思考题 7-1：请读者在图 7.41 中，通过下拉框修改 a_vio 和 b_vio 的值，观察 A7-EDP-1 开发平台上 LED 灯的变化情况。在这种情况下，当读者拨动 A7-EDP-1 开发平台上的开关控制 LED 灯时，发现开关并不起任何作用。

第十步：在图 7.41 所示的界面中，通过下拉框将 sel 设置为"1"，此时由 A7-EDP-1 开发板上开关的设置状态确定 a 和 b 的值，并将其送给 FPGA 设计。

思考题 7-2：此时，当读者拨动 A7-EDP-1 开发平台上的开关控制 LED 灯时，发现开关开始起作用，但是通过下拉框改变图 7.41 中的 a_vio 和 b_vio 的值时，并不改变 A7-EDP-1 开发板上 LED 灯的状态。

第十一步：关闭并退出设计。

第8章　Vivado 动态功能交换原理及实现

动态功能交换（Dynamic Function eXchange，DFX）允许在一个活动的设计中重新配置模块。DFX 是一个由多个元素组成的综合解决方案，这些元素包括 Xilinx 硅的动态重配置能力，Xilinx Vivado 用于编译从 RTL 到比特流的设计的软件流程，以及诸如 IP 之类的互补功能。在本章中，读者将看到 DFX 和部分重配置（Partial Reconfiguration，PR）术语的混合，DFX 表示整体解决方案，PR 表示该解决方案的元件技术部分。

8.1　动态功能交换导论

DFX 流程需要实现多个配置，这最终导致每个配置的完整比特流和每个可重配置模块（Reconfigurable Module，RM）的部分比特流。所需的配置数量因需要实现的模块数量而异。但是，所有配置都使用相同的顶层或静态布局和布线的结果。这些静态结果从初始配置导出，并由使用检查点的所有后续配置导入。

8.1.1　动态功能交换介绍

DFX 允许通过加载动态配置文件（通常是部分 BIT 文件）来修改正在工作的 FPGA 设计。在完整的 BIT 文件配置 FPGA 之后，可以下载部分 BIT 文件来修改 FPGA 中的可重新配置区域，而不会破坏在器件内未被重新配置的部分上所运行应用的完整性。

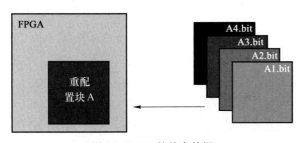

图 8.1　DFX 的基本前提

如图 8.1 所示，重配置块 A 中实现的功能是通过下载几个部分 BIT 文件之一（A1.bit、A2.bit、A3.bit 或 A4.bit）来修改的。FPGA 设计中的逻辑分为两种不同类型，可重配置逻辑和静态逻辑。FPGA 块的灰色区域表示静态逻辑，标记为"重配置块 A"的块部分表示可重配置逻辑。静态逻辑保持功能，不受部分 BIT 文件加载的影响。可重新配置的逻辑由部分 BIT 文件的内容代替。

在单个 FPGA 上对硬件进行动态时间复用的能力是有利的，原因有很多。其中包括：

（1）减小实现给定功能所需的 FPGA 的大小，从而降低成本和功耗；

（2）在应用可选择的算法或协议方面提供灵活性；

（3）使能设计安全方面的新技术；

（4）改善 FPGA 容错能力；

（5）加速可配置计算；

（6）向已部署的系统提供更新（修复程序和新功能）。

除了减小尺寸、重量、功率和成本，DFX 还可以实现新类型的 FPGA 设计，否则这些设计将无法实现。

8.1.2　术语解释

1．块设计容器

块设计容器（Block Design Container，BDC）是 IP 集成器中的分层结构，它使块设计能够放置在块设计中。该功能用于为所有结构使能 IP 集成器中的 DFX 流程。提示：这是所有 Versal DFX 设计的推荐流程。

2．自底向上综合

自底而上的综合（Bottom-Up Synthesis）是按模块对设计进行综合的，无论是在一个工程中还是在多个工程中。在 Vivado 中，自底向上的综合被称为脱离上下文（Out of Context，OOC）的综合。OOC 综合为每个 OOC 模块生成一个单独的网表（或 DCP），并且是 DFX 需要的，以确保不会在模块边界上进行优化。在 OOC 综合中，顶层（或静态）逻辑与每个 OOC 模块的 black_box 模块定义进行综合。

3．配置

配置（Configuration）是一个完整的设计，每个可重配置分区（Reconfigurable Partition，RP）有一个 RM。在一个 DFX FPGA 工程中可能有许多配置。每个配置为每个 RM 生成一个完整的 BIT 文件和一个部分 BIT 文件。

4．配置帧

配置帧（Configuration Frame）是 FPGA 配置存储空间中最小的可寻址段。从这些分散的最底层元素构建配置帧。在 Xilinx 的器件中，基本的可重配置的帧的大小为一个元件（CLB、BRAM、DSP）宽度和一个时钟区域高度。这些帧中的资源数量因器件而不同。

5．内部配置访问端口

内部配置访问端口（Internal Configuration Access Port，ICAP）是 SelectMAP 接口的一个内部版本。

6．媒体配置访问端口

媒体配置访问端口（Media Configuration Access Port，MCAP）是从每个 Xilinx UltraScale 的一个特定 PCIe 块到配置引擎的专用链路。当配置 Xilinx PCIe IP 时，可以使能该入口点。

7．分区

分区（Partition）是设计的一个逻辑部分，由设计人员在层次边界上定义，用于设计重用。分区是一个新的实现或是先前保留的一个实现。保留的分区不仅维护相同的功能，而且维护相同的实现。

8．分区定义

这是一个仅在 RTL 工程流程中使用的术语。分区定义（Partition Definition，PD）定义了一组与模块实例（或 RP）相关的 RM。PD 应用于模块的所有实例，并且不能与模块实例的子集关联。

9．分区引脚

分区引脚（Partition Pin）是静态逻辑和可重配置逻辑之间的逻辑与物理连接。工具会自动创建、布局和管理分区引脚。

10．部分重配置

部分重配置（Partial Reconfiguration，PR）是 Xilinx 的硅技术，是设计人员能够通过下载部分比特流来修改正在工作的 FPGA 设计中的逻辑子集。整体解决方案的名字已更改为 DFX，但硅的底层功能仍然存在，因此在 Vivado 中仍然可以看到对 PR 的引用，尤其是在基本的 Tcl 命令中。

11．处理器配置访问端口

处理器配置访问端口（Processor Configuration Access Port，PCAP）类似于 ICAP，是用于配置一个 Zynq-7000 SoC 器件的基本端口。

12．可编程单元

这是用于重配置所需的最低资源。可编程单元（Programmable Unit，PU）的大小因资源类型而异。在 UltraScale 架构中，相邻的站点共享一个布线资源，因此成对定义 PU。

13．可重配置帧

可重配置帧（Reconfigurable Frame）表示在 FPGA 中最小的可重配置区域。可重配置帧的比特流大小根据帧内包含的逻辑类型而变化。

14．可重配置逻辑

可重新配置逻辑（Reconfigurable Logic）是 RM 中的任何逻辑元素。当加载部分 bit 文件时，会修改这些逻辑元素。可以重新配置许多类型的逻辑元件，如 LUT、触发器、BRAM 和 DSP 块。

15．可重配置模块

可重配置模块（Reconfigurable Module，RM）是在 RP 中实现的网表或 HDL 描述。一个 RP 可以存在多个 RM。

16．可重配置分区

可重配置分区（Reconfigurable Partition，RP）是例化中的属性集，它定义了该实例是可重配置的。RP 是设计层次中的一个层次，在该层次上可以实现不同的 RM。例如，一些 Tcl 命令，如 opt_design、place_design 和 route_design，用于检测实例上的 HD.RECONFIGURABLE 属性，并且正确地处理它。

17．静态逻辑

静态逻辑（Static Logic）是不属于 RP 的任何逻辑元素。逻辑元素从不部分重新配置，并且在重配置 RP 时始终处于活动状态。静态逻辑也称为顶层逻辑。

18．静态设计

静态设计（Static Design）是设计的一部分，它在部分重配置的过程中不会变化。静态设计包括顶层和所有未定义为可重配置的模块。静态设计由静态逻辑和静态布线构建。

8.1.3　设计考虑

DFX 是 Vivado 设计套件中的一个专家流程。在开始 DFX 工程之前，需要了解以下要求和期望。

1．设计要求和指南

以下是使用 DFX 时的设计要求和指南：

（1）需要按元素类型定义可重配置的区域。

① 对于 7 系列，将 Pblock 块与帧/时钟区域边界垂直对齐。这将产生最佳结果，并允许使

能 RESET_AFTER_RECONFIG。

②　对于 UltraScale 及更高版本，布图规划更加灵活。

③　水平对齐规则也适用。

④　为所有 UltraScale、UltraScale+和 Versal 器件目标实现了布线资源的自动扩展。

（2）自下而上/OOC 综合（创建多个网表/DCP 文件）和 RM 网表文件的管理由设计人员负责。

①　对于第三方综合工具，必须禁止 I/O 插入。

②　对于 Vivado OOC 综合，在 out_of_context 模式下会自动禁止 I/O 插入。

（3）持标准时序约束，如果需要，还可以提供额外的时序预算功能。

（4）已经建立了一套独特的设计规则检查（Design Rule Check，DRC），以帮助确保成功完成设计。

（5）DFX 设计必须考虑在目标器件内或作为系统设计的一部分启动部分重配置，以及交付部分 BIT 或 PDI 文件。

（6）多种设计流程环境可用于处理 DFX 设计。Versal 器件设计必须使用 IP 集成器内的块设计容器流程来管理 CIPS 和 NoC IP，但对于 FPGA 和 SoC 设计，可以使用基于 RTL 的设计流程。

（7）Vivado 设计套件包括对 DFX Controller IP 的支持。这个可定制的 IP 管理任何 Xilinx FPGA 的部分重配置的核心任务。核接收来自硬件或软件的触发器，管理握手和解耦合任务，从存储器位置取出部分比特流，并将其传递给 ICAP。

（8）RP 必须包含所有引脚的超集，这些引脚将由为分区实现的各种 RM 使用。如果一个 RM 使用来自另一个 RM 的不同输入或输出，则生成的 RM 输入或输出可能不会连接到 RM 内部。工具通过在 RM 中为所有未使用的输入和输出插入 LUT1 缓冲区来处理此问题。输出 LUT1 与常数值绑定，并且该常数值可以通过未使用的输出引脚上的 HD.PARTPIN_TIEOFF 属性来控制。

（9）黑盒支持比特流生成。

（10）对于用户复位信号，确定 RM 内部的逻辑是电平敏感还是边沿敏感。如果复位电路是边沿敏感的（在某些 IP，如 FIFO 中，可能是这样），则在完成重配置之前，不应应用 RM 复位。

（11）DFX 设计与 Zynq UltraScale+MPSoC 器件的 Xilinx 隔离设计流程（Isolation Design Flow，IDF）兼容。

2．设计性能

性能指标因设计而不同，如果遵循分层设计流程中建议的分层设计技术，则可以获得最佳结果。

然而，硅隔离所需的额外限制预计会对大多数设计产生影响。部分重配置规则的应用，如布线控制、独占布局和不跨越 RM 边界优化，意味着 DFX 设计的总体密度和性能低于等效平坦设计。DFX 设计的总体设计性能因设计而异，这取决于 RP 的数量、分区的接口引脚数量以及 Pblock 的大小和形状等因素。

在考虑该解决方案之前，任何潜在的 DFX 设计都必须有额外的时间松弛和资源开销。

3．设计标准

（1）对于 7 系列的器件来说，遵循下面的规则。

①　可重配置的资源包括 CLB、BRAM 和 DSP 元件类型，以及布线资源。

② 不可以重配置时钟和时钟修改逻辑，因此它们必须驻留在静态区域内，如 BUFG、BUFR、MMCM、PLL 和类似的元件。

③ 下面的元件不可以重配置，必须驻留在静态区域内。

➢ I/O 和 I/O 相关的元件（ISERDES、OSERDES、IDELAYCTRL）。

➢ 串行收发器（MGT）和相关元件。

➢ 单个结构特性元件（如 BSCAN、STARTUP、XADC 等）。

（2）对于 UltraScale 和 UltraScale+ 器件来说，可重配置的元件范围扩大。

① CLB、BRAM 和 DSP 元件类型，以及布线资源。

② 时钟和时钟修改逻辑，包括 BUFG、MMCM、PLL 和类似的元件。

③ I/O 和 I/O 相关的元件，如 ISERDES、OSERDES、IDELAYCTRL。

④ 串行收发器（MGT）和相关元件。

⑤ PCIe、CMAC、Interlaken 和 SYSMON 块。

⑥ 这些新元件的比特流粒度要求遵守一些规则。例如，I/O 的部分可重配置要求整个组，外加该帧内所有的时钟资源一起都是可重配置的。

⑦ 只有配置元件（如 BSCAN、STARTUP、ICAP、FRAME_ECC）必须保留在设计的静态区域内。

（3）对于 Versal 器件，除了 UltraScale+ 支持的可编程逻辑中的所有元素，还可动态重配置片上网络（Network on Chip，NoC）。

（4）限制连接到 RP 的全局时钟资源，这取决于器件和这些 RP 所占用的时钟区域。

（5）由于实现 IP 使用的元件，或者 IP 要求的连接，因此可能会发生 IP 限制。如 Vivado 调试核、带嵌入式全局缓冲区或 I/O 的 IP 模块（仅 7 系列）、存储器 IP 控制器（MMCM 和 BSCAN）。

（6）必须初始化 RM，以保证在重配置后具有可预测的启动条件。对于 7 系列以外的所有器件，在完成 DFX 后，将自动应用 GSR。对于 7 系列的器件，在满足 Pblock 要求后，可以使用 RESET_AFTER_RECONFIG Pblock 属性打开 GSR。

（7）强烈建议去耦合逻辑。这样，就可以在部分重配置期间，断开设计中的静态部分和可重配置区域的连接。

① GSR 事件保持 RM 内的所有逻辑处于复位状态，直到完成配置。然而，RM 输出可以是随机的，并且所有下游逻辑都应该解耦。对于 7 系列 FPGA，如果不使用 RESET_AFTER_RECONFIG，则可能需要额外的时钟和输入去耦，以防止在重配置期间无意识捕获错误的数据（比如对存储器"虚假"写入）。

② Vivado 设计套件包含 DFX Decouple IP。该 IP 允许设计人员很容易插入多路复用器，以有效解耦 AXI4-Lite、AXI4-Stream 和定制接口。

（8）必须用 Pblock 对 RP 进行布局规划。因此，模块必须是一个可以物理隔离并满足时序要求的块。如果已完成该模块，建议通过使用非 DFX 流程运行这个设计，以获得布局、布线和时序结果的初步评估。如果设计在非 PR 流程中存在问题，则应该在转移到 DFX 流程前解决这些问题。

（9）尽可能优化 RP 的接口。RP 上接口引脚的数量过多时，将会引起时序和布线问题。尤其是高密度放置分区引脚时，情况尤其如此。可能有以下两个原因：

① 与分区引脚的数量相比，RP Pblock 相对较小。

② 由于静态连接，所有分区引脚都布局在一个很小的区域内。

在设计和布局 DFX 时，请考虑 RP 接口。

（10）Virtex-7 SSI 器件（7V2000T、7VX1140T、7VH870T、7VH580T）有两个基本的要求，这些要求是：

① 可重配置的区域必须完全包含在单个 SLR 中。这确保全局复位事件在 RM 内的所有元素之间正确同步，并且所有超长线（Super Long Line，SLL）都包含在设计的静态部分。SLL 不能重配置。

② 如果 7 系列 SSI 设备的初始配置是通过 SPIx1 接口完成的，则必须将部分比特流传送到位于存在 RP 的 SLR 上的 ICAP，或传送到外部端口，如 JTAG。如果初始配置是通过任何其他配置端口完成的，则主 ICAP 可以用作部分比特流的传递端口。

（11）UltraScale 器件对于部分可重配置事件有一个新的要求，即在加载新 RM 的部分比特流之前，必须清除当前 RM 以准备重新配置。UltraScale+器件没有该限制。

（12）原本支持用于对部分比特流的专用加密。

（13）器件可以使用由 write_bitstream 使能的每帧 CRC 检查机制，以确保在加载前每帧都是有效的。

（14）实现工具禁止跨越 DFX 边界的优化。DFX 设计中的 WNS 路径通常是跨越 RP 边界的高扇出控制/复位信号。应该避免跨越 RP 边界的高扇出信号，这是因为无法复制驱动器。为了允许工具在优化/复制方面的最大灵活性，应考虑如下：

① 对于 RP 的输入，使跨越 RP 边界的信号成为单个扇出网络，在扇出之前将 RM 内的信号进行寄存。这可以根据需要在 RM 内部复制（或放在全局资源上）。

② 对于输出，再次使跨越 PR 边界的信号成为单个扇出网络。用于复制/优化的扇出之前，将静态内的信号进行寄存。

（15）对于包含多个 RP 的设计，Xilinx 推荐不要在两个 RP 之间进行直接连接。这包含通过异步静态逻辑（未在静态逻辑中寄存）的连接。如果两个 RP 之间存在直接连接，则在静态时序分析中，必须验证所有可能的配置，以确保在这些接口上满足时序要求。这可以用于由单个用户完全拥有和维护的封闭系统，但对于由多个用户开发不同 RM 的设计，可能无法进行验证。在静态中添加同步端点可以确保在任何配置中始终满足时序要求，只要实现 RM 的配置满足时序要求即可。

DFX 是 Xilinx FPGA 中的一项强大功能，了解硅和软件的功能对成功至关重要。虽然在开发过程中必须认识到并考虑权衡，但总体结果是 FPGA 设计的实现更加灵活。

8.1.4　常见应用

DFX 的基本前提是器件硬件资源可以进行时间复用，类似于微处理器切换任务的能力。因为器件在硬件中切换任务，所以它既有软件实现的灵活性，也有硬件实现的性能。这里介绍了几种不同的场景来说明这项技术的巨大优势。

1. 网络多端口接口

DFX 通过减小尺寸、重量、功耗和成本来优化传统 FPGA 应用。与时间无关的功能可以被识别、隔离并实现为 RM，并根据需要在单个器件中交换。一个典型的例子是 40G OTN 复用转发器应用。复用转发器客户端的端口可以支持多种接口协议。然而，在配置 FPGA 之前，系统不可能预测将使用哪个协议。为了确保 FPGA 不必重新配置，从而禁用所有端口，每个端口都实现了所有可能的接口协议，如图 8.2 所示。

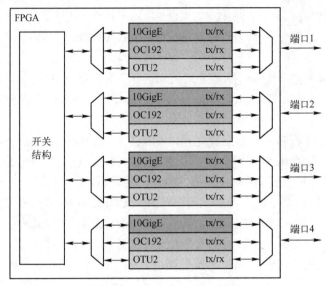

图 8.2　不带重配置的网络开关

这是一种效率低下的设计，因为在任何时间点，每个端口只有一个标准在使用。如图 8.3 所示，通过使每个端口接口都为 RM，DFX 可以实现更高效的设计。这也消除了将多个协议引擎连接到一个端口上所需的 MUX 元件。

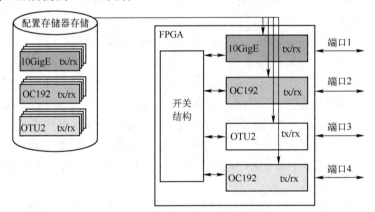

图 8.3　带部分可重配置的网络开关

各种各样的设计都可以从这个基本前提中受益。例如，软件定义无线电（Software Defined Radio，SDR）是具有互斥功能的许多应用之一，并且当该功能被多路复用时，它的灵活性和资源使用方面得到了显著改善。

除效率之外，动态可重构设计还有其他优点。在网络多端口接口例子中，可以在任何时候支持新协议，而不会影响静态逻辑，即该例子中的交换机结构。当为任何端口加载新标准时，其他现有端口都不会受到任何影响。可以创建额外的标准并将其添加到配置内存库中，而无须完全重新设计。这允许交换机结构和端口具有更大的灵活性和可靠性，同时减少停机时间。可以创建调试模块，以便在端口出现错误时，可以使用分析/校正逻辑加载未使用的端口，以实时处理问题。

在网络多端口接口例子中，必须为每个协议可能针对的每个唯一物理位置生成一个唯一的部分 BIT 文件。部分 BIT 文件与器件上的显式区域相关联。在该例子中，十六个唯一的部分 BIT 文件为 4 个位置提供 4 个协议。

2．通过标准总线接口进行配置

DFX 可以使用与系统架构更兼容的接口标准创建新的配置端口。例如，FPGA 可以是 PCIe 总线上的外设，系统主机可以通过 PCIe 连接配置 FPGA。上电复位后，FPGA 必须配置完整的 BIT 文件。但是，完整的 BIT 文件可能只包含 PCIe 接口和到 ICAP 的连接。

比特流压缩可用于减少该初始设备负载的大小，从而减少配置时间，帮助 FPGA 配置满足 PCIe 枚举规范。然后系统主机可以使用通过 PCIe 端口下载的部分 BIT 文件来配置大部分 FPGA 功能，如图 8.4 所示。

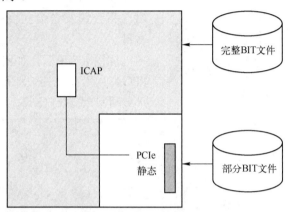

图 8.4　通过 PCIe 接口的配置

这种方法一方面提供了用于快速 PCIe 系统配置的解决方案；另一方面，由于只能由主机访问比特流，以及提供了更好的加密，因此也扩展了设计者应用的安全性。这种方法通过减少外部配置元器件的成本和板子空间，来帮助降低系统的设计成本。

3．动态可重配置包处理器

包处理器能使用部分重配置功能，根据接收到的包类型来快速改变它的处理功能。如图 8.5 所示，它包含头部，头部包含部分 BIT 文件，或者包含部分 BIT 文件的一个特殊的包。当处理完部分 BIT 文件后，包处理器用于在 FPGA 内重新配置一个协处理器。

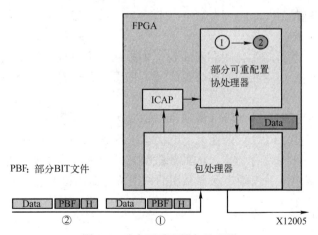

图 8.5　动态可重配置包处理器

4．非对称密钥加密

如果没有部分可重配置技术，有一些新的应用是不可能实现的。通过使用部分可重配置和非对称加密，可以实现一个用于保护 FPGA 配置文件安全的方法。

图 8.6 所示为非对称密钥加密原理。在 FPGA 的物理封装内实现黑盒内的所有功能，并且明文信息和私钥永远不会离开保护容器。

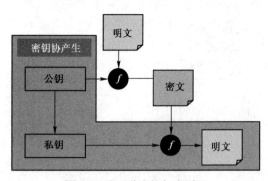

图 8.6 非对称密钥加密原理

在真正实现这个设计时，初始 BIT 文件是一个未加密的设计，它不包含任何专有的信息。初始设计只包含产生公钥和私钥对的算法，以及主机、FPGA 和 ICAP 之间接口的连接。

加载初始文件后，FPGA 产生公钥和私钥对。将公钥发送给主机用来加密一个部分 BIT 文件。

如图 8.7 所示，加密的部分 BIT 文件下载到 FPGA 中，在此处被加密，然后送到 ICAP 用于部分可重配置 FPGA。

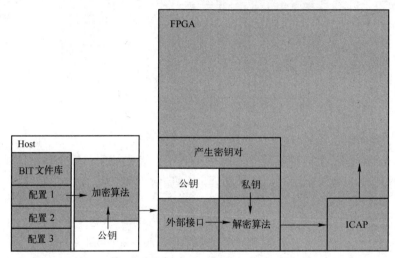

图 8.7 加载一个加密的部分 BIT 文件

部分 BIT 文件可能是 FPGA 设计中的绝大部分，而静态设计只消耗了很少的 FPGA 资源。这个方法有下面 3 个优势。

（1）能在任何时候重新产生公钥和私钥对。如果从主机下载一个新的配置，则可以用不同的公钥加密。如果 FPGA 使用相同的部分 BIT 文件配置，即使对于一个相同的 BIT 文件也使用一个不同的公钥对。

（2）私钥保存在 SRAM 中。如果 FPGA 掉电，则私钥不再存在。

（3）即使系统被偷盗，FPGA 仍处于上电状态。但是，由于私钥保存在 FPGA 内的通用结构中，而不是保存在特殊的寄存器中，因此想找到它是一件非常困难的事情。设计者可以在一个物理上不相关的区域内，手工确定保存私钥的每个寄存器比特位。

8.1.5　Vivado 软件流程

Vivado DFX 设计流程类似于标准的设计流程，但有一些显著的差异。实现软件自动管理底层的细节，用于满足硅片的要求。设计人员必须提供定义设计结构和规划布局的指导，以下步骤总结了 DFX 设计的处理过程。

（1）分别对静态模块和可重配置模块进行综合。

（2）创建物理约束（Pblock），以定义可重配置的区域。

（3）在每个 RP 上设置 HD.RECONFIGUTABLE 属性。

（4）在上下文中实现一个完整的设计（静态和每个 RP 一个 RM）。

（5）保存用于完全布线设计的一个设计检查点。

（6）从这个设计中去除 RM，并保存静态设计检查点。

（7）锁定静态布局和布线。

（8）将新 RM 添加到静态设计，实现这个新的配置，为完全布线后的设计保存检查点。

（9）重复步骤（8），直到执行完所有 RM。

（10）对所有的配置运行验证工具（pr_verify）。

（11）为每个配置创建比特流。

8.2　基于工程的动态功能交换实现

Vivado 2023 集成设计套件支持基于工程的部分可重配置。本小节将通过一个设计实例来说明其实现方法，该设计实例使用作者开发的 A7-EDP-1 开发板，器件使用的是 xc7a75tfgg484-1。

8.2.1　设计原理

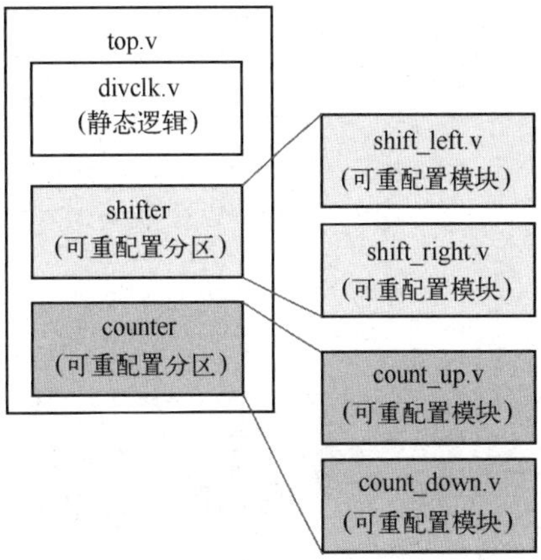

包含可重配置模块的完整设计如图 8.8 所示。其中：

（1）top.v 为该设计的顶层模块，如代码清单 8-1 所示。

图 8.8　包含可重配置模块的完整设计

代码清单 8-1　top.v 文件

```
module top(
    input        clk,          // 100MHz differential input clock
    input        rst,          // Reset mapped to one switch
    output [3:0] count_out,    // mapped to general purpose LEDs[0-3]
    output [3:0] shift_out     // mapped to general purpose LEDs[4-7]
);
wire div_clk;
    // instantiate clock module to divide 100MHz to 1Hz
    divclk Inst_divclk(
        .clk(clk),
        .rst(rst),
        .div_clk(div_clk)
    );
    // instantiate module shift
    shift inst_shift (
        .rst      (rst),
        .clk      (div_clk),
        .data_out (shift_out)
    );

    // instantiate module count
    count inst_count (
        .rst      (rst),
        .clk      (div_clk),
        .count_out (count_out)
```

```
    );
endmodule
```

（2）divclk.v 为静态逻辑，该静态逻辑实现将外部 100MHz 时钟分频为 1Hz 时钟的功能，如代码清单 8-2 所示。

代码清单 8-2　divclk.v 文件

```
module divclk(
    input clk,
    input rst,
    output reg div_clk
    );
reg [31:0] counter;
always @(posedge clk or posedge rst)
begin
if(rst)
begin
    counter<=32'h00000000;
    div_clk<=1'b0;
end
else
  if(counter==32'h02faf07f)
            begin
              counter<=32'h00000000;
              div_clk<=~div_clk;
            end
          else
            counter<=counter+1;
end
endmodule
```

（3）shifter 为定义的可重配置分区，该分区内定义了两个可重配置模块。

① shift_left.v：用于实现循环左移的功能，如代码清单 8-3 所示。

代码清单 8-3　shift_left.v 文件

```
module shift (
    input rst,
    input clk,
    output reg [3:0] data_out
    );
always @ (posedge clk or posedge rst)
begin
  if (rst)
    data_out<=4'b0001;
  else
    data_out<={data_out[2:0],data_out[3]};
end
endmodule
```

② shift_right.v：用于实现循环右移的功能，如代码清单 8-4 所示。

代码清单 8-4　shift_right.v 文件

```
module shift (
    input rst,
    input clk,
    output reg [3:0] data_out
    );
```

```
always @(posedge clk or posedge rst)
    begin
     if (rst)
       data_out<=4'b0001;
     else
       data_out<={data_out[0],data_out[3:1]};
    end
endmodule
```

（4）counter 为定义的可重配置分区，该分区内定义了两个可重配置模块。

① count_up.v：用于实现递增计数的功能，如代码清单 8-5 所示。

代码清单 8-5　count_up.v 文件

```
module count (
    input rst,
    input clk,
    output reg [3:0] count_out
);
    //Counter to reduce speed of output
always @(posedge clk or posedge rst)
begin
   if (rst)
       count_out <=4'b0000;
   else
       count_out <= count_out + 1;
    end
endmodule
```

② count_down.v：用于实现递减计数的功能，如代码清单 8-6 所示。

代码清单 8-6　count_down.v 文件

```
module count (
    input rst,
    input clk,
    output reg [3:0] count_out
);
    //Counter to reduce speed of output
always @(posedge clk or posedge rst)
begin
   if (rst)
       count_out <=4'b0000;
   else
       count_out <= count_out - 1;
    end
endmodule
```

8.2.2　建立动态功能交换工程

本小节将介绍如何基于本书配套的 GPNT-A7-EDP-1 开发平台（该开发平台搭载 Xilinx 公司的 xc7a75tfgg484-1 器件）新建动态功能交换工程，主要步骤如下所述。

第一步：启动 Vivado 2023.1 IDE。

第二步：弹出 Vivado 2023.1 主界面。在主界面主菜单下，执行菜单命令【File】→【Project】→【New】。

第三步：出现"New Project-Create a New Vivado Project"对话框，单击该对话框中的【Next】按钮。

第四步：出现"New Project-Project Name"对话框。在该对话框中，按如下设置参数。

① Project name：project_1。

② Project location：E:/vivado_example/pr_basic。

③ 不勾选"Create project subdirectory"前面的复选框。

第五步：单击该对话框中的【Next】按钮。

第六步：弹出"New Project-Project Type"对话框。在该对话框中，按如下设置参数。

① 勾选"RTL Project"前面的复选框。

② 不勾选"Do not specify sources at this time"前面的复选框。

第七步：单击该对话框中的【Next】按钮。

第八步：弹出"New Project-Add Sources"对话框。在该对话框中，单击【Add Directories】按钮。

第九步：弹出"Add Source Directories"对话框。在该对话框中，定位到本书配套资源的下面路径。

/vivado_example/pr_source_1

在该路径中，通过按下 Ctrl 按键和单击鼠标左键，依次选中 count_down、count_up、shift_left、shift_right 和 top 这 5 个子目录。

第十步：单击该对话框中的【Select】按钮，退出"Add Source Directories"对话框，同时返回到"New Project-Add Sources"对话框。

第十一步：在该对话框中，已经添加了以上 5 个子目录，如图 8.9 所示，单击该对话框中的【Next】按钮。

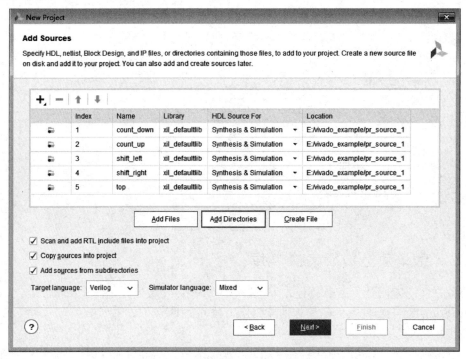

图 8.9 "New Project-Add Sources"对话框

第十二步：弹出"New Project-Add Constraints(optional)"对话框。在该对话框中，单击【Add Files】按钮。

第十三步：弹出"Add Constraints Files"对话框。在该对话框中，定位到本书配套资源的下面路径。

vivado_example/pr_source_1

在该路径中，找到并选择 top.xdc 文件。

第十四步：单击该对话框中的【OK】按钮，退出"Add Constraints Files"对话框，返回到"New Project-Add Constraints(optional)"对话框。

第十五步：在"New Project-Add Constraints(optional)"对话框中添加了 top.xdc 约束文件，单击该对话框中的【Next】按钮。

第十六步：弹出"New Project-Default Part"对话框。在该对话框中，通过设置下面的参数加快器件的搜索速度。

① Category：General Purpose。

② Package：fgg484。

③ Family：Artix-7。

④ Speed：-1。

在列出的器件列表中，选中"Part"名字为"xc7a75tfgg484-1"的一行。

第十七步：单击该对话框中的【Next】按钮。

第十八步：弹出"New Project-New Project Summary"对话框。

第十九步：单击该对话框中的【Finish】按钮，进入 Vivado 当前工程主界面。

第二十步：在 Vivado 当前工程主界面的 Sources 窗口中，以层次结构显示了该设计所包含的文件，如图 8.10 所示。

第二十一步：在 Vivado 当前工程主界面主菜单下，执行菜单命令【Tools】→【Enable Dynamic Function eXchange】。

第二十二步：弹出"Enable Dynamic Function eXchange"对话框。在该对话框中，提示信息"A Dynamic Function eXchange project allows logic contained in Reconfigurable Partitions to be reprogrammed while the device is running. Converting a project to enable Dynamic Function eXchange can not be undone. Convert this project or cancel？"，单击该对话框中的【Convert】按钮，退出"Enable Dynamic Function eXchange"对话框。

注：进入 DFX 设计流程后，不可以再返回前面标准的 Vivado 设计流程，也就是不能取消第二十二步的操作。

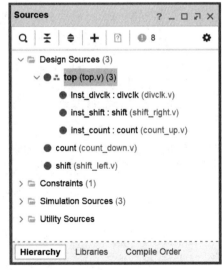

图 8.10　Sources 窗口中显示该设计的层次结构

8.2.3　创建新的分区定义

本小节将介绍如何创建新的分区定义，主要步骤如下所述。

第一步：在图 8.10 中，选中"inst_shift:shift(shift_right.v)"，单击鼠标右键，出现浮动菜单。在浮动菜单中，执行菜单命令【Create Partition Definition】。

第二步：弹出"Create Partition Definition"对话框，如图 8.11 所示。在该对话框中，按如

下设置参数。

① Partition Definition Name：shifter。

② Reconfigurable Module Name：shift_right。

第三步：单击该对话框中的【OK】按钮，退出"Create Partition Definition"对话框。

第四步：在图 8.10 中，选中"inst_count:count(count_up.v)"，单击鼠标右键，出现浮动菜单。在浮动菜单中，执行菜单命令【Create Partition Definition】。

第五步：弹出"Create Partition Definition"对话框，如图 8.12 所示。在该对话框中，按如下设置参数。

① Partition Definition Name：counter。

② Reconfigurable Module Name：count_up。

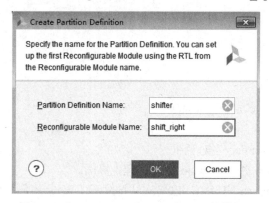

图 8.11 "Create Partition Definition"对话框（1）

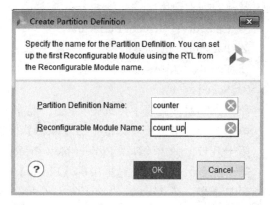

图 8.12 "Create Partition Definition"对话框（2）

第六步：单击该对话框中的【OK】按钮，退出"Create Partition Definition"对话框。

第七步：创建完分区定义后的 Sources 窗口如图 8.13 所示。

8.2.4 添加新的可重配置模块

本小节将介绍如何添加新的可重配置模块，主要步骤如下所述。

（1）单击 Sources 窗口中的"Partition Definitions"标签，如图 8.14 所示。在该标签页中，显示了所定义的分区，以及分区下所包含的可重配置模块。

图 8.13 创建完分区定义后的 Sources 窗口

图 8.14 "Partition Definitions"标签页

（2）在图 8.14 中，选中 "counter"，单击鼠标右键，出现浮动菜单。在浮动菜单内，执行菜单命令【Add Reconfigurable Module】。

（3）弹出 "Add Reconfigurable Module" 对话框。在该对话框中，单击【Add Files】按钮。

（4）弹出 "Add Files" 对话框。在该对话框中，定位到本书配套资源的下面路径。

/vivado_example/pr_source_1/count_down

在该路径中，找到并选择 count_down.v 文件。

（5）单击该对话框中的【OK】按钮，退出 "Add Files" 对话框，并返回到 "Add Reconfigurable Module" 对话框。

（6）在 "Add Reconfigurable Module" 对话框中，在 "Reconfigurable Module Name" 标题右侧的文本框中输入 "counter_down"，作为可重配置模块的名字，如图 8.15 所示。

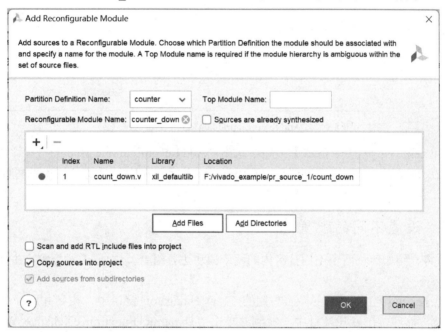

图 8.15 "Add Reconfigurable Module" 对话框（1）

（7）单击该对话框中的【OK】按钮，退出 "Add Reconfigurable Module" 对话框。

（8）在图 8.14 中，选中 "shifter"，单击鼠标右键，出现浮动菜单。在浮动菜单内，执行菜单命令【Add Reconfigurable Module】。

（9）弹出 "Add Reconfigurable Module" 对话框。在该对话框中，单击【Add Files】按钮。

（10）弹出 "Add Files" 对话框。在该对话框中，定位到本书配套资源的下面路径。

/vivado_example/pr_source_1/shift_left

在该路径下，选择 shift_left.v 文件。

（11）单击该对话框中的【OK】按钮，退出 "Add Files" 对话框，并返回到 "Add Reconfigurable Module" 对话框。

（12）在图 8.16 中的 "Reconfigurable Module Name" 右侧的文本框中输入 "shift_left"，作为可重配置模块的名字。

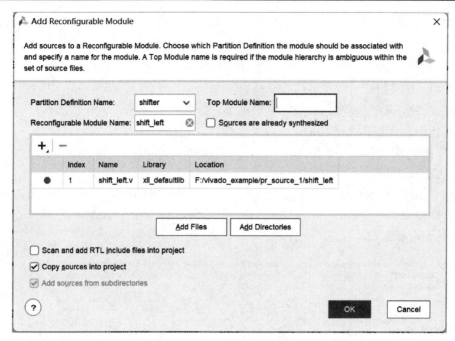

图 8.16 "Add Reconfigurable Module"对话框（2）

（13）单击该对话框中的【OK】按钮，退出"Add Reconfigurable Module"对话框。

（14）在 Sources 窗口的"Partition Definitions"标签页中显示了分区中的可配置模块，如图 8.17 所示。

8.2.5 设置不同的配置选项

本小节将介绍如何将两个不同分区内的两个模块进行组合，生成 4 种配置，主要步骤如下所述。

（1）在 Vivado 当前工程主界面左侧的 Flow Navigator 窗口中，找到并展开"PROJECT MANAGER"条目。在展开条目中，找到并单击"Dynamic Function eXchange Wizard"，如图 8.18 所示。

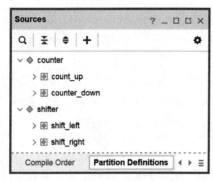

图 8.17 "Partition Definitions"标签页

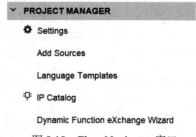

图 8.18 Flow Navigator 窗口

（2）弹出"Dynamic Function eXchange Wizard-Dynamic Function eXchange Wizard"对话框，单击该对话框中的【Next】按钮。

（3）弹出"Dynamic Function eXchange Wizard-Edit Reconfigurable Modules"对话框，如图 8.19 所示。在该对话框中，给出了可重配置模块（Reconfigurable Module）以及对应的分区

定义（Partition Definition），单击该对话框中的【Next】按钮。

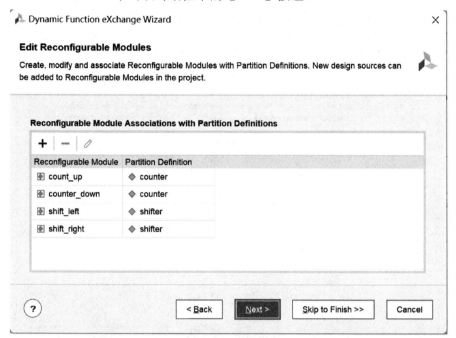

图 8.19　"Dynamic Function eXchange Wizard-Edit Reconfiguration Modules" 对话框

（4）弹出 "Dynamic Function eXchange Wizard-Edit Configurations" 对话框，如图 8.20 所示。在该对话框中，单击【Add】按钮。

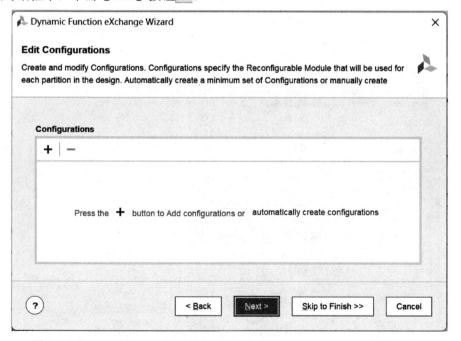

图 8.20　"Dynamic Function eXchange Wizard-Edit Configurations" 对话框（1）

（5）弹出 "Add Configuration-Specify configuration name" 对话框。在该对话框 "Configuration" 标题栏右侧的文本框中自动填充了 "config_1"，将当前配置命名为 "config_1"。

433

（6）单击该对话框中的【OK】按钮，退出该对话框。

（7）重复单击【Add】按钮 **+** 3 次，再生成 3 个名字为 "config_2" "config_3" "config_4" 的配置，如图 8.21 所示。

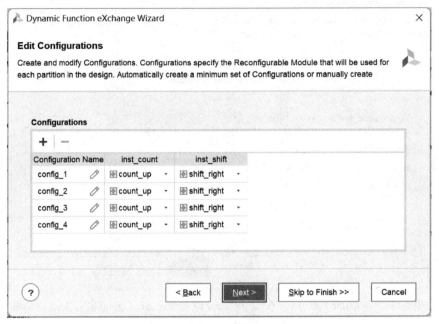

图 8.21　"Dynamic Function eXchange Wizard-Edit Configurations" 对话框（2）

（8）通过 "inst_count" 一列下的下拉框以及 "inst_shift" 一列下的下拉框，为每个配置分别选择不同的可重配置模块，如图 8.22 所示。

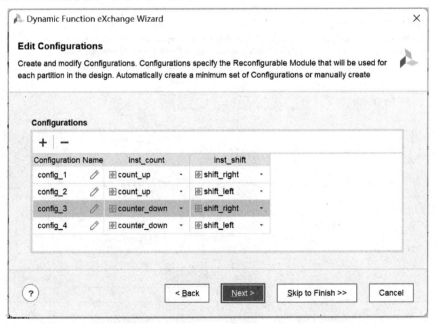

图 8.22　"Dynamic Function eXchange Wizard-Edit Configurations" 对话框（3）

（9）单击该对话框中的【Next】按钮。

（10）弹出 "Dynamic Function eXchange Wizard-Edit Configuration Runs" 对话框，如

图 8.23 所示。在该对话框中，单击【Add】按钮 ✚。

（11）弹出"Add Configuration Run"对话框。在该对话框中，按如下设置参数。

① Run：impl_2。

② Parent：synth_1。

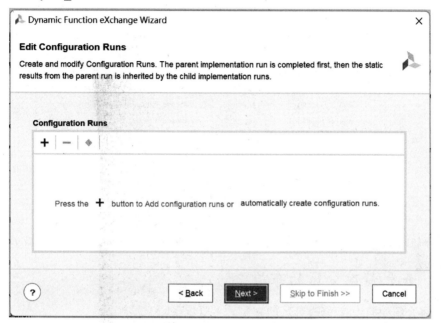

图 8.23　"Dynamic Function eXchange Wizard-Edit Configuration Runs"对话框

③ Configuration：config_2。

（12）单击该对话框中的【OK】按钮，退出"Add Configuration Run"对话框。

（13）在图 8.23 中，单击【Add】按钮 ✚。

（14）弹出"Add Configuration Run"对话框。在该对话框中，按如下设置参数。

① Run：impl_3。

② Parent：synth_1。

③ Configuration：config_3。

（15）单击该对话框中的【OK】按钮，退出"Add Configuration Run"对话框。

（16）在图 8.23 中，单击【Add】按钮 ✚。

（17）弹出"Add Configuration Run"对话框。在该对话框中，按如下设置参数。

① Run：impl_4。

② Parent：synth_1。

③ Configuration：config_4。

（18）单击该对话框中的【OK】按钮，退出"Add Configuration Run"对话框。

添加完所有配置运行完后的"Dynamic Function eXchange Wizard-Edit Configuration Runs"对话框如图 8.24 所示。

（19）单击该对话框中的【Next】按钮。

（20）弹出"Dynamic Function eXchange Wizard-Dynamic Function eXchange Summary"对话框，单击该对话框中的【Finish】按钮，退出该对话框。

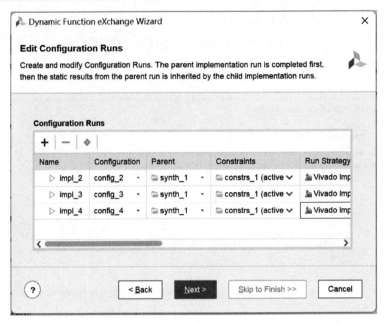

图 8.24　添加完所有配置运行后的"Dynamic Function eXchange Wizard-Edit Configuration Runs"对话框

8.2.6　查看/修改分区的布局

本小节将介绍如何查看/修改分区的布局，主要步骤如下所述。

（1）在 Vivado 当前工程主界面左侧的 Flow Navigator 窗口中，找到并展开"SYNTHESIS"条目。在展开条目中，单击"Run Synthesis"。

（2）弹出"Launch Runs"对话框，单击该对话框中的【OK】按钮，退出"Launch Runs"对话框，同时自动运行设计综合。

（3）综合完成后，弹出"Synthesis Completed"对话框，勾选"Open Synthesized Design"前面的复选框。

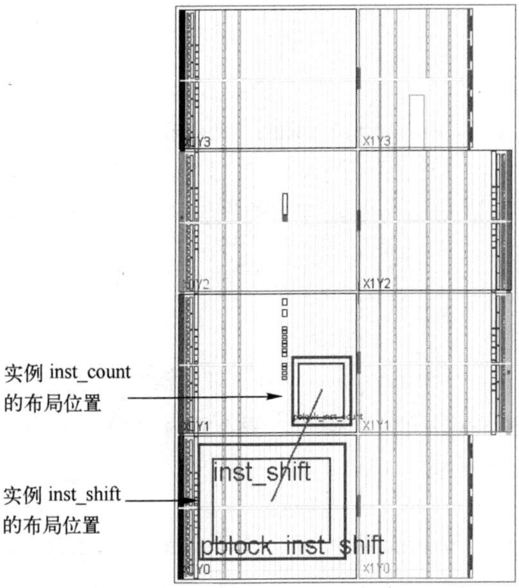

（4）单击该该对话框中的【OK】按钮，退出"Synthesis Completed"对话框。

（5）Vivado 自动切换到 SYNTHESIZED DESIGN 主界面。在该主界面中，单击"Device"。

（6）在 Device 窗口中，自动为分区 shifter 和 counter 分配了布局位置，如图 8.25 所示。

注：读者可以在 Device 窗口中修改分区的布局。

（7）单击 Vivado 当前 SYNTHESIZED DESIGN 主界面右上角的【Close】按钮。

（8）弹出"Confirm Close"对话框，单击【OK】按钮，Vivado 自动切换到当前工程主界面中。

（9）在 Vivado 当前工程主界面的 Sources 窗口中，找到并单击"Hierarchy"标签。在该

实例 inst_count 的布局位置

实例 inst_shift 的布局位置

图 8.25　Device 窗口中显示了分区的布局

标签页中，找到并展开"Constraints"条目。在展开条目中，找到并展开"constrs_1"。在展开条目中，双击"top.xdc"，打开该文件。在该文件中，自动添加了分区的约束条件，如代码清单 8-7 所示。

代码清单 8-7　top.xdc 文件（片段）

```
create_pblock pblock_inst_count
add_cells_to_pblock [get_pblocks pblock_inst_count] [get_cells -quiet [list inst_count]]
resize_pblock [get_pblocks pblock_inst_count] -add {SLICE_X30Y54:SLICE_X49Y76}
create_pblock pblock_inst_shift
add_cells_to_pblock [get_pblocks pblock_inst_shift] [get_cells -quiet [list inst_shift]]
resize_pblock [get_pblocks pblock_inst_shift] -add {SLICE_X0Y7:SLICE_X47Y46}
resize_pblock [get_pblocks pblock_inst_shift] -add {DSP48_X0Y4:DSP48_X0Y17}
resize_pblock [get_pblocks pblock_inst_shift] -add {RAMB18_X0Y4:RAMB18_X0Y17}
resize_pblock [get_pblocks pblock_inst_shift] -add {RAMB36_X0Y2:RAMB36_X0Y8}
```

8.2.7　执行 DRC

运行设计规则检查（Design Rule Checks，DRC），确保已经满足了部分可重配置的要求，主要步骤如下所述。

（1）通过"Open Synthesized Design"，再次打开综合后的设计。

（2）在 Vivado 当前 SYNTHESIZED DESIGN 主界面下，执行菜单命令【Reports】→【Report DRC】。

（3）弹出"Report DRC"对话框，如图 8.26 所示。在该对话框中，先去掉所有选项前面的复选框，然后重新勾选"Dynamic Function eXchange"前面的复选框。

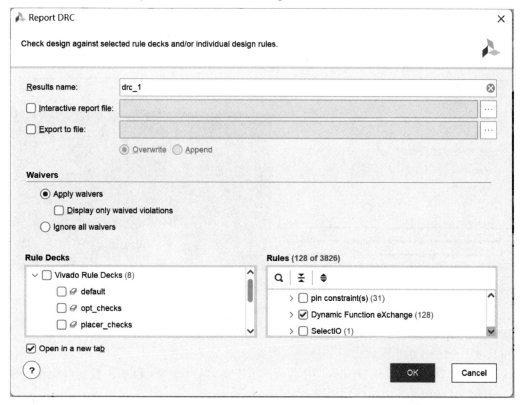

图 8.26　"Report DRC"对话框

（4）单击该对话框中的【OK】按钮，退出"Report DRC"对话框。

（5）在 Vivado 当前 SYNTHESIZED DESIGN 主界面底部的窗口中，出现了名字为"DRC"的标签页，如图 8.27 所示。从图中可知，提示需要将 RESET_AFTER_RECONFIG 设置为 TRUE。

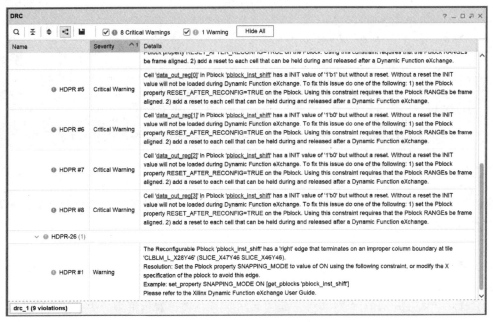

图 8.27 "DRC"标签页

（6）关闭该标签页。

（7）在 Device 窗口中，分别选中绘制的分区布局 inst_count 和 inst_shift，如图 8.28 所示。在左下方的 Pblock Properties（Pblock 属性）窗口中，按如下设置参数。

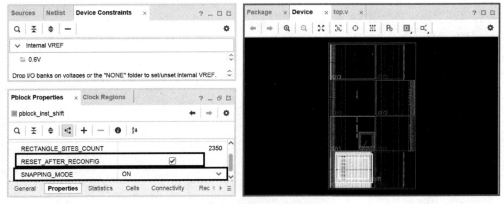

图 8.28 修改 Pblock 属性设置

① 勾选"RESET_AFTER_RECONFIG"前面的复选框。

② 通过"SNAPPING_MODE"右侧的下拉框将其设置为"ON"。

（8）按下 Ctrl+S 组合键。

（9）弹出"Out of Date Design"对话框，单击该对话框中的【OK】按钮，退出"Out of Date Design"对话框。

（10）弹出"Save Constraints"对话框，单击该对话框中的【Update】按钮。

（11）再次弹出"Save Constraints"对话框。在该对话框中，默认勾选"Select an existing file"前面的复选框，单击该对话框中的【OK】按钮，退出"Save Constraints"对话框。

（12）将 Vivado 主界面从 SYNTHESIZED DESIGN 切换到当前工程主界面。

注：在退出 SYNTHESIZED DESIGN 主界面之前，再次执行 DRC 时，将提示没有发现 DRC 冲突的问题。

8.2.8　实现第一个运行配置并生成比特流文件

本小节将介绍如何实现第一个运行配置，并生成比特流文件，主要步骤如下所述。

（1）在 Vivado 当前工程主界面底部的窗口中，找到并单击"Design Runs"标签，如图 8.29 所示。

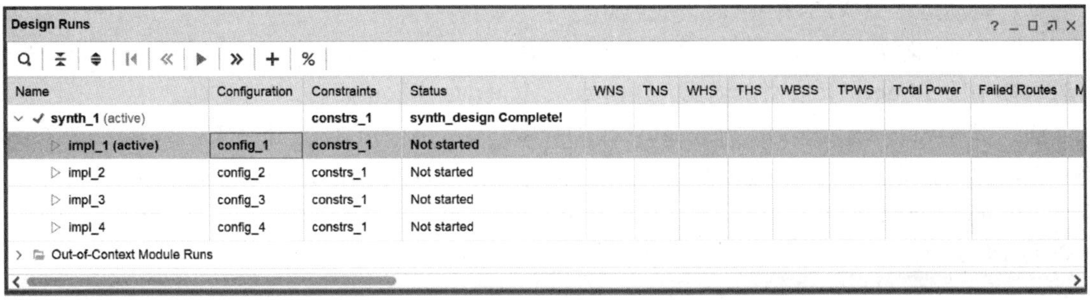

图 8.29　"Design Runs"标签页

注：如果 impl_1(active)对应的"Configuration"为空，则在 Vivado 当前工程主界面主菜单下，执行菜单命令【Tools】→【Dynamic Function eXchange Wizard】，为 impl_1 添加配置 config_1。

（2）在"Design Runs"标签页中，默认选择"impl_1(active)"。

（3）在 Vivado 当前工程主界面左侧的 Flow Navigator 窗口中，找到并展开"IMPLEMENTATION"条目。在展开条目中，单击"Run Implementation"。

（4）弹出"Launch Runs"对话框，单击该对话框中的【OK】按钮，退出"Launch Runs"对话框，自动执行设计实现过程。

（5）实现过程结束后，弹出"Implementation Completed"对话框。在该对话框中，勾选"Generate Bitstream"前面的复选框，并单击该对话框中的【OK】按钮，退出"Implementation Completed"对话框。

（6）再次弹出"Launch Runs"对话框，单击该对话框中的【OK】按钮，退出"Launch Runs"对话框，自动运行生成比特流文件的过程。

（7）生成比特流文件的过程结束后，弹出"Bitstream Generation Completed"对话框，单击该对话框中的【Cancel】按钮，退出"Bitstream Generation Completed"对话框。

注：在 vivado_example/pr_basic/project_1/project_1.runs/impl_1 文件夹下，生成了 3 个比特流文件，即 top.bit 文件，其为完整设计的比特流文件；inst_count_count_up_partial.bit 文件，其为 count_up 模块的部分比特流文件；inst_shift_shift_right_partial.bit 文件，其为 shift_right 模块的部分比特流文件。

8.2.9　实现第二个运行配置并生成比特流文件

本小节将介绍如何实现第二个运行配置，并生成比特流文件，主要步骤如下所述。

（1）在图 8.29 所示的标签页中，选中"impl_2"，单击鼠标右键，出现浮动菜单。在浮动菜单内，执行菜单命令【Make Active】，将 impl_2 设置为当前的活动运行。

（2）在 Vivado 当前工程主界面左侧的 Flow Navigator 窗口中，找到并展开"IMPLEMENTATION"条目。在展开条目中，单击"Run Implementation"。

（3）弹出"Launch Runs"对话框，单击该对话框中的【OK】按钮，退出"Launch Runs"对话框，自动执行设计实现过程。

（4）实现过程结束后，弹出"Implementation Completed"对话框。在该对话框中，勾选"Generate Bitstream"前面的复选框，并单击该对话框中的【OK】按钮，退出"Implementation Completed"对话框。

（5）弹出"Launch Runs"对话框，单击该对话框中的【OK】按钮，退出"Launch Runs"对话框，自动运行生成比特流文件的过程。

（6）生成比特流文件的过程结束后，弹出"Bitstream Generation Completed"对话框，单击该对话框中的【Cancel】按钮，退出"Bitstream Generation Completed"对话框。

注：在 vivado_example/pr_basic/project_1/project_1.runs/impl_2 文件夹下，生成了 3 个比特流文件，即 top.bit 文件，其为完整设计的比特流文件；inst_count_count_up_partial.bit 文件，其为 count_up 模块的部分比特流文件；inst_shift_shift_left_partial.bit 文件，其为 shift_left 模块的部分比特流文件。

8.2.10 实现第三个运行配置并生成比特流文件

本小节将介绍如何实现第三个运行配置，并生成比特流文件，主要步骤如下所述。

（1）在图 8.29 所示的标签页中，选中"impl_3"，单击鼠标右键，出现浮动菜单。在浮动菜单内，执行菜单命令【Make Active】，将 impl_3 设置为当前的活动运行。

（2）在 Vivado 当前工程主界面左侧的 Flow Navigator 窗口中，找到并展开"IMPLEMENTATION"条目。在展开条目中，单击"Run Implementation"。

（3）弹出"Launch Runs"对话框，单击该对话框中的【OK】按钮，退出"Launch Runs"对话框，自动执行设计实现过程。

（4）实现过程结束后，弹出"Implementation Completed"对话框。在该对话框中，勾选"Generate Bitstream"前面的复选框，并单击该对话框中的【OK】按钮，退出"Implementation Completed"对话框。

（5）弹出"Launch Runs"对话框，单击该对话框中的【OK】按钮，退出"Launch Runs"对话框，自动运行生成比特流文件的过程。

（6）生成比特流文件的过程结束后，弹出"Bitstream Generation Completed"对话框，单击该对话框中的【Cancel】按钮，退出"Bitstream Generation Completed"对话框。

注：在 vivado_example/pr_basic/project_1/project_1.runs/impl_3 文件夹下，生成了 3 个比特流文件，即 top.bit 文件，其为完整设计的比特流文件；inst_count_count_down_partial.bit 文件，其为 count_down 模块的部分比特流文件；inst_shift_shift_right_partial.bit 文件，其为 shift_right 模块的部分比特流文件。

8.2.11 实现第四个运行配置并生成比特流文件

本小节将介绍如何实现第四个运行配置，并生成比特流文件，主要步骤如下所述。

（1）在图 8.29 所示的标签页中，选中 impl_4，单击鼠标右键，出现浮动菜单。在浮动菜单内，执行菜单命令【Make Active】，将 impl_4 设置为当前的活动运行。

（2）在 Vivado 当前工程主界面左侧的 Flow Navigator 窗口中，找到并展开"IMPLEMENTATION"条目。在展开条目中，单击"Run Implementation"。

（3）弹出"Launch Runs"对话框，单击该对话框中的【OK】按钮，退出"Launch Runs"对话框，自动执行设计实现过程。

（4）实现过程结束后，弹出"Implementation Completed"对话框。在该对话框中，勾选"Generate Bitstream"前面的复选框，并单击该对话框中的【OK】按钮，退出"Implementation Completed"对话框。

（5）弹出"Launch Runs"对话框，单击该对话框中的【OK】按钮，退出"Launch Runs"对话框，自动运行生成比特流文件的过程。

（6）生成比特流文件的过程结束后，弹出"Bitstream Generation Completed"对话框，单击该对话框中的【Cancel】按钮，退出"Bitstream Generation Completed"对话框。

注：在 vivado_example/pr_basic/project_1/project_1.runs/impl_4 文件夹下，生成了 3 个比特流文件，即 top.bit 文件，其为完整设计的比特流文件；inst_count_count_down_partial.bit 文件，其为 count_down 模块的部分比特流文件；inst_shift_shift_left_partial.bit 文件，其为 shift_left 模块的部分比特流文件。

8.2.12　下载不同运行配置的部分比特流

本小节将介绍如何将不同运行配置的比特流下载到目标 FPGA 中，主要步骤如下所述。

（1）通过 USB 电缆，将 A7-EDP-1 硬件开发平台上标记为 J12 的 USB 接口与 PC/笔记本电脑的 USB 接口连接。

（2）给 A7-EDP-1 开发平台上电。

（3）在 Vivado 当前工程主界面左侧的 Flow Navigator 窗口中，找到并展开"PROGRAM AND DEBUG"条目。在展开条目中，找到并单击"Open Hardware Manager"。

（4）Vivado 切换到 HARDWARE MANAGER 主界面。单击该主界面中的【Open target】按钮，弹出浮动菜单。在浮动菜单内，执行菜单命令【Auto Connect】。

（5）当成功检测到目标硬件后，会出现检测到的目标系统信息，如图 8.30 所示。

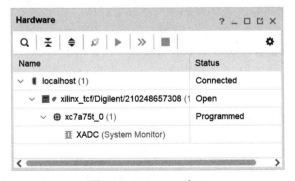

图 8.30　Hardware 窗口

（6）在图 8.30 中，选择"xc7a75t_0"，单击鼠标右键，出现浮动菜单。在浮动菜单内，执行菜单命令【Program Device】。

（7）出现"Program Device"对话框，在该对话框中，将 Bitstream file 指向下面的文件。

/vivado_example/pr_basic/project_1/project_1.runs/impl_1/top.bit

表示将运行配置 1 生成的比特流文件下载到目标 FPGA 中。

（8）单击【Program】按钮。

思考与练习 8-1：下载过程结束后，请读者观察 LED 灯的变化情况。

（9）在图 8.30 所示的窗口中，选择"xc7a75t_0"，单击鼠标右键，出现浮动菜单。在浮动菜单内，执行菜单命令【Program Device】。

（10）出现"Program Device"对话框，在该对话框中，将 Bitstream file 指向下面的文件。

/vivado_example/pr_basic/project_1/project_1.runs/impl_2/top.bit

表示将运行配置 2 生成的比特流文件下载到目标 FPGA 中。

（11）单击【Program】按钮。

思考与练习 8-2：下载过程结束后，请读者观察 LED 灯的变化情况。

（12）在图 8.30 所示的窗口中，选择"xc7a75t_0"，单击鼠标右键，出现浮动菜单。在浮动菜单内，执行菜单命令【Program Device】。

（13）出现"Program Device"对话框，在该对话框中，将 Bitstream file 指向下面的文件。

/vivado_example/pr_basic/project_1/project_1.runs/impl_3/top.bit

表示将运行配置 3 生成的比特流文件下载到目标 FPGA 中。

（14）单击【Program】按钮。

思考与练习 8-3：下载过程结束后，请读者观察 LED 灯的变化情况。

（15）在图 8.30 所示的窗口中，选择"xc7a75t_0"，单击鼠标右键，出现浮动菜单。在浮动菜单内，执行菜单命令【Program Device】。

（16）出现"Program Device"对话框，在该对话框中，将 Bitstream file 指向下面的文件。

/vivado_example/pr_basic/project_1/project_1.runs/impl_4/top.bit

表示将运行配置 4 生成的比特流文件下载到目标 FPGA 中。

（17）单击【Program】按钮。

思考与练习 8-4：下载过程结束后，请读者观察 LED 灯的变化情况。

思考与练习 8-5：请读者将不同 impl 目录下的部分比特流文件下载到 FPGA 中，仔细观察现象，进一步理解设计中的静态逻辑和部分可重配置逻辑、可重配置分区，以及可重配置模块的物理含义。

思考与练习 8-6：请读者根据前面的设计过程，进一步理解部分可重配置的概念、特点和优势。

8.3 基于非工程的动态功能交换实现

本节将使用 led_shift_count 设计来介绍基于非工程的部分可重配置的实现方法。该设计使用作者开发的 A7-EDP-1 硬件开发平台，其器件使用的是 xc7a75tfgg484-1。

注：该设计在本书所提供资料的 vivado_example\led_shift_count 目录下，该目录为初始设计目录，vivado_example\led_shift_count_completed 为完成可重配置设计后的目录。读者在操作该设计时，可以以自己建立一个目录 led_shift_count_completed，将 led_shift_count 目录下的内容全部复制到 led_shift_count_completed 中。

8.3.1　查看脚本

在 led_shift_count 目录下有两个 Tcl 脚本文件，即 design.tcl 和 design_complete.tcl。在 design.tcl 的参数设置中，只有综合运行；而 design_complete.tcl 是两个配置运行的整个设计流程。

在文本编辑器中，打开 design_tcl 文件。这是主脚本，定义了设计参数、设计源文件和设计结构。这是我们可以修改的唯一文件，该文件用于编译一个完整的部分可重配置设计。下面对该文件的一些细节进行说明。

（1）使用 set_param hd.visual 1（第 6 行，在 run.tcl 中调用 set_param 命令），要求脚本可见。这个命令在根目录下创建脚本，在设计后面用于标识在部分比特流中所包含的帧。

（2）在 flow control 下，我们可以控制运行综合和实现的阶段。在该设计中，脚本只运行综合，而通过交互式方式运行实现、验证和生成比特流。如果通过脚本运行这些额外的步骤，则需要将流变量（如 run.prImpl）设置为 1。

（3）Output Directories 和 Input Directories 部分，为设计源文件和结果文件设置所希望的文件结构。

注：读者可以根据自己的情况修改相关的设置。

（4）Top Definition 和 RP Module Definitions 部分，允许设计者为设计的每个部分引用所有的源文件。Top Definition 覆盖了用于静态设计的所有源文件，包含约束和 IP。RP Module Definitions 用于可重配置分区所需要的源文件，为每个 RP 完成一个部分，并且列出用于每个 RP 的所有可配置模块的变量。

注：该设计有两个可重配置的分区（inst_shift 和 inst_count），每个 RP 有两个模块变量。

（5）Configuration Definition 部分，定义了构成一个配置的静态和可重配置模块集合。

注：该设计有两个配置，即 Config_shift_right_count_up 和 Config_shift_left_count_down。我们可以通过添加 RM 或者组合已经存在的 RM 来创建更多的配置。

此外，在 led_shift_count\Tcl 子目录下，还存在着一些所支持的 Tcl。通过 design.tcl 调用这些脚本，它们用于管理部分重配置流程中指定的细节。

➢ step.tcl：通过监视检查点，管理设计的当前状态。
➢ synth.tcl：管理综合阶段的所有细节。
➢ impl.tcl：管理实现阶段的所有细节。
➢ pr_impl.tcl：管理一个 PR 设计顶层实现的所有细节。
➢ run.tcl：启动综合和实现真正的运行。
➢ log.tcl：在流程处理期间，管理在关键点上所创建的报告文件。
➢ 在这些脚本中，剩余的脚本（如*_utils.tcl）提供了细节，或者管理其他层次的设计流程（如 ooc_impl.tcl）。

8.3.2　综合设计

design.tcl 自动综合设计。在这个过程中，调用 5 个迭代过程，一个用于静态的顶层设计，剩下的 4 个用于每个可重配置的模块。下面介绍综合设计的步骤。

第一步：在 Windows 11 操作系统桌面上，执行菜单命令【开始】→【所有应用】→【Xilinx Design Tools】→【Vivado 2023.1 Tcl Shell】。

第二步：在 Vivado 2023.1 Tcl Shell 窗口中输入下面的命令，将路径指向 led_shift_count_ completed 目录。

> cd 盘符:/vivado_example/led_shift_count_completed

注：盘符为读者将本书配套资源复制到 PC/笔记本电脑的具体盘符，如 d、e 或 f。

第三步：在 Vivado 2023.1 Tcl Shell 窗口中，输入下面的命令，运行 design.tcl 脚本，运行过程如图 8.31 所示。

> source design.tcl -notrace

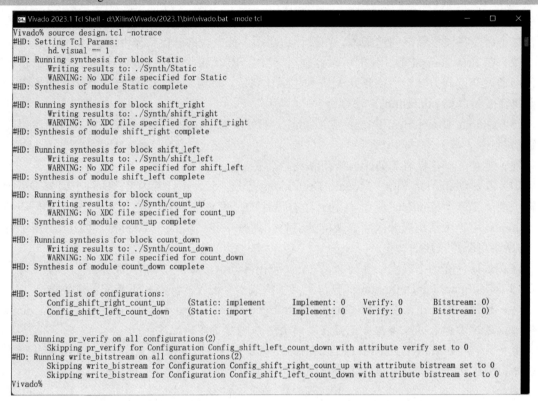

图 8.31　在 Vivado 2023.1 Tcl Shell 中运行 design.tcl 脚本的过程

使用 Vivado 综合后，仍然打开 Vivado 2023.1 Tcl Shell 窗口。在 Synth 子目录下，在每个命名的文件夹下，我们可以看到每个模块的日志文件和报告文件，以及最终的检查点。

日志文件及其描述如下。

➢ run.log：列出了在窗口中给出的总结。

➢ command.log：回应了脚本运行的每个步骤。

➢ critical.log：在运行的过程中，报告所有严重的警告信息。

8.3.3　实现第一个配置

现在有了顶层和每个模块综合后的检查点，我们就可以对设计进行组装了。由于 Vivado 没有提供针对部分可重配置流程的工程支持，所以不能使用 Vivado 集成开发环境下的工程。但是，我们可以使用 Vivado 集成开发环境内的特性（如布局规划工具），用于交互事件。

1. 实现设计

第一步：通过下面两种方式，打开 Vivado 集成开发环境。

（1）在 Vivado 2023.1 Tcl Shell 窗口中，输入下面的命令，启动 Vivado 2023.1 IDE。

```
start_gui
```

（2）在 Vivado 2023.1 IDE 的 Tcl Console 窗口中，输入下面的命令。

```
vivado -mode gui
```

第二步：在 Vivado 2023.1 IDE 的 Tcl Console 窗口中，输入下面的命令，将路径指向 led_shift_count_completed 目录。

```
cd 盘符:/vivado_example/led_shift_count_completed
```

注：如果读者不知道当前路径，可以在 Vivado 2023.1 集成开发环境的 Tcl Console 窗口中，输入命令 pwd，该命令用于查看当前的路径。

第三步：在 Vivado 2023.1 IDE 的 Tcl Console 窗口中，输入下面的命令，该命令用于加载静态设计。

```
open_checkpoint Synth/Static/top_synth.dcp
```

图 8.32　Netlist 窗口

在 Vivado 当前 CHECKPOINT DESIGN 主界面的 Netlist 窗口中，可以看到设计结构。其中，inst_shift 和 inst_count 模块是两个黑盒，如图 8.32 所示。

注：在 Vivado 主界面左侧没有出现 Flow Navigator 窗口。此时，设计运行在非工程模式下。

如图 8.33 所示，出现两个严重警告信息，提示没有匹配的实例。由于这些实例是可重配置的模块，所以可以加载它们。因此，我们可以放心地忽略这些警告信息。

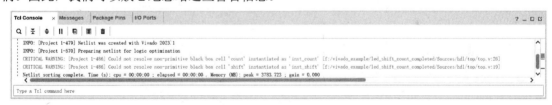

图 8.33　严重警告信息

第四步：在 Vivado 当前 CHECKPOINT DESIGN 主界面底部 Tcl Console 窗口的文本框中，输入下面的命令。

```
read_xdc Sources/xdc/top.xdc
```

该命令用于加载顶层约束文件。该文件设置器件的引脚和顶层时序约束，以及为每个可配置的分区创建 Pblock。

在 Device 窗口中，为两个可重配置的分区创建了两个 pblock，如图 8.34 所示。

注：不能通过 Vivado 集成开发环境访问 XDC 文件，因为它不能作为设计源文件显示出来。

顶层 XDC 文件应该只包含静态设计中所引用的对象。一旦将 RM 加载到设计中（在下一步，运行 read_checkpoint -cell），就可以对 RP 内的逻辑或者网络应用约束。

第五步：为第一个可配置的模块变量加载综合后的检查点，用于每个可配置的分区。在 Vivado IDE 当前 CHECKPOINT DESIGN 主界面底部 Tcl Console 窗口的文本框中，输入下面的命令。

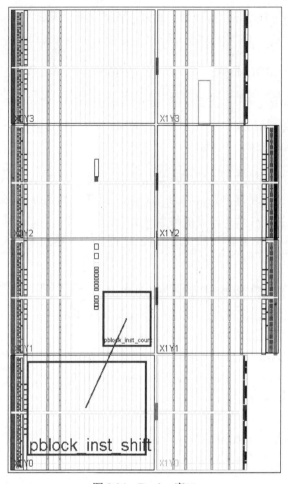

图 8.34　Device 窗口

read_checkpoint -cell inst_shift Synth/shift_right/shift_synth.dcp
read_checkpoint -cell inst_count Synth/count_up/count_synth.dcp

在 Netlist 窗口中，逻辑资源已经填充了 inst_shift 和 inst_count 模块，如图 8.35 所示。

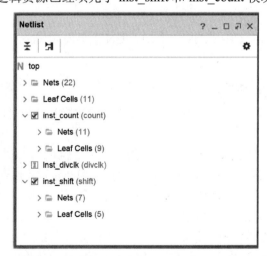

图 8.35　Netlist 窗口（逻辑资源已经填充了 inst_shift 和 inst_count 模块）

第六步：通过设置 HD.RECONFIGURABLE 属性，将每个子模块定义为部分可重配。在 Vivado IDE 当前 CHECKPOINT DESIGN 主界面底部 Tcl Console 窗口的文本框中，输入下面的命令。

```
set_property HD.RECONFIGURABLE 1 [get_cells inst_shift]
set_property HD.RECONFIGURABLE 1 [get_cells inst_count]
```

此时，已经加载了所有的设计，并且为 PR 设置了所有属性。

第七步：执行 DRC，并按照 8.2.7 一节给出的方法，为两个 Pblock 修改属性。在 Pblock Properties 窗口中进行如下操作。

（1）勾选"RESET_AFTER_ RECONFIG"后面的复选框。

（2）通过"SNAPPING_MODE"右侧的下拉框将其设置为"ON"。

第八步：再次执行 DRC，此时报告没有 DRC 冲突。

第九步：在 Vivado IDE 当前 CHECKPOINT DESIGN 主界面底部 Tcl Console 窗口的文本框中，输入下面的命令，对设计进行优化。

```
opt_design
```

第十步：在 Vivado IDE 当前 CHECKPOINT DESIGN 主界面底部 Tcl Console 窗口的文本框中，输入下面的命令，对设计进行布局。

```
place_design
```

第十一步：在 Vivado IDE 当前 CHECKPOINT DESIGN 主界面底部 Tcl Console 窗口的文本框中，输入下面的命令，对设计进行布线。

```
route_design
```

当完成 place_design 和 route_design 后，在 Device 窗口中引入了分区引脚，如图 8.36 所示。这些是静态和可重配置逻辑的物理接口点，它们是互连单元内的锚点。通过它，对可重配置模块内的每个 I/O 进行布线。在布局后的视图上，它们看上去是一些白盒。对于 pblock_shift 来说，它们显示在左下角。

为了在 GUI 内很容易地找到这些分区引脚：

（1）在 Netlist 窗口内，选择可重配置的模块（如 inst_shift）；

（2）在 Cell Properties 窗口内，选择"Cell Pins"标签页。

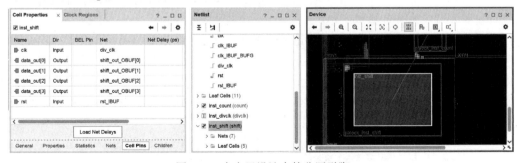

图 8.36　在布局设计内的分区引脚

选择任何引脚高亮显示，或者按下 **Ctrl+A** 组合键选择全部。等效的 Tcl 命令如下：

```
select_objects [get_pins inst_shift /*]
```

在一个布线后的设计视图中，按类型显示所有的布线（完全布线、部分布线和没有布线），如图 8.37 所示。

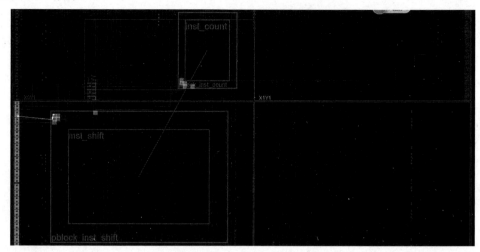

图 8.37　第一个配置的布线视图

在 Device 窗口中，找到并单击 图标，该图标用于在抽象的和真正的布线信息之间进行切换，改变布线资源本身的可视性。

至此，已经将设计中的网络充分地进行布线。

2. 保存设计

第一步：在 Vivado IDE 当前 CHECKPOINT DESIGN 主界面底部 Tcl Console 窗口的文本框中输入下面的 Tcl 命令。

```
write_checkpoint -force Implement/Config_shift_right_count_up/top_route_design.dcp
report_utilization -file Implement/Config_shift_right_count_up/top_utilization.rpt
report_timing_summary -file Implement/Config_shift_right_count_up/top_timing_summary.rpt
```

第二步：在 Vivado IDE 当前 CHECKPOINT DESIGN 主界面底部 Tcl Console 窗口的文本框中输入下面的 Tcl 命令（可选），保存每个可配置模块的检查点。

```
write_checkpoint -force -cell inst_shift Checkpoint/shift_right_route_design.dcp
write_checkpoint -force -cell inst_count Checkpoint/count_up_route_design.dcp
```

注：当运行 design_complete.tcl 时，以批处理方式处理整个设计。在流程中的每一步，创建设计检查点、日志文件和报告文件。

至此，我们已经创建了一个充分实现的部分重配置设计。这时，就可以创建充分的和部分的比特流了。这个配置的静态部分用于所有随后的配置。为了和静态设计相隔离，必须去掉当前可配置的模块。

第三步：在 Vivado IDE 当前 CHECKPOINT DESIGN 主界面底部 Tcl Console 窗口的文本框中输入下面的 Tcl 命令，创建时序和利用率报告。

```
report_utilization -file Implement/Config_shift_right_count_up/top_utilization.rpt
```

第四步：创建一个在 Vivado IDE 中可以使用的交互时序总结（可选）。在 Vivado IDE 当前 CHECKPOINT DESIGN 主界面底部 Tcl Console 窗口的文本框中输入下面的命令，将在 Vivado IDE 中创建一个时序报告，该报告能交叉探测到 Device 窗口和 Netlist 窗口。

```
report_timing_summary -name timing_1
```

自动打开 Timing 窗口，如图 8.38 所示。

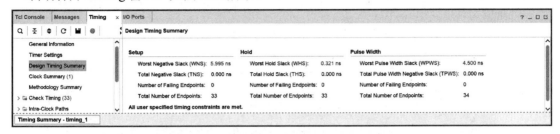

图 8.38　Timing 窗口

第五步：确认使能布线资源，放大到带有分区引脚的一个互连单元。

第六步：在 Vivado IDE 当前 CHECKPOINT DESIGN 主界面底部 Tcl Console 窗口的文本框中输入下面的 Tcl 命令，清除可重配置模块逻辑。

```
update_design -cell inst_shift -black_box
update_design -cell inst_count -black_box
```

执行该命令后，Device 窗口中的两个 Pblock 均为空，如图 8.39 所示。

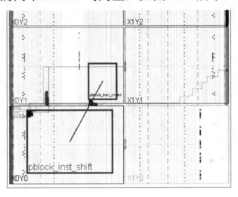

图 8.39　Device 窗口中两个 Pblock 均为空

第七步：在 Vivado IDE 当前 CHECKPOINT DESIGN 主界面底部 Tcl Console 窗口的文本框中输入下面的 Tcl 命令，写入只包含静态的检查点。

```
write_checkpoint -force Checkpoint/static_route_design.dcp
```

注：这个只包含静态的检查点用于将来的配置。在该设计中，我们只是简单地在存储器中保持这个设计打开。

8.3.4　实现第二个配置

前面已经建立了静态设计结果，我们将使用它作为上下文用于更深入地实现可重配置的模块。因此，我们必须锁定这些结果，以确保在实现新的 RM 时，不会有任何的修改。

1. 实现设计

第一步：由于在存储器中已经加载布线后的静态设计，因此在 Vivado IDE 当前 CHECKPOINT DESIGN 主界面底部 Tcl Console 窗口的文本框中输入下面的 Tcl 命令，以锁定所有的布局和布线。

```
lock_design -level routing
```

由于 lock_design 命令没有标识单元，因此将影响存储器中的整个设计（当前由带有黑盒的静态设计构成）。

图 8.40 所示为锁定布局后的静态设计，显示了所有布线后的网络，图中用虚线表示这些网络。

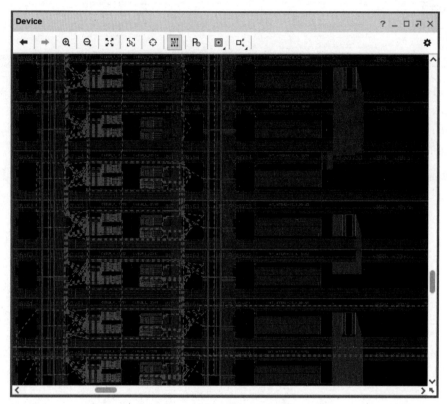

图 8.40　锁定布局后的静态设计

第二步：在 Vivado IDE 当前 CHECKPOINT DESIGN 主界面底部 Tcl Console 窗口的文本框中输入下面的 Tcl 命令，读取用于其他两个重配置模块综合后的检查点。

```
read_checkpoint -cell inst_shift Synth/shift_left/shift_synth.dcp
read_checkpoint -cell inst_count Synth/count_down/count_synth.dcp
```

第三步：在 Vivado IDE 当前 CHECKPOINT DESIGN 主界面底部 Tcl Console 窗口的文本框中输入下面的 Tcl 命令，对设计进行优化。

```
opt_design
```

第四步：在 Vivado IDE 当前 CHECKPOINT DESIGN 主界面底部 Tcl Console 窗口的文本框中输入下面的 Tcl 命令，对设计进行布局。

```
place_design
```

第五步：在 Vivado IDE 当前 CHECKPOINT DESIGN 主界面底部 Tcl Console 窗口的文本框中输入下面的 Tcl 命令，对设计进行布线。

```
route_design
```

这样，又再次完全实现了设计。在该设计中，现在带有新的重配置模块变量。所有的布线变成绿色，是虚线（锁定）和实线（新的）布线段的混合。

2. 保存设计

第一步：在 Vivado IDE 当前 CHECKPOINT DESIGN 主界面底部 Tcl Console 窗口的文本框中输入下面的 Tcl 命令。

```
write_checkpoint -force Implement/Config_shift_left_count_down/top_route_design.dcp
report_utilization -file Implement/Config_shift_left_count_down/top_utilization.rpt
report_timing_summary -file Implement/Config_shift_left_count_down/top_timing_summary.rpt
```

第二步：在 Vivado IDE 当前 CHECKPOINT DESIGN 主界面底部 Tcl Console 窗口的文本框中输入下面的 Tcl 命令（可选），保存每个可配置模块的检查点。

```
write_checkpoint -force -cell inst_shift Checkpoint/shift_left_route_design.dcp
write_checkpoint -force -cell inst_count Checkpoint/count_down_route_design.dcp
```

至此，已经实现了静态逻辑和所有可重配置模块变量。

第三步：在 Vivado IDE 当前 CHECKPOINT DESIGN 主界面底部 Tcl Console 窗口的文本框中输入下面的 Tcl 命令，关闭当前的设计工程。

```
close_project
```

8.3.5　验证配置

在生成比特流之前，对所有的配置进行验证，以保证每个配置的静态部分有相同的匹配，这样可以在 FPGA 上正确地使用这些配置。PR 验证特性检查完整的静态设计，其中也包括分区引脚，以确认它们是一致的。但是，并不检查可重配置模块内的布局和布线。

在 Vivado IDE 当前主界面 Tcl Console 窗口的文本框中输入下面的 Tcl 命令：

```
pr_verify Implement/Config_shift_right_count_up/top_route_design.dcp
Implement/Config_shift_left_count_down/top_route_design.dcp
```

注：上面是一行命令，而不是两行命令。

如果验证成功，则返回下面的信息：

```
INFO: [Project 1-484] Checkpoint was created with build 329390
INFO: [Vivado 12-3253] PR_VERIFY: check points
Implement/Config_shift_right_count_up/top_route_design.dcp and
Implement/Config_shift_left_count_down/top_route_design.dcp are compatible
```

注：默认情况下，如果存在任何一个不匹配，只报告第一个不匹配。可以使用 -full_check 查看所有的不匹配信息。

8.3.6　生成比特流

本小节将介绍生成比特流的步骤，这些比特流将用于下载到 A7-EDP-1 开发平台上的 xc7a75tfgg484-1 器件。

第一步：在 Vivado IDE 当前主界面 Tcl Console 窗口的文本框中输入下面的 Tcl 命令，该命令用于将第一个配置读入内存。

```
open_checkpoint Implement/Config_shift_right_count_up/top_route_design.dcp
```

第二步：在 Vivado IDE 当前 CHECKPOINT DESIGN 主界面 Tcl Console 窗口的文本框中输入下面的 Tcl 命令，该命令为该设计生成充分的和部分的比特流，保证比特流文件存放在一个合适的目录下。

```
write_bitstream -file Bitstreams/Config_RightUp.bit
```

第三步：在 Vivado IDE 当前 CHECKPOINT DESIGN 主界面 Tcl Console 窗口的文本框中输入下面的 Tcl 命令，该命令用于关闭当前的工程。

```
close_project
```

在这里已经生成了 3 个比特流文件，即

➢ Config_RightUp.bit：这是一个上电后充分设计的比特流文件。

➢ Config_RightUp_pblcok_shift_partial.bit：这是用于 shift_right 模块的一个部分比特流文件。

➢ Config_RightUp_pblcok_count_partial.bit：这是用于 count_up 模块的一个部分比特流文件。

注：当前比特流文件的名字并不反映可重配置模块变量的名字，只是用于区分所加载的映像文件。当前的解决方案使用了 -file 选项给出的名字，并且附加了可重配置单元 pblock 的名字。关键是要提供名字的足够描述，用于清楚地区分可重配置比特流文件。所有的部分比特流文件都有 _partial 后缀。

第四步：在 Vivado IDE 当前主界面 Tcl Console 窗口的文本框中输入下面的 Tcl 命令，该命令用于将第二个配置读入存储器。

```
open_checkpoint Implement/Config_shift_left_count_down/top_route_design.dcp
```

第五步：在 Vivado IDE 当前 CHECKPOINT DESIGN 主界面 Tcl Console 窗口的文本框中输入下面的 Tcl 命令，该命令为该设计生成充分的和部分的比特流，保证比特流文件存放在一个合适的目录下。

```
write_bitstream -file Bitstreams/Config_LeftDown.bit
```

注：类似地，也生成了 3 个比特流文件。

第六步：在 Vivado IDE 当前 CHECKPOINT DESIGN 主界面 Tcl Console 窗口的文本框中输入下面的 Tcl 命令，该命令用于关闭当前的工程。

```
close_project
```

此时，生成了一个带有黑盒的充分比特流，为可重配置模块分配了空白的比特流。空白的比特流用于擦除已存在的配置，降低系统功耗。

第七步：在 Vivado IDE 当前主界面 Tcl Console 窗口的文本框中输入下面的 Tcl 命令，该命令用于将第三个配置读入内存。

```
open_checkpoint Checkpoint/static_route_design.dcp
```

第八步：在 Vivado IDE 当前 CHECKPOINT DESIGN 主界面 Tcl Console 窗口的文本框中输入下面的 Tcl 命令。

```
write_bitstream -file Bitstreams/blanking.bit
```

注：类似地，也生成了 3 个比特流文件。

第九步：在 Vivado IDE 当前 CHECKPOINT DESIGN 主界面 Tcl Console 窗口的文本框中输入下面的 Tcl 命令，关闭当前工程。

```
close_project
```

8.3.7　部分重配置 FPGA

本小节将介绍部分重配置 FPGA 的方法。

1. 使用充分映像配置器件

第一步：通过 USB 电缆，将 A7-EDP-1 目标系统和调试主机连接。

第二步：给 A7-EDP-1 目标系统上电。

第三步：在 Vivado IDE 主界面中，执行菜单命令【Flow】→【Open Hardware Manager】。

第四步：在弹出的对话框中单击【Open target】按钮，自动检测 A7-EDP-1 开发平台上的 FPGA 器件 xc7a75tfgg484-1。

第五步：选择 "xc7a75t_0"，单击鼠标右键，在弹出的快捷菜单中执行菜单命令【Program Device】，然后定位到生成比特流的文件夹下，选择 Config_RightUp.bit 文件。

第六步：单击【OK】按钮，对 FPGA 进行编程。

注：此时，可以看到 GPIO LED 组执行两个任务。4 个 LED 灯执行向上计数功能（最左是 MSB），其他 4 个 LED 灯执行右移操作。

注：请注意观察配置器件所用的时间。

2. 使用部分映像配置器件

这里将使用前面创建的任何比特流文件对 FGPA 进行编程。

第一步：浏览到生成比特流的文件夹下，选择 Config_LeftDown_pblock_shift_partial.bit 文件，对 FPGA 编程。

注：LED 的移位部分改变了方向，但是计数器仍然向上计数，重配置并没有影响它，并且配置器件的时间很短。

第二步：浏览到生成比特流的文件夹下，选择 Config_LeftDown_pblock_count_partial.bit 文件，对 FPGA 编程。

注：LED 的计数部分开始向下计数，而移位部分没有发生任何变化，重配置并没有影响它，并且配置器件的时间很短。

8.4　动态功能交换控制器的原理及应用

本节将介绍动态功能交换控制器（DFX Controller，DFXC）的原理及使用方法。

8.4.1　动态功能交换控制器原理

Xilinx 的 DFXC 核为自主控制的部分可重配置设计提供了管理功能。它适用于控制器已知所有可重配置模块的封闭系统。可选的 AXI4-Lite 接口允许在运行时对核重新配置，因此它也能用于可重配置模块可以在现场更改的系统中。核可以针对许多虚拟套接字、每个虚拟套接字的可重配置模块、操作和接口进行定制。主要功能如下所述：

（1）最多 32 个虚拟套接字；

（2）每个虚拟套接字中，最多可以有 128 个 RM；

（3）每个虚拟套接字中，最多有 512 个可重映射的软件和硬件触发器；

（4）（可选）软件和硬件关闭 RM（可配置每个 RM）；

（5）（可选）软件启动 RM（可配置每个 RM）；

（6）（可选）加载后复位 RM（可配置每个 RM）；

（7）用户可以关闭或重新启动虚拟套接字管理器，以允许外部控制器部分重新配置器件；

（8）在关闭状态下支持用户控制虚拟套接字管理器输出信号；

（9）通过 AXI-Lite 接口，可配置所有触发器和 RM 的信息，以允许在现场更新；

（10）（可选）AXI4-Lite 接口，用于控制和状态；

（11）（可选）AXI4-Stream 状态接口（每个虚拟套接字）；

（12）（可选）AXI4-Stream 控制接口（每个虚拟套接字）；

（13）（可选）比特流解压缩。

1．概述

DFXC 控制器核由一个或多个连接到单个获取路径的虚拟套接字管理器（Virtual Socket Manager，VSM）组成。虚拟套接字是一个术语，指的是可重配置分区（RP）加上静态逻辑中用于帮助 RP 进行动态重配置的任何逻辑，如图 8.41 所示。例如，该逻辑可用于在发生重配置时将静态设计与可重配置分区隔离，或确保可重配置模块在从器件中移除之前处于安全状态。有些设计可能不需要这样做，在这种情况下，虚拟套接字相当于可重配置分区。

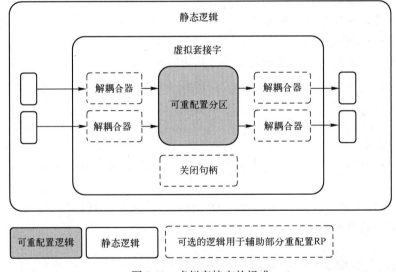

图 8.41　虚拟套接字的组成

获取路径从外部配置库获取比特流，并将其发送到内部配置访问端口（Internal Configuration Access Port，ICAP）。部分比特流保存在配置库中，如图 8.42 所示。

VSM 并行操作，监视触发事件的发生。触发器可以基于硬件（信号）或基于软件（寄存器写）。当 VSM 看到触发器时，VSM 将触发器映射到 RM，并管理该 RM 的重新配置。

每个 VSM 独立于其他管理器运行。因此，当一个 VSM 正在加载 RM 的中途时，另一个可以开始处理触发器。VSM 必须排队以访问获取路径。然而，每个模块的实际重配置仍然按顺序进行。

VSM 可以处于以下两种状态之一。

（1）活动状态：VSM 控制相关的虚拟套接字。它对触发器做出反应并加载 RM。

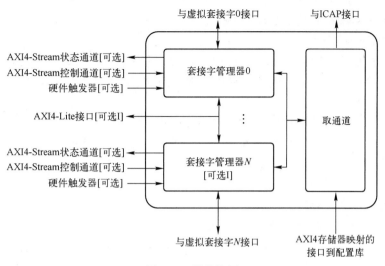

图 8.42　结构块图

（2）关闭状态：其他东西正在控制相关的虚拟套接字。VSM 不会对触发器做出反应，也不会加载 RM。

2. 虚拟套接字

DFXC 核最多支持 32 个虚拟套接字。每个虚拟套接字最多可包含 128 个可重构模块，其中每个可重构模块由一个部分比特流定义。

注：如果要管理的器件是 UltraScale 系列器件，那么每个可重配置模块还需要一个清除比特流。

不同的虚拟套接字可以包含不同个数的 RM。例如，虚拟套接字 0 可能有 32 个 RM，而虚拟套接字 1 可能只有两个 RM。

3. 可重映射的软件和硬件触发器

将 RM 加载到虚拟套接字中，以响应触发器的激活。每个虚拟套接字可以有基于硬件的触发器和基于软件的触发器。每个虚拟套接字的触发器数量是可配置的，并且如果使能 AXI4-Lite 接口，则在核配置期间和运行时可以配置从特定触发器到特定 RM 的映射。可以有比 RM 更多的触发器，允许在现场添加 RM，并对部分重配置进行分布式控制。

4. 可重配置模块管理

加载 RM 并不总是像向 ICAP 发送部分比特流那样简单。例如：

（1）可能需要停用现有的 RM，以防止出现系统问题。

（2）在重配置间隔期间，可能需要保护静态逻辑不受来自虚拟套接字信号值的影响。

（3）新的 RM 可能需要集成到系统中并复位。

DFXC 核为所有这些任务提供支持，并可在每个 RM 的基础上进行配置。

5. 与其他动态功能交换控制器共存

当部分位流加载到几个配置端口（例如 Zynq-7000 SoC 中的 SelectMap、Serial、JTAG、ICAP 和 PCAP）之一时，会发生 DFX。至关重要的是，一次只能使用其中一个，并且多个控制器不会尝试同时控制同一个虚拟套接字。DFXC 核提供了两种机制来支持这个：

（1）使用简单的仲裁协议来仲裁对配置端口的访问。设计人员必须提供一个适合自己系统的仲裁器。如果不需要仲裁，则仲裁信号可以绑定到常数值。

（2）可以将每个 VSM 置于关闭状态，以防止其尝试控制虚拟套接字。这允许其他控制器

（如软件或 JTAG）对虚拟套接字进行独占控制。

6. VSM 输出的用户控制

当 VSM 处于关闭状态时，可通过 AXI4-Lite 接口和 AXI4 流控制接口完全控制用于 RM 管理的信号。这允许软件或另一个硬件元件停用现有的 RM，在重配置间隔期间保护静态逻辑，并集成和复位新的 RM。

7. 用于控制、状态和重新编程的 AXI4 Lite 接口

DFXC 核可以配置为具有用于 VSM 的单个完全兼容的 AXI4-Lite 接口。该接口可用于：

（1）访问每个 VSM 的状态信息；

（2）向每个 VSM 发送命令；

（3）重新编程每个 VSM 的触发器和 RM 信息。

8. 用于状态和控制的 AXI4-Stream 通道

DFXC 核可以配置为每个 VSM 都具有完全兼容的 AXI4-Stream 接口。这些接口可用于：

（1）访问每个 VSM 的状态信息；

（2）向每个 VSM 发送命令。

可以为每个 VSM 单独配置这些通道。例如，DFXC 核实例中的 VSM 可以配置为表 8.1 的形式。

表 8.1　DFXC 的配置实例

VSM	状态通道	控制通道
0	否	否
1	否	是
2	是	否
3	是	是

9. 兼容任何比特流存储位置

DFXC 核从 AXI4 总线获取比特流数据，因此不直接绑定到任何特定的存储器件。这允许控制器访问比特流，无论它们存储在哪里，只要兼容的 AXI4 接口可用。Vivado IP 目录包含几个 IP 块，如 AXI 外部存储器控制器（axi_emc）和存储器接口生成器（MIG）。

注：STARTUP 原语不支持在 7 系列或 UltraScale 器件中加载部分位流。IP，如 AXI SPI 或 AXI EMC，不应配置为使用 STARTUP 原语为这些架构从外部闪存进行时钟驱动或传递部分比特流。

10. 比特流解压缩

DFXC API 可用于压缩部分比特流，将核配置为在将其传递给 ICAP 之前对其进行解压缩。如果比特流存储空间有限，或者到 DFXC 核的数据路径带宽有限，这是有用的。

如果选择了比特流解压缩，则核接收到的所有比特流必须经过压缩。不允许在同一个 IP 核实例中混合压缩和未压缩的比特流。

该压缩方案不同于 write_bitstream 和配置引擎直接支持的内置多帧写入（Multi-Frame-Write，MFW）方案。使用 BITSTREAM.GENERAL.COMPRESS TRUE（仅）将导致该解压缩方案的部分比特流的格式不正确。这两种方案可以一起使用，尽管使用 DFXC 核对使用 BITSTREAM.GENERAL.COMPRESS FALSE 生成的比特流进行压缩通常会产生较小的比特流。

使用哪种方案取决于设计人员的设计目标。DFXC 压缩减少了需要存储和传输到 DFXC 核的数据量，但不会减少需要通过 ICAP 的数据量。MFW 压缩减少了必须通过 ICAP 的数据量，但它不像 DFXC 核压缩方案那样压缩比特流。如果设计人员的 DFX 瓶颈是 AXI 上的比特流存储或传输，则应使用 DFXC 核压缩。如果瓶颈是通过 ICAP 传递数据所花费的时间，则应使用 MFW 压缩。两种方案可以一起使用以实现这两个优点。

注：无法预测任何特定的部分比特流将压缩多少，因为压缩量取决于每个部分比特流的具体情况。作为指导，Xilinx 对一组 LUT 和 FF 利用率为 50%或更多的部分比特流进行了 30%至 70%的压缩。然而，不能保证所有部分比特流都会落在这个范围内。

11．VSM 状态

1）活动状态

活动状态是每个 VSM 的主要状态，也是管理部分重配置的状态。每个 VSM 都遵循一组基本步骤，如图 8.43 所示。请注意，虚线步骤是可选的。

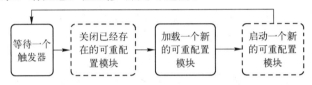

图 8.43　VSM 活动状态的基本步骤

VSM 通过等待触发器到达来启动。当看到触发器时，VSM 开始关闭在虚拟套接字中找到的任何 RM。此关闭顺序可以在每个 RM 的基础上进行配置。有效选项如下所述。

（1）Not Required：没有关闭。

（2）Hardware Only：VSM 通知已经去除 RM，并等待，直到 RM 给予许可。这适用于任意删除 RM 可能导致死锁或其他系统损坏的情况。

（3）HW then SW：VSM 如上所述执行硬件关闭，然后发出中断，通知软件将移除 RM。然后等待，直到软件给出许可。这适用于系统软件可能必须卸载驱动程序或进行其他系统更改的情况。

（4）SW then HW：如上所述，但首先执行软件关闭。

硬件关闭的协议如下所述。

（1）VSM 将 vsm_<name>_rm_shutdown_req 设置为高有效，直到允许去除 RM 为止。

（2）当准备去除 RM 时，将 vsm_<name>_rm_shutdown_ack 设置为高有效，直到去除 RM。

对于软件关闭，VSM 将 vsm_<name>_sw_shutdown_req 设置为高有效，直到接收到继续命令为止。

如果特定的 RM 只需要软件关闭，则 RM 应将 vsm_<name>_rm_shutdown_ack 信号硬接线至逻辑"1"（高电平）。在完成关闭任何现有的 RM 后，VSM 将 vsm_<name>_rm_decouble 设置为高，并开始处理触发器。

注：当被管理的器件是 UltraScale 系列时，在处理触发之前，加载当前 RM 的清除比特流。在关闭 RM 后和加载清除位流之前，将 vsm_<name>_rm_decouple 设置为高有效。

在成功加载 RM 之前，信号 vsm_<name>_rm_decouple 保持有效状态，并且用于在重配置发生时将虚拟套接字与静态逻辑隔离所需的去耦逻辑。这种去耦逻辑是特定于设计的，并且没有提供 DFXC 核。然后，VSM 请求访问获取路径。

注：当被管理的器件是 UltraScale 系列时，VSM 以前曾请求访问提取路径以加载清除位流。需要第二个请求来加载部分比特流，它用于加载新的 RM。其他 VSM 可能在此期间使用了

获取路径来加载自己的比特流。

当它获得对获取路径的访问时，它配置获取路径以加载新的 RM 的正确比特流。如果此操作完成且没有错误，则 VSM 将启动新的 RM。这有两个阶段，每个阶段都是可选的，可以在每个 RM 的基础上进行配置。

（1）软件启动：如果使能，VSM 会发出中断，通知软件已加载 RM（如果实现了解耦，则 RM 在该阶段仍处于解耦状态，可能无法运行），并等待软件响应。这适用于系统软件可能必须加载驱动程序或进行其他系统更改的情况。

（2）RM 复位：如果使能，VSM 将向 RM 发出复位信号，以达到可配置的时钟周期数。

进入 RM 复位状态时，VSM 将使 vsm_<name>_rm_decouple 无效。在此阶段，VSM 开始查找要处理的新触发器。

2）关闭状态

关闭状态是指 VSM 不响应触发器，也不加载 RM。使 VSM 进入关闭状态的条件包括：

（1）加载一个 RM 出现错误。在这种情况下，VSM 关闭自己，除非已将其配置为不关闭；

（2）Vivado 设计套件硬件调试器或者 PCIe 需要将比特流加载到一个虚拟套接字；

（3）需要对 VSM 重新编程，用于改变触发器和 RM。

可以通过将关闭命令发送到 VSM 的 CONTROL 寄存器来进入关闭状态。无法取消此命令。

3）退出关闭状态

有两个命令可用于退出关闭状态：

（1）无状态重新启动。当设计人员在没有对虚拟套接字进行任何更改的情况下退出关闭状态时，会使用该命令。VSM 将恢复使用关闭前的信息。

（2）带状态重新启动。当设计人员在更改虚拟套接字后退出关闭状态时，会使用此命令。特别是，如果在 VSM 关闭时将 RM 加载到虚拟套接字中，则必须使用该命令。VSM 将继续使用设计人员提供的信息，该信息作为命令的一部分。

4）用户控制 VSM 的输出

当虚拟套接字处于关闭状态时，可以使用用户命令控制以下信号：

（1）vsm_<name>_rm_shutdown_req；

（2）vsm_<name>_rm_decouple；

（3）vsm_<name>_rm_reset；

（4）vsm_<name>_sw_shutdown_req；

（5）vsm_<name>_sw_startup_req。

此功能允许系统控制虚拟套接字的重新配置，同时仍然能够管理硬件和软件关闭、解耦、软件启动和 RM 复位。可以使用 AXI4-Lite 或 AXI4-Stream 状态通道接口，从 STATUS 寄存器中检索 vsm_<name>_rm_shutdown_ack 信号的状态。

12. 复位后的行为

VSM 离开复位（硬件上电复位或软件复位）的行为取决于许多因素：

（1）如果 VSM 为满或空。完整的虚拟套接字是指包含 RM 的套接字。空的套接字不包含 RM。

（2）如果将 VSM 配置为在关闭状态下启动。

（3）如果将套接字中的 RM 配置为具有启动阶段（软件启动和/或复位）。

（4）如果将 VSM 配置为在复位后跳过 RM 的启动。

图 8.44 给出了离开复位后的 VSM 行为。

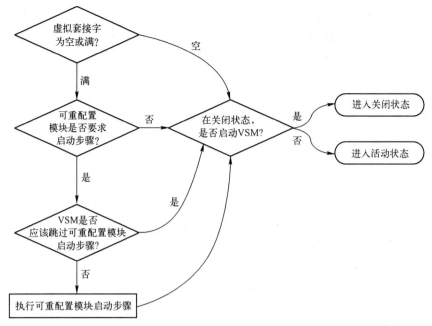

图 8.44　离开复位后的 VSM 行为

13．硬件触发器

如果将 VSM 配置为具有硬件触发器，则它具有矢量输入信号 vsm_<name>_hw_triggers。可以单独处理该信号中的每一位，并将其映射到具有相同数字的触发器标识符。即 vsm_<name>_hw_triggers[0]映射到触发器 0；vsm_<name>_hw_triggers[1]映射到触发器 1。

当 vsm_<name>_hw_triggers[N]从"0"同步跳变到"1"时，发生触发器 N。当触发器发生时，不能取消它。在一个周期后，vsm_<name>_hw_triggers[N]返回"0"，在 VSM 中仍然暂停触发器 N。

当触发器 N 发生时，VSM 会记录该事实，并且触发器可用于处理。如果在选择处理上一次激活之前再次发生触发，则会忽略该触发。只保存触发器激活的一个实例。

硬件触发器的例子，如图 8.45 所示，该图显示了硬件触发器操作中的过程。注意，时钟周期数仅用于说明，与任何固定延迟无关。

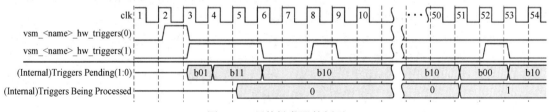

图 8.45　硬件触发器的例子

（1）在时钟 3 阶段，在 vsm_<name>_hw_triggers[0]上可以看到从"0"到"1"的跳变，内部记录在 triggers Pending[0]上。

（2）在时钟 4 阶段，在 sm_<name>_hw_triggers[1]看到从"0"到"1"的跳变，内部记录在 triggers Pending[1]上。

（3）在时钟 6 阶段，VSM 开始处理触发器 0。Triggers Pending[0]变化为"0"，这意味着可以捕获新的触发器 0。

（4）在时钟 9 阶段，在 vsm_<name>_hw_triggers[1]上看到从"0"到"1"的跳变。但是，

Triggers Pending[1]已为"1"，因此将忽略新的触发器 1。

（5）在时钟 51 阶段，VSM 停止处理触发器 0，并启动自时钟周期 5 以来一直挂起的触发器 1。Triggers Pending[1]变为"0"，这意味着可以捕获新的触发器 1。

（6）该触发器在时钟周期 53 到达时，其中 vsm_<name>_hw_triggers[1]从"0"跳变到"1"。由于未挂起触发器 1，因此将再次捕获它。

在该阶段，触发器 1 处于挂起状态并且正在处理中。当 RM 映射到触发器 1 加载时，VSM 立即开始去除它并处理挂起的触发器，这将加载相同的 RM。在某些情况下，加载已加载的 RM 可能很有用，DFXC 核允许这样做。如果不需要，合适的触发管理可以避免这种情况。

14．RM 的软件和硬件关闭

在将某些 RM 在从器件中移除之前可能需要关闭它。如果任意删除 RM 可能导致死锁或其他系统问题，则需要这样做。所需关闭的确切性质特定于每个 RM。DFXC 核提供了一个握手协议来管理过程，但实际的关闭机制必须由系统设计人员提供。

每个 VSM 都有一个活动的高输出信号，称为 vsm_<name>_rm_shutdown。该信号用于控制用户提供的关闭逻辑，如 Dynamic Function eXchange AXI Shutdown Manager IP 核心，并在以下条件下有效：

（1）当虚拟套接字为空。

（2）当复位了完整的 VSM，并且 shutdown_required 设置为 HW、HW/SW 或 SW/HW。

（3）当 VSM 开始加载新的 RM，并且在去除现有 RM 之前需要关闭该模块时。一旦有效，vsm_<name>_rm_shutdown_ack 将保持有效状态，直到完成新的软件启动和 RM 复位步骤。这些步骤是可选的。如果禁止它们，vsm_<name>_rm_shutdown_req 将在它们被使能时完成的点无效。

复位 DFXC 核时，vsm_<name>_rm_shutdown_req 信号可能会改变值。

（1）如果在复位前虚拟套接字为空，则 vsm_<name>_rm_shutdown_req 在复位期间有效。

注：它通常会在复位之前有效，不会导致可见的变化。但是，可能用户使用寄存器接口更改它的值。

（2）如果在复位前虚拟套接字已满，并且 RM 配置为 shutdown_requid=No，则 vsm_<name>_rm_shutdown_req 无效。

（3）如果在复位前虚拟套接字已满，且 RM 配置为 shutdown_required=HW、HW/SW 或 SW/HW，则 vsm_<name>_rm_shutdown_req 有效。

当在（3）中 vsm_<name>_rm_shutdown_ack 有效时，将暂停 VSM，直到用户逻辑做出响应。

如图 8.46 所示，当计划去除 RM 时，DFXC 核将 vsm_<name>_rm_shutdown_req 信号设置为"1"。RM 应尽快将其自身置于安全状态。发生这种情况没有时间限制。当准备好去除 RM 时，它必须将 vsm_<name>_rm_shutdown_ack 设置为"1"。

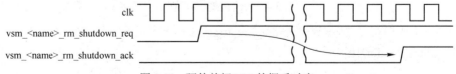

图 8.46　硬件关闭 RM 的握手时序

8.4.2　实现原理

本小节将介绍如何使用 DFXC 核实现设计重配置，该设计中有一个 RP 和两个 RM（实现

LED 的左移和右移操作）。通过板上的按键产生硬件事件，用于更新动态部分可重配置模块，整体设计结构如图 8.47 所示。

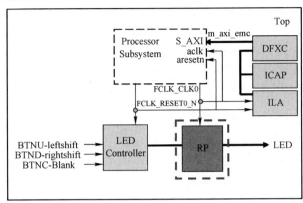

图 8.47　整体设计结构

注：该设计在本书作者配套开发的 Z7-EDP-1 硬件平台上实现，该硬件平台搭载了 Xilinx 公司的 xc7z020clg484-1 全可编程 SoC 器件。

8.4.3　创建和配置新的设计

本小节将介绍如何为静态设计和 RM 产生 DCP，主要步骤如下所述。

第一步：启动 Vivado IDE，并定位到本书配套资源的下面路径，打开 project_1.xpr，该设计保存着基于 Zynq-7000 SoC 构成的最小系统，如图 8.48 所示。

/vivado_example/pr_prc/project_1

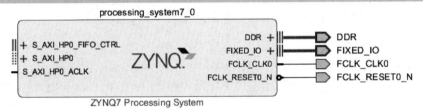

图 8.48　基于 Zynq-7000 SoC 构成的最小系统

在该最小系统中，使能外设 SD 0 和 UART 1、S_HP0（32 位模式）接口，以及端口 FCLK_CLK0 和 FCLK_RESET0_N。

第二步：在 IP Catalog 中，找到并将 AXI Protocol Converter 核添加到块设计中，并将 AXI Protocol Converter IP 核实例 axi_protocol_convert_0 符号与 ZYNQ7 processing System 实例 processing_system7_0 符号进行连接，并修改端口名字，如图 8.49 所示。

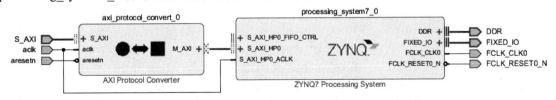

图 8.49　将 AXI Protocol Converter 与 Zynq-7000 系统连接

第三步：双击实例 axi_protocol_convert_0 符号，弹出"Re-customize IP"对话框。如图 8.50 所示，按图中所示配置参数。

461

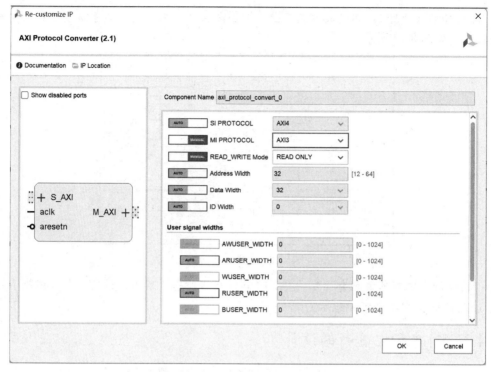

图 8.50 "Re-customize IP" 对话框

第四步：单击该对话框中的【OK】按钮，退出 "Re-customize IP" 对话框。

第五步：在 Vivado 当前 BLOCK DESIGN 主界面中，单击 "Address Editor" 标签，如图 8.51 所示。在该标签页中，选中名字为 "/S_AXI(32 address bits : 4G)" 的一行，单击鼠标右键，出现浮动菜单。在浮动菜单中，执行菜单命令【Assign All】。

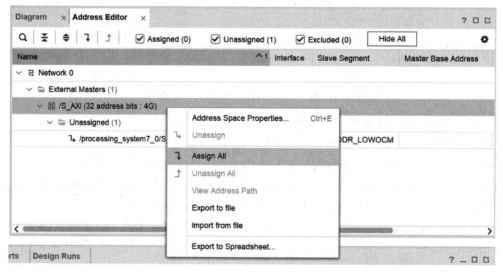

图 8.51 "Address Editor" 标签页

第六步：弹出 "Auto Assign Address" 对话框。在该对话框中，提示信息 "Automatic address assignment completed successfully. There are no unassigned slaves in this design"。

第七步：单击该对话框中的【OK】按钮，退出 "Auto Assign Address" 对话框。

第八步：在 "Address Editor" 标签页中，查看分配的地址空间，如图 8.52 所示。

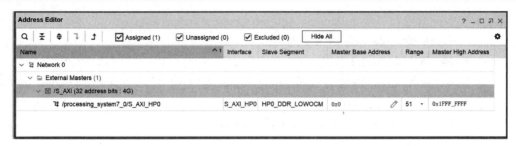

图 8.52　分配完地址空间后的"Address Editor"标签页

第九步：双击图 8.48 中连接到 axi_protocol_convert_0 实例符号的端口 S_AXI，弹出"Customize Port"对话框。在该对话框的"Read Write Mode"标题窗口中，勾选"READ ONLY"前面的复选框。

第十步：单击该对话框中的【OK】，退出"Customize Port"对话框。

第十一步：按 F6 按键，或者在"Diagram"标签页中，单击鼠标右键，出现浮动菜单。在浮动菜单内，执行菜单命令【Validate Design】，对该设计进行有效性检查。

第十二步：弹出"Validate Design"对话框，提示信息"Validation successful. There are no errors or critical warnings in this design"。

第十三步：单击【OK】按钮，退出该对话框。

第十四步：在 Vivado 当前 BLOCK DESIGN 主界面的 Sources 窗口中，展开"Design Sources"条目。在展开条目中，找到并选中"design_1.bd"，单击鼠标右键，出现浮动菜单。在浮动菜单内，执行菜单命令【Generate Ouput Products】。

第十五步：弹出"Generate Output Products"对话框，单击该对话框中的【Generate】按钮，退出"Generate Output Products"对话框，开始生成输出产品的过程。

第十六步：弹出"Generate Output Products"对话框，单击该对话框中的【OK】按钮，退出"Generate Output Products"对话框。

第十七步：在 Vivado 当前 BLOCK DESIGN 主界面的 Sources 窗口中，找到并选择 design_1.bd，单击鼠标右键，出现浮动菜单。在浮动菜单内，执行菜单命令【Create HDL Wrapper】。

第十八步：弹出"Create HDL Wrapper"对话框。在该对话框中，默认勾选"Let Vivado manage wrapper and auto-update"前面的复选框。

第十九步：单击该对话框中的【OK】按钮，退出"Create HDL Wrapper"对话框。

第二十步：在 Vivado 当前工程主界面的 Sources 窗口中，选中 Design Sources 文件夹，单击鼠标右键，出现浮动菜单。在浮动菜单内，执行菜单命令【Add Sources】。

第二十一步：弹出"Add Sources-Add Sources"对话框。在该对话框中，勾选"Add or create design sources"前面的复选框，单击该对话框中的【Next】按钮。

第二十二步：弹出"Add Sources-Add or Create Design Sources"对话框。在该对话框中，单击【Add Directories】按钮。

第二十三步：弹出"Add Source Directories"对话框。在该对话框中，定位到本书配套资源的下面的路径。

\vivado_example\source\prc_source

在该路径下，同时选中 Static 和 rModule_leds 文件夹。

第二十四步：单击【Select】按钮，退出"Add Source Directories"对话框。

第二十五步：返回到"Add Sources-Add or Create Design Sources"对话框。在该对话框中，添加了 Static 和 rModule_leds 两个文件夹。

第二十六步：单击【Finish】按钮。

第二十七步：在 Vivado 当前工程主界面的 Sources 窗口中，找到并展开"Design Sources"条目。在展开条目中，找到并双击 top.v 文件。修改 top.v 文件中的 HDL 代码，使顶层模块 top 包含例化的元件 design_1_wrapper，并保存修改后的 top.v 文件。

8.4.4 添加和配置 ILA 核

本小节将介绍如何为设计添加和配置 ILA 核，主要步骤如下所述。

第一步：在 Vivado 当前工程主界面左侧的 Flow Navigator 窗口中，找到并展开"PROJECT MANAGER"条目。在展开条目中，找到并单击"IP Catalog"。

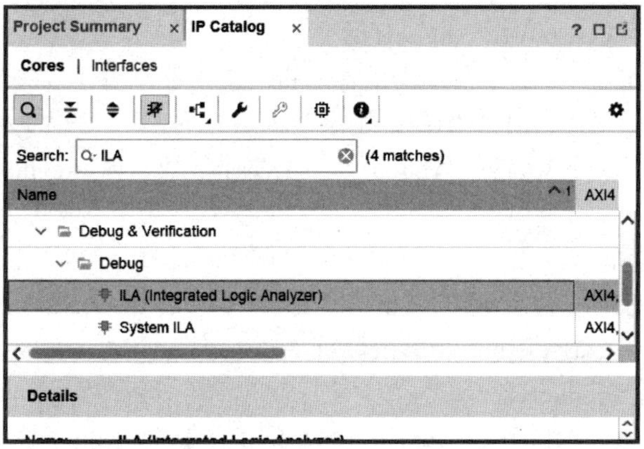

第二步：在 VivadoIP 当前工程主界面右侧窗口中出现"IP Catalog"标签页。在"IP Catalog"标签页的搜索框中输入"ILA"。在该标签页的底部窗口中，出现了与 ILA 有关联的 IP 核列表，如图 8.53 所示。

第三步：双击名字为"ILA(Integrated Logic Analyzer)"的 IP 核，弹出"Customize IP"对话框，如图 8.54 所示。在该对话框中，单击"General Options"标签。在该标签页中，按如下设置参数。

图 8.53 "IP Catalog"标签页

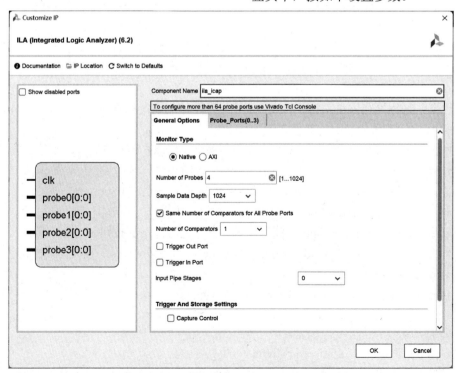

图 8.54 "Customize IP"对话框

（1）Component Name：ila_icap。

（2）Number of Probes：4。

（3）其他参数保持默认设置。

第四步：单击图 8.54 中的"Probe_Ports(0..3)"标签，如图 8.55 所示，按图设置参数。

Probe Port	Probe Width [1..4096]		Number of Comparators		Probe Trigger or Data	
PROBE0	32	⊗	1	▼	DATA AND TRIGGER	▼
PROBE1	32	⊗	1	▼	DATA AND TRIGGER	▼
PROBE2	1	⊗	1	▼	DATA AND TRIGGER	▼
PROBE3	1	⊗	1	▼	DATA AND TRIGGER	▼

图 8.55　"Probe_Ports(0..3)"标签页

第五步：单击图 8.54 中的【OK】按钮，退出"Customize IP"对话框。

第六步：弹出"Generate Output Products"对话框。在该对话框的"Synthesis Options"标签页中，勾选"Global"前面的复选框。

第七步：单击该对话框底部的【Apply】按钮，再单击该对话框中的【Skip】按钮。

第八步：在 Vivado 当前工程主界面的 Sources 窗口中，找到并展开"Design Sources"条目。在展开条目中，找到并双击 top.v 文件。修改 top.v 文件中的 HDL 代码，使顶层模块 top 包含例化的元件 ila_icap，并保存修改后的 top.v 文件。

8.4.5　添加和配置 DFXC 核

本小节将介绍如何在设计中添加和设置 DFXC 核，主要步骤如下所述。

第一步：在 Vivado 当前工程主界面左侧的 Flow Navigator 窗口中，找到并展开"PROJECT MANAGER"条目。在展开条目中，找到并单击"IP Cacalog"。

第二步：在 Vivado 当前工程主界面右侧的窗口中，出现"IP Catalog"标签页。在该标签页的搜索框中输入"DFX"，即可在该标签页底部的窗口中列出和 DFX 有关联的 IP 核列表，如图 8.56 所示。

第三步：双击图 8.56 中名字为"DFC Controller"的 IP 核，弹出"Customize IP"对话框，如图 8.57 所示。在该对话框中，单击"Global Options"标签，在该标签页中按如下设置参数。

（1）不勾选"Enable the AXI Lite interface"前面的复选框。

（2）Specify the CAP arbitration protocol：1)Latency has not been added to arbiter signals。

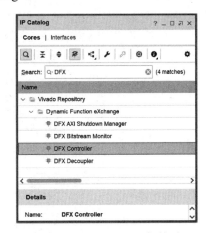

图 8.56　"IP Catalog"标签页

（3）Specify the number of Clock domain crossing stages：2。

（4）其他参数保持默认设置。

第四步：单击图 8.57 中的"Virtual Socket Manager Options"标签，如图 8.58 所示，按图设置参数。

465

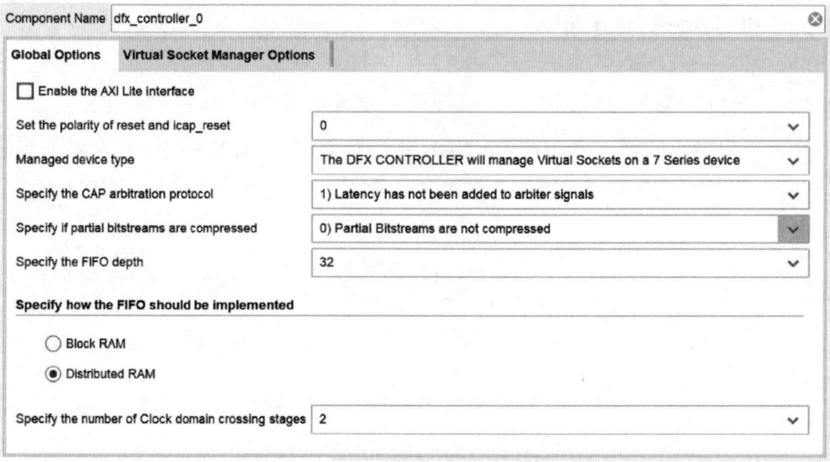

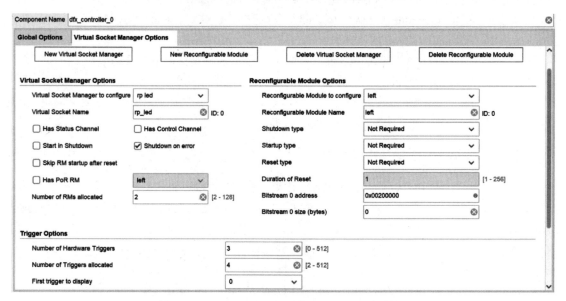

图 8.57 "Global Options" 标签页

图 8.58 "Virtual Socket Manager Options" 标签页

第五步：类似地，单击图 8.58 中的【New Reconfigurable Module】按钮，创建两个 RM，一个命名为"right"，另一个命名为"blank"，如图 8.59 和图 8.60 所示。

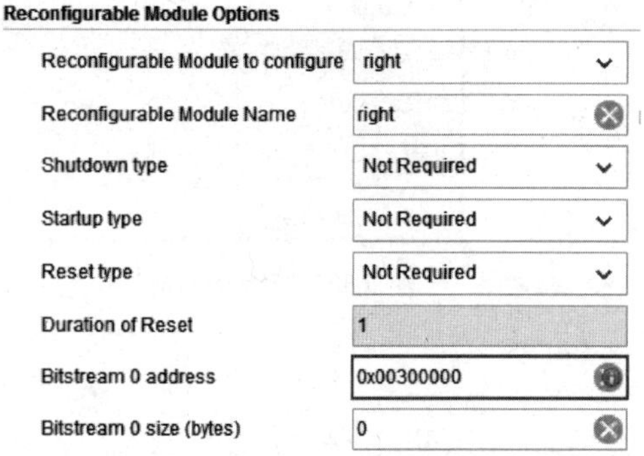

图 8.59　添加名字为"right"的 RM 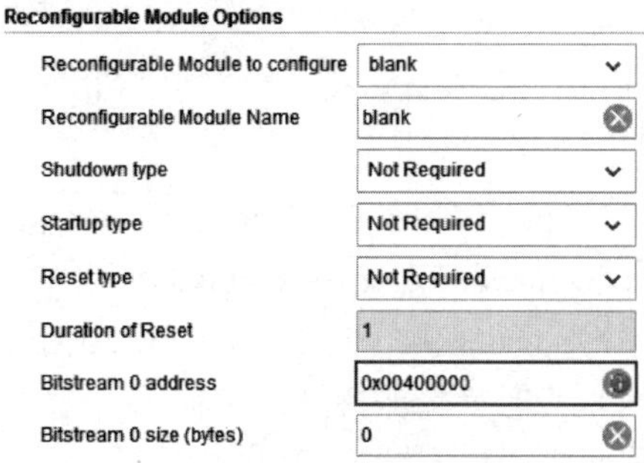　　　图 8.60　添加名字为"blank"的 RM

注：对于图中 Bitstream 0 size 的值，应该是在生成相应模块的比特流文件后进行填写。在

此，可以设置为 0，在最终的软件代码中，根据相应模块生成的部分比特流文件进行设置。

如图 8.61 所示，在"Trigger Options"标题下，将 Trigger ID 0 分配给 left，1 分配给 right，2 分配给 blank。读者可以通过下拉框修改 Trigger ID 与所对应的可重配置模块。

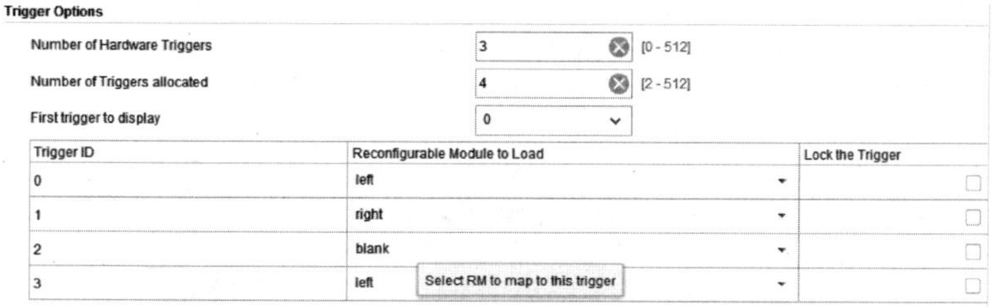

图 8.61　触发器 ID 与所对应的可重配置模块

第六步：单击【OK】按钮，退出"Customize IP"对话框。

第七步：弹出"Generate Output Products"对话框。在该对话框的"Synthesis Options"标签页中，勾选"Global"前面的复选框，然后依次单击【Apply】按钮和【Skip】按钮。

第八步：在 Vivado 当前工程主界面的 Sources 窗口中，找到并展开"Design Sources"条目。在展开条目中，找到并双击 top.v 文件。修改 top.v 文件中的 HDL 代码，使顶层模块 top 包含例化的元件 dfx_controller_0，并保存修改后的 top.v 文件。

8.4.6　创建新的分区定义

本小节将介绍如何创建新的分区定义，主要步骤如下所述。

第一步：在 Vivado 当前工程主界面主菜单中，执行菜单命令【Tools】→【Dynamic Function eXchange Wizard】。

第二步：弹出"Enable Dynamic Function eXchange"对话框，单击该对话框中的【Convert】按钮，退出"Enable Dynamic Function eXchange"对话框。

第三步：在 Vivado 当前工程主界面的 Sources 窗口中，找到并展开"Design Sources"条目。在展开条目中，找到并用鼠标右键单击"shift_right.v"，弹出浮动菜单。在浮动菜单中，执行菜单命令【Create Partition Definition】。

第四步：弹出"Create Partition Definition"对话框，如图 8.62 所示。在该对话框中，按如下设置参数。

（1）Partition Definition Name：leds。

（2）Reconfigurable Module Name：right。

第五步：单击【OK】按钮，退出"Create Partition Definition"对话框。

创建完新分区定义后的 Sources 窗口如图 8.63 所示。

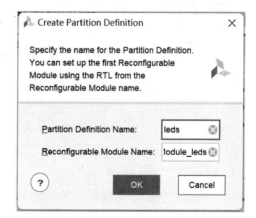

图 8.62　"Create Partiton Definition"对话框

第六步：单击图 8.63 中的"Partition Definitions"标签，如图 8.64 所示。在该标签页中，选中分区"leds"，单击鼠标右键，出现浮动菜单。在浮动菜单内，执行菜单命令【Add Reconfigurable Module】。

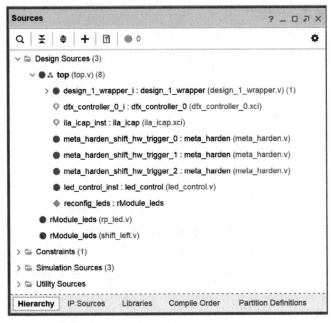

图 8.63　创建完新分区定义后的 Sources 窗口

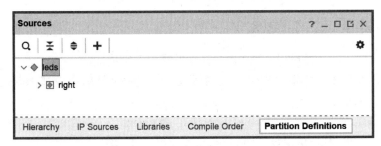

图 8.64　Sources 窗口中的"Partition Definitions"标签页

第七步：弹出"Add Reconfigurable Module"对话框，如图 8.65 所示。在该对话框中，按如下设置参数。

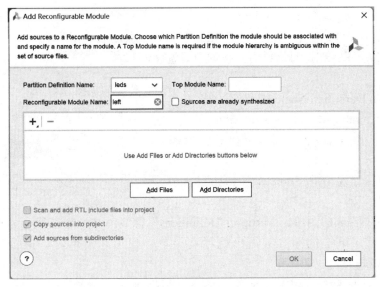

图 8.65　"Add Reconfigurable Module"对话框

（1）Reconfigurable Module Name：left。

（2）单击图中的【Add Files】按钮，弹出"Add Files"对话框。在该对话框中，定位到本书配套资源的下面路径，在该路径下，选中 shift_left.v 文件：

\vivado_example\prc_source\rModule_leds\leftshift

（3）单击【OK】按钮，退出"Add Files"对话框，并返回到"Add Reconfigurable Module"对话框。

第八步：单击【OK】按钮，退出"Add Reconfigurable Module"对话框。

第九步：在"Partition Definitions"标签页中，选中分区"leds"，单击鼠标右键，出现浮动菜单。在浮动菜单内，执行菜单命令【Add Reconfigurable Module】。

第十步：弹出"Add Reconfigurable Module"对话框。在该对话框中，按如下设置参数。

（1）Reconfigurable Module Name：blank。

（2）单击图中的【Add Files】按钮，弹出"Add Files"对话框。在该对话框中，定位到本书配套资源的下面路径，在该路径下，选中 rp_led.v 文件：

\vivado_example\prc_source\Static

（3）单击【OK】按钮，退出"Add Files"对话框，并返回到"Add Reconfigurable Module"对话框。

第十一步：单击【OK】按钮，退出"Add Reconfigurable Module"对话框。

添加完可配置模块后的"Partition Definitions"标签页，如图 8.66 所示。

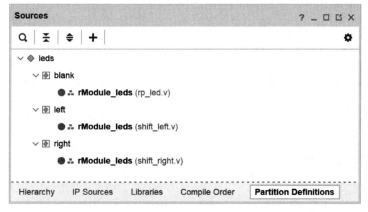

图 8.66　添加完可配置模块后的"Partition Definitions"标签页

8.4.7　设置不同的配置选项

本小节将介绍如何将一个不同分区内的 3 个模块进行组合，生成 3 种配置，主要步骤如下所述。

第一步：在 Vivado 当前工程主界面左侧的 Flow Navigator 窗口中，找到并展开"PROJECT MANAGER"条目。在展开条目中，找到并单击"Dynamic Function eXchange Wizard"。

第二步：弹出"Dynamic Function eXchange Wizard-Dynamic Function eXchange Wizard"对话框。

第三步：单击该对话框中的【Next】按钮。

第四步：弹出"Dynamic Function eXchange Wizard-Edit Reconfigurable Modules"对话框。

第五步：单击该对话框中的【Next】按钮。

第六步：弹出"Dynamic Function eXchange Wizard-Edit Configuraions"对话框。在该对话框中，单击【Add】按钮╋。

第七步：弹出"Add Configuration-Specify configuration name"对话框。在该对话框"Configuration"标题右侧的文本框中，默认配置名字为"config_1"，单击该对话框中的【OK】按钮，返回到"Dynamic Function eXchange Wizard-Edit Configuraions"对话框。

第八步：在"Dynamic Function eXchange Wizard-Edit Configuraions"对话框中，单击【Add】按钮╋。

第九步：弹出"Add Configuration-Specify configuration name"对话框。在该对话框"Configuration"标题右侧的文本框中，默认配置名字为"config_2"，单击该对话框中的【OK】按钮，返回到"Dynamic Function eXchange Wizard-Edit Configuraions"对话框。

第十步：在"Dynamic Function eXchange Wizard-Edit Configuraions"对话框中，单击【Add】按钮╋。

第十一步：弹出"Add Configuration-Specify configuration name"对话框。在该对话框"Configuration"标题右侧的文本框中，默认配置名字为"config_3"，单击该对话框中的【OK】按钮，返回到"Dynamic Function eXchange Wizard-Edit Configuraions"对话框。

第十二步：在该对话框中，通过"reconfig_leds"一列下面的下拉框，为配置 config_1 分配可重配置模块 left；为配置 config_2 分配可重配置模块 right；为配置 config_3 分配可重配置模块 blank。

分配完可重配置模块的"Dynamic Function eXchange Wizard-Edit Configurations"对话框，如图 8.67 所示。

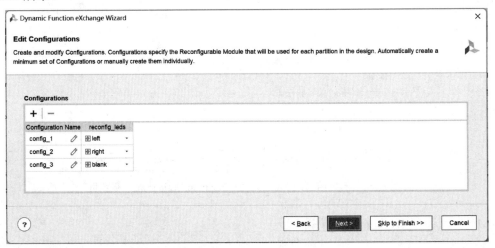

图 8.67　分配完可重配置模块的"Dynamic Function eXchange Wizard-Edit Configurations"对话框

第十三步：单击该对话框中的【Next】按钮。

第十四步：弹出"Dynamic Function eXchange Wizard-Edit Configuration Runs"对话框。在该对话框的"Configuration Runs"标题窗口中，找到并单击【Add】按钮╋。

第十五步：弹出"Add Configuration Run"对话框。在该对话框中，按如下设置参数。

① Run：impl_1。

② Parent：synth_1。

③ Configuration：config_1。

第十六步：单击【OK】按钮，退出"Add Configuration Run"对话框，并返回到"Dynamic Function eXchange Wizard-Edit Configuration Runs"对话框。

第十七步：在"Dynamic Function eXchange Wizard-Edit Configuration Runs"对话框的"Configuration Runs"标题窗口中，找到并单击【Add】按钮 **+**。

第十八步：弹出"Add Configuration Run"对话框。在该对话框中，按如下设置参数。

① Run：impl_2。

② Parent：synth_1。

③ Configuration：config_2。

第十九步：单击【OK】按钮，退出"Add Configuration Run"对话框，并返回到"Dynamic Function eXchange Wizard-Edit Configuration Runs"对话框。

第二十步：在"Dynamic Function eXchange Wizard-Edit Configuration Runs"对话框的"Configuration Runs"标题窗口中，找到并单击【Add】按钮 **+**。

第二十一步：弹出"Add Configuration Run"对话框。在该对话框中，按如下设置参数。

① Run：impl_3。

② Parent：synth_1。

③ Configuration：config_3。

第二十二步：单击【OK】按钮，退出"Add Configuration Run"对话框，并返回到"Dynamic Function eXchange Wizard-Edit Configuration Runs"对话框。

添加完不同配置运行后的"Dynamic Function eXchange Wizard-Edit Configuration Runs"对话框，如图 8.68 所示。

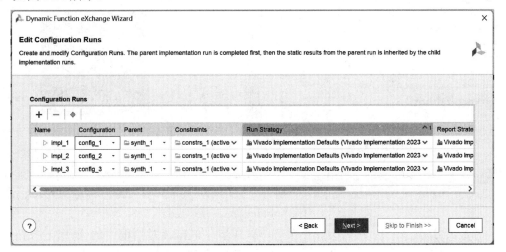

图 8.68　添加完不同运行配置后的"Dynamic Function eXchange Wizard-Edit Configuration Runs"对话框

第二十三步：单击【Next】按钮。

第二十四步：弹出"Dynamic Function eXchange Wizard-Dynamic Function eXchange Summary"对话框，单击该对话框中的【Finish】按钮，退出该对话框。

8.4.8　定义分区的布局

本小节将介绍如何定义分区的布局，主要步骤如下所述。

第一步：在 Vivado 当前工程主界面左侧的 Flow Navigator 窗口中，找到并展开

"SYNTHESIS"条目。在展开条目中，单击"Run Synthesis"。

第二步：弹出"Launch Runs"对话框，单击该对话框中的【OK】按钮，退出"Launch Runs"对话框，同时自动运行设计综合。

第三步：综合完成后，弹出"Synthesis Completed"对话框，勾选"Open Synthesized Design"前面的复选框。

第四步：单击该对话框中的【OK】按钮，退出"Synthesis Completed"对话框。

第五步：Vivado 自动切换到 SYNTHESIZED DESIGN 主界面。在该主界面中，找到并单击"Netlist"标签，如图 8.69 所示。在该标签页中，找到并选中"reconfig_leds(rModule_leds)"，单击鼠标右键，出现浮动菜单。在浮动菜单内，执行菜单命令【Floorplanning】→【Draw Pblock】。

第六步：出现十字光标，将其移动到右侧的 Device 窗口中，在 X0Y0 的区域绘制一个封闭的方形区域，如图 8.70 所示。

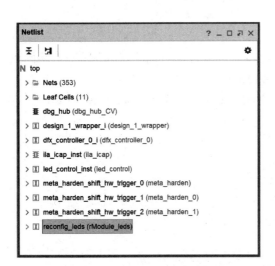

图 8.69 "Netlist"标签页

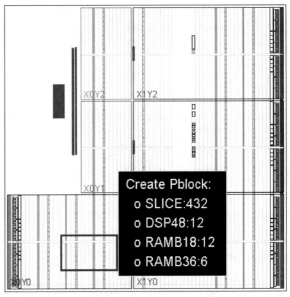

图 8.70 在 X0Y0 区域绘制一个闭合的区域（1）

第七步：弹出"New Pblock"对话框，如图 8.71 所示。在该对话框中，默认将该 Pblock 命名为"pblock_reconfig_leds"。

第八步：单击该对话框中的【OK】按钮，退出"New Pblock"对话框。

第九步：按 Ctrl+S 组合键，保存布局约束条件。

第十步：弹出"Out of Date Design"对话框，单击该对话框中的【OK】按钮，退出"Out of Date Design"对话框。

第十一步：弹出"Save Constraints"对话框。在该对话框中，默认勾选"Select an exist files"前面的复选框，单击该对话框中的【OK】按钮，退出"Save Constraints"对话框。

图 8.71 "New Pblock"对话框

第十二步：单击 Vivado 当前 SYNTHESIZED DESIGN 主界面右上角的【Close】按钮✖️。

第十三步：弹出"Confirm Close"对话框，单击该对话框中的【OK】按钮，退出"Confirm Close"对话框。

8.4.9　实现第一个运行配置并生成比特流文件

本小节将介绍如何实现第一个运行配置，并生成比特流文件，主要步骤如下所述。

第一步：在 Vivado 当前工程主界面底部的窗口中，找到并单击"Design Runs"标签，如图 8.72 所示。在该标签页中，默认 impl_1 为活动的实现运行。

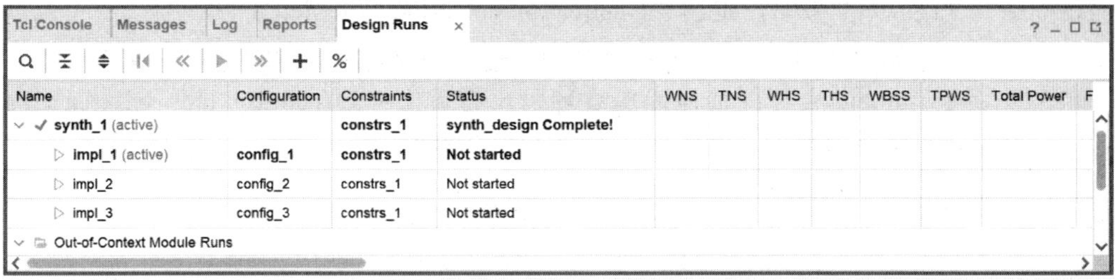

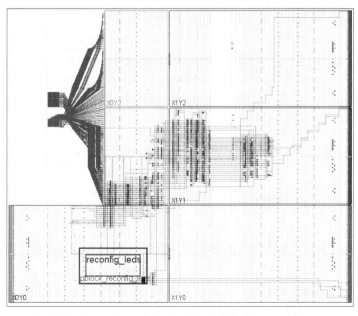

图 8.72　"Design Runs"标签页

第二步：在 Vivado 当前工程主界面左侧的 Flow Navigator 窗口中，找到并展开"IMPLEMENTATION"条目。在展开条目中，单击"Run Implementation"。

第三步：弹出"Launch Runs"对话框，单击该对话框中的【OK】按钮，退出"Launch Runs"对话框，并自动运行设计实现过程。

第四步：实现过程结束后，弹出"Implementation Completed"对话框。在该对话框中，默认勾选"Open Implemented Design"前面的复选框。

第五步：单击该对话框中的【OK】按钮，退出"Implementation Completed"对话框。

第六步：Vivado 切换为 IMPLEMENTED DESIGN 主界面。在该主界面右侧的窗口中，单击"Device"。在该窗口中，给出了布局布线后的结果，如图 8.73 所示。

图 8.73　Device 窗口中显示的布局布线结果（反色显示）

第七步：单击 Vivado 当前 IMPLEMENTED DESIGN 主界面右上角的【Close】按钮▨。

第八步：弹出"Confirm Close"对话框，单击该对话框中的【OK】按钮，退出"Confirm Close"对话框。

第九步：在 Vivado 当前工程主界面左侧的 Flow Navigator 窗口中，找到并展开"PROGRAM AND DEBUG"条目。在展开条目中，找到并单击"Generate Bitstream"。

第十步：弹出"Launch Runs"对话框，单击该对话框中的【OK】按钮，退出"Launch Runs"对话框，并自动运行生成比特流的过程。

第十一步：等待生成比特流过程结束后弹出"Bitstream Generation Completed"对话框，单击该对话框中的【Cancel】按钮，退出"Bitstream Generation Completed"对话框。

注：在 vivado_example/pr_prc_completed/project_1/project_1.runs/impl_1 文件夹下，生成两个比特流文件，即 top.bit 文件，其为完整设计的比特流文件；reconfig_leds_left_partial.bit 文件，其为 leds_left 模块的部分比特流文件，其大小为 648480 字节。

8.4.10　实现第二个运行配置并生成比特流文件

本小节将介绍如何实现第二个运行配置，并生成比特流文件，主要步骤如下所述。

第一步：在图 8.73 所示的标签页中，选中"impl_2"，单击鼠标右键，出现浮动菜单。在浮动菜单内，执行菜单命令【Make Active】，将 imple_2 设置为当前的活动的实现运行。

第二步：在 Vivado 当前工程主界面左侧的 Flow Navigator 窗口中，找到并展开"IMPLEMENTATION"条目。在展开条目中，单击"Run Implementation"。

第三步：弹出"Launch Runs"对话框，单击该对话框中的【OK】按钮，退出"Launch Runs"对话框，并自动运行设计实现过程。

第四步：实现过程结束后，弹出"Implementation Completed"对话框。在该对话框中，勾选"Generate Bitstream"前面的复选框。

第五步：单击该对话框中的【OK】按钮，退出"Implementation Completed"对话框。

第六步：弹出"Launch Runs"对话框，单击该对话框中的【OK】按钮，退出"Launch Runs"对话框，自动运行生成比特流的过程。

第七步：等待生成比特流过程结束后，弹出"Bitstream Generation Completed"对话框，单击该对话框中的【Cancel】按钮，退出"Bitstream Generation Completed"对话框。

注：在 vivado_example/pr_prc_completed/project_1/project_1.runs/impl_2 文件夹下，生成两个比特流文件，即 top.bit 文件，其为完整设计的比特流文件；reconfig_leds_right_partial.bit 文件，其为 leds_right 模块的部分比特流文件，其大小为 648480 字节。

8.4.11　实现第三个运行配置并生成比特流文件

本小节将介绍如何实现第三个运行配置，并生成比特流文件，主要步骤如下所述。

第一步：在图 8.73 所示的标签页中，选中"impl_3"，单击鼠标右键，出现浮动菜单。在浮动菜单内，执行菜单命令【Make Active】，将 imple_3 设置为当前的活动配置。

第二步：在 Vivado 当前工程主界面左侧的 Flow Navigator 窗口中，找到并展开"IMPLEMENTATION"条目。在展开条目中，单击"Run Implementation"。

第三步：弹出"Launch Runs"对话框，单击该对话框中的【OK】按钮，退出"Launch Runs"对话框，并自动运行设计实现过程。

第四步：实现过程结束后，弹出"Implementation Completed"对话框。在该对话框中，勾选"Generate Bitstream"前面的复选框。

第五步：单击该对话框中的【OK】按钮，退出"Implementation Completed"对话框。

第六步：弹出"Launch Runs"对话框，单击该对话框中的【OK】按钮，退出"Launch Runs"对话框，自动运行生成比特流的过程。

第七步：等待生成比特流过程结束后，弹出"Bitstream Generation Completed"对话框，单击该对话框中的【Cancel】按钮，退出"Bitstream Generation Completed"对话框。

注：在 vivado_example/pr_prc_completed/project_1/project_1.runs/impl_3 文件夹下，生成两个比特流文件，即 top.bit 文件，其为完整设计的比特流文件；reconfig_leds_blank_partial.bit 文件，其为黑盒模块的部分比特流文件，其大小为 648480 字节。

8.4.12　创建应用工程

本小节将介绍如何创建应用工程，主要步骤如下所述。

第一步：在 Vivado 当前工程主界面主菜单下，执行菜单命令【File】→【Export】→【Export Hardware】。

第二步：弹出"Export Hardware Platform-Export Hardware Platform"对话框，单击该对话框中的【Next】按钮。

第三步：弹出"Export Hardware Platform-Output"对话框。在该对话框中，勾选"Pre-synthesis"前面的复选框，单击该对话框中的【Next】按钮。

第四步：弹出"Export Hardware Platform-Files"对话框，保持默认的 XSA 文件名和导出路径，单击【Next】按钮。

第五步：弹出"Export Hardware Platform-Exporting Hardware Platform"对话框，单击该对话框中的【Finish】按钮，退出该对话框。

第六步：在 Vivado 主界面主菜单下，执行菜单命令【Tools】→【Launch Vitis IDE】。

第七步：弹出"Vitis IDE Launcher"对话框。在该对话框中，将"Workspace"的路径指向当前设计工程的子目录中，如 F:\vivado_example\pr_prc_completed\vitis（可以通过单击【Browse】按钮，选择工作区的路径）。

第八步：单击该对话框中的【Launch】按钮，退出"Vitis IDE Launcher"对话框，同时启动 Vitis IDE。

第九步：弹出"New Vitis IDE Available!"对话框，单击该对话框中的【No】按钮，进入 Vitis IDE 界面，如图 8.74 所示。

第十步：在图中，单击"Create Application Project"。

第十一步：弹出"New Application Project-Create a New Application Project"对话框，单击该对话框中的【Next】按钮。

第十二步：弹出"New Application Project-Platform"对话框。在该对话框中，找到并单击"Create a new platform from hardware(XSA)"标签，如图 8.75 所示。

第十三步：在该标签页中，单击【Browse】按钮。

第十四步：弹出"Create Platform from XSA"对话框，在该对话框中，将路径定位到下面的路径，即\vivado_example\pr_prc_completed，在该路径中找到并选择 top.xsa 文件，单击该对话框中的【打开】按钮，退出"Create Platform from XSA"对话框，并返回到"New Application Project-Platform"对话框。

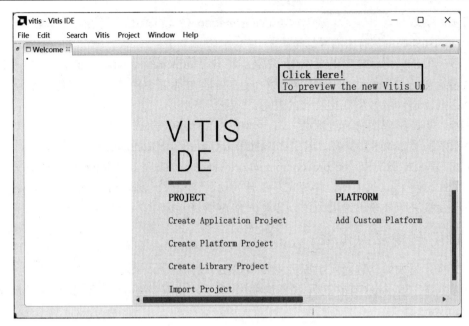

图 8.74　Vitis IDE 主界面

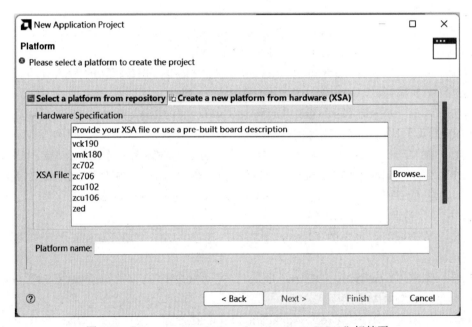

图 8.75　"Create a new platform from hardware(XSA)"标签页

第十五步：单击该对话框中的【Next】按钮。

第十六步：弹出"New Application Project-Application Project Details"对话框，如图 8.76 所示。在该对话框中，将"Application project name"设置为"TestApp"。

第十七步：单击该对话框中的【Next】按钮。

第十八步：弹出"New Application Project-Domain"对话框，单击该对话框中的【Next】按钮。

第十九步：弹出"New Application Project-Templates"对话框。在该对话框中，选中"Empty Application(C)"条目，单击【Finish】按钮，退出该对话框，并进入到 Vitis IDE 当前工程主界面，如图 8.77 所示。

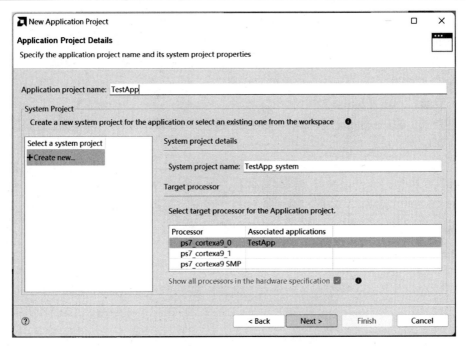

图 8.76　"New Application Project-Application Project Details" 对话框（1）

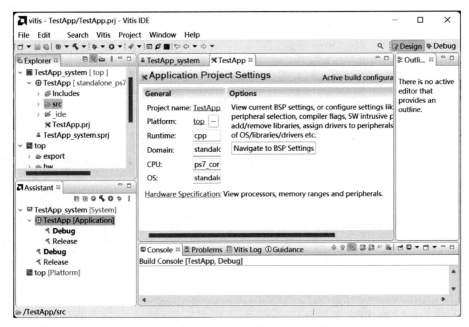

图 8.77　Vitis IDE 当前工程主界面

第二十步：在图 8.77 中的 Explorer 窗口中，找到并展开 "TestApp" 条目，在展开条目中，找到并选中 "src"，单击鼠标右键，出现浮动菜单。在浮动菜单内，执行菜单命令【Import Sources】。

第二十一步：弹出 "Import Sources" 对话框。在该对话框中，单击 "From directory" 标题右侧的【Browse】按钮。

第二十二步：弹出 "Import from directory" 对话框。在该对话框中，将路径定位到 \vivado_exmaple\prc_source\TestApp。在该路径中，选择 src 文件夹。

第二十三步：单击【选择文件夹】按钮，退出 "Import from directory" 对话框，并返回到 "Import Sources" 对话框。

第二十四步：在 "Import Sources" 对话框中，添加了 stc 文件夹，列出了该文件夹中的 TestApp.c 文件。勾选 "TestApp.c" 前面的复选框。

第二十五步：单击【Finish】按钮。

第二十六步：在 Explorer 窗口中，找到并选中 "TestApp"，单击鼠标右键，出现浮动菜单。在浮动菜单内，执行菜单命令【Properties】。

第二十七步：出现 "Properties for TestApp" 对话框，如图 8.78 所示。在该对话框中，单击 "Tool Settings" 标签。在该标签页中，找到并展开 "ARM v7 gcc compiler" 条目。在展开条目中，找到并选中 "Symbols" 条目。单击📋按钮，弹出 "Enter Value" 对话框。在该对话框的 "Defined symbols(-D)" 下面的文本框中，输入 "Z7-EDP-1"。

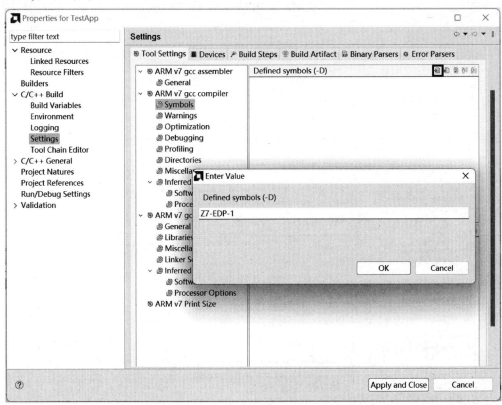

图 8.78 "Properties for TestApp" 对话框

第二十八步：单击【OK】按钮，退出 "Enter Value" 对话框，并返回到 "Properties for TestApp" 对话框。

第二十九步：在 "Properties for TestApp" 对话框中可以看到，添加了所定义的符号 Z7-EDP-1。

第三十步：单击【Apply and Close】按钮，退出 "Properties for TestApp" 对话框。弹出 "Settings" 对话框，单击该对话框中的【Yes】按钮。

第三十一步：在 Vitis IDE 左下角的 Assistant 窗口中，找到并选中 "top[Platform]"，单击鼠标右键，出现浮动菜单。在浮动菜单内，执行菜单命令【Open Platform Editor】。

第三十二步：出现名字为 "top" 的标签页，如图 8.79 所示。在该标签页中，找到并展开

"top"条目。在展开条目中，找到并展开"ps7_cortex9_0"条目。在展开条目中，找到并展开"standalone_ps7_cortexa9_0"条目。在展开条目中，找到并选中"Board Support Package"。单击【Modify BSP Settings】按钮。

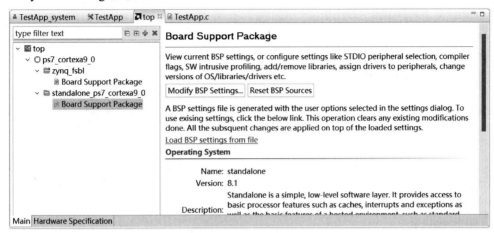

图 8.79　"top"标签页

第三十三步：弹出"Board Support Package Settings"对话框，如图 8.80 所示。在该对话框中，勾选"xiffs"前面的复选框，单击【OK】按钮，退出"Board Support Package Settings"对话框。

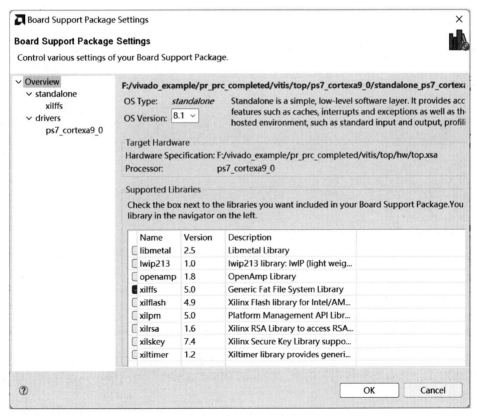

图 8.80　"Board Support Package Settings"对话框

第三十四步：单击"top"标签页中的【Close】按钮⊠，关闭"top"标签页。

第三十五步：在 Vitis IDE 当前工程主界面主菜单下，执行菜单命令【Project】→【Build Project】，对整个软件设计进行编译和链接，并生成可执行文件，如图 8.81 所示。在 Vitis IDE 当前工程主界面的 Explorer 窗口中的 Debug 文件夹下，生成了名字为 "TestApp.elf" 的文件。

注：读者需要根据自己硬件设计生成的部分比特流文件，对 TestApp.c 文件中的代码进行修改。

8.4.13 创建启动镜像

本小节将介绍创建启动镜像的方法，主要步骤如下所述。

第一步：在 Vitis IDE 当前工程主界面主菜单下，执行菜单命令【Vitis】→【Create Boot Image】→【Zynq and Zynq Ultrascale】。

第二步：弹出 "Create Boot Image" 对话框，如图 8.82 所示。在该对话框中，单击 "Output BIF file path" 标题右侧文本框右侧的【Browser】按钮。

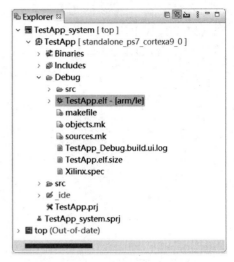

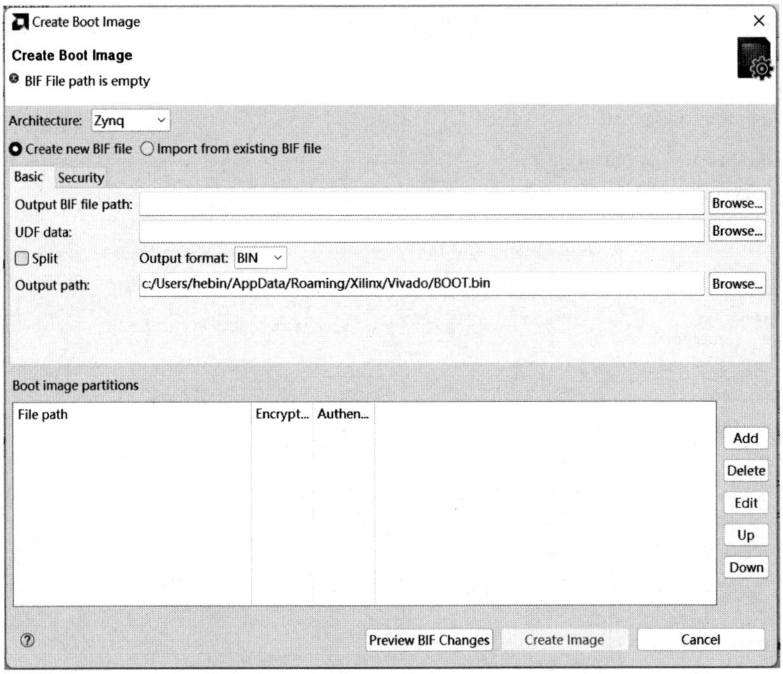

图 8.81　Explorer 窗口

图 8.82　"Create Boot Image" 对话框

第三步：弹出 "Output BIF file path" 对话框。在该对话框中，将路径定位到 \vivado_example\pr_prc_completed\vitis，保持 output 为默认的文件名。

第四步：单击【Save】按钮，退出 "Output BIF file path" 对话框，并返回到 "Create Boot Image" 对话框。

第五步：在 "Create Boot Image" 对话框的 "Boot image partitions" 标题窗口中，单击【Add】按钮。

第六步：弹出 "Add partition" 对话框。在该对话框中，单击 "File path" 标题右侧文本框右侧的【Browse】按钮，弹出"File path"对话框。在该对话框中，将路径定位到\vivado_example\pr_prc_completed\vitis\top\zynq_fsbl。在该路径下，找到并选中"fsbl.elf"文件，单击该对话框中的【打开】按钮，退出"File path"对话框，并返回到"Add partition"对话框。

第七步：单击该对话框中的【OK】按钮，退出"Add partition"对话框。

第八步：在"Create Boot Image"对话框的"Boot image partitions"标题窗口中，单击【Add】按钮。

第九步：弹出"Add partition"对话框。在该对话框中，单击"File path"标题右侧文本框右侧的【Browse】按钮，弹出"File path"对话框。在该对话框中，将路径定位到\vivado_example\pr_prc_completed\project_1\project_1.runs\impl_3。在该路径下，找到并选中 top.bit 文件，单击该对话框中的【打开】按钮，退出"File path"对话框，并返回到"Add partition"对话框。

第十步：单击该对话框中的【OK】按钮，退出"Add partition"对话框。

第十一步：在"Create Boot Image"对话框的"Boot image partitions"标题窗口中，单击【Add】按钮。

第十二步：弹出"Add partition"对话框。在该对话框中，单击"File path"标题右侧文本框右侧的【Browse】按钮，弹出"File path"对话框。在该对话框中，将路径定位到\vivado_example\pr_prc_completed\vitis\TestApp\Debug。在该路径下，找到并选中 TestApp.elf 文件，单击该对话框中的【打开】按钮，退出"File path"对话框，并返回到"Add partition"对话框。

第十三步：单击该对话框中的【OK】按钮，退出"Add partition"对话框。

第十四步：添加完用于生成启动引导镜像所需文件后的"Create Boot Image"对话框，如图 8.83 所示，单击该对话框中的【Create Image】按钮，退出"Create Boot Image"对话框，并启动生成镜像的过程。

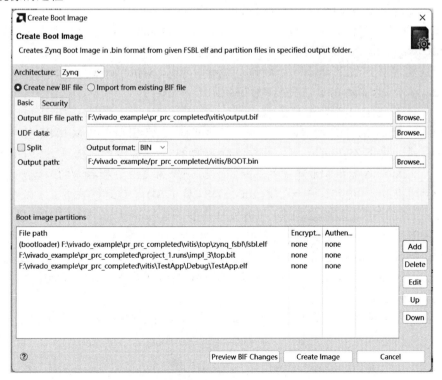

图 8.83　添加完启动镜像源文件后的"Create Boot Image"对话框

第十五步：生成启动引导镜像后，在 Vitis IDE 当前工程主界面底部的 Console 窗口中，提示创建成功的信息，如图 8.84 所示。

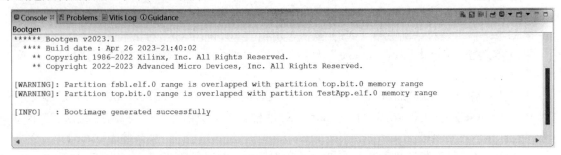

图 8.84　在 Console 窗口中显示成功创建启动引导镜像的信息

第十六步：单击 Vitis IDE 右上角的按钮✕。

第十七步：弹出 "Confirm Exit" 对话框，单击该对话框中的【Exit】按钮，退出 "Confirm Exit" 对话框，同时也自动关闭 Vitis IDE。

8.4.14　从 SD 卡启动引导系统

本小节将介绍如何验证 Mini SD 卡内的镜像能否正确地启动和引导 Zynq-7000 SoC。从 SD 卡启动并引导系统的主要步骤如下所述。

第一步：将 Mini SD 卡插入 PC/笔记本电脑的读卡器插槽中。

第二步：将路径定位到\vivado_example\pr_prc_completed，将 BOOT.bin 文件复制到 Mini SD 卡中。

第三步：将路径定位到\vivado_example\pr_prc_completed\project_1\project_1.runs\impl_1，将 reconfig_leds_right_partial.bit 文件复制到 Mini SD 卡中。

第四步：将路径定位到\vivado_example\pr_prc_completed\project_1\project_1.runs\impl_2，将 reconfig_leds_left_partial.bit 文件复制到 Mini SD 卡中。

第五步：将路径定位到\vivado_example\pr_prc_completed\project_1\project_1.runs\impl_3，将 reconfig_leds_greybox _partial.bit 文件复制到 Mini SD 卡中。

第六步：给 Z7-EDP-1 开发平台断电。

第七步：将 Mini SD 卡从读卡器中取出，并将其插入 Z7-EDP-1 的 Mini SD 卡槽中。

第八步：通过改变 Z7-EDP-1 开发平台上标号为 J1 的跳线设置，修改 Z7-EDP-1 开发平台的启动模式，即 M0、M1 和 M4 连接到 GND 一侧；M2 和 M3 连接到 VCC 一侧。也就是说，M0~M4 的跳线设置为 00110，使 XC7Z020CLG484 处于 SD 卡启动模式下。

第九步：通过 USB 电缆将 Z7-EDP-1 开发平台的 J13 Mini USB 接口与 PC 机/笔记本 USB 进行连接，保证系统正常运行时能通过虚拟串口将信息打印出来。

第十步：打开串口调试工具，并正确地设置串口参数。

第十一步：外接+5V 直流电源连接到 Z7-EDP-1 开发平台的 J6 电源插座上，并打开 Z7-EDP-1 的电源开关 SW10。

第十二步：当系统启动运行后，按 Z7-EDP-1 开发平台上的按键，观察平台上 LED 灯的变化情况。

第**9**章 Vitis HLS 原理详解

算法设计人员关注算法本身，他们并不希望再花费大量的时间和精力将算法转换为 RTL 的描述。很明显，用 C/C++语言描述算法要比使用 RTL 描述算法容易得多。多年以来，算法设计人员一直期望有一种工具可以直接将高级语言所描述的算法转换为 RTL 描述。

Xilinx 公司推出的 Vitis HLS 高级综合工具，突破了传统上在使用 FPGA 实现算法时，必须使用 HDL 语言来进行描述的设计瓶颈。当使用 Xilinx HLS 工具描述复杂算法时，首先使用 C/C++/System C 语言对算法进行建模，然后通过工具将 C/C++/System C 模型描述直接转换为 RTL 的 HDL 描述。因此，显著提高了 FPGA 算法实现的效率，进一步拓展了 FPGA 在数字信号处理以及人工智能方面的应用。

9.1 高级综合工具概述

在传统上，算法设计人员直接使用高级语言对算法进行建模，然后将其运行在 CPU、GPU 和 DSP 上，这样可以很快将算法模型进行实现和验证，显著减少了设计时间并且缩短了产品的上市时间。传统上，当在 FPGA 上直接使用 HDL 描述复杂算法时，会遇到算法复杂性、验证算法以及对算法进行升级的巨大挑战。然而，随着算法复杂度的不断增加，工业界越来越趋向于使用"硬件"对算法的实现进行加速（注：这里的硬件是指现场可编程门阵列 FPGA），以提高算法的运行性能。这是因为，在 CPU 上运行的超复杂算法可以移植到硬件加速器上，使 CPU 可以减负。但是，当使用 HDL 语言描述算法时，需要花费很多的时间理解和学习 HDL。很明显，这是两个很矛盾的问题，它一直以来困扰着算法工程师和 FPGA 应用工程师。

9.1.1 硬件实现算法的优势

为了更好地了解定制硬件如何加速程序的各个部分，设计人员首先需要知道程序在传统计算机上运行的基本原理。尽管冯·诺依曼架构是多年前设计的，但它仍然是当今几乎所有计算的基础。这种架构被认为是一大类应用程序的最佳选择，因为它非常灵活并且可以编程。然而，随着应用程序需求开始给系统带来压力，CPU 开始支持多个进程的执行。多线程和/或多处理可以包括多个系统进程（例如，同时执行两个或多个程序），也可以由一个具有多个线程的进程组成。使用共享存储器系统的多线程编程变得非常流行，因为它允许软件开发人员在设计应用程序时考虑到并行性，但使用固定的 CPU 架构。当多线程和不断增长的 CPU 速度无法再管理数据处理速度时，使用多个 CPU 核和超线程来提高吞吐量。

这种通用灵活性在功率和峰值吞吐量方面是有代价的。在当今智能手机、游戏和在线视频会议无处不在的世界里，正在处理的数据的性质已经发生了变化。为了实现更高的吞吐量，设计人员必须将工作负载移到更靠近内存的位置，和/或移到专门的功能单元中。因此，新的挑战是设计一种新的可编程架构，使设计人员能够保持足够的可编程性，同时实现更高的性能和更低的电源成本。

FPGA 提供了这种可编程性，并提供了足够的存储器带宽，使其成为一种高性能、低功耗的解决方案。与执行程序的 CPU 不同，FPGA 可以配置为定制硬件电路，该电路将以与专用硬件相同的方式响应输入。FPGA 等可重构器件包含极为灵活的粒度计算元件，从基本逻辑门到 DSP 块等完整的算术逻辑单元。在更高的粒度下，用户指定的称为核的可组合逻辑单元可以战略性地布局在 FPGA 器件上，以执行各种角色。可重配置 FPGA 器件的这一特性允许创建自定义宏架构，并使 FPGA 在利用特定应用程序的并行性方面比传统 CPU/GPU 具有很大优势。计算可以在空间上映射到器件，从而实现比以处理器为中心的平台高得多的操作吞吐量。当今最新的 FPGA 器件还可以包含基于 Arm 的处理器核和其他硬 IP 块，无须将其编程到可编程结构中就可使用。

9.1.2　高级综合工具的概述

Vitis 高级综合（High Level Synthesis，HLS）工具将 C/C++函数综合为 RTL 代码，用于在 Versal 自适应 SoC、Zynq MPSoC 或 Xilinx FPGA 器件的可编程逻辑（Programmable Logic，PL）区域中实现。Vitis HLS 与 Vivado 设计套件紧密集成，用于综合、布局和布线，与 Vitis 核心开发套件紧密集成用于异构系统级设计和应用加速。

Vitis HLS 可用于开发和输出，即使用 Vivado 设计套件，将 Vivado IP 集成到硬件设计中；用于 Vitis 应用加速开发流程的 Vitis 核。

在 Vitis 应用加速流程中，Vitis HLS 工具自动化了在可编程逻辑中实现和优化 C/C++代码，以及实现低延迟和高吞吐量所需的大部分代码修改。Vitis HLS 的基础是推理所需的编译指示（pragma），为设计人员的函数参数，以及代码中的流水线循环和函数生成正确的接口。

在 Vivado IP 流程中，Vitis HLS 也支持代码定制，以实现更广泛的接口标准，从而实现设计人员的设计目标。生成的 RTL 可以直接在 Vivado 工具或 Model Composer 中用作 IP。

如图 9.1 所示是 HLS 的处理流程图。

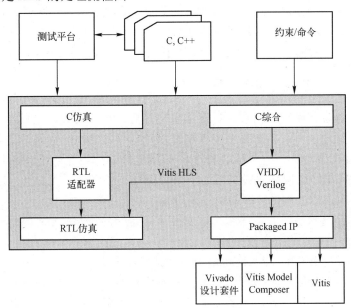

图 9.1　HLS 的处理流程图

（1）基于设计原则构建算法。

（2）（C 仿真）用 C/C++测试平台验证 C/C++代码。

（3）（C 综合）使用 HLS 生成 RTL。

（4）（协同仿真）验证用 C++输出生成的核。

（5）（分析）查看 HLS 综合报告和协同仿真报告，进行分析。

（6）重复上面的步骤，直到满足性能目标。

Vitis HLS 基于目标流程、默认工具配置、设计约束，以及设计人员指定的任何优化 pragma 或命令来实现解决方案。设计人员可以使用优化命令来修改与控制内部逻辑和 I/O 端口的实现，从而覆盖工具默认行为。

1. Vitis HLS 的输入

设计人员可以使用 Vitis HLS 图形用户界面（Graphical User Interface，GUI）或使用 Tcl 命令将 C 输入文件、命令和约束添加到工程中。此外，设计人员可以创建一个 Tcl 脚本，并以批处理方式执行命令。

（1）用 C 和 C++11/C++14 编写的 C 函数，这是 Vitis HLS 的主要输入。函数可以包含子函数的层次架构。

（2）具有 RTL 黑盒内容的 C 函数。

（3）指定时钟周期、时钟不确定性和器件目标的设计约束。

（4）命令是可选的，并指导综合过程来实现特定行为或优化。

（5）C 测试平台和综合前仿真 C 函数所需的任何相关文件，并使用 C/RTL 协同仿真验证 RTL 输出。

2. C/C++语言支持

Vitis HLS 支持 C/C++11/C++14 进行编译/仿真。Vitis HLS 支持许多 C 和 C++语言结构，以及每种语言的所有本地数据类型，包括浮点和双精度类型。然而，以下结构不支持综合。

（1）动态存储器分配：FPGA 有一组固定的资源，不支持动态创建和释放存储器资源。

（2）操作系统操作：所有进出 FPGA 的数据必须从输入端口读取或写入输出端口。不支持操作系统操作，如文件读/写或时间和日期等操作系统查询。相反，主机应用程序或测试台可以执行这些操作，并将数据作为函数参数传递到函数中。

3. Vitis HLS 库

Vitis HLS 提供了基础的 C 库，使通用硬件设计结构和功能能够轻松地在 C 中建模并且综合为 RTL。Vitis HLS 提供了以下 C 库。

（1）任意精度数据类型库：任意精度的数据类型使设计人员的 C 代码可以使用比标准 C 或 C++数据类型位宽更小的变量，从而提高性能并减少硬件面积。

（2）HLS 数学库：用于指定标准数学运算，用于综合 RTL 并在 Xilinx FPGA 上实现。

（3）HLS 流库：用于建模和编译流数据结构。

通过在代码中包括库头文件，可以在设计中使用每个 C 库。这些头文件位于 Vitis HLS 安装区域的 include 目录中。

4. Vitis 库

此外，Vitis 库可用于 Vitis HLS，包括数学、统计学、线性代数和 DSP 的通用函数；还支持特定领域的应用程序，如视觉和图像处理、定量金融、数据库、数据分析和数据压缩。

注：Vitis 库不可用于 Windows 操作系统。

9.1.3　Vitis HLS 工具的优势

HLS 是一个自动化的设计过程，它采用数字系统的抽象行为规范，生成实现给定行为的寄存器传输级（Register Transfer Level，RTL）结构。

使用 HLS 的典型流程包括以下步骤。

（1）考虑到给定的体系结构，使用 C/C++/SystemC 在高抽象级别编写算法。

（2）在行为层面验证功能。

（3）使用 HLS 工具生成给定时钟速度、输入约束的 RTL。

（4）验证生成的 RTL 功能。

（5）使用相同的输入源代码探索不同的体系结构。

HLS 可以使能创建高质量 RTL 的路径，而不是手动编写无错误的 RTL。

设计人员需要在 C/C++中创建高级别的算法宏架构，这意味着应该仔细考虑设计目的，以及设计如何与外部世界交互。HLS 工具还需要输入约束，如时钟周期、性能约束等。

在高层次上，不需要创建状态机、数据路径、寄存器流水线等微架构决策。这些细节可以留给 HLS 工具，并且可以通过提供时钟速度、性能 pragma、目标器件等输入约束来生成优化的 RTL。

使用定义的 C/C++算法的宏架构，设计人员还可以改变约束条件，生成多个 RTL 解决方案，以探索性能和面积之间的权衡。因此，一个算法可以导致多个实现，使设计人员能够选择最能满足整个应用需求的实现。

1．改善生产力

使用 HLS，设计人员在高抽象级别上工作，这意味着需要编写更少的代码作为 HLS 的输入。由于在编写 C++代码上花费的时间更少，周转速度更快，不易出错，从而提高了设计生产力。与担心机械 RTL 实现任务相比，设计人员可以将更多的时间集中在更高级别的高效设计上。

HLS 不仅可以实现高设计生产力，还可以实现验证生产力。使用 HLS，也可以在高级别上生成或创建测试平台，这意味着可以很快验证原始设计。由于流程仍在 C/C++域中，所以设计人员可以探索已验证算法的快速周转。一旦在 C/C++中验证了算法，HLS 工具就可以使用相同的测试平台来生成 RTL。尽管如此，生成的 RTL 可以与现有的 RTL 验证流程集成，以实现更全面的验证覆盖。

使用 HLS 设计和验证的优势如下所述。

（1）在 C 级开发和验证算法，以便从硬件实现细节进行抽象级别的设计。

（2）使用 C 仿真来验证设计，并且比传统 RTL 设计更快迭代。

（3）从 C 源代码和 pragma 创建多个设计解决方案，以探索设计空间，并找到最佳解决方案。

2．使能重用

为高级综合创建的设计是通用的，并且不会和具体的实现关联。这些源代码不绑定到任何技术节点或任何给定的时钟周期，如给定的 RTL。只要少量地更新输入约束，并且没有任何源代码更改，就可以探索多种架构。RTL 的类似做法是不务实的。设计人员为给定的时钟周期创建 RTL，且需要为衍生产品进行修改，需要修改的地方再少，也会导致一个新的复杂工程。在 HLS 的更高级上工作，设计人员不需要担心微架构，可以依靠 HLS 工具自动重新生成新的 RTL。

9.1.4　从 C 中提取硬件结构

一个算法的 C 语言描述如代码清单 9-1 所示。

代码清单 9-1　一个算法的 C 语言描述例子

```
void foo(int in[3], char a, char b, char c, int out[3]) {
    int x,y;
    for(int i = 0; i < 3; i++) {
        x = in[i];
        y = a*x + b + c;
        out[i] = y;
    }
}
```

从以上代码中提取硬件结构的过程如图 9.2 所示，即 Vitis HLS 对控制逻辑和 I/O 端口的提取。

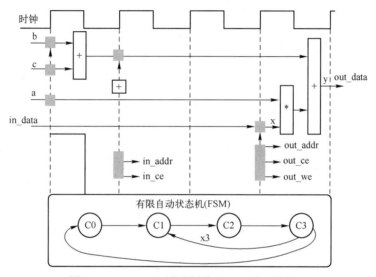

图 9.2　Vitis HLS 对控制逻辑和 I/O 端口的提取

在该 C 语言描述的算法模型中，在 for 循环中执行从数组 in 中读取数据，然后执行乘法和加法运算，并将运算结果保存到数组 out 中。这样的操作过程通过 for 循环一共执行了 3 次。当调度代码时，得到的设计会执行 for 循环内的逻辑 3 次。高级综合自动从 C 代码中提取控制逻辑，并在 RTL 设计中创建 FSM 以对这些操作进行排序。顶层函数的参数称为最终 RTL 设计中的端口。char 类型的标量变量映射到标准的 8 位数据总线端口。数组参数（如 in 和 out）包含整个数据集合。

在高级综合中，默认情况下，将数组综合到 BRAM 中，但其他选项也是可能的，如 FIFO、分布式 RAM 和单个寄存器。当顶层函数中使用函数作为自变量时，高级综合假设 BRAM 在顶层函数之外，并自动创建端口来访问设计之外的 BRAM，比如数据端口、地址端口和任何所需的芯片使能或写入使能信号。

FSM 控制寄存器何时存储数据，并控制任何 I/O 控制信号的状态。FSM 在状态 C0 时启动。在下一个时钟，进入状态 C1→C2→C3。在返回到状态 C0 之前，它总共 3 次返回到状态 C1（以及 C2、C3）。这与循环的 C 代码中的控制结构非常相似。完整的状态序列是：C0，{C1,C2,C3}，{C1,C2,C3}，{C1,C2,C3}，然后返回 C0。

设计只需要加 b 和 c 一次。高级综合将操作移动到 for 循环之外并进入状态 C0。每次设计进入状态 C3 时，它都会重用相加的结果。

该设计从 in 中读取数据并将数据保存在 x 中。FSM 为状态 C1 中的第一个元素生成地址。

此外，在状态 C1 中，加法器递增以跟踪设计必须围绕状态 C1、C2 和 C3 迭代多少次。在状态 C2 中，BRAM 返回 in 的数据，并将其保存在 x 中。

高级综合从端口 a 读取具有其他值的数据以执行计算，并产生第一个 y 输出。FSM 确保生成正确的地址和控制信号，以将该值保存在块之外。接着设计返回状态 C1，从数组/BRAM in 中读取下一个值。这个过程继续进行，直到写入所有输出。然后设计返回状态 C0 以读取 b 和 c 的下一个值以再次开始该过程。

图 9.3 给出了该例子中代码的完整执行，包括每个时钟周期、读取操作、计算操作和写入操作。

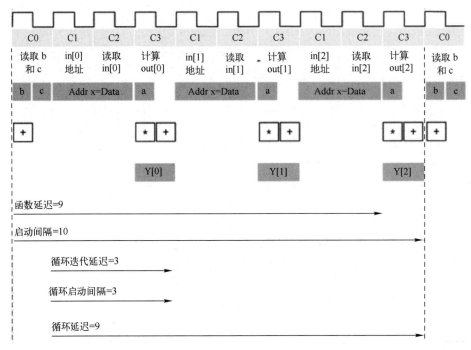

图 9.3　描述从 C 转换到 RTL 的性能（延迟和间隔）

（1）函数延迟（Latency）：函数需要 9 个时钟周期才能输出所有值。注意，当输出是一个数组时，延迟是从最后一个数组值输出开始测量的。

（2）启动间隔（Initiation Interval）（II）：II=10，这意味着函数需要 10 个时钟周期才能启动一组新的输入读取并开始处理下一组输入数据。

注：执行完一个完整函数的时间称为一个交易。在该例子中，函数需要 11 个时钟周期才能接受下一个交易的数据。

（3）循环迭代延迟：每次循环迭代的延迟为 3 个时钟周期。

（4）循环启动间隔（Loop II）：间隔是 3。

（5）循环延迟（Loop Latency）：延迟为 9 个时钟周期。

从上面提取硬件结构的过程可知，C/C++代码与 RTL 代码之间存在着一定的映射关系。

（1）函数：所有的代码由函数组成。函数用于表示设计的层次，这对于硬件也是一样的。函数名可以对应到 RTL 描述的模块。

（2）参数：顶层函数的参数决定了硬件 RTL 接口的端口，包括端口的宽度和方向等。

（3）类型：不同类型对面积和性能有影响。变量类型越复杂，实现该变量所占用的"面积"就越多，并且由于涉及更复杂的布局布线，因此会降低算法的性能。

（4）循环：函数通常会包含循环。实现循环所采用的策略会影响 RTL 设计的使用面积和达到的性能。

（5）数组：在 C 代码中，经常使用数组。通常，C 代码中的数组可以映射到 FPGA 内的 BRAM。

（6）操作符：在 C 代码中的操作符，可能要求共享。通过共享，以控制面积或者指定的硬件实现，来满足性能的要求。

9.1.5　从不同角度理解代码

如代码清单 9-2 所示，其中包括一个用 C++编写的 compute 函数，用于在 CPU 上执行。该程序类似于任何其他 C++程序，其中主函数设置要发送到计算函数的数据，调用计算函数，并根据预期结果检查结果。这个程序在 CPU 上按顺序执行。当在可编程逻辑上运行时，需要重新构建该代码以实现显著的性能改进。

代码清单 9-2　包含 compute 函数的 C 代码描述例子

```
#include <vector>
#include <iostream>
#include <ap_int.h>
#include "hls_vector.h"
#define    totalNumWords 512
unsigned char data_t;

int main(int, char**) {
    // initialize input vector arrays on CPU
    for (int i = 0; i < totalNumWords; i++) {
      in[i] = i;
    }
    compute(data_t in[totalNumWords], data_t Out[totalNumWords]);
    check_results();
}
void compute (data_t in[totalNumWords ], data_t Out[totalNumWords ]) {
  data_t tmp1[totalNumWords], tmp2[totalNumWords];
  A: for (int i = 0; i < totalNumWords ; ++i) {
    tmp1[i] = in[i] * 3;
    tmp2[i] = in[i] * 3;
  }
  B: for (int i = 0; i < totalNumWords ; ++i) {
    tmp1[i] = tmp1[i] + 25;
  }
  C: for (int i = 0; i < totalNumWords ; ++i) {
    tmp2[i] = tmp2[i] * 2;
  }
  D: for (int i = 0; i < totalNumWords ; ++i) {
     out[i] = tmp1[i] + tmp2[i] * 2;
   }
}
```

该程序也可以在 FPGA 上按时序运行，与 CPU 相比，其在没有任何性能增益的情况下可产生正确的结果。为了让上面的应用程序在 FPGA 上以更高的性能执行，需要重新设计该程序，以实现不同级别的并行性。例如：

（1）计算函数可以在所有数据传输到它之前启动。

（2）多个计算函数可以以重叠的方式运行，如"for"循环可以在上一次迭代完成之前开始下一次迭代。

（3）"for"循环中的操作可以在多个字上同时运行，不需要按每个字执行。

从这个例子来看，需要重新构建 compute 函数，以实现基于 FPGA 的算法加速。

compute 函数循环 A 将输入值乘以 3，并创建两个独立的路径 B 和 C。循环 B 和 C 执行操作并将数据馈送到 D。这是一个现实情况的简单表示，在这种情况下，设计人员有几个任务要一个接一个地执行，这些任务作为一个网络相互连接，如图 9.4 所示。

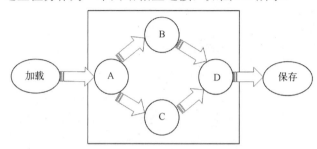

图 9.4　compute 函数的数据流结构

重新构建内核代码的关键要点是：

（1）任务级并行是在函数级实现的。为了实现任务级别的并行性，将循环放到单独的函数中，即把最初的 compute 函数拆分为多个子函数。根据经验，可以使顺序函数同时执行，并且可以对顺序循环进行流水线处理。

（2）指令级并行是通过从存储器中读取 16 个 32 位字（或 512 位数据）来实现的。可以并行地对所有这些字进行计算。hls:vector 类是一个 C++模板类，用于同时对多个样本执行向量运算。

（3）需要重新构造 compute 函数为加载-计算-存储子函数，如代码清单 9-3 所示。加载和存储子函数封装数据访问并隔离由各种计算函数执行的计算。

此外，还有以#pragma 开头的编译器指令，可以将顺序代码转换为并行执行。

代码清单 9-3　重构 compute 函数的 C++描述例子

```
#include "diamond.h"
#define NUM_WORDS 16
extern "C" {
void diamond(vecOf16Words* vecIn, vecOf16Words* vecOut, int size)
{
    hls::stream<vecOf16Words> c0, c1, c2, c3, c4, c5;
    assert(size % 16 == 0);
    #pragma HLS dataflow
    load(vecIn, c0, size);
    compute_A(c0, c1, c2, size);
    compute_B(c1, c3, size);
    compute_C(c2, c4, size);
    compute_D(c3, c4,c5, size);
    store(c5, vecOut, size);
}
}

void load(vecOf16Words *in, hls::stream<vecOf16Words >& out, int size)
{
Loop0:
    for (int i = 0; i < size; i++)
    {
        #pragma HLS PERFORMANCE target_ti=32
```

```
            #pragma HLS LOOP_TRIPCOUNT max=32
            out.write(in[i]);
        }
    }
    void compute_A(hls::stream<vecOf16Words>& in, hls::stream<vecOf16Words>& out1, hls::stream
< vecOf16Words >& out2, int size)
    {
    Loop0:
        for (int i = 0; i < size; i++)
        {
            #pragma HLS PERFORMANCE target_ti=32
            #pragma HLS LOOP_TRIPCOUNT max=32
            vecOf16Words t = in.read();
            out1.write(t * 3);
            out2.write(t * 3);
        }
    }
    void compute_B(hls::stream<vecOf16Words >& in, hls::stream<vecOf16Words >& out, int size)
    {
    Loop0:
        for (int i = 0; i < size; i++)
        {
            #pragma HLS PERFORMANCE target_ti=32
            #pragma HLS LOOP_TRIPCOUNT max=32
            out.write(in.read() + 25);
        }
    }

    void compute_C(hls::stream<vecOf16Words >& in, hls::stream<vecOf16Words >& out, int size)
    {
    Loop0:
        for (data_t i = 0; i < size; i++)
        {
            #pragma HLS PERFORMANCE target_ti=32
            #pragma HLS LOOP_TRIPCOUNT max=32
            out.write(in.read() * 2);
        }
    }
    void compute_D(hls::stream<vecOf16Words>& in1, hls::stream<vecOf16Words>& in2, hls::stream
< vecOf16Words >& out, int size)
    {
    Loop0:
        for (data_t i = 0; i < size; i++)
        {
            #pragma HLS PERFORMANCE target_ti=32
            #pragma HLS LOOP_TRIPCOUNT max=32
            out.write(in1.read() + in2.read());
        }
    }
    void store(hls::stream<vecOf16Words >& in, vecOf16Words *out, int size)
    {
    Loop0:
        for (int i = 0; i < size; i++)
        {
            #pragma HLS PERFORMANCE target_ti=32
            #pragma HLS LOOP_TRIPCOUNT max=32
            out[i] = in.read();
        }
    }
```

9.1.6 吞吐量和性能定义

在可编程逻辑中实现为定制硬件的 C/C++函数可以以比传统 CPU/GPU 架构更快的速度运行，并实现更高的处理速率和/或性能。首先确定这些术语在硬件加速的上下文中的含义。

（1）吞吐量（throughput）定义为每单位时间执行的特定操作数或每单位时间产生的结果数。这是以每单位时间生产的任何东西（汽车、摩托车、I/O 样本、存储字、迭代）为单位进行测量的。例如，术语"存储器带宽"有时用于指定存储器系统的吞吐量。

（2）类似地，性能（performance）被定义为不仅是更高的吞吐量，而是具有低功耗的更高吞吐量。在当前世界中，较低功耗与较高吞吐量同等重要。

9.1.7 FPGA 编程的三种模式

虽然 FPGA 可以使用 Verilog 或 VHDL 等 HDL 进行编程，但现在有几种 HLS 工具可以采用 C/C++等较高级别语言编写的算法描述，并将其转换为 Verilog HDL 或 VHDL 等 HDL。通过下游工具对其进行处理，并对 FPGA 编程。

这类流程的主要好处是，设计人员可以保留 C/C++等编程语言的优势，编写高效的代码，然后将其转换为硬件。此外，编写好的代码是软件设计师的专长，而且比学习一种新的 HDL 更容易。然而，实现可接受的 QoR 将需要额外的工作，如重写软件，以帮助 HLS 工具实现所需的性能目标。

1．生产者—消费者模式

考虑一下软件设计师是如何编写多线程程序的，即通常有一个主线程执行一些初始化步骤，然后分出多个子线程来进行一些并行计算，当所有并行计算完成后，主线程会整理结果并写入输出。程序员必须弄清楚哪些部分可以分叉进行并行计算，哪些部分需要按顺序执行。这种 fork/join 类型的并行性同样适用于 FPGA 和 CPU，但 FPGA 吞吐量的一个关键模式是生产者—消费者模式。设计人员需要将生产者—消费者模式应用于顺序程序，并将其转换为提取可以并行执行的功能，以提高性能。

通过一个简单的问题描述，读者可以更好地理解这个分解过程，如图 9.5 所示。假设有一个数据表，你将从中导入条目到列表中。然后，你将处理列表中的每个条目。每个条目的处理大约需要 2 秒。处理后，你将在另一个数据表中写入结果，此操作将为每个条目花费额外 1 秒时间。因此，如果输入 Excel 表中总共有 100 个条目，那么生成输出总共需要 300 秒。目标是以这样一种方式分解这个问题，即你可以识别可能并行执行的任务，从而提高系统的吞吐量。

第一步是了解程序工作流程并确定独立的任务或函数。四步工作流程类似于图 9.5 中所示的程序流程。在该例子中，写输出（步骤 3）任务独立于处理数据（步骤 2）处理任务。尽管步骤 3 取决于步骤 2 的输出，但只要在步骤 2 中处理了任何条目，就可以立即将该条目写入输出文件。在开始将数据写入输出文件之前，不必等待所有数据都得到处理。这种类型的任务执行的交错/重叠是一种非常常见的原则，如图 9.6 所示（例如，具有重叠的程序工作流）。从图 9.6 中可以看出，工作完成得比没有重叠更快。读者现在意识到，步骤 2 是生产者，步骤 3 是消费者。生产者—消费者模式对 CPU 性能的影响有限。因此，可以交错执行每个线程的步骤，但这需要仔细分析，以利用底层的多线程和一级缓存架构，这是一项耗时的活动。然而，在 FPGA 上，由于定制架构，生产者和消费者线程可以同时执行，开销很少或根本没有，从而显著提高了吞吐量。

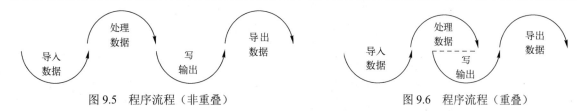

图 9.5　程序流程（非重叠）　　　　　　　　　　图 9.6　程序流程（重叠）

首先要考虑的最简单的情况是单个生产者和单个消费者，他们通过有限大小的缓冲区进行通信。如果缓冲区已满，生产者可以选择阻塞/暂停或丢弃数据。一旦消费者从缓冲区中去除了一个条目，它就会通知生产者，生产者开始再次填充缓冲区。同样，如果使用者发现缓冲区为空，它也可以暂停。一旦生产者将数据放入缓冲区，它就会唤醒正在休眠的消费者。该解决方案可以通过进程间通信来实现，通常使用监视器或信号量。如果解决方案不充分，可能会导致两个进程都处于停滞状态，等待唤醒。然而，在单个生产者和消费者的情况下，通信模式强烈映射到先进先出（First-In-First-Out，FIFO）或乒乓缓冲区（Ping-Pong Buffer，PIPO）实现。这种类型的通道提供了高效的数据通信，而不依赖于信号量、互斥或监视器进行数据传输。使用这样的锁定原语在性能方面可能是成本高昂，并且难以使用和调试。PIPO 和 FIFO 是非常流行的选择，因为它们避免了需要端到端的原子同步。

这种类型的宏级架构优化，其中通信由缓冲区封装，使程序员不用担心内存模型和其他非确定性行为（如竞争条件等）。在这种类型的设计中实现的网络类型纯粹是一个"数据流网络"，它在输入端接受数据流，并对该数据流进行一些基本处理，并将其作为数据流发送出去。并行程序的复杂性被抽象掉了。注意，导入数据（步骤 1）和导出数据（步骤 4）在最大限度提高可用并行性方面也发挥着作用。为了使计算能够成功地与 I/O 重叠，重要的是将从输入读取封装为第一步，将向输出写入封装为最后一步。这将允许 I/O 与计算的最大重叠。在计算步骤的中间读取或写入输入/输出端口将限制设计中的可用并发性。在设计设计工作流程时，这是另一件需要记住的事情。

最后，这种"数据流网络"的性能依赖于设计者能够不断地向网络提供数据，从而使数据在系统中不断流动。数据流中断可能会导致性能下降。这方面的一个很好的类比是视频流应用程序，如在线游戏，其中实时高清（High Definition，HD）视频通过系统不断地流式传输，并且不断地监控帧处理速率，以确保其满足预期的结果质量。游戏玩家可以在屏幕上立即看到帧处理速度放缓。现在想象一下，与传统的 CPU 或 GPU 架构相比，能够为一大群游戏玩家始终支持一致的帧速率，同时消耗的电量少得多，这是硬件加速的最佳点。保持数据在生产者和消费者之间的流动至关重要。

2. 流式数据模式

流是一个重要的抽象，它表示一个无边界的、不断更新的数据集，其中无边界意味着"未知或大小无限"。流可以是在源（生产者）进程和目的地（消费者）进程之间单向流动的数据序列（标量或缓冲区）。流模式迫使设计人员从数据访问模式（或序列）的角度进行思考。在软件中，随机存储器对数据的访问实际上是免费的（忽略缓存成本），但在硬件中，进行顺序访问确实是有利的，可以将其转换为流。将设计人员的算法分解为通过网络流式传输数据进行通信的生产者—消费者关系有以下几个优点，即它允许程序员以顺序的方式定义算法，并通过其他方式（如编译器）提取并行度；任务之间的同步等复杂性被抽象掉了；它允许生产者和消费者任务同时处理数据，这是实现更高吞吐量的关键；代码更干净、更简单。

如前所述，在生产者和消费者模式的情况下，数据传输模式强烈映射到 FIFO 或 PIPO 缓冲区实现。FIFO 缓冲器只是一个具有预定大小/深度的队列，其中插入队列的第一个元素也成为可以从队列中弹出的第一个元素。使用 FIFO 缓冲区的主要优点是，一旦生产者将数据插入缓冲区，消费者进程就可以开始访问 FIFO 缓冲区内的数据。使用 FIFO 缓冲区的唯一问题是，由于生产者和消费者之间的生产/消费率不同，大小不合适的 FIFO 缓冲区可能会导致死锁。这种情况通常发生在具有多个生产者和消费者的设计中。PIPO 是一个双缓冲区，用于加快可以将 I/O 操作与数据处理操作重叠的进程。一个缓冲区用于保存数据块，这样消费者进程将看到数据的完整（但以前）版本，而在另一个缓冲区时，生产者进程正在创建数据的新（部分）版本。当新的数据块完整且有效时，消费者和生产者进程将交替访问这两个缓冲区。因此，PIPO 的使用增加了设备的整体吞吐量，并有助于防止最终的瓶颈。PIPO 的关键优势在于，该工具可以自动匹配生产速率与消耗速率，并创建一个高性能且无死锁的通信通道。这里需要注意的是，无论是否使用 FIFO/PIPO，关键特性都是相同的：生产者向消费者发送或流式传输数据块。如图 9.7 所示，一个数据块可以是单个值，也可以是一组值。块越大，所需的存储器资源就越多。

以下是一个简单的求和应用，用于说明经典的流式传输/数据流网络。在这种情况下，应用程序的目标是成对地添加一个随机数流，然后打印它们。前两个任务（任务 1 和任务 2）提供了一个要相加的随机数流。这些通过 FIFO 通道发送到求和任务（任务 3），该任务从 FIFO 通道读取值。求和任务然后将输出发送到打印任务（任务 4）以发布结果。FIFO 通道在这些独立的执行线程之间提供异步缓冲。

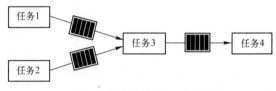

图 9.7 流式传输/数据流网络

通常，将连接每个"任务"的流实现为 FIFO 队列。FIFO 从程序员那里抽象出并行行为，让他们思考任务活动（调度）时的时间"快照"。FIFO 使并行化更容易实现。这在很大程度上是由于程序员在实现并行化框架或容错解决方案时必须应对的变量空间减少。两个独立内核之间的 FIFO（见上面的例子）表现出经典的排队行为。对于纯流式系统，可以使用排队或网络流模型对其进行建模。这种数据流类型的网络和流优化的另一大优势是，它可以应用于不同的粒度级别。程序员可以在每个任务内部以及为任务系统或内核设计这样的网络。事实上，设计人员可以拥有一个流式网络，该网络分层实例化并连接多个流式传输网络或任务。

3．流水线模式

流水线是读者在日常生活中遇到的一个常用概念。例如，汽车工厂的生产线，在那里，每一项特定的任务，如安装发动机、安装车门和安装车轮，通常都由一个单独且独特的工作站完成。工作站并行地执行它们的任务，每个工作站有不同的汽车。一旦一辆汽车完成了一项任务，它就会移动到下一个工作站。完成任务所需时间的变化可以通过缓冲（将一辆或多辆车保持在车站之间的空间中）和/或通过停止（暂时停止上游车站）来适应，直到下一个工作站可用。

假设组装一辆汽车需要 A、B、C 三项任务，分别需要 20、10、30 分钟。如果这三项任务都由一个工作站分别完成，那么工厂每 60 分钟就可以生产一辆汽车。通过使用三个站的流水线，工厂将在 60 分钟内生产第一辆汽车，然后每 30 分钟生产一辆新车。如本例所示，流水线并没有减少延迟，也就是说，一个条目通过整个系统的总时间。然而，它确实增加了系统的吞吐量，即在第一个条目之后处理新条目的速度。

由于流水线的吞吐量不能比其最慢元素的吞吐量好，程序员应该尝试在各个阶段之间分配工作和资源，以便它们都花费相同的时间来完成任务。在上面的汽车组装例子中，如果三项任务 A、B、C 各花费 20 分钟，而不是 20、10、30 分钟，则延迟仍然是 60 分钟，但新车将每 20 分钟完成一次。图 9.8 显示了一条假想的生产线，其任务是生产三辆汽车。假设 A、B、C 都需要 20 分钟，那么一条连续的生产线生产三辆汽车需要 180 分钟。一条流水线生产线只需要 100 分钟就能生产出三辆汽车。

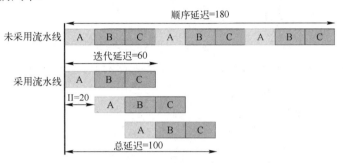

图 9.8　未采用/采用流水线的性能比较

生产第一辆汽车所需的时间为 60 分钟，称为流水线的迭代延迟。第一辆车生产出来后，接下来的两辆车每辆只需要 20 分钟，这就是流水线的启动间隔（Initiation Interval，II）。生产三辆汽车所需的总时间为 100 分钟，称为流水线的总延迟，例如，总延迟=迭代延迟+II×（条目个数-1）。因此，改善 II 可以改善总延迟，但不能改善迭代延迟。从程序员的角度来看，流水线模式可以应用于设计中的函数和循环。在初始设置开销之后，理想的吞吐量目标是使 II 等于 1。例如，在初始设置延迟之后，输出将在流水线的每个周期都可用。在该例子中，在 60 分钟的初始设置延迟之后，每 20 分钟就有一辆车可用。

流水线是一种经典的微观层次架构优化，可以应用于多个抽象层次。前面介绍了生产者-消费者模式的任务级流水线。同样的概念也适用于指令层面。事实上，这是保持生产者-消费者管道（和流）充满和繁忙的关键。只有当每个任务都以高速率产生/消耗数据，从而需要指令级流水线（Instruction Level Pipelining，ILP）时，生产者-消费者流水线才会有效。

由于流水线使用相同的资源来随着时间的推移执行相同的功能，因此将其看作静态优化，因为它需要对每个任务的延迟有完整的了解。因此，低级别指令流水线技术不能应用于数据流类型的网络，其中任务的延迟可能是未知的，因为它是输入数据的函数。

4．三种模式的组合

函数和循环是用户程序中大多数优化的主要焦点。目前的优化工具通常在函数（function）/程序级（procedure）运行。每个函数都可以转换为一个特定的硬件元件。每个这样的硬件元件就像一个类定义，并且可以在最终的硬件设计中创建和例化该元件的许多对象（或实例）。每个硬件元件将依次由许多较小的预定义元件组成，这些元件通常实现加法、减法和乘法等基本功能。函数可以调用其他函数，尽管不支持递归。较小且调用频率较低的函数也可以内联到其调用者中，就像软件函数可以内联一样。在这种情况下，实现函数所需的资源被包含在调用方函数的元件中，这可能允许更好地共享公共资源。将设计构建为一组通信函数有助于在执行这些函数时推断并行性。

循环是程序中最重要的结构之一。由于循环体要迭代多次，因此可以很容易地利用此属性来实现更好的并行性。为了实现高效的并行执行，可以对循环和循环嵌套进行几种转换（如 pipeline 和 unroll）。这些转换既可以优化存储器系统，也可以映射到多核和 SIMD 执行资源。科学和工程应用中的许多程序都表示为对大型数据结构的操作。这些可以是对数组或矩阵的简单元素操作，也可以是具有循环携带依赖关系的更复杂的循环嵌套，即循环迭代中的数据依赖关系。这样的数据依赖关系会影响循环中可实现的并行性。在许多这样的情况下，必须对代码进行重构，以便在现代并行平台上高效、并行地执行循环迭代。

在代码清单 9-4 给出的代码中，给出了四个任务 A、B、C、D，其中 A 以两个不同数组的形式为 B 和 C 产生数据，而 D 消耗 B 和 C 生成的两个不同数组的数据。假设 diamond 通信模式运行两次，且这两次运行是独立的。

代码清单 9-4　包含四个任务的 C 语言描述例子

```
void diamond(data_t vecIn[N], data_t vecOut[N])
{
    data_t c1[N], c2[N], c3[N], c4[N];
    #pragma HLS dataflow
    A(vecIn, c1, c2);
    B(c1, c3);
    C(c2, c4);
    D(c3, c4, vecOut);
}
```

上面的代码示例显示了如何调用这些函数的 C/C++ 源代码片段。注意，任务 B 和 C 没有相互的数据依赖关系。完全顺序执行对应于图 9.9，其中黑圈表示用于实现序列化的某种形式的同步。

图 9.9　顺序执行（两次运行）

在 diamond 的例子中，B 和 C 是完全独立的。它们不通信，也不访问任何共享的内存资源。因此，如果不需要共享计算资源，它们可以并行执行。如图 9.10 所示，其中包含一种运行中的 fork-join 并行形式。B 和 C 在 A 结束后并行执行，而 D 等待 B 和 C，但下一次运行仍然串行执行。

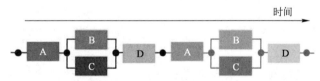

图 9.10　在一个运行中任务并行

这种执行可以概括为 (A;(B||C);D);(A;(B||C);D)。其中，";"表示串行化，"||"表示完全并行。这种形式的嵌套 fork-join 并行对应于依赖任务的一个子类，即串行-并行任务图。更一般地说，依赖任务的任何有向无环图（Directed Acyclic Graph，DAG）都可以通过单独的 fork-join 类型同步来实现。此外，需要注意，这与多线程程序在具有多个线程并使用共享内存的 CPU 上运行的方式完全相同。

在 FPGA 上，设计人员可以探索还有哪些其他形式的并行性可用。以前的执行模式利用了调用中的任务级并行性。重叠连续运行怎么办？如果它们真的是独立的，但如果每个函数（A、B、C 或 D）都使用与上次运行相同的计算硬件，则设计人员可能仍然希望执行（例如）A 的第二次调用与 B 和 C 的第一次调用并行。这是一种跨调用的任务级流水线形式，如图 9.11 所示。吞吐量现在得到了提高，因为它受到所有任务中最大延迟的限制，而不是它们的延迟总和的限制。每次运行的延迟不变，但多次运行的总延迟减少了。

然而，现在当 B 的第一次运行从 A 放置其第一个结果的存储器中读取时，A 的第二次运行可能已经在同一存储器中写入。为了避免在数据被消耗之前覆盖数据，设计人员可以依靠一种形式的内存扩展，即双缓冲或 PIPO 来允许这种交织。这由任务之间的黑色圆圈表示。

提高吞吐量和重用计算资源的一种有效技术是流水线运算符、循环和/或函数。如果每个任务现在都可以与自身重叠，则可以同时实现一次运行中的任务并行和跨运行的任务流水线，这两者都是宏级并行的例子。任务中的流水线就是微观级别并行的一个例子。运行的总体吞吐量进一步提高，因为它现在取决于任务之间的最小吞吐量，而不是它们的最大延迟。最后，根据通信数据的同步方式，只有在生成所有数据（PIPO）之后，才能在运行中预期一些额外的重叠。例如，在图 9.12 中，B 和 C 都更早开始，并且相对于 A 以流水线方式执行，而假设 D 仍然必须等待 B 和 C 的完成。如果 A 通过 FIFO 流访问（表示为没有圆圈的线）与 B 和 C 通信，则可以实现运行中最后一种类型的重叠。类似地，如果通道是 FIFO 而不是 PIPO，D 也可以与 B 和 C 重叠。然而，与以前的所有执行模式不同，使用 FIFO 可能会导致死锁，因此需要正确调整这些流式 FIFO 的大小。

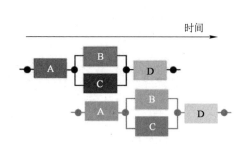

图 9.11　带有流水线的任务并行

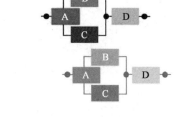

图 9.12　运行中的任务并行性和流水线、运行中的
流水线和任务中的流水线

总之，本节介绍的三个模式说明了如何在设计中实现并行，而不需要多线程和/或并行编程语言的复杂性。生产者—消费者模式与流式通道相结合，可以轻松地组成小型或大型系统。正如前面所说的那样，流式接口允许并行任务甚至分层数据流网络的轻松耦合。这是由于在某种程度上编程语言（C/C++）支持此类规范的灵活性，以及在当今 FPGA 器件上可用的异构计算平台上实现这些规范的工具。

9.2　高级综合工具调度和绑定

高级综合工具将无定时的高级规范转换为完全定时的实现。在该实现过程中，实现了一个定制结构以满足规范要求。生成的结构包含数据路径、控制逻辑、存储器接口以及 RTL 如何与外部世界通信。数据路径由一组存储元件构成（比如，寄存器、寄存器文件或存储器）、一组功能单元（如 ALU、乘法器、移位寄存器和其他定制功能），以及互联元素（如三态驱动器、多路复用器和总线）。每个元件可以使用一个或多个时钟周期来执行，可以是流水线形式的，并且可以具有输入和输出寄存器。此外，整个数据路径和控制器可以分成几个阶段进行流水线处理。

设计人员应该在项目的早期投资于重新定义的算法架构，以满足性能，同时将算法保持在更高的水平。对于任何特定的 HLS 工具，都需要遵守设计原则和最佳实践，以生成满足预期性能的优化 RTL。

绑定和调度的流程图如图 9.13 所示。

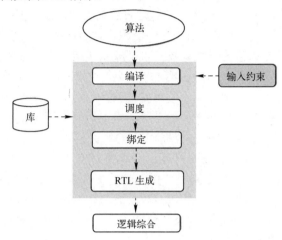

图 9.13　绑定和调度的流程图

（1）编译为满足规范而编写的算法：这一步骤包括几个代码优化，比如死代码消除、常数折叠、报告不支持的结构等。

（2）安排/调度给定时钟周期的操作。

① 调度阶段根据以下内容确定每个时钟周期内发生的操作。

● 何时满足操作依赖性或操作依赖性可用。

● 时钟周期或时钟频率的长度。

● 目标器件定义的完成操作所需的时间。在较长的时钟周期内，可以在单个时钟周期内完成更多的操作。有些操作可能需要作为多周期资源来实现。HLS 在更多的时钟周期内自动安排操作。

● 可用的资源。

● 结合任何用户指定的优化命令。

② 在调度阶段，工具确定在给定周期中执行的操作符，以及需要的元件个数。下一步确定对哪个操作和哪个资源进行绑定。

（3）将操作绑定到功能元件，以及将变量绑定到存储元素。

① 绑定任务分配硬件资源来实现每个调度的操作，并将运算符（如加法、乘法和移位）映射到特定的 RTL 实现。例如，乘法操作可以在 RTL 中实现为组合乘法器或流水线乘法器。

② 绑定任务将存储器、寄存器或它们的组合分配给函数内的数组变量，以满足所需的性能。

③ 如果多个操作使用相同的资源，如果不在同一周期中使用，则此步骤可以执行资源共享。

（4）抽取控制逻辑创建有限状态机（Finite State Machine，FSM），该 FSM 根据定义的调度对 RTL 设计中的操作进行排序。

（5）创建与外部世界通信的逻辑：生成的 RTL 将与外部世界进行通信，就像从外部端口或启动/停止逻辑或访问外部存储器的流式数据一样。

（6）生成 RTL 结构。

下面将介绍 HLS 工具是如何根据输入约束（如时钟周期）调度运算符并将其绑定到可用硬件资源的，如代码清单 9-5 所示。

代码清单 9-5　C 语言代码

```
int foo(char x, char a, char b, char c) {
    char y;
    y = x*a+b+c;
    return y;
}
```

将以上 C/C++代码进行转换的调度和绑定阶段如图 9.14 所示。

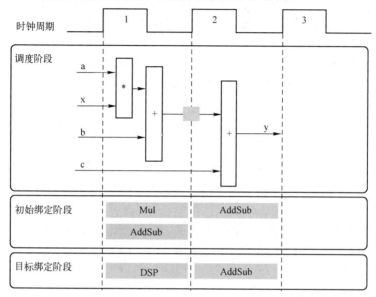

图 9.14　将以上 C/C++代码进行转换的调度和绑定阶段

在该例子的调度阶段，高级综合调度在每个时钟周期期间发生以下操作。

（1）第一个时钟周期：乘法和第一个加法。

（2）第二个时钟周期：如果第一个相加的结果在第二个时钟周期内可用，则进行第二次相加，并生成输出。

在图 9.14 中，第一个和第二个时钟周期之间的方块表示内部寄存器何时保存变量。在这个例子中，高级综合只需要在一个时钟周期内寄存加法的输出。第一个周期读取 x、a 和 b 数据端口。第二个周期读取数据端口 c 并产生输出 y。

在最终的硬件实现中，高级综合将顶层函数的自变量作为输入和输出（Input and Output，I/O）来实现。在该例子中，自变量是简单的数据端口。因为每个输入变量都是 char 类型，所以输入数据端口都是 8 位宽度。函数返回 32 位 int 数据类型，输出数据端口为 32 位。

这个例子给读者一个直观印象，在硬件中实现 C 代码的优点是所有操作都能在更短的时钟周期内完成。在该例子中，操作在两个时钟周期内就可以完成。在中央处理单元（Central Processing Unit，CPU）中，即使是简单的代码也需要更多的时钟周期才能完成。

在该例子的初始绑定阶段，高级综合使用组合乘法器（Mul）实现乘法运算，并使用组合加法器/减法器（AddSub）实现两个加法运算。

在目标绑定阶段，高级综合使用 DSP 模块资源来实现乘法和一个加法运算。一些应用使用许多二进制乘法器和累加器，它们最好在专用 DSP 资源中实现。DSP 模块是 FPGA 架构中可用的计算块，它提供了高性能和高效实现的理想平衡。

9.3　HLS 的抽象并行编程模型

为了实现高性能硬件，HLS 工具必须从顺序代码中推断并行性，并利用它来获得更高的性能。这不是一个容易解决的问题。此外，良好的软件设计通常使用定义良好的规则和实践，如运行时类型信息（Run-Time Type Information，RTTI）、递归和动态内存分配。这些技术中的许多技术在硬件上没有直接的等效性，使得 HLS 面临挑战。这通常意味着现成的软件不能有效地转换为硬件。至少，这种软件需要检查不可综合的结构，并且需要重构代码以使其可综合。即使软件程序可以自动转换（或综合）为硬件，为了帮助该工具，设计人员也需要了解编写好的软件以在 FPGA 器件上执行的最佳实践。

在前面介绍了为 FPGA 平台编写好的软件需要理解的三个主要模式：生产者—消费者、流式数据和流水线。这些模式工作的底层并行编程模型如下所述。

（1）设计/程序需要构建为一组任务，通过通信链路（也称为通道）相互发送消息进行通信。

（2）任务的结构可以是控制驱动的，等待一些信号开始执行，也可以是数据驱动的，其中通道上的数据驱动任务的执行。

（3）任务由一个可执行单元组成，该单元具有一些本地存储/存储器和一组输入/输出（I/O）端口。

（4）本地存储器包含私有数据，即任务具有独占访问权限的数据。

（5）访问私有存储器称为本地数据访问，类似于保存在 BRAM/URAM 中的数据。这种类型的访问速度很快。任务向其他任务发送本地数据副本的唯一方法是通过其输出端口，相反，它只能通过其输入端口接收数据。

（6）I/O 端口是一种抽象，它对应于任务将用于发送或接收数据的通道，并且它由模块的调用方连接，或者如果它是顶层端口，则在系统集成级别连接。

（7）通过通道发送或接收的数据称为非本地数据访问。通道是将一个任务的输出端口连接到另一个任务输入端口的数据队列。

（8）信道被认为是可靠的，并且具有以下行为。

① 在生产者的输出端写入的数据在消费者的输入端以与 FIFO 相同的顺序读取。PIPO 可以按随机顺序读取/写入数据。

② 没有数据值丢失。

（9）通道支持阻塞和非阻塞读写语义，如 HLS 流库中所述，如图 9.15 所示。

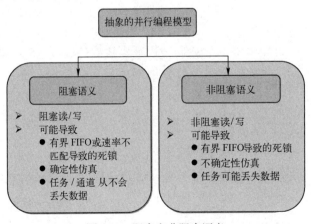

图 9.15　阻塞和非阻塞语义

当在模型中使用阻塞语义时，对空通道的读取会导致读取过程的阻塞。类似地，对完整通道的写入会导致写入过程的阻塞。所得到的过程/通道网络表现出确定性行为，该行为既不取决于计算的时序，也不取决于通信延迟。事实证明，这些类型的模型可以方便地对嵌入式系统、高性能计算系统、信号处理系统、流处理系统、数据流编程语言和其他计算任务进行建模。

阻塞式建模可能会由于通道队列的大小不足（当通道是 FIFO 时）和/或由于生产者和消费者之间的生产率不同而导致死锁。如果在模型中使用非阻塞语义，则对空通道的读取会导致读取未初始化的数据或重新读取最后一个数据项。类似地，对完整队列的写入可能会导致数据丢失。为了避免这种数据丢失，设计必须在执行读/写之前首先检查队列的状态。但这将导致这种模型的仿真是不确定的，因为它依赖于基于通道运行时状态做出的决策。这将使验证该模型的结果更加具有挑战性。Vitis HLS 抽象并行编程模型同时支持阻塞和非阻塞语义。

9.3.1　控制和数据驱动任务

以抽象模型为基础，可以使用两种类型的任务级并行（Task-Level Parallelism，TLP）模型来构建和设计应用。TLP 可以是数据驱动或控制驱动，也可以在单个设计中混合控制驱动和数据驱动的任务。这两种模型之间的主要区别在于：

（1）如果应用是纯数据驱动的，不需要与外部存储器进行任何交互，并且函数可以在没有数据依赖性的情况下并行执行，那么数据驱动的 TLP 模型是最适合的。设计人员可以设计一个始终运行、不需要控制、只对数据做出反应的纯数据驱动模型。

（2）如果应用需要与外部存储器进行一些交互，并且并行执行的任务之间存在数据依赖关系，那么控制驱动的 TLP 模型最适合。Vitis HLS 将推断任务之间的并行性，并创建正确的通道（由设计人员定义），以便在执行过程中可以重叠这些功能。控制驱动的 TLP 模型也被称为 Vitis HLS 中的数据流（dataflow）优化。

9.3.2　数据驱动任务级并行

数据驱动的任务级并行使用任务通道建模类型，该类型要求静态例化并显式连接任务和通道。该建模类型中的任务只有流类型的输入和输出。任务不受任何函数调用/返回语义的控制，而是始终在运行，等待其输入流上的数据。

数据驱动的 TLP 模型是在有数据要处理时执行的任务。在 Vitis HLS 中，C 仿真仅限于看到顺序语义和行为。使用数据驱动模型，可以在仿真过程中通过 FIFO 通道查看并行任务的并发属性及其交互。

在 Vitis HLS 工具中实现数据驱动的 TLP 使用简单的类来建模任务（hls::task）和通道（hls::stream/hls::stream_of_blocks）。

注：虽然 Vitis HLS 支持顶层函数的 hls::tasks，但不能将 hls::stream_of_blocks 用于顶层函数中的接口。

考虑简单的任务通道的例子，如代码清单 9-6 所示。

代码清单 9-6　简单的任务通道的 C 语言描述例子

```
#include "test.h"
```

```
void splitter(hls::stream<int> &in, hls::stream<int> &odds_buf, hls::stream<int> &evens_buf) {
    int data = in.read();
    if (data % 2 == 0)
        evens_buf.write(data);
    else
        odds_buf.write(data);
}
void odds(hls::stream<int> &in, hls::stream<int> &out) {
    out.write(in.read() + 1);
}
void evens(hls::stream<int> &in, hls::stream<int> &out) {
    out.write(in.read() + 2);
}

void odds_and_evens(hls::stream<int> &in, hls::stream<int> &out1, hls::stream<int> &out2) {
    hls_thread_local hls::stream<int> s1; // channel connecting t1 and t2
    hls_thread_local hls::stream<int> s2; // channel connecting t1 and t3
    // t1 infinitely runs function splitter, with input in and outputs s1 and s2
    hls_thread_local hls::task t1(splitter, in, s1, s2);
    // t2 infinitely runs function odds, with input s1 and output out1
    hls_thread_local hls::task t2(odds, s1, out1);
    // t3 infinitely runs function evens, with input s2 and output out2
    hls_thread_local hls::task t3(evens, s2, out2);
}
```

特殊的 hls:task C++类是：

（1）源代码中新对象的声明需要特殊限定符。要求有 hls_thread_local 限定符，以便在实例化函数（示例中为 odds_and_evens）的多个调用中保持对象（和底层线程）的活动状态。

hls_thread_local 限定符仅用于确保数据驱动的 TLP 模型的 C 仿真表现出与 RTL 仿真相同的行为。在 RTL 中，一旦启动，这些函数就处于始终运行模式。为了确保 C 仿真过程中的行为相同，需要 hls_thread_local 限定符来确保每个任务只启动一次，即使多次调用也保持相同的状态。如果没有 hls_thread_local 限定符，函数的每次调用都会导致一个新状态。

（2）任务对象隐含管理无限运行函数的线程，向其传递一组参数，这些参数必须是 hls:stream 或 hls:stream_of_blocks。

注：不支持其他类型的参数。特别是，即使是常数值也不能作为函数参数传递。如果需要将常量传递到任务的主体，请将函数定义为模板化函数，并将常量作为模板参数传递到此模板化函数。

（3）提供的函数（在上面的例子中是 splitter/ods/evens）被称为任务主体，它有一个隐含的无限循环，以确保任务继续运行并等待输入。

（4）所提供的函数可以包含流水线循环，但它们需要是可刷新的流水线（Flushable Pipelines，FLP），以防止死锁。该工具将自动选择正确的流水线样式，用于给定的流水线循环或函数。

注：不应该将 hls:task 看作函数调用。相反，需要将 hls::task 看作静态绑定到通道的持久实例。因此，设计人员有责任确保对包含 hls::task 的任何函数的多个调用都是统一的，或者这些调用将使用相同的 hls::task 和通道。

通道由特殊的模板化 hls:stream（或 hls:stream_of_blocks）C++类建模，此类通道具有以下属性。

（1）在数据驱动的 TLP 模型中，hls:stream<type, depth>对象的行为类似于具有指定深度的 FIFO。这样的流（stream）默认深度为 2，用户可以覆盖默认深度。

（2）流是按顺序读取和写入的。这意味着，一旦从 hls::stream<>读取数据项，就不能再读取同一数据项。

提示：对不同流的访问没有顺序（例如，调度器可以更改对流的写入和从不同流读取的顺序）。

（3）流可以是本地定义的，也可以是全局定义的。在全局范围中定义的流遵循与任何其他全局变量相同的规则。

（4）流（下面例子中的 s1 和 s2）也需要 hls_thread_local 限定符，以便在例化函数的多个调用中保持相同的流（下面代码例子中的 odds_and_evens）。

图 9.16 为代码清单 9-6 的代码在 Vitis HLS 中的图形表示，即 hls::task 实例的数据流图。

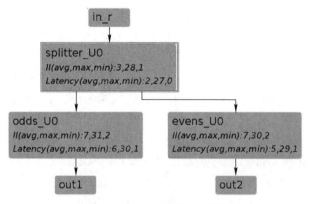

图 9.16　hls::task 实例的数据流图

由于对空流的读取是阻塞读取，因此由于以下原因可能发生死锁。

（1）设计本身，处理过程中生产和消费速率是不平衡的；

① 在 C 仿真过程中，死锁只会由于尝试从空通道读取的进程循环或从顶层输入开始的进程链而发生。

② 在 C/RTL 协同仿真期间以及在硬件中运行时，由于进程尝试写入完整通道和/或从空通道读取的周期，都可能发生死锁。

（2）测试平台，它提供的数据比测试平台在检查计算结果时产生预期的所有输出所需的数据少。

因此，当设计包含 hls::task 时，会自动例化死锁检测器。死锁检测器检测死锁并停止 C 仿真。使用 C 调试器（如 gdb）执行进一步的调试，并查看仿真的 hls::task 在尝试从空通道读取时被阻止的位置。注意，使用 Vitis HLS GUI 很容易做到这一点，如用于调试死锁的 handling_deadlock 实例。

总之，如果设计需要完全数据驱动的、纯流式的行为类型，并且没有任何控制，则建议使用 hls::task 模型。这种类型的模型在建模反馈和动态多速率设计中也很有用。当任务之间存在周期性依赖关系时，就会出现设计中的反馈。动态多速率模型只能由数据驱动的 TLP 处理，其中生产者以依赖于数据的速率写入数据或消费者读取数据。

注：在静态多速率设计中，生产者以与数据无关的速率写入数据或消费者以与数据独立的速率读取数据，可以由数据驱动和控制驱动的 TLP 进行管理。例如，生产者为每个调用在流中写入两个值，消费者为每个调用读取一个值。

9.3.3 控制驱动任务级并行

控制驱动的 TLP 有助于在依赖 C++的顺序语义而不是连续运行的线程的情况下对并行性进行建模。例如，以并行流水线方式执行的函数，可能在循环中执行，或者使用不是通道而是 C++标量和数组变量的自变量执行，这两种变量都指片上和片外存储器。对于这种模型，Vitis HLS 在可能的情况下引入了并行性，同时保持了从初始 C++顺序执行中获得的行为。在控制驱动的 TLP（或数据流）模型中：

（1）后续函数可以在前一个函数完成之前启动；

（2）功能可以在完成之前重新启动；

（3）可以同时启动两个或多个顺序函数。

在使用数据流模型时，Vitis HLS 通过在任务之间自动插入同步和通信机制来实现 C++代码的顺序语义。

数据流模型采用了一系列的顺序函数，并创建了并发处理的任务级流水线架构。Vitis HLS 工具通过推断并行任务和通道来实现这个目标。设计人员通过指定 dataflow pragma 或命令来指定要在数据流类型中建模的区域（函数体或循环体）。该工具扫描循环/函数体，将并行任务提取为并行过程，并在这些过程之间建立通信通道。设计人员还可以指导工具选择通道类型，即 FIFO（hls:stream 或#pragma hls stream）或 PIPO 或 hls:stream_of_blocks。数据流模型是改善设计吞吐量和延迟的一种强有力方法。

使用 DATAFLOW pragma 将数据流模型应用于顶层 diamond 函数，如代码清单 9-7 所示。

代码清单 9-7 应用数据流模型的 C 语言描述例子

```
#include "diamond.h"

void diamond(data_t vecIn[N], data_t vecOut[N])
{
    data_t c1[N], c2[N], c3[N], c4[N];
#pragma HLS dataflow
    funcA(vecIn, c1, c2);
    funcB(c1, c3);
    funcC(c2, c4);
    funcD(c3, c4, vecOut);
}
```

在该例子中，有 4 个函数，即 funcA、funcB、funcC 和 funcD。funcB 和 funcC 之间没有任何数据依赖关系，因此可以并行执行。funcA 从非本地内存（vecIn）中读取，需要首先执行。类似地，funcD 写入非本地内存（vecOut），因此必须最后执行。

如图 9.17 所示，该图给出在没有数据流模型的情况下该设计的执行概况。从测试平台中可看到有 3 个对函数 diamond 的调用。funcA,(funcB, funcC)和 funcD 按顺序执行。因此，每次调用 diamond 总共需要 475 个周期。

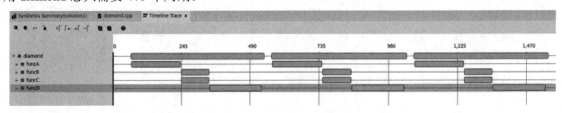

图 9.17 没有数据流模型的 diamond 函数的例子

在图 9.18 中，当应用数据流模型并且设计者选择将 FIFO 用于通道时，控制器会立即启动所有函数，并在等待输入时停止。一旦输入到达，就进行处理并发送出去。由于这种类型的重叠，现在对 diamond 的每次调用总共只需要 275 个周期，如图 9.18 所示。

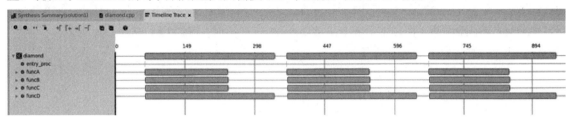

图 9.18　包含数据流模型的 diamond 函数的例子

如果不增加硬件利用率，就无法实现这种类型的并行。当特定区域（如函数体或循环体）被识别为应用数据流模型的区域时，Vitis HLS 工具分析函数或循环体，并从 C++变量（如标量、数组或用户定义的通道，如 HLS:streams 或 HLS:stream_of_blocks）创建单独的通道，这些变量对数据流区域中的数据流进行建模。这些通道可以是标量变量的简单 FIFO，也可以是非标量变量（如数组）的 PIPO 缓冲区（或块流，当需要 FIFO 和 PIPO 行为的组合并显式锁定块时）。

这些通道中的每一个都可以包含额外的信号来指示通道何时满或空。通过具有单独的 FIFO 和/或 PIPO 缓冲区，Vitis HLS 工具释放每个任务以独立执行，并且吞吐量仅受输入和输出缓冲区可用性的限制。这允许比普通流水线实现更好地重叠任务执行，但这是以乒乓缓冲区的额外 FIFO 或块 RAM 寄存器为代价的。

提示：只有在运行设计的协同仿真后才能看到这个重叠执行的优化，它不是静态可观察的（尽管在 C 综合之后的 Dataflow Viewer 中很容易想到）。

数据流模型不限于过程链，而是可以在任何 DAG 结构上使用，或者在使用 hls:streams 时使用循环结构。它可以产生两种不同形式的重叠：如果流程与 FIFO 相连，则在迭代内；如果流程与 PIPO 和 FIFO 相连，则在不同的迭代之间。与静态流水线解决方案相比，这可能会提高性能。它用使用 FIFO 和/或 PIPO 的分布式握手架构取代了严格的、集中控制的流水线停止思路。用分布式控制架构替换集中式控制架构也有利于控制信号的扇出，如寄存器使能，其分布在各个进程的控制结构之间。

1. 规范形式

Vitis HLS 变换区域以应用数据流优化。为了提高数据流网络的可预测性，Xilinx 建议在该区域（称为规范区域）内使用规范形式编写代码。数据流优化有两种主要的规范形式：

（1）子函数没有内联的函数规范形式。注意，这些子函数本身可以是函数区域中的数据流，也可以是循环区域内的数据流。还需注意，变量初始化（包括构造函数自动执行的初始化）或按值将表达式传递给进程都不是规范形式的一部分。Vitis HLS 尽其所能实现生成的数据流，但如果代码不是规范形式，设计人员应该始终检查数据流查看器和联合仿真时间线跟踪，以确保数据流按预期发生，并且实现的性能符合预期，如代码清单 9-8 所示。

代码清单 9-8　数据流 C 语言描述例子（1）

```
void dataflow(Input0, Input1, Output0, Output1)
{
#pragma HLS dataflow
```

```
        UserDataType C0, C1, C2;              // UserDataType can be scalars or arrays
        func1(Input0, Input1, C0, C1);        // read Input0, read Input1, write C0, write C1
        func2(C0, C1, C2);                    // read C0, read C1, write C2
        func3(C2, Output0, Output1);          // read C2, write Output0, write Output1
    }
```

（2）包含在函数循环体内的数据流，除循环外没有任何其他代码。对于 for 循环（其中内部没有内联函数），整数循环变量：

① 应该在循环头中声明初始值，并将其设置为 0；

② 循环边界是循环括起来的函数的非负的数值常量或标量参数；

③ 递增 1；

④ dataflow pragma 需要在循环中，如代码清单 9-9 所示。

代码清单 9-9 数据流 C 语言描述例子（2）

```
    void dataflow(Input0, Input1, Output0, Output1)
    {
        for (int i = 0; i < N; i++)
        {
        #pragma HLS dataflow
            UserDataType C0, C1, C2;              // UserDataType can be scalars or arrays
            func1(Input0, Input1, C0, C1);        // read Input0, read Input1, write C0, write C1
            func2(C0, C0, read C1, C2);           // read C0, read C0, read C1, write C2
            func3(C2, Output0, Output1);          // read C2, write Output0, write Output1
        }
    }
```

2．规范体

在规范区域内，规范体应遵循以下准则。

（1）使用局部、非静态标量或数组变量。局部变量在函数体（用于函数中的数据流）或循环体（用于循环中的数据流）中声明。

（2）在以下条件下，一系列函数调用将数据从一个函数向前传递（除非使用 hls::stream/hls::stream_of_blocks，否则没有反馈）到一个之后的函数。

① 变量（标量除外）只能有一个读取过程和一个写入过程。

② 如果使用的是局部非标量变量，则使用先写后读（生产者先于消费者），然后这些变量将变为通道。对于标量变量，允许先写后读和先读后写。

③ 如果使用函数参数，使用先读后写（消费者先于生产者）。设计必须保留任何体内反依赖性。

④ 函数的返回类型必须为 void。

⑤ 除使用 FIFO 外，不允许通过变量在不同的进程之间进行循环携带的依赖关系。转换为流的数组支持前向循环携带的依赖项，hls:streams 支持前向和后向依赖项。除非这些依赖关系存在于对顶层函数的连续调用中（由一次迭代编写并由下一次迭代读取的 inout 参数）。

⑥ 除函数调用（定义进程）之外，数据流区域内部不支持任何控制。

⑦ 对于规范的数据流，应该没有条件，没有循环，没有 return 或 goto 语句，也不应该有像 throw 这样的 C++异常。

Vitis HLS 有一个数据流检查器，当其被使能时，它会检查代码是否为推荐的规范形式。否则，它将向用户发出错误/警告消息。默认，该检查器设置为"warning"，如图 9.19 所示。

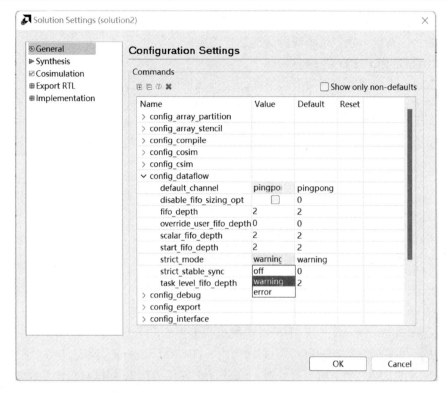

图 9.19　config_dataflow 的参数设置

3. 配置数据流存储器通道

Vitis HLS 将任务之间的通道实现为 PIPO 或 FIFO 缓冲区，具体取决于设计人员的选择。

（1）对于标量，Vitis HLS 将自动推断通道类型为 FIFO。

（2）如果（生产者或消费者的）参数是一个数组，用户可以根据以下考虑选择将通道实现为 PIPO 或 FIFO。

① 如果数据总是按顺序访问，设计人员可以选择将此存储器通道实现为 PIPO/FIFO。选择 PIPO 的优点是 PIPO 永远不会死锁，但它们需要使用更多的存储器。选择 FIFO 的优点是存储器需求较少，但如果 FIFO 大小不正确，则会有死锁的风险。

② 如果以任意方式访问数据，则必须将存储器通道实现为 PIPO（默认大小为原始数组大小的两倍）。

提示： *PIPO 确保通道始终有能力保存一次迭代中产生的所有样本，而不会丢失。*

指定 FIFO 通道的大小覆盖工具计算的默认值，尝试优化吞吐量。如果设计中的任何函数能够以大于 FIFO 指定大小的速率产生或消耗样本，则 FIFO 可能变为空（或满）。在这种情况下，设计会停止操作，因为它无法读取（或写入）。这可能会导致停顿、死锁状态。

提示： *如果创建了死锁情况，则只有在执行 C/RTL 协同仿真或在完整系统中使用块时看到这种情况。*

在设置 FIFO 的深度时，Xilinx 建议最开始将深度设置为传输的最大数据值数量（例如，任务之间传递的数组大小），确认设计通过 C/RTL 协同仿真，然后减小 FIFO 的大小，并确认 C/RTL 协同仿真仍能顺利完成。如果 RTL 协同仿真失败，FIFO 的大小可能太小，无法防止停顿或死锁情况。Vitis HLS 图形用户界面现在支持自动确定要使用的正确的 FIFO 大小。此外，在 RTL 协同仿真运行后，Vitis HLS 集成开发环境可以显示每个 FIFO/PIPO 缓冲区随时间变化的大小直方图。这有助于确定每个缓冲区的最佳深度。

4．将数组指定为 PIPO 或 FIFO

默认情况下，所有数组都实现为"乒乓"，以使能随机访问。如果需要，也可以重新调整这些缓冲区的大小。例如，在某些情况下，如绕过任务时，性能可能会下降。为了减轻对性能的影响，设计人员可以通过使用 Stream pragma 或命令来增加缓冲区的大小，从而为生产者和消费者提供更多的灵活性，如代码清单 9-10 所示。

代码清单 9-10　添加 stream pragma 的 C 语言描述例子

```
void top ( ... ) {
#pragma HLS dataflow
    int A[1024];
#pragma HLS stream type=pipo variable=A depth=3
    producer(A, B, …);          // producer writes A and B
    middle(B, C, ...);      // middle reads B and writes C
    consumer(A, C, …);          // consumer reads A and C
```

默认情况下，接口上的数组定义为 m_axi 或 ap_memory。但是，如果 interface pragma 或命令将数组定义为 ap_fifo 或 axis 时，则可以将数组指定为流。

在设计中，如果实现需要 FIFO，则必须使用 STREAM pragma 或命令将数组指定为流。

提示：当 STREAM 命令用于数组时，在硬件中实现的结果 FIFO 包含与数组一样多的元素。depth 选项可用于指定 FIFO 的大小。

STREAM pragma 或命令也可用于覆盖由 config_dataflow 命令为数据流区域中的任何数组指定的默认实现。通常，对给定数组使用 STREAM pragma 或命令比全局选项更可取。

（1）如果将 config_dataflow -default_channel 设置为"乒乓"，则通过对数组应用 STREAM 命令，任何数组都可以实现为 FIFO。

提示：要使用 FIFO 实现，必须按顺序访问数组（而不是按随机访问顺序）。

（2）如果 config_dataflow -default_channel 设置为 FIFO，则通过对数组应用 STREAM type=pipo pragma 或命令，任何数组都可以实现为乒乓实现。

注：为了保持顺序访问，从而保持流的正确性，可能有必要通过使用 volatile 限定符来防止编译器优化（特别是死代码消除）。

当把数据流区域中的数组指定为流并实现为 FIFO 时，FIFO 通常不需要保持与原始数组相同数量的元素。数据流区域中的任务会在每个数据样本可用时立即"消费"它。通过 config_dataflow -FIFO_depth 选项或带有-depth 选项的 STREAM pragma 或命令来指定 FIFO 的深度。这可用于设置 FIFO 的大小，以确保数据流永远不会停顿。

如果选择了-type=pipo 选项，-depth 选项将设置 PIPO 的深度（块数）。

5．将数组指定为块流（Stream-of-Block）

hls:stream_of_blocks 类型提供了一个用户同步流，该流支持数据流上下文中进程级接口的流式数据块，其中每个块都是一个数组或多维数组。块流的预期用途是取代数据流区域内一对进程之间基于数组的通信。

目前，Vitis HLS 通过将生产者进程编写的数组映射到乒乓缓冲区（PIPO）来实现数据流区域中消费者进程读取的数组。PIPO 缓冲区的缓冲区交换发生在 C++中生产者函数的返回和消费者函数的调用时。

1）流块的建模类型

对于块流，将生产者和消费者之间的通信建模为类似数组对象的流，与通过 PIPO 的数组传输相比，提供了一些优势。

在代码中使用块流需要以下包含文件：

```
#include "hls_streamofblocks.h"
```

块流对象模板如下：

```
hls::stream_of_blocks<block_type, depth> v
```

其中：

（1）<block_type>指定块流所包含的数组或多维数组的数据类型；

（2）<depth>是一个可选参数，它提供深度控制，就像 hls::stream 或 PIPO 一样，并指定块的总数，包括生产者在任何给定时间获得的块和消费者在任何给定时刻获得的块。默认值为 2。

（3）v 指定块流对象的变量名。

使用以下步骤访问块流中的块：

（1）想要访问流的生产者或消费者进程，首先需要使用 hls::write_lock 或 hls::read_lock 对象来获取对流的访问权限。

（2）在生产者获取了锁之后，它可以开始写入（或读取）所获取的块。一旦完全初始化块，当 write_lock 对象超出范围时，生产者就可以释放它。

注：具有 write_lock 的生产者进程也可以读取块，只要它只从已经写入的位置读取即可，因为必须假设新获取的缓冲区包含未初始化的数据。写入和读取块的能力是生产者进程独有的，消费者不支持。

（3）块以 FIFO 方式在块流中排队，并且当消费者获取 read_lock 对象时，该块可以由消费者进程读取。

hls:stream_of_blocks 与前面例子中看到的 PIPO 机制之间的主要区别在于，一旦 write_lock 超出范围，该块就可供消费者使用，而不仅仅是在生产者进程返回时。因此，与仅 PIPO 相比，块流的存储量要少得多。

生产者通过构造一个名字为 b 的 hls::write_lock 对象来获取块，并将对块流对象 s 的引用传递给它。write_lack 对象提供了一个重载的数组访问运算符，使其作为一个数组进行访问，以随机顺序访问底层存储，如代码清单 9-11 所示。

代码清单 9-11　流块的 C 代码描述例子

```
#include "hls_streamofblocks.h"
typedef int buf[N];
void producer (hls::stream_of_blocks<buf> &s, ...) {
    for (int i = 0; i < M; i++) {
        // Allocation of hls::write_lock acquires the block for the producer
        hls::write_lock<buf> b(s);
        for (int j = 0; j < N; j++)
            b[f(j)] = ...;
        // Deallocation of hls::write_lock releases the block for the consumer
    }
}
void consumer(hls::stream_of_blocks<buf> &s, ...) {
```

```
        for (int i = 0; i < M; i++) {
            // Allocation of hls::read_lock acquires the block for the consumer
            hls::read_lock<buf> b(s);
            for (int j = 0; j < N; j++)
                ... = b[g(j)] ...;
            // Deallocation of hls::write_lock releases the block to be reused by the producer
        }
    }

    void top(...) {
    #pragma HLS dataflow
        hls::stream_of_blocks<buf> s;
        producer(b, ...);
        consumer(b, ...);
    }
```

锁的获取是通过构造 write_lock/read_lock 对象来执行的，当该对象由于超出范围而被破坏时，会自动释放它。这种方法使用常见的资源获取，即初始化（Resource Acquisition Is Initialization，RAII）锁定和解锁方式。这种方法的关键特性包括：

（1）上述生产者外层循环的预期性能是实现总的启动间隔（Initiation Interval，II）为 1。

（2）锁定的块可以被当作生产者或消费者进程的私有块来使用，直到它被释放。

（3）生产者的数组对象的初始状态是未定义的，然而它包含生产者为消费者写入的值。

（4）块流的主要优点是提供消费者和生产者多次迭代的重叠执行，以提高吞吐量。

2）资源使用情况

将深度增加到默认值 2 以上时的资源成本与 PIPO 的资源成本相似。也就是说，每增加 1 将需要足够的存储器用于一个块。

块流对象可以绑定到特定的 RAM 类型，方法是在块流声明的位置放置 BIND_STORAGE pragma，如在顶层函数中。默认，块流使用 2 端口 BRAM（type=RAM_2P）。

6. 指定编译器创建的 FIFO 深度

1）起始传播 FIFO

编译器可能会自动创建一个起始 FIFO，将 ap_start/ap_ready 握手传播到内部进程。这样的 FIFO 有时会成为性能的瓶颈。在这种情况下，设计人员可以使用以下命令增加默认大小（工具可能会错误地估计）：

```
config_dataflow -start_fifo_depth <value>
```

如果生产者和消费者之间需要无限的松弛，并且内部进程可以通过其输入或输出（FIFO 或 PIPO）永久、完全和安全地运行，则可以使用 pragma 在给定数据流区域本地删除这些起始 FIFO，风险由设计人员承担：

```
#pragma HLS DATAFLOW disable_start_progation
```

2）标量传播 FIFO

编译器通过进程之间的标量 FIFO 自动传播 C/C++代码中的一些标量。这样的 FIFO 有时会成为性能瓶颈或导致死锁。在这种情况下，设计人员可以使用以下命令设置大小（默认值设置为-fifo_deep）：

```
config_dataflow -scalar_filfo_depth <value>
```

7. 稳定的数组

stable pragma 可用于标记数据流区域的输入或输出变量。其效果是删除它们相应的任务级同步，假设用户保证删除确实正确，如代码清单 9-12 所示。

代码清单 9-12　稳定数组的 C 代码描述例子

```
void dataflow_region(int A[...], ...
#pragma HLS stable variable=A
#pragma HLS dataflow
    proc1(...);
    proc2(A, ...);
```

如果没有 stable pragma，并且假设 A 由 proc2 读取，那么 proc2 将是它所在数据流区域初始同步的一部分。这意味着，在 proc2 也准备好再次启动之前，proc1 不会重新启动，这将防止数据流迭代重叠，并导致可能的性能损失。stable pragma 表示为了保持正确性不需要进行该同步。

使用 stable pragma，编译器假定：

（1）如果 proc2 读取了 A，那么在执行 dataflow 区域时，读取的存储器位置仍然可以访问，并且不会被任何其他进程或调用上下文覆盖。

（2）如果 A 是由 proc2 写入的，那么在定义之前，在执行 dataflow 区域时，写入的内存位置将不会被任何其他进程或调用上下文读取。

一种典型的情况是，调用者仅在数据流区域尚未启动或已完成执行时才更新或读取这些变量。

总之，数据流优化是一种强大的优化，可以显著提高设计的吞吐量。由于在设计中依赖 HLS 工具来推断可用的并行性，因此需要设计人员的帮助来确保代码的编写方式对于 HLS 工具来说是直接的。最后，在某些情况下，设计人员可能会发现需要在同一设计中同时部署数据流模型和任务通道模型。

9.3.4　混合数据驱动和控制驱动模型

表 9.1 强调了 HLS 设计的因素，这些因素可以帮助设计人员确定何时应用控制驱动的任务级并行性（TLP）或数据驱动的 TLP。

表 9.1　控制驱动 TLP 和数据驱动 TLP 的比较

控制驱动的 TLP	数据驱动的 TLP
● HLS 设计需要控制信号来启动/停止过程 ● 设计需要非本地存储器访问 ● 设计需要与外部软件应用交互 ● 多个进程运行相同数量执行的设计 ● 需要 RTL 仿真来建模并行性的影响	● HLS 设计采用完全数据驱动的方法，不需要控制信号来启动/停止进程 ● 设计使用纯流数据传输 ● 设计具有数据相关多速率行为 　➢ 生产者写入数据或消费者读取数据的速率取决于数据 　➢ 更容易为需要进程之间反馈的设计建模 ● 在 C 仿真和 RTL 仿真中都可以观察到任务级的并行性

如表 9.1 所示，所提出的两种任务级并行形式具有不同的使用情况和优势。然而，有时不可能设计出完全由数据驱动的 TLP 的整个应用，而设计的某些部分仍然可以构建为纯粹的流式设计。在这种情况下，控制驱动/数据驱动的混合模型可以用于创建应用程序，如代码清单 9-13 所示。

代码清单 9-13　混合驱动 TLP 的 C 代码描述例子

```
void dut(int in[N], int out[N], int n) {
```

```
#pragma HLS dataflow
  hls_thread_local hls::split::round_robin<int, NP> split1;
  hls_thread_local hls::merge::round_robin<int, NP> merge1;

  read_in(in, n, split1.in);

  // Task-Channels
  hls_thread_local hls::task t[NP];
  for (int i=0; i<NP; i++) {
#pragma HLS unroll
    t[i](worker, split1.out[i], merge1.in[i]);
  }
  write_out(merge1.out, out, n);
}
```

在上面的例子中，有两个不同的区域：一个数据流区域具有函数 read_in/write_out，其中保留了顺序语义，即 read_in 将在 write_out 之前执行；另一个任务通道区域包含 4 个任务的动态例化（因为在这个例子中 NP=4）以及一些称为拆分（split）或合并（merge）通道的特殊类型的通道。拆分通道是指具有单个输入但具有多个输出的通道。在这种情况下，拆分通道具有 4 个输出。类似地，合并通道有多个输入，但只有一个输出。

此外，除端口外，这些通道还支持内部作业调度程序。在上面的例子中，拆分和分割通道都选择了一个轮询调度器，该调度器将传入数据逐个分配给 4 个任务中的每一个，从 worker_U0 开始。如果选择了负载平衡调度器，则传入数据将被分配给第一个可用的工作任务（这将导致不确定的仿真，因为每次运行仿真时，此顺序可能不同）。由于这是一个纯粹的任务通道区域，一旦传入流中有数据，这 4 个任务就会并行执行。

需要注意，尽管上面的代码可能给读者的印象是每个任务都在循环中被"调用"，并且每次执行循环体时都连接到一对潜在的不同通道。但实际上，这种用法意味着静态例化，即

（1）每次执行 dut 函数，每个 t[i] 函数的调用都必须执行一次。

（2）i 上的循环必须完全展开，以推断 RTL 中 4 个实例的对应集合。

（3）测试平台必须只调用一次 dut 函数。

（4）每个拆分输出或合并输入都必须绑定到一个 hls:task 实例。

虽然对于 hls:task 对象，规范的顺序并不重要，但对于控制驱动的数据流网络，Vitis HLS 必须能够看到存在一系列过程，如从 read_in 到 write_out。为了定义这个进程链，Vitis HLS 使用调用顺序，对于 hls:task 来说，调用顺序也是声明顺序。这意味着模型必须定义从 read_in 函数到 hls:task 区域的显式顺序，然后最后到数据流区域中的 write_out 函数。

一般来说：

（1）如果基于控制的进程（即常规数据流）为 hls::任务生成流，则必须在代码中声明任务之前调用它；

（2）如果一个基于控制的进程使用 hls::任务中的流，则必须在代码中声明任务之后调用它。

违反上述规则可能会导致意外结果，因为每个 NP hls::task 实例都静态绑定到第一次调用 t[i] 函数时使用的通道。

图 9.20 给出了该混合任务通道和数据流例子的流程。

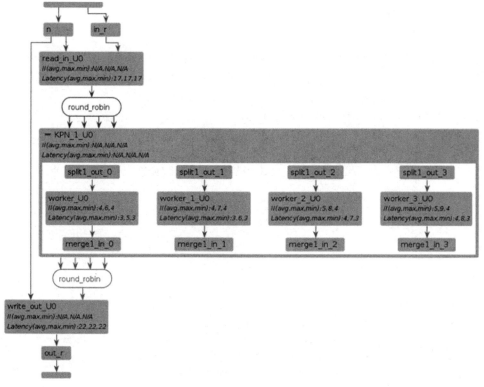

图 9.20　混合任务通道和数据流例子的流程

9.3.5　小结

纯数据驱动的、不需要与软件应用进行任何交互的 HLS 设计可以使用数据驱动的 TLP 模型进行建模。

如果设计需要将数据传输到外部存储器/从外部存储器传输数据，则可以使用控制驱动的 TLP 模型。

然而，大多数设计是控制驱动和数据驱动的混合模型，需要对外部存储器进行一些访问，并在 HLS 设计中实现并行和流水线任务之间的流传输。

总之，在 HLS 抽象并行编程模型中描述了在设计用 C/C++编写的应用程序时需要考虑的一些建模选择。到目前为止，本次讨论讨论了在高级别上构建算法，以利用这些特殊模型，如任务通道或数据流优化。实现良好吞吐量的另一个关键方面是还要考虑指令级并行性。HLS 中的指令级并行性是指能够有效地并行化循环、函数甚至数组中的操作。

9.4　函数

经过综合，顶层函数成为 RTL 设计的顶层模块。在 RTL 设计中，将所有未内联（inline）的子函数综合为单独的模块。顶层函数的参数在硬件中作为接口端口实现。核使用的全局变量不能从外部访问。测试平台（或其他编译的核或主机）以及核本身访问的任何变量都应该定义为顶层函数的参数。

注：顶层函数不能是静态函数。

综合后，设计中的每个函数都有自己的综合报告和 HDL 文件（Verilog 和 VHDL）。

9.4.1　函数内联

函数内联通过将函数逻辑分解到调用函数中来删除函数层次结构。通过 INLINE 命令，实现函数内联。内联函数可以通过允许函数内的元件与调用函数中的逻辑更好地共享或优化来改善面积。Vitis HLS 为小函数自动执行这种类型的函数内联。

内联可以更好地控制函数共享。对于要共享的函数，它们必须在同一层次结构级别中使用。在代码清单 9-14 给出的代码中，函数 foo_top 两次调用函数 foo 和函数 foo_sub。

代码清单 **9-14**　允许内联函数的 **C** 代码描述例子

```
foo_sub (p, q) {
 int q1 = q + 10;
 foo(p1,q); // foo_3
 ...
}
void foo_top { a, b, c, d} {
 ...
 foo(a,b); //foo_1
 foo(a,c); //foo_2
 foo_sub(a,d);
 ...
}
```

内联函数 foo_sub 并使用 ALLOCATION 命令指定只使用函数 foo 的一个实例，会导致设计中只有一个函数 foo 实例：面积是上面例子的三分之一。使用该策略可以更细粒度地控制可以共享哪些用户定义的资源，并且在考虑区域利用率时是一个有用的功能，如代码清单 9-15 所示。

代码清单 **9-15**　包含 **INLINE** 和 **ALLOATION** 命令的 **C** 代码描述例子

```
foo_sub (p, q) {
#pragma HLS INLINE
 int q1 = q + 10;
 foo(p1,q); // foo_3
 ...
}
void foo_top { a, b, c, d} {
#pragma HLS ALLOCATION instances=foo limit=1 function
 ...
 foo(a,b); //foo_1
 foo(a,c); //foo_2
 foo_sub(a,d);
 ...
}
```

INLINE 命令可选地允许使用递归选项递归内联指定函数以下的所有函数。如果在顶层函数上使用 recursive 选项，则会删除设计中的所有函数层次结构。INLINE OFF 命令可以选择性地应用于函数，以防止内联函数。该选项可用于阻止 Vitis HLS 自动内联函数。INLINE 命令是一种强大的方法，可以在不实际对源代码进行任何修改的情况下大幅修改代码的结构，并为探索架构提供了一种非常强大的方法。

9.4.2　函数流水线

函数流水线的处理方式类似于流水线循环中描述的循环流水线。Vitis HLS 将函数体看作与被多次调用的循环体相同。但在这种情况下，函数被多次调用，工具通过流水线执行这些调用。与循环类似，当流水线一个函数时，函数体和下面层次结构中的所有循环都会自动展开。这是进行流水线操作的要求。如果一个循环有可变的边界，并且无法展开，那么这将阻止函数的流水线操作。

9.4.3　函数例化

函数例化是一种优化技术，它具有维护函数层次结构的面积优势，但提供了一个额外的强大选项：对函数的特定实例执行有针对性的局部优化。这可以简化函数调用的控制逻辑，并可能提高延迟和吞吐量。

FUNCTION_INSTANTIATE pragma 或命令利用了这样一个事实，即当调用函数时，函数的一些输入可能是一个常数值，并使用它来简化周围的控制结构，并生成更小、更优化的函数块。代码清单 9-16 给出的代码很好地说明了这一点。

代码清单 **9-16**　包含 **FUNCTION_INSTANTIATE** 的 **C** 代码描述例子

```
char func(char inval, char incr) {
#pragma HLS INLINE OFF
#pragma HLS FUNCTION_INSTANTIATE variable=incr
  return inval + incr;
}

void top(char inval1, char inval2, char inval3,
  char *outval1, char *outval2, char *outval3)
{
 *outval1 = func(inval1,    0);
 *outval2 = func(inval2,    1);
 *outval3 = func(inval3, 100);
}
```

很明显，将函数 func 编写为执行三个互斥运算（取决于 incr 的值）。函数 func 的每个实例都以相同的方式实现。虽然这对函数重用和面积优化非常有利，但这也意味着函数内部的控制逻辑必须更加复杂。

FUNCTION_STANTIATE 优化允许对每个实例进行独立优化，从而减少了功能和面积。FUNCTION_STANTIATE 优化后，可以有效地将上面的代码转换为两个单独的函数，每个函数针对不同的模式可能值进行优化。

如果函数在层次结构的不同级别使用，使得在没有大量内联或代码修改的情况下很难共享函数，那么函数例化可以提供改善面积的最佳方法：许多本地优化的小型副本比许多无法共享的大型副本更好。

9.5　循环

在编写用于高级合成（High-Level Synthesis，HLS）的代码时，经常需要实现用于处理数据块的重复算法，如信号或图像处理。通常，C/C++源代码倾向于包含几个循环或几个嵌套循环。

当涉及优化性能时，循环是开始探索优化的最佳场所之一。循环的每次迭代至少需要一个时钟周期才能在硬件中执行。从硬件的角度来看，循环体有一个隐含的等待时钟。只有在上一次迭代完成时才开始循环下一次迭代。为了改善性能，通常可以将循环流水线展开，以利用高度分布式和并行的 FPGA 架构。

9.5.1 循环流水线

流水线循环允许在上一次迭代完成之前开始循环下一次迭代，从而使循环的一部分在执行中重叠。默认，循环的每次迭代只有在上一次迭代完成时才开始。在代码清单 9-17 给出的循环例子中，循环的一次迭代会将两个变量相加，并将结果保存在第三个变量中。假设在硬件中，需要三个周期来完成循环的一次迭代。此外，假设循环变量 len 为 20，也就是说，vadd 循环在核中运行 20 次迭代。因此，它总共需要 60 个时钟周期（20 次迭代×3 个周期）来完成该循环的所有操作。

代码清单 9-17　包含循环的 C 代码描述例子

```
vadd: for(int i = 0; i < len; i++) {
    c[i] = a[i] + b[i];
}
```

注：最好始终标记一个循环，如该例所示（vadd:...）。这种做法有助于在 Vitis HLS 中调试设计。有时，对于未使用的标签，在编译过程中会生成警告，可以安全地忽略这些警告。

循环的流水线允许循环的后续迭代重叠并同时运行。可以通过在循环主体内添加 PIPELINE pragma 或指令来使能循环流水化，如代码清单 9-18 所示。

代码清单 9-18　添加 PIPELINE pragma 的 C 代码描述例子

```
add: for(int i = 0; i < len; i++) {
#pragma HLS PIPELINE
c[i] = a[i] + b[i];
}
```

注：Vitis HLS 自动流水线循环超过 64 次迭代，可以使用 config_compile -pipeline_loops 命令更改或禁止该功能。

开始循环的下一次迭代所需的周期数称为流水线循环的启动间隔（Initiation Interval，II）。因此，II=2 意味着循环的下一次迭代在当前迭代之后的两个循环开始。II=1 是理想的情况，其中循环的每次迭代都在下一个循环中开始。当使用 pragma HLS PIPELINE 时，设计人员可以指定编译器要实现的 II。如果没有指定目标 II，编译器将在默认情况下尝试实现 II=1。

循环操作的 C 代码描述，如代码清单 9-19 所示。

代码清单 9-19　循环操作的 C 代码描述例子

```
Loop: for(i=1;i<3;i++){
    op_Read;
    op_Compute;
    op_Write;
}
```

如图 9.21（a）所示，对于每个循环来说，在下一个 RD 开始前，需要 3 个周期。所以，吞吐量是 3 个周期。在写一个结果前，需要 3 个周期。因此，延迟是 3 个周期。对于这个循环来说，一共是 6 个周期。如图 9.21（b）所示，对于每一个循环，延迟相同，但是整个循环的延迟减少为 4 个周期。

如果循环中存在数据依赖关系，则可能无法实现 II=1，因此可能会产生更大的 II。循环依赖关系是可以限制循环优化的数据依赖关系的。它们可以在一个循环的单个迭代内，也可以在循环的不同迭代之间。理解循环依赖关系的最简单方法是检查一个极端的例子。在代码清单 9-20 给出的代码中，循环的结果用作循环继续或退出条件。在下一次迭代开始前，必须完成循环的每次迭代。

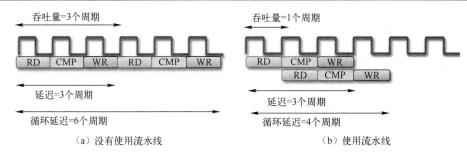

（a）没有使用流水线　　　　　　　　　（b）使用流水线

图 9.21　循环的流水处理

代码清单 9-20　包含数据依赖关系循环迭代的 C 代码描述例子

```
Minim_Loop: while (a != b) {
if (a > b)a -= b;
else b -= a;
}
```

该例子中的 Minim_Loop 循环无法进行流水线处理，因为循环的下一次迭代必须等上一次迭代结束后才能开始。并不是所有的循环依赖关系都像这样极端，但该例子强调，在完成其他操作之前，某些操作无法开始。解决方案是尽量确保尽可能早地执行初始操作。

循环依赖可以发生在任何类型的数据中，在使用数组时特别常见。

1．自动循环流水线

config_compile -pipeline_loops 命令使循环能够根据迭代次数自动进行流水线处理。行程次数（trip count）大于指定的限制值时，所有循环都会自动流水线。默认，限制值为 64。

对于代码清单 9-21 给出的代码来说：如果-pipeline_loops 选项设置为 4，则 for 循环（loop1）将被流水线。这相当于添加 PIPELINE pragma，如代码清单 9-22 所示。

代码清单 9-21　包含循环的 C 代码描述例子

```
loop1: for (i = 0; i < 5; i++) {
    // do something 5 times ...
}
```

代码清单 9-22　添加 PIPELINE pragma 的 C 代码描述例子

```
loop1: for (i = 0; i < 5; i++) {
#pragma HLS PIPELINE II=1
    // do something 5 times ...
}
```

但是，对于嵌套的循环，Vitis HL 从最里面的循环开始，确定它是否可以进行流水线操作，然后向上移动到循环嵌套。在代码清单 9-23 给出的代码中，-pipeline_loops 阈值仍然是 4，并且将最内测的循环（loop1）标记为流水线。然后，该工具评估循环（loop2）的父循环，并发现它也可以进行流水线处理。在这种情况下，工具将 loop1 展开到 loop2，并将 loop2 标记为流水线。最后，它向上移动到父循环（loop3）并重复分析。

代码清单 9-23　包含循环嵌套的 C 代码描述例子

```
loop3: for (y = 0; y < 480; y++) {
    loop2: for (x = 0; x < 640; x++) {
        loop1: for (i = 0; i < 5; i++) {
            // do something 5 times ...
        }
```

```
        }
    }
```

如果设计中存在不希望使用自动流水线的循环，请将带有 OFF 选项的 PIPELINE 命令应用于该循环。OFF 选项可阻止自动循环流水线。

重要提示：Vitis HLS 在执行所有用户指定的命令后应用 config_compile -pipeline_loops 命令。例如，如果 Vitis HLS 将用户指定的 UNROLL 命令应用于循环，则首先展开该循环，并且不能应用自动循环流水线。

2．重卷流水线循环以提高性能

PIPELINE pragma 有一个称为 rewind 的选项。当该循环是顶层函数或数据流区域的最外层结构并且该数据流区域被执行多次时，此选项允许对流水线循环连续调用的执行重叠。

图 9.22 显示了在循环流水线时使用 rewind 选项时的操作。在循环迭代计数结束后，再次开始执行循环。虽然它通常会立即重新执行，但延迟是可能的，并在 GUI 中显示和描述。

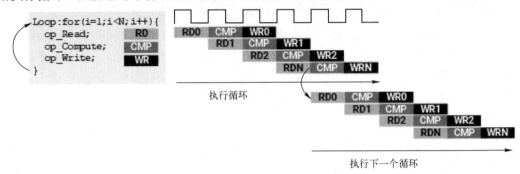

图 9.22　在循环流水线时使用 rewind 选项时的操作

注： 如果在数据流区域周围使用循环，Vitis HLS 会自动实现它，以允许连续执行重叠。

3．刷新流水线和流水线类型

1）刷新流水线

只要数据在流水线的输入端可用，流水线就会继续执行。如果没有可供处理的数据，则暂停流水线。如图 9.23 所示，输入数据有效信号变低，表示没有更多有效的输入数据。一旦信号变高，表明有新的数据可供处理，管道将继续运行。

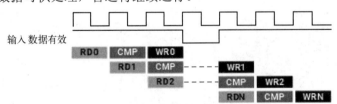

图 9.23　包含停顿的循环流水线

在某些情况下，最好有一个可以"清空"或"刷新"的流水线。提供 flush 选项可以执行该操作。当"刷新"流水线时，当没有可用的新输入时（由流水线开始时的数据有效信号确定），流水线暂停读取新输入，但继续处理，关闭每个连续的流水线级，直到最终输入被处理到流水线的输出。

如下所述，Vitis HLS 将自动选择用于给定流水线循环或函数的正确流水线类型。但是，设计人员可以通过使用 config_compile -pipeline_style 命令来指定默认的流水线类型来覆盖该默认行为。还可以使用 PIPELINE prgma 或命令为函数或循环指定流水线类型。该选项适用于

pragma 或命令的特定作用域，不会更改 config_compile 指定的全局默认值。

标准流水线（Standard Pipeline，STP）和刷新流水线（Flushing Pipeline，FLP）类型的流水线都使用标准流水线逻辑，其中创建的硬件流水线使用各种阻塞信号来暂停流水线。这些阻塞信号通常会成为高扇出网络的驱动者，尤其是在物理阶段数量较深、数据量较大的流水线上。当创建这些高扇出网络时，这种高扇出网络是时序收敛问题的主要原因，这些问题在 RTL/逻辑综合或布局和布线中无法解决。为了解决该问题，创建了一种称为自由运行流水线（Free-Running Pipeline，FRP）的新型流水线实现。FRP 是处理使用阻塞信号操作流水线最有效的架构。这是因为：

（1）它完全消除了连接到寄存器使能的阻塞信号。

（2）它是一个完全可刷新的流水线，允许冒泡无效交易。

（3）与以前的分散扇出（跨触发器）的架构不同，减少了扇出。

（4）它不依赖于综合和/或布局布线优化。

（5）通过创建一种结构来帮助 PnR。在该结构中，线长随高扇出的减少而减少。

但是，这种扇出减少带来了成本：

（1）阻塞输出端口所需的 FIFO 缓冲器的大小导致额外的资源使用。

（2）那些阻塞输出端口的多路复用器延迟。

（3）由于早期验证正向压力触发器而造成的潜在性能打击。

注：只能从数据流区域内调用 FRP。FRP 类型不能应用于在顺序或流水线区域中调用的循环。

2）流水线类型

表 9.2 总结了 Vitis HLS 中可用的 3 种类型的流水线。Vitis HLS 将自动选择正确的流水线类型，用于给定的流水线循环或函数。如果流水线与 hls::task 一起使用，则会自动选择 FLP 类型以避免死锁。如果流水线控制需要高扇出，并且满足其他自由运行要求，则工具将选择 FRP 类型来限制高扇出。最后，如果以上两种情况都不适用，则选择 STP 类型。

表 9.2　流水线类型

名字	暂停流水线	自由运行/可刷新流水线	可刷新流水线
用例	● 当由于流水线控制上的高扇出而不存在时序问题时 ● 当不需要可刷新时（如由于暂停而没有性能或死锁问题）	● 当设计人员需要更好的时序时，由于来自流水线的控制扇出到寄存器使能 ● 当需要可刷新以获得更好的性能或避免死锁时 ● 只能从数据流区域调用	● 当需要可刷新以获得更好的性能或避免死锁时
pragma/命令	#pragma HLS pipeline style=stp	#pragma HLS pipeline style=frp	#pragma HLS pipeline style=flp
全局设置	config_compile -pipeline_style stp（默认）	config_compile -pipeline_style frp	config_compile-pipeline_style flp
劣势	● 不可冲洗，因此可以： ➢导致数据流中出现更多死锁 ➢如果下一次迭代的输入丢失，则阻止交付已计算的输出 ● 流水线控制上的高扇出导致的时序问题	● 由于输出添加了 FIFO，因此适度增加资源 ● 需要至少一个阻塞 I/O（流或 ap_hs） ● 并非支持所有流水线方案和 I/O 类型	● 有更大的 II ● 当 II>1 时，由于共享较少，资源利用率更高
优势	● 默认流水线。没有使用限制 ● 通常总体资源的使用率是最低的	● 更好的时序 ➢ 更少扇出 ➢ 更简单的流水线控制逻辑 ● 可刷新	● 可刷新 ● 避免死锁

注：当也使能 config_compile -enable_auto_rewind 选项时，FLP 与 PIPELINE pragma 或命令中指定的 rewind 选项兼容。

4. 管理流水线依赖性

Vitis HLS 构建了一个与 C/C++源代码相对应的硬件数据路径。当没有流水线命令时，执行总是顺序的，因此工具不需要考虑依赖关系。但是，当设计的功能已经流水线化时，该工具需要确保 Vitis HLS 生成的硬件中尊重任何可能的依赖关系。

数据依赖性或内存依赖性的典型情况是在前一次读取或写入之后发生读取或写入。

（1）写后读取（read=after-write，RAW），也称为真正依赖关系，是指指令（及其读取/使用的数据）取决于上一次操作的结果。

```
I1:t=a*b;
I2:c=t+1;
```

读入语句 I2 取决于写入语句 I1 中的 t。如果将指令重新排序，则它将使用以前的 t 值。

（2）读后写（write-after-read，WAR），也称为反依赖，是指在前一条指令读取数据之前，指令无法（通过写）更新寄存器或存储器。

```
I1:b=t+a;
I2:t=3;
```

写入语句 I2 不能在语句 I1 之前执行，否则 b 的结果无效。

（3）写入后写入（write-after-write，WAW）是一种依赖关系，当寄存器或存储器必须按特定顺序写入时，否则可能会损坏其他指令。

```
I1:t=a*b;
I2:c=t+1;
I3:t=1;
```

写入语句 I3 必须发生在写入语句 I1 之后。否则，语句 I2 的结果不正确。

（4）一次又一次的读取没有依赖性，因为如果变量没有声明为 volatile，指令可以自由地重新排序。如果是，则必须保持指令的顺序。

例如，当生成流水线时，Vitis HLS 需要注意在稍后阶段读取的寄存器或存储器位置没有被以前的写入修改。这是一个真正的依赖关系或写后读取（RAW）依赖关系。一个具体的例子如代码清单 9-24 所示。

代码清单 9-24　包含数据依赖关系的 C 代码描述例子（1）

```
int top(int a, int b) {
  int t,c;
I1: t = a * b;
I2: c = t + 1;
  return c;
}
```

语句 I2 不能在语句 I1 完成之前求值，因为它依赖于变量 t。在硬件中，如果乘法需要 3 个时钟周期，则 I2 会延迟该时间量。如果上面的函数是流水线，那么 Vitis HLS 检测到这是一个真正的依赖关系，并相应地调度操作。它使用数据前送（data forwarding）优化来消除 RAW 依赖性，从而使函数可以在 II=1 时运行。

当例子应用于数组而不仅仅是变量时，就会出现存储器依赖关系，如代码清单 9-25 所示。

代码清单 9-25　包含数据依赖关系的 C 代码描述例子（2）

```
int top(int a) {
  int r=1,rnext,m,i,out;
  static int mem[256];
```

```
L1: for(i=0;i<=254;i++) {
#pragma HLS PIPELINE II=1
I1:        m = r * a; mem[i+1] = m;    // line 7
I2:        rnext = mem[i]; r = rnext; // line 8
    }
    return r;
}
```

在写一个索引和读取另一个索引时，循环的同一迭代中没有问题。这两条指令可以同时执行。但是，请在几次迭代中观察读写操作，如代码清单 9-26 所示。

代码清单 9-26　在几次迭代中观察读写操作（1）

```
// Iteration for i=0
I1:        m = r * a; mem[1] = m;       // line 7
I2:        rnext = mem[0]; r = rnext; // line 8
// Iteration for i=1
I1:        m = r * a; mem[2] = m;       // line 7
I2:        rnext = mem[1]; r = rnext; // line 8
// Iteration for i=2
I1:        m = r * a; mem[3] = m;       // line 7
I2:        rnext = mem[2]; r = rnext; // line 8
```

当考虑两个连续迭代时，来自语句 I1 的乘法结果 m（具有延迟=2）被写入由循环的下一次迭代的语句 I2 读取到 rnext 中的位置。在这种情况下，存在 RAW 依赖性，因为下一次循环迭代无法在上一次计算的写入完成之前开始读取 mem[i]，如图 9.24 所示。

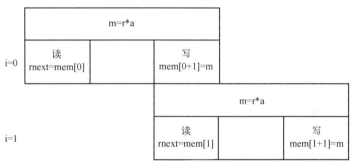

图 9.24　数据依赖关系的描述

注意，如果时钟频率增加，则乘法器需要更多的流水线级和增加的延迟。这也将迫使 II 增加。

考虑代码清单 9-27 给出的代码，其中的操作已被交换，从而更改了功能。

代码清单 9-27　包含数据依赖关系的 C 代码描述例子（3）

```
int top(int a) {
  int r,m,i;
  static int mem[256];
L1: for(i=0;i<=254;i++) {
#pragma HLS PIPELINE II=1
I1:        r = mem[i];                     // line 7
I2:        m = r * a , mem[i+1]=m; // line 8
    }
    return r;
}
```

在几次迭代中观察持续的读写，如代码清单 9-28 所示。

代码清单 **9-28**　在几次迭代中观察读写操作（2）

```
Iteration with i=0
I1:      r = mem[0];                // line 7
I2:      m = r * a , mem[1]=m; // line 8
Iteration with i=1
I1:      r = mem[1];                // line 7
I2:      m = r * a , mem[2]=m; // line 8
Iteration with i=2
I1:      r = mem[2];                // line 7
I2:      m = r * a , mem[3]=m; // line 8
```

需要更长的 II，因为 RAW 依赖性是通过从 mem[i] 读取 r、执行乘法和写入 mem[i+1]。

1）去掉虚假依赖性以改善循环流水线

虚假依赖关系是指编译器过于保守时产生的依赖关系。这些依赖关系在实际代码中不存在，但编译器无法确定。这些依赖关系可以阻止循环流水线操作。

代码清单 9-29 说明了虚假的依赖关系。在该例子中，读取和写入访问是对同一循环迭代中两个不同地址的访问。这两个地址都依赖于输入数据，并且可以指向 hist 数组的任何单个元素。因此，Vitis HLS 假设这两个访问都可以访问相同的位置。因此，它以交替的周期调度对数据的读取和写入操作，从而产生循环 II 等于 2。但是，代码显示 hist[old] 和 hist[val] 永远无法访问同一位置，因为它们位于条件 if（old==val）的 else 分支中。

代码清单 **9-29**　虚假依赖关系的 **C** 代码描述例子

```
void histogram(int in[INPUT SIZE], int hist[VALUE SIZE]) f
    int acc = 0;
    int i, val;
    int old = in[0];
    for(i = 0; i < INPUT SIZE; i++)
    {
        #pragma HLS PIPELINE II=1
        val = in[i];
        if(old == val)
        {
            acc = acc + 1;
        }
        else
        {
            hist[old] = acc;
            acc = hist[val] + 1;
        }

        old = val;
    }
```

为了克服这一缺陷，可以使用 DEPENDENCE 命令向 Vitis HLS 提供有关依赖关系的其他信息，如代码清单 9-30 所示。

代码清单 **9-30**　包含 **DEPENDENCE** 命令的 **C** 代码描述例子

```
void histogram(int in[INPUT SIZE], int hist[VALUE SIZE]) {
    int acc = 0;
    int i, val;
    int old = in[0];
#pragma HLS DEPENDENCE variable=hist type=intra direction=RAW dependent=false
    for(i = 0; i < INPUT SIZE; i++)
    {
```

```
#pragma HLS PIPELINE II=1
val = in[i];
if(old == val)
{
    acc = acc + 1;
}
else
{
    hist[old] = acc;
    acc = hist[val] + 1;
}

old = val;
}

hist[old] = acc;
```

注： 如果指定 FALSE 依赖项，而事实上该依赖项不是 FALSE，则可能导致硬件不正确。在指定依赖项之前，请确保它们是正确的（TRUE 或 FALSE）。

如图 9.25，指定依赖项时，主要有两种类型：

（1）inter 指定同一循环的不同迭代之间的依赖关系。如果指定为 FALSE，则允许 Vitis HLS 在展开或部分展开流水线或循环时并行执行操作，并在指定为 TRUE 时阻止这种并发操作。

（2）intra 指定循环的同一迭代中的依赖关系，如在同一迭代的开始和结束时访问的数组。当内部相关性指定为 FALSE 时，Vitis HLS 可以在循环中自由移动操作，增加它们的移动性，并可能改善性能或面积。当相关性指定为 TRUE 时，操作必须按照指定的顺序执行。

2）标量依赖性

一些标量依赖关系更难解决，并且经常需要修改源代码。标量数据依赖关系如代码清单 9-31 所示。

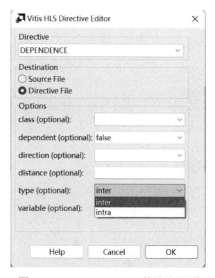

图 9.25　DEPENDENCE 的设计界面

代码清单 9-31　标量依赖性 C 代码描述例子

```
while (a != b) {
    if (a > b) a -= b;
    else b -= a;
}
```

在当前迭代计算出更新的 a 和 b 值之前，无法开始该循环的下一次迭代，如图 9.26 所示。

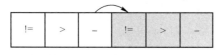

图 9.26　标量依赖性关系

如果上一次循环迭代的结果必须在当前迭代开始之前可用，则循环流水线是不可能的。如果 Vitis HLS 无法以指定的启动间隔流水线，则会增加内部启动。如果它根本不能流水线，如该例子所示，它将停止流水线处理，并继续输出非流水线设计。

9.5.2 展开循环

循环执行循环诱导变量指定的迭代次数。迭代次数也可能受到循环体内部逻辑的影响[如打断（break）条件或对循环退出（exit）变量的修改]。在 RTL 设计中，设计人员可以展开循环以创建循环体的多个复制，这允许部分或所有循环以并行方式迭代。使用 UNROLL pragma，设计人员可以展开循环以增加数据访问和吞吐量。

默认情况下，HLS 循环保持"卷/未展开"状态。这意味着循环的每次迭代都使用相同的硬件。展开循环意味着循环的每次迭代都有自己的硬件来执行循环功能。这意味着展开循环的性能可能明显优于未展开循环。然而，性能的增加是以增加面积和资源利用率为代价的。

如代码清单 9-32 给出的代码所示。

代码清单 9-32　包含循环的 C 代码描述例子

```
#include "test.h"
dout_t test(din_t A[N]) {
    dout_t out_accum=0;
    dsel_t x;
    LOOP_1:for (x=0; x<N; x++) {
        out_accum += A[x];
    }
    return out_accum;
}
```

注：读者可以进入到本书所提供资源的\vivado_example\hls_basic\loop 目录下，用 Vitis HLS 2023.1 打开该设计工程。

对该设计执行高级综合后的报告如图 9.27 所示。

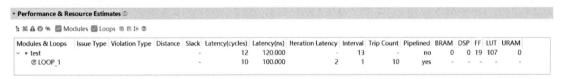

图 9.27　对该设计执行高级综合后的报告

在没有优化的情况下，图 9.27 中的 Synthesis Summary(solution1)显示实现是按顺序的。这可以通过查看 LOOP_1 的行程计数（Trip Count）来确认，LOOP_1 报告迭代次数（Trip Count）为 10，迭代延迟（Iteration Latency）为 2。延迟是指循环可以接受新输入值之前的时间。

为了获得最佳吞吐量，延迟需要尽可能短。为了提升性能，假设循环边界是静态的，可以使用 UNROLL pragma 来完全展开循环，以创建循环体的并行实现。LOOP_1 完全展开后，延迟（50ns）显著减少，如图 9.28 所示。展开循环意味着通过实现更高的性能来进行权衡，但代价是使用额外的资源（如图 9.28 所示，FF 和 LUT 的增加）。完全展开循环也会导致循环本身消失，并被循环体的并行实现所代替，这将耗尽额外的资源，如图 9.28 所示。

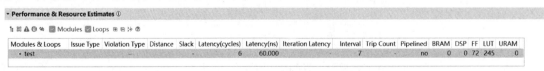

图 9.28　添加 UNROLL pragma 后的综合报告

当然，在某些情况下，由于平台的资源和可用资源的增加，无法完全展开循环。在这种情况下，部分展开的循环可能是首选的解决方案，可以在不需要那么多资源的情况下提高性能。

要部分展开循环，设计人员将为 pragma 或命令定义一个展开因子（factor）。对于如下所示的这种受约束的情况，展开因子为 2 的相同循环（这意味着循环主体是重复的，并且行程计数减少了 1/2，值为 5）可以是可接受的解决方案，高级综合后的报告如图 9.29 所示。

Performance & Resource Estimates

Modules　Loops

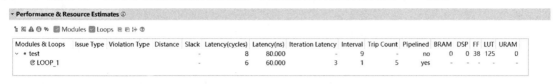

Modules & Loops	Issue Type	Violation Type	Distance	Slack	Latency(cycles)	Latency(ns)	Iteration Latency	Interval	Trip Count	Pipelined	BRAM	DSP	FF	LUT	URAM
test				-	8	80.000	-	9	-	no	0	0	38	125	0
LOOP_1				-	6	60.000	3	1	5	yes	-	-	-	-	-

图 9.29　添加 factor 后的综合报告

此外，当设计人员部分展开循环时，HLS 工具将在循环中执行退出检查，以防行程计数不能完全被展开因子整除。如果行程计数完全可以被展开因子整除，则跳过退出检查。

9.5.3　合并循环

所有“卷/未展开”的循环暗示并创建在设计有限自动状态机（Finite State Machine，FSM）中创建至少一个状态。当存在多个顺序循环时，它可能会创建额外的不必要的时钟周期，并阻止进一步的优化。

代码清单 9-33 给出了一个简单的例子，其中看似直观的编码风格会对 RTL 设计的性能产生负面影响。

代码清单 9-33　包含多个循环的 C 代码描述例子（片段）

```
void top(a[4], b[4], c[4], d[4]....){
    ... Add : for (i=3; i>=0; i--){
        if(d[i])
            a[i]=b[i]+c[i];
    }
sub : for (i=3; i>=0; i--){
        if(!d[i])
            a[i]=b[i]-c[i];
    }
        ...
}
```

图 9.30(a)显示了默认情况下，设计中的每个“卷/未展开”循环如何在 FSM 中创建至少一个状态。在这些状态之间迁移需要的时钟周期：假设每个循环迭代需要一个时钟周期，那么执行两个循环总共需要 11 个周期：

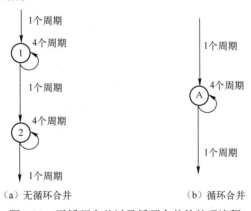

（a）无循环合并　　（b）循环合并

图 9.30　无循环合并以及循环合并的处理流程

（1）1 个时钟周期进入 ADD 循环。

（2）4 个时钟周期执行加法循环。

（3）1 个时钟周期退出 ADD 并进入 SUB。

（4）4 个时钟周期执行 SUB 循环。

（5）1 个时钟周期退出 SUB 循环。

总共 11 个时钟周期。

在这个简单的例子中，很明显 ADD 循环中的 else 分支也会解决这个问题，但在更复杂的例子中它可能不那么明显，更直观的编码风格可能具有更大的优势。

LOOP_MERGE 优化命令用于自动合并循环。循环合并优化命令将寻求合并其所在范围内的所有循环。在该例子中，合并循环创建了一个类似于图 9.30(b)所示的控制结构，只需要 6 个时钟即可完成。

合并循环允许将循环中的逻辑一起优化。循环合并转换有局限性，可能并不总是成功。但是，仍然可以通过重构代码手动合并循环。在上面的例子中，使用双端口 BRAM 允许并行执行加法和减法运算。

9.5.4　嵌套循环

为了在使用嵌套循环时获得最佳性能（最低延迟），创建完美的嵌套循环变得至关重要。在一个完美的嵌套循环中，循环边界是恒定的，只有最里面的循环包含任何功能，如代码清单 9-34 所示。

代码清单 9-34　嵌套循环的 C 代码描述（片段）

```
Perfect_nested_loop_1: for (int i = 0; i < N; ++i) {
    Perfect_nested_loop_2: for (int j = 0; j < M; ++j) {
        // Perfect Nested Loop Code goes here and no where else
    }
}
Imperfect_nested_loop_1: for (int i = 0; i < N; ++i) {
    // Imperfect Nested Loop Code contains code here
    Imperfect_nested_loop_2: for (int j = 0; j < M; ++j) {
        // Imperfect Nested Loop Code goes here
    }
    // Imperfect Nested Loop Code may contain code here as well
}
```

（1）完美的循环嵌套：只有最内的循环具有循环主体内容，循环语句之间没有指定逻辑，并且所有循环边界都是常数。

（2）半完美循环嵌套：只有最里面的循环具有循环主体内容，循环语句之间没有指定逻辑，但最外面的循环边界可以是变量。

（3）不完美的循环嵌套：内部循环具有可变边界，或者循环体不完全位于内部循环内部。在这种情况下，设计人员应该尝试重构代码或展开循环体中的循环，以创建一个完美的循环嵌套。

它还需要额外的时钟周期来在未展开嵌套循环之间移动。从外循环到内循环或从内循环到外循环需要一个时钟周期。在代码清单 9-35 给出的代码中，这意味着执行循环 Outer 需要 200 个额外的时钟周期。

代码清单 9-35　内循环和外循环的 C 代码描述例子

```
void foo_top { a, b, c, d} {
```

```
...
Outer: while(j<100)
    Inner: while(i<6) // 1 cycle to enter inner
        ...
        LOOP_BODY
        ...
    } // 1 cycle to exit inner
}
...
}
```

LOOP_FLATTEN pragma 或命令用于展开允许标记的完美和半完美嵌套循环，从而无须重新编码以获得最佳硬件性能，并减少在循环中执行操作所需的周期数。当优化一组嵌套循环应用 LOOP_FLATTEN 时，它应该应用于包含循环体的最内侧循环。循环平坦化也可以通过将其应用于单个循环来执行，也可以通过在函数级应用命令将其应用到函数中的所有循环来执行。

当流水线嵌套循环时，通常通过对最内测的循环进行流水线处理来找到面积和性能之间的最佳平衡。这也带来了最快的运行时间，如代码清单 9-36 所示。

代码清单 9-36　嵌套循环的 C 代码描述例子

```
#include "loop_pipeline.h"

dout_t loop_pipeline(din_t A[N]) {
    int i,j;
    static dout_t acc;

    LOOP_I:for(i=0; i < 20; i++){
        LOOP_J: for(j=0; j < 20; j++){
            acc += A[j] * i;
        }
    }
    return acc;
}
```

注：读者可以进入到本书所提供资源的\vivado_example\hls_basic\looppip 目录下，用 Vitis HLS 2023.1 打开该设计工程。

Vitis HLS 在可能的情况下自动平坦化循环，并通过 20×20 次迭代有效地创建了一个新的单个循环（现在称为 LOOP_I_LOOP_J）。只需要调度一个乘法器操作和一个数组访问，循环迭代就可以被调度为单个循环体实体（20×20 个循环迭代）。

注：当流水线循环或函数，必须展开正在流水线的循环或函数下面层次结构中的任何循环。

如果流水线外侧循环（LOOP_I），则展开内侧循环（LOOP_J），创建循环体的 20 个复制：现在必须调度 20 个乘法器和 1 个数组访问。然后，LOOP_I 的每个迭代都可以被调度为单个实体。

如果流水线顶层函数，那么必须展开两个循环：现在必须调度 400 个乘法器和 20 个数组访问。Vitis HLS 不太可能生成具有 400 次乘法的设计，因为在大多数设计中，数据依赖性通常会阻止最大并行性。例如，即使双端口 RAM 用于 a，该设计在任何时钟周期中也只能访问 a 的两个值。否则，必须将数组分割为 400 个寄存器，然后可以在一个时钟周期内读取所有寄存器，这将带来非常大的硬件成本。

当选择在层次结构的哪个级别进行流水线操作时，要理解的概念是，流水线最内侧的循环可以为大多数应用程序提供通常可接受的吞吐量的最小硬件。流水线层次结构的上层可以展开所有子循环，并可以创建更多的操作来调度（这可能会影响编译时间和内存容量），但通常在吞吐量和延迟方面提供最高的性能设计。数据访问带宽必须与预期并行执行的操作要求相匹配。

这意味着设计人员可能需要对数组 A 进行分割才能使其工作。

（1）流水线 LOOP_J：延迟约为 400 个周期（20×20），需要少于 178 个 LUT 和 68 个寄存器（I/O 控制和 FSM 始终存在），如图 9.31 所示。

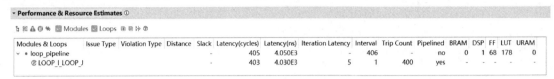

图 9.31　流水线 LOOP_J 的综合报告

（2）流水线 LOOP_I：延迟是 15 个周期，但需要 400 多个 LUT 和 132 个寄存器。大约是流水线 LOOP_J 所使用逻辑的两倍减去可以进行的任何逻辑优化，如图 9.32 所示。

图 9.32　流水线 LOOP_I 的综合报告

（3）流水线函数 loop_pipeline：间隔现在只有 10 个周期，但所需的逻辑几乎是流水线LOOP_I 的两倍（大约是第一个选项的 4 倍）减去可以进行的任何优化，如图 9.33 所示。

图 9.33　流水线函数 loop_pipeline 的综合报告

Vitis HLS 不能平坦化不完美的循环嵌套，这将导致进入和退出循环需要额外的时钟周期。当设计包含嵌套循环时，分析结果以确保尽可能多地展开嵌套循环：查看日志文件或在综合报告中查找循环标签已合并的情况，如图 9.31 所示。图中，LOOP_I 和 LOOP_J 报告为LOOP_I_LOOP_J。

9.5.5　可变循环边界

当循环具有可变边界时，阻止 Vitis HLS 可以应用的一些优化。在代码清单 9-37 给出的代码中，循环边界由顶层输入驱动的变量宽度决定。这种情况下，将循环看作具有可变边界，因为 Vitis HLS 无法知道何时完成循环。

代码清单 9-37　可变循环边界 C 代码描述例子

```c
#include "ap_int.h"
#define N 32
#include "vaibale_bound_loops.h"
dout_t code028(din_t A[N], dsel_t width) {

  dout_t out_accum=0;
  dsel_t x;
  dsel_t loopnum=width+3;

  LOOP_X:for (x=0;x<loopnum; x++) {
  out_accum += A[x];

  }
```

```
        return out_accum;
    }
```

在该例子中，尝试优化设计揭示了可变循环边界所产生的问题。可变循环边界的第一个问题是，它们阻止 Vitis HLS 确定循环的延迟。Vitis HLS 可以确定完成循环的一次迭代的延迟，但因为它不能静态地确定确切的可变宽度，所以它不知道执行了多少次迭代，因此不能报告循环延迟（完全执行循环的所有迭代的周期数）。

当存在可变循环边界时，Vitis HLS 将延迟报告为 "-"，而不是使用精确值。以下是综合该例子之后的结果，如图 9.34 所示。

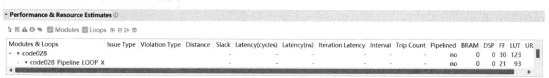

图 9.34　带有可变边界循环的综合报告

解决此问题的方法是使用 LOOP_TRIPCOUNT pragma 或命令为循环指定最小和/或最大迭代计数。tripcount 是循环迭代次数。如果在该例子中 LOOP_X 应用了 32 的最大行程计数，则报告将更新为如图 9.35 所示的内容。

Modules & Loops	Issue Type	Violation Type	Distance	Slack	Latency(cycles)	Latency(ns)	Iteration Latency	Interval	Trip Count	Pipelined	BRAM	DSP	FF	LUT	URAM
∨ ● code028				-	36	360.000		37		no	0	0	30	123	0
> ● code028_Pipeline_LOOP_X				-	34	340.000	-	34	-	no	0	0	21	93	0

图 9.35　在带有可变边界循环中添加 LOOP_TRIPCOUNT pragma 的综合报告

用户为 LOOP_TRIPCOUNT 命令提供的值仅用于报告，或用于支持 PERFORMANCE pragma 或命令。指定的 tripcount 值允许 Vitis HLS 确定报告中的延迟值，从而可以比较不同解决方案的值。

注：当流水线循环或函数时，Vitis HLS 会展开函数或循环下面层次结构中的所有循环。如果在该层次结构中有一个具有可变边界的循环，它将阻止流水线操作。

具有可变边界的循环的解决方案是使循环迭代次数为固定值，并在循环内执行条件。

9.6　数据类型

注意，由于库依赖仅针对 64 位系统编译，Vitis HLS 不支持 32 位构建。因此，不允许使用 -m32 标志，这将导致错误。

在 C/C++ 函数中所使用的数据类型在被编译成可执行文件时影响结果的精度和存储器的需求，并可能影响性能。32 位整型 int 数据类型可以容纳更多的数据，因此比 8 位 char 类型提供更高的精度，但它需要更多的存储空间。类似地，当把 C/C++ 函数综合为 RTL 实现时，类型会影响 RTL 设计的精度、面积和性能。用于变量的数据类型决定了所需运算符的大小，从而决定了 RTL 的面积和性能。

Vitis HLS 支持所有标准 C/C++ 类型的综合，包括精确的宽度整数类型。

（1）(unsigned) char, (unsigned) short, (unsigned) int；

（2）(unsigned) long, (unsigned) long long；

（3）(unsigned) intN_t(此处，N 为 8、16、32 和 64，如 stdint.h 中定义)；

（4）float, double。

精确的宽度整数类型有助于确保设计在所有类型的系统中都是可移植的。

C/C++标准规定类型(unsigned) long 在 64 位操作系统上实现为 64 位。综合与这种行为匹配，并产生不同大小的运算符，从而产生不同的 RTL 设计，这取决于运行 Vitis HLS 操作系统的类型。在 Windows 操作系统上，微软将类型 long 定义为 32 位，而不考虑操作系统。

对于 32 位，请使用数据类型(unsigned) int 或(unsigned) int32_t，而不是(unsigned) long。对于 64 位，请使用数据类型(unsigned) long long 或(unsigned) int64_t，而不是(unsigned) long。

Xilinx 强烈建议在公共头文件中定义所有变量的数据类型，该头文件可以包含在所有源文件中。

（1）在典型的 Vitis HLS 工程过程中，一些数据类型可能会被细化。例如，减少它们的大小，并允许更高效的硬件实现。

（2）在更高抽象级别工作的好处之一是能够快速创建新的设计实现。相同的文件通常在以后的工程中使用，但可能使用不同的数据类型。

当可以在一个位置更改数据类型时，这两个任务都更容易实现：另一种选择是编辑多个文件。

注：（1）当头文件中使用宏时，请始终使用唯一的名字。比如，如果在头文件中定义了"名字为_TYPES_H"的宏，则很可能在其他系统文件中定义这样的通用名字，并且它可能会使能或禁止某些其他代码，从而导致不可预见的副作用。

（2）Vitis HLS 不支持 std::complex<long double>数据类型，因此不应使用。

9.6.1 标准类型

下面给出了一些基本的算术运算，如代码清单 9-38 所示。

代码清单 9-38 基本算术运算的 C 代码

```
#include "types_standard.h"
void types_standard(din_A inA, din_B inB, din_C inC, din_D inD, dout_1 *out1,
                    dout_2 *out2, dout_3 *out3, dout_4 *out4)
{
 // Basic arithmetic operations
 *out1 = inA * inB;
 *out2 = inB + inA;
 *out3 = inC / inA;
 *out4 = inD % inA;
}
```

上面代码清单中的数据类型在 types_standard.h 中定义，如代码清单 9-39 所示。它们显示了如何使用以下类型：

（1）标准的有符号类型；

（2）无符号类型；

（3）精确的宽度整数类型（包含在头文件 stdint.h 中）。

代码清单 9-39 types_standard.h

```
#include <stdio.h>
#include <stdint.h>
#define N 9
typedef char din_A;
typedef short din_B;
typedef int din_C;
```

```
typedef long long din_D;

typedef int dout_1;
typedef unsigned char dout_2;
typedef int32_t dout_3;
typedef int64_t dout_4;

void types_standard(din_A inA,din_B inB,din_C inC,din_D inD,dout_1
                        *out1,dout_2 *out2,dout_3 *out3,dout_4 *out4);
```

这些不同的类型在综合后产生以下的操作符和端口大小。

（1）用于计算结果 out1 的乘法器是 24 位乘法器。8 位 char 类型乘以 16 位 short 类型需要 24 位乘法器。结果是符号扩展到 32 位以匹配输出端口宽度。

（2）用于 out2 的加法器为 8 位。因为输出是 8 位 unsigned char 类型，所以只用 inB 的底部 8 位（16 位 short）与 8 位 char 类型 inA 相加。

（3）对于输出 out3（32 位精确宽度类型），将 8 位 char 类型 inA 符号扩展到 32 位值，并对 inC 中的 32 位（int 类型）输入执行 32 位除法运算。

（4）执行使用 64 位 long long 类型 inD 和 8 位 char 类型 inA 符号扩展到 64 位的模运算，以创建 64 位输出结果 out4。

正如 out1 的结果所示，Vitis HLS 使用它所能使用的最小操作符，并扩展结果以匹配所需要的输出位宽。对于结果 out2，即使其中一个输入是 16 位，也可以使用 8 位加法器，因为只需要 8 位输出。如结果 out3 和 out4 所示，如果要求所有的位，则综合完整位宽的运算符。

Vitis HLS 支持单精度浮点（float）和双精度浮点（double）的综合。这两种数据类型都是根据 IEEE-754 标准部分合规性进行综合的。float 使用 4 个字节（32 位）表示，其中包含 24 位小数和 8 位指数。double 使用 8 个字节（64 位）表示，其中包含 53 位小数和 11 位指数。

除对标准算术运算（如+、-、*）使用 float 和 double 外，float 和 double 通常与 math.h 一起使用。

下面例子给出了与更新的标准类型一起使用的头文件，以将数据类型定义为 double 和 float，如代码清单 9-40 和 9-41 所示。

代码清单 9-40　type_float_double.h

```
#include <stdio.h>
#include <stdint.h>
#include <math.h>
#define N 9
typedef double din_A;
typedef double din_B;
typedef double din_C;
typedef float din_D;
typedef double dout_1;
typedef double dout_2;
typedef double dout_3;
typedef float dout_4;

void types_float_double(din_A inA,din_B inB,din_C inC,din_D inD,dout_1
*out1,dout_2 *out2,dout_3 *out3,dout_4 *out4);
```

代码清单 9-41　执行浮点运算的 C 语言代码

```
#include "types_float_double.h"
void types_float_double(
```

```
    din_A  inA,
    din_B  inB,
    din_C  inC,
    din_D  inD,
    dout_1 *out1,
    dout_2 *out2,
    dout_3 *out3,
    dout_4 *out4
    ) {
    // Basic arithmetic & math.h sqrtf()
    *out1 = inA * inB;
    *out2 = inB + inA;
    *out3 = inC / inA;
    *out4 = sqrtf(inD);

    }
```

当综合上面的例子时，它产生了 64 位双精度乘法器、加法器和除法器运算符。这些运算符由合适的浮点 Xilinx IP 目录库中的核实现。

平方根函数 sqrtf 是使用 32 位单精度浮点核实现的。

如果使用了双精度平方根函数 sqrt，则会产生额外的逻辑，以便在用于 inD 和 out4:sqrt 函数的 32 位单精度浮点类型之间进行强制类型转换；sqrt 函数是双精度函数，而 sqrtf 是单精度函数。

在 C 函数中，当混合 float 和 double 类型时要小心，因为在硬件中推断出 float 到 double 和 double 到 float 的转换单元。

```
    float foo_f = 3.1459;
    float var_f = sqrt(foo_f);
```

上面的代码导致下面的硬件：

```
    wire(foo_t)
    -> Float-to-Double Converter unit
    -> Double-Precision Square Root unit
    -> Double-to-Float Converter unit
    -> wire (var_f)
```

使用 sqrtf 函数，消除了对硬件中类型转换的要求，节省了面积，并且改善了时序。

当综合 float 和 double 类型时，Vitis HLS 保持 C 代码中执行的操作顺序，以确保结果与 C 仿真相同。由于饱和和截断，在 float 和 double 精度操作中，不能保证以下内容相同：

```
    A=B*C; A=B*F;
    D=E*F; D=E*C;
    O1=A*D O2=A*D;
```

对于 float 和 double 类型，O1 和 O2 不能保证相同。

提示：在某些情况下（取决于设计），优化（如循环的展开或部分展开）可能无法充分利用并行计算，因为 Vitis HLS 在综合 float 和 double 类型时保持严格的操作顺序。可以使用 config_compile -unsafe_math_optimizations 来覆盖此限制。

可以使用图形化的配置方式或 config_op 命令使能浮点累加器（facc）、浮点乘法和累加（fmacc），以及乘法和加法（fmadd），如图 9.36 所示。

```
    config_op <facc|fmacc|fmadd> -impl <none|auto> -precision <low|standard|high>
```

Vitis HLS 为这些操作符支持不同级别的精度，图 9.36 这些操作符在 Versal 和非 Versal 器件上的性能、面积和精度之间进行权衡。

（1）低精度累加适用于高吞吐量、低精度的浮点累加和乘-累加，该模式仅适用于非 Versal 器件。

① 它使用预标定和后标定的整数累加器（将输入和输出转换为单精度浮点或双精度浮点）。

● 它使用 60 位和 100 位累加器分别用于单精度和双精度输入。

● 由于 C++仿真的精度不足，它会导致协同仿真失配。

② 它总是可以在不更改源代码的情况下，使用 II=1 进行流水线处理。

③ 它使用的资源大约是标准精度浮点累加的 3 倍，根据时钟频率和目标器件的不同，II 的实现范围通常为 3～5。

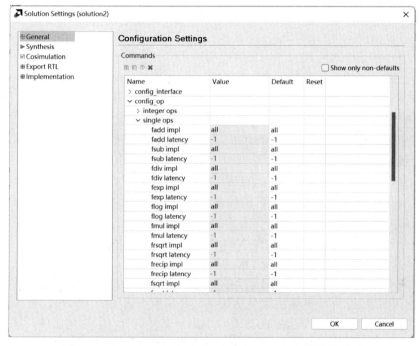

图 9.36　Configuration Settings 窗口中 config_op 的设计界面

使用低精度，float 和 double 的累加在所有器件上都支持启动间隔（Initiation Interval，II）等于 1。这就意味着下面的代码可以在没有任何额外编码的情况下以 II 等于 1 进行流水线传输，如代码清单 9-42 所示。

代码清单 9-42　浮点运算的 C 代码描述例子

```
float foo(float A[10], float B[10]) {
    float sum = 0.0;
    for (int i = 0; i < 10; i++) {
        sum += A[i] * B[i];
    }
    return sum;
}
```

（2）标准精度累加和乘加适用于浮点的大多数用途，并且可以在 Versal 和非 Versal 器件上使用。

① 它总是使用真正的浮点累加器。

② 它可以在 Versal 器件上使用 II=1 流水线。

③ 它可以在非 Versal 器件上使用值在 3～5 之间的 II（取决于时钟频率和目标器件）进行流水。标准精度模式在 Veral 器件上比在非 Versal 器件上更有效。

（3）高精度融合乘-加适用于高精度应用，可在 Versal 器件上使用。

① 它使用了一个额外的位精度。

② 它总是使用单个融合乘-加，在最后进行一次四舍五入，尽管它比未融合的乘-加使用更多的资源。

③ 由于 C++仿真的额外精度，它可能会导致协同仿真的失配。

9.6.2 复合类型

HLS 支持用于综合的复合数据类型，包括 struct（结构）、enum（枚举）和 union（联合）。

1）结构

默认情况下，代码中的结构（如内部和全局变量）是分解的，它们被分解为各自成员元素的单独对象。创建元素的个数和类型由结构本身的内容决定。结构数组实现为多个数组，结构中的每个成员都有一个单独的数组。注意，默认情况下，用作顶层函数的结构会聚合，将结构中的所有元素组合成单个宽向量，这允许同时读取和写入结构中的所有成员。

或者，可以使用 AGGREGATE pragma 或者命令将结构中的所有元素收集到单个宽向量中，这允许同时读取和写入结构中的所有成员。聚合的结构将根据需要进行填充，以对齐 4 字节边界上的元素。结构中的成员元素按照它们在 C/C++代码中出现的顺序放置在向量中，结构中的第一个元素在向量的 LSB 上对齐，结构中的最后一个元素与向量的 MSB 对齐。结构中的任何数组都被划分为单独的数组元素，并按顺序从最低到最高放置在向量中。

提示：在具有大数组的结构上使用 AGGREGATE pragma 时应该小心。如果一个数组有 4096 个 int 类型的元素，这将导致宽度为 4096×32=131072 位的矢量（和端口）。虽然 Vitis HLS 可以创建这种 RTL 设计，但 Vivado 工具不太可能在实现过程中对其进行布线。

使用 AGGREGATE 命令创建的单个宽矢量允许在单个时钟周期内访问更多数据。当数据可以在单个时钟周期内访问时，Vitis HLS 会自动展开消耗该数据的任何循环，如果这样做可以提高吞吐量。循环可以完全或部分展开，以创建足够的硬件来在单个时钟周期中消耗额外的数据。这个功能使用 config_unroll 命令和选项 tripcount_threshold 进行控制。在下面的例子中，如果这样做提高了吞吐量，则 tripcount 小于 16 的任何循环都将自动展开：

```
config_unroll -tripcount_threshold 16
```

如果结构中包含数组，则 AGGREGATE 命令执行与 ARRAY_RESSHAPE 类似的操作，并将重新整形的数组与结构中的其他元素组合在一起。但是，结构不能使用 AGGREGATE 进行优化，然后进行分区（partition）或重组（reshape）。AGGREGATE、ARRAY_PARITION 和 ARRAY_RESSHAPE 命令是互斥的。

（1）接口中的结构。

设计人员可以使用 disaggregate pragma 或命令来分解接口中的结构，如代码清单 9-43 所示。当一个结构包含一个或多个 hls:stream 对象时，Vitis HLS 将自动分解该结构。

代码清单 9-43　disaggregate pragma 的 C 语言描述例子

```
struct example{
    ap_int<5> a;
```

```
        unsigned short int b;
        unsigned short int c;
        int d;
    }
    void foo()
    {
        example s0;
        #pragma HLS disaggregate variable=s0;
    }
```

其分解的结果，如图 9.37 所示。

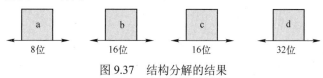

图 9.37　结构分解的结果

重要提示：Vitis 内核流程不支持分解接口中的结构，因为 Vitis 工具无法将单个 C 参数映射到多个 RTL 端口。当手动或自动分解接口中的结构时，Vitis HLS 将构建并导出 Vitis 核输出（.xo），但与 v++命令一起使用时，该输出将导致错误。为了支持 Vitis 核流程，设计人员必须手动将结构分解为其组成元素，并将任何 hls:stream 对象定义为使用 AXIS 接口。

作为聚合的一部分，对于 Vitis 核流程，结构元素 4 字节对齐；对于 Vivado IP 流程，结构元素 1 字节对齐。这种对齐可能需要添加位填充来保持或使事物对齐。默认情况下，填充聚合结构，而不是打包，但在 Vivado IP 流程中，设计人员可以使用 AGGREGATE pragma 或命令的 compact=bit 选项对其进行打包。但是，任何被定义为 AXI4 接口的端口（m_axi、s_axlite 或 axis）都不能使用 compact=bit。

结构的 C 语言描述，如代码清单 9-44 所示。在该例子中，struct data_t 在头文件中定义，该结构中有两个数据成员，即 short（16 位）类型无符号的向量 varA；4 个 unsigned char（8 位）类型的数组 varB。

代码清单 9-44　结构的 C 语言代码

```
typedef struct {
    unsigned short varA;
    unsigned char varB[4];
    } data_t;

data_t struct_port(data_t i_val, data_t *i_pt, data_t *o_pt);
```

在接口上的结构聚合会产生一个 48 位端口，其中包含 16 位 varA 和 4×8 位 varB。

注：通过数据封装/打包创建的任何端口或总线的最大宽度是 8192 位；对于 axis 流接口，为 4096 位。

Vitis HLS 可以综合的结构大小或复杂性没有限制。结构中可以有任意多的数组维度和任意多的成员。结构实现的唯一限制发生在数组要实现为流（如 FIFO 接口）时。在这种情况下，请遵循适用于接口上的数组（FIFO 接口）的通用规则。

（2）结构打包和对齐。

默认情况下，Vitis HLS 将在 4 字节对齐上对齐结构，填充结构中的元素以将其对齐为 32 位宽度。但是，设计人员可以使用__attribute__（（aligned（X）））在结构中的元素之间添加填充，使其在"X"字节边界上对齐。其中，X 只能定义为 2 的幂。

__attribute__（（align））不会改变应用它的变量的大小，但可以通过在结构中的元素之间插入填充来改变结构的内存布局。因此，结构的大小将发生变化。

结构中具有自定义数据宽度的数据类型（如 ap_int）的大小为 2 的幂。Vitis HLS 添加用于将数据类型的大小对准 2 的幂的填充位。Vitis HLS 还将填充 bool 数据类型以将其对准 8 位。

使用的填充取决于结构中元素的顺序和大小。在代码清单 9-45 给出的例子中，结构对齐为 4 个字节，Vitis HLS 将在第一个元素 varA 之后添加 2 个字节的填充，在第三个元素 varC 之后添加另外 2 个字节。结构总的大小为 96 位。

代码清单 9-45 struct 的 C 语言描述例子（1）

```
struct data_t {
    short varA;
    int varB;
    short varC;
};
```

但是，如果按如下方式重写结构，则不需要填充，并且结构总的大小将为 64 位，如代码清单 9-46 所示。

代码清单 9-46 struct 的 C 语言描述例子（2）

```
struct data_t {
    short varA;
    short varC;
    int varB;
};
```

2）C++类和模板

（1）C++类。

C++类完全支持使用 Vitis HLS 进行综合。综合的顶层必须是一个函数。类不能是综合的顶层类。若要综合类成员函数，需要将类本身实例化为函数。不要简单地将顶层类例化到测试平台中。代码清单 9-47 给出了在顶层函数 cpp_FIR 中例化类 CFir，并用于实现 FIR 滤波器的方法。

代码清单 9-47 在顶层函数 cpp_FIR 中例化类 CFir 的 C++代码

```
#include "cpp_FIR.h"

// 顶层函数例化类
data_t cpp_FIR(data_t x)
{
    static CFir<coef_t, data_t, acc_t> fir1;
    cout << fir1;
    return fir1(x);
}
```

在检查用于实现上述 C++FIR 滤波器示例中的类之前，值得注意的是，Vitis HLS 在综合过程中忽略了标准输出流 cout。综合时，Vitis HLS 会发出以下警告：

```
INFO [SYNCHK-101] Discarding unsynthesizable system call:
'std::ostream::operator<<' (cpp_FIR.h:108)
INFO [SYNCHK-101] Discarding unsynthesizable system call:
'std::ostream::operator<<' (cpp_FIR.h:108)
INFO [SYNCHK-101] Discarding unsynthesizable system call: 'std::operator<<
<std::char_traits<char> >' (cpp_FIR.h:110)
```

代码清单 9-48 给出的代码显示了头文件 cpp_FIR.h，包括类 CFir 及其相关成员函数的定义。

代码清单 9-48　cpp_FIR.h 头文件

```cpp
#include <fstream>
#include <iostream>
#include <iomanip>
#include <cstdlib>
using namespace std;
#define N 85
typedef int coef_t;
typedef int data_t;
typedef int acc_t;

// Class CFir definition
template<class coef_T, class data_T, class acc_T>
class CFir {
  protected:
     static const coef_T c[N];
     data_T shift_reg[N-1];
  private:
  public:
     data_T operator()(data_T x);
     template<class coef_TT, class data_TT, class acc_TT>
     friend ostream&
     operator<<(ostream& o, const CFir<coef_TT, data_TT, acc_TT> &f);
};
// Load FIR coefficients
template<class coef_T, class data_T, class acc_T>
const coef_T CFir<coef_T, data_T, acc_T>::c[N] = {
 #include "cpp_FIR.h"
};
// FIR main algorithm
template<class coef_T, class data_T, class acc_T>
data_T CFir<coef_T, data_T, acc_T>::operator()(data_T x) {
  int i;
  acc_t acc = 0;
  data_t m;
  loop: for (i = N-1; i >= 0; i--) {
     if (i == 0) {
        m = x;
        shift_reg[0] = x;
     } else {
        m = shift_reg[i-1];
        if (i != (N-1))
        shift_reg[i] = shift_reg[i - 1];
     }
     acc += m * c[i];
  }
  return acc;
}

// Operator for displaying results
template<class coef_T, class data_T, class acc_T>
ostream& operator<<(ostream& o, const CFir<coef_T, data_T, acc_T> &f) {
  for (int i = 0; i < (sizeof(f.shift_reg)/sizeof(data_T)); i++) {
     o << shift_reg[ << i << ]=   << f.shift_reg[i] << endl;
  }
  o << _____ << endl;
  return o;
}
```

```
data_t cpp_FIR(data_t x);
```

C++FIR 滤波器示例中的测试平台如代码清单 9-49 所示，该段代码说明了调用和验证顶层函数 cpp_FIR 的方法。该例子突出了 Vitis HLS 综合的良好测试平台的一些重要属性：

① 将输出结果与已知的良好值进行核对；

② 如果确认结果正确，测试平台将返回 0。

代码清单 9-49　测试平台的 C++描述例子

```
#include "cpp_FIR.h"

int main() {
  ofstream result;
  data_t output;
  int retval=0;
  // Open a file to saves the results
  result.open(result.dat);
  // Apply stimuli, call the top-level function and saves the results
  for (int i = 0; i <= 250; i++)
  {
      output = cpp_FIR(i);
      result << setw(10) << i;
      result << setw(20) << output;
      result << endl;
  }
  result.close();
  // Compare the results file with the golden results
  retval = system(diff --brief -w result.dat result.golden.dat);
  if (retval != 0) {
      printf(Test failed    !!!\n);
      retval=1;
  } else {
      printf(Test passed !\n);
  }

  // Return 0 if the test
  return retval;
}
```

Xilinx 不建议在类中使用全局变量，这是因为它们会阻碍某些优化的发生。

（2）模板。

Vitis HLS 支持在 C++中使用模板进行综合。Vitis HLS 不支持用于顶层函数的模板。

复制模板函数中的静态变量用于模板参数的每个不同的值。

传递给函数的不同 C++模板值为每个模板值创建函数的唯一实例。Vitis HLS 在它们自己的上下文中独立地综合这些复制。这可能是有益的，因为该工具可以为每个唯一的实例提供特定的优化，从而直接实现该函数。模板的 C++描述，如代码清单 9-50 所示。

代码清单 9-50　模板的 C++描述例子

```
template<int NC, int K>
void startK(int* dout) {
  static int acc=0;
  acc    += K;
  *dout = acc;
}
void foo(int* dout) {
  startK<0,1> (dout);
```

```
}
void goo(int* dout) {
 startK<1,1> (dout);
}
int main() {
 int dout0,dout1;
 for (int i=0;i<10;i++) {
 foo(&dout0);
 goo(&dout1);
    cout <<"dout0/1 = "<<dout0<<" / "<<dout1<<endl;
 }
    return 0;
```

模板还可以用于实现标准 C 综合（递归函数）中不支持的递归形式。代码清单 9-51 给出了一个使用模板化结构来实现尾部递归斐波那契算法的例子。执行综合的关键是使用终止类来实现递归中的最终调用，其中使用的模板大小为 1。

代码清单 9-51　使用模板实现递归的 C++代码

```
//Tail recursive call
template<data_t N> struct fibon_s {
    template<typename T>
      static T fibon_f(T a, T b) {
          return fibon_s<N-1>::fibon_f(b, (a+b));
  }
};

// Termination condition
template<> struct fibon_s<1> {
    template<typename T>
      static T fibon_f(T a, T b) {
          return b;
  }
};

void cpp_template(data_t a, data_t b, data_t &dout){
 dout = fibon_s<FIB_N>::fibon_f(a,b);
}
```

3）枚举

代码清单 9-52 中的头文件定义了一些枚举类型，并在结构中使用它们。该结构在另一个 struct 中依次使用。在该代码中，显示了如何指定和综合复杂的由 #define 定义的 MAD_NSBSAMPLES。

代码清单 9-52　枚举类型的 C 语言描述例子

```
#include <stdio.h>
enum mad_layer {
 MAD_LAYER_I   = 1,
 MAD_LAYER_II  = 2,
 MAD_LAYER_III = 3
};

enum mad_mode {
 MAD_MODE_SINGLE_CHANNEL = 0,
 MAD_MODE_DUAL_CHANNEL = 1,
 MAD_MODE_JOINT_STEREO = 2,
 MAD_MODE_STEREO = 3
```

```
};
enum mad_emphasis {
 MAD_EMPHASIS_NONE = 0,
 MAD_EMPHASIS_50_15_US = 1,
 MAD_EMPHASIS_CCITT_J_17 = 3
};
typedef      signed int mad_fixed_t;
typedef struct mad_header {
 enum mad_layer layer;
         enum mad_mode mode;
 int mode_extension;
 enum mad_emphasis emphasis;
 unsigned long long bitrate;
 unsigned int samplerate;
 unsigned short crc_check;
 unsigned short crc_target;
 int flags;
 int private_bits;
} header_t;
typedef struct mad_frame {
 header_t header;
 int options;
 mad_fixed_t sbsample[2][36][32];
} frame_t;

# define MAD_NSBSAMPLES(header)    \
 ((header)->layer == MAD_LAYER_I ? 12 :   \
 (((header)->layer == MAD_LAYER_III &&   \
 ((header)->flags & 17)) ? 18 : 36))
void types_composite(frame_t *frame);
```

上面代码中定义的结构和枚举类型在代码清单 9-53 中使用。如果在顶层函数的参数中使用枚举，则会将其综合为 32 位值，以符合标准的 C/C++编译行为。如果枚举类型是设计内部的，Vitis HLS 会将它们优化到仅需要的位数。在该例子中给出了如何在综合过程中忽略 printf 语句。

代码清单 9-53   枚举类型的 C 代码描述例子

```
#include "types_composite.h"
void types_composite(frame_t *frame)
{
 if (frame->header.mode != MAD_MODE_SINGLE_CHANNEL) {
    unsigned int ns, s, sb;
    mad_fixed_t left, right;
    ns = MAD_NSBSAMPLES(&frame->header);
    printf("Samples from header %d \n", ns);
 for (s = 0; s < ns; ++s) {
 for (sb = 0; sb < 32; ++sb) {
 left  = frame->sbsample[0][s][sb];
 right = frame->sbsample[1][s][sb];
 frame->sbsample[0][s][sb] = (left + right) / 2;
 }
 }
 frame->header.mode = MAD_MODE_SINGLE_CHANNEL;
 }
}
```

4）联合

在代码清单 9-54 给出的代码中，创建了一个带有 double 和 struct 的联合。与 C/C++编译不同，综合不能保证对联合中的所有字段使用相同的内存（在综合的情况下，是寄存器）。Vitis HLS 执行优化，提供最优化的硬件。

代码清单 **9-54**　联合的 **C** 代码描述例子

```
#include "types_union.h"
dout_t types_union(din_t N, dinfp_t F)
{
 union {
     struct {int a; int b; } intval;
     double fpval;
 } intfp;
 unsigned long long one, exp;
 // Set a floating-point value in union intfp
 intfp.fpval = F;
 // Slice out lower bits and add to shifted input
 one = intfp.intval.a;
 exp = (N & 0x7FF);
 return ((exp << 52) + one) & (0x7fffffffffffffffLL);
}
```

Vitis HLS 不支持：

（1）顶层函数接口上的联合。

（2）指针重新解释用于综合。因此，联合不能包含指向不同类型或不同类型数组的指针。

（3）通过另一个变量访问联合。使用与上一个例子相同的联合，不支持以下操作。

```
for (int i = 0; i < 6; ++i)
if (i<3)
 A[i] = intfp.intval.a + B[i];
 else
 A[i] = intfp.intval.b + B[i];
}
```

但是，它可以明确地重新编码为

```
A[0] = intfp.intval.a + B[0];
A[1] = intfp.intval.a + B[1];
A[2] = intfp.intval.a + B[2];
A[3] = intfp.intval.b + B[3];
A[4] = intfp.intval.b + B[4];
A[5] = intfp.intval.b + B[5];
```

联合的综合不支持在原本 C/C++类型和用户定义类型之间进行强制转换。

通常在 Vitis HLS 设计中，联合用于将原始位从一种数据类型转换为另一数据类型。通常，当在顶层端口接口使用浮点值时，需要进行这种原始位转换，如代码清单 9-55 所示。

代码清单 **9-55**　联合用于转换的 **C** 代码

```
typedef float T;
unsigned int value; // the "input"€  of the conversion
T myhalfvalue; // the "output"  of the conversion
union
{
   unsigned int as_uint32;
   T as_floatingpoint;
} my_converter;
my_converter.as_uint32 = value;
myhalfvalue = my_converter. as_floatingpoint;
```

5）类型限定符

类型限定符可以直接影响由高级综合创建的硬件。通常，限定符以可预测的方式影响综合结果。Vitis HLS 仅受限定符解释的限制，因为它会影响功能行为，并且可以执行优化以创建更优化的硬件设计。

（1）volatile：当在函数接口上多次访问指针时，volatile 限定符会影响 RTL 中执行的读写次数。保护对 volatile 变量的访问，这意味着无猝发访问、无端口扩宽、无死代码消除。

注：任意精度类型不支持算术运算的 volatile 限定符。在算术表达式中使用任何使用 volatile 限定符的任意精度数据类型之前，必须将其分配给非易失性数据类型。

（2）static：函数中的 static 类型在函数调用之间保持其值。硬件设计中的等效行为是一个寄存的变量（触发器或存储器）。如果一个变量需要是 static 类型才能使 C/C++函数正确执行，那么在最终的 RTL 设计中，它肯定是一个寄存器。必须在函数和设计的调用之间保留该值。

这不是事实，即只有 static 类型才会在综合后产生寄存器。Vitis HLS 确定在 RTL 设计中需要将哪些变量实现为寄存器。例如，如果必须在多个周期内保持变量赋值，Vitis HLS 会创建一个寄存器来保持该值，即使 C/C++函数中的原始变量不是 static 类型。

Vitis HLS 遵循 static 的初始化行为，并在初始化期间将值赋值为零（或任何明确初始化的值）给寄存器。这意味着，在 RTL 代码和 FPGA 比特流中初始化 static 变量。这并不意味着每次复位信号时都会重新初始化变量。

（3）const：const 类型指定从不更新变量的值。变量是读取的，但从未写入，因此必须初始化。对于大多数常数变量，这通常意味着在 RTL 设计中将它们简化为常量。Vitis HLS 执行恒定传播并去除任何不必要的硬件。

在数组的情况下，最终 RTL 设计中的 const 变量实现为 ROM（在没有 Vitis HLS 对小型数组执行任何自动分区的情况下）。使用 const 限定符指定的数组在 RTL 和 FPGA 位流中初始化（类似于 statics）。没有必要复位它们，因为从未写入它们。

在代码清单 9-56 给出的代码中，Vitis HLS 实现了 ROM，即使数组没有用 static 或 const 限定符指定。该代码说明了 Vitis HLS 如何分析设计，并确定最优的实现。限定符指导工具，但不规定最终的 RTL。

代码清单 9-56　Vitis HLS 实现 ROM 的 C 语言代码

```
#include "array_ROM.h"

dout_t array_ROM(din1_t inval, din2_t idx)
{
 din1_t lookup_table[256];
 dint_t i;
 for (i = 0; i < 256; i++) {
 lookup_table[i] = 256 * (i - 128);
 }
 return (dout_t)inval * (dout_t)lookup_table[idx];
}
```

在该例子中，Vitis HLS 能够通过将变量 lookup_table 作为最终 RTL 中的存储元素来确定实现是最佳的。

9.6.3　任意精度类型

Vitis HLS 为 C++提供的整数和定点精度数据类型如表 9.3 所示。

表 9.3　整数和定点精度数据类型

语言	整数和定点精度数据类型	要求的头文件
C++	ap_[u]int<W> (1024 bits)	#include "ap_int.h"
C++	ap_[u]fixed<W,I,Q,O,N>	#include "ap_fixed.h"

注：Vitis HLS 不支持 C 文件中的任意精度类型。

任意整数类型的 C++代码，如代码清单 9-57 所示。

代码清单 9-57　任意整数类型的 C++代码（1）

```
#include "ap_int.h"
        void foo_top(…){
            ap_int<9>var1;                  //9 位整数
            ap_uint<10> var2;               //10 位无符号整数
```

ap_[u]int 数据类型允许的默认最大宽度为 1024 位。可以通过在包含 ap_int.h 头文件之前用小于或等于 4096 的正整数值定义宏 AP_INT_MAX_W 来覆盖该默认值，如代码清单 9-58 所示。

代码清单 9-58　任意整数类型的 C++代码（2）

```
#define AP_INT_MAX_W 4096 // Must be defined before next line
#include "ap_int.h"
ap_int<4096> very_wide_var;
```

定点数据类型将数据建模为整数和小数位，格式为 ap_Fixed<W，I，[Q，O，N]>，如表 9.4 所示。

表 9.4　定点数的定义格式

标识符	描　　述		
W	字长度（以位为单位）		
I	用于表示整数值的位数，即二进制点左侧的整数位数。当该值为负数时，它表示二进制点右侧的隐含符号位数（用于有符号表示）或隐含零个位数（用于无符号表示）。例如 ap_fixed<2, 0> a = -0.5;　　// a 可以是-0.5, ap_ufixed<1, 0> x = 0.5;　　// 1 位表示。x 可以是 0 或 0.5 ap_ufixed<1, -1> y = 0.25;　　// 1 位表示。y 可以是 0 或 0.25 const ap_fixed<1, -7> z = 1.0/256;　　// 1 位表示，z = 2^-8		
Q	量化模式。规定了当生成的精度高于用于保存结果的变量中最小小数位数所定义的精度时的行为		
	ap_fixed 类型	描　　述	
	AP_RND	四舍五入到正无穷（正的最大）	
	AP_RND_ZERO	四舍五入到零	
	AP_RND_MIN_INF	四舍五入到负无穷（负的最小）	
	AP_RND_INF	四舍五入到无穷	
	AP_RND_CONV	收敛的四舍五入	
	AP_TRN	截断到负无穷（默认）	
	AP_TRN_ZERO	截断到零	
O	溢出模式：当运算的结果超过可存储在用于存储结果的变量中的最大（或负数情况下的最小）可能值时，这会指示行为		
	ap_fixed 类型	描　　述	
	AP_SAT [1]	饱和	
	AP_SAT_ZERO [1]	饱和到零	
	AP_SAT_SYM [1]	对称饱和	
	AP_WRAP	回卷的四舍五入（默认）	
	AP_WRAP_SM	符号幅度回卷四舍五入	
N	这定义了溢出回卷模式下的饱和位数		

注：（1）使用 AP_SAT_*模式可以导致更高的资源使用，因为执行饱和将需要额外的逻辑，并且这种额外的成本可以高达 20%的额外 LUT 使用。

（2）hls_math 库中的定点数学函数不支持分别用于量化模式、溢出模式和饱和位数的 ap_[u]固定模板参数 Q、O 和 N。量化和溢出模式仅在 ap_[u]固定变量位于赋值左侧或被初始化时有效，而在计算过程中无效。

在以下示例中，Vitis HLS ap_fixed 类型用于定义一个 18 位变量，其中 6 位（包括符号位）被指定为表示二进制点以上的数字，12 位隐式表示为小数点后的小数。变量指定为有符号，量化模式设置为四舍五入正无穷。由于未指定溢出模式，因此溢出使用默认的四舍五入模式，如代码清单 9-59 所示。

代码清单 9-59　定点数的 C++代码

```
#include <ap_fixed.h>
...
ap_fixed<18,6,AP_RND> t1 = 1.5; // 内部表示为 0b00'0001.1000'0000'0000 (0x01800)
ap_fixed<18,6,AP_RND> t2 = -1.5; // 0b11'1110.1000'0000'0000 (0x3e800)
...
```

当对具有不同位数或不同精度的变量执行计算时，二进制点会自动对齐。例如，当使用不同大小的定点类型变量执行除法时，商的分数不大于被除数的分数。为了保留商的小数部分，可以在赋值前将结果强制转换为新的变量宽度。

使用定点执行的 C++仿真的行为与生成的硬件相匹配。这允许设计人员使用快速 C 级仿真来分析位精度、量化和溢出行为。

定点类型是浮点类型的有用替代，浮点类型需要许多时钟周期才能完成。除非需要浮点类型的整个范围，否则通常可以用定点类型实现相同的精度，从而用更小、更快的硬件实现相同的准确性。

ap_[u]固定数据类型允许的默认最大宽度为 1024 位。可以通过在包含 ap_int.h 头文件之前用小于或等于 4096 的正整数值定义宏 AP_INT_MAX_W 来覆盖该默认值。

这里需要特别注意，当使用 ap_[u]fixed 时，ROM 综合可能需要很长时间。将其更改为 int 可加快综合速度。例如：

　　　　　static ap_fixed<32,0> a[32][depth] =

可以更改为：

　　　　　static int a[32][depth] =

9.6.4　指针

指针在 C/C++代码中广泛使用，并且支持综合，但通常建议避免在代码中使用指针。在以下情况下使用指针时尤其如此：

（1）在同一函数中多次访问（读取或写入）指针时；

（2）使用指针数组时，每个指针必须指向一个标量或标量数组（而不是另一个指针）。

（3）只有在标准 C/C++类型之间进行强制转换时才支持指针强制转换。

代码清单 9-60 给出的代码说明了综合支持指向多个对象的指针。

代码清单 9-60　指向多个对象指针的 C 语言描述例子

```
#include "pointer_multi.h"
dout_t pointer_multi (sel_t sel, din_t pos) {
```

```
static const dout_t a[8] = {1, 2, 3, 4, 5, 6, 7, 8};
static const dout_t b[8] = {8, 7, 6, 5, 4, 3, 2, 1};
dout_t* ptr;
if (sel)
ptr = a;
else
ptr = b;

return ptr[pos];
}
```

Vitis HLS 支持指向用于综合的指向指针的指针，但不支持在顶层接口上使用它们，即作为顶层函数的参数。如果在多个函数中使用一个指向指针的指针，Vitis HLS 会内联所有使用该指向指针的函数。内联多个函数会增加运行时间。指向指针的指针 C 语言描述，如代码清单 9-61 所示。

代码清单 **9-61**　指向指针的指针 **C** 语言描述例子

```
#include "pointer_double.h"
data_t sub(data_t ptr[10], data_t size, data_t**flagPtr)
{
 data_t x, i;
 x = 0;
 // Sum x if AND of local index and pointer to pointer index is true
 for(i=0; i<size; ++i)
    if (**flagPtr & i)
         x += *(ptr+i);
 return x;
}
data_t pointer_double(data_t pos, data_t x, data_t* flag)
{
 data_t array[10] = {1, 2, 3, 4, 5, 6, 7, 8, 9, 10};
 data_t* ptrFlag;
 data_t i;
 ptrFlag = flag;

 // Write x into index position pos
 if (pos >=0 & pos < 10)
 *(array+pos) = x;

 // Pass same index (as pos) as pointer to another function
 return sub(array, 10, &ptrFlag);
}
```

指针数组也可以进行综合，如代码清单 9-62 所示。代码中的指针数组用于保存全局数组第二维的起始位置。指针数组中的指针只能指向标量或标量数组，它们不能指向其他指针。

代码清单 **9-62**　指针数组的 **C** 语言描述例子

```
#include "pointer_array.h"
data_t A[N][10];
data_t pointer_array(data_t B[N*10]) {
 data_t i,j;
 data_t sum1;
 // Array of pointers
 data_t* PtrA[N];
 // Store global array locations in temp pointer array
 for (i=0; i<N; ++i)
    PtrA[i] = &(A[i][0]);
```

```
    // Copy input array using pointers
    for(i=0; i<N; ++i)
        for(j=0; j<10; ++j)
            *(PtrA[i]+j) = B[i*10 + j];
    // Sum input array
    sum1 = 0;
    for(i=0; i<N; ++i)
        for(j=0; j<10; ++j)
            sum1 += *(PtrA[i] + j);
    return sum1;
}
```

如果使用本源的 C/C++类型，则支持指针强制转换进行综合。在代码清单 9-63 给出的代码中，类型 int 被强制转换为类型 char。

代码清单 9-63　指针类型转换的 C 语言描述例子

```
#define N 1024
typedef int data_t;
typedef char dint_t;
data_t pointer_cast_native (data_t index, data_t A[N]) {
  dint_t* ptr;
  data_t i =0, result = 0;
  ptr = (dint_t*)(&A[index]);
  // Sum from the indexed value as a different type
  for (i = 0; i < 4*(N/10); ++i) {
      result += *ptr;
      ptr+=1;
  }
  return result;
}
```

Vitis HLS 不支持在通用类型之间进行指针的强制转换。例如，如果创建了有符号值的结构复合类型，则不能强制转换指针以分配无符号值，如代码清单 9-64 所示。

代码清单 9-64　不支持的指针强制转换

```
struct {
  short first;
  short second;
} pair;
// Not supported for synthesis
*(unsigned*)(&pair) = -1U;
```

9.7　数组

数组是任何 C++软件程序中的基本数据结构。软件程序员将数组看作一个简单的容器，并根据需要分配/释放数组（这通常是动态的）。当需要为硬件综合相同的程序时，不支持为数组分配这种类型的动态存储器。对于将数组综合为硬件，了解算法所需的确切存储量（静态）是必要的。此外，与通常为 DDR 或 HBM 存储器组的全局存储器相比，FPGA 上的存储器架构（也称为"本地存储器"）具有非常不同的权衡。访问全局存储器的延迟成本很高，可能需要许多周期，而访问本地内存通常很快，只需要一个或多个周期。

9.7.1　数组的映射

当 HLS 设计已经被适当地流水线化和/或展开时，存储器访问模式就建立起来了。Vitis HLS 允许设计人员将数组映射到各种类型的资源，其中数组元素可以与握手信号并行使用，也可以不使用握手信号。内部数组和顶层函数接口中的数组都可以映射到寄存器或存储器。如果数组在顶层接口中，Vitis HLS 会自动创建与外部存储器接口所需的地址、数据和控制信号。如果数组是设计内部的，Vitis HLS 不仅创建访问存储器所需的地址、数据和控制信号，而且例化存储器模型（然后由下游 RTL 综合工具推断为存储器）。

数组通常在综合后被实现为存储器（RAM、ROM 或移位寄存器）。如果所使用的 FPGA 器件有足够的寄存器来支持这一步骤，数组也可以完全划分为单独的寄存器，以创建完全并行的实现。

顶层函数接口上的数组被综合为访问外部内存的 RTL 端口。在设计内部，大小小于 1024 的数组将被综合为移位寄存器。根据优化设置，大小大于 1024 的数组将被综合为 BRAM、LUTRAM 或 UltraRAM（URAM）。

数组可能在 RTL 中产生问题的情况包括：

（1）当实现为存储器（BRAM/LUTRAM/URAM）时，存储器端口的数量可能会限制对数据的访问，从而导致流水线循环中的 II 冲突；

（2）Vitis HLS 可能无法正确推断互斥访问；

（3）必须注意确保只需要读取访问的数组在 RTL 中实现为 ROM。

Vitis HLS 支持指针数组，每个指针只能指向一个标量或标量数组。

注：数组必须有确定的大小，即使对于函数参数（C++编译器忽略该大小，但 Vitis HLS 使用该大小），如 Array[10]。但是，不支持无大小的数组，如 Array[]。

映射到存储器的数组可能成为设计性能的瓶颈。Vitis HLS 提供了许多优化，如数组整形（resharp）和数组分割（partition），可以消除这些瓶颈。只要可能，就应该使用这些自动存储器优化，最大限度地减少代码修改的次数。然而，可能存在这样的情况，即需要显式地对存储器架构进行编码以满足性能，或者可能允许设计人员实现甚至更好的结果质量。在这些情况下，数组访问必须以不限制性能的方式进行编码。这意味着分析存储器访问模式，并在设计中组织存储器，以实现所需的吞吐量和面积。代码清单 9-65 给出的代码显示了一种情况，在这种情况下，对数组的访问可能会限制最终 RTL 设计中的性能。

代码清单 9-65　包含访问数组访问的 C 语言描述例子

```
#include "array_mem_bottleneck.h"
dout_t array_mem_bottleneck(din_t mem[N]) {
 dout_t sum=0;
 int i;

 SUM_LOOP:for(i=2;i<N;++i)
   sum += mem[i] + mem[i-1] + mem[i-2];
 return sum;
}
```

在该例子中，有三次对数组 mem[N]的访问来创建求和结果。在综合期间，数组实现为 RAM。如果将 RAM 指定为单端口 RAM，则不可能在每个时钟周期流水线循环 SUM_loop 来处理新的循环迭代。

这里的问题是，单端口 RAM 只有一个数据端口：每个时钟周期只能执行一次读取（或一次写入）。

（1）SUM_LOOP 周期 1：读 mem[i]；

（2）SUM_LOOP 周期 2：读 mem[i-1]，求 sum 值；

（3）SUM_LOOP 周期 3：读 mem[i-2]，求 sum 值；

可以使用双端口 RAM，但每个时钟周期只允许两次访问。计算 sum 的值需要三次读取，因此每个时钟周期需要三次访问，以便在每个时钟周期通过新的迭代对循环进行流水线传输。

可以重写上面示例中的代码，如代码清单 9-66 所示，以允许代码以 1 的吞吐量流水线化。在该代码中，通过执行预读和手动流水线处理数据访问，在循环的每次迭代中只指定一个数组读取。这确保了只需要一个单端口 RAM 即可实现性能。

代码清单 9-66   优化后数组访问的 C 语言描述例子

```
#include "array_mem_perform.h"
dout_t array_mem_perform(din_t mem[N]) {
  din_t tmp0, tmp1, tmp2;
  dout_t sum=0;
  int i;
  tmp0 = mem[0];
  tmp1 = mem[1];
  SUM_LOOP:for (i = 2; i < N; i++) {
  tmp2 = mem[i];
  sum += tmp2 + tmp1 + tmp0;
  tmp0 = tmp1;
  tmp1 = tmp2;
  }
  return sum;
}
```

并非总是需要对源代码进行上面例子中的修改。例如，使用优化命令/pragma 来获得相同的结果。Vitis HLS 包括用于更改数组实现和访问方式的优化命令。优化主要有两类：

（1）数组分割（partition）将原始数组拆分为较小的数组或单独的寄存器；

（2）数组重组（reshape）将数组重新组织为不同的存储器排列，以提高并行性，但不会拆分原始数组。

9.7.2   数组分割

数组可以分割为块，也可以划分为它们各自的元素。在某些情况下，Vitis HLS 将数组划分为单独的元素。这可以使用自动分割的配置设置进行控制。当把一个数组划分为多个块时，单个数据将用多个 RTL RAM 块实现。当被划分为元素时，每个元素都被实现为 RTL 中的寄存器。在这两种情况下，分割都允许并行访问更多的元素，并有助于提高性能；设计权衡是在性能以及实现性能所需的 RAM 或寄存器的数量之间。

图 9.38   数组分割命令机器选项

数组使用 ARRAY_PARTITION 命令进行分割，如图 9.38 所示。Vitis HLS 提供了 3 种类型的数组分割：

（1）block（块）。原始数组被分割为原始数组的连续元素的大小相等的块。

（2）cyclic（循环）。原始数组被分割成大小相等的块，这些块交织排列原始数组的元素。

（3）complete（完全）。默认操作是将数组拆分为它的各个元素。这对应于将存储器解析为寄存器。

这 3 种类型将数组进行分割的效果如图 9.39 所示。

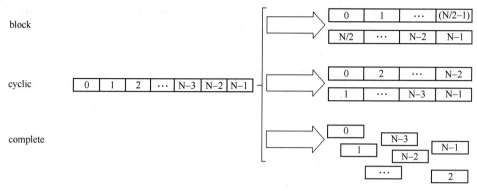

图 9.39　3 种类型的数组分割效果

对于 block 分区和 cyclic 分区，factor 选项指定创建的数组数。在图 9.39 中，使用了因子 2，即将数组划分为两个较小的数组。如果数组中的元素数不是 factor 的整数倍，则最终数组的元素很少。

对多维数组进行分区时，dim 选项用于指定要分区的维度。对于下面的数组：

```
int   my_array[10][6][4];
```

该数组的维数表示如图 9.40 所示。当 dim 为不同的值时，分割结果如下。

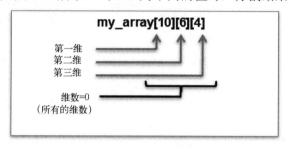

图 9.40　数组的维数表示

（1）dim=3 时，分割结果如下：

$$my\_array\_0[10][6]$$
$$my\_array\_1[10][6]$$
$$my\_array\_2[10][6]$$
$$my\_array\_3[10][6]$$

（2）dim=1 时，分割结果如下：

$$my\_array\_0[6][4]$$
$$my\_array\_1[6][4]$$
$$my\_array\_2[6][4]$$
$$my\_array\_3[6][4]$$
$$my\_array\_4[6][4]$$
$$my\_array\_5[6][4]$$
$$my\_array\_6[6][4]$$
$$my\_array\_7[6][4]$$
$$my\_array\_8[6][4]$$
$$my\_array\_9[6][4]$$

（3）dim=0 时，结果生成 10×6×4=240 个单独的元素。

数组分割是将一个数组分割成更小的元素的策略。Vitis HLS 能自动分割数组以提高吞吐量，可以通过配置数组分割对话框实现，如图 9.41 所示。

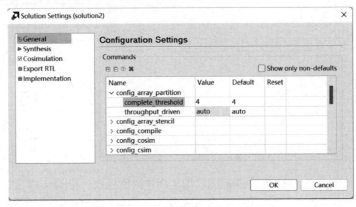

图 9.41　数组分割对话框

（1）throughput_driven：使能自动部分和/或完整数组分割。

① auto（默认值）：通过在面积和吞吐量之间进行智能权衡，实现自动数组分割。

② off：禁止自动数组分割。

（2）complete_threshold：设置完全分割数组的阈值。元素少于指定阈值的数组将完全划分为各个元素。

9.7.3　数组重组

ARRAY_RESHAPE 命令使用垂直重映射模式对数组进行改革，并用于减少 BRAM 的消耗，同时提供对数据的并行访问。

对于代码清单 9-67 给出的例子。使用 ARRAY_RESHAPE 命令的结果，如图 9.42 所示。

代码清单 9-67　数组重组的 C 语言描述例子

```
void foo (...) {
int array1[N];
int array2[N];
int array3[N];
#pragma HLS ARRAY_RESHAPE variable=array1 type=block factor=2 dim=1
#pragma HLS ARRAY_RESHAPE variable=array2 type=cycle factor=2 dim=1
#pragma HLS ARRAY_RESHAPE variable=array3 type=complete dim=1
```

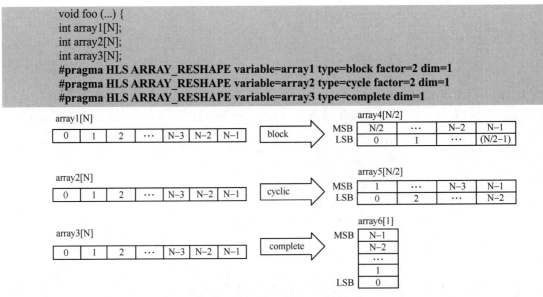

图 9.42　数组重组的不同结果

ARRAY_RESSHAPE 命令允许在单个时钟周期内访问更多数据。在单个时钟周期内可以访问更多数据的情况下，Vitis HLS 可能会自动展开消耗这些数据的任何循环，如果这样做可以提高吞吐量。可以完全或部分展开循环，以创建足够的硬件来在单个时钟周期中消耗额外的数据。该功能使用 config_unroll 命令和选项 tripcount_threshold 进行控制，如图 9.43 所示。在下面的例子中，如果这样做提高了吞吐量，则 tripcount 小于 16 的任何循环都将自动展开。

```
config_unroll -tripcount_threshold 16
```

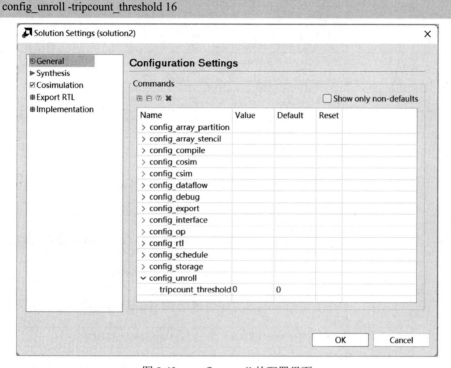

图 9.43　config_unroll 的配置界面

9.8　Vitis HLS 优化技术

本节介绍了可用于指导 Xilinx Vitis HLS 的各种优化技术，以产生满足所需性能和面积目标的微架构。使用 Vitis HLS，设计人员可以对设计应用不同的优化命令，包括：

（1）流水线任务，允许在当前执行完成之前开始任务的下一次执行。

（2）指定完成函数、循环和区域的目标延迟。

（3）指定对所使用资源数量的限制。

（4）覆盖代码中固有的或隐含的依赖性以允许特定操作。例如，如果丢弃或忽略初始数据值是可以接受的，如在视频流中，如果可以获得更好的性能，则允许在写入之前读取内存。

（5）指定 I/O 协议以确保函数自变量可以连接到具有相同 I/O 协议的其他硬件块。

注：Vitis HLS 自动确定任何子函数使用的 I/O 协议。除非指定端口是否已经寄存，否则无法控制这些端口。

设计人员可以使用各种 HLS pragma 将优化命令添加到源代码中作为编译器 pragma，也可以使用 Tcl set_directive 命令在 Tcl 脚本中应用优化命令，以供解决方案在编译期间使用，如添加。Vitis HLS 作为 pragma 或 Tcl 命令提供的优化命令，如表 9.5 所示。

表 9.5 Vitis HLS 优化命令

命令	功能
AGGREGATE	AGGREGATE pragma 用于将结构中的所有元素分组为单个宽向量，以允许同时读取和写入结构中的所有成员
ALIAS	ALIAS pragma 通过定义访问同一 DRAM 缓冲区的多个指针之间的距离，实现了 Vitis HLS 中的数据相关性分析
ALLOCATION	指定所使用的操作、实现或函数的限制。这可能会强制共享硬件资源，并可能增加延迟
ARRAY PARTITION	将大型数组划分为多个较小的数组或单独的寄存器，以改进对数据的访问并消除 BRAM 瓶颈
ARRAY_RESHAPE	将一个数组从一个包含多个元素的数组重组为一个具有更大字宽的数组。有助于在不使用更多 BRAM 的情况下改进 BRAM 的访问
BIND_OP	在 RTL 中定义操作的特定实现
BIND_STORAGE	在 RTL 中定义存储元素或存储器的特定实现
DATAFLOW	使能任务级流水线，允许函数和循环同时执行。用于优化吞吐量和/或延迟
DEPENDENCE	用于提供额外的信息，这些信息可以克服循环携带的依赖性，并允许循环流水线（或以较低的间隔流水线）
DISAGGREGATE	将结构分解为其各个元素
EXPRESSION_BALANCE	允许关闭自动表达式平衡
INLINE	内联函数，删除该级别函数层次结构。用于实现跨函数边界的逻辑优化，并通过减少函数调用开销来改善延迟/间隔
INTERFACE	指定如何根据函数描述创建 RTL 端口
LATENCY	允许指定最小和最大延迟约束
LOOP_FLATTEN	允许将嵌套的循环折叠为一个具有改进延迟的单个循环
LOOP_MERGE	将连续循环合并以减少总体延迟，增加共享并改进逻辑优化
LOOP_TRIPCOUNT	用于具有可变边界的循环。提供循环迭代次数的估计值。这对综合没有影响，只对报告有影响
OCCURRENCE	在对函数或循环流水线时使用，以指定某个位置中代码的执行速度低于封闭函数或循环中的代码
PERFORMANCE	为循环指定所期望的交易间隔，并让工具确定实现结果的最佳方式
PIPELINE	通过允许在循环或函数内重叠执行操作来减少启动间隔
PROTOCOL	该命令指定一个代码区域，即协议区域，除非在代码中明确指定，否则 Vitis HLS 不会在其中插入时钟操作
RESET	该命令用于在特定状态变量（全局或静态）上添加/删除复位
STABLE	指示在数据流区域的入口和出口处生成同步时，可以忽略数据流区域中的变量输入或输出
STREAM	指定在数据流优化期间将特定数组实现为 FIFO 或 RAM 存储器通道。当使用 hls::stream 时，STREAM 优化命令用于覆盖 hls::stream 的配置
TOP	在工程设置中，指定用于综合的顶层函数。该命令可用于将任何函数指定为综合的顶层函数。这允许在一个工程中将不同解决方案指定为综合的顶层函数，而无须创建新的工程
UNROLL	展开循环以创建循环体及其指令的多个实例，然后可以对这些实例进行独立调度

9.9 接口及信号定义

在 Vitis HLS 设计中，将顶层函数的自变量综合为对多个信号进行分组的接口和端口，以定义 HLS 设计与设计外部元件之间的通信协议。Vitis HLS 自动定义接口，使用业界标准来指定所使用的协议。Vitis HLS 创建的接口类型取决于顶层函数参数的数据类型和方向、活动解决方案的目标流、config_interface 指定的默认接口配置设置以及 INTERFACE pragma 或命令。

9.9.1 模块级控制协议

Vitis 内核或 Vivado IP 的执行模式由 HLS 设计中的模块级控制协议和子函数结构定义。对于控制驱动的 TLP，ap_ctrl_chain 和 ap_ctrl_hs 协议支持顺序执行或流水线执行。对于数据驱动的 TLP，ap_ctrl_none 是必需的控制协议。

ap_ctrl_chain 控制协议是 Vitis 内核流的默认协议。ap_ctrl_hs 模块级控制协议是 Vivado IP 流的默认协议。但是，当设计人员把 HLS 设计链接在一起时，应该使用 ap_ctrl_chain，以更好地支持流水线执行。

设计人员可以使用 INTERFACE pragma 或命令在函数返回上指定模块级控制协议。如果 C/C++代码没有返回值，设计人员仍然可以在函数返回上指定控制协议。如果 C/C++代码使用函数 return，Vitis HLS 会为返回值创建一个输出端口 ap_return。

当函数返回指定为 AXI4-Lite 接口（s_axlite）时，控制协议中的所有端口都被绑定到 s_axlitte 接口中。当应用程序或软件驱动程序用于配置和控制块何时开始与停止操作时，这是软件对内核或 IP 可控的通常做法。

1．ap_ctrl_chain

ap_ctrl_chain 控制协议顺序执行创建的模块级握手信号的行为，如图 9.44 所示。图中，HLS 设计的第一个交易完成，第二个交易立即开始，因为当 ap_done 为逻辑高时，ap_continue 为逻辑高。然而，设计在第二个交易结束时停止，直到 ap_continue 为逻辑高有效。该图给出了发生复位后的下面行为。

（1）块在开始操作之前等待 ap_start 变高。

（2）输出 ap_idle 立即变为低，表示设计不再空闲。

（3）ap_start 信号必须保持高，直到 ap_ready 变为高。一旦 ap_ready 变高：

① 如果 ap_start 保持为高，则设计将开始下一个交易。

② 如果 ap_start 为低，则设计将完成当前交易并停止操作。

（4）可以在输入端口上读取数据。

（5）数据可以写入输出端口。

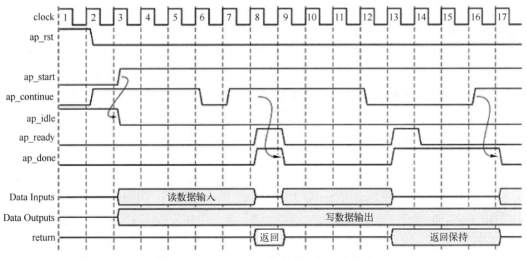

图 9.44　ap_ctrl_chain 控制协议的握手行为

注：输入和输出端口还可以指定独立于控制协议的端口级 I/O 协议。

（6）块完成操作时输出 ap_done 变高。

注：如果存在 ap_return 端口，则当 ap_done 为高时，该端口上的数据有效。因此，ap_done 信号还指示输出 ap_return 上的数据何时有效。

（7）ap_ctrl_chain 控制协议提供活动的高 ap_continue 信号，该信号指示消耗输出数据的下游块何时准备好用于新的数据输入。这允许下游块提供背压以防止数据流动。

① 如果在 ap_done 为高时 ap_continue 信号为高，则设计继续操作。

② 如果下游块不能消耗新的数据输入，则 ap_continue 信号为低。如果 ap_done 为高时 ap_continue 信号为低，则设计停止操作；ap_done 信号保持高，等待 ap_continue 变为高。

（8）当设计准备好接受新的输入时，ap_ready 信号为一个时钟周期的高脉冲。下游模块的 ap_ready 端口可以直接驱动 ap_continue 端口。下面是关于 ap_ready 信号的其他信息。

① 在设计开始操作之前，ap_ready 信号是不活动的。

② 在非流水线设计中，ap_ready 信号与 ap_done 信号同时有效。

③ 在流水线设计中，ap_ready 信号可以在 ap_start 信号采样为高之后的任何周期变为高。这取决于如何流水线设计。

④ 如果在 ap_ready 信号变高之后 ap_start 信号保持高，则立即开始下一个交易。

⑤ 当 ap_ready 信号变高之后 ap_start 信号变低时，设计会一直执行，直到 ap_done 信号变高，然后停止操作，除非在此期间 ap_start 信号再次变高，从而启动新的交易。

（9）ap_idle 信号指示设计何时空闲且不工作。以下是有关 ap_idle 信号的其他信息。

① 如果 ap_ready 信号为高时 ap_start 信号为低，则设计停止操作，并且 ap_idle 信号在 ap_done 信号之后一个周期变为高。

② 如果 ap_ready 信号为高时 ap_start 信号为高，则设计继续操作，并且 ap_idle 信号保持为低。

2. ap_ctrl_hs

ap_ctrl_hs 控制协议具有与 ap_ctrl_chain 相同的信号，但将 ap_continue 信号设置为逻辑"1"，使其保持高电平。该控制协议支持顺序和流水线执行模式，但不提供来自下游设计模块的背压来控制数据流。

3. ap_ctrl_none

ap_ctrl_none 也具有与 ap_ctrl_chain 相同的信号，但是握手信号端口（ap_start、ap_idle、ap_ready 和 ap_done）被设置为高并被优化掉。

ap_ctrl_none 区域或一个或多个 hls::task 可以通过以下两种方式中的一种方式例化。

（1）只有 ap_ctrl_none 区域一直到顶层，包括顶层（即使由于编码错误，在上面任何地方都没有顺序 FSM 或 nonap_ctrll_none 数据流）。

（2）在数据流区域中，其中它的输入流是由在它之前调用的一个或多个 non-ap_ctrl_none 进程或区域生成，它的输出流由一个或多个在它之后调用的 non-ap_ctrl_none 进程或区域消耗。

前者可以消除一直到顶层的 ap_start/ap_ready/ap_done/ap_continuue 握手。后者能够由前一进程或区域为上面的数据流区域生成 ap_start/ap_ready 握手，并由后续进程或区域生成 ap_done/ap_continue 握手。

4. s_axilite

在 Vivado IP 流程中，默认执行控制使通过使用默认 ap_ctrl_hs 控制协议的 s_axilite 接口进行寄存器读写来管理。IP 是通过读取和写入 S_AXILITE 控制寄存器映射中所描述的 s_axilite 接口的控制寄存器来进行软件控制的。

s_axilite 接口提供了以下功能。

（1）控制协议（Control Protocol）：块级控制协议中指定的块控制协议。

（2）标量参数（Scalar Argument）：顶层函数的标量参数可以映射到 s_axlite 接口，该接口为 S_AXILITE 控制寄存器映射中描述的值创建一个寄存器。软件可以对该寄存器空间执行读/写操作。

（3）偏移规则（Rules for Offset）：Vivado IP 流程根据顶层函数中相关 C 参数的数据类型定义分配给端口的地址大小或范围。但是，该工具还允许设计人员手动定义偏移大小，如 S_AXILITE 偏移选项中所述。

（4）捆绑规则（Rules for Bundle）：在 Vivado IP 流程中，您可以使用 s_axlite 接口指定多个捆绑，这将为设计人员定义的每个捆绑创建一个单独的接口适配器。然而，正如 S_AXILITE 捆绑规则中所解释的，设计人员应该熟悉一些与使用多个捆绑相关的规则。

9.9.2　端口级协议

默认，输入指针和传递值自变量被实现为没有相关握手信号的简单线端口。如果端口没有 I/O 协议，（默认或设计）输入数据必须保持稳定，直到读取为止。

默认情况下，输出指针用相关联的输出有效信号来实现，以指示输出数据何时有效。如果没有与输出端口关联的 I/O 协议，则很难知道何时读取数据。

将既读取又写入的函数自变量拆分为单独的输入和输出端口。

如果函数有返回值，则实现输出端口 ap_return 以提供返回值。当 RTL 设计完成一个交易时，这相当于 C/C++函数的一次执行，模块级协议指示通过 ap_done 信号完成该函数。这也表明端口 ap_return 上的数据是有效的并且可以读取。

注：顶层函数的返回值不能是指针。

一个典型默认综合的 RTL 端口时序如图 9.45 所示。

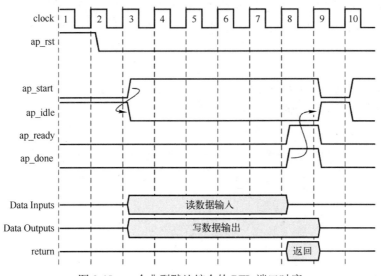

图 9.45　一个典型默认综合的 RTL 端口时序

（1）当 ap_start 信号为高有效时，设计开始。

（2）当 ap_idle 信号为低有效时，指示设计正在操作。

（3）在第一周期之后的任何时钟读取输入数据。Vitis HLS 调度读取发生的时间。当读取完所有输入时，ap_ready 信号为高有效。

（4）当计算输出和时，相关联的输出握手指示数据是有效的。

（5）当完成函数时，ap_done 信号有效。这也表明 ap_return 信号上的数据是有效的。

（6）端口 ap_idle 为高有效时，指示等待再次启动设计。

1. 端口级 I/O：无协议

ap_none 指定不向端口添加 I/O 协议。当指定此项时，参数将实现为不带其他相关信号的数据端口。ap_none 模式是标量输入的默认模式。

ap_none 端口级 I/O 协议是最简单的接口类型，没有其他相关信号。输入和输出信号都没有用于指示何时读取或写入数据的相关控制端口。RTL 设计中唯一的端口是源代码中指定的端口。

ap_none 接口不需要额外的硬件开销。但是，ap_none 接口确实需要以下内容：

生产者模块执行以下操作之一：

（1）在正确的时间向输入端口提供数据，通常在设计开始之前。

（2）保持交易长度的数据，直到设计产生 ap_ready 信号。

在设计完成以及再次启动之前，消费者模块读取输出端口。

注：ap_none 接口不能与数组参数一起使用。

2. 端口级 I/O：线握手

接口模式 ap_hs 包括与数据端口的双向握手信号。握手是业界标准的有效和确认握手。与模式 ap_vld 相同，但只有一个有效端口，而 ap_ack 只有一个确认端口。

模式 ap_ovld 用于输入-输出参数。当把输入-输出拆分为单独的输入和输出端口时，模式 ap_none 应用于输入端口，ap_vld 应用于输出端口。这是读写指针参数的默认值。

ap_hs 模式可以应用于按顺序读取或写入的数组。如果 Vitis HLS 可以确定读或写访问不是顺序的，它将停止合成并出现错误。如果无法确定访问顺序，Vitis HLS 将发出警告。

1）ap_hs（ap_ack、ap_vld 和 ap_ovld）

ap_hs 端口级 I/O 协议在开发过程中提供了最大的灵活性，允许自底而上和自顶向下的设计流程。双向握手可以安全地执行所有块内通信，正确操作不需要手动干预或假设。ap_hs 端口级 I/O 协议提供以下信号：

（1）数据端口；

（2）有效信号，用于指示数据信号何时有效并且可以读取；

（3）确认信号，用于指示何时已读取数据。

注：控制信号的名字基于原始端口的名字。例如，数据输入 in 的有效端口命名为 in_vld。

图 9.46 显示了 ap_hs 接口对输入和输出端口的行为。在本例中，输入端口命名为 in，输出端口命名为 out。

对于输入，会出现以下情况：

（1）应用启动后，块开始正常操作。

（2）如果设计已准备好输入数据，但输入有效为低，则设计暂停并等待输入有效，以指示存在新的输入值。

注：图 9.46 显示了这种行为。在该例子中，设计准备在时钟周期 4 读取输入的数据，并在读取数据之前暂停等待输入有效。

（3）当输入有效被断言为高时，输出确认被断言为高以指示数据被读取。

对于输出，会出现以下情况：

（1）应用启动后，块开始正常操作。

（2）当写输出端口时，其相关联的输出有效信号为有效，以指示端口上存在有效数据。

（3）如果相关联的输入确认为低，则设计暂停并等待输入确认有效。

（4）当输入确认有效时，表示已经读取数据，在下一个时钟沿输出有效信号变为无效。

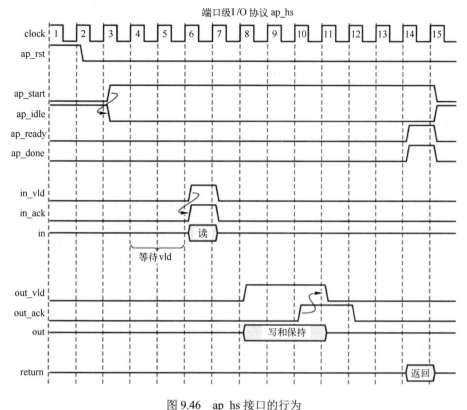

图 9.46 ap_hs 接口的行为

2）ap_ack

ap_ack 端口级 I/O 协议是 ap_hs 接口类型的一个子集。ap_ack 端口级 I/O 协议提供以下信号：

（1）数据端口。

（2）确认信号，用于指示数据何时被消费。

① 对于输入参数，设计会生成一个输出确认，该输出确认在读取输入的周期中处于高电平。

② 对于输出参数，Vitis HLS 实现了一个输入确认端口，以确认已经读取输出。

注：（1）在写操作之后，设计会暂停并等待，直到输入确认为高有效，这表明输出由消费者模块读取。但是，没有关联的输出端口来指示何时可以消费数据。

（2）不能使用 C/RTL 协同仿真来验证在输出端口上使用 ap_ack 的设计。

3）ap_vld

ap_vld 端口级 I/O 协议是 ap_hs 接口类型的一个子集。ap_vld 端口级 I/O 协议提供以下信号：

（1）数据端口。

（2）有效信号，用于指示数据信号何时有效并且可以读取。

① 对于输入参数，一旦 valid 处于活动状态，设计就会读取数据端口。即使设计还没有准备好读取新数据，设计也会对数据端口进行采样，并在内部保存数据，直到需要为止。

② 对于输出参数，Vitis HLS 实现了一个输出 valid 端口，以指示输出端口上的数据何时有效。

557

4）ap_ovld

ap_ovld 端口级 I/O 协议是 ap_hs 接口类型的一个子集。ap_ovld 端口级 I/O 协议提供以下信号：

（1）数据端口。

（2）有效信号，用于指示数据信号何时有效并且可以读取。

① 对于输入参数和 inout 参数的输入部分，设计默认为 ap_none 类型。

② 对于输出参数和 inout 参数的输出部分，设计实现了 ap_vld 类型。

5）ap_memory,bram

ap_memory 和 bram 端口级 I/O 协议用于实现数组参数。当实现需要对存储器地址进行随机访问时，这种类型的端口级 I/O 协议可以与存储器元件（如 RAM 和 ROM）通信。

注：如果设计人员只需要顺序访问存储器元素，请使用 ap_fifo 接口。ap_fifo 接口减少了硬件开销，因为不执行地址生成。

ap_memory 和 bram 端口级 I/O 协议相似，但不相同。ap_memory 接口使用基于字的寻址，并生成额外的芯片使能控制信号，而 bram 接口使用字节寻址。表 9.6 总结了两者的差异。

表 9.6　ap_memory 和 bram 的比较

	ap_memory	bram
第 n 个字的地址	$n \times 1$	$n \times$（按字节的字大小）
地址位宽	ceil(log2(depth))	32 位
支持的字大小	任意	8×2 的幂次方位
支持的字节使能	是，如果字大小是字节的倍数	是
IP 集成器支持	不可用	块存储器生成器和/或嵌入存储器生成器支持

在 Vivado 工具中，接口的表示方式也有所不同。

（1）ap_memory 接口显示为离散端口。

（2）bram 接口显示为单个分组端口。在 IP 集成器中，设计人员可以使用单个连接创建到所有端口的连接。

使用存储器接口时，使用 BIND_STORAGE pragma 指定实现。如果没有为数组指定目标，Vitis HLS 将确定是使用单端口还是双端口 RAM 接口。

提示：在运行综合之前，使用 BIND_STORAGE pragma 确保数组参数指向正确的存储器类型。用校正后的存储器重新综合可能导致不同的调度和 RTL。

图 9.47 显示了一个名字为 "d" 的数组，将该数组指定为单端口块 RAM。端口名字基于 C/C++函数参数。例如，如果 C/C++自变量为 d，则芯片使能为 d_ce，并且基于 BRAM 的输出/q 端口，输入数据为 d_q0。

复位后，会发生以下情况：

（1）应用启动后，块开始正常操作。

（2）在输出信号 d_ce 有效的同时，通过在输出地址端口上给出地址来执行读取操作。

注：对于默认 BRAM，设计期望在下一个时钟周期中输入数据 d_q0 可用。设计人员可以使用 BIND_STORAGE pragma 来指示 RAM 具有更长的读取延迟。

（3）通过使输出端口 d_ce 和 d_we 有效，且同时应用地址和输出数据 d_d0 来执行写操作。

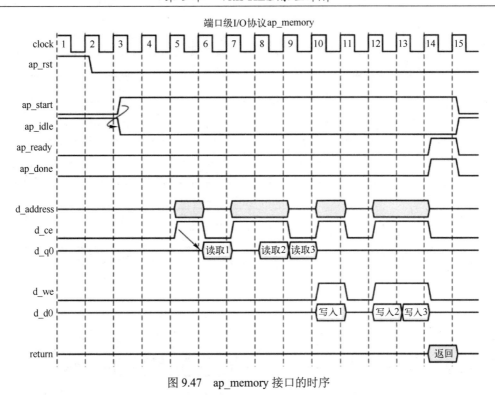

图 9.47　ap_memory 接口的时序

6）ap_fifo

在写输出端口，且当设计需要访问存储器元件并且访问总是以顺序方式执行时，即不需要随机访问时，其相关联的输出有效信号接口是最具硬件效率的方法。ap_fifo 端口级 I/O 协议支持以下内容：

（1）允许端口连接到 FIFO。

（2）实现完整的双向空-满通信。

（3）适用于数组、指针和传递引用参数类型。

注：可以使用 ap_fifo 接口的函数通常使用指针，并且可能多次访问同一变量。

在代码清单 9-68 给出的例子中，in1 是一个指针，它访问当前地址，然后访问当前地址之上的两个地址，最后访问当前地址之下的一个地址。

代码清单 9-68　包含指针访问的 C 语言描述例子

```
void foo(int* in1, ...) {
  int data1, data2, data3;
        ...
  data1= *in1;
  data2= *(in1+2);
  data3= *(in1-1);
  ...
}
```

如果将 in1 指定为 ap_fifo 接口，Vitis HLS 会检查访问，确定访问不是按顺序进行的，发出错误并停止。要从非顺序地址位置读取，请使用 ap_memory 或 bram 接口。

设计人员不能在既读取又写入的参数上指定 ap_fifo 接口。只能在输入或输出参数上指定 ap_fifo 接口。将输入参数 in 和输出参数 out 指定为 ap_fifo 接口的设计的行为，即 ap_fifo 接口的时序如图 9.48 所示。

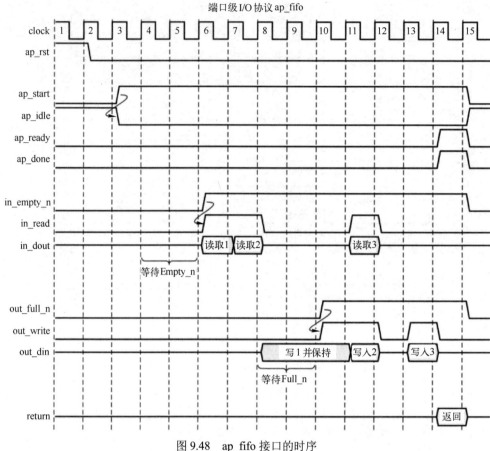

图 9.48 ap_fifo 接口的时序

对于输入，会出现以下情况：

（1）在应用 ap_start 之后，块开始正常操作。

（2）如果已准备好读取输入端口，但 FIFO 为空，如输入端口 in_empty_n 指示为低，则设计暂停并等待数据可用。

（3）当 FIFO 包含输入端口 in_empty_n 为高所指示的数据时，输出确认 in_read 为高有效，以指示在该周期中读取数据。

对于输出，会出现以下情况：

（1）应用启动后，块开始正常操作。

（2）如果输出端口已准备好写入，但 FIFO 已满，如 out_full_n 为低指示，则将数据放置在输出端口上，但设计暂停并等待 FIFO 中的空间变为可用。

（3）当如 out_full_n 为高所指示的 FIFO 中的空间变为可用时，输出确认信号 out_write 有效，以指示输出数据有效。

（4）如果顶层函数或顶层循环使用-rewind 选项流水，Vitis HLS 会创建一个后缀为_lwr 的额外输出端口。当最后一次写入 FIFO 接口完成时，_lwr 端口变为高电平。

第10章 Vitis HLS 实现过程详解

本章将通过实例详细说明 Vitis HLS 的具体应用，主要内容包括基于 Vitis HLS 实现组合逻辑、基于 Vitis HLS 实现时序逻辑，以及基于 Vitis HLS 实现矩阵相乘。

10.1 基于 Vitis HLS 实现组合逻辑

本节内容包含设计组合逻辑模型、执行高级综合、添加用户命令并优化设计、查看生成的数据处理图、运行 C 仿真和验证功能、运行 RTL 级综合以及运行行为级仿真等内容。

本节将在 Vivado HLS 中通过 C 语言，描述用于实现 6 种逻辑运算功能的模型。这 6 种逻辑运算包含逻辑与、逻辑与非、逻辑或、逻辑或非、逻辑异或、逻辑异或非操作。

10.1.1 修改 Vitis HLS 环境参数

为了读者阅读本书方便，这里修改了 Vitis HLS 的背景颜色，将其默认的黑色背景改为白色背景。主要步骤如下所述。

第一步：通过下面给出的其中一种方法，打开 Vivado HLS 软件设计工具。

（1）在 Windows 11 操作系统主界面下，执行菜单命令【开始】→【所有应用】→【Xilinx Design Tools】→【Vitis HLS 2023.1】。

（2）在 Windows 11 操作系统桌面上，找到并双击名字为 "Vitis HLS 2023.1" 的图标。

第二步：启动 Vitis HLS 2023.1 主界面，如图 10.1 所示。在 Vitis HLS 2023.1 主界面主菜单下，执行菜单命令【Window】→【Preferences】。

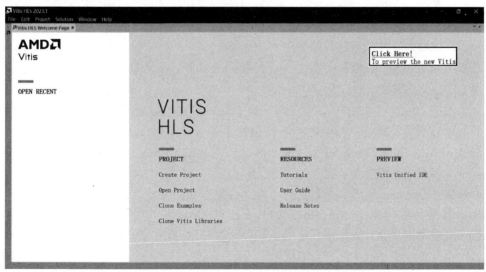

图 10.1 Vitis HLS 2023.1 主界面（反色显示）

第三步：弹出 "Preferences" 对话框，如图 10.2 所示。在该对话框中，找到并展开

561

"General"条目。在展开条目中，找到并选中"Appearance"条目。通过"Theme"右侧的下拉框，将其设置为"Light"。

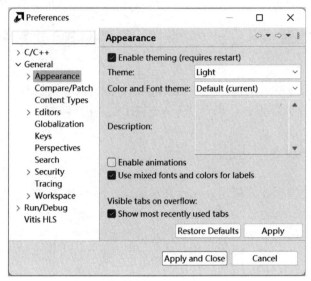

图 10.2 "Preferences"对话框

第四步：单击图 10.2 中的【Apply】按钮，退出"Preferences"对话框。

第五步：弹出"Theme Change"对话框。在该对话框中提示信息"You will need to restart Vitis HLS GUI for the theme change to take effect.Would you like to restart now?"。单击该对话框中的【Restart Now】按钮，退出 Vitis HLS 2023.1 主界面。

注：*修改 Vitis HLS 环境参数不是必须要执行的操作。如果不需要修改背景颜色，读者可以忽略本节的内容。*

10.1.2 建立新的设计工程

本小节将介绍如何在 Vitis HLS 中建立新的设计工程，主要步骤如下所述。

第一步：按前面介绍的方法，启动 Vitis HLS。

第二步：弹出 Vitis HLS 2023.1 主界面，如图 10.1 所示。在该主界面中，通过下面给出的其中一种方法进入创建新设计工程向导。

（1）单击图 10.1 中"PROJECT"标题下的【Create Project】按钮。

（2）在主界面主菜单下，执行菜单命令【File】→【New Project】。

第三步：弹出"New Vitis HLS Project-Project Configuration"对话框，如图 10.3 所示。在该对话框中，按如下设置参数。

（1）单击"Location"文本框右侧的【Browse】按钮，弹出"选择文件夹"对话框。在该对话框中，将路径定位到\vivado_example\hls_basic\logic_gate，单击该对话框中的【选择文件夹】按钮，退出"选择文件夹"对话框。

（2）Project name：gate（通过文本框输入）。

第四步：单击图 10.3 中的【Next】按钮。

第五步：弹出"New Vitis HLS Project-Add/Remove Design Files"对话框，如图 10.4 所示。在该对话框中，提示信息"Add/remove C-based source files（design specification）"。在该对话框

中，按如下设置参数。

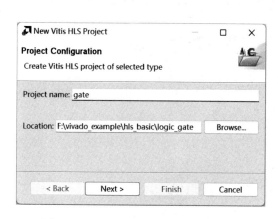

图 10.3 "New Vitis HLS Project-Project
Configuration" 对话框

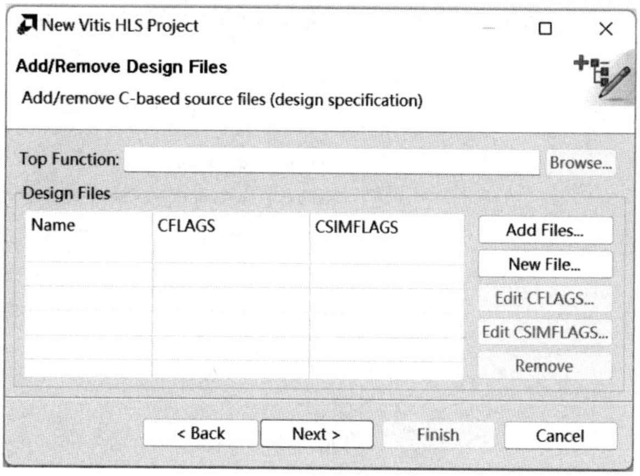

图 10.4 "New Vitis HLS Project-Add/Remove
Design Files" 对话框

（1）单击【New File】按钮，弹出"另存为"对话框，按如下设置参数。

① 定位到\vivado_example\hls_basic\logic_gate 路径；

② 在该对话框底部标题为"文件名"右侧的文本框中输入"gate.cpp"；

③ 单击【保存】按钮，退出"另存为"对话框。

（2）在图 10.4 中标题"Top Function"右侧的文本框中输入"gate"，表示该模块的顶层函数的名字为"gate"。设置完参数后的"New Vitis HLS Project-Add/Remove Design Files"对话框如图 10.5 所示。

第六步：单击图 10.5 中的【Next】按钮。

第七步：弹出"New Vitis HLS Project-Add/Remove Testbench Files"对话框，如图 10.6 所示。在该对话框中，提示信息"Add/remove C-based testbench files（design test）"。在该对话框中，保持默认设置。

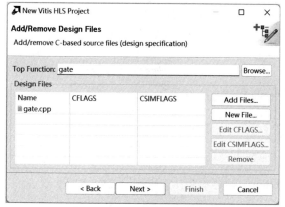

图 10.5 "New Vitis HLS Project-Add/Remove
Design Files" 对话框

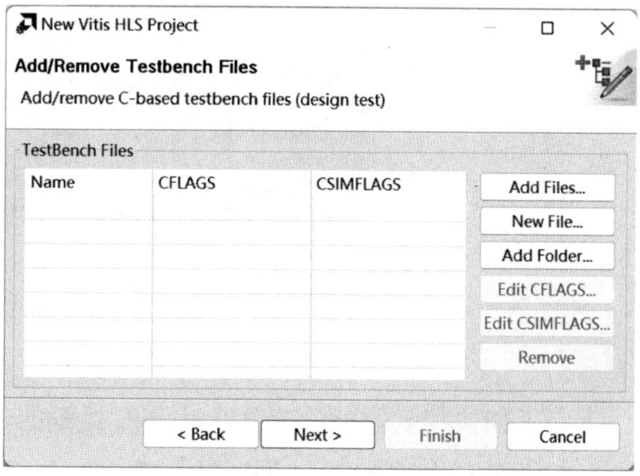

图 10.6 "New Vitis HLS Project-Add/Remove
Testbench Files" 对话框

第八步：单击图 10.6 中的【Next】按钮。

第九步：弹出"New Vitis HLS Project-Solution Configuration"对话框，如图 10.7 所示。在该对话框中，提示信息"Create Vitis HLS solution for selected technology"。在该对话框中，按如下设置参数。

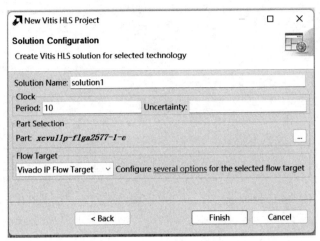

图 10.7 "New Vitis HLS Project-Solution Configuration"对话框

（1）找到标题为"Part Selection"的窗口。在该标题窗口中，单击"Part"标题右侧的▓▓按钮，弹出"Device Selection Dialog"对话框，如图 10.8 所示。

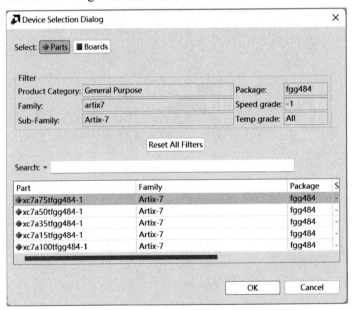

图 10.8 "Device Selection Dialog"对话框

为了加快搜索器件的速度，在该对话框的"Filter"标题窗口中，按如下设置参数。

➢ Product Category：General Purpose；

➢ Family：artix7；

➢ Sub-Family：Artix-7；

➢ Package：fgg484；

➢ Speed grade：-1；

➢ Temp grade：All。

在该对话框下面的窗口中，筛选出可用的器件列表。在该列表中，选中名字为"xc7a75tfgg484-1"的一行。单击图 10.8 中的【OK】按钮，退出"Device Selection Dialog"对话框。

（2）保持图 10.7 中其他参数的默认设置。

第十步：单击图 10.7 中的【Finish】按钮，进入 Vitis HLS 当前工程主界面。

10.1.3　添加设计文件

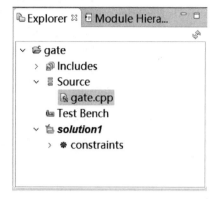

图 10.9　Explorer 窗口中的工程文件列表

本小节将介绍如何在建立的新 Vitis HLS 工程中添加 C++源文件和包含文件，主要步骤如下所述。

第一步：进入 Vitis HLS 当前工程主界面。在当前工程主界面左侧的 Explorer 窗口中，以树形结构列出当前工程 gate 所包含的设计文件，如图 10.9 所示。展开 Source 文件夹，双击 gate.cpp。

第二步：在 gate.cpp 文件中输入 C++语言代码，如代码清单 10-1 所示。

代码清单 10-1　gate.cpp 文件

```
#include "gate.h"
void gate(bit a,bit b, bit *c,bit *d,bit *e, bit *f, bit *g,bit *h)
{
    *c=a & b;                   // logic "and" operation
    *d=((a & b) ^ 1);           // logic "nand" operation
    *e=a | b;                   // logic "or" operation
    *f=((a | b) ^ 1);           // logic "nor" operation
    *g=a ^ b;                   // logic "xor" operation
    *h=((a ^ b) ^ 1);           // logic "xnor" operation
}
```

其中：

（1）bit 为自定义数据类型。在 gate.h 中定义了该数据类型，表示一位无符号的整数。

（2）设计中的按位取反操作并不是直接通过～符号实现的，而是通过和 1 进行异或操作得到的。这样做是为了与 C 仿真的结果保持一致。

第三步：按 Ctrl+S 组合键，保存 gate.cpp 文件。

第四步：添加 gate.h 头文件。

（1）在 Vitis HLS 当前工程主界面主菜单下，执行菜单命令【File】→【New File】。

（2）弹出"另存为"对话框。默认路径指向\vivado_example\hls_basic\logic_gate。在该对话框下方名字为"文件名"标题右侧的文本框中输入"gate.h"。

（3）单击【保存】按钮，退出"另存为"对话框。

第五步：自动打开 gate.h 文件。在该文件中输入代码，如代码清单 10-2 所示。

代码清单 10-2　gate.h 文件

```
#ifndef _GATE_
#define _GATE_
#include "ap_int.h"
void gate(bit a, bit b, bit *c, bit *d, bit *e, bit *f, bit *g, bit *h);
typedef ap_uint<1> bit;
#endif
```

其中：

（1）ap_uint<1>是 HLS 工具支持的任意整数类型中的一位无符号整数，去掉前面的 u，将表示有符号整数。

（2）在使用任意整数类型时，需要包含头文件 ap_int.h。

第六步：按 Ctrl+S 组合键，保存 gate.h 文件。

10.1.4 工具栏的功能

在 Vitis HLS 当前工程主界面中提供了具有不同功能的按钮，如图 10.10 所示。下面按照从左到右的顺序对这些按钮的功能进行简要介绍。

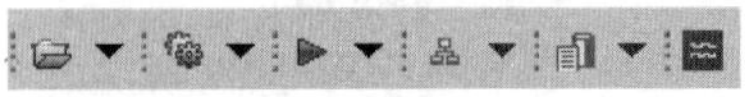

图 10.10　Vitis HLS 当前工程主界面工具栏中的按钮

（1）**Open Project**（打开工程）：打开文件浏览器，以便查找和打开 HLS 工程。下拉菜单还提供了对 New File（新建文件）命令的访问，该命令允许设计人员创建要在文本编辑器中打开的新文件。

（2）Open Settings（打开设置）。打开"Solution Setting"对话框以修改活动解决方案的设置。下拉菜单还提供了对以下内容的访问。

① Project Settings（工程设置）：用于配置打开工程的设置。

② New Solution（新的解决方案）：用于为打开的工程定义新的解决方案。

③ Solution Settings（解决方案设置）：功能同 Open Settings 按钮。

（3）Run Flow（运行流程）：在 Vitis HLS 中启动 C 源代码到 RTL 综合。下拉菜单还提供了对以下内容的访问。

① C Simulation（C 仿真）：启动打开工程的 C 仿真。

② C Synthesis（C 综合）：功能同 Run Flow 按钮。

③ Cosimulation（协同仿真）：在 Vitis HLS 中启动 C/RTL 协同仿真。

④ Export RTL（导出 RTL）：导出打开的工程。

⑤ Implementation（实现）：调用 Vivado 综合/实现工具，对 RTL 执行综合和/或实现，查看真实的时序和资源利用率结果。

（4）Open Viewer（打开查看器）：打开由 C 综合生成的调度查看器（Schedule Viewer）。显示函数的每个操作和控制步骤，以及它执行的时钟周期。下拉菜单还提供了对以下内容的访问。

① Function Call Graph（函数调用图）：显示了在 C 综合或 C/RTL 协同仿真后的完整设计。

② Dataflow Viewer（数据流查看器）：显示由工具推断的数据流结构。

③ Schedule Viewer（调度查看器）：功能同 Open Viewer 按钮。

④ Timeline Trace（时间线跟踪）：在 C/RTL 协同仿真后可用。显示了设计函数运行时的概要。

（5）Open Report（打开报告）：显示了由 C 综合生成的报告。下拉菜单还提供了对以下内容的访问。

① Synthesis（综合）：显示了在 C 综合期间生成的报告。

② Cosimulation（协同仿真）：显示了在 C/RTL 协同仿真期间生成的报告。

③ Implementation（实现）：显示在 Vivado 综合/实现期间生成的报告。

（6）Open Wave Viewer（打开波形查看器）：当 C/RTL 协同仿真包括来自 Vivado 仿真器的波形时，显示波形查看器。

10.1.5　流程导航器的功能

在 Vitis HLS 当前工程主界面左下角提供了 Flow Navigator（流程导航器）窗口，如图 10.11 所示。流程导航器是 Vitis HLS 设计流程的流程表示。每个步骤完成后，所有查看器和报告都可以通过流程导航器使用。流程导航器中表示的不同步骤如下所述。

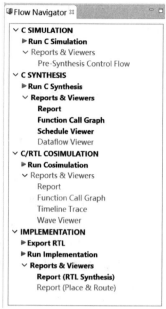

（1）C SIMULATION：打开"C Simulation"对话框，列出运行仿真后可用的报告。

（2）C SYTHESIS：打开"C Synthesis"对话框，列出运行综合后可用的报告。

（3）C/RTL COSIMULATION：打开"C/RTL Cosimulation"对话框，列出运行仿真后可用的报告。

（4）IMPLEMENTATION：允许设计人员指定从 Vitis HLS 导出的 RTL 文件的格式和位置，还可以运行 Vivado 综合和实现以生成更详细的利用率和时序报告。

10.1.6　执行高级综合

本小节将介绍如何对设计进行综合，将 C 模型转换成 RTL 的描述。

图 10.11　Flow Navigator 窗口

第一步：使用下面给出的其中一种方法，启动高级综合。

（1）在 Vitis HLS 当前工程主界面主菜单下，执行菜单命令【Solution】→【Run C Synthesis】→【Active Solution】

（2）在 Vitis HLS 当前工程主界面工具栏中单击按钮 ▶ ▼ 。

（3）在 Vitis HLS 当前工程主界面左上角的窗口中，单击"Explorer"。在该窗口中，找到并选中"solution1"，单击鼠标右键，出现浮动菜单。在浮动菜单内，执行菜单命令【C Synthesis】→【Active Solution】。

（4）在 Vitis HLS 当前工程主界面右下角的 Flow Navigator 窗口中，找到并展开"C SYNTHESIS"条目。在展开条目中，找到并单击"Run C Synthesis"。

第二步：弹出"C Synthesis-Active Solution"对话框，如图 10.12 所示。单击【OK】按钮，开始执行高级综合过程。

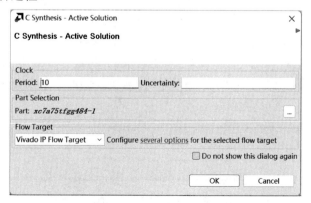

图 10.12　"C Synthesis-Active Solution"对话框

第三步：在 Vitis HLS 当前工程主界面底部的 Console 窗口中，显示高级综合过程的信息，如图 10.13 所示。从图中可知，高级综合涉及调度（scheduling）和绑定（Binding）过程。

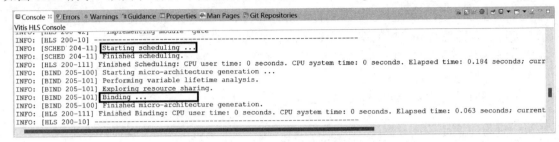

图 10.13　Console 窗口中显示高级综合过程的信息

思考题 10-1：请读者仔细查看 Console 窗口中给出的高级综合过程信息，理解 C 到 RTL 转换的过程。

第四步：综合过程结束后，在 Vitis HLS 当前工程主界面中，出现名字为"Synthesis Summary(solution1)"的标签页。在该标签页中，给出了高级综合报告。下面对该报告进行说明。

（1）General Information（一般信息），如图 10.14 所示。一般信息提供了报告的生成时间、使用的软件版本、工程名字、解决方案名字和目标流程，以及技术细节。

图 10.14　高级综合报告给出的一般信息

（2）Timing Estimate（时序估计），如图 10.15 所示。显示解决方案指定时序的快速估计，如指定时钟频率中所述。这包括指定的目标（Target）时钟周期和不确定（Uncertainty）周期。时钟周期减去不确定周期，即为估计时钟周期。

提示：这些值只是开发人员在解决方案设置中提供的估计值。正如在导出 RTL 中描述的那样，可以通过从 Flow Navigator 窗口中选择运行 RTL 综合命令或运行 RTL 布局和布线来报告更准确的估计。

图 10.15　高级综合报告给出的时序估计

（3）Performance & Resource Estimates（性能和资源估计），如图 10.16 所示，其报告顶层函数和在顶层函数中例化的任何子块的延迟（Latency）与启动间隔（Interval）。C/C++源文件中在该级调用的每个子函数都生成 RTL 块中的一个实例，除非该子函数使用 INLINE pragma 或命令在顶层函数中内联，或自动内联。

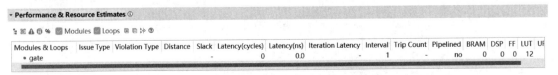

图 10.16　高级综合报告给出的性能和资源估计

Slack（松弛）一列显示实现中的任何时序问题。

Latency（延迟）一列显示产生输出所需要的周期数，也以时间（ns）显示。Interval（间隔）是在可以应用新输入之前的时钟周期数。在没有任何 PIPELINE 命令的情况下，延迟比启动间隔少一个周期（在写入最终输出后读取下一个输入）。

当延迟显示为“？”时，意味着 Vitis HLS 无法确定循环迭代的次数。如果涉及的延迟或吞吐量取决于具有可变索引的循环，Vitis HLS 会将循环的延迟报告为未知。在这种情况下，使用 LOOP_TRIPCOUNT pragma 或命令手动指定循环迭代次数。LOOP_TRIPCOUNT 值仅用于确保生成的报告显示有意义的延迟和间隔范围，并且不会影响综合结果。

迭代延迟是循环的单个迭代的延迟。Trip Count 列显示特定循环在实现的硬件中进行的迭代次数。这反映了硬件中循环的任何展开。

报告的 Performance & Resource Estimates 列表示实现 RTL 代码中的软件功能所需的估计资源。提供了对 BRAM、DSP、FF 和 LUT 的估计。此外，在图 10.16 中的工具栏中，单击按钮 %，以百分比的形式显示该设计使用的 FPGA 逻辑资源的情况，这样更便于读者评估该设计当前所选择 FPGA 器件的规模能否满足该设计对 FPGA 逻辑资源的需求。

思考题 10-2：根据图 10.16，说明该设计中所消耗 FPGA 的逻辑资源的数量。

（4）HW Interfaces（硬件接口），如图 10.17 所示。综合报告的硬件端口部分提供了综合期间生成的不同硬件接口的表格。Vitis HLS 生成硬件接口的类型取决于解决方案指定的流程目标，以及应用于代码的任何 INTERFACE pragma 或命令。

思考题 10-3：请查看图 10.17 除了 C 模型描述的输入和输出端口，HLS 工具又新添加了哪些新的端口。

（5）SW I/O Information（SW I/O 信息），如图 10.18 所示。高亮显示 C/C++源文件中函数参数如何与生成的 RTL 代码中的端口名相关联。

▾ HW Interfaces

▾ Other Ports

Port	Mode	Direction	Bitwidth
a	ap_none	in	1
b	ap_none	in	1
c	ap_vld	out	1
d	ap_vld	out	1
e	ap_vld	out	1
f	ap_vld	out	1
g	ap_vld	out	1
h	ap_vld	out	1

▾ TOP LEVEL CONTROL

Interface	Type	Ports
ap_ctrl	ap_ctrl_hs	ap_done ap_idle ap_ready ap_start

图 10.17　高级综合报告给出的硬件接口

▾ SW I/O Information

▾ Top Function Arguments

Argument	Direction	Datatype
a	in	ap_uint<1>
b	in	ap_uint<1>
c	out	ap_uint<1>*
d	out	ap_uint<1>*
e	out	ap_uint<1>*
f	out	ap_uint<1>*
g	out	ap_uint<1>*
h	out	ap_uint<1>*

▾ SW-to-HW Mapping

Argument	HW Interface	HW Type
a	a	port
b	b	port
c	c	port
c	c_ap_vld	port
d	d	port
d	d_ap_vld	port
e	e	port
e	e_ap_vld	port
f	f	port
f	f_ap_vld	port
g	g	port
g	g_ap_vld	port
h	h	port
h	h_ap_vld	port

图 10.18　高级综合报告给出的 SW I/O 信息

（6）Bind Op and Bind Storage Reports（绑定操作和绑定存储报告）。该报告添加到综合总结报告中。这两个报告能够帮助设计人员理解 Vitis HLS 在将操作映射到资源时所做的选择。Vitis HLS 将以适当的延迟将操作映射到适当的资源。设计人员可以通过使用 BIND_OP pragma 或命令，并请求特定的资源映射和延迟来影响该过程。Bind OP 报告将显示哪些映射是自动完成的，而哪些是通过使用 pragma 强制执行的。类似地，Bind Storage 报告显示了数组到平台存储资源（如 BRAM/LUTRAN/URAM）的映射。

Bind Op 报告显示了内核或 IP 的详细信息。显示顶层函数的层次结构，并列出变量以及应用的任何 HLS pragma 或命令、定义的操作、Vitis HLS 使用的实现以及任何应用的延迟。

（7）单击"Synthesis Summary(solution1)"标签页中的按钮❌，退出综合总结。

10.1.7 添加用户命令优化设计

本小节将介绍如何添加用户命令以消除前面高级综合所生成的多余端口。主要步骤如下所述。

第一步：打开 gate.cpp 文件。

第二步：在 Vitis HLS 当前工程主界面中，找到并单击"Directive"标签，如图 10.19 所示。

第三步：在图 10.19 中，找到并选中"gate"条目，单击鼠标右键，在弹出的快捷菜单中，执行菜单命令【Insert Directive】。

第四步：弹出"Vitis HLS Directive Editor"对话框，如图 10.20 所示。在该对话框中，按如下设置参数。

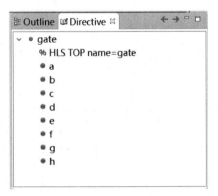

图 10.19 "Directive"标签页　　　图 10.20 "Vitis HLS Directive Editor"对话框（1）

（1）"Directive"标题窗口：在该标题窗口提供的下拉框中选择"INTERFACE"。

（2）"Destination"标题窗口：在该标题窗口中点选"Directive File"前面的复选框。

（3）"Options"标题窗口：在该标题窗口中，通过"mode（optional）"右侧的下拉框，将"mode"设置为"ap_ctrl_none"。

设置完参数后，单击图 10.20 中的【OK】按钮，退出"Vitis HLS Directive Editor"对话框。

第五步：在图 10.19 所示的标签页中，选中变量"a"，单击鼠标右键，在弹出的快捷菜单中，执行菜单命令【Insert Directive】。

第六步：弹出"Vitis HLS Directive Editor"对话框，如图 10.21 所示。在该对话框中，按如下设置参数。

（1）"Directive"标题窗口：在该标题窗口提供的下拉框中选择"INTERFACE"。

（2）"Destination"标题窗口：在该标题窗口中点选"Directive File"前面的复选框。

（3）"Options"标题窗口：在该标题窗口中，通过"mode（optional）"右侧的下拉框，将 mode 设置为 ap_none。

设置完参数后，单击图 10.21 中的 OK 按钮，退出"Vitis HLS Directive Editor"对话框。

第七步：在图 10.19 所示的标签页中，依次选择变量 b、c、d、e、f、g 和 h，重复第五步和第六步，为这些变量分别添加命令 ap_none。添加完所有用户命令后的"Directive"标签页，如图 10.22 所示。

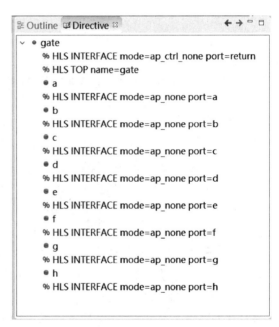

图 10.21　"Vitis HLS Directive Editor"对话框（2）　　图 10.22　添加完用户命令后的"Directive"标签页

第八步：按下面两种方法中的一种方法，重新启动高级综合。

（1）在 Vitis HLS 当前工程主界面主菜单下，执行菜单命令【Solution】→【Run C Synthesis】→【Active Solution】。

（2）在 Vitis HLS 当前工程主界面的工具栏中单击按钮 ▷ ▾。

第九步：运行完高级综合后，自动弹出新的"Synthesis Summary(solution1)"标签页。在该标签页的 SW I/O Information 中查看 SW-to-HW Mapping，如图 10.23 所示。将图 10.23 和图 10.18 进行比较。显然，在添加用户策略后，Vitis HLS 删除了该设计顶层不需要的端口。

SW-to-HW Mapping

Argument	HW Interface	HW Type
a	a	port
b	b	port
c	c	port
d	d	port
e	e	port
f	f	port
g	g	port
h	h	port

图 10.23　SW-to-HW Mapping

10.1.8 打开调度查看器

调度查看器（Schedule Viewer）提供了高级综合后 RTL 的详细视图，显示了函数的每个操作和控制步骤，以及它在其中执行的时钟周期。它可以帮助设计人员识别任何防止并行、时序冲突和数据依赖关系的循环依赖。

第一步：读者可以通过下面其中一种方法打开调度查看器。

（1）在 Vitis HLS 当前工程主界面主菜单下，执行菜单命令【Solution】→【Open Schedule Viewer】。

（2）在 Vitis HLS 当前工程主界面工具栏中，找到并单击名字为 "Open Viewer" 的按钮 ▲ ▼ 。

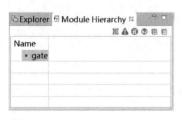

（3）在 Vitis HLS 当前工程主界面左上角的窗口中，单击 "Module Hierarchy"，如图 10.24 所示。在该窗口中，找到并用右键单击 "gate"，出现浮动菜单。在浮动菜单内，执行菜单命令【Open Schedule Viewer】。

图 10.24 Module Hierarchy 窗口

（4）在 Vitis HLS 当前工程主界面左下角的 Flow Navigator 窗口中，找到并展开 "C SYNTHESIS" 条目。在展开条目中，找到并展开 "Reports & Viewers" 条目。在展开条目中，单击 "Schedule Viewer"。

第二步：在 Vitis HLS 右侧窗口中出现新的名字为 "Schedule Viewer(solution1)" 的标签页，如图 10.25 所示。下面对该标签页进行说明，以帮助读者理解该标签页中提供的信息。

（1）左边的纵轴显示了将在 RTL 层次结构中实现为逻辑的操作和循环的名字。括号中的名字表示操作的名字。操作是按拓扑顺序进行的，这意味着第 n 行上的操作只能由前一行的操作驱动，并且只能驱动后一行中的操作。根据发现的冲突类型，调度查看器会显示每个操作的额外信息。

（2）顶部的水平轴以连续的顺序显示时钟周期。

（3）每个时钟周期中的垂直线显示了由于时钟不确定性而保留的时钟周期部分。这个时间用于 Vivado 后端处理，如布局和布线。

（4）每个操作在表中显示为一个灰色框（具体取决于 Vitis HLS 的背景设置）。根据操作延迟占总时钟周期的百分比来水平调整方框大小。在函数调用的情况下，所提供的周期信息相当于操作延迟。

（5）多周期操作显示为灰色框，框中心有一条水平线。

（6）调度查看器还将操作符数据相关性显示为蓝色实线。例如，当选中图 10.26 左侧 Operation\Control Step 窗口中的 b_read(read) 一行时，设计人员可以看到蓝色实线箭头高亮显示特定的操作符依赖关系。这使设计人员能够对数据相关性进行详细分析。此外，绿色虚线表示迭代间的数据依赖关系。

（7）内存依赖关系使用金色线显示。

第三步：选中图 10.26 左侧 Operation\Control Step 窗口中的 and_In4(&) 一行，单击鼠标右键，出现浮动菜单。在浮动菜单内，执行菜单命令【Goto Source】。在 Vitis HLS 右下角的窗口中自动显示新的 C Source 窗口，如图 10.27 所示。

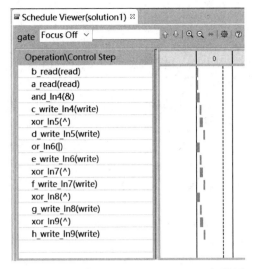

图 10.25　"Schedule Viewer(solution1)"标签页　　　　图 10.26　显示操作之间的数据依赖性

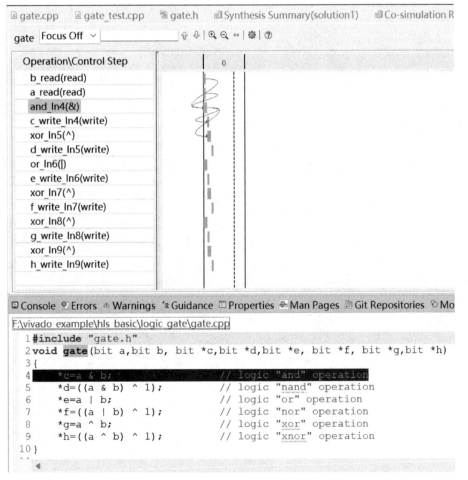

图 10.27　C Source 窗口

思考题 10-4：选择 10.26 中不同的行，在图 10.27 的 C Source 窗口中查看不同操作所对应的 C++代码。

10.1.9 运行协同仿真

本小节将介绍如何使用 C++语言编写测试平台，对用 C++语言描述的 gate 函数功能进行验证，以确认 RTL 的功能与 C++源代码一致，主要步骤如下所述。

第一步：为了对 C 模型进行测试，需要构建基于 C++语言的测试平台文件。

（1）在 Vitis HLS 当前工程主界面左侧的 Explorer 窗口中，找到并选择"Test Bench"，单击鼠标右键，在弹出的快捷菜单中，执行菜单命令【New File】，如图 10.28 所示。

图 10.28　添加测试平台文件快捷菜单

（2）在弹出的"另存为"对话框中，输入文件名"gate_test.cpp"。

（3）单击【保存】按钮。Vitis HLS 将自动打开 gate_test.cpp 文件。

第二步：输入测试代码，如代码清单 10-3 所示。

代码清单 10-3　gate_test.cpp 文件

```cpp
#include "gate.h"
#include "stdio.h"
int main()
{
    bit a=0;
    bit b=0;
    bit c,d,e,f,g,h;
    bit w;
    gate(a,b,&c,&d,&e,&f,&g,&h);
    printf("a=%d, b=%d, c=%d, d=%d, e=%d, f=%d, g=%d, h=%d\n",a,b,\
            c.to_bool(), d.to_bool(), e.to_bool(),f.to_bool(),g.to_bool(),h.to_bool());
    a=0;
    b=1;
    gate(a,b,&c,&d,&e,&f,&g,&h);
    printf("a=%d, b=%d, c=%d, d=%d, e=%d, f=%d, g=%d, h=%d\n",a,b,\
            c.to_bool(),d.to_bool(), e.to_bool(),f.to_bool(), g.to_bool(),h.to_bool());
    a=1;
    b=0;
    gate(a,b,&c,&d,&e,&f,&g,&h);
    printf("a=%d, b=%d, c=%d, d=%d, e=%d, f=%d, g=%d, h=%d\n",a,b,\
            c.to_bool(),d.to_bool(), e.to_bool(),f.to_bool(), g.to_bool(),h.to_bool());
    a=1;
    b=1;
    gate(a,b,&c,&d,&e,&f,&g,&h);
    printf("a=%d, b=%d, c=%d, d=%d, e=%d, f=%d, g=%d, h=%d\n",a,b,\
            c.to_bool(),d.to_bool(), e.to_bool(),f.to_bool(), g.to_bool(),h.to_bool());
    return 0;
    }
```

其中：

（1）给 a 和 b 四组不同的测试向量，a 和 b 测试向量依次按照"00"、"01"、"10"和"11"变化。

（2）依次调用 gate 函数。

（3）把结果打印出来。

第三步：按 Ctrl+S 组合键，保存设计文件。

第四步：使用下面给出的其中一种方法，运行 C/RTL 协同仿真。

（1）在 Vitis HLS 当前工程主界面的工具栏内，单击"Run Flow"按钮旁的下拉框按钮 ▼（图中用黑框标注），弹出浮动菜单，如图 10.29 所示。在浮动菜单内，选择"Cosimulation"。

（2）在 Vitis HLS 当前工程主界面主菜单下，执行菜单命令【Solution】→【Run C/RTL Cosimulation】。

（3）在 Vitis HLS 当前工程主界面左下角的 Flow Navigator 窗口中，找到并展开"C/RTL COSIMULATION"条目。在展开条目中，单击"Run Cosimulation"。

（4）在 Vitis HLS 当前工程主界面左上角的窗口中，单击"Explorer"。在该窗口中，找到并选中"solution1"文件夹，单击鼠标右键，出现浮动菜单。在浮动菜单内，执行菜单命令【Run C/RTL Cosimulation】。

第五步：弹出"Co-simulation Dialog"对话框，如图 10.30 所示。下面对图中的选项进行说明。

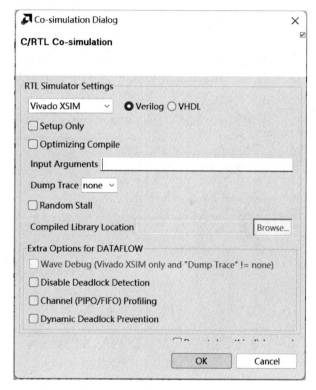

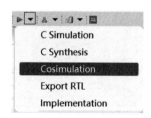

图 10.29　在"Run Flow"按钮下拉菜单中
选择"Cosimulation"

图 10.30　"Co-simulation Dialog"对话框

（1）RTL Simulation Settings：选择用于验证的 RTL 输出类型（Verilog HDL 或 VHDL），以及用于仿真的 HDL 仿真器（Vivado XSIM、ModelSim 或 Rivera）。

（2）Setup Only：创建所需的仿真文件，但是不运行仿真。稍后可以从命令窗口内运行仿真可执行文件。

（3）Optimizing Compile：如果可能，以牺牲编译时间为代价，改善运行时的性能。

（4）Input Arguments：为 C 测试平台指定任何命令行参数。

（5）Dump Trace：当执行仿真时，指定写入当前解决方案的 sim/Verilog 或 sim/VHDL 目录的跟踪文件输出的级别。

① all：将所有端口和信号波形数据保存到跟踪文件中。

② port：仅输出顶层端口的波形跟踪数据。

③ none：不输出跟踪数据。

（6）Random Stall：对每次数据传输应用随机暂停。

（7）Compiled Library Location：指定已编译仿真库的目录，以便于第三方仿真器一起使用。

（8）Extra Options for DATAFLOW。

① Wave Debug：使能 RTL 仿真中所有过程的波形可视化。只有在使用 Vivado 逻辑仿真器时才支持此选项。使能此功能将启动仿真器图形用户界面（GUI），以便检查仿真生成的波形中的数据流活动。

② Disable Deadlock Detection：禁止死锁检测，并在协同仿真中打开 Cosim Deadlock Viewer。

③ Channel（PIPO/FIFO）Profiling：使能捕获统计数据以在 Dataflow Viewer 中显示。

④ Dynamic Deadlock Prevention：通过在协同仿真期间使能数据流分析的 FIFO 通道大小。

注：在图 10.30 中，通过 "Dump Trace" 右侧的下拉框将 "Dump Trace" 设置为 "all"。选中该选项，就可以打开 Vivado XSIM，并查看 RTL 的仿真波形。

第六步：单击图 10.30 中的【OK】按钮，退出 "Co-simulation Dialog" 对话框。

第七步：在 Vitis HLS 的 Console 窗口中给出了仿真的信息，可以清楚地看到基于 C 模型的仿真结果达到了设计的要求，如图 10.31 所示。

```
Console ⊠  Errors  Warnings  Guidance  Properties  Man Pages  Git Repositories  Modules/Loops
Vitis HLS Console
$finish called at Time : 225 ns : File "F:/vivado_example/hls_basic/logic_gate/gate/solution1/sim/verilog/gate.autotb.v" Line 56
## quit
INFO: [Common 17-206] Exiting xsim at Fri Sep 15 14:35:27 2023...
INFO: [COSIM 212-316] Starting C post checking ...
a=0, b=0, c=0, d=1, e=0, f=1, g=0, h=1
a=0, b=1, c=0, d=1, e=1, f=0, g=1, h=0
a=1, b=0, c=0, d=1, e=1, f=0, g=1, h=0
a=1, b=1, c=1, d=0, e=1, f=0, g=0, h=1
INFO: [COSIM 212-1000] *** C/RTL co-simulation finished: PASS ***
INFO: [COSIM 212-210] Design is translated to an combinational logic. II and Latency will be marked as all 0.
INFO: [HLS 200-111] Finished Command cosim_design CPU user time: 2 seconds. CPU system time: 0 seconds. Elapsed time: 17.713 sec
INFO: [HLS 200-112] Total CPU user time: 7 seconds. Total CPU system time: 1 seconds. Total elapsed time: 23.537 seconds; peak a
Finished C/RTL cosimulation.
```

图 10.31　C/RTL 协同仿真结果

10.1.10　查看 RTL 仿真结果

本小节将介绍如何打开 Vivado 内的 XSIM 工具，并查看 RTL 的仿真结果，主要步骤如下所述。

第一步：在 Vitis HLS 当前工程主界面工具栏中，找到并单击 "Open Wave Viewer" 按钮 ■，启动 Vivado IDE。

第二步：自动打开 Vivado IDE 2023.1，并且进入 SIMULATION 主界面。在该主界面中间的窗口中，首先单击 "Objects" 标签，如图 10.32 所示。在该标签页中，通过按下 Ctrl 按键和连续单击鼠标左键，依次选中 a[0:0]、b[0:0]、c[0:0]、d[0:0]、e[0:0]、f[0:0]、g[0:0]和 h[0:0]；然后单击鼠标右键，出现浮动菜单。在浮动菜单内，执行菜单命令【Add to Wave Window】。将这些信号添加到右侧名字为

图 10.32　"Objects" 标签页

"gate.wcfg"的波形窗口中。

第三步：在波形窗口中通过按下 Ctrl 按键以及滑动鼠标滚轮，放大/缩小波形，使波形处于波形窗口合适的位置，如图 10.33 所示。

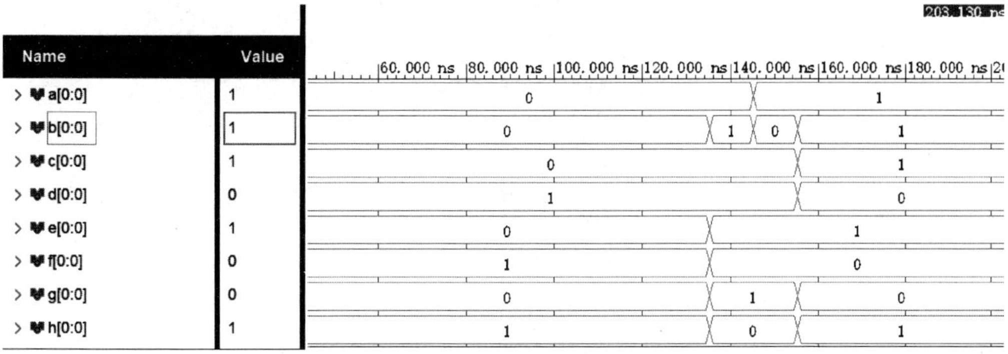

图 10.33　在波形窗口中显示仿真后的波形（反色显示）

第四步：退出 Vivado 集成开发环境。

10.1.11　运行实现

Vitis HLS 工具在其可以提供的关于其生成的 RTL 设计的估计方面是有限的。它可以预测资源利用率和最终结果的时间，但这只是预测。为了更好地了解 RTL 设计，设计人员可以实际运行 Vivado 综合，并在生成的 RTL 设计上布局和布线，查看时间和资源利用率的实际结果。运行实现的主要步骤如下所述。

第一步：使用下面给出的其中一种方法，启动运行实现过程。

（1）在 Vitis HLS 当前工程主界面工具栏中，单击"Run Flow"按钮▶右侧的按钮▼，弹出下拉菜单。在下拉菜单中，选择"Implementation"，如图 10.34 所示。

（2）在 Vitis HLS 当前工程主界面主菜单下，执行菜单命令【Solution】→【Implementation】。

（3）在 Vitis HLS 当前工程主界面左下角的 Flow Navigator 窗口中，找到并展开"IMPLEMENTATION"条目。在展开条目中，找到并单击"Run Implementation"。

（4）在 Vitis HLS 当前工程主界面左上角的窗口中，单击"Explorer"。在该窗口中，找到并选中"solution1"文件夹，单击鼠标右键，出现浮动菜单。在浮动菜单内，执行菜单命令【Implementation】。

第二步：弹出"Run Implementation"对话框，如图 10.35 所示。

下面对该对话框中的内容进行简要说明。

（1）RTL：产生 Verilog 或 VHDL 格式的 RTL。

（2）Vivado Clock Period Override：指定时钟周期，默认情况下由解决方案定义。

（3）Generate DCP：当勾选复选框时，为综合或实现的设计生成 DCP。

（4）IP Location：指定写入生成的 IP 文件的位置。

（5）IP OOC XDC File：指定要用于脱离上下文（Out of Context，OOC）综合的 RTL IP 的 XDC 文件。

（6）IP XDC File：用于指定在 Vivado 布局和布线期间使用的 XDC 文件。

（7）Report Level：定义在综合或实现过程中生成的报告级别。

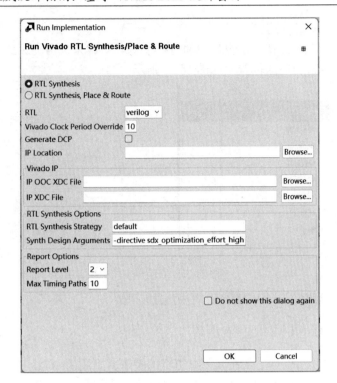

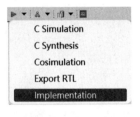

图 10.34　在"Run Flow"按钮
下拉框中选择"Implementation"

图 10.35　"Run Implementation"对话框

（8）Max Timing Paths：指定要从时序总结报告中提取的时序路径的个数。返回由指定值定义的最坏情况路径。

（9）RTL Synthesis Strategy：指定要在综合运行中使用的策略。

（10）Synth Design Arguments：指定 synth_design 命令的选项。

注：在执行实现的过程中，设计人员可以在 Flow Navigator 窗口中通过单击【Stop Implementation】按钮来取消实现过程。

第三步：单击该对话框中的【OK】按钮，退出该对话框。此时，Vitis HLS 自动调用 Vivado 的综合和实现工具。

第四步：实现过程结束后，在 Vitis HLS 右侧窗口中出现新的"Implementation(Place & Route)(solution1)(gate_export.rpt)"标签页。在该标签页中给出了实现报告。下面对该报告进行简要说明。

（1）General Information：提供了与设计和实现相关的一般信息，如图 10.36 所示。

图 10.36　实现报告中的 General Information

（2）Run Constraints & Options：报告为 RTL 综合运行和/或布局&布线运行设置的约束与选项，如图 10.37 所示。这将显示为运行设计和/或修改了哪些约束。

Run Constraints & Options

Name	Value
∨ Design Constraints & Options	
Place & Route target clock	10 ns
C-Synthesis target clock	10 ns
C-Synthesis uncertainty	27%
config_export -ip_xdc_file	
config_export -ip_xdc_ooc_file	
∨ RTL Synthesis Options	
config_export -vivado_synth_strategy	default
config_export -vivado_synth_design_args	-directive sdx_optimization_effort_high
∨ Place & Route Options	
config_export -vivado_impl_strategy	default
config_export -vivado_phys_opt	none
config_export -vivado_pblock	
∨ Reporting Options	
config_export -vivado_report_level	2
config_export -vivado_max_timing_paths	10

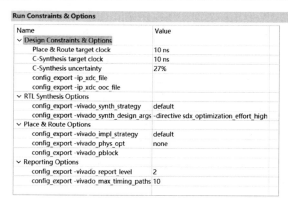

图 10.37　实现报告中的 Run Constraints & Options

（3）Resource Usage/Final Timing：该部分显示了 RTL 综合运行或布局布线运行所实现的资源和时序的快速总结。这些部分对资源利用率和时序目标是否实现的状况进行了高层次的概述，如图 10.38 所示。

Resource Usage

	Verilog
SLICE	2
LUT	3
FF	0
DSP	0
BRAM	0
URAM	0
LATCH	0
SRL	0
CLB	0

Final Timing

	Verilog
CP required	10
CP achieved post-synthesis	NA
CP achieved post-implementation	NA

No Sequential Path

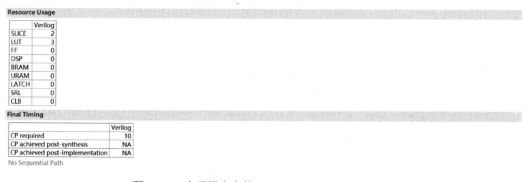

图 10.38　实现报告中的 Resource Usage/Final Timing

（4）Resources：该部分显示了每个模块的详细资源划分，如图 10.39 所示。此外，该部分还可以显示源代码中的原始变量和源位置信息。如果一个特定的资源是设计人员指定 pragma 的结果，则这也可以显示在其中。这允许设计人员将 C 代码与综合的 RTL 实现联系起来。检查这份报告非常有用，因此这是在 Vivado 综合了 RTL 实现之后。因此，DSP 和其他逻辑单元等功能块现在都已经在电路中例化。

Resources

Name	LUT	FF	DSP	BRAM	URAM	SRL	Pragma	Impl	Latency	Variable	Source
inst	3										

图 10.39　实现报告中的 Resources

（5）Fail Fast：Vivado 提供的故障快速报告可以指导设计人员对遇到的特定问题进行调查。在故障快速报告中，设计人员可以查看任何具有 REVIEW 状态的内容，以改善实现和时序收敛。图 10.40 中标记为第 1 部分、第 2 部分和第 3 部分的含义如下。

（1）第 1 部分，称为设计特点。默认使用指南（guide）基于 SSI 器件技术，对于非 SSI 技术的器件可以放宽。带有一个或多个 REVIEW 检查的设计是可行的，但是很难实现。

（2）第 2 部分，称为时钟检查。这些检查是关键的，必须解决。

（3）第 3 部分，称为 LUT 和网络预算。使用保守的方法更好地预测哪些逻辑路径在器件利用率高的情况下布局后不太可能满足时序要求。

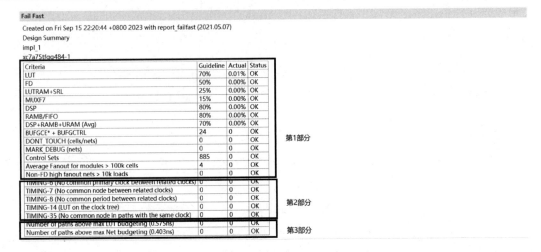

图 10.40　实现报告中的 Fail Fast

（6）Timing Paths：时序路径报告了导致设计最差松弛的时序关键路径，如图 10.41 所示。默认该工具将显示前 10 个最差的负松弛路径。表中的每条路径都有详细的信息，显示了从一个触发器到另一个触发器之间的组合路径。需要分解这些长的组合路径来解决时序问题。因此，设计人员需要分析这些路径以及它们的来源，并将这些路径映射回设计人员的 C 代码。同时，使用这些路径和前面提供的资源表可以帮助确定路径并将其关联回源代码。

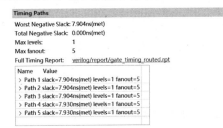

图 10.41　实现报告中的 Timing Paths

10.1.12　导出 RTL

导出 RTL 的主要步骤如下所述。

第一步：使用下面给出的其中一种方法，启动导出 RTL 过程。

（1）在 Vitis HLS 当前工程主界面的工具栏中，单击"Run Flow"按钮▶右侧的按钮▼，弹出下拉菜单。在下拉菜单中，选择"Export RTL"，如图 10.42 所示。

（2）在 Vitis HLS 当前工程主界面主菜单下，执行菜单命令【Solution】→【Export RTL】。

（3）在 Vitis HLS 当前工程主界面左下角的 Flow Navigator 窗口中，找到并展开"IMPLEMENTATION"条目。在展开条目中，找到并单击"Export RTL"。

（4）在 Vitis HLS 当前工程主界面左上角的窗口中，单击"Explorer"。在该窗口中，找到并选中"solution1"文件夹，单击鼠标右键，出现浮动菜单。在浮动菜单内，执行菜单命令【Export RTL】。

第二步：弹出"Export RTL"对话框，如图 10.43 所示。下面对该对话框中的内容进行简要说明。

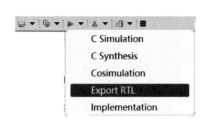

图 10.42　在"Run Flow"按钮下拉框中选择"Export RTL"　　　　图 10.43　"Export RTL"对话框

（1）Export Format：具体选项的含义如表 10.1 所示。

表 10.1　**Export Format 选项的含义**

导出格式	默认位置	描述
Vivado IP(.zip)	solution/impl/export.zip	将 IP 导出为 ZIP 文件，该文件可以添加到 Vivado IP 目录中。 impl/ip 文件夹还包含解压缩的 IP 内容
Vitis Kernel(.xo)	solution/impl/export.xo	XO 文件输出可用于 Vitis 编译器在应用程序加速开发流程中进行链接。 设计人员可以将 Vitis 核与其他核以及目标加速器卡链接，为设计人员的 加速应用程序构建 xclbin 文件

（2）Output Location：用于指定导出的 RTL 设计的路径和文件名。

（3）IP OOC XDC File：指定要用于 OOC 综合的 RTL IP 的 XDC 文件。

（4）IP XDC File：用于指定在 Vivado 布局和布线期间使用的 XDC 文件。

（5）IP Configuration：当在"Export RTL"对话框中选择 Vivado IP 格式时，设计人员可以选择配置特定字段，比如 IP 的 Vendor（供应商）、Library（库）、Name（名字）和 Version（版本）。

当把配置信息加载到 Vivado IP 目录中时，配置信息用于区分一个 IP 的多个实例。例如，如果为 IP 目录封装了一个实现，然后创建一个新的解决方案并将其打包为 IP，则默认情况下，新解决方案具有相同的名字和配置信息。如果新的解决方案也添加到 IP 目录中，则 IP 目录会将其识别为同一 IP 的更新版本，并使用添加到 IP 目录的最后一个版本。

配置选项及其默认值如下所示。

① Vendor：默认值为 xilinx.com。在该设计中，设置为 gpnewtech.com。

② Library：默认值为 hls。

③ Version：默认值为 1.0。

④ Description：默认值为 An IP generated by Vitis HLS。在该设计中，设置为 The IP implement logic operation。

⑤ Display Name：默认值为空。在该设计中，设置为 gate。

⑥ Taxonomy：默认值为空。

当 IP 打包过程完成后，可以将写入指定输出位置或写入 solution/impl 文件夹的 ZIP 文件归档导入 Vivado IP 目录，并在任何设计中使用。

第三步：单击"Export RTL"对话框中的【OK】按钮，退出该对话框。等待 Vitis HLS 生成导出的 RTL 工程。

第四步：进入\vivado_example\hls_basic\logic_gate\gate\solution1\impl\verilog 目录中。在该目录中，找到并双击名字为"project.xprj"的工程文件。

第五步：自动打开 Vivado 2023.1 集成开发环境。在 Sources 窗口中，找到并展开"Design Sources"条目。在展开条目中，找到并展开"bd_0_wrapper(bd_0_wrapper.v)"条目。在展开条目中，找到并双击"ba_0_1:bd_0(bd_0.bd)(1)"，如图 10.44 所示。

第六步：打开块设计，如图 10.45 所示。图中，给出了所设计的 IP 核的例化元件名为"hls_inst"，并已经为该 IP 核添加了输入和输出端口。

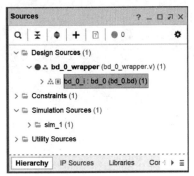

图 10.44　Sources 窗口

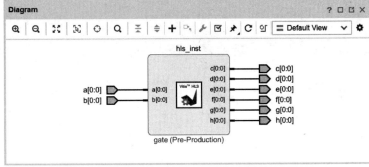

图 10.45　Diagram 窗口

第七步：在 Vivado 当前工程主界面左侧的 Flow Navigator 窗口中，找到并展开"PROJECT MANAGER"条目。在展开条目中，找到并单击"IP Catalog"。在 Vivado 当前工程主界面中出现"IP Catalog"标签页。在该标签页"Search"右侧的文本框中输入"gate"。在下面的窗口中，出现名字为"gate"的 IP 核，如图 10.46 所示。选中名字为"gate"的一行。在该窗口下方的 Details 窗口中，给出了该 IP 核的详细信息，这些信息都是在导出 RTL 时设置的。

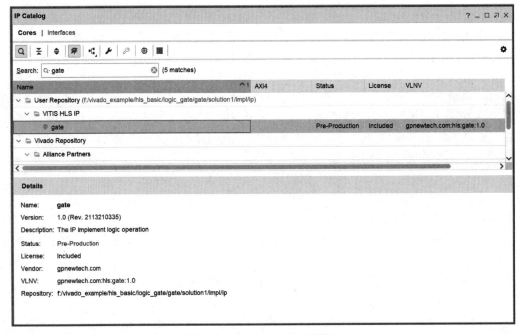

图 10.46　"IP Catalog"标签页

第八步：在 Vivado 当前工程主界面左侧的 Flow Navigator 窗口中，找到并展开"SYNTHESIS"条目。在展开条目中，找到并展开"Open Synthesized Design"条目。在展开条目中，找到并单击"Schematic"。

第九步：Vivado 当前工程主界面切换到 SYNTHESIZED DESIGN 主界面。在该主界面中，出现新的"Schematic"标签页。在该标签页中，单击 IP 核符号上的 ➕符号，展开 IP 核，查看该 IP 核的底层设计，如图 10.47 所示。

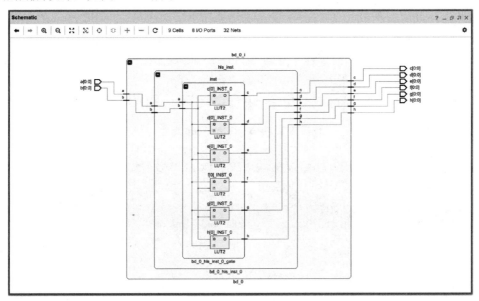

图 10.47　IP 核 gate 的底层设计

10.2　基于 Vitis HLS 实现时序逻辑

本节将介绍如何在 Vitis HLS 中实现一个 8 位循环左移移位寄存器，该移位寄存器是时序逻辑的典型代表。

10.2.1　创建新的设计工程

在 Vitis HLS 中创建新设计工程的主要步骤如下所述。

第一步：打开 Vitis HLS 设计工具。

第二步：执行菜单命令【File】→【New Project】，弹出"New Vitis HLS Project-Project Configuration"对话框。

第三步：在"New Vitis HLS Project-Project Configuration"对话框中按如下设置参数。

（1）Project name：shifter。

（2）Location：E:\vivado_example\hls_basic\shifter8。

第四步：单击【Next】按钮，弹出"New Vitis HLS Project-Add/Remove Files"对话框。

（1）单击【New File】按钮，弹出"另存为"对话框，输入文件名"shifter.cpp"，单击【保存】按钮。

（2）在"Top Function"文本框中输入顶层函数的名字"shifter"。

第五步：单击【Next】按钮，弹出"New Vitis HLS Project-Add/Remove Testbench Files"对

话框，不修改任何参数设置。

第六步：单击【Next】按钮，弹出 "New Vitis HLS Project-Solution Configuration" 对话框。单击▓按钮，弹出 "Device Selection Dialog" 对话框，选择 "xc7a75tfgg484-1"。单击【OK】按钮。

第七步：单击【Finish】按钮。

10.2.2 添加设计文件

本小节将介绍如何在新建的工程中添加设计文件，主要步骤如下所述。

第一步：在 Vitis HLS 当前工程主界面左侧的 Explorer 窗口下，出现工程设计文件目录列表。展开 "Source" 条目，在展开条目中，双击 "shifter.cpp"。

第二步：在打开的 shifter.cpp 文件中输入 C++设计代码，如代码清单 10-4 所示。

代码清单 10-4　shifter.cpp 文件

```
#include "shifter.h"
void shifter(bit *x0,bit *x1,bit *x2,bit *x3,bit *x4,bit *x5,bit *x6,bit *x7)
{
bit tmp1=0;
static bit x[8]={0,0,0,0,0,0,0,1};
shifter_label0:for(int i=7;i>=0;i--)                // finish shift operation
    {
                if(i==7) tmp1=x[7];
                if(i>0) x[i]=x[i-1];
                else x[0]=tmp1;
    }
    *x7=x[7];
    *x6=x[6];
    *x5=x[5];
    *x4=x[4];
    *x3=x[3];
    *x2=x[2];
    *x1=x[1];
    *x0=x[0];
}
```

第三步：按 Ctrl+S 组合键，保存该设计文件。

第四步：添加名字为 "shifter.h" 的头文件。

（1）在 Vitis HLS 当前工程主界面主菜单下，执行菜单命令【File】→【New File】。

（2）在弹出的 "另存为" 对话框中输入文件名 "shifter.h"。

（3）单击【保存】按钮。HLS 工具将自动打开 shifter.h 文件。

第五步：输入设计代码，如代码清单 10-5 所示。

代码清单 10-5　shifter.h 文件

```
#ifndef _SHIFTER_
#define _SHIFTER_
#include "ap_int.h"
typedef ap_uint<1> bit;
void shifter(bit *x0,bit *x1,bit *x2,bit *x3,bit *x4,bit *x5,bit *x6,bit *x7);
#endif
```

第六步：按 Ctrl+S 组合键，保存该设计文件。

10.2.3　添加用户命令

本小节将介绍如何通过添加用户命令对 HLS 综合过程进行优化，主要步骤如下所述。

第一步：打开 shifter.cpp 文件。

第二步：在打开 shifter.cpp 文件的右侧窗口内，选择"Directive"标签。

第三步：如图 10.48 所示，在"Directive"标签页中选择"shifter"（顶层函数名字），单击鼠标右键，在弹出的快捷菜单中，执行菜单命令【Insert Directive】。

第四步：在弹出的"Vitis HLS Directive Editor"对话框中，在"Directive"下拉框中选择"INTERFACE"。单击"mode(optional)"右侧的按钮，出现浮动菜单。在浮动菜单内，选择"ap_ctrl_none"。

第五步：单击【OK】按钮，退出"Vitis HLS Directive Editor"对话框。

第六步：选中图 10.48 中的变量 x0，单击鼠标右键，在弹出的快捷菜单中，执行菜单命令【Insert Directive】。

第七步：在弹出的"Vitis HLS Directive Editor"对话框中，在"Directive"下拉框中选择"INTERFACE"。单击"mode(optional)"右侧的按钮，出现浮动菜单。在浮动菜单内，选择"ap_none"。

第八步：单击【OK】按钮，退出"Vitis HLS Directive Editor"对话框。

第九步：分别选中图 10.48 中的变量 x1、x2、x3、x4、x5、x6 和 x7，然后执行第六步到第八步，为变量 x1～x7 设置端口模式为"ap_none"。

第十步：选中图 10.48 中的"shifter_label0"，单击鼠标右键，在弹出的快捷菜单中，执行菜单命令【Insert Directive】。

第十一步：在弹出的"Vitis HLS Directive Editor"对话框中，在"Directive"下拉框中选择"UNROLL"。

第十二步：单击【OK】按钮，退出"Vitis HLS Directive Editor"对话框。

配置完所有命令后的"Directive"标签页如图 10.49 所示。

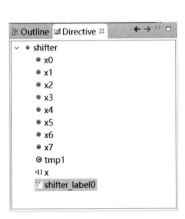

图 10.48　"Directive"标签页

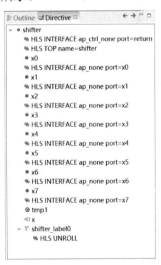

图 10.49　添加完用户命令后的"Directive"标签页

10.2.4　执行高级综合

本小节将介绍如何对设计进行综合，将 C 模型转换成 RTL 的描述，主要步骤如下所述。

第一步：按下面给出的其中一种方法，启动高级综合。

（1）在 Vitis HLS 当前工程主界面主菜单下，执行菜单命令【Solution】→【Run C Synthesis】→【Active Solution】

（2）在 Vitis HLS 当前工程主界面工具栏中单击"Run Flow"按钮 ▷ ▼。

（3）在 Vitis HLS 当前工程主界面左上角的窗口中，单击"Explorer"。在该窗口中，找到并选中"solution1"文件夹，单击鼠标右键，出现浮动菜单。在浮动菜单内，执行菜单命令【C Synthesis】→【Active Solution】。

（4）在 Vitis HLS 当前工程主界面右下角的 Flow Navigator 窗口中，找到并展开"C SYNTHESIS"条目。在展开条目中，找到并单击"Run C Synthesis"。

第二步：弹出"C Synthesis-Active Solution"对话框。在该对话框中单击【OK】按钮，退出该对话框，同时 Vitis HLS 开始执行 C 高级综合过程。

第三步：综合过程结束后，在 Vitis HLS 当前工程主界面中，出现新的名字为"Synthesis Summary(solution1)"的标签页。在该标签页中，给出了高级综合报告。下面对该报告中的其中一部分内容进行说明。

（1）Timing Estimate（时序估计），如图 10.50 所示。

图 10.50　高级综合报告给出的时序估计

（2）Performance & Resource Estimates（性能和资源估计），如图 10.51 所示。

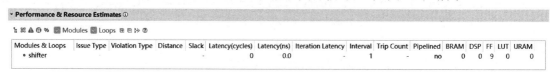

图 10.51　高级综合报告给出的性能和资源估计

思考题 10-5：根据图 10.51，说明该设计中所消耗 FPGA 的逻辑资源的数量。

（3）HW Interfaces（硬件接口），如图 10.52 所示。

图 10.52　高级综合报告给出的硬件接口

（4）SW I/O Information（SW I/O 信息），如图 10.53 所示。

（5）单击"Synthesis Summary(solution1)"标签页中的按钮✗，退出综合总结。

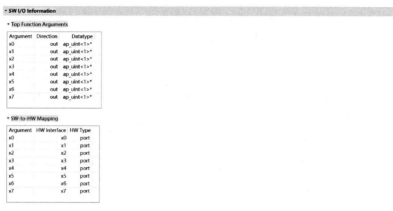

图 10.53　高级综合报告给出的 SW I/O 信息

10.2.5　打开调度查看器

第一步：读者可以通过下面其中一种方法打开调度查看器。

（1）在 Vitis HLS 当前工程主界面主菜单下，执行菜单命令【Solution】→【Open Schedule Viewer】。

（2）在 Vitis HLS 当前工程主界面工具栏中，找到并单击名字为 "Open Viewer" 的按钮 ▲ ▼。

（3）在 Vitis HLS 当前工程主界面左上角的窗口中，单击 "Module Hierarchy" 标签。在该标签页中，找到并用鼠标右键单击 "shifter"，出现浮动菜单。在浮动菜单内，执行菜单命令【Open Schedule Viewer】。

（4）在 Vitis HLS 主界面左下角的 Flow Navigator 窗口中，找到并展开 "C SYNTHESIS" 条目。在展开条目中，找到并展开 "Reports & Viewers" 条目。在展开条目中，单击 "Schedule Viewer"。

第二步：在 Vitis HLS 右侧窗口中出现新的名字为 "Schedule Viewer(solution1)" 的标签页，如图 10.54 所示。

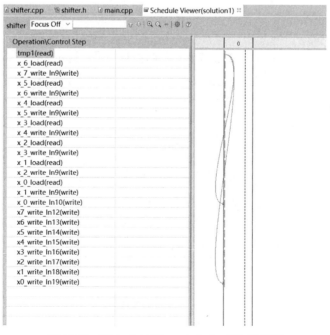

图 10.54　"Schedule Viewer(solution1)" 标签页

思考题 10-6：选择 10.54 中不同的行，在其对应的 C Source 窗口中查看不同操作所对应的 C++代码。

10.2.6 运行协同仿真

本小节将介绍如何使用 C++语言编写测试平台，对用 C++语言描述的 shifter 函数功能进行验证，以确认 RTL 的功能与 C 源代码一致，主要步骤如下所述。

第一步：为了对 C 模型进行测试，需要构建基于 C++语言的测试平台文件。

（1）在 Vitis HLS 当前工程主界面左侧的 Explorer 窗口中，找到并选择"Test Bench"文件夹，单击鼠标右键，在弹出的快捷菜单中，执行菜单命令【New Test Bench File】。

（2）在弹出的"另存为"对话框中，输入文件名"main.cpp"。

（3）单击【保存】按钮。Vitis HLS 将自动打开 main.cpp 文件。

第二步：输入测试代码，如代码清单 10-6 所示。

代码清单 10-6 main.cpp 文件

```cpp
#include "shifter.h"
#include "stdio.h"
int main()
{
    bit x0,x1,x2,x3,x4,x5,x6,x7;
    unsigned char i=15;
    while(i>0)
    {
    shifter(&x0,&x1,&x2,&x3,&x4,&x5,&x6,&x7);
    printf("x0=%d, x1=%d, x2=%d, x3=%d, x4=%d, x5=%d, x6=%d,x7=%d\n", \
            x0.to_bool(),x1.to_bool(),x2.to_bool(),x3.to_bool(),x4.to_bool(),x5.to_bool(),\
            x6.to_bool(),x7.to_bool());
    i--;
    }
}
```

第三步：按 Ctrl+S 组合键，保存设计文件。

第四步：使用下面给出的其中一种方法，运行 C/RTL 协同仿真。

（1）在 Vitis HLS 当前工程主界面的工具栏内，单击"Run Flow"按钮旁的下拉框按钮 ▼（图中用黑框标注），弹出浮动菜单。在浮动菜单内，选择"Cosimulation"。

（2）在 Vitis HLS 当前工程主界面主菜单下，执行菜单命令【Solution】→【Run C/RTL Cosimulation】。

（3）在 Vitis HLS 当前工程主界面左下角的 Flow Navigator 窗口中，找到并展开"C/RTL COSIMULATION"条目。在展开条目中，单击"Run Cosimulation"。

（4）在 Vitis HLS 当前工程主界面左上角的窗口中，单击"Explorer"。在该窗口中，找到并选中"solution1"文件夹，单击鼠标右键，出现浮动菜单。在浮动菜单内，执行菜单命令【Run C/RTL Cosimulation】。

第五步：弹出"Co-simulation Dialog"对话框。在该对话框中，通过"Dump Trace"右侧的下拉框将"Dump Trace"设置为"port"。选中该选项，就可以打开 Vivado XSIM，并查看 RTL 的仿真波形。

第六步：单击"Co-simulation Dialog"对话框中的【OK】按钮，退出"Co-simulation Dialog"对话框。

第七步：在 Vitis HLS 的 Console 窗口中，给出了仿真的信息，可以清楚地看到基于 C 模型的仿真结果达到了设计的要求，如图 10.55 所示。

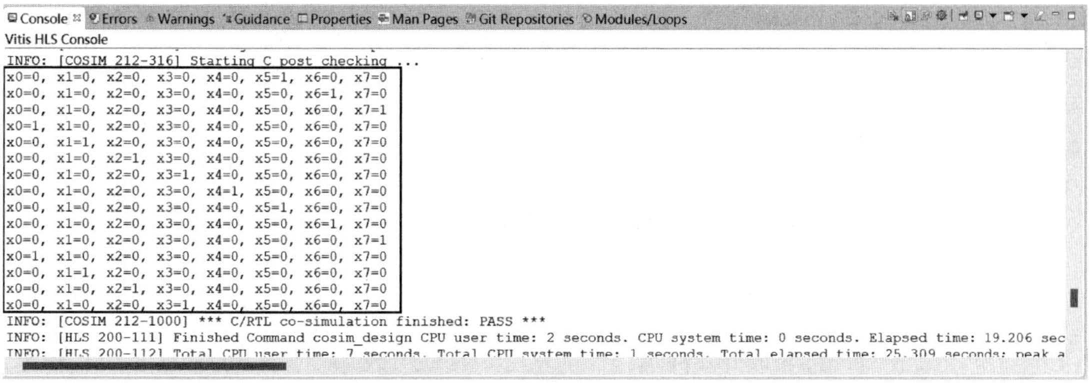

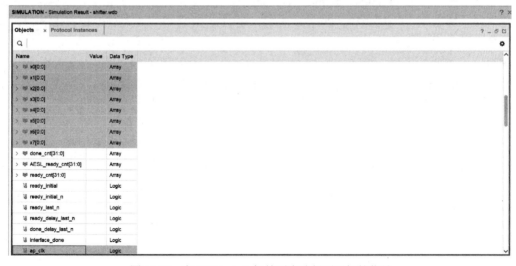

图 10.55　C/RTL 协同仿真结果

10.2.7　查看 RTL 仿真结果

本小节将介绍如何打开 Vivado 内的 XSIM 工具，并查看 RTL 的仿真结果，主要步骤如下所述。

第一步：在 Vitis HLS 当前工程主界面的工具栏中，找到并单击"Open Wave Viewer"按钮，启动 Vivado IDE。

第二步：自动打开 Vivado IDE 2023.1，并且进入 SIMULATION 主界面。在该主界面中间的窗口中，首先单击"Objects"标签，如图 10.56 所示。在该标签页中，通过按下 Ctrl 按键和连续单击鼠标左键，依次选中 x0[0:0]、x1[0:0]、x2[0:0]、x3[0:0]、x4[0:0]、x5[0:0]、x6[0:0]、x7[0:0]和 ap_clk；然后单击鼠标右键，出现浮动菜单。在浮动菜单内，执行菜单命令【Add to Wave Window】。将这些信号添加到右侧名字为"shifter.wcfg"的波形窗口中。

图 10.56　在"Objects"标签页中选择要添加的信号

第三步：在波形窗口中通过按下 Ctrl 按键以及滑动鼠标滚轮，放大/缩小波形，使得波形处于波形窗口中合适的位置，如图 10.57 所示。

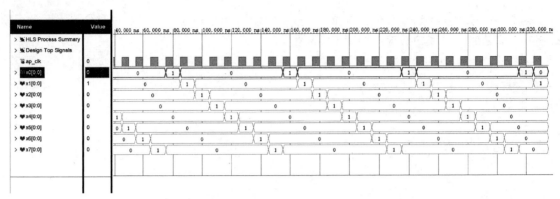

图 10.57　在波形窗口中显示仿真后的波形（反色显示）

第四步：退出 Vivado 集成开发环境。

10.2.8　运行实现

运行实现的主要步骤如下所述。

第一步：使用下面给出的其中一种方法，启动运行实现过程。

（1）在 Vitis HLS 主界面的工具栏中，单击 "Run Flow" 按钮▶右侧的按钮▼，弹出下拉菜单。在下拉菜单中，选择 "Implementation"。

（2）在 Vitis HLS 当前工程主界面主菜单下，执行菜单命令【Solution】→【Implementation】。

（3）在 Vitis HLS 当前工程主界面左下角的 Flow Navigator 窗口中，找到并展开 "IMPLEMENTATION" 条目。在展开条目中，找到并单击 "Run Implementation"。

（4）在 Vitis HLS 当前工程主界面左上角的窗口中，单击 "Explorer"。在该窗口中，找到并选中 "solution1" 文件夹，单击鼠标右键，出现浮动菜单。在浮动菜单内，执行菜单命令【Implementation】。

第二步：弹出 "Run Implementation" 对话框。

第三步：单击该对话框中的【OK】按钮，退出该对话框。此时，Vitis HLS 自动调用 Vivado 的综合和实现工具。

第四步：当实现过程结束后，在 Vitis HLS 右侧窗口中出现新的 "Implementation(Place & Route)(soultion1)(shifter_export.rpt)" 标签页。在该标签页中给出了实现报告。下面对该报告部分内容进行简要说明。

（1）Resource Usage/Final Timing，如图 10.58 所示。

Resource Usage

	Verilog
SLICE	2
LUT	0
FF	8
DSP	0
BRAM	0
URAM	0
LATCH	0
SRL	0
CLB	0

Final Timing

	Verilog
CP required	10.000
CP achieved post-synthesis	1.116
CP achieved post-implementation	1.245
Timing met	

图 10.58　实现报告中的 Resource Usage/Final Timing

（2）Resources，如图 10.59 所示。

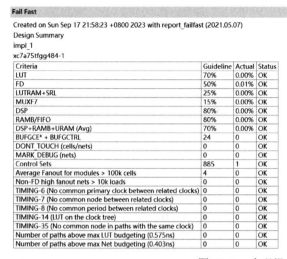

Name	LUT	FF	DSP	BRAM	URAM	SRL	Pragma	Impl	Latency	Variable	Source
inst		8									

图 10.59　实现报告中的 Resources

（3）Fail Fast，如图 10.60 所示。

Fail Fast

Created on Sun Sep 17 21:58:23 +0800 2023 with report_failfast (2021.05.07)
Design Summary
impl_1
xc7a75tfgg484-1

Criteria	Guideline	Actual	Status
LUT	70%	0.00%	OK
FD	50%	0.01%	OK
LUTRAM+SRL	25%	0.00%	OK
MUXF7	15%	0.00%	OK
DSP	80%	0.00%	OK
RAMB/FIFO	80%	0.00%	OK
DSP+RAMB+URAM (Avg)	70%	0.00%	OK
BUFGCE* + BUFGCTRL	24	0	OK
DONT_TOUCH (cells/nets)	0	0	OK
MARK_DEBUG (nets)	0	0	OK
Control Sets	885	1	OK
Average Fanout for modules > 100k cells	4	0	OK
Non-FD high fanout nets > 10k loads	0	0	OK
TIMING-6 (No common primary clock between related clocks)	0	0	OK
TIMING-7 (No common node between related clocks)	0	0	OK
TIMING-8 (No common period between related clocks)	0	0	OK
TIMING-14 (LUT on the clock tree)	0	0	OK
TIMING-35 (No common node in paths with the same clock)	0	0	OK
Number of paths above max LUT budgeting (0.575ns)	0	0	OK
Number of paths above max Net budgeting (0.403ns)	0	0	OK

图 10.60　实现报告中的 Fail Fast

（4）Timing Paths，如图 10.61 所示。

Timing Paths

Worst Negative Slack: 8.755ns(met)
Total Negative Slack: 0.000ns(met)
Max levels:　　0
Max fanout:　　1
Full Timing Report:　verilog/report/shifter_timing_routed.rpt

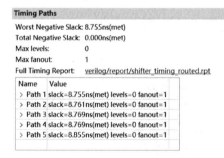

Name	Value
> Path 1	slack=8.755ns(met) levels=0 fanout=1
> Path 2	slack=8.761ns(met) levels=0 fanout=1
> Path 3	slack=8.769ns(met) levels=0 fanout=1
> Path 4	slack=8.769ns(met) levels=0 fanout=1
> Path 5	slack=8.855ns(met) levels=0 fanout=1

图 10.61　实现报告中的 Timing Paths

10.2.9　导出 RTL

导出 RTL 的主要步骤如下所述。

第一步：使用下面给出的其中一种方法，启动导出 RTL 过程。

（1）在 Vitis HLS 当前工程主界面的工具栏中，单击"Run Flow"按钮▶右侧的按钮▼，弹出下拉菜单。在下拉菜单中，选择"Export RTL"。

（2）在 Vitis HLS 当前工程主界面主菜单下，执行菜单命令【Solution】→【Export RTL】。

（3）在 Vitis HLS 当前工程主界面左下角的 Flow Navigator 窗口中，找到并展开"IMPLEMENTATION"条目。在展开条目中，找到并单击"Export RTL"。

（4）在 Vitis HLS 当前工程主界面左上角的窗口中，单击"Explorer"。在该窗口中，找到并选中"solution1"文件夹，单击鼠标右键，出现浮动菜单。在浮动菜单内，执行菜单命令【Export RTL】。

第二步：弹出"Export RTL"对话框。在该对话框中，"IP Configuration"标题窗口中的参数按如下设置。

（1）Vendor：默认值为 xilinx.com。在该设计中，设置为 gpnewtech.com。

（2）Library：默认值为 hls。

（3）Version：默认值为 1.0。

（4）Description：默认值为 An IP generated by Vitis HLS。在该设计中，设置为 The IP implement rotate left shift function。

（5）Display Name：默认值为空。在该设计中，设置为 shift8b。

（6）Taxonomy：默认值为空。

当 IP 打包过程完成后，可以将写入指定输出位置或写入 solution/impl 文件夹的 ZIP 文件归档导入 Vivado IP 目录，并在任何设计中使用。

第三步：单击"Export RTL"对话框中的【OK】按钮，退出该对话框。等待 Vitis HLS 生成导出的 RTL 工程。

第四步：进入\vivado_example\hls_basic\shifter8\shifter\solution1\impl\verilog 目录中。在该目录中，找到并双击名字为"project.xprj"的工程文件。

第五步：自动打开 Vivado 2023.1 集成开发环境。在 Vivado 当前工程主界面窗口中，找到并展开"Design Sources"条目。在展开条目中，找到并展开"bd_0_wrapper(bd_0_wrapper.v)"条目。在展开条目中，找到并双击"ba_0_1:bd_0(bd_0.bd)(1)"。

第六步：打开块设计，如图 10.62 所示。图中，给出了所设计的 IP 核的例化元件名为 hls_inst，并已经为该 IP 核添加了输入和输出端口。

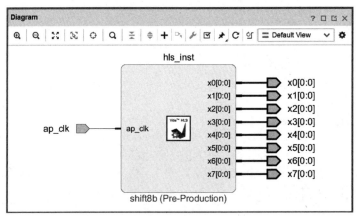

图 10.62　Diagram 窗口

第七步：在 Vivado 当前工程主界面左侧的 Flow Navigator 窗口中，找到并展开"PROJECT MANAGER"条目。在展开条目中，找到并单击"IP Catalog"。在 Vivado 当前工程主界面中出现"IP Catalog"标签页。在该标签页"Search"右侧的文本框中输入"shift8b"。在下面的窗口中，出现名字为"shift8b"的 IP 核，如图 10.63 所示。选中名字为"shift8b"的一行。在该窗口下方的 Details 窗口中，给出了该 IP 核的详细信息。这些信息都是在导出 RTL 时设置的。

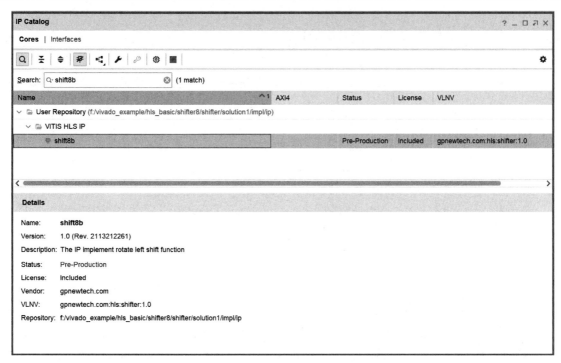

图 10.63　"IP Catalog"标签页

第八步：在 Vivado 当前工程主界面左侧的 Flow Navigator 窗口中，找到并展开"SYNTHESIS"条目。在展开条目中，找到并展开"Open Synthesized Design"条目。在展开条目中，找到并单击"Schematic"。

第九步：Vivado 当前工程的主界面切换到 SYNTHESIZED DESIGN 主界面。在该主界面中，出现新的"Schematic"标签页。在该标签页中，单击 IP 核符号上的➕符号，展开 IP 核，查看该 IP 核的底层设计，如图 10.64 所示。

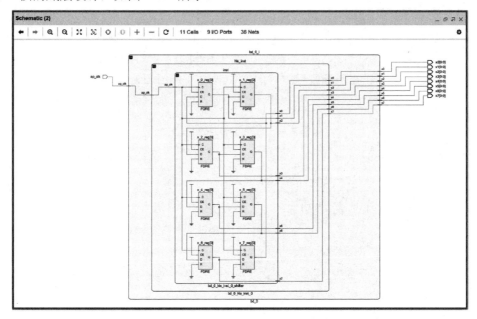

图 10.64　IP 核 shitf8b 的底层设计

10.3 基于 Vitis HLS 实现矩阵相乘

本节将介绍如何在 Vitis HLS 中创建一个模型，该模型实现两个 3×3 矩阵"A"和"B"的相乘。

10.3.1 创建新的设计工程

第一步：打开 Vitis HLS 设计工具。

第二步：执行菜单命令【File】→【New Project】。

第三步：在弹出的"New Vitis HLS Project-Project Configuration"中设置参数如下。

（1）Project name：matrx。

（2）Location：E:\vivado _example\hls_basic\matrix。

第四步：单击【Next】按钮，弹出"New Vitis HLS Project-Add/Remove Files"对话框。

（1）单击【New File】按钮，在弹出的"另存为"对话框中，输入文件名对话框"matrix.cpp"。单击【保存】按钮。

（2）在"Top Function"文本框中输入顶层函数的名字"matrix"。

第五步：单击【Next】按钮，弹出"New Vitis HLS Project-Add/Remove Testbench Files"对话框，不进行任何参数设置。

第六步：单击【Next】按钮，弹出"New Vitis HLS Project-Solution Configuration"对话框。

第七步：单击⋯按钮，弹出"Device Selection Dialog"对话框，在该对话框中选择"xc7a75tfgg484-1"。

第八步：单击【OK】按钮。

第九步：单击【Finish】按钮。

10.3.2 添加设计文件

本小节将介绍如何在新建的工程中添加设计文件，主要步骤如下所述。

第一步：在 Vitis HLS 当前工程主界面左侧的 Explorer 窗口下，出现工程设计文件目录列表。展开"Source"条目。在展开条目中，选择并双击"matrix.cpp"。

第二步：在打开的 matrix.cpp 文件中输入 C 描述代码，如代码清单 10-7 所示。

代码清单 10-7　matrix.cpp 文件

```
#include "matrix.h"
void matrix(
        mat_a_t a[MAT_A_ROWS][MAT_A_COLS],
        mat_b_t b[MAT_B_ROWS][MAT_B_COLS],
        result_t res[MAT_A_ROWS][MAT_B_COLS])
{
  int i=0,j=0,k=0;
    // Iterate over the rows of the A matrix
matrix_label1:for( i = 0; i < MAT_A_ROWS; i++) {
      // Iterate over the columns of the B matrix
matrix_label0:for( j = 0; j < MAT_B_COLS; j++) {
        // Do the inner product of a row of A and col of B
        res[i][j] = 0;
        Product: for( k = 0; k < MAT_B_ROWS; k++) {
```

```
                res[i][j] += a[i][k] * b[k][j];
            }
        }
    }
}
```

第三步：按 Ctrl+S 组合键，保存该设计文件。

第四步：添加 matrix.h 头文件。

（1）执行菜单命令【File】→【New File】。

（2）在弹出的"另存为"对话框中，输入文件名"matrix.h"。

（3）单击【保存】按钮。HLS 工具将自动打开 matrix.h 文件。

第五步：输入设计代码，如代码清单 10-8 所示，并保存设计代码。

代码清单 10-8　matrix.h 文件

```
#ifndef __MATRIX_H__
#define __MATRIX_H__

#define MAT_A_ROWS 3
#define MAT_A_COLS 3
#define MAT_B_ROWS 3
#define MAT_B_COLS 3

typedef char mat_a_t;
typedef char mat_b_t;
typedef short result_t;

// Prototype of top level function for C-synthesis
void matrix(
        mat_a_t a[MAT_A_ROWS][MAT_A_COLS],
        mat_b_t b[MAT_B_ROWS][MAT_B_COLS],
        result_t res[MAT_A_ROWS][MAT_B_COLS]);

#endif // __MATRIXMUL_H__ not defined
```

第六步：按 Ctrl+S 组合键，保存该设计文件。

10.3.3　执行高级综合

本小节将介绍如何对设计进行综合，将 C 模型转换成 RTL 的描述。

第一步：按下面给出的其中一种方法，启动高级综合。

（1）在 Vitis HLS 当前工程主界面主菜单下，执行菜单命令【Solution】→【Run C Synthesis】→【Active Solution】

（2）在 Vitis HLS 当前工程主界面的工具栏中单击"Run Flow"按钮 ▷ ▼。

（3）在 Vitis HLS 当前工程主界面左上角的窗口中，单击"Explorer"。在该窗口中，找到并选中"solution1"文件夹，单击鼠标右键，出现浮动菜单。在浮动菜单内，执行菜单命令【C Synthesis】→【Active Solution】。

（4）在 Vitis HLS 当前工程主界面右下角的 Flow Navigator 窗口中，找到并展开"C SYNTHESIS"条目。在展开条目中，找到并单击"Run C Synthesis"。

第二步：弹出"C Synthesis-Active Solution"对话框。在该对话框中单击【OK】按钮，退出该对话框，同时 Vitis HLS 开始执行 C 高级综合过程。

第三步：综合过程结束后，在 Vitis HLS 当前工程主界面中出现新的名字为"Synthesis

Summary(solution1)”的标签页。在该标签页中，给出了高级综合报告。下面对该报告中的其中一部分内容进行说明。

（1）Timing Estimate（时序估计），如图 10.65 所示。

Timing Estimate

Target	Estimated	Uncertainty
10.00 ns	6.696 ns	2.70 ns

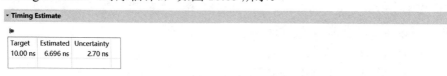

图 10.65　高级综合报告给出的时序估计

（2）Performance & Resource Estimates（性能和资源估计），如图 10.66 所示。

Performance & Resource Estimates

Modules　Loops

Modules & Loops	Issue Type	Violation Type	Distance	Slack	Latency(cycles)	Latency(ns)	Iteration Latency	Interval	Trip Count	Pipelined	BRAM	DSP	FF	LUT	URAM
matrix	II Violation			-	24	240.000	-	25	-	no	0	2	66	369	0
matrix_label1_matrix_label0	II Violation	Resource Limitation		-	22	220.000	7	2	9	yes	-	-	-	-	-

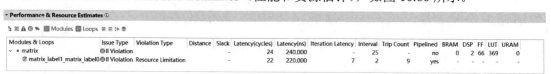

图 10.66　高级综合报告给出的性能和资源估计

思考题 10-7：根据图 10.66，说明该设计中所消耗 FPGA 的逻辑资源的数量。

（3）HW Interfaces（硬件接口），如图 10.67 所示。

HW Interfaces

AP_MEMORY

Port	Direction	Bitwidth
a_address0	out	4
a_address1	out	4
a_q0	in	8
a_q1	in	8
b_address0	out	4
b_address1	out	4
b_q0	in	8
b_q1	in	8
res_address0	out	4
res_d0	out	16

TOP LEVEL CONTROL

Interface	Type	Ports
ap_clk	clock	ap_clk
ap_rst	reset	ap_rst
ap_ctrl	ap_ctrl_hs	ap_done ap_idle ap_ready ap_start

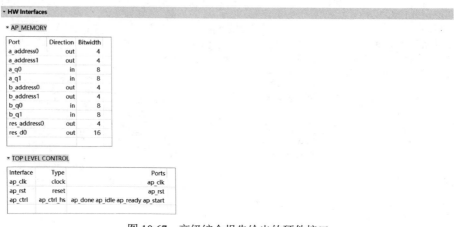

图 10.67　高级综合报告给出的硬件接口

（4）SW I/O Information（SW I/O 信息），如图 10.68 所示。

SW I/O Information

Top Function Arguments

Argument	Direction	Datatype
a	in	char*
b	in	char*
res	out	short*

SW-to-HW Mapping

Argument	HW Interface	HW Type	HW Usage
a	a_address0	port	offset
a	a_ce0	port	
a	a_q0	port	
a	a_address1	port	offset
a	a_ce1	port	
a	a_q1	port	
b	b_address0	port	offset
b	b_ce0	port	
b	b_q0	port	
b	b_address1	port	offset
b	b_ce1	port	
b	b_q1	port	
res	res_address0	port	offset
res	res_ce0	port	
res	res_we0	port	
res	res_d0	port	

图 10.68　高级综合报告给出的 SW I/O 信息

（5）单击"Synthesis Summary(solution1)"标签页中的按钮▣，退出综合总结。

10.3.4　打开调度查看器

第一步：读者可以通过下面其中一种方法打开调度查看器。

（1）在 Vitis HLS 当前工程主界面主菜单下，执行菜单命令【Solution】→【Open Schedule Viewer】。

（2）在 Vitis HLS 当前工程主界面的工具栏中，找到并单击名字为"Open Viewer"的按钮 ▵ ▾。

（3）在 Vitis HLS 当前工程主界面左上角的窗口中，单击"Module Hierarchy"标签。在该标签页中，找到并用鼠标右键单击"matrix"，出现浮动菜单。在浮动菜单内，执行菜单命令【Open Schedule Viewer】。

（4）在 Vitis HLS 当前工程主界面左下角的 Flow Navigator 窗口中，找到并展开"C SYNTHESIS"条目。在展开条目中，找到并展开"Reports & Viewers"条目。在展开条目中，单击"Schedule Viewer"。

第二步：在 Vitis HLS 当前工程主界面的右侧窗口中出现新的名字为"Schedule Viewer (solution1)"的标签页，如图 10.69 所示。

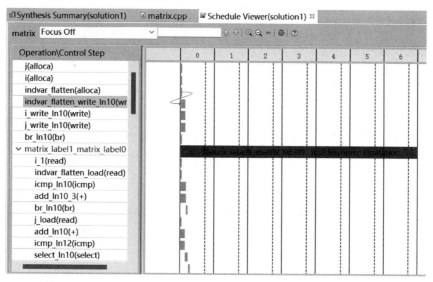

图 10.69　"Schedule Viewer(solution1)"标签页

思考题 10-8：选择 10.69 中不同的行，在其对应的 C Source 窗口中查看不同操作所对应的 C++代码。

10.3.5　添加 C++测试文件

本小节将介绍如何在当前工程中添加 C 测试文件，主要步骤如下所述。

第一步：在 Vitis HLS 当前工程主界面左侧的 Explorer 窗口中，找到并选择"TestBench"条目，单击鼠标右键，在弹出的快捷菜单中，执行菜单命令【New Test Bench File】。

第二步：在弹出的"另存为"对话框中，输入文件名"test_matrix.cpp"。

第三步：单击【保存】按钮。Vitis HLS 将自动打开 test_matrix.cpp 文件。

第四步：添加测试代码，如代码清单 10-9 所示。

代码清单 10-9　test_matrix.cpp 文件

```
#include "matrix.h"
#include "stdio.h"
int main()
{
 int i=0,j=0;
  char in_mat_a[3][3] = {
      {11, 12, 13},
      {14, 15, 16},
      {17, 18 ,19}
   };
  char in_mat_b[3][3] = {
      {21, 22, 23},
      {24, 25, 26},
      {27, 28, 29}
   };
  short hw_result[3][3];
  matrix(in_mat_a, in_mat_b, hw_result);
  for (i = 0; i < 3; i++)
    {
      for (j = 0; j < 3; j++)
      printf("%d      ",hw_result[i][j]);
        printf("\n");
    }
}
```

第五步：按 Ctrl+S 组合键，保存该设计文件。

10.3.6　运行和调试 C 工程

第一步：打开 test_matrix.c 文件，分别双击行号为 19 和 25 行前面的空白处，可以看到出现两个小蓝点，如图 10.70 所示，表示为这两行分别设置了断点，用于对该程序进行调试。

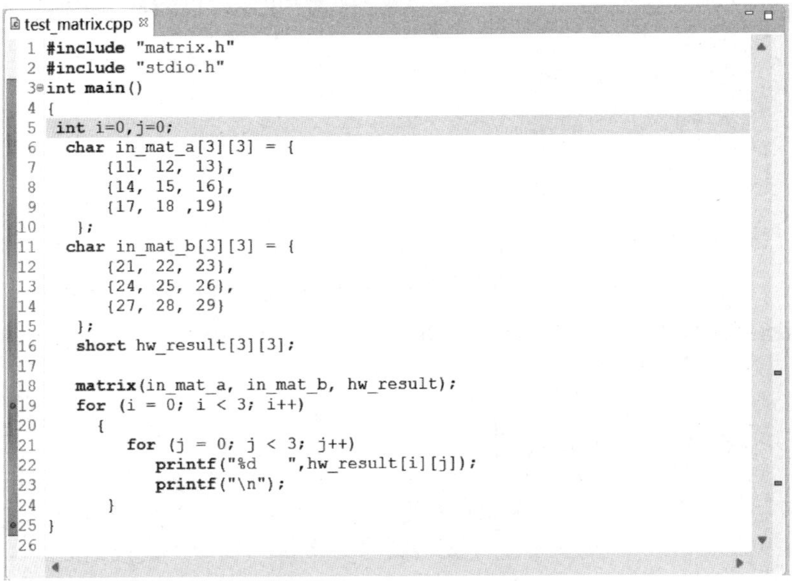

图 10.70　在测试文件中设置断点

第二步：使用下面给出的其中一种方法，运行 C 仿真过程。

（1）在 Vitis HLS 当前工程主界面左下角的 Flow Navigator 窗口中，找到并展开"C

SIMULATION"条目。在展开条目中，找到并单击"Run C Simulation"。

（2）在 Vitis HLS 当前工程主界面的工具栏中，找到并单击"Run Flow"按钮▶右侧的按钮▼，弹出浮动菜单。在浮动菜单内，执行菜单命令【C Simulation】。

第三步：弹出"C Simulation Dialog"对话框，如图 10.71 所示。

（1）Launch Debugger：在默认模式下编译 C，然后打开调试界面。

（2）Build Only：编译 C 代码，但是不运行仿真。

（3）Clean Build：删除当前工程下所有存在的可执行文件和目标文件。

（4）Optimizing Compile：在 Release 模式下编译 C（没有带任何调试信息）。在编译 C 的过程中，使用更高级的优化。

在当前设计中，分别勾选"Launch Debugger"、"Build Only"和"Clean Build"前面的复选框。

第四步：单击该对话框中的【OK】按钮，进入 Vitis HLS。

第五步：在 Vitis HLS 调试器界面的工具栏中，找到并单击名字为"Resume"的按钮▶，使程序运行到设置第二个断点的行。

第六步：在调试界面右上角的窗口中，展开 hw_result。然后在展开条目中分别展开 hw_result[0]、hw_result[1]和 hw_result[2]，可以看到矩阵相乘的运行结果，如图 10.72 所示。

图 10.71　"C Simulation Dialog"对话框　　　　图 10.72　矩阵相乘的运行结果

第七步：单击当前调试器界面工具栏中的"Terminate"按钮■，退出调试器界面。

10.3.7　运行协同仿真

本小节将介绍如何执行 C/RTL 协同仿真，主要步骤如下所述。

第一步：使用下面给出的其中一种方法，运行 C/RTL 协同仿真。

（1）在 Vitis HLS 当前工程主界面的工具栏中，单击"Run Flow"按钮旁的下拉框按钮▼，弹出浮动菜单。在浮动菜单内，选择"Cosimulation"。

（2）在 Vitis HLS 当前工程主界面主菜单下，执行菜单命令【Solution】→【Run C/RTL Cosimulation】。

（3）在 Vitis HLS 当前工程主界面左下角的 Flow Navigator 窗口中，找到并展开"C/RTL COSIMULATION"条目。在展开条目中，单击"Run Cosimulation"。

（4）在 Vitis HLS 当前工程主界面左上角的窗口中，单击"Explorer"。在该窗口中，找到并选中"solution1"文件夹，单击鼠标右键，出现浮动菜单。在浮动菜单内，执行菜单命令【Run C/RTL Cosimulation】。

第二步：弹出"Co-simulation Dialog"对话框。在该对话框中，通过"Dump Trace"右侧的下拉框将"Dump Trace"设置为"all"。选中该选项，就可以打开 Vivado XSIM，并查看 RTL 的仿真波形。

第三步：单击"Co-simulation Dialog"对话框中的【OK】按钮，退出"Co-simulation Dialog"对话框。

第四步：在 Vitis HLS 的 Console 窗口下，给出了仿真的信息，从中可以清楚地看到基于 C 模型的仿真结果达到了设计的要求，如图 10.73 所示。

图 10.73 C/RTL 协同仿真结果

10.3.8 查看 RTL 仿真结果

本小节将介绍如何打开 Vivado 内的 XSIM 工具，并查看 RTL 的仿真结果，主要步骤如下所述。

第一步：在 Vitis HLS 当前工程主界面的工具栏中，找到并用鼠标左键单击【Open Wave Viewer】按钮 ，开始启动 Vivado IDE。

第二步：自动打开 Vivado 2023.1 IDE，并且进入 SIMULATION 主界面。在该主界面中间的窗口中，首先单击"Objects"标签，在该标签页中，通过按下 Ctrl 按键和连续单击鼠标左键，依次选中图 10.74 给出的信号；然后单击鼠标右键，出现浮动菜单。在浮动菜单内，执行菜单命令【Add to Wave Window】。将这些信号添加到右侧名字为"matrix.wcfg"的波形窗口中。

第三步：在波形窗口中通过按下 Ctrl 按键以及滑动鼠标滚轮，放大/缩小波形，使得波形处于波形窗口中合适的位置，如图 10.75 所示。

第四步：退出 Vivado 集成开发环境。

图 10.74 在"Objects"标签页中选中要添加的信号

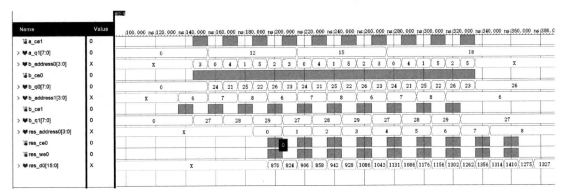

图 10.75　在波形窗口中显示仿真后的波形（反色显示）

10.3.9　添加用户策略

将通过添加用户策略对矩阵相乘模型产生的 RTL 代码进行优化，主要步骤如下所述。

第一步：使用下面给出的其中的一种方法，创建新的解决方案。

（1）在 Vitis HLS 当前工程主界面主菜单下，执行菜单命令【Project】→【New Solution】。

（2）在 Vitis HLS 当前工程主界面左上角的 Explorer 窗口中，找到并选中文件夹"matrix"，单击鼠标右键，出现浮动菜单。在浮动菜单内，执行菜单命令【New Solution】。

（3）在 Vitis HLS 当前工程主界面的工具栏中，找到并单击"Open Settings"按钮 旁的按钮 ，出现下拉菜单。在下拉菜单中，选择"New Solution"，如图 10.76 所示。

第二步：弹出"Solution Wizard"对话框。在该对话框中，将"Part Selection"标题窗口中的"Part"设置为"xc7a75tfgg484-1"。其他参数采用默认设置即可。

第三步：单击【Finish】按钮，退出"Solution Wizard"对话框。

第四步：打开 matrix.c 文件。

第五步：在打开 matrix.c 文件的右侧窗口内，选择"Directive"标签，如图 10.77 所示。

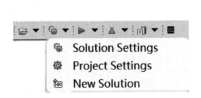

图 10.76　选择"New Solution"

图 10.77　"Directive"标签页

第六步：在图 10.77 中，找到并选中"Product"，单击鼠标右键，弹出浮动菜单。在浮动菜单内，执行菜单命令【Insert Directive】。

第七步：弹出"Vitis HLS Directive Editor"对话框。在该对话框的"Directive"标题窗口中，通过下拉框选择"UNROLL"。

第八步：单击该对话框中的【OK】按钮，退出该对话框。

第九步：在图 10.77 中，找到并选中"matrix_label0"，单击鼠标右键，弹出浮动菜单。在浮动菜单内，执行菜单命令【Insert Directive】。

第十步：弹出"Vitis HLS Directive Editor"对话框。在该对话框的"Directive"标题窗口

中，通过下拉框选择"UNROLL"。

第十一步：单击该对话框中的【OK】按钮，退出该对话框。

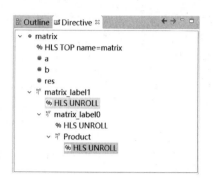

图 10.78 添加完用户策略后的"Directive"标签页

第十二步：在图 10.77 中，找到并选中"matrix_label1"，单击鼠标右键，弹出浮动菜单。在浮动菜单内，执行菜单命令【Insert Directive】。

第十三步：弹出"Vitis HLS Directive Editor"对话框。在该对话框的"Directive"标题窗口中，通过下拉框选择"UNROLL"。

第十四步：单击该对话框中的【OK】按钮，退出该对话框。

添加完用户策略后的"Directive"标签页，如图 10.78 所示。

10.3.10 添加策略后的高级综合

本小节将介绍如何对添加策略后的设计执行高级综合，将 C 模型转换成 RTL 的描述。

第一步：按下面给出的其中一种方法，启动高级综合。

（1）在 Vitis HLS 当前工程主界面主菜单下，执行菜单命令【Solution】→【Run C Synthesis】→【Active Solution】

（2）在 Vitis HLS 当前工程主界面的工具栏中单击"Run Flow"按钮 ▶ ▼ 。

（3）在 Vitis HLS 当前工程主界面左上角的窗口中，单击"Explorer"。在该窗口中，找到并选中"solution1"文件夹，单击鼠标右键，出现浮动菜单。在浮动菜单内，执行菜单命令【C Synthesis】→【Active Solution】。

（4）在 Vitis HLS 当前工程主界面右下角的 Flow Navigator 窗口中，找到并展开"C SYNTHESIS"条目。在展开条目中，找到并单击"Run C Synthesis"。

第二步：弹出"C Synthesis-Active Solution"对话框。在该对话框中单击【OK】按钮，退出该对话框，同时 Vitis HLS 开始执行 C 高级综合过程。

第三步：综合过程结束后，在 Vitis HLS 当前工程主界面中出现新的名字为"Synthesis Summary(solution1)"的标签页。在该标签页中，给出了高级综合报告。下面对该报告中的其中一部分内容进行说明。

（1）Timing Estimate（时序估计），如图 10.79 所示。

图 10.79 高级综合报告给出的时序估计

（2）Performance & Resource Estimates（性能和资源估计），如图 10.80 所示。

图 10.80 高级综合报告给出的性能和资源估计

思考题 10-9：根据图 10.80，说明该设计中所消耗 FPGA 的逻辑资源的数量。

（3）HW Interfaces（硬件接口），如图 10.81 所示。

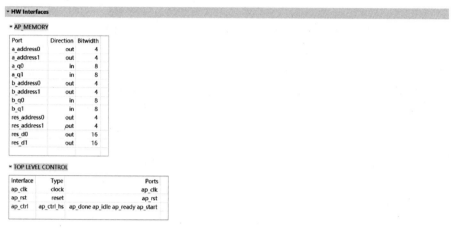

图 10.81　高级综合报告给出的硬件接口

（4）SW I/O Information（SW I/O 信息），如图 10.82 所示。

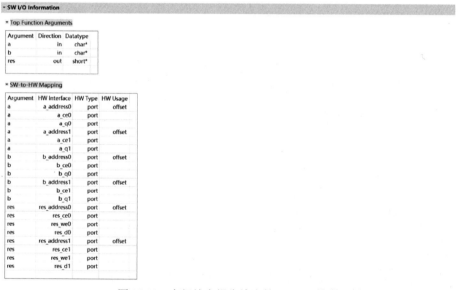

图 10.82　高级综合报告给出的 SW I/O 信息

（5）单击"Synthesis Summary(solution1)"标签页中的按钮▣，退出综合总结。

10.3.11　查看 RTL 仿真结果

本小节将介绍如何打开 Vivado 内的 XSIM 工具，并查看 RTL 的仿真结果，主要步骤如下所述。

第一步：按 10.3.7 一节介绍的步骤，执行 C/RTL 协同仿真过程。

第二步：在 Vitis HLS 当前工程主界面的工具栏中，找到并单击"Open Wave Viewer"按钮▣，启动 Vivado IDE。

第三步：自动打开 Vivado IDE 2023.1，并且进入 SIMULATION 主界面。在该主界面中间的窗口中，首先单击"Objects"标签，在该标签页中，通过按下 Ctrl 按键和连续单击鼠标左键，依次选中图 10.83 给出的信号；然后单击鼠标右键，出现浮动菜单。在浮动菜单内，执行菜单命令【Add to Wave Window】。将这些信号添加到右侧名字为"matrix.wcfg"的波形窗口中。

第四步：在波形窗口中通过按下 Ctrl 按键以及滑动鼠标滚轮，放大/缩小波形，使得波形处于波形窗口中合适的位置，如图 10.83 所示。

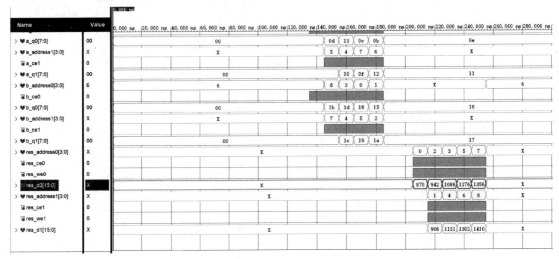

图 10.83   在波形窗口中显示仿真后的波形（反色显示）

第五步：退出 Vivado 集成开发环境。

10.3.12   比较设计结果

本小节将介绍如何比较两个不同解决方案 solution1 和 solution2 对设计资源利用率和设计性能的影响，主要步骤如下所述。

（1）在 Vitis HLS 当前工程主界面主菜单下，执行菜单命令【Project】→【Compare Reports】。

（2）弹出"Solution Selection Dialog"对话框，如图 10.84 所示。在该对话框中，通过按住 Ctrl 按键和单击鼠标左键，分别选中 solution1 和 solution2，然后单击【Add】按钮，将其添加到"Selected solutions"标题窗口中。

（3）单击该对话框中的 OK 按钮，退出"Solution Selection Dialog"对话框。

（4）在 Vitis HLS 当前工程主界面右侧的窗口中，出现新的名字为"compare reports"的标签页。下面对两个解决方案给出的比较报告进行说明。

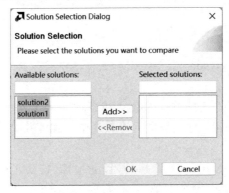

图 10.84   "Solution Selection Dialog"对话框

① Performance Estimates：执行估计部分给出了两个不同解决方案的性能比较，如图 10.85 所示。与 solution1 相比，solution2 的 Latency（延迟）和 Interval（间隔）有了显著减小。solution2 的延迟是 solution1 延迟的 1/2，solution2 的间隔是 solution1 间隔的 1/2，这意味着 solution2 的吞吐量是 solution1 吞吐量的 1 倍。

Performance Estimates

☐ **Timing**

Clock		solution2	solution1
ap_clk	Target	10.00 ns	10.00 ns
	Estimated	6.470 ns	6.696 ns

☐ **Latency**

		solution2	solution1
Latency (cycles)	min	11	24
	max	11	24
Latency (absolute)	min	0.110 us	0.240 us
	max	0.110 us	0.240 us
Interval (cycles)	min	12	25
	max	12	25

图 10.85　solution1 和 solution2 的性能比较

② Utilization Estimates：利用率估计部分给出了两个不同解决方案所使用的 FPGA 内部逻辑资源的个数，如图 10.86 所示。与 solution1 相比，solution2 使用的 DSP、FF 和 LUT 的数量显著增加。主要体现在，DSP 的个数从 2 个增加到 18 个，FF 的个数从 66 个增加到 268 个，LUT 的个数从 369 个增加到 615 个。

Utilization Estimates

	solution2	solution1
BRAM_18K	0	0
DSP	18	2
FF	268	66
LUT	615	369
URAM	0	0

图 10.86　solution1 和 solution2 的资源利用率比较

第11章 HDMI 显示屏驱动原理和实现

本章将介绍高清晰度多媒体接口（High-Definition Multimedia Interface，HDMI）的原理，并通过 Xilinx 7 系列 FPGA 器件驱动 HDMI 显示屏，主要内容包括 HDMI 的发展历史、HDMI 视频接口定义、HDMI 链路结构、HDMI 链路时序要求、HDMI 编码算法、HDMI 并行编码数据转换原理及实现，以及系统整体设计结构。

通过本章内容的介绍，读者将掌握 HDMI 的原理和具体实现方法，以及 Xilinx 7 系列 FPGA 器件内 SelectIO 资源的高级应用方法。

11.1 HDMI 的发展历史

HDMI 是一种数字化视频/音频接口技术，是适合影像传输的专用型数字化接口。其演化过程如下所述。

（1）HDMI 1.0：最早的 HDMI 1.0 版本于 2002 年 12 月推出，它的最大特点是整合了音频流的数字接口，与当时 PC 界面中很流行的数字视频接口（Digital Visual Interface，DVI）相比，其更先进，更方便。HDMI 1.0 版本支持从 DVD 到蓝光格式的视频流，而且具备消费电子控制（Consumer Electronics Control，CEC）功能，也就是在应用中可以在所有连接设备间形成一种共通的联络，控制设备组更方便。

（2）HDMI 1.1：2004 年 5 月，HDMI 1.1 版本面世。新增对 DVD 音频的支持。

（3）HDMI 1.2：HDMI 1.2 版本于 2005 年 8 月推出，很大程度上解决了 HDMI 1.1 支持的分辨率较低、同计算机设备兼容性较差等问题。HDMI 1.2 像素时钟运行频率达到 165MHz，数据速率达到 4.95Gbps，因此可以实现 1080P。可以认为 HDMI 1.2 解决的是电视的 1080P 和计算机的点对点传输问题。

（4）HDMI 1.3：2006 年 6 月 HDMI 1.3 更新，带来最大的变化是将单链接带宽频率提升到 340MHz，即能让液晶电视获得 10.2Gbps 的数据传输量，HDMI 1.3 的线是由 4 对传输通道组成，其中 1 对通道是时钟通道，另外 3 对是 TMDS（最小化传输差分信号）通道，它们的传输速率分别为 3.4Gbps。那么 3 对就是 3×3.4=10.2Gpbs，更是能将 HDMI 1.1、HDMI 1.2 版本所支持的 24 位色深大幅扩充至 30 位、36 位及 48 位（RGB 或 YCbCr）。HDMI 1.3 支持 1080P，一些要求不高的 3D 也支持（理论上不支持，实际有些可以）。

（5）HDMI 1.4：HDMI 1.4 可以支持 4K 了，但是受制于带宽 10.2Gbps，最高只能达到 3840×2160 的分辨率和 30FPS 的帧率。

（6）HDMI 2.0：HDMI 2.0 的带宽扩充到了 18Gbps，支持即插即用和热插拔，支持 3840×2160 的分辨率和 50FPS、60FPS 的帧率。同时在音频方面支持最多 32 个声道，以及最高 1536kHz 的采样率。HDMI 2.0 并没有定义新的数据线和接头、接口，因此能保持对 HDMI 1.x 的完美向下兼容，现有的二类数据线可直接使用。HDMI 2.0 并不会取代 HDMI 1.x，而是基于后者的增强，任何设备要想支持 HDMI 2.0，必须首先保证对 HDMI 1.x 的基础性支持。

（7）HDMI 2.0a：HDMI 2.0a 的变化并不大，它的主要更新只有一个地方，那就是加入了对 HDR 格式传输的支持，能够显著增强图像质量。

（8）HDMI 2.0b：HDMI2.0b 兼容所有 HDMI 之前的规格版本，与 HDMI 2.0a 并没有太大区别，HDMI 2.0b 也是目前为止 HDMI 最新的版本。

11.2　HDMI 视频显示接口定义

本章设计使用 A 型 HDMI 来进行视频输出，其引脚定义如图 11.1 所示。

HDMI 脚号	DVI 脚号	信号名称
H1	D2	TMDS DATA2+
H2	D3	TMDS DATA2屏蔽
H3	D1	TMDS DATA2–
H4	D10	TMDS DATA1+
H5	D11	TMDS DATA1屏蔽
H6	D9	TMDS DATA1–
H7	D18	TMDS DATA0+
H8	D19	TMDS DATA0屏蔽
H9	D17	TMDS DATA0–
H10	D23	TMDS DATA CLOCK+
H11	D22	TMDS DATA CLOCK屏蔽
H12	D24	TMDS DATA CLOCK–
H13		CEC
H14		Reserved(保留N.C)
H15	D6	SCL(DDC时钟线)
H16	D7	SDA(DDC数据线)
H17	D15	DDC/CEC GND
H18	D14	+5V电源线
H19	D16	热插拔检测

图 11.1　A 型 HDMI 的引脚定义

其中：

（1）H1～H19 都是 TMDS 数据传输实际上用到的引脚，分为 0、1、2 三组。

（2）H10～H12 为 TMDS 时钟信号引脚，如当前 Video Timing 为 480p@60Hz（Htotal：800，Vtotal：525），则 TMDS 的时钟频率 = 800×525×60 = 25.2MHz。TMDS 的时钟就像是对像素的打包，一个时钟分别在 3 个通道传输一个像素的 R、G 和 B（8 位）信号。

（3）H13 为消费类电子控制（Consumer Electronic Control，CEC）引脚，它类似为一种扩展的 HDMI 功能，供厂家自己定制 HDMI 消息。比如，你有一台索尼的 DVD 与 TV，两者用 HDMI 线连接，如果你用 TV 的遥控器可以控制 DVD，令 DVD 执行某种功能，那么该功能的命令信号就是通过 TV 与 DVD 间的 CEC 引脚传输。

（4）H14 为保留引脚，未使用（或者也可以为 CEC 提供多一个引脚）。

（5）H15～H16 为 I²C 引脚，为显示数据通道（Display Data Channel，DDC），主要用于扩展显示标识数据（Extended Display Identification Data，EDID）与高带宽数字内容保护（High Bandwidth Digital Content Protection，HDCP）之间的传输。在 HDMI 的处理流程中，通过热插拔引脚检测完 HDMI 的连接后，处理 DDC 通信，这些因为 HDMI 的主从两个设备需要通过 DDC 来获得对方设备的 EDID，从而得到各种信息，并且通过比较时序以确定以后送出来的时序为最合适的。

（6）H17 为接地引脚。

（7）H18 为 5V 的电源引脚。

（8）H19 为热拔插引脚，用于检测是否存在 HDMI 设备。如果存在 HDMI 设备（热插拔引脚为高电平），则可以通过 DDC 读取 EDID，HDMI 规定在 HDMI 5V 电源断电时源设备可以读接收设备的 EDID，也就是需要热插拔引脚为高。其中有两种与热插拔相关的情况会导致 HDMI 被识别为 DVI。

① 热插拔引脚信号为高，但 EDID 并没有准备好，那么信号源设备会由于无法读到 EDID

而认为接收设备为 DVI，这样会导致 HDMI 有图像无声。

② 热插拔引脚信号为低，也会导致信号源无法读到 EDID 而认为接收设备为 DVI，从而导致 HDMI 有图无声。

在 TV 这种有多个 HDMI 通道的情况下，有时会在多个 HDMI 通道进行切换，切换后应当先初始化 HDMI 通道，即先把热插拔引脚拉低，通知 HDMI 源设备之前所用的 EDID 已经改变，需要重新读取，那么源设备在热插拔被拉高的时候会去读取新的 EDID，但是拉低这个过程至少需要 100ms，否则源设备有可能不会读取新的 EDID，从而输出 DVI 信号。

11.3　HDMI 链路结构

跳变最小化差分信号（Transition Minimized Differential Signaling，TMDS）链路用于将图形数据发送到显示器。通过实现高级的编码算法，将 8 位数据转换为一个具有最小化跳变（传输信号跳变过程中的上冲和下冲减少）和直流平衡特性的 10 位数据，以实现跳变最小化。这种技术的最大优势在于通过电缆传输减少电磁干扰（electromagnetic interference，EMI）。此外，高级编码算法使通过较长电缆传输信号后在接收设备端较好地恢复时钟以实现高抖动容差。

单个链路的 TMDS 结构如图 11.2 所示。单个链路的发送器由 3 个用来映射输入流的相同的编码器构成，分别用于传送像素的红、绿、蓝三色的编码信号，其控制信号和时钟信号是共用的，而接收器则分别根据三个通道传送的 TMDS 编码信号以及相应的控制信号来进行相应解码，并按照指定的视频模式生成像素信号、扫描信号、时钟信号以及使能信号等。

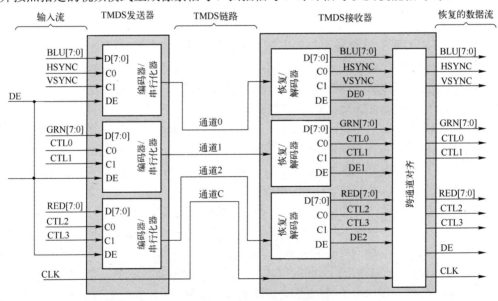

图 11.2　单个链路的 TMDS 结构

保留除了水平同步（HSYNC）和垂直同步（VSYNC）外所有控制线的使用。在 TMDS 发送器输入端，控制信号线 CTL1、CTL2 和 CTL3 必须保持逻辑低。推荐 CTL0 也保持为逻辑低。然而，由于传统的原因，一些 TMDS 发送器芯片也在 CTL0 上送出信号。如果在 CTL0 上送出信号，则在这个信号上的唯一条件是，这个信号的上升沿发生在单个像素输入时钟的奇数沿或者偶数沿，当链路是活动时，它不能在奇数和偶数间来回切换。

注：在任何给定的时钟周期，只能传送像素数据、控制信号中的一种信号，比如在传送数据信号的过程中，忽略控制信号。根据数据使能信号 DE，判断传送的信号的种类。

11.4　HDMI 链路时序要求

HDMI 链路的时序关系如图 11.3 所示。

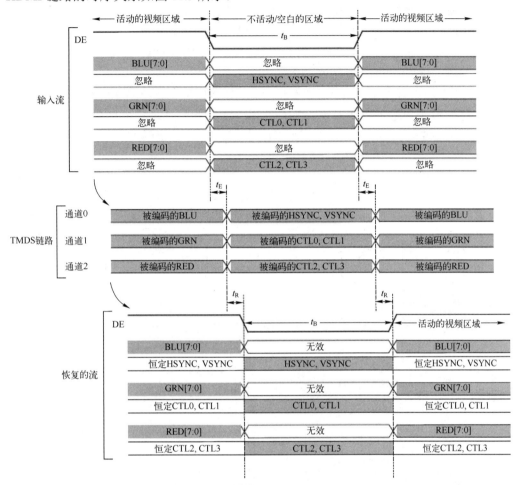

图 11.3　HDMI 链路的时序关系

（1）t_B：空白周期的最小间隔，这个间隔要求确保在接收器的字符边界的恢复。空白周期的间隔至少 50ms（20Hz）发生一次。

（2）t_E：最大编码/串行化器流水线延迟。

（3）t_R：最大的恢复/解码器流水线延迟。恢复时间包括跨通道抖动，它从数据通道间最早的 DE 跳变测量得到。

11.5　HDMI 编码算法

TMDS 数据通道由一个 10 位 TMDS 字符构成的连续数据流驱动。在空白周期内，发送 4 个不同的字符，它直接映射到输入编码器的两个控制信号的 4 种可能状态。在活动周期内，每个 10 位的字符包含 8 位的像素数据，被编码的字符提供直流平衡，并且降低数据流内的跳变数量。

在活动周期内，TMDS 编码算法可大致分为两个阶段。

（1）在第一阶段，将输入数据转换为最小变换码。需要将输入的 8 位数据 D[0:7]变换成最小变换码 Q_min[0:8]。当采用逻辑异或运算时，第 9 位置 1；当采用逻辑同或（异或非）运算时，第 9 位置 0。

（2）在第二阶段，将最小变换码转换为直流平衡码。需要将第一阶段变换得到的 9 位最小变换码（Q_min[0:8]）变换成直流平衡码（Q_out[0:9]），其变换过程如下。

（1）在任何情况下，第 9 位：Q_out[8]=Q_min[8]。

（2）1～8 位的取值情况由编码中 0 和 1 的个数决定：

① 若 0 和 1 的个数相等，则第 10 位：Q_out[9]=–Q_min[8]。

当第 9 位为 1 时，1～8 位按原样输出，即 Q_out[0:7]=Q_min[0:7]；当第 9 位为 0 时，1～8 位按位取反输出，即 Q_out[0:7]=^Q_min[0:7]。

② 若 0 和 1 的个数不相等，当本次编码和上次编码中均有过多的 0 或者 1 出现时，则 1～8 位按位取反输出，且 Q_out[9]=1；否则，1～8 位按原样输出，且 Q_out[9]=0。

TMDS 的编码算法如图 11.4 所示。图中的符号含义如表 11.1 所示。

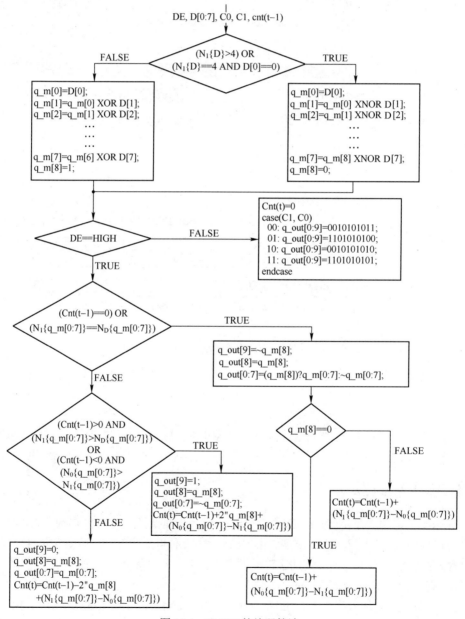

图 11.4 TMDS 的编码算法

表 11.1　图 11.4 中的符号含义

符号	含义
D，C0，C1，DE	解码器的输入数据集合。D 表示 8 位的像素数据。C1 和 C0 是用于通道的控制数据，DE 是数据使能
Cnt	这是一个寄存器，用来跟踪数据流的差距。正数表示已经发送的"1"所超过的数量；负数表示已经发送的"0"所超过的数量。表达式 Cnt{t-1}表示输入数据前一集的差距。表达式 Cnt(t)表示当前输入数据集的新的差距
q_out	编码的输出
$N_1\{x\}$	返回当前参数 x 中"1"的个数
$N_2\{x\}$	返回当前参数 x 中"0"的个数

使用 VHDL 描述的编码器的算法实现过程如代码清单 11-1 所示。

代码清单 11-1　使用 VHDL 描述的编码器的算法实现过程（tmds_encoder.vhd 文件）

```vhdl
LIBRARY IEEE;
USE IEEE.STD_LOGIC_1164.ALL;
USE IEEE.NUMERIC_STD.ALL;
ENTITY tmds_encoder IS
    PORT( clk_i   : IN   std_logic;                        -- pixel clock
          pixel_i : IN std_logic_vector(7 downto 0);       -- pixel data
          ctrl_i  : IN std_logic_vector(1 downto 0);       -- control data
          de_i    : IN   std_logic;                        -- pixel data enable (not blanking)
          tmds_o  : OUT std_logic_vector(9 downto 0));
END ENTITY tmds_encoder;
ARCHITECTURE tmds_encoder_a OF tmds_encoder IS
    SIGNAL qm_xor     : std_logic_vector(8 downto 0) := (others=>'0');
    SIGNAL qm_xnor    : std_logic_vector(8 downto 0) := (others=>'0');
    SIGNAL ones_pixel : unsigned(3 downto 0) := (others=>'0');
    SIGNAL qm         : std_logic_vector(8 downto 0) := (others=>'0');
    SIGNAL de_r       : std_logic := '0';
    SIGNAL ctrl_r     : std_logic_vector(1 downto 0) := (others=>'0');
    SIGNAL qm_r       : std_logic_vector(8 downto 0) := (others=>'0');
    SIGNAL ones_qm_x  : unsigned(3 downto 0) := (others=>'0');
    SIGNAL bias_r     : integer range -8 to 8 := 0; -- 5 bits
    SIGNAL diff       : integer range -8 to 8 := 0; -- 5 bits
    SIGNAL tmds_r     : std_logic_vector(9 downto 0) := (others=>'0');
BEGIN
-- First stage: Transition minimized encoding
qm_xor(0) <= pixel_i(0);
qm_xor(8) <= '1';
encode_xor: FOR n IN 1 to 7 GENERATE
BEGIN
    qm_xor(n) <= qm_xor(n-1) XOR pixel_i(n);
END GENERATE;
qm_xnor(0) <= pixel_i(0);
qm_xnor(8) <= '0';
encode_xnor: FOR n IN 1 to 7 GENERATE
BEGIN
    qm_xnor(n) <= qm_xnor(n-1) XNOR pixel_i(n);
END GENERATE;
-- count the number of ones in the symbol
ones_pixel_p: PROCESS(pixel_i)
VARIABLE sum : unsigned(3 downto 0);
BEGIN
    sum := (OTHERS => '0');
```

```
            FOR n IN 0 to 7 LOOP
                sum := sum + to_integer(unsigned(pixel_i(n downto n)));
            END LOOP;
        ones_pixel <= sum;
    END PROCESS;
    -- select encoding based on number of ones
    qm <= qm_xnor WHEN ((ones_pixel > 4) OR (ones_pixel = 4 AND pixel_i(0) = '0')) ELSE qm_xor;
    -- Second stage: Fix DC bias
    qm_r_p: PROCESS(clk_i)
    BEGIN
        IF (rising_edge(clk_i)) THEN
            de_r    <= de_i;
            ctrl_r <= ctrl_i;
            qm_r    <= qm;
        END IF;
    END PROCESS;

    -- count the number of ones in the encoded symbol
    ones_qm_p : PROCESS(qm_r)
    VARIABLE sum : unsigned(3 downto 0);
    BEGIN
        sum := (OTHERS => '0');
        FOR n IN 0 to 7 LOOP
            sum := sum + to_integer(unsigned(qm_r(n downto n)));
        END LOOP;
        ones_qm_x <= sum;
    END PROCESS;
    -- Calculate the difference between the number of ones (n1) and number of zeros (n0) in the encoded
symbol
    diff <= to_integer(ones_qm_x & '0') - 8; -- n1 - n0 = 2 * n1 - 8
    tmds_p : PROCESS(clk_i)
    BEGIN
      IF (rising_edge(clk_i)) THEN
          IF (de_r = '0') THEN
              CASE ctrl_r IS
                  WHEN "00"    => tmds_r <= "1101010100";
                  WHEN "01"    => tmds_r <= "0010101011";
                  WHEN "10"    => tmds_r <= "0101010100";
                  WHEN OTHERS => tmds_r <= "1010101011";
              END CASE;
              bias_r <= 0;
          ELSE
              IF ((bias_r = 0) OR (diff = 4)) THEN
                  IF (qm_r(8) = '0') THEN
                      tmds_r <= "10" & (not qm_r(7 downto 0));
                      bias_r <= bias_r - diff;
                  ELSE
                      tmds_r <= "01" & qm_r(7 downto 0);
                      bias_r <= bias_r + diff;
                  END IF;
              ELSE
                  IF ((bias_r > 0) and (diff > 4)) OR ((bias_r < 0) and (diff < 4)) THEN
                      tmds_r <= '1' & qm_r(8) & (NOT qm_r(7 downto 0));
                      if (qm_r(8) = '0') THEN
                          bias_r <= bias_r - diff;
                      ELSE
                          bias_r <= bias_r - diff + 2;
```

```
                            END IF;
                        ELSE
                            tmds_r <= '0' & qm_r;
                            IF (qm_r(8) = '0') THEN
                                bias_r <= bias_r + diff;
                            ELSE
                                bias_r <= bias_r + diff - 2;
                            END IF;
                        END IF;
                    END IF;
                END IF;
            END IF;
        END PROCESS;
        tmds_o <= tmds_r;
    END ARCHITECTURE tmds_encoder_a;
```

注：读者可以在本书提供资料的\vivado_example\hdmi\project_1\hdmi_source 目录下，找到该设计文件；也可以用 Vivado 集成开发环境打开 project_1 工程，查看该文件。

11.6　HDMI 并行编码数据转换原理及实现

当使用 HDMI 编码算法得到编码后的 10 位并行数据后，需要将其转换为串行数据发送。对于高分辨率显示器而言，比如 1280×720 的分辨率，其像素时钟为 75MHz，而 TMDS 通道上的数据速率高达 750MHz，使用 FPGA 内的逻辑资源实现并行-串行操作是不现实的，因为采用这种方法构造出来的结构，很难满足时序要求。

在本书第一章介绍 7 系列 FPGA 内部结构时提到，在 FPGA 内所提供的 SelectIO 资源提供了可以实现输出并行-串行操作的输出并行-串行逻辑资源（Output Parallel-To-Serial Logic Resources，OSERDESE2），如图 11.5 所示。

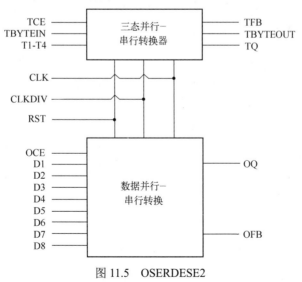

图 11.5　OSERDESE2

11.6.1　数据并行-串行转换

一个 OSERDESE2 模块中的数据并行到串行转换器接收 2～8 位来自 FPGA 逻辑结构内的并行数据（如果使用 OSERDESE2 宽度扩展，则为 14 位），将数据串行化，并通过 OQ 输出传送到 IOB。并行数据的串行化按照从数据输入引脚最低到最高的顺序（在 D1 输入引脚上的数据是第一位发送到 OQ 引脚）。数据并行-串行转换器有两种模式，即单数据速率（Single Data Rate，SDR）和双数据速率（Double Data Rate，DDR）。

OSERDESE2 使用时钟 CLK 和 CLKDIV 进行数据速率转换。CLK 是高速串行时钟，CLKDIV 是分频并行时钟。CLK 和 CLKDIV 必须相位对齐。

在使用 OSERDESE2 之前，必须对其应用复位。OSERDESE2 包含一个控制数据流的内部计数器。

11.6.2　三态并行-串行转换器

除数据的并行到串行转换外，OSERDESE2 还包含一个三态并行-串行转换器，用于 IOB 的三态控制。与数据转换不同，三态并行-串行转换器最多只能串行化 4 位并行三态信号。三态转换器不能级联。

11.6.3　OSERDESE2 原语

在使用 HDL 例化时，真正的 OSERDESE2 原语符号如图 11.6 所示。

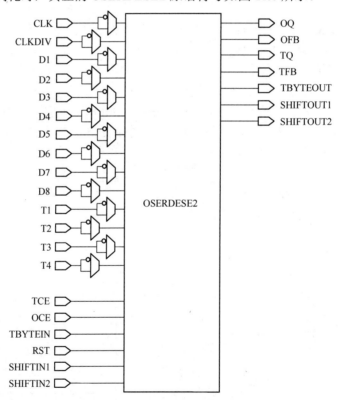

图 11.6　真正的 OSERDESE2 原语符号

（1）OQ：输出（宽度为 1），数据路径仅输出到 IOB。

（2）OFB：输出（宽度为 1），数据路径输出反馈到 ISERDESE2 或连接到 ODELAYE2。

（3）TQ：输出（宽度为 1），到 IOB 的三状态控制输出。

（4）TFB：输出，到 FPGA 内逻辑结构的三状态控制输出。

（5）SHIFTOUT1：输出（宽度为 1），进位数据输出用于宽度扩展。连接到主 OSERDESE2

的 SHIFTIN1 OSERDESE2。

（6）SHIFTOUT2：输出（宽度为 1），进位数据输出用于宽度扩展。连接到主 OSERDESE2 的 SHIFTIN2OSERDESE2。

（7）CLK：输入（宽度为 1），高速时钟输入。

（8）CLKDIV：输入（宽度为 1），分频时钟输入。时钟延迟元素、解串行化数据和 CE 单元。

（9）D1～D8：输入（每个宽度为 1），并行数据输入。

（10）TCE：输入（宽度为 1），三态时钟使能。

（11）OCE：输入（宽度为 1），输出数据时钟使能。

（12）TBYTEIN：输入（宽度为 1），字节组三态输入。

（13）TBYTEOUT：输出（宽度为 1），字节组三态输出。

（14）RST：输入（宽度为 1），有效高电平复位。

（15）SHIFTIN1：输入（宽度为 1），进位数据宽度扩展输入。连接到从 OSERDESE2 的 SHIFTOUT1。

（16）SHIFTIN2：输入（宽度为 1），进位数据宽度扩展输入。连接到从 OSERDESE2 的 SHIFTOUT2。

（17）T1～T4：输入（每个宽度为 1），并行三态输入。

OSERDESE2 原语的属性如表 11.2 所示。这些属性的组合如表 11.3 所示。

表 11.2　OSERDESE2 原语的属性

属性	描述	值	默认值
DATA_RATE_OQ	定义是在每个时钟沿还是只在时钟的上升沿改变数据（OQ）	字符串：SDR 或 DDR	DDR
DATA_RATE_TQ	定义是在每个时钟沿还是只在时钟的上升沿改变三态（TQ），或者设置为缓冲区配置	字符串：BUF/SDR/DDR	DDR
DATA_WIDTH	定义三态并行-串行转换器的宽度。这个值取决于 DATA_RATE_OQ 的值	整数：2、3、4、5、6、7、8、10 或 14。在 SDR 模式下，2、3、4、5、6、7 和 8 是有效的。在 DDR 模式下，2、4、6、8、10 和 14 是有效的	4
SERDES_MODE	当使用宽度扩展时，定义 OSERDESE2 是主还是从	字符串：MASTER/SLAVE	MASTER
TRISTATE_WIDTH	定义三态并行-串行中转换器的宽度	整数：1 或 4	4
TBYTE_CTL	只用于通过 MIG 工具	FALSE/TRUE	FALSE
TBYTE_SRC	只用于通过 MIG 工具	FALSE/TRUE	FALSE

表 11.3　OSERDESE2 原语的属性组合

INTERFACE_TYPE	DATA_RATE_OQ	DATA_RATE_TQ	DATA_WIDTH	TRISTATE_WIDTH
DEFAULT	SDR	SDR	1、2、3、4、5、6、7、8	1
	DDR	DDR	4	4
		SDR	2、6、8、10、14	1

在本设计中，需要使用两个 OSERDESE2 的级联进行扩展，以实现将 10 位并行的 HDMI 编码数据转换为串行 HDMI 编码数据，其扩展原理如图 11.7 所示。

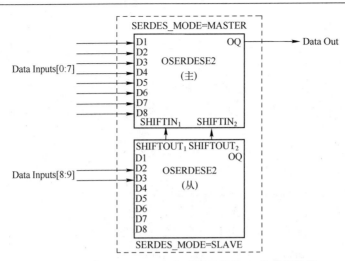

图 11.7 两个 OSERDESE2 级联用于转换 10 位并行数据

注：对于该设计而言，由于使用 DDR，因此 CLK 和 CLKDIV 之间为 5 倍的关系。

11.6.4 TMDS 信号转换模块

在 7 系列 FPGA 内的 SelectIO 资源中，提供了 OBUFDS 资源，用于将 OSERDESE2 输出的单端数据信号转换成差分数据信号。

TMDS 是差分 I/O 标准，用于传输 DVI 和 HDMI 的高速串行数据。TMDS 标准需要在每个传输信号线上外部添加上拉到 3.3V 的 50Ω 电阻。TMDS 输入则不需要差分输入端接电阻。TMDS 仅适用于 7 系列 FPGA 上的 HR I/O 组，需要 V_{CCO} 电压等级为 3.3V。IOSTANDARD（I/O 标准）称为 TMDS_33。

11.6.5 HDMI 并行编码数据转换的实现

采用 VHDL 将 HDMI 并行编码数据转换为串行编码数据，并发送到 TMDS 链路上的实现方法（oserdes_ddr_10_1.vhd 文件），如代码清单 11-2 所示。

代码清单 11-2 oserdes_ddr_10_1.vhd 文件

```
LIBRARY IEEE;
LIBRARY UNISIM;
USE IEEE.STD_LOGIC_1164.ALL;
USE IEEE.NUMERIC_STD.ALL;
USE UNISIM.VCOMPONENTS.ALL;
ENTITY oserdes_ddr_10_1 IS
    PORT( clk_i    : IN  std_logic;
          clk_x5_i : IN  std_logic;
          arst_i   : IN  std_logic;
          pdata_i  : IN  std_logic_vector(9 downto 0);
          sdata_p_o : OUT std_logic;
          sdata_n_o : OUT std_logic);
END ENTITY oserdes_ddr_10_1;
ARCHITECTURE oserdes_ddr_10_1_a OF oserdes_ddr_10_1 IS
    SIGNAL rst_x      : std_logic;
    SIGNAL sdout_x    : std_logic;
    SIGNAL shift1_x   : std_logic;
    SIGNAL shift2_x   : std_logic;
BEGIN
```

```
oserdes_arst_inst : ENTITY work.rst_bridge
    PORT MAP( arst_in     => arst_i,
              sclk_in     => clk_i,
              srst_out    => rst_x);
oserdes2_master_inst : OSERDESE2
    GENERIC MAP( DATA_RATE_OQ  => "DDR",
                 DATA_RATE_TQ     => "SDR",
                 DATA_WIDTH       => 10,
                 SERDES_MODE      => "MASTER",
                 TBYTE_CTL        => "FALSE",
                 TBYTE_SRC        => "FALSE",
                 TRISTATE_WIDTH   => 1)
    PORT MAP(OFB            => OPEN,
             OQ             => sdout_x,
             SHIFTOUT1      => OPEN,
             SHIFTOUT2      => OPEN,
             TBYTEOUT       => OPEN,
             TFB            => OPEN,
             TQ             => OPEN,
             CLK            => clk_x5_i,
             CLKDIV         => clk_i,
             D1             => pdata_i(0),
             D2             => pdata_i(1),
             D3             => pdata_i(2),
             D4             => pdata_i(3),
             D5             => pdata_i(4),
             D6             => pdata_i(5),
             D7             => pdata_i(6),
             D8             => pdata_i(7),
             OCE            => '1',
             RST            => rst_x,
             SHIFTIN1       => shift1_x,
             SHIFTIN2       => shift2_x,
             T1             => '0',
             T2             => '0',
             T3             => '0',
             T4             => '0',
             TBYTEIN        => '0',
             TCE            => '0');
oserdes2_slave_inst : OSERDESE2
    GENERIC MAP( DATA_RATE_OQ  => "DDR",
                 DATA_RATE_TQ     => "SDR",
                 DATA_WIDTH       => 10,
                 SERDES_MODE      => "SLAVE",
                 TBYTE_CTL        => "FALSE",
                 TBYTE_SRC        => "FALSE",
                 TRISTATE_WIDTH   => 1)
    PORT MAP( OFB           => OPEN,
              OQ            => OPEN,
              SHIFTOUT1     => shift1_x,
              SHIFTOUT2     => shift2_x,
              TBYTEOUT      => OPEN,
              TFB           => OPEN,
              TQ            => OPEN,
              CLK           => clk_x5_i,
              CLKDIV        => clk_i,
              D1            => '0',
              D2            => '0',
              D3            => pdata_i(8),
              D4            => pdata_i(9),
```

```
              D5            => '0',
              D6            => '0',
              D7            => '0',
              D8            => '0',
              OCE           => '1',
              RST           => rst_x,
              SHIFTIN1      => '0',
              SHIFTIN2      => '0',
              T1            => '0',
              T2            => '0',
              T3            => '0',
              T4            => '0',
              TBYTEIN       => '0',
              TCE           => '0');

    tmds_obufds_inst: OBUFDS
        GENERIC MAP(IOSTANDARD => "TMDS_33")
        PORT MAP( O   => sdata_p_o,
                  OB => sdata_n_o,
                  I   => sdout_x);
    END ARCHITECTURE oserdes_ddr_10_1_a;
```

注：读者可以在本书提供资料的\vivado_example\hdmi\project_1\hdmi_source 目录下找到该设计文件；也可以用 Vivado 集成开发环境打开 project_1 工程，查看该文件。

11.7　系统整体设计结构

系统的整体设计结构图 11.8 所示，该设计包括 dvi_tx_clkgen、rgb_timing、rgb_pattern 和 rgb_to_dvi 模块。该设计的思路，就是先产生 VGA 视频信号，然后再转换为 HDMI 视频接口信号。

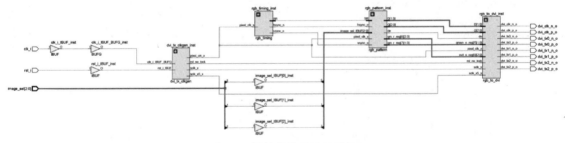

图 11.8　系统的整体设计结构

在设计在作者开发的 A7-EDP-1 硬件开发平台（该硬件平台上搭载 Xilinx 公司的 xc7a75tfgg484-1 7 系列 FPGA 芯片）上验证，硬件设计如书中附录提供的 A7-EDP-1 开发板硬件原理图所示。